电子系统 EDA 新技术丛书

Xilinx Vivado 数字设计权威指南

从数字逻辑、Verilog HDL、嵌入式系统到图像处理

何　宾　编著

电子工业出版社

Publishing House of Electronics Industry

北京·BEIJING

内 容 简 介

本书以 Xilinx 公司的 Vivado 2018 集成开发环境作为复杂数字系统设计的平台，以基础的数字逻辑和数字电路知识为起点，以 Xilinx 7 系列可编程逻辑器件和 Verilog HDL 为载体，详细介绍了数字系统中基本逻辑单元 RTL 描述方法。在此基础上，实现了复杂数字系统设计、数模混合系统设计和基于 Cortex-M1 处理器软核的片上嵌入式系统设计。全书共 10 章，内容主要包括数字逻辑基础、数字逻辑电路、可编程逻辑器件原理、Vivado 集成开发环境设计流程、Verilog HDL 语言规范、基本数字逻辑单元 Verilog HDL 描述、复杂数字系统设计和实现、数模混合系统设计、片上嵌入式系统的构建和实现，以及图像采集、处理系统的构建和实现。

本书适合于需要系统掌握 Verilog HDL 和 Vivado 集成开发环境基本设计流程的初学者，同时也适合于需要掌握嵌入式系统软件和硬件设计方法的嵌入式开发工程师。

图书在版编目（CIP）数据

Xilinx Vivado 数字设计权威指南：从数字逻辑、Verilog HDL、嵌入式系统到图像处理/何宾编著 . —北京：电子工业出版社，2019.6

（电子系统 EDA 新技术丛书）

ISBN 978-7-121-36495-2

Ⅰ.①X… Ⅱ.①何… Ⅲ.①现场可编程门阵列-系统设计-指南 Ⅳ.①TP331. 202. 1-62

中国版本图书馆 CIP 数据核字（2019）第 090159 号

策划编辑：张 迪
责任编辑：张 迪（zhangdi@ phei. com. cn）
印 刷：北京捷迅佳彩印刷有限公司
装 订：北京捷迅佳彩印刷有限公司
出版发行：电子工业出版社
　　　　　北京市海淀区万寿路 173 信箱 邮编 100036
开 本：787×1 092 1/16 印张：38.5 字数：986 千字
版 次：2019 年 6 月第 1 版
印 次：2024 年 5 月第 11 次印刷
定 价：149.00 元

学 习 说 明
Study Shows

本书视频课堂地址

书中提及的完整的公共免费高清视频可到爱课程网观看学习。

（1）http：//www. icourses. cn/home/，在该网站中，通过输入"EDA 原理及应用"搜索视频资源。

（2）http：//www. edawiki. com，网络课堂栏目。

本书教学课件（PPT）及工程文件下载地址

北京汇众新特科技有限公司维基页面。

http：//www. edawiki. com

注意：所有教学课件及工程文件仅限于购买本书读者学习使用，不得以任何方式传播！

本书作者联络方式

何宾的网站：http：//www. gpnewtech. com

何宾的电子邮件：hb@ gpnewtech. com

购买本书配套的 A7–EDP–1 开发板及配件由北京汇众新特科技有限公司负责

市场及服务支持热线：010-83139076　010-83139176

更多资讯可登录微信公众号

gpnewtech

前　　言

　　现场可编程门阵列（Field Programmable Gate Array，FPGA）越来越多地被应用在新技术中，如物联网、云计算和人工智能等。在这些应用中，FPGA 主要用来对数据进行加速处理。为了应对这些应用，降低软件工程师应用 FPGA 的难度，Xilinx 公司不断推出新的设计工具，如高级综合工具（High Level Synthesis，HLS），以降低使用 FPGA 实现复杂应用的难度。然而，很多软件工程师仍然觉得 FPGA 入门较难，这是因为他们普遍认为 Verilog HDL 比较抽象难懂，且 FPGA 的内部结构过于复杂。其实，最根本的原因是软件设计工程师常常以传统软件的思维来看待 FPGA，他们普遍认为 FPGA 是硬件，与软件没有太多的交集，在 FPGA 中实现传统上由软件实现的算法模型难度较大。根据作者长期教学和科研的经验，数字逻辑和数字电路基础知识是他们入门 FPGA 的"绊脚石"和"拦路虎"。为了帮助广大读者能真正进入 FPGA 设计领域，尤其是 FPGA 的初学者和那些从事传统软件开发工作的工程师，作者编写了本书。本书是作者多年从事 FPGA 教学和科研工作的体会与总结，期望对广大初学者系统掌握 FPGA 的设计方法提供很好的帮助。

　　数字逻辑和数字电路的基本理论知识是学习 FPGA 的基础，不管 FPGA 技术今后如何发展，始终离不开数字逻辑的基本理论知识。系统深入地掌握以上知识是读者进入 FPGA 设计世界的基石，特别重要。所以，在编写本书时特意增加了数字逻辑基础和数字电路两章内容。作者在编写这两章内容时参考了国外大量的设计资料，希望通过这两章内容的讲解来帮助广大读者准确地把握数字世界的本质，并且通过 Multisim 内集成的 SPICE 仿真工具对这些知识点进行了直观演示和验证。根据作者多年的教学经验，认为这些知识难点是入门 FPGA 的最大障碍，因此通过 SPICE 仿真工具给出的分析结果帮助读者扫清这些学习障碍。

　　Verilog HDL 是本书最重要的内容之一，用于对复杂数字系统（尤其是 FPGA）进行行为级和寄存器传输级建模。本书严格按照 IEEE Std 1364-2005 规范介绍 Verilog HDL 的词法和句法。在介绍这部分内容时，将 Verilog HDL 与复杂数字系统（尤其是 FPGA）模型之间的对应关系进行系统讲解，使读者理解 Verilog HDL 的词法和句法在复杂数字系统行为级和寄存器传输级描述中的使用方法。

　　本书的一大特色是将 Verilog HDL 和 Vivado 集成开发环境进行系统化深度融合，从不同角度深度解读 Verilog HDL 语言的实现本质。针对 Verilog HDL 中的一些语法难点，书中通过 Vivado 集成开发环境提供的功能进行演示和说明。在此要特别指出，Vivado 集成开发工具是学习 Verilog HDL 最好的助手，这是因为在初学者遇到 Verilog HDL 中不理解的地方时，可以很容易地通过 Vivado 集成开发工具给出的电路结构和仿真结果进行直观的说明。为了帮助读者提高灵活运用 Verilog HDL 构建复杂数字系统模型的能力，书中给出了大量的基本逻辑单元的寄存器传输级描述，以及一个复杂数字系统设计实例和数模混合系统设计实例。

　　本书的另一大特色是引入 ARM 为 Xilinx 现场可编程门阵列最新定制的 Cortex-M1 处理器软核。通过使用 Verilog HDL 构建嵌入式硬件平台和使用 C 语言编写硬件驱动，以及实现软件应用，在现场可编程门阵列内实现了真正意义上的片上可编程嵌入式系统。这里的可编程是指使用 Verilog HDL 定制嵌入式系统的硬件，然后使用 C 语言为这个定制的嵌入式硬件平台编写软件驱动和应用，这个设计过程充分体现了在 FPGA 上构建嵌入式系统的灵活性和高效性，同时对广大读者系统学习 ARM 嵌入式的硬件和软件知识提供了很好的帮助。通过对片上嵌入式系统设计流程的详细解读，读者将进一步掌握 C 语言串行执行和 Verilog HDL 并行处理的本质特点。通过在嵌入式系统设计中合理划分软件和硬件的边界，最终实现低成本、高性能的片上嵌入式系统设计。当然，对片上嵌入式系统设计过程的系统讲解也是为了帮助读者理解软件处理的灵活性和硬件处理的高效性，进而使读者进一步理解在新技术中越来越多地使用硬件（FPGA）来实现更复杂的算法的原因。

全书共 10 章，内容主要包括数字逻辑基础、数字逻辑电路、可编程逻辑器件原理、Vivado 集成开发环境设计流程、Verilog HDL 语言规范、基本数字逻辑单元 Verilog HDL 描述、复杂数字系统设计和实现、数模混合系统设计、片上嵌入式系统的构建和实现，以及图像采集、处理系统的构建和实现。为了便于读者自学，本书提供了所有设计实例的完整设计文件和公开教学视频，这些资源可以通过书中学习说明给出的链接地址获取。

在本书编写过程中参考了许多著名学者和专家的研究成果，同时也参考了 Xilinx 公司的技术文档和手册。在编写本书的过程中，Xilinx 多位技术专家解答了作者在设计中所遇到的各种问题，ARM 大学计划提供了 Cortex-M1 及其参考设计在此向他们表示衷心的感谢。在本书编写的过程中，作者的学生孟繁阳负责设计和验证第 1 章和第 2 章的实例，学生周杨参与本书第 10 章实例的设计和部分文字编写。除此之外，参加本书编写的还有何长有，在此表示感谢。在本书出版的过程中，也得到了电子工业出版社编辑的帮助和指导，在此也表示深深的谢意。

由于编著者水平有限，编写时间仓促，书中难免有疏漏之处，敬请读者批评指正。

作者

2019 年 5 月于北京

目　　录

第 1 章　数字逻辑基础

本章主要介绍了数字逻辑的发展史、SPICE 仿真工具基础、开关系统、半导体数字集成电路、基本逻辑门电路及特性、逻辑代数理论、逻辑表达式的化简、毛刺产生及消除，以及数字码制表示和转换。

为了降低读者的学习难度，在介绍本章重要的知识点时引入了 SPICE 仿真实例，从多个角度对数字逻辑基础知识进行了解读。

本章内容是学习数字逻辑电路的基础，读者必须理解并掌握本章的内容，为后续学习数字逻辑电路知识打下坚实的基础。

1.1　数字逻辑的发展史

在过去的 60 年中，数字逻辑改变了整个世界，整个世界朝着数字化方向发展。今天我们所熟悉的计算机是在第二次世界大战后才出现在人类世界中的。表 1.1 给出了计算机和数字逻辑发展历史中的重大事件，从该表可以看出数字逻辑设计技术经过了近 400 年逐步演化的过程。

表 1.1　计算机和数字逻辑发展历史中的重大事件

年　份	事　件
1614—1617 年	John Napier，苏格兰数学家，发明了对数，允许通过加法实现乘法运算，以及通过减法实现除法运算
1623 年	Wilhelm Schickard，德国教授，发明了第一个机械式计算器，称为计算钟
1630 年	William Oughtred，英国数学家、牧师，发明了计算尺
1642—1644 年	Blaise Pascal，法国数学家、物理学家和宗教哲学家，发明了第一个机械计算器 Pascaline
1672—1674 年	Gottfried Wilhelm Von Leibniz，德国数学家、外交官、历史学家、法学家、微分的发明家，发明了一个称为步进式计算器的机械计算器。计算器有一个齿轮（莱布尼茨轮），用于机械式的乘法器。尽管没有使用这个计算器，但是该设计对未来机械式计算器的发展产生了深远的影响
1823—1839 年	Charles Babbage，英国数学家、发明家，开始设计差分机，该机器设计用于自动地处理对数计算，但由于各种因素最终没有完成差分机。1834 年，Babbage 开始设计一个功能更强的机器，称为分析机，它被称为第一个通用计算机。所以，Babbage 被认为是"计算机之父"
1854 年	George Boole，英国逻辑学家、数学家，出版了《Investigation of the Law of Thought》，奠定了数字逻辑的基础
1890 年	Herman Hollerith，美国发明家，使用打孔卡片制表，用于 1890 年的普查。1896 年，他成立了打卡机公司，最终于 1924 年演变成了 IBM 公司
1906 年	Lee De Forest，美国物理学家，发明了三极管，即具有 3 个电极的真空管。在 1940 年之前，这些管子并没有用于计算机中
1936 年	Alan M. Turing，英国逻辑学家，发表了论文"On Computable Numbers"，说明任意的计算都可以使用有限状态机实现。在第二次世界大战后英国早期的计算机研制中，Turing 扮演了非常重要的角色
1937 年	George Stibitz，贝尔电话实验室的一个物理学家，使用继电器建立了二进制电路，实现了加法、减法、乘法和除法运算

续表

年　份	事　件
1938 年	Konrad Zuse，德国工程师，构建了第一个二进制计算机器——Z1。1941 年，完成了通用电子机械式计算机器——Z3
1938 年	Claude Shannon，基于他在 MIT 的硕士论文，发表了"A Symbolic Analysis of Relay and Switching Circuits"。在该著作中，他说明了将符号逻辑和二进制数学如何应用到继电器电路中的方法
1942 年	John V. Atanasoff，爱荷华州立大学教授，完成了一个简单的电子计算机器
1943 年	IBM 制造了一个可运行的电子机械式计算器——Harvard Mark I
1944—1945 年	J. Presper Eckert 和 John W. Mauchly 在宾夕法尼亚大学的电气工程摩尔学院设计和建立了 EMIAC，它是首个全功能的电子计算器
1946 年	John Von Neumann，ENIAC 项目的顾问，在该项目后，写了一个很有影响力的报告，此后在普林斯顿高等研究院开始他自己的计算机项目
1947 年	Walter Brattain、John Bardeen 和 William Schockley 在贝尔实验室发明了晶体管
1948 年	英国在 Manchester Mark I 电子计算机上运行第一个存储程序
1951 年	发布第一个商业制造的计算机 Ferranti Mark I 和 UNIVAC
1953 年	IBM 发布了电子计算机——701
1958 年	Kack Kilby，德州仪器公司的一名工程师，构建了一个可移相的振荡器，称为第一个集成电路（Integrated Circuit，IC）
1959 年	仙童半导体公司（1958 年创建）联合创始人 Robert Noyce 生产了第一个集成电路平面工艺，这使得实际可以大规模地生产可靠的集成电路。1968 年，Noyce 成立了 Intel 公司
1963 年	数字设备公司 DEC 生产了首个小型计算机
1964 年	IBM 生产了 System/360 系列电脑主机
1965 年	在电子杂志上，Gordon Moore 预测一个集成芯片上的元件数量每年翻一倍，这就是著名的"摩尔定律"。1975 年，对该定律进行修正
1969 年	IBM 研究人员开发了第一个片上可编程逻辑阵列（Programmable Logic Array，PLA）
1971 年	Intel 公司工程师 Marcian E. Hoff，Jr. 发明了第一个微处理器
1975 年	Intersil 生产了第一片现场可编程逻辑阵列（Field Programmable Logic Array，FPLA）
1978 年	单片存储器引入了可编程阵列逻辑（Programmable Array Logic，PLA）
1981 年	IBM 个人电脑诞生。美国国防部开始开发 VHDL。VHDL 中的 V 表示 VHSIC（Very High Speed Integrated Circuit，超高速集成电路）；HDL 是 Hardware Description Language 的缩写
1983 年	Intermetric、IBM 和 TI 授权开发 VHDL
1984 年	Xilinx 公司成立，并于 1995 年发明了现场可编程门阵列（Field Programmable Gate Array，FPGA）。Gateway 设计自动化公司，引入了 Verilog HDL
1987 年	VHDL 成为 IEEE 标准（IEEE 1076）
1990 年	Cadence Design Systems 公司收购 Verilog HDL
1995 年	Verilog 成为 IEEE 标准（IEEE1364）

最古老的算盘就是一种帮助人们进行计算的工具，它的外面有一个木框，木框中嵌有细杆，杆上串有算盘珠，算盘珠可沿细杆上下拨动，通过拨动算珠完成算术运算。

直到 16 世纪，人类才开始真正设计帮助人类进行计算的机器。这些计算机器中，最著名的是 Blaise Pascal 于 19 岁时发明的 Pascaline，用于帮助其父亲进行税务计算工作。Pascal 建立了 5～8 个数字版本的 Pascaline，每个数字与一个表盘、轴和齿轮关联，该计算机器能够进行加法和减法（通过生成减数的 9 位补码进行加法运算）运算。由于机械故障，该计算机器失败，并且其运算能力也非常有限。

Charles Babbage 被认为是"计算机之父"，他在 1822 年建立了差分机工作模型，这个模型可以计算数学表（如对数），通过差分方法计算一个表中的 6 位数字。Babbage 为差分机制制订了详细的计划，该机器可以最多计算到 20 位，并且可以生产一个金属盘用于打印表格。通过英国政府的资助，Babbage 和他的主要的机械工程师一起尝试建立差分机器。由于技术和个人问题（当前的机器工具不能够满足 Babbage 的精度要求，以及他妻子的病逝和机械师的意见不一致），一直妨碍着这个机器的建成。在 1834 年，Babbage 设想了一种更强的分析机，该分析机用于解决数学问题。但是，政府于 1842 年终止了这个项目。尽管 Babbage 知道在那个时代不可能建立分析机，但是他的余生中，他致力于设计这种机器，给出了分析机的大量注释，其中包含成百个轴和上千个齿轮与轮子，也包括今天计算机中的很多部件（如存储器和 CPU，其中打孔卡用于给机器编程）。

使用自动织机打孔进行编程的灵感由 Joseph-Marie Jacquard 于 1801 年提出。在 1880 年，Herman Hollerith 作为美国人口普查的代理人开始工作，1880 年普查的数据需要花费很多年时间进行制表。1882 年，Herman Hollerith 成为 MIT 的机械工程教员，随后发明了一个电子机械式系统，该系统能够对包含统计数据的打孔卡进行计算和分类，且该系统可以实现在 6 周内对 1890 年的人口统计数据进行制表。1896 年，Hollerith 成立了制表机器公司，后来成为 IBM 公司。

研制计算机方面的另一个推动力是二次世界大战，在宾夕法尼亚大学的电气工程摩尔学院，J. Presper Eckert 和 John W. Mauchly 开始研制数字积分器和微分器 ENIAC，他们是这个大型电子计算器的主要设计者。从 1944 年开始，他们专注下一个计算机电子离散变量计算机 EDVAC 的研制，这是首个存储程序计算机。然而，由于在专利权方面的意见不一，他们于 1946 年离开了摩尔学院，然后创立了电子控制公司，其目的是生产通用的自动化计算机 UNIVAC。由于资金问题所困，他们于 1948 年重新组建了 Eekert-Mauchly 计算机公司，并于 1950 年将其卖给了 Remington Rand。

IBM 公司于 1953 年发布了首台电子计算机，比贝尔实验室发明晶体管提早了 6 年。晶体管的出现对数字逻辑和计算机产生了深远的影响。半导体内的电子能够控制电流和电压的思想，对现代半导体的发展产生了深远的影响。固态技术的不断推进，使得在 20 世纪 60 年代产生了集成电路，并分别在 20 世纪 70 年代和 20 世纪 80 年代诞生了微处理器和可编程逻辑器件。

1965 年，Gordon Moore 提出了著名的"摩尔定律"，并于 1975 年进行了修正，该定律的主要内容包括：大约每隔 18 个月，集成电路上可容纳的晶体管数目就会增加一倍，性能也将提升一倍。也就是说，当价格不变时，每一美元所能买到的电脑性能，将每隔 18 个月翻两倍以上。这一定律成为半导体工艺不断发展的指南。在过去的 40 多年，半导体技术的发展一直服从于摩尔定律给出的发展路线。如图 1.1 所示，给出了 Intel 公司 CPU 的发展路线，该路线清楚地表明半导体的发展趋势与摩尔定律相吻合。

微处理器的发展，对人类的生活产生了重要的影响。今天，处理器几乎嵌入到了所有的产品中，从手机到汽车等方面。通过执行保存在存储器里的程序指令，通用微处理器可用于实现通用的算法。

随着现场可编程门阵列（Field Programmable Gate Array，FPGA）的发展，很多算法可以在 FPGA 内直接实现，这要比微处理器通过执行程序指令来实现算法要快得多，这是因为 FPGA 的本质是并行的。

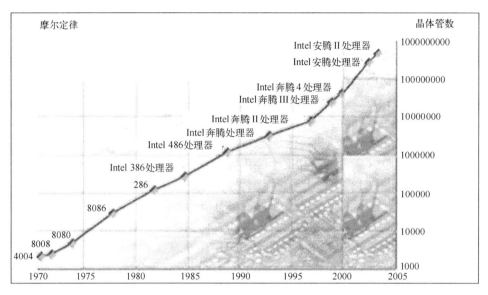

图 1.1　Intel 公司 CPU 的发展路线

思考与练习 1-1：根据表 1.1 给出的重大事件完成下面的题目。

（1）晶体管的发明时间是_____年。

（2）第一片集成电路的发明时间是_____年。

（3）在_____年，逻辑代数体系由_____提出。

（4）在_____年，提出摩尔定理，并于_____年进行修正。

（5）在_____年，VHDL 成为国际标准，其标准号为_____。

（6）在_____年，Verilog HDL 成为国际标准，其标准号为_____。

（7）在_____年，美国 Xilinx 公司发明了全球第一片现场可编程门阵列（FPGA）。

思考与练习 1-2：请查阅资料说明摩尔定律的主要内容。

1.2　SPICE 仿真工具基础

在模拟和数字电路的设计与分析中，以集成电路为重点的仿真程序（Simulation Program With Integrated Circuit Emphasis，SPICE）发挥了重要的作用。通过 SPICE 提供的分析功能，我们能够快速地评价所设计电路的性能指标，从而最大限度地避免设计缺陷。需要特别注意的是，SPICE 是基于晶体管级的电路仿真，SPICE 的仿真结果与真实硬件环境测试的结果是有差别的，这是因为在 SPICE 的仿真中电源和地都是理想的，而实际情况并非这样。

例如，在 NI 公司的 Multisim 工具、Altium 公司的 Altium Designer 工具、Cadence 公司的 OrCAD 工具中都嵌入了 SPICE，进一步增强了软件工具的电路设计和分析能力。

1.2.1　SPICE 的分析功能

SPICE 最早由加州大学伯克利分校开发，1975 年改进成为 SPICE2 的标准，它使用 FORTRAN 语言开发。1989 年，Thomas Quarles 开发出 SPICE3，它使用 C 语言编写，并且增加了窗口系统绘图功能。如图 1.2 所示，Multisim 工具中 SPICE 提供的分析功能如下所示。

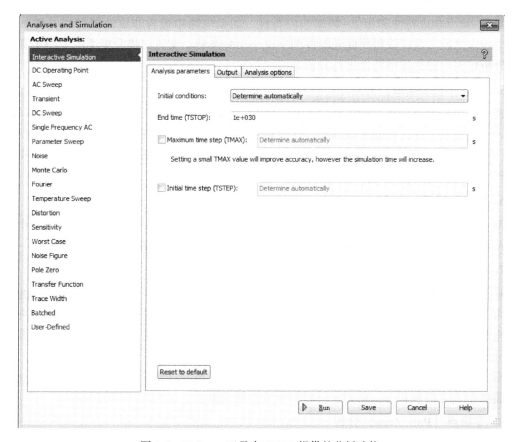

图 1.2　Multisim 工具中 SPICE 提供的分析功能

1. 直流工作点（DC Operating Point）分析

直流工作点分析用于测量包含短路电感和开路电容电路的直流工作点。在测定瞬态初始化条件时，除了已经在瞬态或傅里叶分析设置中使能了 Use Initial Conditions 参数的情况，直流工作点分析将优先于瞬态分析。同时，直流工作点分析优先于交流小信号、噪声和零级点分析。为了保证测量的线性化，电路中使用非线性的小信号模型。在直流工作点分析中将不考虑任何交流源的干扰因素。

2. 直流扫描（DC Sweep）分析

直流扫描分析就是直流转移特性。当输入在一定范围内变化时，输出一个曲线轨迹。通过执行一系列直流工作点分析，设计者可以修改所选定信号源的电压，从而可以得到一个直流传输曲线。

3. 传递函数（Transfer Function）分析

传递函数分析也称为交流小信号分析，它将计算每个电压节点上的直流输入电阻、直流输出电阻和直流增益值。利用传递函数分析可以计算整个电路中直流输入电阻、直流输出电阻和直流增益 3 个小信号的值。

4. 交流扫描（AC Sweep）分析

交流扫描分析在一定的频率范围内计算电路的响应特性。通过交流扫描分析，将得到信号的幅度–频率响应特性和相位–频率响应特性。如果电路中包含非线性器件或元件，在计算频率响应之前，就应该得到此元器件的交流小信号参数。交流扫描分析类似于使用真实的频谱分析仪对电路的频率特性进行分析。

5. 瞬态（Transient）分析

瞬态分析在时域中描述瞬态输出变量的值。在未使能"Use Initial Conditions"参数时，对于固定偏置点，在计算偏置点和非线性元件的小信号参数时，节点初始值也应考虑在内。因此，对于有初始值的电容和电感，也被看作电路的一部分。瞬态分析类似于使用真实的示波器对电路的时域特性进行分析。

6. 傅里叶（Fourier）分析

基于瞬态分析中最后一个周期的数据完成一个电路的傅里叶分析。在执行傅里叶分析后，系统将自动创建一个数据文件，该文件包含了每一个谐波的幅度和相位信息。

7. 噪声（Noise）分析

噪声分析是利用噪声谱密度来测量由电阻和半导体器件引入的噪声对电路的影响的。通常，由"V^2/Hz"表征测量噪声值。电阻和半导体器件等都能产生噪声，噪声电平取决于频率。电阻和半导体器件产生不同类型的噪声。在噪声分析中，电容、电感和受控源被看作无噪声元器件。

对于交流分析的每一个频率，计算电路中每一个噪声源（电阻或晶体管）的噪声电平。通过将各个均方根值相加，得到它们对输出节点的贡献。

8. 零极点（Pole Zero）分析

在单输入输出的线性系统中，利用电路的小信号交流传递函数，通过计算传递函数中的极点或零点来分析电路的稳定性。传递函数可以是电压增益（输出与输入电压之比）或阻抗（输出电压与输入电流之比）中的任意一个。

零极点分析可用于对电阻、电容、电感、线性控制源、独立源、二极管、BJT 管、MOSFET 管和 JFET 管的分析，但是不支持传输线。对复杂电路进行零极点分析可能需要耗费大量时间，并且可能找不到全部的极点和零点。因此，一般先将其拆分为较小的电路后再分析零极点会更有效。

9. 蒙特卡罗（Monte Carlo）分析

蒙特卡罗分析是一种统计模拟方法，它是在给定电路元器件参数容差为统计分布规律的情况下，用一组伪随机数求得元器件参数的随机抽样序列，然后对这些随机抽样的电路进行直流扫描、直流工作点、传递函数、噪声、交流小信号和瞬态分析，并且通过多次的分析结果估算出电路性能的统计分布规律。

在蒙特卡罗分析的基础上可以进行最坏情况（Worst Case）分析。

10. 温度扫描（Temperature Sweep）分析

温度扫描分析是指在一定的温度范围内计算电路参数，以确定电路的温度漂移等性能指标。温度扫描分析时，一般会产生大量的分析数据。

11. 参数扫描（Parameter Sweep）分析

参数扫描分析可以与直流分析、交流分析或瞬态分析配合使用。通过对电路所执行的分析进行参数扫描，便于研究电路参数变化对电路特性的影响。在分析功能上，参数扫描分析与蒙特卡罗分析和温度扫描分析类似，它是按照扫描变量对电路的所有分析执行参数扫描的，其分析结果产生一个数据列表或一组曲线图，同时还可以设置第二个参数扫描分析，但参数扫描分析所收集的数据不包括子电路中的器件。

参数扫描分析至少应与标准分析类型中的一项一起执行，这样就可以观察到不同参数值所对应的曲线。曲线之间的偏离度表明该参数对电路性能的影响程度。

1.2.2　SPICE 的分析流程

SPICE 的基本程序模块包括电路原理图输入程序、激励源编辑程序、电路仿真程序 SPICE、输出结果绘图程序、模型参数提取程序，以及包含 SPICE 元器件模型的参数库。 SPICE 的分析流程如图 1.3 所示。

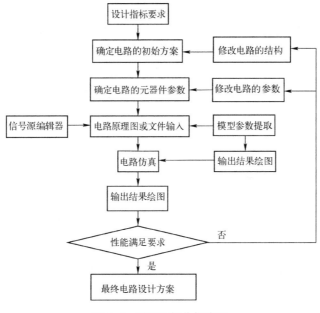

图 1.3　SPICE 的分析流程

> **注**：本书配套提供的公开教学视频中提供了 Multisim 14.0 工具中使用 SPICE 对数字电路执行分析的详细操作过程，请读者观看视频学习。

思考与练习 1-3：请说明 SPICE 提供的 3 大基本分析功能，包括 ＿＿＿、＿＿＿＿和＿＿＿＿。

思考与练习 1-4：请说明在模拟电子电路中直流工作点的重要性。

思考与练习 1-5：请说明瞬态分析和交流扫描分析分别相当于哪种测试仪器。

1.3　开关系统

开关系统是构成数字逻辑最基本的结构，它通过半导体物理器件实现数字逻辑的开关功能。

所谓的开关系统，实际上就是常说的由工作在"0"或者"1"状态下的物理器件所构成的数字电路。例如，家里的普通电灯，通过开关的控制，不是闭合（灯亮），就是断开（灯灭）。此外，用于控制强电设备的继电器也是典型的数字器件，不是处于常开状态，就是处于常闭状态。

1.3.1　0 和 1 的概念

数字电路中的信号是一个电路网络，通过这个网络，将一个元件的输出电压传送到所连接的另一个元件或者其他元件的输入。与模拟电路中的信号变化是连续的相比，数字电路中的信号变化是不连续的。在数字电路中，信号的电压取值只有两种情况，即 VCC 或者 GND。其中，VCC 表示逻辑高电平，GND 表示逻辑低电平。这样，数字电路中用于表示所有数据的信号只有两个取值状态。只使用两个状态来表示数据的系统称为二进制系统；具有两个状态的信号称为二进制信号。所有由二进制构成的输入信号，其操作产生二进制的输出结果。电压值的集合{VCC,GND}定义了数字系统中一个信号线的状态，通常表示为{1,0}。其中，"1"表示 VCC，"0"表示 GND。因此，数字系统只能表示两个状态的数据，并且已经给这两个状态分配了数字符号"0"和"1"，于是出现了用二进制数表示数字系统的方法。数字电路中的一个信号线携带着信息的一个二进制数字，也称为比特位（bit）。总线是由多个工作在开关状态下的信号线构成的，因此总线可以包含多个比特位，可以定义一个二进制数。在数字电路中，使用比特位表示数据可以让人们在学习数字电路时能够很容易地接受现存的数字和逻辑技术。

下面通过两个典型的开关系统进一步说明 0 和 1 的概念。

1. 串联开关构成的开关系统

由串联开关构成的开关系统如图 1.4 所示。从图 1.4 中可知，要点亮灯泡 X1，要求开关 K1 和 K2 同时闭合。如果只闭合 K1 而断开 K2；或者只闭合 K2 而断开 K1；或者 K1 和 K2 都断开时，均不会点亮灯泡。很明显，这样一个开关系统满足逻辑与的关系。

假设将开关 K1 设置为变量 A，将其闭合状态表示为"1"，断开状态表示为"0"；将开关 K2 设置为变量 B，将其闭合状态表示为"1"，断开状态表示为"0"；将灯泡的状态设置为变量 Y，将灯亮状态表示为"1"，灯灭状态表示为"0"，这个串联开关系统的逻辑关系可以用表 1.2 表示。

表 1.2　串联开关系统的逻辑关系

A	B	Y
0	0	0
0	1	0
1	0	0
1	1	1

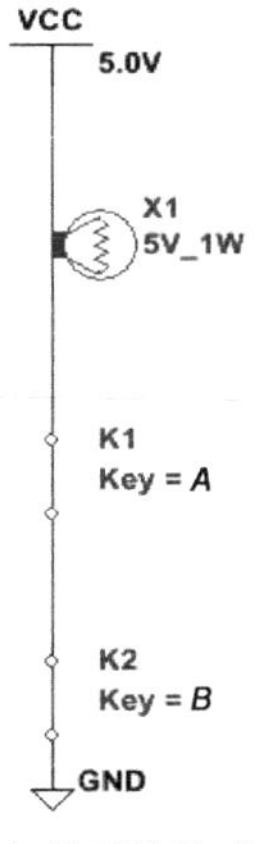

图 1.4　由串联开关构成的开关系统

> **注：**读者进入本书配套提供例子的\eda_verilog\switch_and.ms14 路径下，用 Multisim 14 工具打开该设计，执行仿真，观察仿真结果。

从表 1.2 中可知，它描述的是一种典型的逻辑与关系。也就是说，当变量 A 和 B 均为"1"时，变量 Y 的状态才为"1"；在变量 A 和 B 的组合为"00"、"01"和"10"的情况下，变量 Y 的状态均为"0"。

2. 并联开关构成的开关系统

由并联开关构成的开关系统如图 1.5 所示。从图 1.5 中可知，要点亮灯泡 X1，要求开关 K1 或 K2 其中有一个闭合即可。只有 K1 和 K2 都断开时，才不会点亮灯泡。很明显，这样一个系统满足逻辑或的关系。

假设将开关 K1 设置为变量 A，将其闭合状态表示为"1"，断开状态表示为"0"；将开关 K2 设置为变量 B，将其闭合状态表示为"1"，断开状态表示为"0"；将灯泡的状态设置为变量 Y，将灯亮状态表示为"1"，灯灭状态表示为"0"，这个并联开关系统的逻辑关系可以用表 1.3 表示。

表 1.3　并联开关系统的逻辑关系

A	B	Y
0	0	0
0	1	1
1	0	1
1	1	1

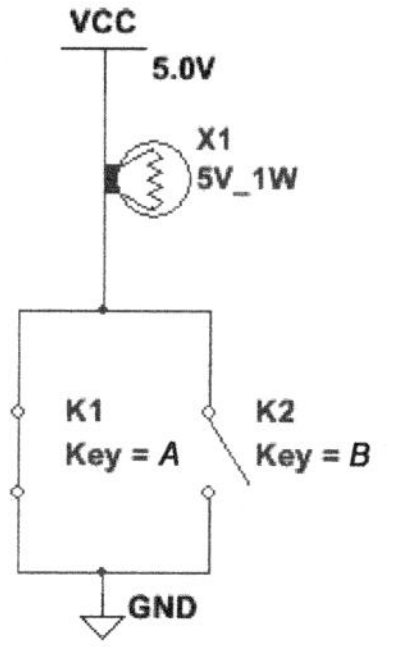

图 1.5　由并联开关构成的开关系统

> **注**：读者进入本书配套提供例子的 \eda_verilog\switch_or.ms14 路径下，用 Multisim 14 工具打开该设计，执行仿真，观察仿真结果。

从表 1.3 中可知，它描述的是一种典型的逻辑或关系。也就是说，当变量 A 和 B 有一个为"1"时，变量 Y 的状态就为"1"；只有在变量 A 和 B 都为"0"的情况下，变量 Y 的状态才为"0"。

思考与练习 1-6：在开关系统中，开关串联构成逻辑_____关系；开关并联构成逻辑_____关系。

1.3.2　开关系统的优势

与数字电路相比，模拟电路中使用的信号的电压值并不限定只取 VCC 和 GND 这两个不同的值，而是可以是 VCC 和 GND 之间的任何值。许多输入元件，特别是那些用于电传感器的元件（如麦克风、照相机、温度计、压力传感器、运动和接近传感器等），在它们的输出端产生模拟电压。在现代电子设备中，先将模拟信号转换为数字信号，然后进行处理。例如，一个数字语音备忘录，通过使用模拟麦克风设备，在内部电路节点处将声波转换为电压信号。在数字化处理电路中，模拟-数字转换器（Analog-To-Digital Converter，ADC）将模拟电压信号转换为离散的数字信号。通过对模拟输入信号的采样，ADC 可以测量输入电压信号的幅度，然后为这个测量值分配一个对应的二进制数。只要将模拟信号采样点的电压值转换为对应的二进制数，就可以使用数字系统（如 DSPs、FPGA、CPU）对其进行处理。

类似地，通过使用数字-模拟转换器（Digital-To-Analog Converter，DAC）就可以将离散的数字信号重新恢复成模拟信号。

　　模拟信号对噪声非常敏感，并且信号的强度会随着时间的推移和传输距离的增加而衰减。但是，数字信号对噪声和信号强度衰减的敏感度显著降低。这是因为数字信号为状态"0"和状态"1"定义了两个宽范围电压区域，在这个区域内的任何电压变化都不会改变数字信号的状态。如图 1.6 所示，一个包含噪声的模拟信号可以转换为具有稳定状态"0"和"1"的数字信号。对于图 1.6 给出的包含噪声的模拟信号，如果直接用模拟电路进行处理，成本将显著增加。

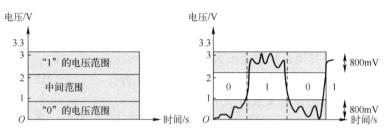

图 1.6　对包含噪声的模拟信号进行数字化处理

　　一句话概括，由于数字信号具有抗干扰能力强和处理方式灵活的显著优势，使得电子系统迈向了数字化时代。

　　下面通过对图 1.7 给出的数字电路进行 SPICE 瞬态分析来进一步说明数字电路的抗干扰能力。在该电路中，反相器（节点 3）的输入信号由方波和正弦波（干扰信号）叠加而成，如图 1.8 所示。

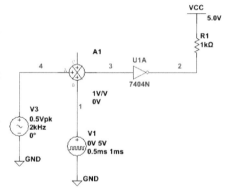

图 1.7　数字系统的抗干扰能力分析电路

> **注**：读者进入本书配套提供例子的 \eda_
> verilog\digtial_add_noise.ms14 路径下，用 Multisim
> 14 工具打开该设计，执行仿真，观察仿真结果。

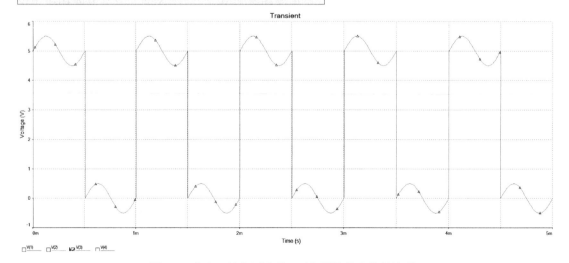

图 1.8　节点 3 的电压波形（反相器的输入信号波形）

通过观察图 1.9 给出的节点 4 的电压波形（反相器的输出信号波形），反相器的输出信号和输入信号（节点 1）呈现逻辑取反关系。由于噪声（正弦信号）的波动对方波的影响仍然在逻辑 "1" 和逻辑 "0" 所允许的电压范围内，所以即使输入到反相器的信号存在波动，但是不影响反相器对输入信号的正确理解，所以从反相器输出的数字信号状态是正确的。

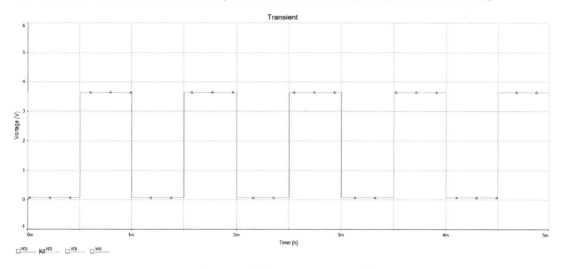

图 1.9　节点 4 的电压波形（反相器的输出信号波形）

一旦噪声波动超过了状态 "0" 和状态 "1" 规定的电压范围，则反相器对输入信号的理解就会发生错误，使得最终从反相器输出的数字信号状态发生错误。

思考与练习 1-7：与模拟信号相比，数字信号具有＿＿＿＿和＿＿＿＿的优点。

思考与练习 1-8：为什么说在数字电路中逻辑 "1" 和逻辑 "0" 表示两种状态，而不是某个具体的值？

思考与练习 1-9：状态 "1" 和状态 "0" 的确定与＿＿＿＿密切相关。

1.3.3　晶体管作为开关

前面介绍的开关系统通过机械开关控制。很明显，使用机械开关控制系统，不仅灵活性差，而且系统的切换速度很低，同时开关的工作寿命也十分有限。因此，人们就使用半导体器件作为电子开关来代替前面提到的机械开关，用于对开关系统进行控制。与机械开关不一样的是，半导体物理器件的导通和截止是靠外面施加的电压进行控制的。用于现代数字电路的晶体管开关称为金属氧化物半导体场效应晶体管（Metal Oxide Semiconductor Field Effect Transistor，MOSFET），它是三端口器件。当在第 3 个端口（栅极）施加合适的逻辑电平时，可以在两个端口（源极和漏极）之间流经电流。在最简单的 FET 模型中，源极和漏极之间的电阻是一个栅-源电压的函数，即栅极电压越高，这个电阻就越小，因此就可以流过更大的电流。当用在模拟电路（如音频放大器）时，栅-源电压值可以取 GND 和 VCC 之间的任何值。但是，在数字电路中，栅-源电压值只能是 VCC 或 GND（当然，当栅极电压从 VCC 变化到 GND 或从 GND 变化到 VCC 时，必须假定电压在 VCC 和 GND 之间）。此处，假设状态变化的过程非常快，忽略栅极电压在这段时间变化的 FET（Field Effect Transistor，场效应晶体管）特性。

在一个简单的数字电路模型中，可以将 MOSFET 当作一个可控的断开（截止）或者闭合（导通）的电子开关。如图 1.10 所示，根据不同的物理结构，FET 包含两种类型，即 nFET 和 pFET。

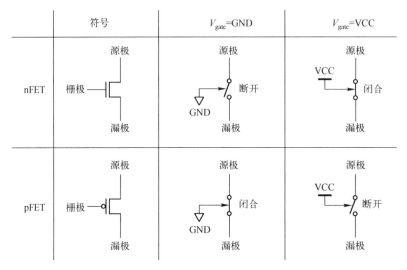

图 1.10　nFET 和 pFET 的特性和等效开关

1. nFET

当栅极电压为 VCC 时，源极和漏极导通，即闭合；当栅极电压为 GND 时，源极和漏极断开，即截止。

2. pFET

当栅极电压为 GND 时，源极和漏极导通，即闭合；当栅极电压为 VCC 时，源极和漏极断开，即截止。

单个的 FET 经常用作独立的电子可控开关。例如，对于一个 nFET，如果电源接到源极，负载（如发动机、灯或其他的应用中的电子元件）接到漏极，在该应用中，nFET 可以打开或关闭开关。当栅极接入 GND 时，导通负载元件；而栅极接入 VCC 时，断开负载元件。例如，导通一个 FET 只需要一个很小的电压（几伏特的量级），即使这个 FET 正在切换的是一个大电压或大电流，用于这种目的的单个 FET 通常是巨大的设备。

在数字电路中，FET 也可以充当有用的逻辑功能，如逻辑与、逻辑或和逻辑非等。在这种应用中，几个非常小的 FET 组成一个简单的小硅片（或硅芯片），然后用金属导线将它们连接在一起。例如，这些微小的 FET 所占用的空间小于 $1×10^{-7} m^2$。因此，一个硅芯片的一端可以是几毫米，一个单芯片上可以集成数百万的 FET。当所有的电路元件整合集成到同一块硅片上时，将这种形式构成的电路称为集成电路。

1.3.4　半导体物理器件

大多数的 FET 使用半导体硅制造。如图 1.11（a）所示，在制造的过程中，植入离子的硅片在这个区域的导电性能更好，用作 FET 的源极和漏极区域，这些区域通常称作扩散区。接下来，如图 1.5（b）所示，在这些扩散区的中间创建一个绝缘层，并且在这个绝缘材料的上面"生长"另一个导体。这个"被生长"的导体（典型的用硅）形成了栅极，如图 1.11（c）和图 1.11（d）所示，位于栅极之下和扩散区之间的区域称为沟道，最后用导线连接源极、漏极和栅极，于是这个 FET 就可以连接到一个大的电路中。生产晶体管需要几个处理过程，包括高温、精确的物理布局和各种材料。

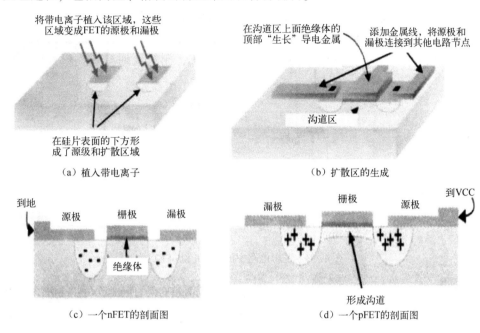

将带电离子植入该区域，这些区域变成FET的源极和漏极

在硅片表面的下方形成了源级和扩散区域

（a）植入带电离子

在沟道区上面绝缘体的顶部"生长"导电金属

添加金属线，将源极和漏极连接到其他电路节点

沟道区

（b）扩散区的生成

到地   源极   栅极   漏极

绝缘体

（c）一个nFET的剖面图

漏极   栅极   源极   到VCC

形成沟道

（d）一个pFET的剖面图

图 1.11   FET 的制造工艺

实际上，FET 的基本工作原理非常直观。接下来仅对 nFET 的最基本应用进行介绍。pFET 的工作原理与 nFET 的工作原理完全相似，但是必须将电压颠倒过来。

如图 1.12 所示，一个 nFET 的源极和漏极扩散区都植入了带负电荷的粒子。当一个 nFET 用于逻辑电路时，它的源极接到 GND；于是，nFET 的源极像 GND 节点一样，拥有丰富的带负电荷的粒子。如果 nFET 的栅极电压和源极电压一样（如 GND），那么栅极上存在的带负电荷的粒子立刻排斥栅极下面来自带沟道区域的负电荷的粒子（注意，在半导体中，如硅，正负电荷的粒子是可以移动的，在带电粒子形成的电场影响下，移动半导体晶格）。

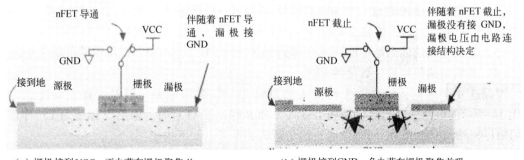

nFET 导通   VCC   伴随着 nFET 导通，漏极接 GND

GND

接到地   源极   栅极   漏极

（a）栅极接到VCC，正电荷在栅极聚集并吸引负电荷进入沟道形成导电沟道

nFET 截止   VCC   伴随着 nFET 截止，漏极没有接 GND，漏极电压由电路连接结构决定

GND

接到地   源极   栅极   漏极

（b）栅极接到GND，负电荷在栅极聚集并吸引正电荷进入沟道形成背靠背的二极管

图 1.12   nFET 的打开与关闭

正电荷聚集在栅极下面，形成两个反向的正-负结（称为 PN 结），这些 PN 结阻止任何一个方向的电流流过。如果栅极上的电压超过源极电压，并且超过了阈值电压（或 V_{th}，大于或等于 0.5V）时，正电荷开始在栅极聚集，并且立即排斥栅极下沟道区域的正电荷。负电荷聚集在栅极下面，在栅极下面及源极和漏极扩散区域之间形成一个连续的导电区域。当栅极电压达到 VCC 时，形成一个大的导电沟道，并且 nFET 处于强导通状态。

如图 1.13 所示，用于逻辑电路中的 nFET，把其源极接到 GND，栅极接到 VCC，就可以使它导通（闭合）；而对于 pFET，将其源极接到 VCC，栅极接到 GND，就可以使它导通（闭合）。

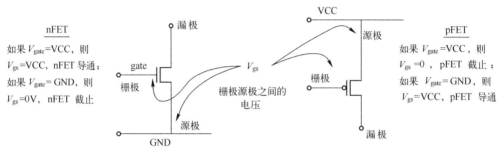

图 1.13   逻辑电路中的 nFET 和 pFET

根据上述原理可知，源极接 VCC 时，不会强行打开 nFET，所以很少将 nFET 的源极连接到 VCC。类似地，源极接到 GND 时，也不能很好地打开 pFET。所以，很少将 pFET 的源极接到 GND。

> **注**：这就是常说的，nFET 传输强 0 和弱 1，而 pFET 传输强 1 和弱 0。

1.3.5   半导体逻辑电路

只要掌握了 FET 的工作原理，就可以使用它构建基本的逻辑电路来实现所要求的逻辑功能。这些逻辑电路将一个或多个逻辑输入信号进行组合，然后产生满足逻辑功能要求的输出信号。下面将讨论实现最基本逻辑功能（如逻辑与、逻辑或和逻辑非）的电路。

当构建一个 FET 电路用来实现逻辑关系时，必须注意下面的 4 个基本规则：

（1）pFET 的源极必须连接到 VCC，nFET 的源极必须连接到 GND；

（2）电路输出必须通过一个 pFET 连接到 VCC，电路输出必须通过一个 nFET 连接到 GND（如电路输出永远不能悬空）；

（3）逻辑电路的输出绝不能同时连接到 VCC 和 GND（绝不能将逻辑电路的输出短路）；

（4）逻辑电路使用最少数量的 FET。

遵循这 4 个原则，构造一个两输入的逻辑"与"关系电路。但是，首先要注意在如图 1.14 所示的电路中，当且仅当两个输入 A 和 B 都连接 VCC 时，输出（标记为 Y）才连接到 GND，也就是 Q1 和 Q2 同时导通，这个逻辑关系可以如下描述：

当 A 和 B 都连接到逻辑高电平（Logic High Voltage，LHV）时，即 VCC 时，Y 的输出为逻辑低电平（Logic Low Voltage，LLV）。

在如图 1.9 所示的电路中，构造一个两输入的逻辑"或"关系电路。只要 A 或者 B 有一个连接到VCC时，输出（标记为 Y）就会连接到 GND，也就是 Q3 和 Q4 中至少有一个 FET 是导通的，这个逻辑关系可以如下描述：

当 A 或者 B 连接逻辑高电平（Logic High Voltage，LHV）时，即 VCC 时，Y 的输出为逻辑低电平（Logic Low Voltage，LLV）。

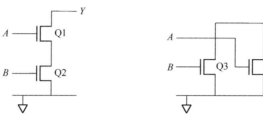

图 1.14　串联 FET　　　　　图 1.15　并联 FET

图 1.16 给出了由 FET 的串联结构和并联结构构成的组合逻辑电路。从图 1.16 中可知，这个电路遵循以上 4 个基本规则，即 pFET 只连接到 VCC，nFET 只连接到地，输出总是连接到 VCC 或连接到 GND，但绝不同时连接到 VCC 和 GND，以及使用最少数量的 FET。如表 1.4 所示，下面对这个逻辑门电路输入和输出电平之间的关系进行简要分析：

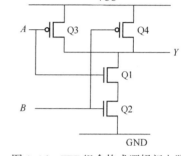

图 1.16　FET 组合构成逻辑门电路

（1）当 A 和 B 都连接到 VCC 时，Q1 和 Q2 同时导通，而 Q3 和 Q4 同时截止。因此，Y 的输出为 GND。

（2）当 A 连接到 GND 和 B 连接到 VCC 时，Q3 和 Q2 同时导通，而 Q1 和 Q4 同时截止。因此，Y 的输出为 VCC。

（3）当 A 连接到 VCC 和 B 连接到 GND 时，Q1 和 Q4 同时导通，而 Q2 和 Q3 同时截止。因此，Y 的输出为 VCC。

（4）当 A 连接到 GND 和 B 连接到 GND 时，Q3 和 Q4 同时导通，而 Q1 和 Q2 同时截止。因此，Y 的输出为 VCC。

为了更直观地体现图 1.16 所示电路所要表示的逻辑关系，规定输入电平为 VCC 时，表示逻辑 "1"；输入电平为 GND 时，表示逻辑 "0"，并且用同样的规则定义输出信号电平的逻辑关系，如表 1.5 所示。从表 1.5 可以看出，该电路表示的是逻辑 "与非" 关系，因此将该电路称为逻辑与非电路。

表 1.4　门电路输入和输出电平

A	B	Y
GND	GND	VCC
GND	VCC	VCC
VCC	GND	VCC
VCC	VCC	GND

表 1.5　门电路输入和输出的逻辑关系

A	B	Y
0	0	1
0	1	1
1	0	1
1	1	0

注：在数字逻辑中，表示一个逻辑门电路输入和输出关系的表格称为真值表。

将 nFET 和 pFET 进行组合，构成实现不同逻辑关系的电路，如图 1.17 所示。图 1.17

中，每个逻辑电路由上面的 pFET 和下面的 nFET 构成，它们实现互补关系。当 pFET 表示逻辑或关系时，nFET 表示逻辑与关系。显示出互补特性的 FET 电路也称为互补金属氧化物半导体（Complementary Metal Oxide Semiconductor，CMOS）电路。迄今为止，在数字和计算机电路中，CMOS 电路占有统治地位。MOS 名字是指以前的半导体工艺，门是由金属构成的，门下面的绝缘体由硅氧化物构成。这些基本的逻辑电路是构成数字和计算机电路的基础。

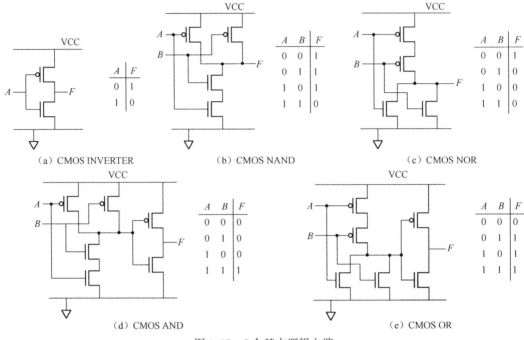

图 1.17　5 个基本逻辑电路

> **注**：图 1.17 中，INVERTER 表示逻辑非关系，NAND 表示逻辑与非关系，NOR 表示逻辑或非关系，AND 表示逻辑与关系，OR 表示逻辑或关系。

当在原理图中绘制这些电路时，使用如图 1.18 所示的符号，而不是 FET 电路符号。这是由于直接使用 FET 符号绘制逻辑电路时会显得冗长乏味，而且对整个逻辑电路的分析来说显得很不方便。

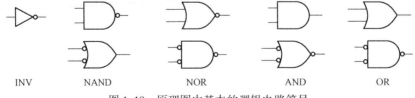

图 1.18　原理图中基本的逻辑电路符号

> **注**：图 1.18 中，INV 表示逻辑非关系，NAND 表示逻辑与非关系，NOR 表示逻辑或非关系，AND 表示逻辑与关系，OR 表示逻辑或关系。

图 1.18 中，不同逻辑关系的符号特点如下：

（1）逻辑输入端是一直角、输出端是一个光滑的曲线的符号表示逻辑与关系。

（2）当逻辑输入端是曲线边且指向输出端的符号表示逻辑或关系。

（3）输入端的小圆圈表示输入信号必须是逻辑低电平时才能产生所表示逻辑功能的输出。

（4）输出端的小圆圈表示逻辑功能的结果产生一个逻辑低电平输出信号，输出端没有小圆圈时，表示逻辑功能产生一个逻辑高电平输出信号。

（5）输入端没有小圆圈表示输入信号必须是逻辑高电平时才能实现所需要表示的功能。

如图 1.18 所示，除逻辑非关系外，其他的每一个逻辑关系都有两种符号表现形式。上面的符号是基本逻辑的符号，下面的符号是共轭符号。共轭符号交换逻辑与关系和逻辑或关系的符号形状，并且改变输入端和输出端的逻辑电平。很明显，使用后面介绍的德·摩根定理就可以验证它们之间的等效性。

思考与练习 1–10：根据图 1.17，说明实现下面的逻辑关系需要的晶体管个数。

NAND：＿＿＿＿＿，　　OR：＿＿＿＿＿，　　INV：＿＿＿＿＿，　　AND：＿＿＿＿＿，
NOR：＿＿＿＿＿。

思考与练习 1–11：根据图 1.17，实现一个与非关系，直接使用逻辑与非门电路和使用逻辑与电路串联逻辑非电路有何不同（提示：直接使用逻辑与非门电路只使用 4 个晶体管，而使用逻辑与电路串联逻辑非电路会使用 8（6+2＝8）个晶体管。一方面会增加逻辑与非电路的实现成本；另一方面由于使用晶体管的数量增加，显著降低电路的性能）？

思考与练习 1–12：分析图 1.19 ～图 1.23 给出的 FET 电路结构，填写表 1.6 ～表 1.10（注意，表中 FET 的状态填写导通/截止），并说明每个电路所实现的逻辑关系。

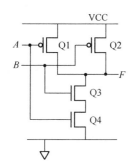

图 1.19　晶体管构成逻辑电路（1）

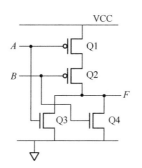

图 1.20　晶体管构成逻辑电路（2）

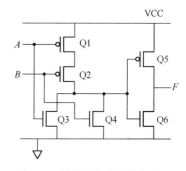

图 1.21　晶体管构成逻辑电路（3）

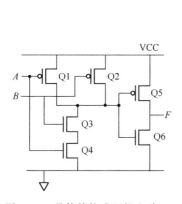

图 1.22　晶体管构成逻辑电路（4）

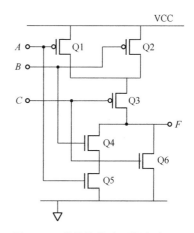

图 1.23　晶体管构成逻辑电路（5）

表 1.6　电路实现的逻辑关系(1)

A	B	Q1	Q2	Q3	Q4	F
0	0					
0	1					
1	0					
1	1					

表 1.7　电路实现的逻辑关系(2)

A	B	Q1	Q2	Q3	Q4	F
0	0					
0	1					
1	0					
1	1					

表 1.8　电路实现的逻辑关系(3)

A	B	Q1	Q2	Q3	Q4	Q5	Q6	F
0	0							
0	1							
1	0							
1	1							

表 1.9　电路实现的逻辑关系(4)

A	B	Q1	Q2	Q3	Q4	Q5	Q6	F
0	0							
0	1							
1	0							
1	1							

表 1.10　电路实现的逻辑关系(5)

A	B	C	Q1	Q2	Q3	Q4	Q5	Q6	F
0	0	0							
0	0	1							
0	1	0							
0	1	1							
1	0	0							
1	0	1							
1	1	0							
1	1	1							

1.3.6　逻辑电路符号

数字逻辑电路可以使用若干个专用逻辑芯片（如74系列芯片）构建，也可以使用可编程逻辑器件（Programmable Logic Device，PLD）构建。前者是基于电路板级的数字系统设计，后者是基于芯片极的系统设计。本节不考虑逻辑电路的具体实现方式，只使用逻辑电路符号来表示逻辑关系。

通过使用逻辑门符号，可以很容易地描述由任何逻辑等式所确定的逻辑电路原理。逻辑输入表示连接到逻辑门的信号。在构建逻辑电路的原理图时，需要确定驱动最终输出信号的逻辑操作，即逻辑门，当然也需要明确驱动逻辑电路内部节点的逻辑操作。如果在逻辑等式中需要明确表示逻辑操作的顺序，那么可以在逻辑表达式中通过使用括号实现这一目的。例如，对于逻辑等式"$F = A \cdot B + C \cdot B$"，图 1.24（a）给出的设计使用或门驱动输出信号 F，两个与门驱动或门的输入；图 1.24（b）给出的设计使用一个三输入的与门驱动 F，其中的两个输入直接来自逻辑变量 A 和 B，另一个输入来自逻辑变量 B 和 C 经过逻辑或门后的输出。如果没有使用圆括号，默认优先级由高到低依次按下面顺序排列，即与非/与、异或、或非/或，取反。通常地，如果先画输出门，那么由逻辑表达式可以很容易地绘制出电路。

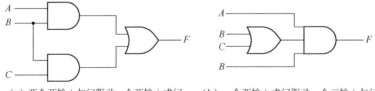

（a）两个两输入与门驱动一个两输入或门　　（b）一个两输入或门驱动一个三输入与门

图 1.24　逻辑等式"$F = A \cdot B + C \cdot B$"的两种不同表示方式

在逻辑等式中，反相器用来表示在驱动一个逻辑门之前输入信号必须取反。例如，逻辑表达式：

$$F = \overline{A} \cdot B + C$$

> **注：** 在数字逻辑中，逻辑表达式使用符号"·"表示逻辑与关系，使用符号"+"表示逻辑或关系。

在逻辑信号 A 输入到一个两输入的与门之前加上一个非门，在这种情况下，可以使用一个非门，或使用前面介绍的电路符号表示一个反相的输出（例如，前面介绍的输出有一个小圆圈的符号）。

如图 1.25 所示，从原理图去理解逻辑表达式比较直观。驱动输出信号的逻辑门定义了主要的逻辑操作，并且决定了组合等式中其他项的方法。

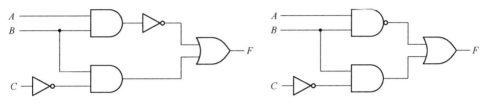

图 1.25　$F = \overline{A \cdot B} + \overline{C} \cdot B$ 的两种不同实现方式

如图 1.26 所示，反相器（或者是输出一个有小圆圈的逻辑门）表示要求取反的信号或功能，其可作为"下游"门的输出。如图 1.27 所示，一个逻辑门的输入端添加一个小圆圈可以认为信号在进入这个门之前取反。

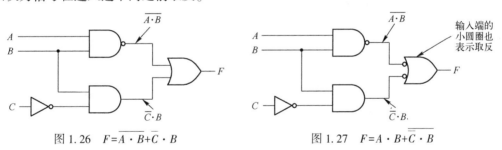

图 1.26　$F = \overline{A \cdot B} + \overline{C} \cdot B$　　　　　　图 1.27　$F = \overline{\overline{A \cdot B} + \overline{\overline{C} \cdot B}}$

两个"背靠背"的信号取反表示相互抵消。这就是说，如果对一个信号取反，然后在任何使用到这个信号的位置又对该信号再次取反，那么这个电路和同时去掉这两个取反的电路等效。

如图 1.28 所示，两个电路具有等效的逻辑功能。图 1.28（b）所示的电路是简化了的电路，去掉了图 1.28（a）中信号 C 上的两个非门，并且通过在内部节点处增加取反使所实现的逻辑电路更高效。所以，一个包含 4 个晶体管的与非门可以用来代替包含 6 个晶体管的与/或门。

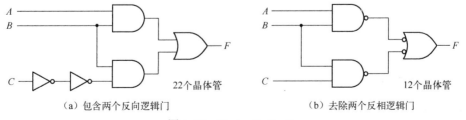

　　22个晶体管　　　　　　　　　　　　　　　12个晶体管

（a）包含两个反向逻辑门　　　　　　　　（b）去除两个反相逻辑门

图 1.28　$F = A \cdot B + C \cdot B$

思考与练习 1-13： 请根据给出的逻辑表达式画出真值表，并画出其门电路的实现结构。

（1）$X = \overline{A} \cdot B + C$

（2） $X = A \cdot B \cdot \overline{C} + B \cdot C$

（3） $X = B \cdot \overline{C} + \overline{B} \cdot C$

思考与练习 1-14：如图 1.29 所示，分别写出下面逻辑电路所实现的逻辑表达式。

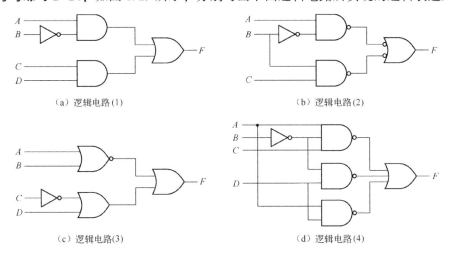

（a）逻辑电路(1)　　　　　　　　　（b）逻辑电路(2)

（c）逻辑电路(3)　　　　　　　　　（d）逻辑电路(4)

图 1.29　不同的逻辑电路

思考与练习 1-15：如图 1.30 所示，请分别说明下面电路所使用晶体管的数量。

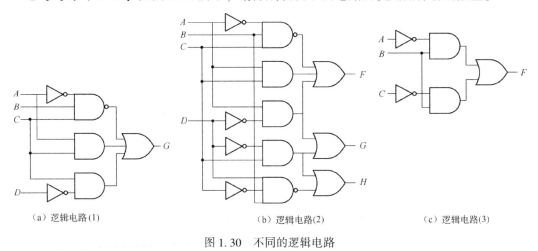

（a）逻辑电路(1)　　　　　　（b）逻辑电路(2)　　　　　　（c）逻辑电路(3)

图 1.30　不同的逻辑电路

1.4　半导体数字集成电路

本节将介绍集成电路发展、集成电路构成和集成电路版图。

1.4.1　集成电路发展

集成电路的发展主要划分为 4 个阶段：

（1） 20 世纪 60 年代早期，出现了第一片集成电路，所集成的晶体管数量少于 100 个，该集成电路称为小规模集成（Small-Scale Integrated，SSI）电路。

（2） 20 世纪 60 年代后期，出现了中规模集成（Medium-Scale Integrated，MSI）电路，

所集成的晶体管数量达到几百个。

（3）20 世纪 70 年代中期，出现了大规模集成（Large-Scale Integrated，LSI）电路，所集成的晶体管数量达到几千个。

（4）20 世纪 80 年代早期，出现了超大规模集成（Very-Large-Scale-Integrated，VLSI）电路，所集成的晶体管数量超过了 100000 个；到 20 世纪 80 年代后期，所集成的晶体管数量超过了 1000000 个；到 20 世纪 90 年代，所集成的晶体管数量超过了 10000000 个；而到了 2004 年，这一数量已经超过了 100000000 个；目前这一数量已经突破 1000000000 个。

1.4.2　集成电路构成

术语"芯片"和集成电路是指半导体电路，即在一个硅片上集成了大量的微型晶体管。这些芯片的功能有些只能实现很简单的逻辑开关功能，有些则可以实现复杂的处理功能。对于实现简单的逻辑功能的芯片来说，一个硅片上可能只集成了少量的晶体管；对于功能比较复杂的芯片来说，一个硅片上可能集成了几百万个晶体管。有些已经存在了很长时间的芯片，只实现最基本的功能，如 74 系列的芯片，它们是最简单的小规模集成电路，只集成了少量的逻辑电路，其中 7400 芯片包含 4 个独立的与非门逻辑电路。

如图 1.31 所示，芯片本身，即芯片裸片，远远小于其外部的封装。在制造芯片的过程中，这个小的、脆弱的芯片被粘到（使用环氧树脂）封装中间的底部，将键合线连接到器件裸片，并且与外部引脚连接，然后将封装的上半部分进行永久黏合。对于小规模集成电路，只有几个外部引脚；而对于大规模集成电路，引脚的个数可能超过几百个，甚至几千个。如图 1.32 所示，给出了集成电路的 LQFP 封装。

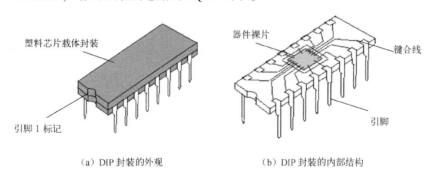

（a）DIP 封装的外观　　　　　　（b）DIP 封装的内部结构

图 1.31　集成电路的 DIP 封装

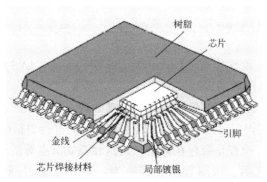

图 1.32　集成电路的 LQFP 封装

1.4.3　集成电路版图

集成电路版图是真实集成电路的平面几何形状描述。如图 1.33 所示，集成电路版图是集成电路设计中最底层物理设计的成果，是物理设计通过布局和布线技术将逻辑综合的成果——门级网表转换成物理版图文件，这个文件包含了各个硬件单元在芯片上的形状、面积和位置信息。版图设计的结果必须遵守制造工艺、时序、面积、功耗等的约束。通过 EDA 工具，芯片设计人员可以完成版图设计。完成集成电路版图设计后，整个集成电路设计的流程基本结束。随后，版图文件被送到半导体加工厂，通过使用半导体器件制造技术来制造实际的芯片。

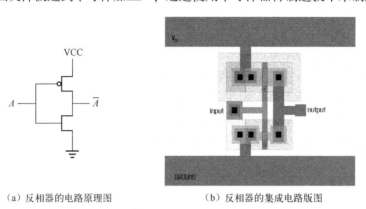

（a）反相器的电路原理图　　　　　　（b）反相器的集成电路版图

图 1.33　反相器的电路原理图和集成电路版图

如果以标准的工业流程进行集成电路制造，则可以精确控制化学和热学，以及一些与光刻有关的变量，那么最终制造出的集成电路在很大程度上取决于不同"几何形状"之间的相互连接和位置。集成电路布局工程师的工作是将组成集成电路芯片的所有组件安置和连接起来，并符合预先的技术要求。通常这些技术要求包括性能、尺寸和制造的可行性。在版图图形中，不同颜色的图形形状可以分别代表金属、二氧化硅或组成集成电路组件的其他半导体层。同时，版图可以提供导体、隔离层、接触、通孔、掺杂注入层等方面的信息。

生成的版图必须经过一系列被称为物理验证的检查流程。设计人员必须使版图满足制造工艺、设计流程和电路性能三方面带来的约束条件。其中，制造工艺往往要求电路符合最小线宽等工艺限制，而功率耗费、占用面积也是考虑的因素。

验证流程中常见的步骤如下所示。

（1）设计规则检查（Design Rule Checking，DRC）。通常会对宽度、间距和面积等进行检验。

（2）版图与电路图一致性检查（Layout Versus Schematic，LVS）。将原始电路图的网表与版图中所提取出来的电路图网表加以比较。

（3）版图参数提取。从生成的版图中提取关键参数，如 CMOS 的长宽比和耦合电容等。此外，可以获得电路的逻辑门延迟和连线延迟参数，从而进行更精确的仿真。

（4）电学规则检查。检查是否存在通路、短路和孤立节点等情况。

在完成所有的验证之后，版图数据会转换为一种在工业界通用的标准格式，通常是 GDSII 格式，然后它会被送到半导体硬件厂商那进行制造。这一数据传送的过程被称为下线，这一术语源于这些数据以往是通过磁带运输到工厂的。半导体硬件厂商进一步将标准格式的数据转换成另一种格式，并用它来生产用于进行半导体器件制造中光刻步骤的掩膜等精密规格的器材。

在集成电路发展的早期，集成电路的复杂程度较低，因此设计任务也没如今那么困难，其版图设计主要依靠人工在不透明的磁带和胶片上完成，这在一定程度上类似人们使用印刷电路板来完成中小型电路的设计。现代超大规模集成电路的版图设计通常需要在集成电路版图编辑器等软件的辅助下完成，大多数复杂的步骤都可以使用 EDA 工具代替人工劳动，包括布局和布线工具等，但是工程师也必须掌握操作这些软件的技术。整个有关版图的物理设计和仿真往往涉及了大量的文件格式。随着计算机功能的不断强化，自动化集成电路版图工具软件也不断发展，如 Synopsys、Mentor Graphics、Cadence、Compass 和 Daisy 等公司的产品占据了相当的市场份额。

为了帮助读者理解集成电路设计的版图，图 1.34 给出了其他基本逻辑单元集成电路的版图表示方法。

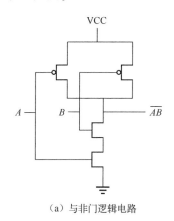
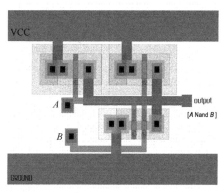

（a）与非门逻辑电路　　　　　　　　　　　　　（b）与非门集成电路版图

图 1.34　逻辑与非门的电路原理和集成电路版图描述

思考与练习 1–16：请说明一个"芯片"包含哪些部分。

思考与练习 1–17：请说明集成电路版图的作用。

1.5　基本逻辑门及特性

本节将介绍基本逻辑门的符号，以及所实现的逻辑关系。在此基础上，将介绍基本逻辑门集成电路、逻辑门电路的传输特性，以及不同逻辑门的连接实现。

1.5.1　基本逻辑门

本小节将介绍基本逻辑门，包括逻辑非门、逻辑与门、逻辑与非门、逻辑或门、逻辑或非门、逻辑异或门和逻辑异或非门。

1. 逻辑非门（反相器）

图 1.35 给出了逻辑非门的不同符号表示。逻辑非门的传输特性是逻辑输出电平和逻辑输入电平相反。表 1.11 给出了逻辑非门输入和输出的逻辑关系。

表 1.11　逻辑非门输入和输出的逻辑关系

A	B
1	0
0	1

（a）逻辑非门的ANSI/IEEE符号　　（b）逻辑非门的IEC符号

图 1.35　逻辑非门的不同符号表示

> **注：** 在本书中，除非有特别声明，"1"始终表示逻辑高电平，"0"始终表示逻辑低电平。

用于测试非门逻辑关系的电路如图 1.36 所示，对该电路执行 SPICE 瞬态分析的结果如图 1.37 所示。

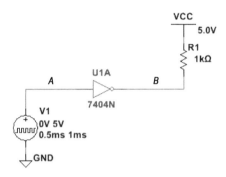

图 1.36　测试逻辑非门逻辑关系的电路

图 1.37　对图 1.36 所示的电路执行 SPICE 瞬态分析的结果

> **注：** 读者进入本书配套提供例子的 \eda_verilog\logic_not.ms14 路径下，用 Multisim 14 工具打开该设计，执行仿真，观察仿真结果。

2. 逻辑与门

图 1.38 给出了两输入逻辑与门的不同符号表示。逻辑与门的传输特性是当两个逻辑输入都为高电平时，输出才为高电平；当两个逻辑输入不都是高电平时，输出均为低电平。表 1.12 给出了两输入与门输入和输出的逻辑关系。

（a）两输入逻辑与门的ANSI/IEEE符号　　　（b）两输入逻辑与门的IEC符号

图 1.38　两输入逻辑与门的不同符号表示

用于测试两输入逻辑与门逻辑关系的电路如图 1.39 所示，对该电路执行 SPICE 瞬态分析的结果如图 1.40 所示。

表 1.12 两输入逻辑与门输入和输出的逻辑关系

逻辑输入		逻辑输出
A	B	X
0	0	0
0	1	0
1	0	0
1	1	1

注：读者进入本书配套提供例子的\eda_verilog\logic_and. ms14 路径下，用 Multisim 14 工具打开该设计，执行仿真，观察仿真结果。

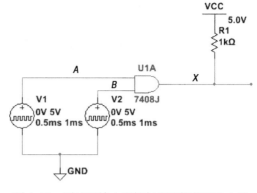

图 1.39 测试两输入逻辑与门逻辑关系的电路

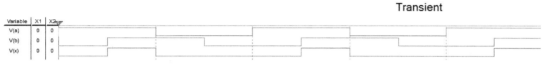

图 1.40 对图 1.39 所示的电路执行 SPICE 瞬态分析的结果

3. 逻辑与非门

图 1.41 给出了两输入逻辑与非门的不同符号表示。逻辑与非门与逻辑与门的传输特性相反。逻辑与非门的传输特性是当两个逻辑输入均为高电平时，输出为低电平；当两个逻辑输入不都是高电平时，输出均为高电平。表 1.13 给出了两输入逻辑与非门输入和输出的逻辑关系。

（a）两输入逻辑与非门的ANSI/IEEE符号   （b）两输入逻辑与非门的IEC符号

图 1.41 两输入逻辑与非门的不同符号表示

用于测试两输入逻辑与非门逻辑关系的电路如图 1.42 所示，对该电路执行 SPICE 瞬态分析的结果如图 1.43 所示。

表 1.13 两输入逻辑与非门输入和输出的逻辑关系

逻辑输入		逻辑输出
A	B	X
0	0	1
0	1	1
1	0	1
1	1	0

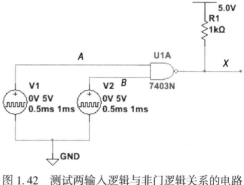

图 1.42 测试两输入逻辑与非门逻辑关系的电路

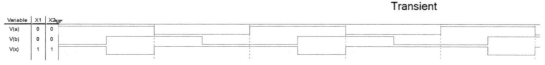

图 1.43 对图 1.42 所示的电路执行 SPICE 瞬态分析的结果

> **注：** 读者进入本书配套提供例子的\eda_verilog\logic_and_not.ms14 路径下，用 Multisim 14 工具打开该设计，执行仿真，观察仿真结果。

4. 逻辑或门

图 1.44 给出了两输入逻辑或门的不同符号表示。逻辑或门的传输特性是当两个逻辑输入中有一个为高电平时，输出就为高电平；当两个逻辑输入都为低电平时，输出才为低电平。表 1.14 给出了两输入逻辑或门输入和输出的逻辑关系。

(a) 两输入逻辑或门的ANSI/IEEE符号　　(b) 两输入逻辑或门的IEC符号

图 1.44　两输入逻辑或门的不同符号表示

用于测试两输入逻辑或门逻辑关系的电路如图 1.45 所示，对该电路执行 SPICE 瞬态分析的结果如图 1.46 所示。

表 1.14　两输入逻辑或门输入和输出的逻辑关系

逻 辑 输 入		逻 辑 输 出
A	B	X
0	0	0
0	1	1
1	0	1
1	1	1

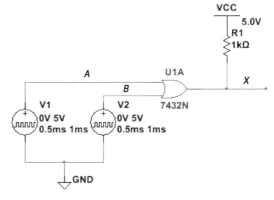

图 1.45　测试两输入逻辑或门逻辑关系的电路

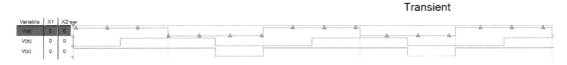

图 1.46　对图 1.45 所示的电路执行 SPICE 瞬态分析的结果

> **注：** 读者进入本书配套提供例子的\eda_verilog\logic_or.ms14 路径下，用 Multisim 14 工具打开该设计，执行仿真，观察仿真结果。

5. 逻辑或非门

图 1.47 给出了两输入逻辑或非门的不同符号表示。逻辑或非门和逻辑或门的传输特性相反。逻辑或非门的传输特性是只要两个逻辑输入中有高电平时，输出就为低电平；当两个逻辑输入均为低电平时，输出才为高电平。表 1.15 给出了两输入逻辑或非门输入和输出的逻辑关系。

用于测试两输入逻辑或非门逻辑关系的电路如图 1.48 所示，对该电路执行 SPICE 瞬态分析的结果如图 1.49 所示。

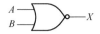

（a）两输入逻辑或非门的ANSI/IEEE符号　　　（b）两输入逻辑或非门的IEC符号

图 1.47　两输入逻辑或非门的不同符号表示

表 1.15　两输入逻辑或非门输入和输出的逻辑关系

逻 辑 输 入		逻 辑 输 出
A	B	X
0	0	1
0	1	0
1	0	0
1	1	0

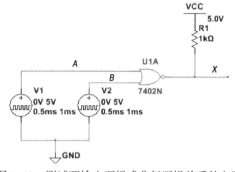

图 1.48　测试两输入逻辑或非门逻辑关系的电路

图 1.49　对图 1.48 所示的电路执行 SPICE 瞬态分析的结果

注：读者进入本书配套提供例子的 \eda_verilog\logic_or_not.ms14 路径下，用 Multisim 14 工具打开该设计，执行仿真，观察仿真结果。

6. 逻辑异或门

图 1.50 给出了两输入逻辑异或门的不同符号表示。逻辑异或门的传输特性是当两个逻辑输入电平不相同的时候，输出才为高电平；当两个逻辑输入电平均相同时，输出就为低电平。表 1.16 给出了两输入逻辑异或门输入和输出的逻辑关系。

（a）两输入逻辑异或门ANSI/IEEE符号　　　（b）两输入逻辑异或门IEC符号

图 1.50　两输入逻辑异或门的不同符号表示

用于测试两输入逻辑异或门逻辑关系的电路如图 1.51 所示，对该电路执行 SPICE 瞬态分析的结果如图 1.52 所示。

表 1.16　两输入逻辑异或门输入和输出的逻辑关系

逻 辑 输 入		逻 辑 输 出
A	B	X
0	0	0
0	1	1
1	0	1
1	1	0

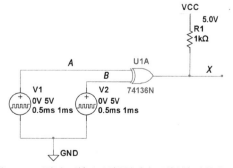

图 1.51　测试两输入逻辑异或门逻辑关系的电路

Transient

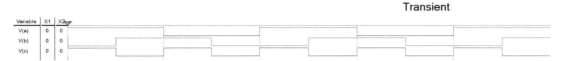

图 1.52   对图 1.51 所示的电路执行 SPICE 瞬态分析的结果

注：读者进入本书配套提供例子的 \eda_verilog\logic_xor.ms14 路径下，用 Multisim 14 工具打开该设计，执行仿真，观察仿真结果。

7. 逻辑异或非门

图 1.53 给出了两输入逻辑异或非门（也称为同或门）的不同符号。逻辑异或非门的传输特性和逻辑异或门的传输特性相反。逻辑异或非门的传输特性是当两个逻辑输入电平相同时，输出为高电平；当两个逻辑输入电平不相同的时候，输出为低电平。表 1.17 给出了两输入逻辑异或非门（同或门）输入和输出的逻辑关系。

（a）两输入逻辑异或非门ANSI/IEEE符号   （b）两输入逻辑异或非门的IEC符号

图 1.53   两输入逻辑异或非门（同或门）的不同符号表示

用于测试两输入逻辑异或非门（同或门）逻辑关系的电路如图 1.54 所示，对该电路执行 SPICE 瞬态分析的结果如图 1.55 所示。

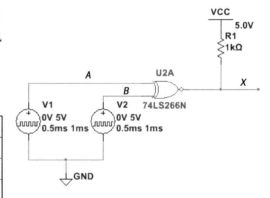

图 1.54   测试两输入逻辑异或非门（同或门）逻辑关系的电路

表 1.17   两输入逻辑异或非门（同或门）输入和输出的逻辑关系

逻 辑 输 入		逻 辑 输 出
A	B	X
0	0	1
0	1	0
1	0	0
1	1	1

Transient

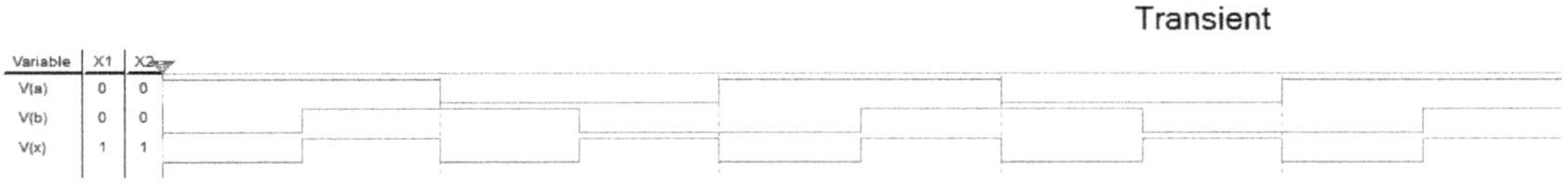

图 1.55   对图 1.54 所示的电路执行 SPICE 瞬态分析的结果

注：读者进入本书配套提供例子的 \eda_verilog\logic_xor_not.ms14 路径下，用 Multisim 14 工具打开该设计，执行仿真，观察仿真结果。

1.5.2　基本逻辑门集成电路

很多小规模的集成电路可以实现基本的逻辑门功能，如 74LSXX 系列的器件。如图 1.56
和图 1.57 所示，常用的基本逻辑门集成电路大多采用 DIP 封装，引脚的个数为 14。这些
DIP 封装的电源引脚在第 14 个引脚，标记为 VCC，地引脚在第 7 个引脚，标记为 GND。

（a）5400/7400 四个 NAND 门　　　　　　　（b）5402/7402 四个 NOR 门

（c）5408/7408 四个 AND 门　　　　　　　（d）5432/7432 四个 OR 门

（e）5486/7486 四个 XOR 门　　　　　　　（f）5404/7404 六个反相器

图 1.56　常用的基本逻辑门集成电路（1）

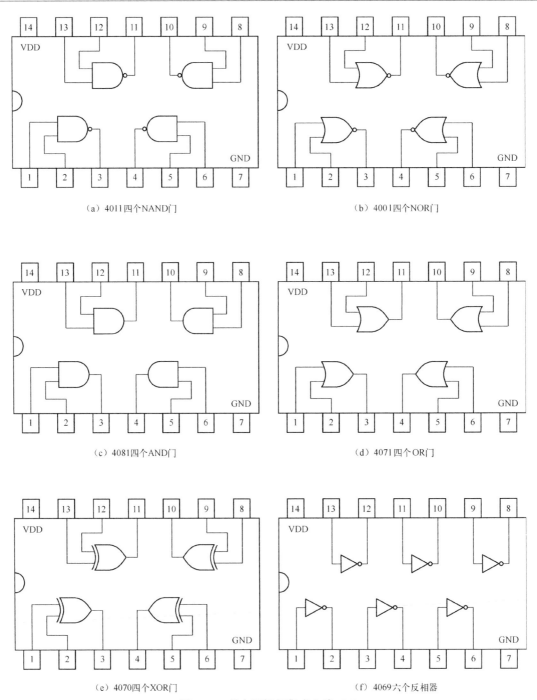

(a) 4011四个NAND门　　　　　　　　　　　(b) 4001四个NOR门

(c) 4081四个AND门　　　　　　　　　　　(d) 4071四个OR门

(e) 4070四个XOR门　　　　　　　　　　　(f) 4069六个反相器

图 1.57　基本逻辑门集成电路（2）

　　如果器件的型号以 74 开头，表示是商用级的；如果器件的型号以 54 开头，表示是军用级的，其工作温度更宽，如对允许的供电电压和信号电平有更好的鲁棒性。

　　在 74/54 后面的字母"LS"表示是"低功耗的肖特基"电路，使用了肖特基势垒二极管和晶体管，用于降低功耗。不使用肖特基势垒二极管的门电路将消耗更多的功耗，但是由于可以更快地切换时间，因此器件可以工作在更高的频率上。

1.5.3　逻辑门电路的传输特性

逻辑门电路的传输特性主要包括逻辑电平和噪声容限、逻辑门上升和下降时间、逻辑门传输延迟、脉冲宽度、功耗、扇入和扇出等指标。

1. 逻辑电平和噪声容限

逻辑门电路的输入和输出只有两种类型的信号，即逻辑高（1）和逻辑低（0），它们通过一个变化的电压表示。一个满的供电电压（VCC）用于表示逻辑高状态，而零电压（GND）用于表示逻辑低状态。在一个理想的数字世界中，所有的逻辑电路信号只存在这些电压的极值，不会与它们不同（如"高"状态小于供电电压 VCC，"低"状态高于零电压）。然而，在实际中，由于晶体管本身的原因，逻辑信号的电平很少能够达到这些理想的极限。因此，需要理解门电路信号电平的限制。

1）TTL 逻辑高电平和逻辑低电平

TTL 半导体工艺生成的一个逻辑非门的内部结构如图 1.58 所示，其供电电压 VCC 为 $5 \pm 0.25V$。理想的，一个 TTL 逻辑非门输出的逻辑高电平为 5.00V、逻辑低电平为 0.00V。然而，一个真实的 TTL 门不可能输出这样完美的电压值。下面通过对该电路工作原理的简单分析来说明这个问题。

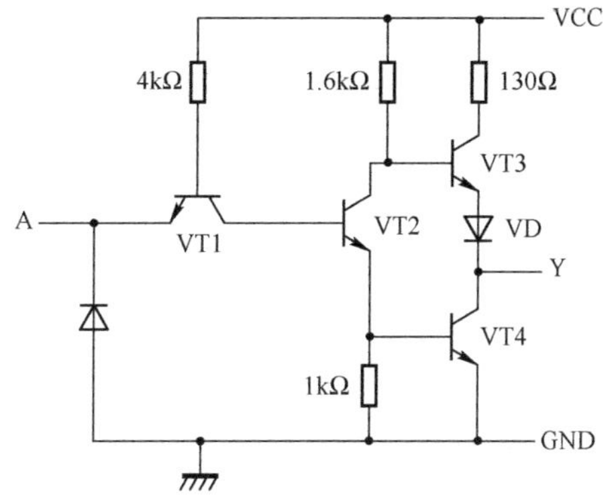

图 1.58　74LS04 非门的 TTL 内部结构

（1）当 A 端的输入电压为 0.2V 时，晶体管 VT1 的基极电压为 0.9V，由于晶体管 VT1 为 NPN 型，因此晶体管 VT1 的集电极电压为 $0.9-0.7=0.2V$，而要同时导通晶体管 VT2 和 VT4 需要 $0.7+0.7=1.4V$ 电压，而施加在晶体管 VT2 的基极电压仅为 0.2V，所以晶体管 VT2 和 VT4 都截止。

此时，晶体管 VT4 可以看作晶体管 VT3 的一个电阻值很大的负载。Y 端的电压最高为 $VCC-0.7-0.7=5-0.7-0.7=3.6V$。

很明显，输入电压为低电平，输出电压为高电平（不是理想的 VCC）。注意，TTL 存在较大的静态功耗。

（2）当 A 端的输入电压为 3.6V 时，晶体管 VT1 的基极电压为 $3.6+0.7=4.3V$，但因为此时晶体管 VT1 的集电极电压是 $5-0.7=4.3V$，已经远大于导通晶体管 VT2 和 VT4 所需的最小电压 1.4V，所以导通晶体管 VT2 和 VT4，并将晶体管 VT1 的基极电压限制在 $1.4+0.7=2.1V$，这样晶体管 VT1 的发射极反向截止。当晶体管 VT2 处于饱和状态时，其饱和电压降为 0.3V，因此其集电极电压为 $0.7+0.3=1.0V$，而晶体管 VT3 的导通电压是晶体管 VT3 发射结电压和导通二极管 VD 的电压和，即 $0.7+0.7=1.4V$，所以晶体管 VT3 的基极电压为 1.0V，并不足以使晶体管 VT3 导通，因此晶体管 VT3 处于截止状态。

很明显，输入电压为高电平，输出电压为低电平（但不是理想的 GND）。

根据上面对 TTL 与非门内部结构的分析可知，需要接受 TTL 输出的逻辑"高"状态和逻辑"低"状态偏离理想值的事实，如图 1.59 所示。

（1）对于 TTL 输入来说，可以接受逻辑"低"状态的电压范围为 $0 \sim 0.8V$，表示为

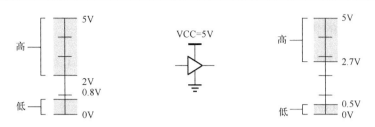

（a）可接受的 TTL 门输入信号电平　　　　　　　　（b）可接受的 TTL 门输出信号电平

图 1.59　TTL 逻辑门输入和输出信号的逻辑电平范围

V_{IL}；可以接受逻辑"高"状态的电压范围为 $2.0 \sim 5V$，表示为 V_{IH}。

（2）对于 TTL 输出来说，可接受不同逻辑状态的电压范围，该电压范围由芯片的制造厂商在一个给定的负载条件范围内确定。输出为逻辑"低"状态的电压范围为 $0 \sim 0.5V$，表示为 V_{OL}；输出为逻辑"高"状态的电压范围为 $2.7 \sim 5V$，表示为 V_{OH}。

> **注**：IL 表示输入逻辑低，IH 表示为输入逻辑高；OL 表示输出逻辑低，OH 表示输出逻辑高。

如果 TLL 逻辑门的输入逻辑信号电平在 $0.8 \sim 2V$ 之间，将不能确定逻辑门的输出状态。此时，将逻辑门输出的信号称为不确定的，这是由于芯片制造厂商没有对这个电平范围的逻辑信号进行明确定义。

美国 TI 公司给出的 7404 反相器输入逻辑电平和输出逻辑电平的参数如表 1.18 所示。

表 1.18　7404 反相器的输入逻辑电平和输出逻辑电平的参数

		SN5404			SN7404			UNIT
		MIN	NOM	MAX	MIN	NOM	MAX	
VCC	Supply voltage	4.5	5	5.5	4.75	5	5.25	V
V_{IH}	High-level input voltage	2	—	—	2	—	—	V
V_{IL}	Low-level input voltage	—	—	0.8	—	—	0.8	V
I_{OH}	High-level output current	—	—	−0.4	—	—	−0.4	mA
I_{OL}	Low-level output current	—	—	16	—	—	16	mA
T_A	Operating free-air temperature	−55	—	125	0	—	70	℃

PARAMETER	TEST CONDITIONS‡	SN5404			SN7404			UNIT
		MIN	TYP §	MAX	MIN	TYP §	MAX	
V_{IK}	VCC = MIN, I_I = −12mA	—	—	−1.5	—	—	−1.5	V
V_{OH}	VCC = MIN, V_{IL} = 0.8V, I_{OH} = −0.4mA	2.4	3.4	—	2.4	3.4	—	V
V_{OL}	VCC = MIN, V_{IH} = 2V, I_{OL} = 16mA	—	0.2	0.4	—	0.2	0.4	V
I_I	VCC = MAX, V_I = 5.5V	—	—	1	—	—	1	mA
I_{IH}	VCC = MAX, V_I = 2.4V	—	—	40	—	—	40	μA
I_{IL}	VCC = MAX, V_I = 0.4V	—	—	−1.6	—	—	−1.6	mA
I_{OS}¶	VCC = MAX	−20	—	−55	−18	—	−55	mA
I_{CCH}	VCC = MAX, V_I = 0V	—	6	12	—	6	12	mA
I_{CCL}	VCC = MAX, V_I = 4.5V	—	18	33	—	18	33	mA

注：此处保留英文参数格式。

由图 1.59 可知，输出信号电平的允许范围比输入信号电平的允许范围要窄。这样，当把一个 TTL 逻辑门的输出连接到另一个 TTL 逻辑门的输入时，可以保证其范围在另一个 TTL 逻辑门可接受的输入范围内。将所允许输入和输出范围之间的不同称为逻辑门的噪声容限。如图 1.60 所示，对于 TTL 逻辑门来说，低电平噪声容限为

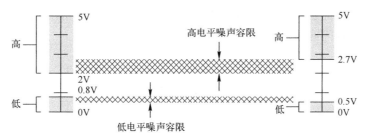

（a）可接受的TTL门输入信号电平　　　　　　　（b）可接受的TTL门输出信号电平

图 1.60　TTL 逻辑门噪声容限

$$0.8-0.5=0.3V$$

高电平噪声容限为

$$2.7-2=0.7V$$

简单地说，噪声容限是虚假的，或者是噪声电压的峰值量，它叠加在一个弱的逻辑门输出电压上。

7404 TTL 反相器逻辑电压传输特性的测试电路如图 1.61 所示，对该电路执行 SPICE 直流扫描分析的结果如图 1.62 所示。图 1.62 中，横坐标表示 V1 的电压范围为 0 ～ 4V，按步长 0.1V 递增；纵坐标表示反相器的输出电压。

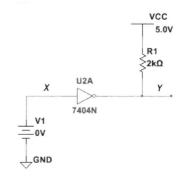

图 1.61　7404 TTL 反相器逻辑电压传输
特性的测试电路

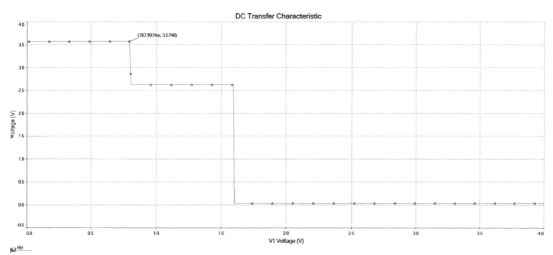

图 1.62　对图 1.61 所示的电路执行 SPICE 直流扫描分析的结果

> **注**：读者进入本书配套提供例子的 \eda_verilog\ttl_logic_voltage_test. ms14 路径下，用 Multisim 14 工具打开该设计，执行仿真，观察仿真结果。

2）CMOS 逻辑高电平和逻辑低电平

CMOS 半导体工艺的逻辑门，其输入和输出规范不同于 TTL。图 1.63 为工作在供电电压为 5V 的 CMOS 逻辑门输入和输出信号的逻辑电平范围。

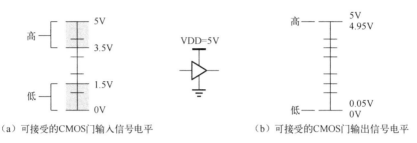

（a）可接受的 CMOS 门输入信号电平　　　　（b）可接受的 CMOS 门输出信号电平

图 1.63　5V CMOS 逻辑门输入和输出信号的逻辑电平范围

（1）对于输入信号来说，可以接受逻辑"低"状态的电压范围为 0 ～ 1.5V；可以接受逻辑"高"状态的电压范围为 3.5 ～ 5V。

（2）对于输出信号来说，可接受不同逻辑状态的电压范围由芯片的制造厂商在一个给定负载条件的范围内确定。输出逻辑"低"状态的电压范围为 0 ～ 0.05V；输出逻辑"高"状态的电压范围为 4.95 ～ 5V。

从图 1.63 中可知，CMOS 电路的噪声容限大于 TTL 电路的噪声容限。CMOS 输入端低电平和高电平的噪声容限为 1.45V，远远大于 TTL 门电路输入端的噪声容限。换句话说，在不发生逻辑理解错误的前提下，CMOS 电路可容忍叠加的噪声电压是 TTL 的两倍。

当 CMOS 工作在更高的工作电压时，其噪声容限将更大。不像 TTL，其供电电压限制在 5V。而 CMOS 的供电电压最高可达 15V（一些 CMOS 可以达到更高的 18V）。图 1.64 给出了当供电电压为 10V 时 CMOS 电路不同逻辑状态下输入和输出信号的逻辑电平范围。图 1.65 给出了当供电电压为 15V 时 CMOS 电路在不同逻辑状态下输入和输出信号的逻辑电平范围。

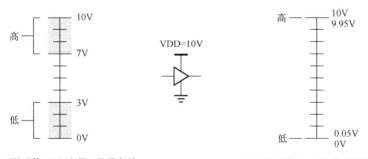

（a）可接受的 CMOS 门输入信号电平　　　　（b）可接受的 CMOS 门输出信号电平

图 1.64　10V CMOS 逻辑门输入和输出信号的逻辑电平范围

美国 TI 公司给出的 4069 CMOS 反相器输入逻辑电平和输出逻辑电平的参数如表 1.19 所示。

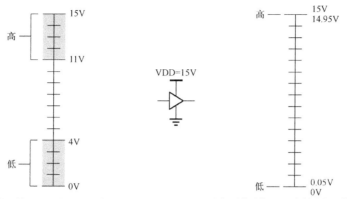

（a）可接受的CMOS门输入信号电平　　　　　（b）可接受的CMOS门输出信号电平

图 1.65　15V CMOS 逻辑门输入和输出信号的逻辑电平范围

表 1.19　4069 CMOS 反相器输入逻辑电平和输出逻辑电平的参数

PARAMETER	TEST CONDITIONS		MIN	TYP	MAX	UNIT
V_{OL} max　Low-level output voltage	$V_{\mathrm{IN}}=5\mathrm{V}$，VDD$=5\mathrm{V}$	$T_{\mathrm{A}}=25\,^\circ\!\mathrm{C}$		0	0.05	V
		All other temperatures			0.05	
	$V_{\mathrm{IN}}=10\mathrm{V}$，VDD$=10\mathrm{V}$	$T_{\mathrm{A}}=25\,^\circ\!\mathrm{C}$		0	0.05	
		All other temperatures			0.05	
	$V_{\mathrm{IN}}=15\mathrm{V}$，VDD$=15\mathrm{V}$	$T_{\mathrm{A}}=25\,^\circ\!\mathrm{C}$		0	0.05	
		All other temperatures			0.05	
V_{OH} min　High-level output voltage	$V_{\mathrm{IN}}=0\mathrm{V}$，VDD$=5\mathrm{V}$	$T_{\mathrm{A}}=25\,^\circ\!\mathrm{C}$	4.95	5		V
		All other temperatures	4.95			
	$V_{\mathrm{IN}}=0\mathrm{V}$，VDD$=10\mathrm{V}$	$T_{\mathrm{A}}=25\,^\circ\!\mathrm{C}$	9.95	10		
		All other temperatures	9.95			
	$V_{\mathrm{IN}}=0\mathrm{V}$，VDD$=15\mathrm{V}$	$T_{\mathrm{A}}=25\,^\circ\!\mathrm{C}$	14.95	15		
		All other temperatures	14.95			
V_{IL} max　Input low voltage	$V_{\mathrm{O}}=4.5\mathrm{V}$，VDD$=5\mathrm{V}$，all temperatures				1	V
	$V_{\mathrm{O}}=9\mathrm{V}$，VDD$=10\mathrm{V}$，all temperatures				2	
	$V_{\mathrm{O}}=13.5\mathrm{V}$，VDD$=15\mathrm{V}$，all temperatures				2.5	
V_{IH} min　Input high voltage	$V_{\mathrm{O}}=0.5\mathrm{V}$，VDD$=5\mathrm{V}$，all temperatures		4			V
	$V_{\mathrm{O}}=1\mathrm{V}$，VDD$=10\mathrm{V}$，all temperatures		8			
	$V_{\mathrm{O}}=1.5\mathrm{V}$，VDD$=15\mathrm{V}$，all temperatures		12.5			

注：此处保留英文参数格式。

4069 CMOS 反相器逻辑电压传输特性的测试电路如图 1.66 所示，对该电路执行 SPICE 直流扫描分析的结果如图 1.67 所示。图 1.67 中，横坐标表示 V1 的电压范围为 $0\sim5\mathrm{V}$，按步长 0.1V 递增；纵坐标表示反相器的输出电压。

思考与练习 1-18：根据表 1.18 给出的 7404 TTL 反相器的参数填写下面的参数。

（1）V_{IH} 的最小值为_____V；

（2）V_{IL} 的最大值为_____V；

（3）V_{OH} 的最小值为_____V，典型值为_____V；

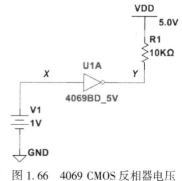

图 1.66　4069 CMOS 反相器电压
传输特性的测试电路

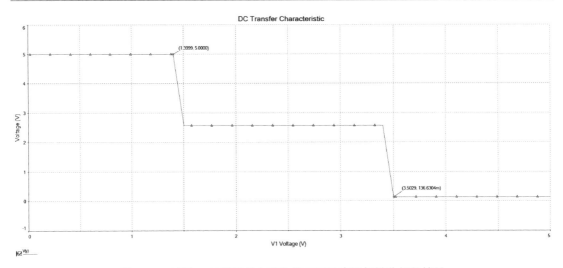

图 1.67 对图 1.66 所示的电路执行 SPICE 直流扫描分析的结果

（4）V_{OL} 的最大值为_____ V，典型值为_____ V。

思考与练习 1-19：根据图 1.62 给出的 7404 TTL 反相器的 SPICE 直流扫描分析结果，输入逻辑低电平和逻辑高电平的阈值分别为_____ V 和_____ V，以及输出逻辑低电平和高电平的值分别为_____ V 和_____ V。

思考与练习 1-20：根据表 1.19 给出的 4069 CMOS 反相器的参数填写下面的参数。

（1）当 VDD = 5V 时，V_{IH} 的最小值为_____ V；

（2）当 VDD = 5V 时，V_{IL} 的最大值为_____ V；

（3）当 VDD = 5V 时，V_{OH} 的最小值为_____ V，典型值为_____ V；

（4）当 VDD = 5V 时，V_{OL} 的最大值为_____ V，典型值为_____ V。

思考与练习 1-21：根据图 1.67 给出的 4069 CMOS 反相器的 SPICE 直流扫描分析结果，输入逻辑低电平和逻辑高电平的阈值分别为_____ V 和_____ V，输出逻辑低电平和高电平的值分别为_____ V 和_____ V。

> **注**：读者进入本书配套提供例子的 \eda_verilog\cmos_logic_voltage_test.ms14 路径下，用 Multisim 14 工具打开该设计，执行仿真，观察仿真结果。

2. 逻辑门上升和下降时间

1）上升时间

如图 1.68 所示，从脉冲信号上升沿的 10% 上升到 90% 所经历的时间，表示从逻辑"低"状态变化到逻辑"高"状态的快慢，用 t_r 表示。

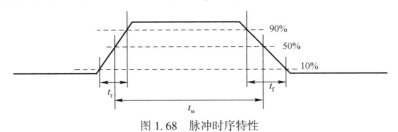

图 1.68 脉冲时序特性

2）下降时间

如图 1.68 所示，从脉冲信号下降沿的 90% 下降到 10% 所经历的时间，表示从逻辑"高"状态变化到逻辑"低"状态的快慢，用 t_f 表示。

3. 逻辑门传输延迟

传输延迟时间是衡量门电路开关速度的重要参数，用于说明当给逻辑门输入脉冲时需要用多长时间才能在逻辑门的输出反应出来。如图 1.69 所示，很明显，不管什么样的半导体工艺，逻辑门从输入到输出一定会存在传输延迟。传输延迟的表示方法如下所示：

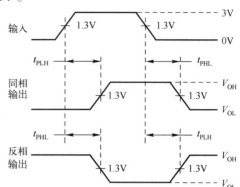

图 1.69　逻辑门的传输延迟特性

（1）输出波形下降沿的中点与输入波形下降沿的中点之间的时间间隔用 t_{PHL} 表示。

（2）输出波形上升沿的中点与输入波形上升沿的中点之间的时间间隔用 t_{PLH} 表示。

下面通过一个具体的例子说明传输延迟对数字逻辑功能的影响，如图 1.70 所示。对图 1.70 所示的电路执行 SPICE 瞬态分析的结果如图 1.71 所示。从图 1.71 中可知下面的事实：

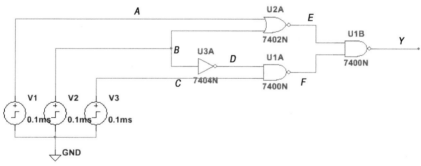

图 1.70　传输延迟对数字逻辑的影响

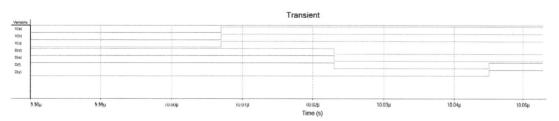

图 1.71　对图 1.70 所示的电路执行 SPICE 瞬态分析的结果

（1）输入到节点 B 的信号在延迟一段时间 τ 后到达节点 D，然后节点 D 的信号和节点 C 的信号在与非门 U1A 进行重组，并且再延迟一段时间 τ 后变化才反映到节点 F。

（2）输入到节点 A 的信号和输入到节点 B 的信号直接在与非门 U2A 进行重组，在延迟一段时间 τ 后到达节点 E。

（3）延迟时间 τ 后，节点 E 的信号和延迟 2τ 后的节点 F 的信号在与非门 U1B 进行重组，延迟时间 τ 后反映到输出节点 Y。

> **注**：读者进入本书配套提供例子的 \eda_verilog\ttl_delay.ms14 路径下，用 Multisim 14 工具打开该设计，执行仿真，观察仿真结果。

4. 脉冲宽度

如图 1.68 所示，两个脉冲幅值 50% 的时间点之间所跨越的时间用 t_w 表示。脉冲宽度的最小值受到半导体器件工艺特性的约束。当脉冲宽度的最小值小于半导体器件导通或者截止的时间要求时，输入脉冲的状态变化不会反映到逻辑门的输出。

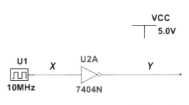

图 1.72　逻辑门对输入脉冲响应能力的测试电路

下面通过一个简单的电路来测试逻辑门对输入脉冲的响应能力，如图 1.72 所示。

> **注**：读者进入本书配套提供例子的 \eda_verilog\pluse_width_test.ms14 路径下，用 Multisim 14 工具打开该设计。

思考与练习 1-22：读者对图 1.72 给出的电路执行 SPICE 瞬态分析，将时钟脉冲频率从 10MHz 按步进频率 10MHz 递增，观察输出节点 Y 的波形，说明 7404 反相器对脉冲宽度的响应能力。

5. 功耗

功耗是衡量逻辑门的一个重要指标。例如，当 CPU 正常工作时，需要用一个风扇散热。如果散热不好，则会导致 CPU 温度过高，使计算机发生死机的情况。对于任何逻辑门来说，必须解决好功耗问题，否则会严重影响半导体器件的寿命。一个逻辑门的功耗包含两部分，即静态功耗和动态功耗。

1）静态功耗

静态功耗是指逻辑电路没有发生逻辑状态翻转时所消耗的能量。对于 TTL 工艺的半导体器件而言，存在较大的静态功耗；而对于 CMOS 工艺来说，静态功耗几乎为零。所以，在半导体数字集成电路中，多采用 CMOS 工艺来制造半导体集成电路。

2）动态功耗

动态功耗是指逻辑电路发生逻辑状态翻转时所消耗的能量。通常，CMOS 的动态功耗用下式表示：

$$P_T = (C_{PD} + C_L) VDD^2 f$$

其中，f 为输出信号的翻转频率，单位为 Hz；VDD 为逻辑门的供电电压，单位为 V；C_{PD} 为功耗电容，单位为 F；C_L 为负载电容，单位为 F。

很明显，当降低器件的翻转速度和逻辑门的供电电压时就可以显著地降低逻辑门的功耗。

这就是为什么近年来，半导体厂商不断改进工艺、降低供电电压的重要原因。例如，CMOS 的最低供电电压已经降低到 1V 以下。

思考与练习 1-23：对于图 1.73 给出的 TTL 和 CMOS 功耗测试电路，使用 SPICE 直流扫描分析，研究 TTL 和 CMOS 功耗测试电路的功耗，并进行比较。

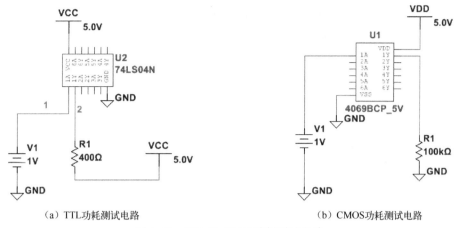

（a）TTL功耗测试电路　　　　　　　　　　（b）CMOS功耗测试电路

图 1.73　TTL 和 CMOS 功耗测试电路

> **注**：（1）读者进入本书配套提供例子的\eda_verilog\ttl_power.ms14 路径下，用 Multisim 14 工具打开如图 1.73（a）所示的设计。
>
> （2）读者进入本书配套提供例子的 \eda_verilog\cmos_power.ms14 路径下，用 Multisim 14 工具打开如图 1.73（b）所示的设计。

6. 扇入和扇出

1）扇入

扇入是指逻辑门输入端口的个数。例如，一个 2 输入的与门，其扇入数为 2。

2）扇出

扇出是指在逻辑门的正常工作下能够驱动同类型门电路的最大个数。扇出数越大，表示逻辑门的驱动能力越强。扇出驱动能力受到下面两个因素的限制。

（1）拉电流。拉电流是指负载电流从驱动门流向外部电路的电流。当负载的个数增加时，总的拉电流将增加，将会引起输出高电平的降低。但是，不能低于输出高电平的下限值。这样，它就限制了负载门的个数。可用下面的公式表示：

$$N_{OH} = I_{OH}（驱动门）/I_{IH}（负载门）$$

（2）灌电流。灌电流是指负载电流从外部电路流入驱动门的电流。当驱动门的输出为低电平时，负载电流流入驱动门。当负载个数增加时，灌电流将增加，将引起输出低电平的升高。但是，不能高于输出低电平的上限值。这样，也就限制了负载门的个数。可以用下面的公式表示：

$$N_{OL} = I_{OL}（驱动门）/I_{IL}（负载门）$$

1.5.4　不同逻辑门的连接

由于 TTL 和 CMOS 技术所要求的电平不一样，因此当在一个系统中使用两种不同工艺制造的逻辑门时会出现问题。尽管 TTL 和 CMOS 都可以在 5V 的供电电压下正常工作，但是 TTL 输出电平和 CMOS 输入电平的要求并不一致。

1. TTL 逻辑门驱动 CMOS 逻辑门

如图 1.74 所示，将一个 TTL 与非门的输出连接到一个 CMOS 反相器的输入端，系统内所有的逻辑门都是 5V 供电。如果 TTL 门输出一个逻辑低电平信号（在 0 ～ 0.5V 之间）时，CMOS 门的输入端将正确地理解 TTL 输出的逻辑低电平信号，并将其作为 CMOS 门的逻辑低电平输入信号（CMOS 期望的低电平输入范围为 0 ～ 1.5V）。然而，如果 TTL 门输出一个逻辑高电平信号（在 2.7 ～ 5V 之间），则 CMOS 门的输入端就不能正确地理解 TTL 门输出的这个逻辑高电平信号了，这是因为 CMOS 门要求输入的逻辑高电平信号的范围为 3.5 ～ 5V，而 TTL 门输出的逻辑高电平在 2.7 ～ 3.5V 之间，CMOS 门将其看作不确定区域。如图 1.75 所示，通过在 TTL 的输出端上拉一个电阻来解决电平不匹配的问题。

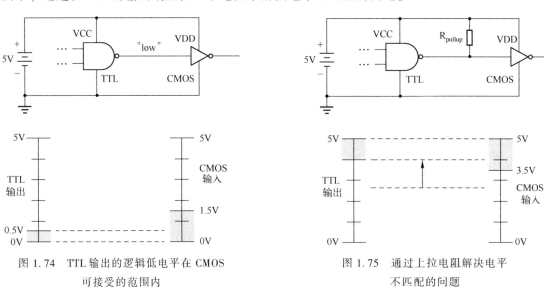

图 1.74　TTL 输出的逻辑低电平在 CMOS
可接受的范围内

图 1.75　通过上拉电阻解决电平
不匹配的问题

当使用 10V 电压给 CMOS 门供电时，这种处理方法也同样适用。对于低电平的理解，CMOS 门没有任何问题。但是，对于来自 TTL 门输出的逻辑高电平信号就是另一回事了。TTL 门输出的逻辑高电平范围为 2.7 ～ 5V，而 10V 供电的 CMOS 的输入端可以接受的逻辑高电平的有效范围为 7 ～ 10V。如图 1.76 所示，如果使用集电极开路的 TTL 门代替图腾柱输出门，连接到 10V 的上拉电阻将 TTL 门的输出电压抬高到 CMOS 门的供电电压。由于集电极开路的门只能是灌电流，没有拉电流，高状态电平完全由上拉电阻决定，所以这样解决了不匹配的问题。

2. CMOS 逻辑门驱动 TTL 逻辑门

由于 CMOS 门具有优良的输出电压传输特性，因此将 CMOS 门的输出端连接到 TTL 门的输入端时没有任何问题。唯一需要注意的问题是 TTL 输入端的电流负载。当在逻辑低状态时，对于每个 TTL 门的输入端来说，CMOS 的输出端必须是灌电流。

当 CMOS 由大于 5V 的电源供电时，将导致一个问题。CMOS 门输出的逻辑高电平大于 5V，这将大于 TTL 门输入端允许的逻辑高电平信号范围。如图 1.77 所示，解决这个问题的方法是使用一个分立的 NPN 晶体管来构造一个集电极开路的反相器，将 CMOS 逻辑门连接到 TTL 逻辑门。

思考与练习 1-24：请说明 TTL 门和 CMOS 门之间的连接规则。

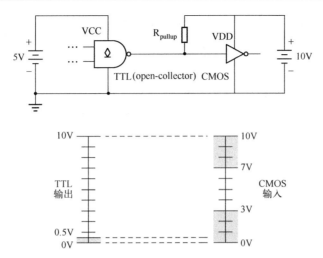

图 1.76　TTL 输出的逻辑高电平和低电平都在 CMOS 可接受的输入范围内

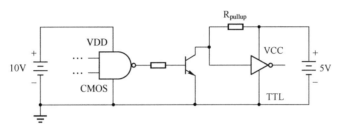

图 1.77　CMOS 逻辑门驱动 TTL 逻辑门

1.6　逻辑代数理论

布尔代数由英国数学家乔治·布尔于 1849 年创立，是数字电路设计理论中重要的组成部分。逻辑变量之间的因果关系和依据这些关系进行的布尔逻辑推理可用代数运算表示，这种代数称为逻辑代数，它是一个由逻辑变量集合、常量 "0" 和 "1"，以及逻辑与、逻辑或和逻辑非 3 种运算所构成的代数系统。

1.6.1　逻辑代数中的运算关系

参与逻辑运算的变量叫逻辑变量，用 A、B……表示，每个变量的取值非 0 即 1。0 和 1 不表示数的大小，而是代表两种不同的逻辑状态。

1. 正、负逻辑规定

（1）正逻辑体制。当采用正逻辑体制时，规定高电平为逻辑 "1"，低电平为逻辑 "0"。

（2）负逻辑体制。当采用负逻辑体制时，规定低电平为逻辑 "1"，高电平为逻辑 "0"。除非有特殊说明，本书采用正逻辑体制。

2. 逻辑函数

如果由若干个逻辑变量（如 a、b、c、d）按逻辑与、逻辑或、逻辑非 4 种基本运算组合在一起得到一个表达式 L，对逻辑变量的任意一组取值（如 0000、0001、0010），L 都有

唯一的值与之对应，则称 L 为逻辑函数。由逻辑变量 a、b、c、d 所表示的逻辑函数记为

$$L=f(a,b,c,d)$$

3. 逻辑运算与性质

两个主要的二元运算的符号定义为 $\wedge$（逻辑与）和 $\vee$（逻辑或），把单个一元运算符号定义为 $\neg$（逻辑非），并且还使用"0"（逻辑假）和"1"（逻辑真）。逻辑代数有下列性质。

1）结合律

$$a \wedge (b \wedge c) = (a \wedge b) \wedge c$$
$$a \vee (b \vee c) = (a \vee b) \vee c$$

2）交换律

$$a \vee b = b \vee a$$
$$a \wedge b = b \wedge a$$

3）吸收律

$$a \vee (a \wedge b) = a$$
$$a \wedge (a \vee b) = a$$

4）分配律

$$a \vee (b \wedge c) = (a \vee b) \wedge (a \vee c)$$
$$a \wedge (b \vee c) = (a \wedge b) \vee (a \wedge c)$$

5）互补律

$$a \vee \neg\, a = 1$$
$$a \wedge \neg\, a = 0$$

6）幂等律

$$a \vee a = a$$
$$a \wedge a = a$$

7）有界律

$$a \vee 0 = a$$
$$a \vee 1 = 1$$
$$a \wedge 1 = a$$
$$a \wedge 0 = 0$$

8）德.摩根定律

$$\neg(a \vee b) = \neg a \wedge \neg b$$
$$\neg(a \wedge b) = \neg a \vee \neg b$$

9）对合律

$$\neg\neg a = a$$

为了兼容目前各种数字逻辑/数字电路教科书的表示方法，在本书后面将逻辑与表示成"·"，逻辑或表示为"+"，逻辑非表示为"‾"，异或表示为"⊕"。

4. 逻辑代数的基本规则

1）代入规则

任何一个含有变量 X 的等式，如果将所有出现变量 X 的位置都用一个逻辑函数 F 进行

替换，此等式仍然成立。例如，等式：

$$B \cdot (A+C) = B \cdot A + B \cdot C$$

将所有出现变量 A 的地方都用函数 $E+F$ 代替，则等式仍然成立：

$$B \cdot [(E+F)+C] = B \cdot (E+F) + B \cdot C = B \cdot E + B \cdot F + B \cdot C$$

2）对偶规则

设 F 是一个逻辑函数式，如果将 F 中的所有的符号"·"变成"+"，符号"+"变成符号"·"，"0"变成"1"，"1"变成"0"，而变量保持不变。那么就得到了一个逻辑函数式 F'，这个 F' 就称为 F 的对偶式。如果两个逻辑函数 F 和 G 相等，则它们各自的对偶式 F' 和 G' 也相等。例如：

$$F = A + B$$

使用对偶规则将等式改写为

$$F' = A \cdot B$$

吸收律 $A + \overline{A} \cdot B = A + B$ 成立，则它们的对偶式：

$$A \cdot (\overline{A} + B) = A \cdot B$$

也是成立的。

3）反演规则

已知一个逻辑函数 F，求 $\overline{F}$ 时，只要把 F 中的所有符号"·"变成"+"、符号"+"变成"·"、"0"变成"1"、"1"变成"0"，原变量变成反变量，反变量变成原变量，即得 $\overline{F}$。例如，等式：

$$F = \overline{A} \cdot \overline{B} + C \cdot D$$

使用反演规则，得到 $\overline{F}$：

$$\overline{F} = (A+B) \cdot (\overline{C}+\overline{D})$$

反演规则也可通过德·摩根定律得到。

1.6.2　逻辑函数表达式

所有的逻辑函数表达式，不管逻辑关系多复杂，一定可以使用"与或"表达式或者"或与"表达式表示。由于在逻辑函数表达式中，逻辑与关系用符号"·"表示，逻辑或关系用符号"+"表示。所以，与或表达式也称为积之和（Sum Of Product，SOP）表达式，或与表达式也称为和之积（Product Of Sum，POS）表达式。

1."与或"表达式

"与或"表达式指由若干"与"项进行"或"运算构成的表达式。每个"与"项可以是单个变量的原变量或者反变量，也可以由多个原变量或者反变量相"与"组成。例如，AB、$\overline{A}BC$、$\overline{C}$ 均为"与"项。"与"项又被称为"乘积"项。将这 3 个"与"项相"或"便可构成一个 3 变量函数的"与或"表达式，表示为

$$F(A,B,C) = A \cdot B + \overline{A} \cdot B \cdot C + \overline{C}$$

用真值表准确地表示"与或"表达式，如表 1.20 所示。对于 SOP 表达式来说：

（1）对于包含 3 个输入变量 A、B 和 C 的真值表，可以使用 3 输入变量的逻辑与门。对于真值表中，Y 输出为"1"的每一行，要求一个 3 输入的逻辑与门。

（2）如果该行中的某个输入变量输入为"0"，表示对该输入变量取反。

（3）所有的逻辑"与"项连接到具有一个 M 个输入的逻辑或门（M 为 Y 输出为"1"的行的个数，此处 $M=3$）。

（4）逻辑或门的输出是该逻辑函数的输出。

所以，Y 的输出用下面的逻辑等式表示：

$$Y = A \cdot \overline{B} \cdot C + \overline{A} \cdot B \cdot C + \overline{A} \cdot \overline{B} \cdot C$$

表 1.20　由 3 个变量构成"与或"表达式的真值表（1）

A	B	C	Y	最小项
0	0	0	0	
0	0	1	1	$\overline{A} \cdot \overline{B} \cdot C$
0	1	0	0	
0	1	1	1	$\overline{A} \cdot B \cdot C$
1	0	0	0	
1	0	1	1	$A \cdot \overline{B} \cdot C$
1	1	0	0	
1	1	1	0	

2．"或与"表达式

"或与"是指由若干"或"项进行"与"运算构成的表达式。每个"或"项可以是单个变量的原变量或者反变量，也可以由多个原变量或者反变量相"或"组成。例如，$A+B$、$B+C$、$A+\overline{B}+C$、D 均为"或"项。将这 4 个"或"项相"与"便可构成一个 4 变量函数的"或与"表达式，表示为

$$F(A,B,C,D) = (A+B) \cdot (B+C) \cdot (A+\overline{B}+C) \cdot D$$

用真值表准确地表示"或与"表达式，如表 1.21 所示。对于 POS 表达式来说：

表 1.21　由 3 个变量构成"或与"表达式的真值表（2）

A	B	C	Y	最大项
0	0	0	0	$A+B+C$
0	0	1	1	
0	1	0	0	$A+\overline{B}+C$
0	1	1	1	
1	0	0	0	$\overline{A}+B+C$
1	0	1	1	
1	1	0	0	$\overline{A}+\overline{B}+C$
1	1	1	0	$\overline{A}+\overline{B}+\overline{C}$

（1）对于包含 3 个输入变量 A、B 和 C 的真值表，可以使用 3 输入变量的逻辑或门。在真值表中，Y 输出为"0"的每一行，要求一个 3 输入的逻辑或门。

（2）如果该行的某个变量输入为"1"，则表示对该输入取反。

（3）所有的逻辑"或"项连接到一个具有 M 输入的逻辑与门（M 为 Y 输出为"0"的行的个数，此处 $M=5$）。

（4）逻辑与门的输出是该逻辑函数的输出。

所以，最后 Y 的输出用下面的逻辑等式表示：

$$Y = (A+B+C) \cdot (A+\overline{B}+C) \cdot (\overline{A}+B+C) \cdot (\overline{A}+\overline{B}+C) \cdot (\overline{A}+\overline{B}+\overline{C})$$

通常，逻辑函数表达式可以表示成任意的混合形式，例如：

$$F(A,B,C) = (A \cdot \overline{B} + C)(A + \overline{B} \cdot C) + B$$

该逻辑函数既不是"与或"式，也不是"或与"式。但不论什么形式，都可以变换成 SOP 或者 POS 这两种最基本的形式。

3. 最小项和最大项

在上面的 SOP 表达式中，每个乘积项包含所有 3 个输入变量。同样，在 POS 表达式中，每个和项包含所有 3 个输入变量。包含 3 个输入变量的乘积项称为最小项，包含 3 个输入变量的和项称为最大项。如果将一个给定行上的输入"1"或者"0"当作一个二进制数，则最大项或者最小项的数字可以分配到真值表中的每一行。因此，上面的 SOP 等式包含最小项 1、3 和 5；POS 等式包含最大项 0、2、4、6 和 7。在 SOP 等式内的最小项中，输入变量为"1"表示取输入变量的原值，而输入变量为"0"表示对该输入变量取反。如表 1.22 所示，为上面的真值表加入完整的最小项和最大项。

表 1.22 用最小项和最大项表示

A	B	C	#	最小项	最大项	F
0	0	0	0	$\overline{A} \cdot \overline{B} \cdot \overline{C}$	$A+B+C$	0
0	0	1	1	$\overline{A} \cdot \overline{B} \cdot C$	$A+B+\overline{C}$	1
0	1	0	2	$\overline{A} \cdot B \cdot \overline{C}$	$A+\overline{B} \cdot \overline{C}$	0
0	1	1	3	$\overline{A} \cdot B \cdot C$	$A+\overline{B}+\overline{C}$	1
1	0	0	4	$A \cdot \overline{B} \cdot \overline{C}$	$\overline{A}+B+C$	0
1	0	1	5	$A \cdot \overline{B} \cdot C$	$\overline{A}+B+\overline{C}$	1
1	1	0	6	$A \cdot B \cdot \overline{C}$	$\overline{A}+B+C$	0
1	1	1	7	$A \cdot B \cdot C$	$\overline{A}+B+\overline{C}$	0

对最小项和最大项编码，这样将 SOP 和 POS 等式用简化方式表示。SOP 等式使用符号 $\sum$ 表示，表示乘积项求和；POS 等式使用符号 $\prod$ 表示，表示和项求积。真值表内输出为"1"的一行定义了最小项，输出为"0"的一行定义了最大项。下面给出使用最小项和最大项的简单表示方法：

$$F = \sum m(1,3,5)$$

$$F = \prod M(0,2,4,6,7)$$

思考与练习 1-25：请画出下面等式所表示的逻辑电路。

$$F = \sum m(1,2,6)$$

$$G = \prod M(0,7)$$

思考与练习 1-26：请画出下面等式所表示的逻辑电路。

$$F = \sum m(1,5,9,11,13)$$

$$G = \prod M(0,4,7,10,14)$$

1.7 逻辑表达式的化简

一个数字逻辑电路由很多逻辑门构成，这些逻辑门由输入信号驱动，然后由这些逻辑门产生输出信号。通过真值表或者逻辑表达式，描述逻辑电路的行为。这些方式定义了逻辑电路的行为，即如何对逻辑输入进行组合，然后驱动输出。但是，它们并没有说明如何构建一个电路以满足这些逻辑行为的要求。

对于任何特定的逻辑关系来说，只存在一个真值表，但是可以找到很多的逻辑等式和逻辑电路来描述与实现相同的关系。为什么会存在很多的逻辑等式？这是由于这些逻辑等式可能存在多余的、不必要的逻辑门，这些逻辑门的存在和消除并不会改变逻辑输出。如图 1.78 所示，图中只有一个真值表，但是存在不同的电路描述，分成 POS 和 SOP 两种方式，这些表达式有些是最简的，有些不是最简的，即存在冗余的逻辑门。

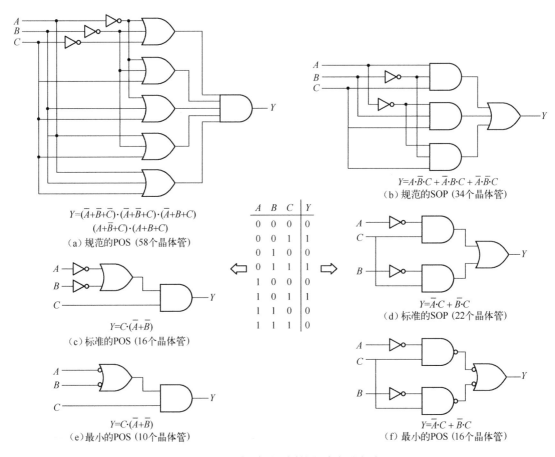

图 1.78 逻辑关系不同的电路表示方式

逻辑表达式化简的目的是使得实现要求的逻辑功能所消耗的逻辑门个数最少，也就是最少化所消耗晶体管的数量。通过最简逻辑表达式和合理的逻辑电路结构，使得实现所要求的逻辑功能的物理成本降到最低。通过下面的两种方式，对逻辑表达式化简：

（1）通过逻辑代数基本公式及规则对逻辑函数进行变换，从而得到最简逻辑表达式。这里所谓的最简形式是指最简的"与或"逻辑表达式或者最简的"或与"逻辑表达式，它们的判别标准有两条，即①项数最少；②在项数最少的条件下，项内包含的变量最少。

（2）卡诺图遵循某个排列规律。由于这些规律，使逻辑代数的许多特性在图形上得以形象而直观地体现，从而使它成为证明公式和化简函数的有力工具。

1.7.1　使用运算律化简逻辑表达式

布尔代数是化简逻辑表达式最古老的方法，它提供了一个正式的算术系统。使用这个算术系统来化简逻辑表达式，尝试找到用于表达逻辑功能的最简逻辑表达式，这是一个有效的算术系统：

（1）包含3个元素的集合，即{"0"，"1"，"A"}，其中"A"是可以假设为"0"或"1"的任意变量。

（2）两个二进制操作，即逻辑"与"或交集，逻辑"或"或并集。

（3）一个一元运算，即取反或互补。

集合之间的操作通过3种运算实现，可以很容易地从这些运算的逻辑真值表中得出基本的逻辑与、逻辑或、逻辑非运算规则。结合律、交换律和分配律可以直接使用真值表证明。下面只列出分配律的真值表，如表 1.23 所示，深色的列使用了分配律，两边等效。

表 1.23　真值表验证分布律

A	B	C	A+B	B+C	A+C	A·B	B·C	A·C	A·(B+C)	(A·B)+(A·C)	A+(B·C)	(A+B)·(A+C)
0	0	0	0	0	0	0	0	0	0	0	0	0
0	0	1	0	1	1	0	0	0	0	0	0	0
0	1	0	1	1	0	0	0	0	0	0	0	0
0	1	1	1	1	1	0	1	0	0	0	1	1
1	0	0	1	0	1	0	0	0	0	0	1	1
1	0	1	1	1	1	0	0	1	1	1	1	1
1	1	0	1	1	1	1	0	0	1	1	1	1
1	1	1	1	1	1	1	1	1	1	1	1	1

逻辑"与"运算优先于逻辑"或"运算。使用括号可以指定逻辑运算的优先级。因此，下面的两个等式是两个等效的逻辑等式：

$$A \cdot B + C = (A \cdot B) + C$$

$$A + B \cdot C = A + (B \cdot C)$$

在定义共轭逻辑门运算时，为了观察其特性，德·摩根定律提供了一个规范的代数描述方法，即同一个逻辑电路可以用逻辑"与"或逻辑"或"功能来表示，这取决于输入和输出逻辑电平的表示方式。德·摩根定律适用于任意多个输入的逻辑系统中，表现形式为

$$\overline{A \cdot B} = \overline{A} + \overline{B} \quad （逻辑与非形式）$$

$$\overline{A + B} = \overline{A} \cdot \overline{B} \quad （逻辑或非形式）$$

德·摩根定律一般也适用于逻辑异或功能，只是使用了一个不同的形式。当对奇数个有效输入信号（逻辑"1"）进行异或操作时，异或操作的输出也是有效的（输出为逻辑"1"）；当对偶数个有效输入信号（逻辑"1"）进行异或非操作时，异或非操作的输出也是有效的（输出为逻辑"1"）。

对逻辑异或功能的单个逻辑输入取反，或者对它的逻辑输出取反，等效于逻辑异或非功能。同样地，对逻辑异或非功能的单个逻辑输入取反，或者对它的逻辑输出取反，等效于逻辑异或功能。

对一个逻辑输入和逻辑输出同时取反，或者对两个逻辑输入同时取反，逻辑异或功能将变为逻辑异或非功能，反之亦然。

如表 1.24 所示，使用一个 3 变量的真值表说明上面给出的变换规则。

表 1.24　3 变量逻辑异或关系和异或非关系的运算

A	B	C	$A\oplus B\oplus C$	$A\,\overline{\oplus}\,B\,\overline{\oplus}\,C$	$\overline{A}\oplus B\oplus C$	$\overline{A\oplus B\oplus C}$
0	0	0	0	0	1	0
0	0	1	1	1	0	1
0	1	0	1	1	0	1
0	1	1	0	0	1	0
1	0	0	1	1	0	1
1	0	1	0	0	1	0
1	1	0	0	0	1	0
1	1	1	1	1	0	1

根据表 1.24 可知，对于：

$$F = A\oplus B\oplus C$$

存在下面的关系：

$$A\oplus B\oplus C = A\,\overline{\oplus}\,B\,\overline{\oplus}\,C$$

$$\overline{\overline{A\oplus B\oplus C}} = A\,\overline{\oplus}\,B\,\overline{\oplus}\,C$$

$$\overline{A}\oplus\overline{B}\oplus C = A\,\overline{\oplus}\,B\,\overline{\oplus}\,C$$

图 1.79 ～图 1.82 给出的电路非常直观地说明了布尔代数的运算律规则。

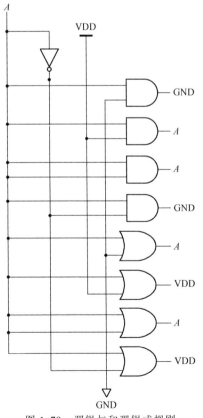

图 1.79　逻辑与和逻辑或规则

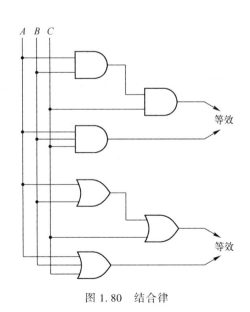

图 1.80　结合律

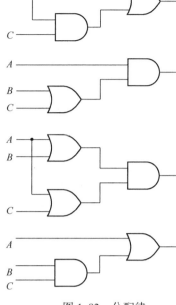

图 1.82 分配律

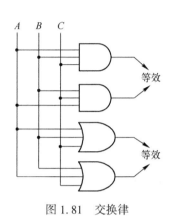

图 1.81 交换律

下面的例子给出了使用布尔逻辑代数运算律化简逻辑表达式的过程。

$F=A \cdot B \cdot C+A \cdot B \cdot \bar{C}+\bar{A} \cdot B \cdot C+\bar{A} \cdot B$

$F=A \cdot B \cdot (C+\bar{C})+\bar{A} \cdot B \cdot (C+1)$ 因式分解

$F=A \cdot B \cdot (1)+\bar{A} \cdot B \cdot (1)$ OR 规则

$F=A \cdot B+\bar{A} \cdot B$ AND 规则

$F=B \cdot (A+\bar{A})$ 因式分解

$F=B \cdot (1)$ OR 规则

$F=B$ AND 规则

$F=(A+B+C) \cdot (A+B+\bar{C}) \cdot (A+\bar{C})$

$F=(A+B+C) \cdot (A+\bar{C}) \cdot (B+1)$ 因式分解

$F=(A+B+C) \cdot (A+\bar{C}) \cdot (1)$ OR 规则

$F=(A+B+C) \cdot (A+\bar{C})$ AND 规则

$F=A+((B+C) \cdot (\bar{C}))$ 因式分解

$F=A+(B \cdot \bar{C}+C \cdot \bar{C})$ 分配律

$F=A+(B \cdot \bar{C}+0)$ AND 规则

$F=A+(B \cdot \bar{C})$ OR 规则

$F=\overline{(A \cdot B \cdot C)}+\bar{A} \cdot B \cdot C+\overline{(A \cdot C)}$

$F=(\bar{A}+\bar{B}+\bar{C})+\bar{A} \cdot B \cdot C+(\bar{A}+\bar{C})$ 德·摩根定律

$F=\bar{A}+\bar{A}+(\bar{A} \cdot B \cdot C)+\bar{B}+\bar{C}+\bar{C}$ 交换律

$F=\bar{A}(1+1+B \cdot C)+\bar{B}+\bar{C}$ 因式分解

$F=A(1)+\bar{B}+\bar{C}$ OR 规则

$F=\bar{A}+\bar{B}+\bar{C}$ AND 规则

$F=(A \oplus B)+(A \oplus \bar{B})$

$F=\bar{A} \cdot B+A \cdot \bar{B}+\bar{A} \cdot \bar{B}+A \cdot B$ XOR 扩展

$F=\bar{A} \cdot B+\bar{A} \cdot \bar{B}+A \cdot B+A \cdot \bar{B}$ 交换律

$F=\bar{A}(B+\bar{B})+A(B+\bar{B})$ 因式分解

$F=\bar{A}(1)+A(1)$ OR 规则

$F=\bar{A}+A$ AND 规则

$F=1$

$F=A+\bar{A} \cdot B=A+B$

$F=(A+\bar{A}) \cdot (A+B)$ 因式分解

$F=(1) \cdot (A+B)$ OR 规则

$F=A+B$ AND 规则

$F=A \cdot (\bar{A}+B)=A \cdot B$

$F=(A \cdot \bar{A})+(A \cdot B)$ 分配律

$F=(0)+(A \cdot B)$ AND 规则

$F=A \cdot B$ OR 规则

$F=\overline{(A\oplus B)}+A\cdot B\cdot C+\overline{(A\cdot B)}$

$F=\overline{A}\cdot \overline{B}+A\cdot B+A\cdot B\cdot C+(\overline{A}+\overline{B})$	德·摩根定律
$F=\overline{A}\cdot \overline{B}+\overline{A}+\overline{B}+A\cdot B+A\cdot B\cdot C$	交换律
$F=\overline{A}(\overline{B}+1)+\overline{B}+A\cdot B(1+C)$	因式分解
$F=\overline{A}+\overline{B}+A\cdot B$	OR 规则
$F=\overline{A}+(\overline{B}+A)\cdot (\overline{B}+B)$	因式分解
$F=\overline{A}+(\overline{B}+A)\cdot (1)$	OR 规则
$F=\overline{A}+\overline{B}+A$	AND 规则
$F=1$	OR 规则

$F=\overline{\overline{(A+B)}+\overline{(A+B)}+\overline{(A+\overline{B})}}$

$F=\overline{(\overline{A})}\cdot \overline{(\overline{B})}+(\overline{A}\cdot \overline{B})+(\overline{A}\cdot B)$	德·摩根定律
$F=A\cdot B+\overline{A}\cdot \overline{B}+\overline{A}\cdot B$	NOT 规则
$F=A\cdot B+\overline{A}\cdot (\overline{B}+B)$	因式分解
$F=A\cdot B+\overline{A}\cdot (1)$	OR 规则
$F=A\cdot B+\overline{A}$	AND 规则
$F=(A+\overline{A})\cdot (B+\overline{A})$	因式分解
$F=(1)\cdot (B+\overline{A})$	OR 规则
$F=\overline{A}+B$	AND 规则/交换律

$F=A\cdot \overline{B}+\overline{B}\cdot C+\overline{A}\cdot C=A\cdot \overline{B}+\overline{A}\cdot C$

$F=A\cdot \overline{B}+\overline{B}\cdot C\cdot 1+\overline{A}\cdot C$	AND 规则
$F=A\cdot \overline{B}+\overline{B}\cdot C\cdot (A+\overline{A})+\overline{A}\cdot C$	OR 规则
$F=A\cdot \overline{B}+A\cdot \overline{B}\cdot C+\overline{A}\cdot \overline{B}\cdot C+\overline{A}\cdot C$	分配律
$F=A\cdot \overline{B}\cdot (1+C)+\overline{A}\cdot C\cdot (\overline{B}+1)$	因式分解
$F=A\cdot \overline{B}\cdot (1)+\overline{A}\cdot C\cdot (1)$	OR 规则
$F=A\cdot \overline{B}+\overline{A}\cdot C$	AND 规则

例如，$F=A+\overline{A}\cdot B=A+B$ 和 $F=A\cdot (\overline{A}+B)=A\cdot B$ 的关系也称为"吸收"规则，$F=A\cdot \overline{B}+\overline{B}\cdot C+\overline{A}\cdot C=A\cdot \overline{B}+\overline{A}\cdot C$ 经常称为"一致"规则。所谓的吸收规则，很容易用其他规则对其进行证明，所以没有必要使用这些关系作为规则。特别是当使用规则时，不同的等式形式使验证变得困难。一致规则也很容易证明。

思考与练习 1-27：使用布尔代数化简下面的逻辑表达式。

（1）$X=(A\oplus \overline{B}\cdot C)+A\cdot (B+\overline{C})$

（2）$X=A\cdot \overline{B}\cdot C+\overline{A}\cdot \overline{B}\cdot C\cdot D+\overline{(A\cdot B\cdot D)}+\overline{A}\cdot B\cdot C\cdot D$

（3）$X=((A\oplus \overline{B})\cdot C)+A\cdot \overline{B}\cdot C+A\cdot \overline{B}\cdot C+\overline{\overline{A}+\overline{C}}$

（4）$X=\overline{\overline{\overline{A\cdot \overline{A}\cdot B\cdot B}}\cdot \overline{A\cdot B}}$

（5）$X=\overline{\overline{A}\cdot B\oplus \overline{\overline{B}+C}}$

1.7.2　使用卡诺图化简逻辑表达式

在最小化逻辑系统时，真值表并不实用，并且布尔代数的应用也有限制。逻辑图为最小化逻辑系统提供了一个简单且实用的方法。逻辑图和真值表都包含了相同的信息。但是，逻辑图更容易表示出冗余的输入项。逻辑图是一个二维（或三维）结构，它包含了真值表所包含的确切的、同样的信息。但是，它以阵列结构排列来遍历所有的逻辑域，因此很容易验证逻辑关系。真值表的信息也能够很容易地使用逻辑图表示。如图 1.83 所示，将包含 3 个逻辑变量的真值表映射到包含 8 个单元的逻辑图中，其中逻辑图中每个单元内的数字对应于真值表中每行逻辑变量的一个取值组合。

如图 1.83 所示，逻辑图中的每个单元与真值表的每一行之间存在一对一的对应关系，并且为每行输入变量进行数字编码。因此，每一个逻辑变量所包含的域由一组 4 个连续的单元表示（逻辑变量 A 所包含的域是一行四单元，逻辑变量 B 和 C 所包含的域是一个四个单元的方块）。逻辑图内的单元排列并不是只有一种可能，但是它拥有在两个单元内让每一个域重叠其他的域的有用属性。如图 1.83 所示，逻辑变量所包含的域在逻辑图中是连续区域，但是在真值表中并不连续。由于在逻辑图中逻辑变量所包含的域是连续的，因此使得它们非常有用。

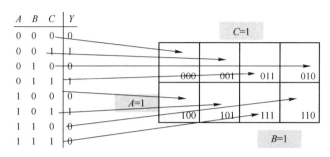

图 1.83　将 3 个逻辑变量的真值表映射到包含 8 个单元的逻辑图中

例如，在表示逻辑图时，在逻辑图的边缘标出变量名，相邻单元行和列的值 "0" 或者 "1" 表示所对应行和列的变量值。

可以从左到右读取逻辑图边缘的变量值，以便寻找相应给定单元所对应真值表中的一行。如图 1.84 所示，真值表中 $A=1$ 的行、$B=0$ 的行、$C=1$ 的行对应逻辑图中的阴影单元。

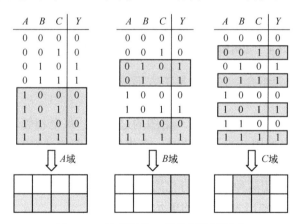

图 1.84　逻辑图的一种典型排列形式

如图 1.85 所示，将真值表输出列的信息对应到逻辑图的每个单元中，所以真值表和逻辑图包含了相同的信息。在逻辑图中，相邻的（垂直方向和水平方向）"1" 称为逻辑 "相邻"，这些 "相邻" 表示可以找到并且消除冗余输入的机会。因此，以这种方式使用的逻辑图称为卡诺图（或者 K-映射）。

如图 1.86 所示，将一个包含 4 个逻辑输入变量的真值表映射到一个包含 16 个单元的卡诺图中。

在一个逻辑系统中，使用卡诺图来找到和消除冗余输入项的关键是：确定输出为 "1" 的相邻项的积之和（SOP）表达式或输出为 "0" 的相邻项的和之积（POS）表达式。在卡诺图中，一个相邻项的有效组合必须包含 2^i（$i = 0$，1，2，3，4）个单元，即只允许存在 1、

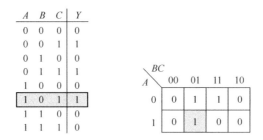

图 1.85　真值表信息映射到逻辑图的每一个单元中

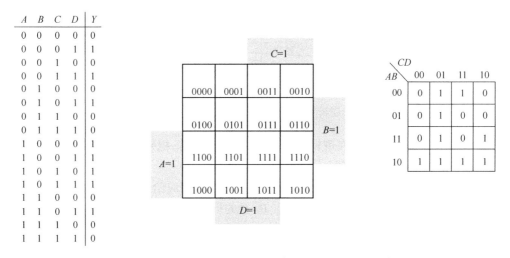

图 1.86　将包含 4 个逻辑输入变量的真值表映射到一个包含 16 个单元的卡诺图中

2、4、8 或 16 的相邻单元组合，它必须是正方形或长方形的图形，不能是斜角、弯角或其他的不规则的图形。

　　当使用 SOP 逻辑表达式时，在化简卡诺图的过程中，每个相邻单元的有效组合只能包含输出为"1"的项；当使用 POS 表达式时，在化简卡诺图的过程中，每个相邻单元的有效组合只能包含输出为"0"的项。

　　对于卡诺图，可以使用两种方法进行化简：

　　（1）只关注卡诺图中输出为"1"的单元。

　　① 将所有的"1"项组合在尽可能大的组合圈中。

　　② 列写出所画圈内所确定的每一个乘积项。

　　③ 用逻辑或关系将这些乘积项（最小项）连接起来，这样就可以从卡诺图中得到 SOP 逻辑表达式。

　　（2）只关注卡诺图中输出为"0"的单元。

　　① 将所有的"0"项组合在尽可能大的组合圈中。

　　② 列写出所画圈内所确定的每一个求和项（最大项）。

　　③ 用逻辑与关系将这些求和项（最大项）连接起来，这样就可以从卡诺图中得到 POS 逻辑表达式。

　　SOP 使用最小项编译（例如，变量的"0"域表示对圈内乘积项的取补），POS 使用最大项编译（例如，输入变量的"1"域表示对圈内和项的取补）。如果一个圈内同时包含了一个给定的逻辑变量的"1"和"0"域，那么这个变量是多余的，其不会出现圈定的项内。但是，当这个圈内只包含该变量的"1"或"0"域时，该逻辑变量则出现在圈内所包含相应逻辑项里。卡诺图的一边和相对的边是连续的，所以一个圈在中间不组合"1"或"0"的情况下可以从一边跨越到另一边，如图 1.86 所示，说明了这个过程。

卡诺图可用于求解 2、3、4、5 或 6 个输入变量的系统的最简逻辑表达式（如果超过 6 个变量，这个方法就变得复杂）。对于 2、3 或 4 个输入变量的系统，这个方法比较直观，如图 1.87 所示，下面的几个例子将对其进行说明。一般情况下，画圈的过程应以"1"（或"0"）开始。画圈时，确保所有的"1"（或"0"）都已经分配到每一个圈内。

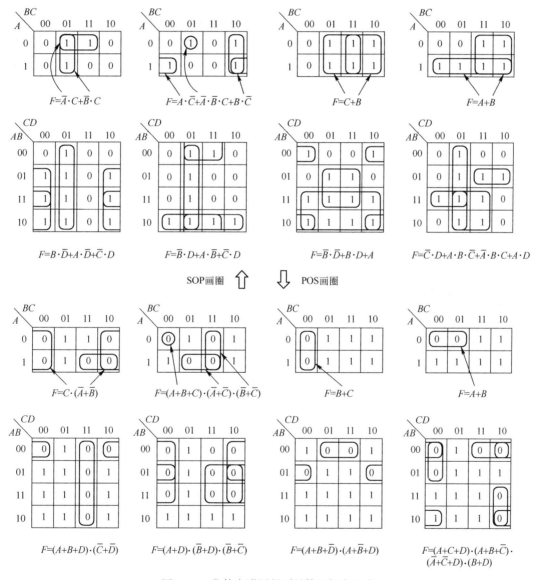

图 1.87　化简卡诺图得到最简逻辑表达式

将等式中的"1"（对于 SOP 表达式）和"0"（对于 POS 表达式）简单地分配到逻辑单元中，就可以很容易地将最小项 SOP 表达式和最大项 POS 表达式映射到卡诺图中。对于

SOP 表达式，没有列出"1"的任何单元都写成"0"，对于 POS 表达式，也可以用这种方式实现。如图 1.88 所示，对这个过程进行了说明。

图 1.88　逻辑表达式映射到卡诺图

对于 5 个变量或 6 个变量的系统，可以用两种不同的方法。一个方法是将 4 个变量的卡诺图嵌套在 1 个变量或 2 个变量的超图中；另一种方法是使用"输入变量图"。如图 1.89 所示，使用超图求解 5 个变量或 6 个变量的最简逻辑表达式类似于对 2 个、3 个或 4 个变量的卡诺图化简的过程，但是 4 个变量的卡诺图必须内嵌于 1 个变量或 2 个变量的超图。在相邻的超图单元中，子图之间逻辑相邻可以通过在相同编号中识别"1"或"0"寻找。图 1.89 给出了卡诺图中相邻单元的例子，用于得到 SOP 表达式。

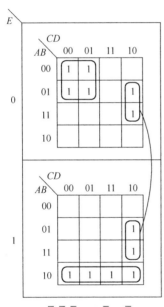
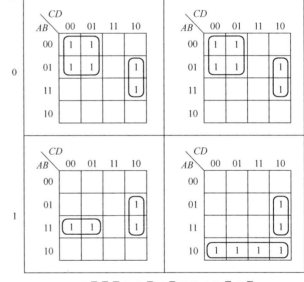

$F=\overline{A}\cdot\overline{C}\cdot\overline{E}+B\cdot C\cdot\overline{D}+A\cdot\overline{B}\cdot E$

$F=\overline{A}\cdot\overline{C}\cdot\overline{E}+B\cdot C\cdot\overline{D}+A\cdot\overline{B}\cdot E\cdot F+A\cdot B\cdot\overline{C}\cdot E\cdot\overline{F}$

图 1.89　在超图中搜索逻辑相邻项

注：当"1"位于子图的相同编号单元时，超图的变量不出现在乘积项中。

思考与练习 1-28：如图 1.90 所示，化简下面 2 个变量的卡诺图，并用 POS 和 SOP 表达式表示。

图 1.90　2 个变量的卡诺图

思考与练习 1-29：如图 1.91 所示，化简下面 3 个变量的卡诺图，并用 POS 和 SOP 表达式表示。

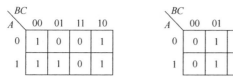

图 1.91　3 个变量的卡诺图

思考与练习 1-30：如图 1.92 所示，化简下面 4 个变量的卡诺图，并用 POS 和 SOP 表达式表示。

图 1.92　4 个变量的卡诺图

思考与练习 1-31：根据下面的等式，画出并化简卡诺图，并用 POS 和 SOP 表达式表示。

$$F = \sum m(0,1,4,5)$$

$$G = \prod M(0,1,3,4,5,7,13,15)$$

思考与练习 1-32：如图 1.93 所示，化简下面多变量的卡诺图，并用 POS 和 SOP 表达式表示。

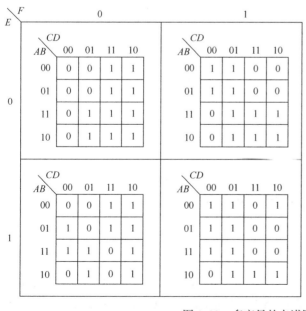
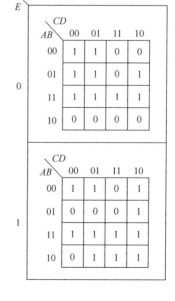

图 1.93　多变量的卡诺图

1.7.3　不完全指定逻辑功能的化简

当数字电路有 N 个逻辑输入信号时，并不会用到所有 2^N 个输入组合。或者说，如果 2^N 组合都可以，但一些组合并不是相关的。例如，假设一个远程电视遥控器能够用于控制电视、VCR 或 DVD。有些遥控器可能带有用于快进操作模式按钮的物理切换电路；其他遥控器可能使用相同的模型，将这个按钮放置在电路的左边，但是它们的功能完全不同。不管怎么样，一些输入信号的组合对于电路的正确操作完全是无关紧要的。因此，这就可以利用这些有利条件进一步简化逻辑电路。

输入组合不影响逻辑系统的功能时，可以用来驱动电路的输出为逻辑高或逻辑低。这就是说，设计者并不关注这些不可能或无关的输入对电路的影响。在真值表和卡诺图中，这个信息使用特殊的"无关项"符号表示，表明这个信号可以是"1"或"0"时，并不影响电路的功能。一些教科书使用"X"表示无关项，但是这会和名字为"X"的信号（表示信号的不确定状态）产生混淆。因此，可以使用一个更好的、与标准信号名没有关系的符号来表示，此处使用符号"Φ"表示无关项。

如图 1.94 所示，真值表的右侧表示使用相同的 3 个逻辑输入后产生的两个输出函数 F 和 G。两个输出各自都包含两个无关项。同样地，用卡诺图表示相关的信息。在表示函数 F 逻辑功能的卡诺图中，对于最小项 2 和 7，设计者不关心是否输出是"1"还是"0"。因此，在卡诺图中，编码为 2 和 7 的单元可以是"1"或"0"。很明显，把单元 7 的输出作为"1"、把单元 2 的输出作为"0"将得到最简逻辑表达式。在这样的情况下，SOP 表达式与POS 表达式相同。

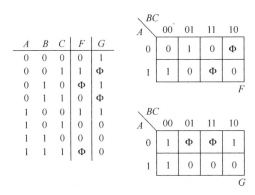

图 1.94　3 个输入变量的两个函数 F 和 G（包含无关项）

在函数 G 的卡诺图中，单元 1 和单元 3 中的无关项可以圈作"1"或"0"。在 SOP 表达式中，两个无关项都可以圈作"1"，得到逻辑表达式：

$$G = \overline{A} + \overline{B} \cdot \overline{C}$$

然而，在 POS 表达式中，单元 1 和单元 3 可以圈作"0"，得到逻辑表达式：

$$G = \overline{C} \cdot (\overline{A} + \overline{B})$$

如图 1.95 所示，给出了卡诺图中无关项的应用。由布尔代数可知，这两个函数表达式是不相等的。通常情况下，虽然它们在电路中的功能相同，但是由具有无关项的卡诺图所得到的 SOP 表达式和 POS 表达式的逻辑功能并不是等价的。

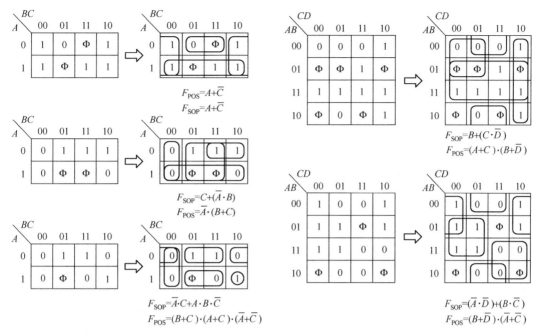

图 1.95　卡诺图中无关项的应用

思考与练习 1-33：如图 1.96 所示，化简下面包含无关项的 2 个变量的卡诺图，并用 POS 和 SOP 表达式表示。

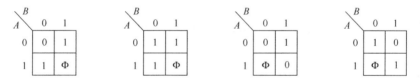

图 1.96　包含无关项的 2 个变量的卡诺图

思考与练习 1-34：如图 1.97 所示，化简下面包含无关项的 3 个变量的卡诺图，并用 POS 和 SOP 表达式表示。

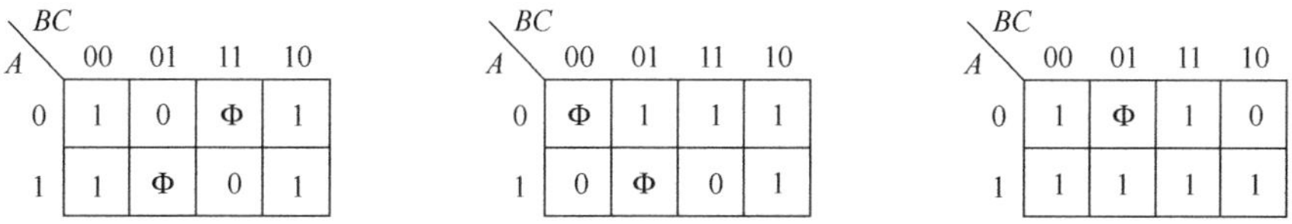

图 1.97　包含无关项的 3 个变量的卡诺图

思考与练习 1-35：如图 1.98 所示，化简下面包含无关项的 4 个变量的卡诺图，并用 POS 和 SOP 表达式表示。

思考与练习 1-36：根据下面包含无关项的等式画出并化简卡诺图，然后用 POS 和 SOP 表达式表示。

$$F = \sum m(0,1,4,5) + \Phi(2,7)$$

$$G = \prod M(0,1,3,4,5,7,13,15) + \Phi(2,3,11,12,14)$$

图1.98左图

AB\CD	00	01	11	10
00	1	0	Φ	1
01	1	Φ	1	1
11	Φ	1	0	0
10	1	0	0	1

图1.98中图

AB\CD	00	01	11	10
00	Φ	1	1	1
01	0	1	1	1
11	0	1	Φ	0
10	Φ	1	0	0

图1.98右图

AB\CD	00	01	11	10
00	0	1	1	0
01	1	Φ	1	1
11	1	Φ	1	0
10	0	1	1	0

图 1.98　包含无关项的 4 个变量的卡诺图

1.7.4　输入变量的卡诺图表示

真值表为实现一个给定的组合逻辑电路的具体行为提供了最好的机制；卡诺图为表示和最小化数字逻辑电路的输入–输出关系提供了最好的机制。到目前为止，在真值表的左上方和卡诺图的周围表示出输入变量。这样，允许将输出信号的每一个状态定义为一个真值表中给定行上"0"和"1"项的输入模式的函数，或定义为给定卡诺图单元的二进制编码。在不丢失任何信息的情况下，通过将真值表左上方的输入变量移动到真值表的输出列，或通过将卡诺图单元从外部移动到内部，这样就可以将真值表和卡诺图转换成更简洁的形式。尽管到了后面的模块才变得清晰，但是输入变量的使用，以及真值表和卡诺图的化简，使得一个多变量系统看上去更加直观和简洁。

图 1.99 说明了传输机制，一个 16 行的真值表被简化成两个 8 行和 4 行的真值表。如图 1.99（b）所示，在 8 行的真值表中，输入列不再使用变量 D。取而代之的是，它出现在了输出列中，表示输出逻辑值的两行和输入变量 D 之间的关系。如图 1.99（c）所示，在 4 行的真值表中，输入列不再使用变量 C 和 D，它们将出现在输出列中，表示输出逻辑值与输入变量 C 和 D 的关系。

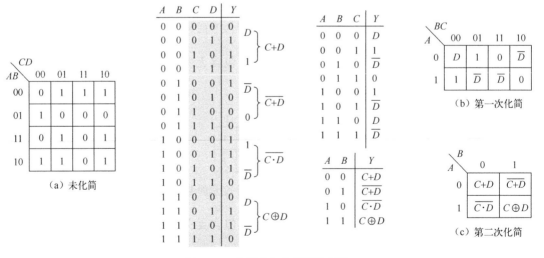

图 1.99　真值表和卡诺图的简化

如图 1.100 所示，给出 4 单元的卡诺图。从图 1.100 中可以看出，隐含的子图对于变量 A 和 B 每个确定的逻辑值，它表示了 C 和 D 之间的关系。对于任何输入变量的卡诺图，考虑子图可以用于帮助对输入变量进行正确的编码。

通过读取卡诺图中的索引编码，真值表中的行号可以映射到子图中的单元。编码从子图外的映射开始，后面添加子图编码，如图 1.100 中阴影块的编码为 "1110"。

最小项 SOP 表达式和最大项 POS 表达式也可以直接翻译成输入变量的卡诺图。如图 1.101 所示，卡诺图中每个单元下面较小的数字表示分配给该单元的最小项或者最大项。

当把最小项和最大项编码到卡诺图中时，取输入变量的最小数字。例如，如果最大的最小项用 14 表示，则假设为 4 个输入变量。

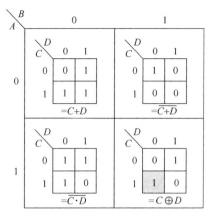

图 1.100　包含子图的卡诺图

$F=\sum m(0,2,4,6,7,9,12,13,15,18,21,22,23,24,25,26,27)$

$F=\prod M(1,2,5,6,7,12,13,14)$

图 1.101　SOP 和 POS 输入变量卡诺图

循环输入变量的卡诺图遵循相同的原则，即循环 "1-0" 映射，寻找 "1" 构成的最优组和输入变量用于 SOP 电路，寻找 "0" 构成的最优组合输入变量用于 POS 电路。规则是相似的，即所有输入变量和所有的 "1"（或者 "0"）必须被分组到最大可能的长方形或者正方形框中。当所有的输入变量和所有的 "1"（或者 "0"）被包含在一个最优的框中时，该过程结束。不同之处在于，相似的输入变量本身或者 "1"（或者 "0"）可以包含在圈中。如图 1.102 所示，需要特别注意的是，当圈住包含 "1"（或者 "0"）的输入变量时，

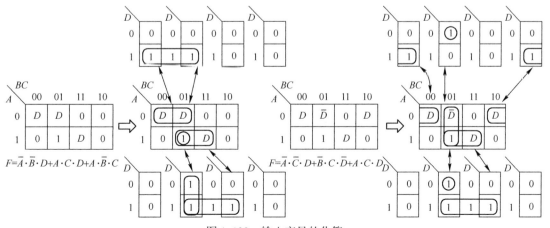

图 1.102　输入变量的化简

由于"1"（或者"0"）表示输入变量的所有可能组合都出现在映射单元中。因此，包含"1"（或者"0"）和输入变量的圈经常只包含输入变量可能组合的子集。

为了进一步理解卡诺图中输入变量画圈的方法，从每个卡诺图单元中所隐含的子图中考虑。通过将"1-0"信息圈入到隐含的子图中，产生卡诺图中的变量。在卡诺图变量中，所圈住相邻单元中的信息可以包含出现在子图中相同位置的"1"（或者"0"）。

当读取圈内等式时，对于每个圈的 SOP 乘积项（或者 POS 和项），必须包含定义了圈范围的变量和在圈内所包含的输入变量。例如，图 1.102 内的第一个乘积项 $\overline{A} \cdot \overline{B} \cdot \overline{C}$ 包含圈域 $\overline{A} \cdot \overline{B}$ 和输入变量 D。

输入变量卡诺图中的单元可能包含单个输入变量或者两个以上变量的逻辑表达式。当所圈的单元包含逻辑表达式时，它可以帮助识别 SOP 和 POS 画圈机制。如图 1.103 所示，与一个卡诺图单元的单个输入变量相比，一个单元内的乘积项表示一个较小的 SOP 域。这是由于一个乘积项的逻辑"与"变量越多，其所定义的逻辑域就越小。一个单元内的和项表示一个较大的 SOP 域。这是由于一个和项的逻辑"或"变量越多，其所定义的逻辑域就越

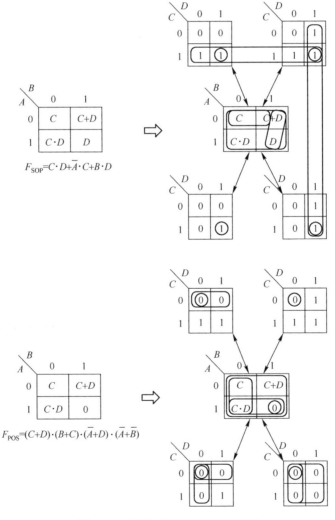

$$F_{\text{SOP}}=C \cdot D + \overline{A} \cdot C + B \cdot D$$

$$F_{\text{POS}}=(C+D) \cdot (B+C) \cdot (\overline{A}+D) \cdot (\overline{A}+\overline{B})$$

图 1.103　输入变量化简的子图说明

大。当从一个输入变量图圈 SOP 等式时，与包含单个输入变量的单元相比，包含乘积项的单元在它们的子图中出现很少的"1"。类似地，当从一个输入变量图圈 POS 等式时，与包含单个输入变量的单元相比，包含和项的单元在它们的子图中出现很少的"0"，而包含乘积项的单元在它们的子图中有更多的"0"。

输入变量卡诺图中的无关项和"1-0"图中的目的相同，它们表示输入条件不会发生或者它们是无关的，它们能够包含在"1"、"0"或者输入变量中，用于化简逻辑。

如图 1.104 所示，一个给定的无关项可以作为"1"、"0"，或者输入变量用于任何特定的圈内。

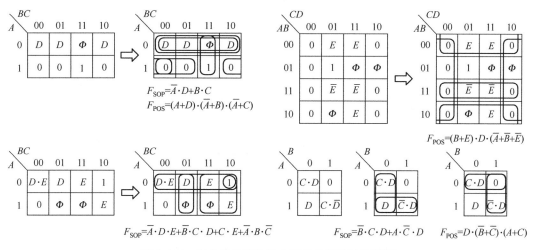

图 1.104　包含无关项的输入变量化简的子图说明

思考与练习 1−37：如图 1.105 所示，化简下面包含输入变量的多变量卡诺图，并用 POS 和 SOP 表达式表示。

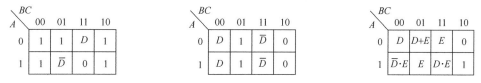

图 1.105　包含输入变量的多变量卡诺图（1）

思考与练习 1−38：如图 1.106 所示，化简下面包含输入变量的多变量卡诺图，并用 POS 和 SOP 表达式表示。

	CD			
AB	00	01	11	10
00	1	1	D	D
01	1	D	D	D
11	1	D	D	0
10	1	1	0	0

	CD			
AB	00	01	11	10
00	1	1	1	1
01	0	D	D	D
11	0	1	1	0
10	1	$\overline{D}$	$\overline{D}$	0

	CD			
AB	00	01	11	10
00	$\overline{D}$	1	1	E
01	$\overline{D} \cdot E$	$\overline{D}$	1	$D \cdot E$
11	E	0	D	$D+E$
10	$\overline{D}$	1	1	E

图 1.106　包含输入变量的多变量卡诺图（2）

思考与练习1-39：如图1.107所示，化简下面包含无关项和输入变量的多变量卡诺图，并用POS和SOP表达式表示。

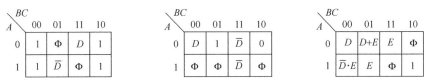

图1.107　包含无关项和输入变量的多变量卡诺图（1）

思考与练习1-40：如图1.108所示，化简下面包含无关项和输入变量的多变量卡诺图，并用POS和SOP表达式表示。

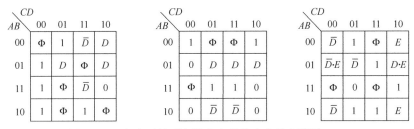

图1.108　包含无关项和输入变量的多变量卡诺图（2）

1.8　毛刺产生及消除

传播延迟不仅限制电路工作的速度，它们也会在输出端引起不期望的跳变，这些不期望的跳变称为"毛刺"。当其中一个信号发生改变时，将会给信号提供两条或更多的电流路径，并且其中一条路径的延迟时间比其他路径长。当信号路径在输出门重组时，这个在一条路径上增加的时间延迟会产生毛刺。如图1.109所示，当一个输入信号通过两条路径或多条路径驱动一个输出，其中一条路径有反相器而另外一条没有时，通常会出现非对称的延迟。对图1.109所示的电路执行SPICE瞬态分析的结果如图1.110所示。从图1.110中可知，所有的逻辑门都会对输入逻辑信号添加一些延迟，延迟量由它们的结构和输出时延决定。这个例子使用一个反相器来清楚地说明反相器在产生输出毛刺时的作用。

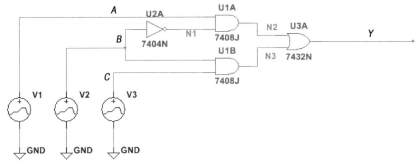

图1.109　包含反相器会产生毛刺的组合逻辑电路

读者需要注意的是，不管延迟时间多长，都会产生毛刺。仔细观察图1.110，可以清楚地知道反相器时延与输出毛刺之间的关系。

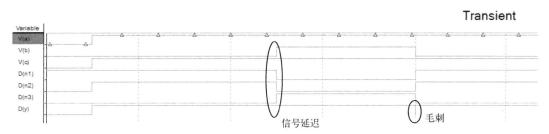

图 1.110　对图 1.109 所示的电路执行 SPICE 瞬态分析的结果

注：(1) 读者进入本书配套提供例子的 \eda_verilog\glitch. ms14 路径下，用 Multisim 14 工具打开该设计，执行仿真，观察仿真结果。

(2) 对图 1.110 进行局部放大，进一步观察信号延迟和毛刺之间的关系。

如图 1.111 所示，当一个逻辑输入变量用于两个乘积项（或者 POS 表达式的两个和项），以及在其中一项中有反相器而另一项中没有时，将会产生毛刺。在该卡诺图中，两个圆圈确定了最简逻辑表达式。$B \cdot C$ 独立于 A，即如果变量 B 和 C 都为逻辑 "1" 时，那么不管 A 如何变化输出，都是逻辑 "1"。同样，$A \cdot \overline{B}$ 也独立于 C，即如果变量 A 为逻辑 "1" 且变量 B 为逻辑 "0" 时，不管 C 如何变化输出，都是逻辑 "1"。但是，如果变量 A 为逻辑 "1"，变量 C 为逻辑 "1" 时，输出总是逻辑 "1"，并且与 B 没关系。但是，没有任何一个驱动输出的信号项独立于 B。这是问题的所在之处。当变量 A 和变量 C 都为逻辑 "1" 时，两种不同的积项使输出保持为逻辑 "1"，即一种是当变量 B 为逻辑 "1"（$B \cdot C$）；另一种是当变量 B 为逻辑 "0"（$A \cdot \overline{B}$）。所以，当变量 B 变化时，两种不同的积项必须在输出时重组，以保持输出为高，这就是引起毛刺的原因。

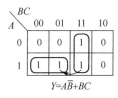

图 1.111　毛刺的卡诺图表示

可以通过原理图、卡诺图或者逻辑等式验证电路产生毛刺。在原理图中，输入后面有多条到达输出的路径，并且其中一条路径包含反相器而其他路径没这样就会产生毛刺。在卡诺图中，假如画的圈是相邻的但不重叠，那么那些没有被圈圈住的相邻项将有可能产生短时脉冲干扰。如图 1.112 所示，图 1.112（a）表示的逻辑电路会产生毛刺，而图 1.112（b）和图 1.112（c）表示的逻辑电路不会产生毛刺。

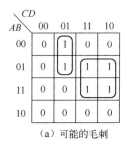

（a）可能的毛刺

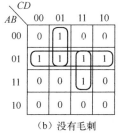

（b）没有毛刺

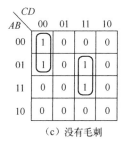

（c）没有毛刺

图 1.112　毛刺的卡诺图分析

如果两项或更多的项包含了同一个逻辑信号，并且这个信号在一项中取反，但在其他项不取反，那么就可以在逻辑等式中识别毛刺。为了讨论这个问题，每一对包含一个信号变量的项称为"耦合项"，其中这个信号变量在其中一项里取反，在另一项里不取反，这个取反/不取反的变量是"耦合变量"，其他的变量称为"残留项"。下面给出例子：

$$X = (A + \overline{B}) \cdot (A + C) \cdot (\overline{B} + C)$$

该逻辑表达式没有耦合项，不会产生毛刺。

$$X = A \cdot \overline{B} + \overline{A} \cdot C$$

该逻辑表达式有耦合项，会产生毛刺。

$$X = \overline{A} \cdot \overline{C} + A \cdot B + \overline{B} \cdot C$$

该逻辑表达式有耦合项，会产生毛刺。

在某些应用中，当耦合变量改变状态时，期望移除毛刺来保持输出稳定。如图 1.111 所示，只有当变量 B 和 C 同时为逻辑"1"时才会使 Y 产生毛刺。这种情况可以推广，对于毛刺的产生，一个逻辑电路必须对驱动所有输入到适当电平的耦合变量"很敏感"，这样就只有耦合变量可以影响输出。在一个 SOP 电路中，意味着除耦合输入外所有的输入必须被驱动到"1"，这样它们对第一级与门的输出就不会产生影响。

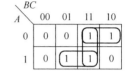

图 1.113 添加冗余项消除毛刺

这种情况为逻辑电路消除毛刺提供了一个直观的方法，即将所有多余的输入信号组合到一个新的第一级的逻辑输入（如 SOP 电路的与门），并将这个新增加的门添加到电路中。例如，逻辑表达式：

$$F = \overline{A} \cdot B + A \cdot C$$

耦合项是 A，多余项可以组合成 $B \cdot C$ 项的形式，将这项添加到电路中，构成下面的等式：

$$F = \overline{A} \cdot B + A \cdot C + B \cdot C$$

如图 1.113 所示为上述逻辑表达式的卡诺图。注意原等式是最小逻辑表达式，为了不产生毛刺，在最小逻辑表达式中添加了一个冗余项。

总是这样，即消除毛刺需要一个更大的具有冗余逻辑项的电路。实际中，大多数设计都偏向于设计一个最小电路，并用其他方法（后面的模型中讨论）处理毛刺。也许最好的教学方法是意识到在一般情况下，组合电路的输入无论何时变化，都可能产生毛刺（至少，在未证明之前）。

在如图 1.112（a）所示的问题中，原始的 SOP 表达式画圈并没有重叠，这就是毛刺潜在的特点。当增加了冗余项的圈时，每个圈至少重叠其他一项，这样就不会产生毛刺。

如图 1.112（c）所示，如果在不相邻的卡诺图单元中存在不重叠的圈，即没有耦合项，没有耦合变量，那就不可能增加一个或多个圈使所有的圈至少有一个和其他的圈重叠。在这样的情况下，输入信号改变不会引起毛刺。在这种类型的电路中，两个或更多的输入可能"在同一时刻"直接改变状态，该图所表示的方程式为

$$F = \overline{A} \cdot \overline{C} \cdot \overline{D} + B \cdot C \cdot D$$

在电路中，可能希望所有的输入变量同时从逻辑"0"变化到逻辑"1"。作为响应，输出持续保持为逻辑"1"。实际中，不可能同时改变所有的输入（至少，在一个皮秒内）。因此，输出变量会在输入变量不同时变化的时间段内出现毛刺跳变。像这样不期望的跳变不能通过增加多余项消除。当然，必须通过重定义电路或采样进行处理。此处，将进一步处理由于多输入变化引起的不期望的输出跳变。

到目前为止，大部分讨论的毛刺都是关于 SOP 的电路。但是，POS 的电路现象也是一样的。POS 电路出现毛刺的原因与 SOP 电路（到达多输入门的一个输入的不对称的路径延迟）一样。正如所期望的，需要的条件相似，但是和 SOP 电路的情况不完全相同。

这些简单的实验证明了门延迟对数字电路的基本影响，即输入变量的跳变可能使输出变量产生毛刺，通过不对称电路路径延迟提供输入形成输出。在更一般的情况下，任何时候一个输入变量通过两条不同的电路路径，并且这两条路径在电路的"下游"节点重组，就可能产生像毛刺一样的时间问题。再者，这里是为了意识到信号在逻辑电路中传输时消耗的时间，不同的电路路径具有不同的延迟。在某些特定的情况下，这些不同的延迟可能出现问题。

思考与练习 1-41：请分析下面的逻辑表达式是否会产生毛刺，以及能否消除毛刺。

$$Y = \overline{A} \cdot B + A \cdot C$$

思考与练习 1-42：图 1.114 给出的电路是在图 1.109 的基础上添加了额外的逻辑门，用于消除潜在的毛刺，请读者说明该电路的原理，并对该电路执行 SPICE 瞬态分析，观察分析结果，看看是否去除毛刺。

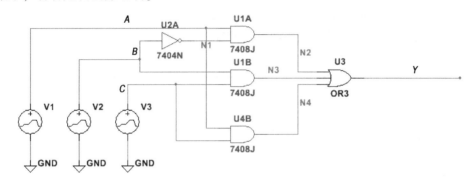

图 1.114　可以消除毛刺的组合逻辑电路

> **注**：读者进入本书配套提供例子的 \eda_verilog\glitch_remove.ms14 路径下，用 Multi-sim 14 工具打开该设计，执行仿真，观察仿真结果。

1.9　数字码制表示和转换

本节将介绍不同数字码制的表示，以及在不同码制之间转换数字的方法。

1.9.1　数字码制表示

正如前面所介绍的那样，数字逻辑工作在开关状态下，即二进制状态。为了满足不同的运算需求，人们又定制了使用八进制、十进制和十六进制表示数字的规则。其中十进制是日常生活中经常使用的一种表示数字的方法。

1. 二进制码制

二进制是以 2 为基数的进位制，即逢 2 进位；在二进制中，0 和 1 是基本的数字。现代电子计算机采用二进制体系。因为它只使用 0 和 1 两个数字符号，易于用半导体元器件实现，因此简单方便。

2. 十进制码制

十进制是以 10 为基数的进位制，即逢 10 进位。在十进制表示的数字中，只出现 0 ~ 9 这十个数字，0 ~ 9 的数字组合可以用于表示任何一个数字。用十进制码制表示的数字，其运算规律满足"逢十进一"的规则。

3. 八进制码制

八进制是以 8 为基数的进位制，即逢 8 进位。在八进制表示的数字中，只使用数字 0 ~ 7。当把二进制数转换为八进制数时，可以将 3 个连续的数字拼成 1 组，然后再独立转成八进制的数字。例如，$(74)_{10}$ 对应于二进制数 "1001010"，3 个连续的数字拼成 1 组变成 1,001,010，表示八进制数 $(112)_8$。

4. 十六进制码制

十六进制是以 16 为基数的进位制，即逢 16 进位。在 16 进制表示的数字中，用数字 0 ~ 9 和字母 A ~ F（大写和小写均可）表示（其中，字母 A ~ F 对应于十进制数的 10 ~ 15）。

表 1.25 给出了不同进制数之间的对应关系，这种对应关系只限制在非负的整数范围。对于负整数的对应关系，将在第 2 章介绍减法器时进行详细说明。

表 1.25　不同进制数之间的对应关系

十进制数	二进制数	八进制数	十六进制数	十进制数	二进制数	八进制数	十六进制数
0	0000	0	0	11	1011	13	B
1	0001	1	1	12	1100	14	C
2	0010	2	2	13	1101	15	D
3	0011	3	3	14	1110	16	E
4	0100	4	4	15	1111	17	F
5	0101	5	5	16	10000	20	10
6	0110	6	6	17	10001	21	11
7	0111	7	7	18	10010	22	12
8	1000	10	8	19	10011	23	13
9	1001	11	9	20	10100	24	14
10	1010	12	A				

为了方便理解，下面说明不同进制的表示方法：

（1）对于一个 4 位十进制数 7531，用 10 的幂表示为

$$7 \times 10^3 + 5 \times 10^2 + 3 \times 10^1 + 1 \times 10^0$$

（2）对于一个 5 位二进制数 10101，用 2 的幂表示为

$$1 \times 2^4 + 0 \times 2^3 + 1 \times 2^2 + 0 \times 2^1 + 1 \times 2^0$$

其等效于十进制数 21。

（3）对于一个 4 位十六进制数 13AF，用 16 的幂表示为

$$1 \times 16^3 + 3 \times 16^2 + 10(\text{等效于 A}) \times 16^1 + 15(\text{等效于 F}) \times 16^0$$

其等效于十进制数 5039。

推广总结：

（1）对于一个 N 位二进制数，最低位为第 0 位，最高位为第 $N-1$ 位，其计算公式为

$$Y = S_{N-1} \cdot 2^{N-1} + S_{N-2} \cdot 2^{N-2} + \cdots + S_1 \cdot 2^1 + S_0$$

其中，S_i 为第 i 位二进制数的值，取值为 0 或 1；2^i 为第 i 位二进制数所对应的权值；Y 为等效的十进制数。

（2）对于一个 N 位 16 进制数，最低位为第 0 位，最高位为第 $N-1$ 位，其计算公式为

$$Y=S_{N-1}\cdot 16^{N-1}+S_{N-2}\cdot 16^{N-2}+\cdots+S_1\cdot 16^1+S_0$$

其中，S_i 为第 i 位十六进制数的值，取值范围为 0～9 或 A～F；16^i 为第 i 位十六进制数对应的权值；Y 为等效的十进制数。

前面介绍了使用其他进制表示十进制整数的方法。那么，对于一个十进制的小数，又该如何表示呢？

（1）对于一个 3 位十进制小数 0.714，用 10 的幂表示为

$$7\times10^{-1}+1\times10^{-2}+4\times10^{-3}$$

（2）对于一个 5 位二进制小数 0.10101，用 2 的幂表示为

$$1\times2^{-1}+0\times2^{-2}+1\times2^{-3}+0\times2^{-4}+1\times2^{-5}$$

其等效于十进制小数 0.65625。

推广总结：对于一个 N 位的 2 进制小数，最高位为第 0 位，最低位为第 N 位，其计算公式为

$$Y=S_0\cdot 2^{-1}+S_1\cdot 2^{-2}+\cdots+S_{N-2}\cdot 2^{-(N-1)}+S_{N-1}\cdot 2^{-N}$$

其中，S_i 为第 i 位二进制小数的值，取值为 0 或 1；$2^{-(i+1)}$ 为第 i 位二进制小数所对应的权值；Y 为等效的十进制小数。

从上面的计算过程可知，二进制整数和二进制小数的区别是二进制整数的权值为整数，而二进制小数的权值为小数。

对于一个即包含整数，又包含小数的二进制数来说，就是将整数部分和小数部分分别用整数二进制计算公式和小数二进制计算公式表示。

1.9.2　数字码制转换

整数部分，把十进制转成二进制一直分解至商为 0。从最低的左边数字开始读，然后读右边的数字，从低位读到高位。小数部分，则用其乘 2，取其整数部分的结果，再用计算后的小数部分以此重复计算，算到小数部分全为 0 为止，之后读取所有计算后整数部分的数字，从高位读到低位。

1. 十进制数转二进制数

本节将介绍十进制数转二进制数的方法。下面以十进制数 59 转换为所对应的二进制数为例。

1）整数部分的计算方法

$$59\div2=29\cdots1 \quad （前面表示商，后面表示余数）$$
$$29\div2=14\cdots1$$
$$14\div2=7\cdots0$$
$$7\div2\ =3\cdots1$$
$$3\div2\ =1\cdots1$$
$$1\div2\ =0\cdots1$$

即整数部分 59 对应的二进制数为 111011。

2) 小数部分的计算方法

$$0.8125 \times 2 = 1.625 \quad 取出整数 1$$
$$0.625 \times 2 = 1.25 \quad 取出整数 1$$
$$0.25 \times 2 = 0.5 \quad 取出整数 0$$
$$0.5 \times 2 = 1.0 \quad 取出整数 1$$

即小数部分 0.8125 对应的二进制数为 0.1101。因此，$(59.8125)_{10} = (111011.1101)_2$。

2. 十进制数转十六进制数

本节将介绍十进制数转十六进制数的方法。下面以十进制数 4877 转换为所对应的十六进制数为例。

$$4877 \div 16 = 304 \cdots 13 \ （D）$$
$$304 \div 16 = 19 \cdots 0$$
$$19 \div 16 = 1 \cdots 3$$
$$1 \div 16 = 0 \cdots 1$$

因此，$(487710)_{10} = (130D)_{16}$。

将十进制数转换为二进制数，可以使用比较法，该方法比传统的转换方法容易理解和记忆，因此推荐使用这种方法。下面使用比较法将十进制数 59.8125 转换为对应的二进制数，转换过程如表 1.26 所示。

表 1.26　使用比较法将十进制数转换成对应的二进制数

十进制数	59.8125	27.8125	11.8125	3.8125	3.8125	1.8125	0.8125	0.3125	0.0625	0.0625
权值	$2^5(32)$	$2^4(16)$	$2^3(8)$	$2^2(4)$	$2^1(2)$	$2^0(1)$	$2^{-1}(0.5)$	$2^{-2}(0.25)$	$2^{-3}(0.125)$	$2^{-4}(0.0625)$
余数	27.8125	11.8125	3.8125	3.8125	1.8125	0.8125	0.3125	0.0625	0.0625	0
二进制数	1	1	1	0	1	1	1	1	0	1

其中：

（1）最大的权值应该小于所要比较的十进制数，并且离该十进制数距离最近。

（2）权值从大到小以次递减排列。整数部分的权值表示为 2^i（i 为非负整数），小数部分的权值表示为 2^{-i}（i 为负整数）。

比较规则描述如下：

（1）将十进制数与所对应的权值进行比较。

① 当十进制数大于权值时，对应的二进制数值为 1。用十进制数减去对应的权值，得到余数，该余数作为下一次比较的十进制数。

② 当十进制数小于权值时，对应的二进制数值为 0。不做减法操作，该十进制数仍旧作为下一次比较的十进制数。

③ 当余数为 0 时，比较过程结束。

（2）权值 $2^0(1)$ 之前（包括 $2^0(1)$）所有权值对应的二进制数，按权值从高位到低位以次排列，得到整数部分。在该例子中，整数部分对应的二进制数表示为 111011。

（3）权值 $2^0(1)$ 之后（不包括 $2^0(1)$）所有权值对应的二进制数，按权值从高位到低位以次排列，得到小数部分。在该例子中，小数部分对应的二进制数表示为 1101。

因此，十进制正数 59.8125 对应的二进制数为 111011.1101。

思考与练习 1-43：完成下面整数的转换（使用最少的位数）。

（1）$(35)_{10} = ($ _____ $)_2 = ($ _____ $)_{16} = ($ _____ $)_8$

（2）$(213)_{10} = ($ _____ $)_2 = ($ _____ $)_{16} = ($ _____ $)_8$

（3）$(1034)_{10} = ($ _____ $)_2 = ($ _____ $)_{16} = ($ _____ $)_8$

思考与练习 1-44：完成下面定点数的转换（使用最少的位数）。

（1）$(13.076)_{10} = ($ _____ $)_2$

（2）$(247.0678)_{10} = ($ _____ $)_2$

第 2 章　数字逻辑电路

本章将介绍数字逻辑电路。数字逻辑电路是数字逻辑基本知识的具体实现，主要内容包括组合逻辑电路、时序逻辑电路、存储器和有限自动状态机。

通过本章内容的介绍，读者将掌握基本组合逻辑电路的本质特点和典型电路，基本时序逻辑电路的本质特点和典型电路，存储器的分类和原理，以及有限自动状态机的原理和实现方法。

2.1　组合逻辑电路

从第 1 章所给出的逻辑表达式的化简过程可以很清楚地知道下面的事实，即不管数字系统的功能有多复杂，总可以用 SOP 或者 POS 表达式表示。

我们都知道人的大脑具有复杂的推理和记忆功能，它可以指挥人的四肢协调工作。人是在不断记忆新知识的过程中成长的。数字系统类似于人的大脑和四肢，即一个完整的数字系统应该包含推理部分、记忆部分和输出部分。在数字系统中，推理部分和输出部分称为组合逻辑电路，而记忆部分称为时序逻辑电路。

组合逻辑电路是一种逻辑电路，即它任一时刻的输出只与当前时刻逻辑输入变量的取值有关。如图 2.1 所示，给出了组合逻辑电路的结构原理，图中组合逻辑电路的输入和输出可以用下面的关系描述：

$$y_0 = f_0(x_0, x_1, \cdots, x_{M-1})$$
$$y_1 = f_1(x_0, x_1, \cdots, x_{M-1})$$
$$\cdots$$
$$y_{N-1} = f_{N-1}(x_0, x_1, \cdots, x_{M-1})$$

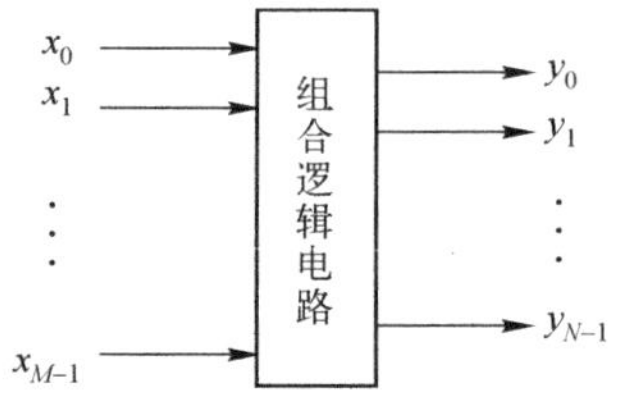

图 2.1　组合逻辑电路的结构原理

其中，$x_0, x_1, \cdots, x_{M-1}$ 为 M 个逻辑输入变量；$y_0, y_1, \cdots, y_{N-1}$ 为 N 个逻辑输出变量；$f_0( ), f_1( ), \cdots, f_{N-1}( )$ 为 M 个逻辑输入变量和 N 个逻辑输出变量所对应的布尔逻辑表达式。

换句话说，如果我们可以通过测试仪器确定逻辑输入变量和逻辑输出变量的关系，就可以通过真值表描述它们之间的关系，然后通过化简卡诺图就可以得到 $f_0( ), f_1( ), \cdots, f_{N-1}( )$ 所表示的逻辑关系。

时序逻辑电路是一种特殊的逻辑电路，即它任何一个时刻的输出不仅与当前时刻逻辑输入变量的取值有关，而且还和前一时刻的输出状态有关，其具体原理将在 2.2 节中详细说明。例如，组合逻辑电路包含编码器、译码器、码转换器、多路选择器、数字比较器、加法器、减法器、加法器/减法器和乘法器。

2.1.1　编码器

编码器用于对原始数字信息进行变换。本节将以 74LS148 8-3 线编码器为例，说明编码器的实现原理。图 2.2 给出了 74LS148 8-3 线编码器的符号描述。其中，EI（芯片第 5 个引脚）为选通输入端，低电平有效；EO（芯片第 15 个引脚）为选通输出端，高电平有效；GS（芯片第 14 个引脚）为组选择输出有效信号，用作片优先编码输出端。当 EI 有效，并且有优先编码输入时，该引脚输出为低。A0、A1、A2（芯片第 9、7 和 6 个引脚）为编码输出端，低电平有效。

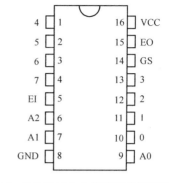

图 2.2　74LS148 8-3 线编码器的符号描述

表 1.12 给出了 74LS148 8-3 线编码器的逻辑关系，表中的"×"表示无关项。下面对表 1.12 的逻辑功能进行分析：

（1）当 EI 为低有效时，编码器才能正常工作（具有最高优先级）。

（2）74LS148 8-3 线编码器输入端的优先级按 7 到 0 依次递减。当某一输入端为低电平，且比它优先级高的输入端均为高电平时，输出端才输出对应于该输入端的编码。例如，当输入引脚 5 为逻辑低电平，且输入引脚 6 和输入引脚 7 均为逻辑高电平时，此时输出编码为 010（它是 5 的反码）。

表 2.1　74LS148 8-3 线编码器的逻辑关系

EI	0	1	2	3	4	5	6	7	A2	A1	A0	GS	EO
1	×	×	×	×	×	×	×	×	1	1	1	1	1
0	1	1	1	1	1	1	1	1	1	1	1	1	0
0	×	×	×	×	×	×	×	0	0	0	0	0	1
0	×	×	×	×	×	×	0	1	0	0	1	0	1
0	×	×	×	×	×	0	1	1	0	1	0	0	1
0	×	×	×	×	0	1	1	1	0	1	1	0	1
0	×	×	×	0	1	1	1	1	1	0	0	0	1
0	×	×	0	1	1	1	1	1	1	0	1	0	1
0	×	0	1	1	1	1	1	1	1	1	0	0	1
0	0	1	1	1	1	1	1	1	1	1	1	0	1

注：表中的"×"表示无关项。

对表 2.1 的真值表使用布尔代数进行化简，得到下面的逻辑表达式：

$$A0 = \overline{(\overline{1} \cdot 2 \cdot 4 \cdot 6 + \overline{3} \cdot 4 \cdot 6 + \overline{5} \cdot 6 \cdot 7)} \cdot \overline{EI}$$

$$A1 = \overline{(\overline{2} \cdot 4 \cdot 5 + \overline{3} \cdot 4 \cdot 5 + \overline{6 + 7})} \cdot \overline{EI}$$

$$A2 = \overline{(\overline{4 + 5 + 6 + 7})} \cdot \overline{EI}$$

$$EO = 0 \cdot 1 \cdot 2 \cdot 3 \cdot 4 \cdot 5 \cdot 6 \cdot 7 \cdot \overline{EI}$$

$$GS = \overline{\overline{EO} \cdot \overline{EI}}$$

图 2.3 给出了 74LS148 8-3 线编码器的内部逻辑结构。

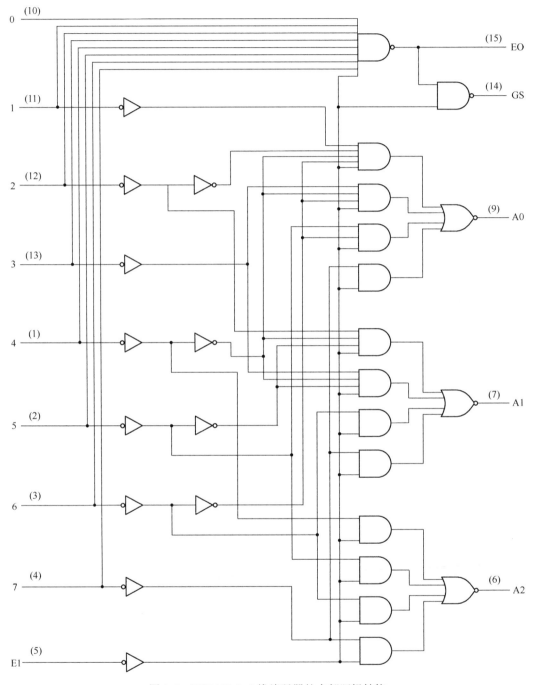

图 2.3　74LS148 8-3 线编码器的内部逻辑结构

2.1.2　译码器

在数字电路中，译码器用于将二进制代码翻译为特定的对象（如逻辑电平等），功能与编码器相反，如 3-8 译码器和 7 段译码器。

1. 3-8 译码器的实现原理

本节将介绍 74LS138 3-8 译码器的实现原理。图 2.4 给出了 74LS138 3-8 译码器的符号描述。表 2.2 给出了 74LS138 3-8 译码器的逻辑关系描述。编码从 C、B、A 引脚输入，输出引脚 Y7 ～ Y0 用来表示输入编码的组合。

> **注**：图 2.4 中的 $\overline{G2A}$ 和 $\overline{G2B}$ 表示逻辑低电平有效，在真值表中仍使用原变量表示。

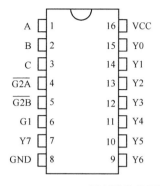

图 2.4　74LS138 3-8 译码器的符号描述

表 2.2　74LS138 3-8 译码器的逻辑关系描述

G1	$\overline{G2A}$	$\overline{G2B}$	C	B	A	Y0	Y1	Y2	Y3	Y4	Y5	Y6	Y7
×	1	×	×	×	×	1	1	1	1	1	1	1	1
×	×	1	×	×	×	1	1	1	1	1	1	1	1
0	×	×	×	×	×	1	1	1	1	1	1	1	1
1	0	0	0	0	0	0	1	1	1	1	1	1	1
1	0	0	0	0	1	1	0	1	1	1	1	1	1
1	0	0	0	1	0	1	1	0	1	1	1	1	1
1	0	0	0	1	1	1	1	1	0	1	1	1	1
1	0	0	1	0	0	1	1	1	1	0	1	1	1
1	0	0	1	0	1	1	1	1	1	1	0	1	1
1	0	0	1	1	0	1	1	1	1	1	1	0	1
1	0	0	1	1	1	1	1	1	1	1	1	1	0

在任意一个时刻，引脚 Y7～Y0 中只有一个引脚输出逻辑低电平，其余引脚输出均为逻辑高电平。从表 2.2 可知，74LS138 3-8 译码器正常工作的前提条件是 "G1 = 1，$\overline{G2A} = 0$，$\overline{G2B} = 0$" 同时有效。

根据表 2.2 中给出的 74LS138 3-8 译码器真值表，通过化简得到输出 Y0～Y7 的逻辑表达式为

$$Y0 = \overline{(G1 \cdot \overline{G2A} \cdot \overline{G2B}) \cdot \overline{C} \cdot \overline{B} \cdot \overline{A}}$$

$$Y1 = \overline{(G1 \cdot \overline{G2A} \cdot \overline{G2B}) \cdot \overline{C} \cdot \overline{B} \cdot A}$$

$$Y2 = \overline{(G1 \cdot \overline{G2A} \cdot \overline{G2B}) \cdot \overline{C} \cdot B \cdot \overline{A}}$$

$$Y3 = \overline{(G1 \cdot \overline{G2A} \cdot \overline{G2B}) \cdot \overline{C} \cdot B \cdot A}$$

$$Y4 = \overline{(G1 \cdot \overline{G2A} \cdot \overline{G2B}) \cdot C \cdot \overline{B} \cdot \overline{A}}$$

$$Y5 = \overline{(G1 \cdot \overline{G2A} \cdot \overline{G2B}) \cdot C \cdot \overline{B} \cdot A}$$

$$Y6 = \overline{(G1 \cdot \overline{G2A} \cdot \overline{G2B}) \cdot C \cdot B \cdot \overline{A}}$$

$$Y7 = \overline{(G1 \cdot \overline{G2A} \cdot \overline{G2B}) \cdot C \cdot B \cdot A}$$

图 2.5 给出了 74LS138 3-8 译码器的内部结构。74LS138 3-8 译码器的测试电路如图 2.6 所示。

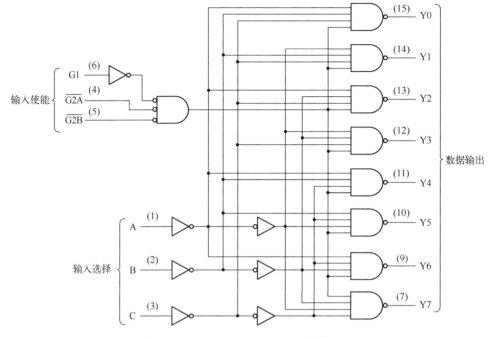

图 2.5　74LS138 3–8 译码器的内部结构

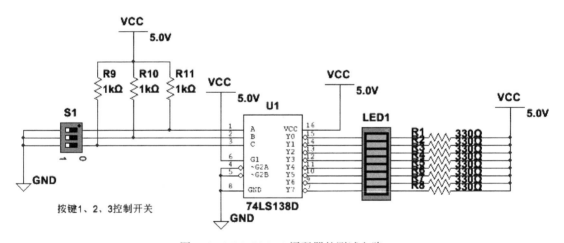

图 2.6　74LS138 3–8 译码器的测试电路

> **注**：读者进入本书配套提供例子的 \eda_verilog\74ls138_test_circuit. ms14 路径下，用 Multisim 14 工具打开该设计，执行交互（Interactive Simulation）仿真，观察仿真结果。

2. 7 段译码器的实现原理

图 2.7 给出了共阴极 7 段译码器的内部结构。从图 2.7 中可知，7 段译码器中的每一段分别用字母 a ～ g 标识，每一段的排列顺序和图中给出的顺序一致。从图 2.7 中也可知，7 段译码器中的每一段实际上就是一个发光二极管。对于图 2.7 给出的 7 段译码器来说，当把每一段发光二极管的阴极连接在一起时，将 7 段译码器称为共阴极 7 段译码器。很明显，当有电流流过发光二极管时，其所对应的段就会发光。当：

（1）$V_{CA}-V_{公共端}<V_{th}$时，a 段所含发光二极管处于灭状态。否则，a 段所含发光二极管处于亮状态。

（2）$V_{CB}-V_{公共端}<V_{th}$时，b 段所含发光二极管处于灭状态。否则，b 段所含发光二极管处于亮状态。

（3）$V_{CC}-V_{公共端}<V_{th}$时，c 段所含发光二极管处于灭状态。否则，c 段所含发光二极管处于亮状态。

（4）$V_{CD}-V_{公共端}<V_{th}$时，d 段所含发光二极管处于灭状态。否则，d 段所含发光二极管处于亮状态。

（5）$V_{CE}-V_{公共端}<V_{th}$时，e 段所含发光二极管处于灭状态。否则，e 段所含发光二极管处于亮状态。

（6）$V_{CF}-V_{公共端}<V_{th}$时，f 段所含发光二极管处于灭状态。否则，f 段所含发光二极管处于亮状态。

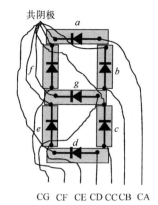

图 2.7　共阴极 7 段译码器的内部结构

（7）$V_{CG}-V_{公共端}<V_{th}$时，g 段所含发光二极管处于灭状态。否则，g 段所含发光二极管处于亮状态。

> 注：（1）CA、CB、CC、CD、CE、CF 和 CG 分别对应每段中发光二极管的阳极。
> （2）V_{th} 为发光二极管的门限电压。
> （3）公共端是指共阴极。

控制 7 段译码器显示不同的数字和字母时，只要给相应段所含发光二极管的阳极施加逻辑高电平即可。下面将设计二进制码到 7 段码转换的逻辑电路。该逻辑电路将二进制数所对应的十六进制数（0～9 和 A～F）显示在 7 段译码器上，表 2.3 给出了二进制码转换为 7 段码的逻辑关系描述。

表 2.3　二进制码转换为 7 段码的逻辑关系

x_3	x_2	x_1	x_0	g	f	e	d	c	b	a
0	0	0	0	0	1	1	1	1	1	1
0	0	0	1	0	0	0	0	1	1	0
0	0	1	0	1	0	1	1	0	1	1
0	0	1	1	1	0	0	1	1	1	1
0	1	0	0	1	1	0	0	1	1	0
0	1	0	1	1	1	0	1	1	0	1
0	1	1	0	1	1	1	1	1	0	1
0	1	1	1	0	0	0	0	1	1	1
1	0	0	0	1	1	1	1	1	1	1
1	0	0	1	1	1	0	1	1	1	1
1	0	1	0	1	1	1	0	1	1	1
1	0	1	1	1	1	1	1	0	0	0
1	1	0	0	0	1	1	1	0	0	1
1	1	0	1	1	0	1	1	1	1	0
1	1	1	0	1	1	1	1	0	0	1
1	1	1	1	1	1	1	0	0	0	1

根据该真值表的逻辑关系描述，使用图 2.8 所示的卡诺图表示 7 段码和二进制数之间的对应关系，并进行化简。

使用卡诺图化简后，得到 a、b、c、d、e、f、g 和 x_3、x_2、x_1、x_0 对应关系的逻辑表达式为

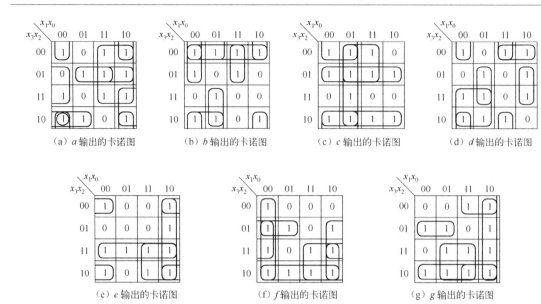

图 2.8　二进制数到 7 段码转换逻辑的卡诺图化简过程

$$a = \overline{x_2} \cdot \overline{x_0} + x_3 \cdot \overline{x_2} \cdot \overline{x_1} + x_3 \cdot \overline{x_0} + x_2 \cdot x_1 + \overline{x_3} \cdot x_1 + \overline{x_3} \cdot x_2 \cdot x_0$$
$$b = \overline{x_3} \cdot \overline{x_2} + x_2 \cdot \overline{x_1} + \overline{x_2} \cdot \overline{x_0} + x_3 \cdot x_1 \cdot x_0 + x_3 \cdot \overline{x_1} \cdot x_0 + x_3 \cdot \overline{x_1} \cdot \overline{x_0}$$
$$c = \overline{x_2} \cdot \overline{x_1} + x_3 \cdot \overline{x_2} + \overline{x_1} \cdot x_0 + x_3 \cdot \overline{x_2} + \overline{x_3} \cdot x_0$$
$$d = \overline{x_2} \cdot \overline{x_1} \cdot \overline{x_0} + x_3 \cdot \overline{x_1} + \overline{x_2} \cdot x_1 \cdot x_0 + x_2 \cdot \overline{x_1} \cdot x_0 + \overline{x_3} \cdot \overline{x_2} \cdot x_1 + x_2 \cdot x_1 \cdot \overline{x_0}$$
$$e = \overline{x_2} \cdot \overline{x_0} + x_1 \cdot \overline{x_0} + x_3 \cdot x_2 + x_3 \cdot x_1$$
$$f = \overline{x_1} \cdot \overline{x_0} + x_3 \cdot \overline{x_2} + x_3 \cdot x_1 + \overline{x_3} \cdot x_2 \cdot \overline{x_1} + \overline{x_0} \cdot x_2$$
$$g = \overline{x_2} \cdot x_1 + x_1 \cdot \overline{x_0} + x_3 \cdot \overline{x_2} + x_3 \cdot x_0 + \overline{x_3} \cdot x_2 \cdot \overline{x_1}$$

2.1.3　码转换器

本节将学习码转换器的实现方法。例如，格雷码转换器和二进制数到 BCD 码转换器。

1. 格雷码转换器的实现原理

格雷码（Gray）的编码特点是在相邻的两个编码中，只有一个二进制位不同。表 2.4 给出了二进制码和格雷码的对应关系。

表 2.4　二进制码和格雷码的对应关系

x_3	x_2	x_1	x_0	g_3	g_2	g_1	g_0	x_3	x_2	x_1	x_0	g_3	g_2	g_1	g_0
0	0	0	0	0	0	0	0	1	0	0	0	1	1	0	0
0	0	0	1	0	0	0	1	1	0	0	1	1	1	0	1
0	0	1	0	0	0	1	1	1	0	1	0	1	1	1	1
0	0	1	1	0	0	1	0	1	0	1	1	1	1	1	0
0	1	0	0	0	1	1	0	1	1	0	0	1	0	1	0
0	1	0	1	0	1	1	1	1	1	0	1	1	0	1	1
0	1	1	0	0	1	0	1	1	1	1	0	1	0	0	1
0	1	1	1	0	1	0	0	1	1	1	1	1	0	0	0

对上面的真值表进行化简，得到二进制码到格雷码转换的逻辑表达式：

$$g_i = x_{i+1} \oplus x_i$$

2. 二进制数到 BCD 码转换器的实现原理

表 2.5 给出了二进制数与二进制编码的十进制数对应的逻辑关系。从表中可知，实际上就是将十六进制数转换为所对应的十进制数，如十六进制数 F 对应于十进制数 15。图 2.9 给出了二进制数与二进制编码的十进制数的卡诺图及化简过程。

表 2.5　二进制数与二进制编码的十进制数对应的逻辑关系

十六进制	二进制数				二进制编码的十进制数					BCD
	b_3	b_2	b_1	b_0	p_4	p_3	p_2	p_1	p_0	（等效的十进制数）
0	0	0	0	0	0	0	0	0	0	00
1	0	0	0	1	0	0	0	0	1	01
2	0	0	1	0	0	0	0	1	0	02
3	0	0	1	1	0	0	0	1	1	03
4	0	1	0	0	0	0	1	0	0	04
5	0	1	0	1	0	0	1	0	1	05
6	0	1	1	0	0	0	1	1	0	06
7	0	1	1	1	0	0	1	1	1	07
8	1	0	0	0	0	1	0	0	0	08
9	1	0	0	1	0	1	0	0	1	09
A	1	0	1	0	1	0	0	0	0	10
B	1	0	1	1	1	0	0	0	1	11
C	1	1	0	0	1	0	0	1	0	12
D	1	1	0	1	1	0	0	1	1	13
E	1	1	1	0	1	0	1	0	0	14
F	1	1	1	1	1	0	1	0	1	15

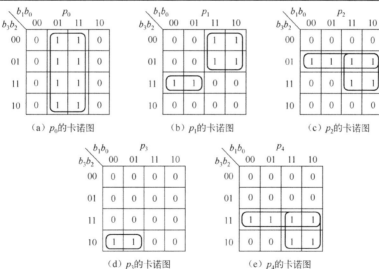

（a）p_0 的卡诺图　　（b）p_1 的卡诺图　　（c）p_2 的卡诺图

（d）p_3 的卡诺图　　（e）p_4 的卡诺图

图 2.9　二进制数与二进制编码的十进制数的卡诺图

卡诺图化简后，得到对应的逻辑关系为

$$p_0 = b_0$$
$$p_1 = b_3 \cdot b_2 \cdot \overline{b_1} + \overline{b_3} \cdot b_1$$
$$p_2 = \overline{b_3} \cdot b_2 + b_2 \cdot b_1$$
$$p_3 = b_3 \cdot \overline{b_2} \cdot \overline{b_1}$$
$$p_4 = b_3 \cdot b_2 + b_3 \cdot b_1$$

下面将设计一个二进制数转换为 BCD 码并在 7 段译码器上显示的电路，如图 2.10 所示，

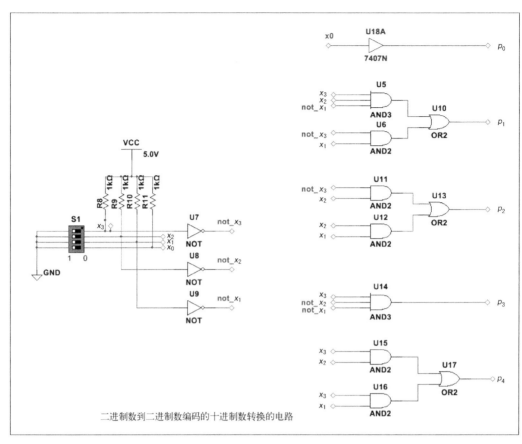

二进制数到二进制数编码的十进制数转换的电路

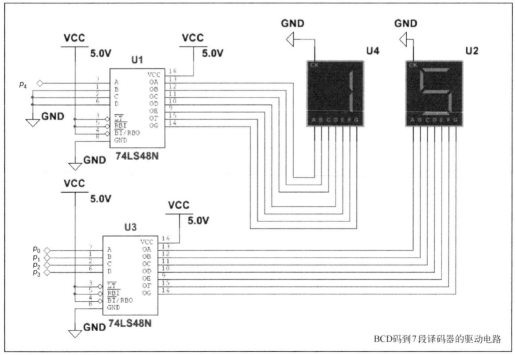

BCD码到7段译码器的驱动电路

图 2.10 将二进制数以二进制编码的十进制数形式显示在七段译码器的电路

该电路由两个子电路构成，其中一个是二进制数到二进制数编码的十进制数转换的电路，另一个是 BCD 码到 7 段译码器的驱动电路。在该电路中，二进制到二进制编码的十进制数转换的子电路是根据前面给出的逻辑表达式通过基本门电路构建而成的，而 BCD 码到 7 段码转换的电路是通过使用两片 74LS48 芯片实现的。

> **注**：读者进入本书配套提供例子的 \eda_verilog\bin_bcd_seg7.ms14 路径下，用 Multisim 14 工具打开该设计，执行交互（Interactive Simulation）仿真，观察仿真结果。

思考与练习 2-1：请读者分析图 2.10 所示电路的工作原理（提示：在分析该电路时，请参考 TI 公司给出的 74LS48 数据手册，理解 74LS48 的工作原理）。

2.1.4　多路选择器

在数字逻辑中，多路选择器也称为多路复用器，它从多个逻辑输入信号中选择其中一个逻辑输入信号。

1. 2-1 多路选择器的实现原理

图 2.11 给出了 2-1 多路选择器的符号描述，表 2.6 给出了 2-1 多路选择器的逻辑关系，使用图 2.12 所示的卡诺图对表 2.6 给出的逻辑关系进行化简，得到 2-1 多路选择器的最简逻辑表达式为

$$y = a \cdot \bar{s} + b \cdot s$$

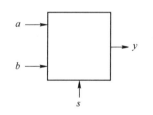

图 2.11　2-1 多路选择器的符号描述

表 2.6　2-1 多路选择器的逻辑关系

s	a	b	y
0	0	0	0
0	0	1	0
0	1	0	1
0	1	1	1
1	0	0	0
1	0	1	1
1	1	0	0
1	1	1	1

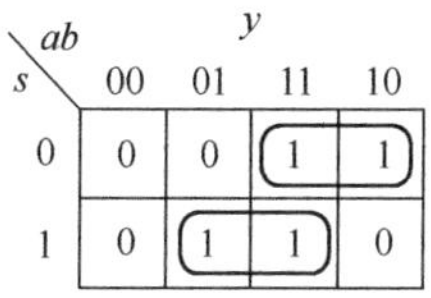

图 2.12　多路选择器的卡诺图表示

2. 4-1 多路选择器的实现原理

通过级联 3 个 2-1 多路选择器实现 4-1 多路选择器，图 2.13 给出了 4-1 多路选择器的符号描述。表 2.7 给出了 4-1 多路选择器的逻辑关系。图 2.14 给出了级联 2-1 多路选择器实现 4-1 多路选择器的内部结构。通过 2-1 多路选择器的逻辑表达式得到 4-1 多路选择器的最简逻辑表达式为

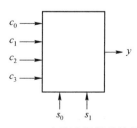

图 2.13　4-1 多路选择器的符号描述

表 2.7　4-1 多路选择器的逻辑关系

s_1	s_0	y
0	0	c_0
0	1	c_1
1	0	c_2
1	1	c_3

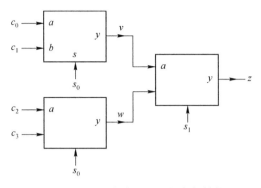

图 2.14　4-1 多路选择器的内部结构

$$v = c_0 \cdot \bar{s}_0 + c_1 \cdot s_0$$

$$w = c_2 \cdot \bar{s}_0 + c_3 \cdot s_0$$

$$z = v \cdot \bar{s}_1 + w \cdot s_1$$

得到：

$$z = (c_0 \cdot \bar{s}_0 + c_1 \cdot s_0) \cdot \bar{s}_1 + (c_2 \cdot \bar{s}_0 + c_3 \cdot s_0) \cdot s_1$$
$$= c_0 \cdot \bar{s}_0 \cdot \bar{s}_1 + c_1 \cdot s_0 \cdot \bar{s}_1 + c_2 \cdot \bar{s}_0 \cdot s_1 + c_3 \cdot s_0 \cdot s_1$$

3. 多路选择器的集成电路

在 74LS 系列的集成电路中，提供了多路选择器专用集成电路芯片，如表 2.8 所示。

表 2.8　多路选择器专用集成电路芯片

多路选择器	功　　能	输 出 状 态
74LS157	4 个 2 选 1 多路选择器	输出原变量
74LS158	4 个 2 选 1 多路选择器	输出反变量
74LS153	2 个 4 选 1 多路选择器	输出原变量
74LS352	2 个 4 选 1 多路选择器	输出反变量
74LS151	单个 8 选 1 多路选择器	输出反变量
74LS150	单个 16 选 1 多路选择器	输出反变量

2.1.5　数字比较器

本节将主要介绍多位数字比较器的设计及实现方法。多位数字比较器可通过两步实现：

（1）实现一位数字比较器；

（2）级联一位数字比较器，实现多位数字比较器。

1. 一位数字比较器的实现原理

图 2.15 给出了一位数字比较器的符号描述，比较器的功能满足下面的条件：

（1）如果 $x > y$，或者 $x = y$ 且 $G_{in} = 1$，则 $G_{out} = 1$；

（2）如果 $x = y$ 且 $G_{in} = 0, L_{in} = 0$，则 $E_{out} = 1$；

（3）如果 $x < y$，或者 $x = y$ 且 $L_{in} = 1$，则 $L_{out} = 1$。

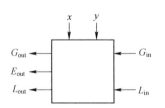

图 2.15　一位数字比较器的符号描述

根据上面的 3 个条件，得到一位数字比较器的逻辑关系，如表 2.9 所示。使用卡诺图对表 2.9 给出的逻辑关系进行化简，如图 2.16 所示，得到最简的逻辑表达式：

表 2.9 一位数字比较器的逻辑关系

x	y	G_{in}	L_{in}	G_{out}	E_{out}	L_{out}	x	y	G_{in}	L_{in}	G_{out}	E_{out}	L_{out}
0	0	0	0	0	1	0	1	0	0	0	1	0	0
0	0	0	1	0	0	1	1	0	0	1	1	0	0
0	0	1	0	1	0	0	1	0	1	0	1	0	0
0	0	1	1	1	0	1	1	0	1	1	1	0	0
0	1	0	0	0	0	0	1	1	0	0	0	1	0
0	1	0	1	0	0	1	1	1	0	1	0	0	1
0	1	1	0	0	0	0	1	1	1	0	1	0	0
0	1	1	1	0	0	0	1	1	1	1	1	0	1

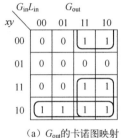
（a）G_{out} 的卡诺图映射

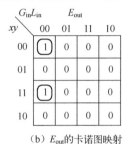
（b）E_{out} 的卡诺图映射

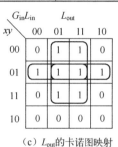
（c）L_{out} 的卡诺图映射

图 2.16 一位数字比较器的卡诺图表示

$$G_{out} = x \cdot \bar{y} + x \cdot G_{in} + \bar{y} \cdot G_{in}$$
$$E_{out} = \bar{x} \cdot \bar{y} \cdot \overline{G_{in}} \cdot \overline{L_{in}} + x \cdot y \cdot \overline{G_{in}} \cdot \overline{L_{in}}$$
$$L_{out} = \bar{x} \cdot y + \bar{x} \cdot L_{in} + y \cdot L_{in}$$

2. 多位数字比较器的实现原理

多位数字比较器可由一位数字比较器级联得到，图 2.17 给出了使用 4 个一位数字比较器级联得到 1 个 4 位数字比较器的实现结构。

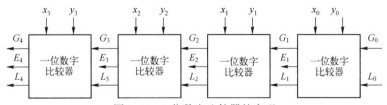

图 2.17 4 位数字比较器的实现

此外，74LS85 是一个专用的 4 位数字比较器芯片，图 2.18 给出了其符号描述。表 2.10 给出了该数字比较器的逻辑关系。

表 2.10 74LS85 的逻辑关系

比 较 输 入				级 连 输 入			输　　出		
A3，B3	A2，B2	A1，B1	A0，B0	$A>B$	$A<B$	$A=B$	$A>B$	$A<B$	$A=B$

续表

比较输入				级连输入			输　出		
A3>B3	×	×	×	×	×	×	H	L	L
A3<B3	×	×	×	×	×	×	L	H	L
A3=B3	A2>B2	×	×	×	×	×	H	L	L
A3=B3	A2<B2	×	×	×	×	×	L	H	L
A3=B3	A2=B2	A1>B1	×	×	×	×	H	L	L
A3=B3	A2=B2	A1<B1	×	×	×	×	L	H	L
A3=B3	A2=B2	A1=B1	A0>B0	×	×	×	H	L	L
A3=B3	A2=B2	A1=B1	A0<B0	×	×	×	L	H	L
A3=B3	A2=B2	A1=B1	A0=B0	H	L	L	H	L	L
A3=B3	A2=B2	A1=B1	A0=B0	L	H	L	L	H	L
A3=B3	A2=B2	A1=B1	A0=B0	×	×	H	L	L	H
A3=B3	A2=B2	A1=B1	A0=B0	H	H	L	L	L	L
A3=B3	A2=B2	A1=B1	A0=B0	L	L	L	H	H	L

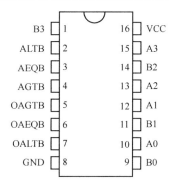

图 2.18　74LS85 的符号描述

下面使用多路选择器（4 位）和数字比较器（4 位）实现下面的算法，即

```
if( a>b)
    x = a;
else
    x = b;
```

如图 2.19 所示，给出了构建的电路，在该电路中使用 74LS85 实现两个 4 位二进制数的比较，然后将数字比较器的输出引脚 OAGTB 取反后连接到 4 位多路选择器 74LS157 的～A/B 输入端。

注：读者进入本书配套提供例子的 \eda_verilog\compare_select. ms14 路径下，用 Multisim 14 工具打开该设计，执行交互（Interactive Simulation）仿真，观察仿真结果。

思考与练习 2-2：请读者分析图 2.19 所示电路的工作原理（提示：在分析该电路时，请参考 TI 公司给出的 74LS85 和 74LS157 数据手册，理解这两个集成电路芯片的工作原理）。

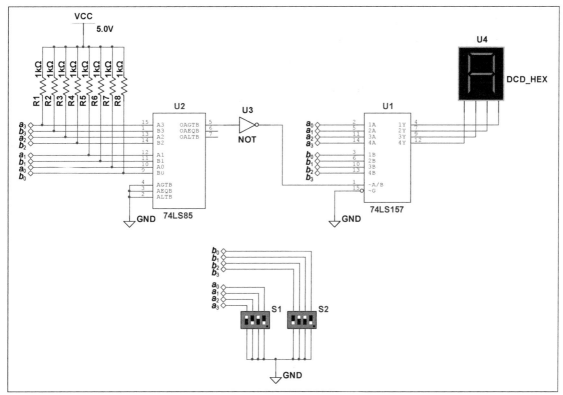

图 2.19　使用数字比较器与多路选择器实现比较和选择运算

思考与练习 2-3：比较软件实现算法和硬件实现算法的区别，说明硬件实现算法的优势。

2.1.6　加法器

在数字逻辑中，加法器是一种用于执行加法运算的功能部件，是构成计算机中微处理器内算术逻辑单元的基础。在微处理器中，加法器主要负责计算地址和索引等数据。此外，加法器也是其他一些硬件（如二进制数乘法器）的重要组成部分。

1.　一位半加器的实现原理

如表 2.11 所示，给出了半加器的逻辑关系，根据该逻辑关系可以得到半加器的最简逻辑表达式：

$$s_0 = \overline{a}_0 \cdot b_0 + a_0 \cdot \overline{b}_0 = a_0 \oplus b_0$$
$$c_1 = a_0 \cdot b_0$$

根据最简逻辑表达式，可以得到半加器的内部结构如图 2.20 所示。

表 2.11　半加器的逻辑关系

a_0	b_0	s_0	c_1
0	0	0	0
0	1	1	0
1	0	1	0
1	1	0	1

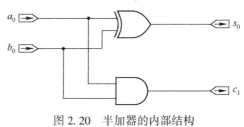

图 2.20　半加器的内部结构

2. 一位全加器的实现原理

如表 2.12 所示，给出了一位全加器的逻辑关系。使用图 2.21 所示的卡诺图对逻辑关系进行化简，可以得到全加器的最简逻辑表达式：

表 2.12　一位全加器的逻辑关系

c_i	a_i	b_i	s_i	c_{i+1}	c_i	a_i	b_i	s_i	c_{i+1}
0	0	0	0	0	1	0	0	1	0
0	0	1	1	0	1	0	1	0	1
0	1	0	1	0	1	1	0	0	1
0	1	1	0	1	1	1	1	1	1

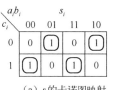 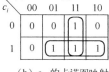

(a) s_i 的卡诺图映射　　　(b) c_{i+1} 的卡诺图映射

图 2.21　一位全加器的卡诺图化简

$$s_i = \overline{a}_i \cdot b_i \cdot \overline{c}_i + a_i \cdot \overline{b}_i \cdot \overline{c}_i + \overline{a}_i \cdot \overline{b}_i \cdot c_i + a_i \cdot b_i \cdot c_i$$
$$= \overline{c}_i \cdot (a_i \oplus b_i) + c_i \cdot \overline{(a_i \oplus b_i)}$$
$$= (a_i \oplus b_i \oplus c_i)$$
$$c_{i+1} = a_i \cdot b_i + b_i \cdot c_i + a_i \cdot c_i$$
$$= a_i \cdot b_i + c_i \cdot (a_i + b_i)$$
$$= a_i \cdot b_i + c_i \cdot (a_i \cdot (b_i + \overline{b}_i) + b_i \cdot (a_i + \overline{a}_i))$$
$$= a_i \cdot b_i + c_i \cdot (a_i \cdot \overline{b}_i + b_i \cdot \overline{a}_i)$$
$$= a_i \cdot b_i + c_i \cdot (a_i \oplus b_i)$$

根据最简逻辑表达式，可以得到一位全加器的内部结构如图 2.22 所示。

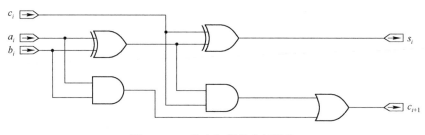

图 2.22　一位全加器的内部结构

对图 2.22 给出的一位全加器的内部结构进行修改，可以得到如图 2.23 所示的一位全加器的内部结构。从图中可知，一位全加器实际上是由两个一位半加器加上一个逻辑或门构成的。

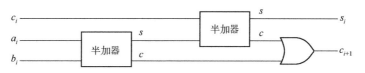

图 2.23　由半加器构成的全加器结构

3. 多位全加器的实现原理

1）串行进位加法器

多位全加器可以由一位全加器级联而成。图 2.24 给出了将一位全加器级联生成 4 位全加器的结构。前一级全加器的进位将作为下一级全加器进位的输入。很明显，串行进位加法器需要一级一级进位，因此有很大的进位延迟。

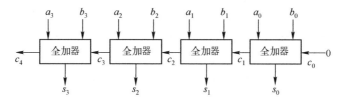

图 2.24　4 位全加器的结构（串行进位）

2）超前进位加法器

为了缩短多位二进制数加法计算所需的时间，出现了一种比串行进位加法器速度更快的加法器，这种加法器称为超前进位加法器。

假设二进制加法器的第 i 位输入为 a_i 和 b_i，输出为 s_i，进位输入为 c_i，进位输出为 c_{i+1}。则有：

$$s_i = a_i \oplus b_i \oplus c_i$$

$$c_{i+1} = a_i \cdot b_i + a_i \cdot c_i + b_i \cdot c_i = a_i \cdot b_i + c_i \cdot (a_i + b_i)$$

令 $g_i = a_i \cdot b_i$，$p_i = a_i + b_i$，则：

$$c_{i+1} = g_i + p_i \cdot c_i$$

（1）当 a_i 和 b_i 均为 1 时，$g_i = 1$，产生进位 $c_{i+1} = 1$；

（2）当 a_i 或 b_i 为 1 时，$p_i = 1$，传递进位 $c_{i+1} = c_i$。

因此，g_i 定义为进位产生信号，p_i 定义为进位传递信号。g_i 的优先级高于 p_i，也就是说，当 $g_i = 1$ 时，必然存在 $p_i = 1$，不管 c_i 为多少，必然存在进位。当 $g_i = 0$，而 $p_i = 1$ 时，进位输出为 c_i，跟 c_i 之前的逻辑有关。

下面以 4 位超前进位加法器为例，假设 4 位被加数和加数分别为 a 和 b，进位输入为 c_{in}，进位输出为 c_{out}，对于第 i 位产生的进位，$g_i = a_i \cdot b_i$，$p_i = a_i + b_i$（$i = 0$，1，2，3）

$c_0 = c_{in}$

$c_1 = g_0 + p_0 \cdot c_0$

$c_2 = g_1 + p_1 \cdot c_1 = g_1 + p_1 \cdot (g_0 + p_0 \cdot c_0) = g_1 + p_1 \cdot g_0 + p_1 \cdot p_0 \cdot c_0$

$c_3 = g_2 + p_2 \cdot c_2 = g_2 + p_2 \cdot g_1 + p_2 \cdot p_1 \cdot g_0 + p_2 \cdot p_1 \cdot p_0 \cdot c_0$

$c_4 = g_3 + p_3 \cdot c_3 = g_3 + p_3 \cdot g_2 + p_3 \cdot p_2 \cdot g_1 + p_3 \cdot p_2 \cdot p_1 \cdot g_0 + p_3 \cdot p_2 \cdot p_1 \cdot p_0 \cdot c_0$

$c_{out} = c_4$

由此可知，各级的进位彼此独立，只与输入数据和C_{in}有关，因此消除了各级之间进位级联的依赖性。因此，显著降低了串行进位产生的延迟。

每个等式与只有 3 级延迟的电路对应，第一级延迟对应进位产生信号和进位传递信号，后两级延迟对应上面的积之和。

同时，可以得到第 i 位的和为

$$s_i = a_i \oplus b_i \oplus c_i = g_i \oplus p_i \oplus c_i$$

图 2.25 给出了 4 位超前进位加法器的结构。

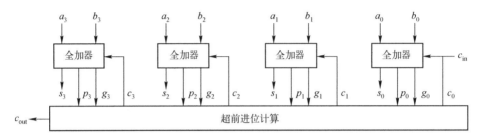

图 2.25　4 位超前进位加法器的结构

如图 2.26 所示，给出了 74LS283 超前进位加法器的描述符号。图 2.27 给出了该超前进位加法器的内部逻辑电路结构。

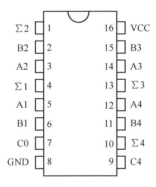

图 2.26　74LS283 超前进位加法器的描述符号

2.1.7　减法器

减法器类似加法器的设计方法，可以通过真值表实现。一旦设计了一位减法器电路，就可以将其复制 N 次，创建一个 N 位的减法器。

1. 一位半减器的实现原理

如表 2.13 所示，给出了半减器的逻辑关系，根据逻辑关系可以得到半减器的最简逻辑表达式：

$$d_0 = \overline{a_0} \cdot b_0 + a_0 \cdot \overline{b_0} = a_0 \oplus b_0$$

$$c_1 = \overline{a_0} \cdot b_0$$

根据最简逻辑表达式，可以得到如图 2.28 所示的半减器的内部结构。

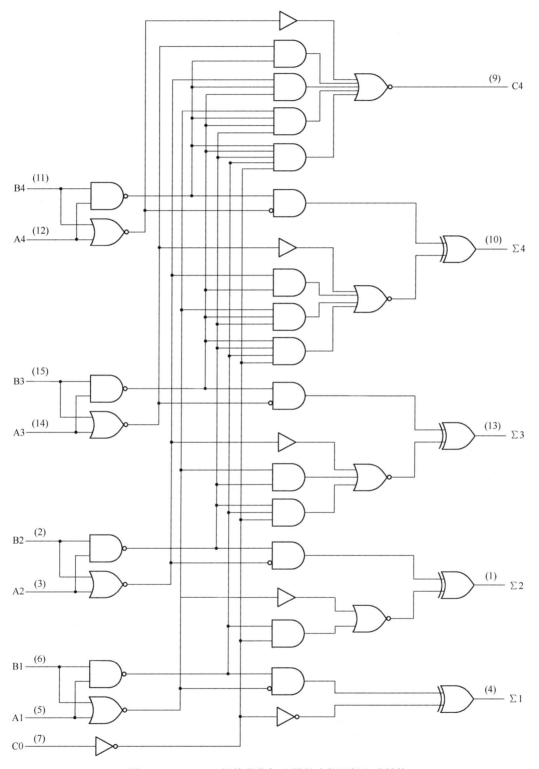

图 2.27 74LS283 超前进位加法器的内部逻辑电路结构

表 2.13　半减器的逻辑关系

a_0	b_0	d_0	c_1
0	0	0	0
0	1	1	1
1	0	1	0
1	1	0	0

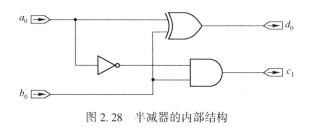

图 2.28　半减器的内部结构

2. 一位全减器的实现原理

如表 2.14 所示，给出了一位全减器的逻辑关系。使用图 2.29 所示的卡诺图映射，可以得到一位全减器的最简逻辑表达式：

表 2.14　一位全减器的逻辑关系

c_i	a_i	b_i	d_i	c_{i+1}
0	0	0	0	0
0	0	1	1	1
0	1	0	1	0
0	1	1	0	0
1	0	0	1	1
1	0	1	0	1
1	1	0	0	0
1	1	1	1	1

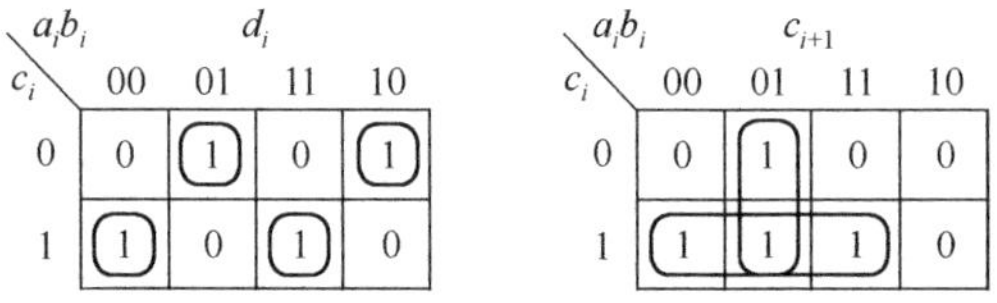

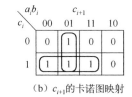

（a）d_i的卡诺图映射　　（b）c_{i+1}的卡诺图映射

图 2.29　卡诺图映射

$$
\begin{aligned}
d_i &= \bar{a}_i \cdot b_i \cdot \bar{c}_i + a_i \cdot \bar{b}_i \cdot \bar{c}_i + \bar{a}_i \cdot \bar{b}_i \cdot c_i + a_i \cdot b_i \cdot c_i \\
&= \bar{c}_i \cdot (a_i \oplus b_i) + c_i \cdot \overline{(a_i \oplus b_i)} \\
&= (a_i \oplus b_i \oplus c_i) \\
c_{i+1} &= c_i \cdot b_i + a_i \cdot b_i + a_i \cdot c_i \\
&= \bar{a}_i \cdot b_i + c_i \cdot (\bar{a}_i + b_i) \\
&= \bar{a}_i \cdot b_i + c_i \cdot (\bar{a}_i \cdot (b_i + \bar{b}_i) + b_i \cdot (a_i + \bar{a}_i)) \\
&= \bar{a}_i \cdot b_i + c_i \cdot (\bar{a}_i \cdot \bar{b}_i + b_i \cdot a_i) \\
&= \bar{a}_i \cdot b_i + c_i \cdot \overline{(a_i \oplus b_i)}
\end{aligned}
$$

根据最简逻辑表达式，可以得到如图 2.30 所示的一位全减器的内部结构。

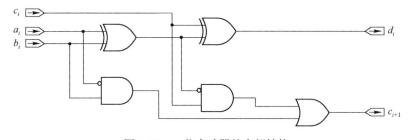

图 2.30　一位全减器的内部结构

3. 负数的表示

对于一个减法运算，如 5-3，我们可以重写成 5+(-3)。这样，减法运算就变成了加法运算。但是，正数变成了负数。因此，在数字电路中必须有表示负数的方法。

数字系统中由固定数目的信号来表示二进制数。较小的简单系统可能使用 8 位总线（多位二进制信号线的集合），而较大的系统可能使用 16、32、64 位的总线。不管使用多少位，信号线、存储器和处理器所表示的和操作的数字位数都是有限的。可用的位数决定了在一个给定的系统中可以表示数值的个数。在数字电路中，用于执行算术功能的部件经常需要处理负数。所以，必须要定义一种表示负数的方法。一个 N 位的系统总共可以表示 2^N 个数，使用 $2^N/2$ 个二进制数表示十进制的非负整数（包括正整数和 0），剩下的 $2^N/2$ 个二进制数表示十进制的负整数。可以用一个比特位作为符号位，用于区分正数和负数。如果符号位为"1"，则所表示的数为负数；否则，所表示的数为正数。在一个有限位宽的数据中，最高有效位（Most Significant Bit，MSB）可以作为符号位，如果该位为"0"，表示是一个正数。在配置数的幅度时，可以将其忽略。

在所有可能的负数二进制编码方案中，经常使用两种，即符号幅度表示法和二进制补码表示法。符号幅度表示法就是用 MSB 表示符号位，剩下的位表示幅度。在一个使用符号幅度表示法的 8 位系统中，$(16)_{10}$ 用二进制表示为"00010000"，而 $(-16)_{10}$ 用二进制表示为"10010000"，这种表示方法很容易理解。但是，将其用于数字电路中，最不利的方面表现在，如果 0 到 2^N（此处 $N=8$）的计数范围从最小变化到最大，则最大的正整数将出现在所表示范围近一半的地方，然后紧接着出现负零和最大的负整数，而且最小的负整数出现在可表示范围的末尾，更多的计数将出现"回卷"，即从二进制数的 11111111 变成 00000000，这是由于数据位宽的限制（只有 8 位），因而不能表示第 2^N+1 个数。因此，在计数范围内，2^N-1 后面跟着 0，这样最小的负整数就立即调整到最小的正整数。由于这个原因，一个减法操作"2-3"，将不会产生所希望的计算结果"-1"，它是系统中最大的负整数。一个更好的表示方法应该将最小的正整数和最大的负整数放在相邻的位置。因此，引入了二进制补码的概念。图 2.31（a）给出了位宽为 8 位系统的符号幅度表示法，图 2.31（b）给出了位宽为 8 位系统的二进制补码表示法。

在二进制补码编码中，MSB 仍是符号位，当 MSB 取值为"1"时，表示负数；当 MSB 取值为"0"时，表示正数。在使用二进制补码表示法的 N 位系统中，十进制数 0 由一个位宽为 N 的全零二进制数表示，其余的 2^N-1 个二进制数表示非零的正整数和负整数。由于 2^N-1 为奇数，因此 $[(2^N-1)/2]$ 个二进制数用于表示十进制的负整数，$[(2^N-1)/2]$ 个二进制数用于表示十进制的正整数。换句话说，可以表示的十进制负整数比正整数的个数多一个。最大负整数的幅度要比最大正整数的幅度多 1。

采用二进制补码表示法表示有符号数（包括正数和负数）的不利地方是，不容易理解负数。在实际中，可使用一个简单的方法将一个正整数转换为一个具有同样幅度的负整数。负整数的二进制补码算法描述是：将该负整数所对应的正整数按位全部取反（包括符号位），然后将取反后的结果加 1。

例如，+17 转换为-17 的二进制补码计算公式：

（1）+17 对应的原码为 00010001；

（2）将所有位按位取反后得到 11101110；

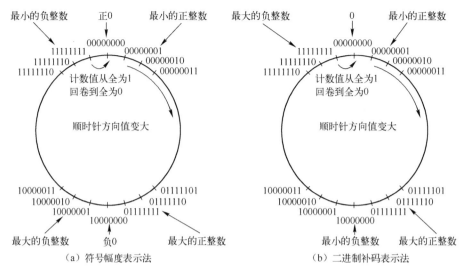

图 2.31　位宽为 8 位的有符号数表示法

（3）将取反后的结果加 1，得到−17 的补码为 11101111。

例如，−35 转换为+35 的二进制补码计算公式：

（1）−35 对应的补码为 11011101；

（2）将所有位按位取反后得到 00100010；

（3）将取反后的结果加 1，得到+35 的补码为 00100011。

例如，−127 转换为+127 的二进制补码计算公式：

（1）−127 对应的补码为 10000001；

（2）将所有位按位取反后得到 01111110；

（3）将取反后的结果加 1，得到+127 的补码为 01111111。

例如，+1 转换为−1 的二进制补码计算公式：

（1）+1 对应的原码为 00000001；

（2）将所有位按位取反后得到 11111110；

（3）将取反后的结果加 1，得到−1 的补码为 11111111。

前面介绍了使用比较法实现十进制正数转换为二进制正数的方法。类似地，下面介绍使用比较法实现十进制有符号数转换为二进制有符号数补码的方法。

1）有符号整数的二进制补码

以十进制有符号的负整数−97 转换为所对应的二进制补码为例，在该例子中，假设使用 8 位宽度表示所对应的二进制补码，如表 2.15 所示。

表 2.15　十进制有符号负整数的二进制补码比较法实现过程

转换的数	−97	31	31	31	15	7	3	1
权值	-2^7（−128）	2^6（64）	2^5（32）	2^4（16）	2^3（8）	2^2（4）	2^1（2）	2^0（1）
二进制数	1	0	0	1	1	1	1	1
余数	31	31	31	15	7	3	1	0

（1）得到需要转换的负整数的最小权值，该权值为负数，以 -2^i 表示（i 为所对应符号位的位置），使其满足：

$$-2^i \leq 需要转换的负数$$

并且，-2^i 与所要转换的负整数有最小的距离，保证绝对差值最小。

（2）取比该权值绝对值 2^i 小的权值，以 $2^{i-1}, 2^{i-2}, \cdots, 2^0$ 的幂次方表示。

比较过程描述如下：

（1）将需要转换的负整数加 2^i，得到正整数，该正整数作为下一次需要转换的数。

（2）后面的比较过程与前面介绍的正整数转换方法一致。

根据表 2.15 给出的转换过程，负整数 −97 所对应的二进制补码为 10011111。

2）有符号纯小数的二进制补码

对于有符号十进制纯小数二进制补码而言，方法与前面介绍十进制有符号负整数补码中所使用的方法类似。以十进制有符号纯小数 −0.03125 转换为所对应的二进制补码为例。在该例子中，假设使用 8 位宽度表示二进制补码，如表 2.16 所示。

表 2.16 十进制有符号纯小数的二进制补码表示

转换的数	−0.03125	0.96875	0.46875	0.21875	0.09375	0.03125
权值	-2^0 （−1）	2^{-1} （0.5）	2^{-2} （0.25）	2^{-3} （0.125）	2^{-4} （0.0625）	2^{-5} （0.03125）
二进制数	1	1	1	1	1	1
余数	0.96875	0.46875	0.21875	0.09375	0.03125	0

（1）得到需要转换复数的最小权值，以 -2^0 （−1） 表示。

（2）取比权值 2^0 小的权值，以 $2^{-1}, 2^{-2}, \cdots, 2^{-N}$ 幂次方表示。

比较过程描述如下：

（1）将需要转换的有符号纯小数加 1，得到纯正小数，然后以该正小数为比较基准。

（2）后面的比较过程与前面介绍的正小数转换方法一致。

根据表 2.16 给出的转换过程，十进制有符号纯小数 −0.03125 所对应的二进制补码为 1.1111100。

2.1.8 加法器/减法器

比较前面给出的一位半加器和一位半减器的结构，二者的差别只存在于：

（1）当结构为半加器时，原变量 a 参与半加器内的逻辑运算；

（2）当结构为半减器时，原变量 a 取非后得到 $\bar{a}$，参与半减器内的逻辑运算。

1. 一位加法器/减法器的实现原理

假设，一个逻辑变量 E 用来选择实现半加器还是半减器功能。规定当 $E=0$ 时，实现半加器功能；当 $E=1$ 时，实现半减器功能。因此，二者之间的差别可以用下面的逻辑关系式表示：

$$\bar{E} \cdot a + E \cdot \bar{a}$$

这样，半加器和半减器就可以使用一个逻辑结构实现。图 2.32 给出了半加器和半减器的统一结构。

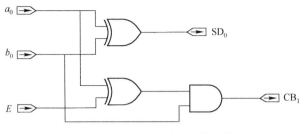

图 2.32　半加器和半减器的统一结构

图 2.32 中的 SD_0 为半加器/半减器的和/差结果，CB_1 为半加器/半减器的进位/借位。

也可以采用另一种结构实现 4 位加法器/减法器结构。将表 2.12 全加器的真值表重新写成表 2.18 的形式，并与表 2.17 所示的全减器真值表进行比较。可以很直观地看到全减器和全加器的 c_i 和 c_{i+1} 互补，b_i 也互补。如图 2.33 所示，可以得到如果对 c_i 和 b_i 进行求补，则全加器可以用作全减器。

表 2.17　全减器的真值表

c_i	a_i	b_i	d_i	c_{i+1}
0	0	0	0	0
0	0	1	1	1
0	1	0	1	0
0	1	1	0	0
1	0	0	1	1
1	0	1	0	1
1	1	0	0	0
1	1	1	1	1

表 2.18　重排的全加器的真值表

c_i	a_i	b_i	s_i	c_{i+1}
1	0	1	0	1
1	0	0	1	0
1	1	1	1	1
1	1	0	0	1
0	0	1	1	0
0	0	0	0	1
0	1	1	0	1
0	1	0	1	0

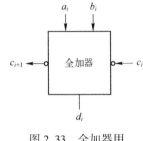

图 2.33　全加器用作全减器

2. 多位加法器/减法器的实现原理

下面介绍多位加法器/减法器的实现原理。如果将图 2.33 给出的结构级联，可以生成一个 4 位的减法器。但是将取消进位输出和下一个进位输入的取补运算，这是因为最终的结果只需要对最初的进位输入 c_0 取补。对于加法器来说，c_0 为 0；而对于减法器来说，c_0 为 1。这就等效于 a 和 $\overline{b}$ 的和加 1，这其实就是补码的运算。这样，使用加法器进行相减运算，只需要使用减数的补码，然后相加。图 2.34 给出了使用全加器实现多位加法和减法运算的结构。

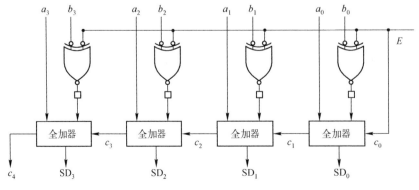

图 2.34　使用全加器实现多位加法和减法运算的结构

注：当用作减法时（$E=1$），则输出进位 c_4 是输出借位的补码。

2.1.9　乘法器

二进制乘法器是数字电路中的一个重要功能部件，它可以实现对两个二进制数相乘的运算。本质上乘法器由更基本的加法器构成。

可以使用很多方法来实现二进制乘法器。大多数方法包含对部分积的计算，然后将部分积相加起来。这一过程与多位十进制数乘法的过程类似，但这里根据二进制的情况进行了修改。

图 2.35（a）给出了一个 4×4 二进制乘法的具体实现过程，并对这个例子进行了扩展，给出了如图 2.35（b）所示的形式化的一般结构。通过对这个结构进行进一步的分析可知，乘法运算的本质实际上是部分乘积移位求和的过程。图 2.36（a）给出了 $A×B$ 得到部分积的具体实现过程，图 2.32（b）给出了部分积相加的具体实现过程。

```
      1001                    A₃   A₂   A₁   A₀
      1011                 ×  B₃   B₂   B₁   B₀
    ────────               ─────────────────────
      1001                    P₀₃  P₀₂  P₀₁  P₀₀
      1001                P₁₃  P₁₂  P₁₁  P₁₀
      0000            P₂₃  P₂₂  P₂₁  P₂₀
    ──1001──       P₃₃  P₃₂  P₃₁  P₃₀
   1100011        R₇   R₆   R₅   R₄   R₃   R₂   R₁   R₀
```

(a) 4×4 二进制乘法的具体实现过程	(b) 4×4 二进制乘法实现的一般结构

图 2.35　4×4 二进制乘法的具体实现过程

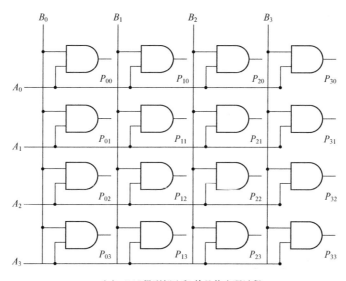

（a）$A×B$ 得到部分积的具体实现过程

图 2.36　$A×B$ 的具体实现过程

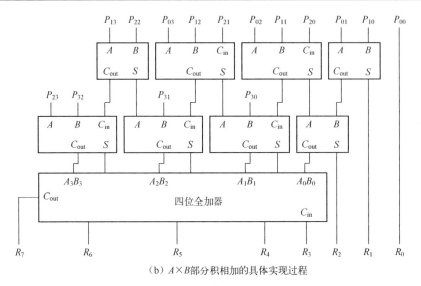

（b）$A \times B$ 部分积相加的具体实现过程

图 2.36　$A \times B$ 的具体实现过程（续）

思考与练习 2-4：完成下面有符号数的转换。

（1）$(-19)_{10} = (\ )_2$　　　　　　　（2）$(10011010)_2 = (\ )_{10}$

（3）$(10000000)_2 = (\ )_{10}$　　　　（4）$(-101)_{10} = (\ )_2$

思考与练习 2-5：使用二进制补码运算规则完成下面两个十进制有符号数的计算，使用二进制数表示计算结果，并对运算结果进行判断。

（1）$17-11 = (\ )_2$　　　　　　　　（2）$-22+6 = (\ )_2$

（3）$35-42 = (\ )_2$　　　　　　　　（4）$19-(-7) = (\ )_2$

思考与练习 2-6：算术逻辑单元（ALU）是计算机中央处理器（CPU）的重要功能部件。请用门电路设计一个组合逻辑电路，实现表 2.19 所示的 8 位算术逻辑功能。

表 2.19　ALU 的功能描述

操 作 码	ALU 功能
000	A+B
001	A+1
010	A−B
011	A−1
100	A XOR B
101	$\overline{A}$
110	A OR B
111	A AND B

2.2　时序逻辑电路

在数字电路中，时序逻辑电路是指电路当前时刻的稳态输出不仅取决于当前的输入，还与前一时刻输出的状态有关。这跟组合逻辑电路不同，组合逻辑电路当前的输出只与当前输入所构成的逻辑函数关系有关。换句话说，时序逻辑电路包含用于存储信息的存储元件，而组合逻辑电路没有，这就是两者本质的区别。但是，需要注意的是，构成时序逻辑电路的基本存储元件也都是由组合逻辑电路实现的，只不过这些组合逻辑电路存在"反馈"，所以就成为具有存储信息的特殊功能部件。

2.2.1　时序逻辑电路类型

时序逻辑电路中存在两种重要的电路类型，即同步时序逻辑电路和异步时序逻辑电路。

1. 同步时序逻辑电路

在同步时序逻辑电路中，由一个时钟统一控制所有的存储元件，存储元件由触发器构成。绝大多数的时序逻辑电路都是同步逻辑电路。由于系统内只有一个时钟信号，因此所有的内部状态只会在时钟的边沿发生变化。在时序逻辑电路中，最基本的存储元件是触发器。

同步逻辑电路最主要的优点是控制机制简单。每一个电路里的运算必须在时钟两个脉冲之间固定的间隔内完成，称为一个时钟周期，只有满足这个条件才能够保证电路是可靠的。

同步逻辑电路也有两个主要的缺点：

（1）时钟信号必须要分配到电路中的每一个触发器，而时钟通常频率较高，因此会产生功耗，也就是产生热量。即使每个触发器没有做任何事情，也会有功耗存在。

（2）最大可能的时钟频率由电路中最慢的逻辑路径（关键路径）决定。也就是说，从最简单到最复杂的逻辑运算都必须在一个时钟周期内完成。一种用来消除这种限制的方法，是将复杂的运算分成若干简单的运算，这种方法称为流水线。在微处理器中使用这种方法，可以显著提高处理器的时钟频率。

2. 异步时序逻辑电路

异步时序逻辑电路循序逻辑的普遍本质。由于它的不同步关系，所以它也是设计上困难度最高的。最基本的存储元件是锁存器，锁存器可以在任何时间改变它的状态。根据其他锁存器信号的变化，产生新的状态。随着逻辑门的增加，异步时序逻辑电路的复杂性也迅速增加。因此，大部分异步时序逻辑电路仅仅用于小规模的电路中。然而，电子设计自动化工具可以简化这些工作，从而允许更复杂的设计。

在实际中，可以构建包含同步触发器和异步锁存器（它们都是双稳态元件）的混合电路。

对于构成时序逻辑电路的那些基本存储元件来说，至少需要两个输入信号，一个是需要保存的数据；另一个是时序控制信号，该信号用于准确指示将要保存数据的时间。在操作过程中，当控制信号有效时，数据输入信号驱动存储电路保存节点为逻辑"1"或者逻辑"0"。一旦存储电路翻转到新的状态，重新保存这个状态。

2.2.2　时序逻辑电路特点

由于时序逻辑电路有"记忆"信息的能力，因此它可以用来保存数字系统的工作状态。大量的电子设备包含数字系统，数字系统使用存储电路来定义它们的工作状态。事实上，任何能够创建或者响应事件序列的电子设备必须包含存储电路。例如，手表和定时器、家电控制器、游戏设备和计算设备。如果一个数字系统包含 N 个存储器件，并且每个存储器件存储一个逻辑"1"或者逻辑"0"，则可以使用 N 位的二进制数来定义系统的工作状态。包含 N 个存储器件的数字系统最多有 2^N 个状态，每个状态由系统中所有存储器件所创建的二进制数来定义。

在任何一个时刻，保存在内部存储器件的二进制数定义了一个数字系统的当前状态。输入到数字系统的逻辑信号可能引起一个或者多个存储器件的状态发生改变（从逻辑"1"变化到逻辑"0"，或者从逻辑"0"变化到逻辑"1"），从而改变数字系统的状态。这样，当保存在内部存储器的二进制数发生变化时，就会改变数字系统的状态。通过状态的变化，数字系统就可以创建或者响应事件序列。

在数字系统中，主要关心两状态或者双稳态电路。双稳态电路有两个稳定的工作状态，一个状态是输出逻辑"1"（VDD），另一个是输出逻辑"0"（GND）。当双稳态存储电路处于其中一个状态时，需要外界施加能量，使其从一种状态变化到另一种状态。在两个状态的跳变期间，输出信号必须跨越不稳定状态区域。因此，在设计存储电路时不允许无限停留在不稳定区域内。一旦它们进入不稳定状态，则立即尝试重新进入两个稳定状态中的一个。

如图 2.37 所示，给出了状态变迁的过程。图中的小球表示保存在存储电路中的值，山表示不稳定区域，即存储电路从保存的一个值跳变到另一个值所穿越的区域。在这个图中，有第 3 个潜在的稳定状态，有可能在山顶上球处于平衡状态。同样地，存储电路也有第 3 个潜在的不稳定状态。当存储电路在两个稳定状态之间进行跳变时，确保为电路施加足够的能量，使其可以穿越不稳定区域。

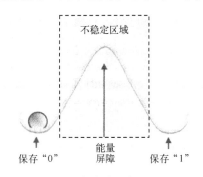

图 2.37　状态变迁的过程

在双稳态电路中，一旦处于逻辑"0"或者逻辑"1"的状态，则很容易维持这个状态。用于改变电路状态的控制信号必须满足最小的能量，用于穿越不稳定区域。如果所提供的能量大于所需的最小能量，则跳变过程很快；如果所提供的能量小于所需的最小能量，则重新返回到初始状态。如果输入信号提供了错误的能量，即足以引起跳变，但不足以使它快速通过不稳定区域，则电路将处于不稳定区域。所以，存储电路的设计要尽量避免这种情况的发生。如果存储器件长时间处于不稳定区域，则输出可能产生振荡，或者处于逻辑"0"和逻辑"1"的中间，使得数字系统产生不期望的行为。当存储器件处于不稳定区域时，称为亚稳定状态。一旦进入亚稳定状态，存储器件将出现时序问题。

一个静态存储电路要求反馈，任何包含反馈的电路都是存储器。如果输出信号简单地反馈到输入，则称为包含反馈的逻辑电路。大多数的反馈电路，输出不是逻辑"1"或者逻辑"0"，就是永无休止地振荡。一些反馈电路是双稳态的和可控的，这些电路可作为存储电路的备选方案。图 2.38 给出了不同的反馈电路，它们标记为可控的/不可控的和双稳态的/非双稳态的。

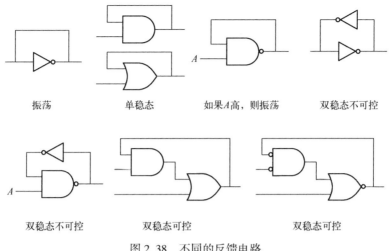

振荡   单稳态   如果A高，则振荡   双稳态不可控

双稳态不可控   双稳态可控   双稳态可控

图 2.38   不同的反馈电路

2.2.3 基本 SR 锁存器

图 2.39 给出了基本 SR 锁存器的结构，其中$\overline{Q}$和Q呈现互补的逻辑关系。表 2.20 给出了基本 SR 锁存器的逻辑关系。

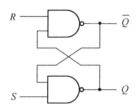

图 2.39   基本 SR 锁存器的结构

表 2.20   基本 SR 锁存器的逻辑关系

S	R	Q	$\overline{Q}$	状态
0	0	1	1	不期望
0	1	1	0	置位
1	0	0	1	复位
1	1	Q_0	$\overline{Q_0}$	保持

注：表 2.20 中的Q_0表示前一个时刻Q的输出，$\overline{Q_0}$表示前一个时刻$\overline{Q}$的输出。

仔细观察图 2.39，虽然基本 SR 锁存器还是由基本逻辑门组成的，但是和前面组合逻辑电路最大的不同点是，锁存器增加了输出到基本逻辑门的"反馈"路径，而前面的组合逻辑电路并不存在输出到输入的"反馈"路径。这个反馈路径的重要作用表明在有反馈路径的逻辑电路中，当前时刻逻辑电路的状态由当前时刻逻辑电路的输入和前一时刻逻辑电路的输出状态共同确定。

74LS279 是一个专用的 SR 锁存器芯片，内部集成了 4 个 SR 锁存器。图 2.40 给出了使用该芯片构建的一个 SR 锁存器电路。图 2.41 给出了对该电路执行 SPICE 瞬态分析的结果。

注：读者进入本书配套提供例子的 \eda_verilog\RS_latch. ms14 路径下，用 Multisim 14 工具打开该设计，执行 SPICE 瞬态仿真，观察仿真结果。

下面对 SPICE 瞬态分析结果进行说明，帮助读者理解基本 SR 锁存器的工作原理。

① $R=0$ 并且 $S=0$ 时，很明显 Q 输出均为 1。注意，这是不期望的状态。

② $R=0$ 并且 $S=1$ 时，很明显 $Q=0$，称为基本 SR 锁存器的复位状态。

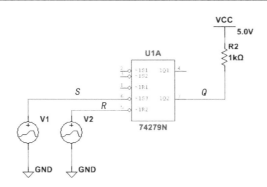

图 2.40　由 74279 构建的一个 SR 锁存器电路

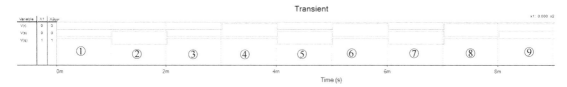

图 2.41　对图 2.40 所示的电路执行 SPICE 瞬态分析的结果

③ 和①的条件相同。

④ $R=1$ 并且 $S=0$ 时，很明显 $Q=1$，称为基本 SR 锁存器的置位状态。

⑤ 和②的条件相同。

⑥ 和④的条件相同。

⑦ 和②的条件相同。

⑧ 和④的条件相同。

⑨ 由于⑧的 Q 输出为高，对应于当前输入 $R=1$ 和 $S=1$，当前 $Q=1$。这个和⑧的输出相同，称为基本 SR 锁存器的保持状态，即当前输出状态和前一个输出状态保持一致。

2.2.4　同步 SR 锁存器

图 2.42 给出了同步 SR 锁存器的内部结构，这个锁存器增加了两个与非门。表 2.21 给出了同步 SR 锁存器的逻辑关系。同步 SR 锁存器是在基本 SR 锁存器的前面增加了 CLK 控制的与非门电路。

表 2.21　同步 SR 锁存器的逻辑关系

CLK	S	R	Q	$\overline{Q}$	状态
0	×	×	Q_0	$\overline{Q_0}$	保持
1	0	0	Q_0	$\overline{Q_0}$	保持
1	0	1	0	1	复位
1	1	0	1	0	置位
1	1	1	1	1	不期望

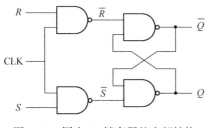

图 2.42　同步 SR 锁存器的内部结构

从图 2.42 中可以得到下面的分析结果：

（1）当 CLK 为逻辑低时，R 和 S 连接到前端与非门的输入不会送到基本 RS 锁存器中，此时后面基本 RS 锁存器的输入为高。所以，同步 SR 锁存器处于保持状态。

（2）当 CLK 为逻辑高时，R 和 S 的输入端通过前面的与非门逻辑送入到后面的基本 SR 锁存器中，其分析方法与前面基本 SR 锁存器相同。

（3）根据前面的分析，CLK 控制逻辑拥有最高优先级，即当 CLK 为逻辑低的时候，不管 R 和 S 的输入逻辑处于何种状态，同步 SR 锁存器都将处于保持状态。

2.2.5　D 锁存器

为了避免在 SR 锁存器中出现不允许的状态，应确保 S 和 R 总是处于相反的逻辑状态。如图 2.43 所示，在同步 SR 锁存器前面添加反相器，这样的结构叫作 D 锁存器。表 2.22 给出了 D 锁存器的逻辑关系。

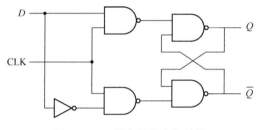

图 2.43　D 锁存器的内部结构

表 2.22　D 锁存器逻辑关系

D	CLK	Q	$\overline{Q}$	状态
0	1	0	1	复位
1	1	1	0	置位
×	0	Q_0	$\overline{Q_0}$	保持

图 2.44 给出了使用图 2.43 给出的电路结构所构建的 D 锁存器，图 2.45 给出了对该电路执行 SPICE 瞬态分析的结果。下面通过该仿真结果的分析，帮助读者理解 D 锁存器的工作原理。

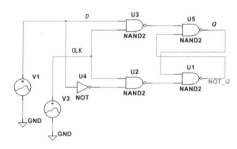

图 2.44　使用图 2.43 给出的电路结构所构建的 D 锁存器

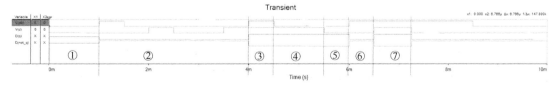

图 2.45　对图 2.44 所示的电路执行 SPICE 瞬态分析的结果

注：读者进入本书配套提供例子的 \eda_verilog\D_latch.ms14 路径下，用 Multisim 14 工具打开该设计，执行 SPICE 瞬态分析仿真，观察仿真结果。

① 当 CLK = 0 且 D = 0 时，D 锁存器前端的两个与非门输出均为 1。这样，D 锁存器后端的基本 SR 锁存器保持前面的状态不变。

② 和①的结果相同，由于②前面的 Q 输出为低，所以在②时，Q 的输出仍然保持为低。

③ 当 CLK = 1 且 D = 1 时，D 锁存器前端与非门的输出分别为 0 和 1，参考基本 RS 锁存器的结构，Q 输出为 1，$\overline{Q}$ 输出为 0。此时，D 锁存器工作在置位状态，Q 的输出为 1。

④ 当 CLK = 0 时，D 锁存器处于保持第③输出的状态。

⑤ 当 CLK = 0 时，D 锁存器处于保持第④输出的状态。

⑥ 当 CLK = 1 且 D = 0 时，D 锁存器前端与非门的输出分别为 1 和 0，参考基本 RS 锁存器的结构，Q 输出为 0，$\overline{Q}$ 输出为 1。此时，D 锁存器工作在复位状态，Q 的输出为 0。

⑦ 和③的条件相同。此时，D 锁存器工作在置位状态，Q 输出为 1。

如图 2.46 所示，SN74LS373 是包含 8 个 D 锁存器的专用芯片。表 2.23 给出了该芯片的逻辑关系。

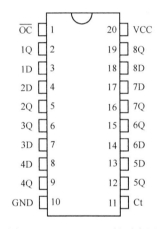

图 2.46　SN74LS373 的引脚图

表 2.23　SN74LS373 的逻辑关系

输　　入			输出 Q
$\overline{OC}$	C	D	
L	H	H	H
L	H	L	L
L	L	×	Q_0
H	×	×	Z

2.2.6　D 触发器

本节将介绍基本 D 触发器和带置位/复位 D 触发器。

1. 基本 D 触发器

图 2.47 给出了基本边沿触发的 D 触发器结构，该触发器在时钟 CLK 的上升沿将 D 的值保存到 Q。

> **注：**① 触发器和锁存器不同的是，锁存器是靠控制信号的"电平"高低实现数据的保存的，而触发器是靠控制信号的"边沿"变化实现数据的保存的。触发器只对"边沿"敏感，而锁存器只对"电平"敏感。
> ② 与非门 1 和 2 构成基本 RS 触发器。
> ③ 当 $\overline{S}$ 和 $\overline{R}$ 均为逻辑 1 时（反馈线 F4 和 F5 连在这两个输入端），处于保存数据状态。

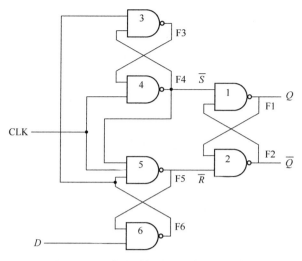

图 2.47　基本边沿触发的 D 触发器结构

　　图 2.48 给出了使用图 2.47 给出的电路结构所构建的 D 触发器，图 2.49 给出了对该电路执行 SPICE 瞬态分析的结果。下面通过该仿真结果的分析，帮助读者理解 D 触发器的工作原理。

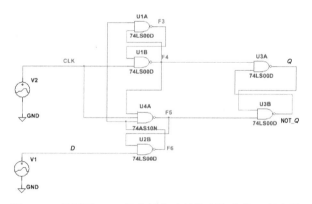

图 2.48　使用图 2.47 给出的电路结构所构建的 D 触发器

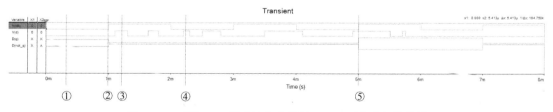

图 2.49　对图 2.48 所示的电路执行 SPICE 瞬态分析的结果

　　注：读者进入本书配套提供例子的 \eda_verilog\D_FF.ms14 路径下，用 Multisim 14 工具打开该设计，执行 SPICE 瞬态分析仿真，观察仿真结果。

① CLK = 0 且 D = 0，则 F4 = 1，F5 = 1，F6 = 1，F3 = 0。此时，D 触发器处于保持状态。

② CLK 变成 1，F5 变成 0，F4 保持不变，其仍然为 1，复位 SR 触发器。此时，Q = 0。

③ CLK = 1 且 D = 1，则 F6 = 1，F5 = 0，F4 保持不变，其仍然为 1，复位 SR 触发器。此时，Q = 0。

④ CLK = 0 且 D = 1，则 F4 = 1，F5 = 1，F6 = 1，F3 = 0。此时，D 触发器处于保持状态。

⑤ CLK 变成 1，F4 变成 0，F5 = 1，置位 SR 触发器。此时，Q = 1。

综合上述分析，可以得出下面重要的结论：

对于该 D 触发器来说，总是在时钟的上升沿（有些设计可以是在时钟的下降沿）时保存当前 D 输入的状态并且反映到输出端 Q。如果不满足上升沿的条件，则输出端 Q 保持其原来的状态。

2. 带置位/复位 D 触发器

图 2.50 给出了带置位/复位 D 触发器的结构。图 2.50 中，在基本 D 触发器的结构中添加了异步置位/复位信号。表 2.24 给出了带置位/复位 D 触发器的逻辑关系。

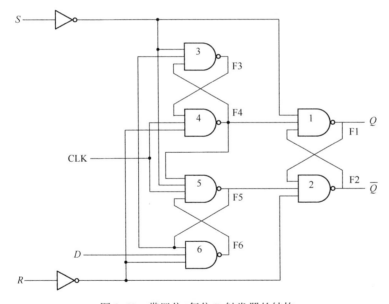

图 2.50 带置位/复位 D 触发器的结构

表 2.24 带置位/复位 D 触发器的逻辑关系

S	R	D	CLK	Q	$\overline{Q}$
0	0	0	↑	0	1
0	0	1	↑	1	0
1	0	×	×	1	0
0	1	×	×	0	1
0	0	×	0	Q_0	$\overline{Q_0}$

（1）当 S = 1，R = 0 时，将输出 Q 立即置位为逻辑 1，并不需要等待下一个时钟的上升沿。

（2）当 S = 0，R = 1 时，将输出 Q 立即复位为逻辑 0，并不需要等待下一个时钟的上升沿。

图 2.51 给出了带置位/复位 D 触发器的符号描述。

3. 专用 D 触发器芯片

表 2.25 给出了 74LS 系列中用于 D 触发器的专用芯片。

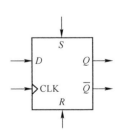

图 2.51 带置位/复位 D 触发器的符号描述

表 2.25　74LS 系列中用于 D 触发器的专用芯片

芯 片 型 号	功　　能
SN74LS173	包含 3 态输出的 4 位 D 寄存器
SN74LS174	包含清零的 6 个 D 触发器
SN74LS175	包含清零的 4 个 D 触发器
SN74LS273	包含清零的 8 个 D 触发器
SN74LS374	包含 3 态输出的 8 个 D 触发器
SN74LS377	包含时钟使能的 8 个 D 触发器
SN74LS378	包含时钟使能的 6 个 D 触发器
SN74LS74A	包含置位和复位的双 D 触发器

2.2.7　其他触发器

D 触发器是最简单且最有用的边沿触发存储器件，它的输出取于输入数据和输入时钟。在时钟的边沿（上升沿/下降沿），将输入数据的当前逻辑状态保存到触发器的数据输出端。D 触发器可以用于任何需要触发器的场合。很多年前，出现了逻辑行为类似于 D 触发器的其他类型的触发器。本节将主要介绍 JK 触发器和 T 触发器。

1. JK 触发器

JK 触发器使用两个输入控制状态的变化，即输入端 J 用于置位输出，输入端 K 用于复位输出。当 J 和 K 处于有效输入时，输出将在逻辑"0"和逻辑"1"之间进行切换。图 2.52 给出了 JK 触发器的符号。表 2.26 给出了 JK 触发器的逻辑关系。

表 2.26　JK 触发器的逻辑关系

输　　入					输　　出	
PRE	CLR	CLK	J	K	Q	$\overline{Q}$
L	H	×	×	×	H	L
H	L	×	×	×	L	H
H	H	↓	L	L	Q_0	$\overline{Q_0}$
H	H	↓	L	H	L	H
H	H	↓	H	L	H	L
H	H	↓	H	H	翻转	
L	L	×	×	×	H	H

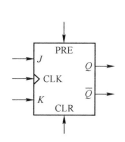

图 2.52　JK 触发器的符号

注：当输出端都为 H 时，表示不期望的状态。

图 2.53 给出了使用专用 JK 触发器芯片 74LS112 所构建的触发器电路，图 2.54 给出了对该电路执行 SPICE 瞬态分析的结果。下面通过对该仿真结果的分析，帮助读者理解 JK 触发器的工作原理。

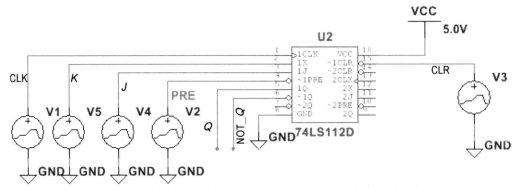

图 2.53 使用专用 JK 触发器芯片 74LS112 所构建的触发器电路

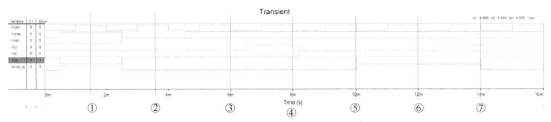

图 2.54 对图 2.53 所示的电路执行 SPICE 瞬态分析的结果

> **注**：读者进入本书配套提供例子的\eda_verilog\JK_FF.ms14 路径下，用 Multisim 14 工具打开该设计，执行 SPICE 瞬态仿真，观察仿真结果。

① PRE = 1，CLR = 0，JK 触发器处于复位状态，$Q = 0$。

② PRE = 0，CLR = 1，JK 触发器处于置位状态，$Q = 1$。

③ $J = 0$，$K = 0$，在 CLK 下降沿处 Q 输出为保持状态，即 Q 的输出保持和下降沿前的输出状态一样，$Q = 1$。

④ $J = 1$，$K = 0$，在 CLK 下降沿处 Q 输出为高，$Q = 1$。

⑤ $J = 0$，$K = 1$，在 CLK 下降沿处 Q 输出为低，$Q = 0$。

⑥和③的条件一样，$Q = 0$。

⑦ $J = 1$，$K = 1$，在 CLK 下降沿处 Q 状态发生翻转，即 Q 的输出是对下降沿前的输出状态进行取反，$Q = 1$。

2. T 触发器

当 T 输入有效时，在每个时钟沿到来时，输出将在逻辑 "0" 和逻辑 "1" 之间切换。图 2.55 给出了 T 触发器的符号。表 2.27 给出了 T 触发器的逻辑关系，表中的 Q_P 表示 CLK 上升沿到来之前 Q 的输出状态；Q_N 表示 CLK 上升沿到来之后 Q 的输出状态。

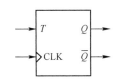

图 2.55 T 触发器的符号

表 2.27 T 触发器的逻辑关系

CLK	T	Q_P	Q_N
↑	L	L	L
↑	L	H	H
↑	H	L	H
↑	H	H	L

图 2.56 给出了使用 T 触发器所构建的触发器电路，图 2.57 给出了对该电路执行 SPICE 瞬态分析的结果。下面通过对该仿真结果的分析，帮助读者理解 T 触发器的工作原理。

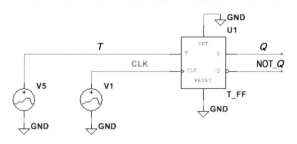

图 2.56　使用 T 触发器所构建的触发器电路

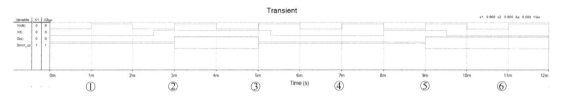

图 2.57　对图 2.56 所示的电路执行 SPICE 瞬态分析的结果

> **注：** 读者进入本书配套提供例子的 \eda_verilog\T_FF.ms14 路径下，用 Multisim 14 工具打开该设计，执行 SPICE 瞬态仿真，观察仿真结果。

① $T=0$ 且 $Q_P=0$，所以 $Q_N=0$。
② $T=1$ 且 $Q_P=0$，所以 $Q_N=1$。
③ $T=1$ 且 $Q_P=1$，所以 $Q_N=0$。
④ $T=0$ 且 $Q_P=0$，所以 $Q_N=0$。
⑤ $T=1$ 且 $Q_P=0$，所以 $Q_N=1$。
⑥ $T=0$ 且 $Q_P=1$，所以 $Q_N=1$。

2.2.8　普通寄存器

前面介绍了 D 触发器的结构和工作原理，从中可以知道一个 D 触发器可以保存一个比特位。

（1）时钟上升沿到来的时候，$D=1$，则 $Q=1$。

（2）时钟上升沿到来的时候，$D=0$，则 $Q=0$。

在真正的数字系统中，输入到 D 触发器的时钟信号是连续的，这就是说，每当一个时钟上升沿到来的时候，D 的值就被保存到 Q。在前面 D 触发器的基础上，添加另一个称为 load 的输入线，如图 2.58 所示。当 load 信号线为高时，inp0 的信号就在下一个时钟上升沿到来的时候保存到 Q_0；当 load 信号为低时，接入反馈通道。

假设时钟信号连续运行，为了保证每个周期中 Q 的值不变，则 Q 的值反馈到逻辑与门，最后通过 $\overline{\text{load}}$ 信号进行逻辑与运算和逻辑或运算后送到 D 触发器的输入端。

当 load 信号为高时，inp0 和 load 信号进行逻辑与运算后，经过逻辑或运算，送到 D 触

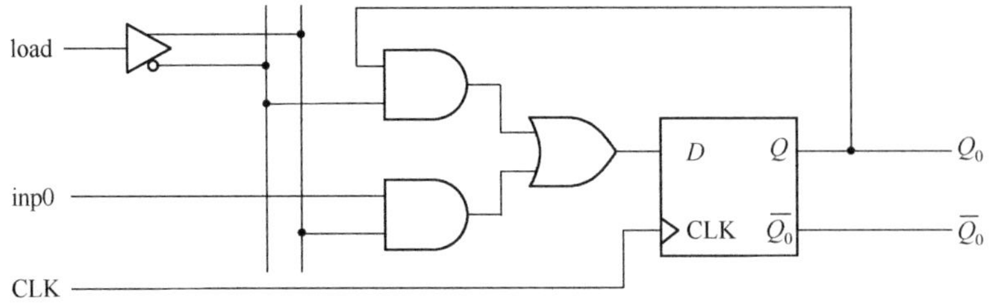

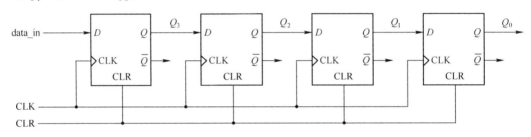

图 2.58　一位寄存器的结构

发器的输入端，在下一个时钟上升沿到来的时候保存到 Q_0 端。

2.2.9　移位寄存器

将 N 个 D 触发器级联，可以构成 N 位移位寄存器。图 2.59 给出了 4 位移位寄存器的结构。当每个时钟的上升沿到来时，数据向右移动一位。在每个时钟的上升沿到来时，当前的 data_in 数据移动到 Q_3，前一时刻 Q_3 的值移动到 Q_2，前两个时刻 Q_2 的值移动到 Q_1，前 3 个时刻 Q_1 的值移动到 Q_0。

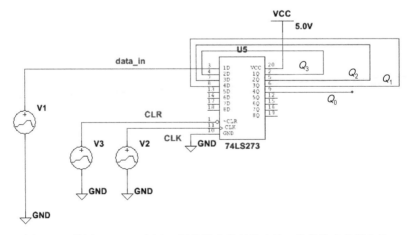

图 2.59　4 位移位寄存器的结构

图 2.60 给出了使用 74LS273 专用 D 触发器芯片所构建的 4 位移位寄存器电路，图 2.61 给出了对该电路执行 SPICE 瞬态分析的结果。

图 2.60　使用 74LS273 专用 D 触发器芯片所构建的 4 位移位寄存器电路

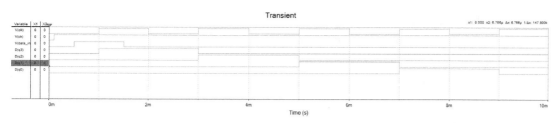

图 2.61　对图 2.60 所示的电路执行 SPICE 瞬态分析的结果

> **注**：读者进入本书配套提供例子的 \eda_verilog\shifter.ms14 路径下，用 Multisim 14 工具打开该设计，执行 SPICE 瞬态仿真，观察仿真结果。

思考与练习 2-7：请说明组合逻辑电路和时序逻辑电路的区别。

思考与练习 2-8：请说明同步时序逻辑电路和异步时序逻辑电路的区别。

思考与练习 2-9：使用 D/JK 触发器设计一个 6 分频的分频电路。

思考与练习 2-10：使用 D/JK 触发器设计一个实现 8 位循环左移的移位寄存器电路。

2.3　存储器

本节将介绍存储器的分类和存储器的工作原理。计算机中所包含的存储器是物理设备，它们用于保存程序代码或者处理过程中产生的暂时的或者永久的数据，如图 2.62 所示。

图 2.62　计算机中的存储介质

2.3.1　存储器的分类

一般将存储器分成两类，即易失性存储器和非易失性存储器。

1. 易失性存储器

这种类型的存储器只有上电时才能够保存数据。一旦断电，存储器内所保存的所有数据信息将会丢失。它的特点主要包括：

（1）要求上电才能够持续保存信息；

（2）通常情况下有较快的访问速度和较低的成本；

（3）用于暂存数据，如 CPU 高速缓存和内部存储器等。

例如，笔记本和 PC 内存插槽上的 DDR3 SDRAM 内存条就属于易失性存储器。

2. 非易失性存储器

这种类型的存储器可以永久地保存数据。即使断电，存储器中仍然保存着写入的数据信息。它的特点主要包括：

（1）一旦写入信息，在断电时仍能保存它；

（2）通常情况下有较低的访问速度和较高的成本；

（3）用于第二级存储，或者长期永久保存数据。

例如，笔记本和 PC 所搭载的基本输入输出系统（Basic Input Output System，BIOS）就属于非易失性存储器。

2.3.2　存储器工作原理

在计算机中，访问存储器是指处理器执行对存储器的读/写操作。其中：

（1）写存储器。处理器首先给出所要访问存储器单元的地址，然后再将数据写到该地址所指向存储器的地址空间。

（2）读存储器。处理器首先给出所要访问存储器单元的地址，然后从该地址所指向存储器的地址空间读取数据。

例如，一个 8 位宽度和 2^8（0 ~ 255）个存储深度的存储器结构如图 2.63 所示。

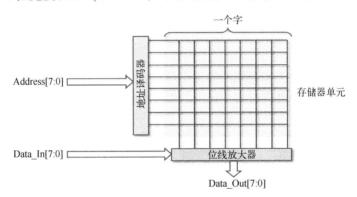

图 2.63　一个 8 位宽度和 2^8（0~255）个存储深度的存储器结构

从图 2.63 中可以看出，地址信号 Address[7:0] 可实现的任务包括：

（1）它可以提供用于访问存储器内不同单元的地址（可以产生 $2^8 = 256$ 个存储器地址）；

（2）通过存储器内建的地址译码器，将 Address[7:0] 所携带的地址信息映射到存储器内的一个存储单元（也就是一个字）；

（3）将该存储单元连接到位线放大器。

> **注**：对于一个容量较大的存储器来说，将存储器的地址分为行和列两部分。

对于读操作来说，随后执行的操作包括：

（1）将选中的存储单元与位线放大器连接；

（2）位线放大器将读取的信号恢复到正常的电压，然后将信息送到 Data_Out[7:0] 数据端口上。

对于写操作来说，随后执行的操作包括：

（1）将写到存储器的数据放到 Data_In[7:0] 端口上；

（2）放大器将位线设置为期望的值，并驱动端口将其保存到所选中的存储单元中。

思考与练习 **2-11**：根据本节所介绍的知识，说明易失性存储器的特点。

思考与练习 **2-12**：根据本节所介绍的知识，说明非易失性存储器的特点。

2.3.3　易失性存储器

本节将介绍易失性存储器，内容包括静态 RAM 和动态 RAM。

1. 静态存储器

对于静态存储器（Static RAM，SRAM）来说，其特点主要包括：

（1）当且仅当给 SRAM 供电时，数据就一直保存在存储单元中，一旦掉电，则信息丢失；

（2）通常使用 6 个晶体管保存一个比特位数据；

（3）具有快速访问数据的能力；

（4）功耗较大；

（5）密度较低，需要较大的硅片面积；

（6）其单位存储的成本较高。

图 2.64 给出了 SRAM 一个存储单元的内部结构。从图中可知，一个存储单元由 6 个 FET构成（M1 ~ M6），在 M1 ~ M4（构成两个反相器）内保存着一个比特位信息。在 select 信号的控制下，通过 M5 和 M6，读/写该比特位。下面对其工作原理进行分析。

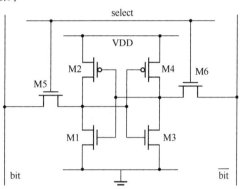

图 2.64　SRAM 一个存储单元的内部结构

> **注**：bit 和 $\overline{\text{bit}}$ 为互补关系。

读取 SRAM 内的数据需要执行以下操作：

（1）对地址进行译码，选中所期望访问的存储单元。当选中某个存储单元时，将该存储单元内的 select 信号驱动为逻辑高电平。

（2）根据 M1 ~ M4 上的值，将 bit 线设置为逻辑高/逻辑低，将 $\overline{\text{bit}}$ 设置为逻辑低/逻辑高。

（3）读 bit 和 $\overline{\text{bit}}$ 线上的状态，将其作为一个比特位数据。

将数据写到 SRAM 内需要执行以下操作：

（1）将两个位线（bit 和 $\overline{\text{bit}}$）预充电到所希望的逻辑电平，如 bit = VDD 和 $\overline{\text{bit}}$ = VSS。

（2）对地址进行译码，选中所期望访问的存储单元。当选中某个存储单元时，将该存储单元内的 select 信号驱动为逻辑高电平。

（3）翻转或保持 4 个晶体管的逻辑状态。

2. 动态存储器

对于动态存储器（Dynamic RAM，DRAM）来说，其特点主要包括：

（1）在包含一个晶体管和电容的单元中保存一个数据比特位，根据电容的充电或者放电状态表示逻辑"1"或者逻辑"0"；

（2）由于电容上的电荷会"泄露"，因此需要周期性地刷新（充电），如每 10ms 刷新一次；

（3）与 SRAM 相比，其存储密度高，占用面积小，因此成本较低。

根据数据率，将 DRAM 进一步划分：

（1）单数据率（Single Data Rate，SDR）；

（2）双数据率（Double Data Rate，DDR）；

（3）双数据率×2（Double Data Rate 2，DDR2）；

（4）双数据率×4（Double Data Rate 3，DDR3）；

（5）双数据率×8（Double Data Rate 4，DDR4）。

根据同步方式，将 DRAM 进一步划分为同步 DRAM 和非同步 DRAM。

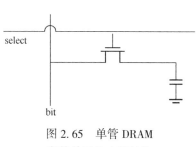

图 2.65　单管 DRAM 存储单元的内部结构

在 DRAM 中，每个存储单元要求很少的晶体管，如 3 个晶体管单元，甚至只需要 1 个晶体管单元。例如，如图 2.65 所示，一个晶体管单元包含一个晶体管和一个电容。其中，晶体管用于选择一个单元，电容用于保存该位的逻辑状态（"0" 或 "1"）。

读取 DRAM 内的数据需要执行以下操作：

（1）地址译码器对地址进行译码，选中所期望访问的存储单元。当选中某个存储单元时，将该存储单元内的 select 信号设置为逻辑高电平。

（2）根据电容存储电荷的状态设置 bit 线的逻辑状态。

将数据写到 DRAM 内需要执行以下操作：

（1）将单个 bit 线预充电到期望的值，如 VDD 或者 VCC。

（2）地址译码器对地址进行译码，选中所期望访问的存储单元。当选中某个存储单元时，将该存储单元内的 select 信号设置为逻辑高电平；

（3）由 bit 线向电容充电，或者是由电容向 bit 线放电。

思考与练习 2-13：根据本节所介绍的知识，请说明 SRAM 靠_____存储信息。

思考与练习 2-14：根据本节所介绍的知识，请说明 DRAM 靠_____存储信息。

思考与练习 2-15：由于 DRAM 电容所存储的电荷会泄露，因此需要每隔一段时间对其执行_____操作，以维持电容上所存储的电荷。

2.3.4　非易失性存储器

本节将对非易失性存储器的分类进行详细说明。

1. 只读存储器（Read Only Memory，ROM）

早期，在制造 ROM 时就将期望的数据事先固化到其中，用户只能读取但不能修改 ROM 中的数据。后来，允许用户通过重新编程 ROM 来修改其中的数据，如 EPROM 和 EEPROM。

2. 非易失性的随机访问存储器（Non-Volatile RAM，NVRAM）

允许随机访问，可以读写数据。例如，Flash 存储器。

3. 机械存储设备

例如，硬盘、磁带、光盘，这类存储设备的成本较低，并且访问速度也很慢。

2.4　有限状态机

在数字系统中，有限状态机（Finite State Machine，FSM）有着非常重要的应用。只有掌握了 FSM 的原理和实现方法，才能够说真正掌握了数字世界的本质。

2.4.1　有限状态机的原理

图 2.66 给出了有限状态机的模型。有限状态机分为摩尔（Moore）状态机和米勒（Mealy）状态机。摩尔状态机的输出只和当前状态有关；而米勒状态机的输出不但和当前的状态有关，而且和当前的输入有关。

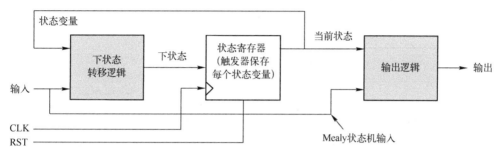

图 2.66　有限状态机的模型

对于最简单的 FSM 模型来说，可以不出现输出逻辑，即可以将当前状态作为输出变量直接输出。

从宏观上来说，有限状态机由组合逻辑电路和时序逻辑电路共同组成。其中：

（1）组合逻辑电路构成下状态转移逻辑和输出逻辑，下状态转移逻辑控制数据流的方向，输出逻辑用于驱动输出每个状态所对应的输出变量。

（2）时序逻辑电路构成状态寄存器，状态寄存器是状态机中的记忆（存储）电路。

图 2.67 给出了一个具体的有限状态机模型，图中：

（1）下标 PS 表示当前的状态（Previous State，PS）。

（2）下标 NS 表示下一个状态（Next State，NS）。

从构成要素上来说，该状态机模型包含：

（1）输入逻辑变量的集合。在该模型中，输入逻辑变量的集合为 $\{I_0, I_1\}$。

（2）状态集合。因为 $A_{PS}, A_{NS} = 0/1$，$B_{PS}, B_{NS} = 0/1$，$C_{PS}, C_{NS} = 0/1$。所以

$$A_{PS}B_{PS}C_{PS} \subseteq \{000, 001, 010, 011, 100, 101, 110, 111\}$$

$$A_{NS}B_{NS}C_{NS} \subseteq \{000, 001, 010, 011, 100, 101, 110, 111\}$$

该状态机模型最多可以有 8 个状态，每个状态是状态集合 $\{000, 001, 010, 011, 100, 101, 110, 111\}$ 中任意编码的组合。

（3）状态转移函数。用来控制下状态转移逻辑，下状态转移逻辑表示为当前状态和当前输入逻辑变量的函数，对于该模型来说：

$$A_{NS} = f_1(A_{PS}B_{PS}C_{PS}, I_0, I_1)$$

$$B_{NS} = f_2(A_{PS}B_{PS}C_{PS}, I_0, I_1)$$

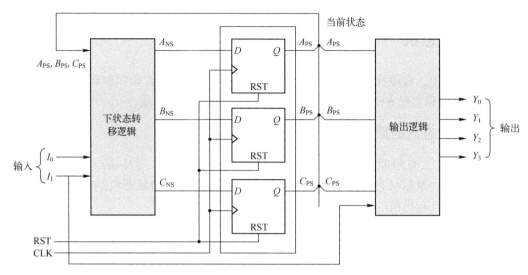

图 2.67 一个具体的有限状态机模型

$$C_{NS} = f_3(A_{PS}B_{PS}C_{PS}, I_0, I_1)$$

（4）输出变量集合。在该模型中，输出变量的集合为$\{Y_0, Y_1, Y_2, Y_3\}$。

（5）输出函数。用来确定当前状态下各输出变量的驱动电平，即输出变量可以表示为当前状态和当前输入逻辑变量的函数。对于该模型来说：

$$Y_0 = h_1(A_{PS}B_{PS}C_{PS}, I_1)$$
$$Y_1 = h_2(A_{PS}B_{PS}C_{PS}, I_1)$$
$$Y_2 = h_3(A_{PS}B_{PS}C_{PS}, I_1)$$
$$Y_3 = h_4(A_{PS}B_{PS}C_{PS}, I_1)$$

2.4.2 状态图表示及实现

下面以图 2.68 所示的状态图为例，详细介绍有限状态机的实现过程。

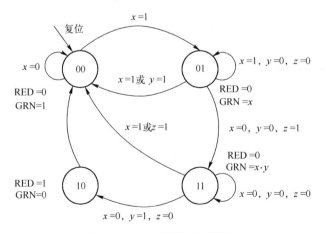

图 2.68 FSM 的状态图描述

1. 状态机的状态图表示

状态图是有限状态机最直观和最直接的表示方法。图 2.68 中：

（1）每个圆圈表示一个状态，圆圈内的二进制数表示该状态的编码组合。

（2）两个圆圈之间带箭头的连线表示从一个状态转移到另一个状态。连线上方为状态转移的条件。

（3）每个状态旁给出了当前状态下的输出变量。

从状态图中可以很直观地知道有限状态机的状态集合、输入变量和输出变量，因此只要从状态图中得到具体的状态转移函数和输出函数就可以实现有限状态机。

图 2.68 所示有限状态机模型的描述如下。

1）状态集合

该状态机包含 4 个状态，4 个状态分别编码为 00，01，11，10。其中：

① 状态变量 $A_{NS}B_{NS} \subseteq \{00, 01, 10, 11\}$；

② 状态变量 $A_{PS}B_{PS} \subseteq \{00, 01, 10, 11\}$。

2）输入变量

该状态机包含 3 个输入变量，即 x，y，z。

3）系统的状态迁移和在各个状态下的输出描述

（1）当复位系统时，系统处于状态 "00"。该状态下，驱动逻辑输出变量 RED 为低，驱动逻辑输出变量 GRN 为高。当输入变量 $x = 0$ 时，系统一直处于状态 "00"；当逻辑输入变量 $x = 1$ 时，系统迁移到状态 "01"。

（2）当系统处于状态 "01" 时，驱动逻辑输出变量 RED 为低，由输入变量 x 驱动逻辑输出变量 GRN。当输入变量 $x = 0, y = 0, z = 0$ 时，系统一直处于状态 "01"；当输入变量 $x = 1$ 或者 $y = 1$ 时，系统迁移到状态 "00"；当输入变量 $x = 0, y = 0, z = 1$ 时，系统迁移到状态 "11"。

（3）当系统处于状态 "11" 时，驱动逻辑输出变量 RED 为低，由逻辑输入变量 x 和 y 共同驱动逻辑输出变量 GRN，即 $GRN = x \cdot y$。当输入变量 $x = 0, y = 0, z = 0$ 时，系统一直处于状态 "11"；当输入变量 $x = 1$ 或者 $z = 1$ 时，系统迁移到状态 "00"；当输入变量 $x = 0, y = 1, z = 0$时，系统迁移到状态 "10"。

（4）当系统处于状态 "10" 时，驱动逻辑输出变量 RED 为高，驱动逻辑输出变量 GRN 为低。在该状态下，系统无条件迁移到状态 "00"。

2. 推导状态转移函数

图 2.69（a）和图 2.69（b）分别给出了下状态编码 B_{NS} 和 A_{NS} 的卡诺图映射。下面举例说明卡诺图的推导过程。当 $A_{PS}B_{PS} = 00$ 时，表示当前的状态是 "00"。要想 B_{NS} 为 1，则 $A_{NS}B_{NS}$ 允许的编码组合为 "01" 或者 "11"，即下一个状态是 "01" 或者 "11"。但是，从图 2.68 可以看出，只存在从状态 "00" 到状态 "01" 的变化，而不存在从状态 "00" 到状态 "11" 的变化。此外，从图 2.68 可以看出，从状态 "00" 到状态 "01" 的转移条件是输入变量 $x = 1$，即 y 和 z 可以是全部任意组合的情况，包括 "00"、"01"、"10" 和 "11"。所以，在图 2.69（a）中，在第一行($A_{PS}B_{PS} = 00$)输入变量 zyx 取值分别为 001、011、111 和 101 的列下填入 "1"，该行的其他列都填入 "0"。

以此类推，完成图 2.69 下状态编码 B_{NS} 和 A_{NS} 的卡诺图映射。

状态转移函数的逻辑表达式可表示为

$$B_{NS} = \overline{A_{PS}} \cdot \overline{B_{PS}} \cdot x + \overline{A_{PS}} \cdot B_{PS} \cdot \bar{x} \cdot \bar{y} + B_{PS} \cdot \bar{x} \cdot \bar{y} \cdot \bar{z}$$

$$A_{NS} = \overline{A_{PS}} \cdot B_{PS} \cdot \bar{x} \cdot \bar{y} \cdot z + A_{PS} \cdot B_{PS} \cdot \bar{x} \cdot \bar{z}$$

3. 推导输出函数

图 2.70（a）和图 2.70（b）分别给出了输出变量 GRN 和 RED 的卡诺图映射。下面举例说明卡诺图的推导过程。当 $A_{PS}B_{PS} = 00$ 时，GRN = 1，与 x、y、z 的输入无关。

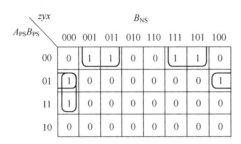

（a）B_{NS} 的卡诺图映射

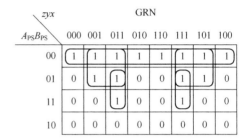

（a）GRN 的卡诺图映射

（b）A_{NS} 的卡诺图映射

图 2.69　状态转移函数的卡诺图映射

（b）RED 的卡诺图映射

图 2.70　输出变量的卡诺图映射

输出函数可用下面的逻辑表达式表示：

$$GRN = \overline{A_{PS}} \cdot \overline{B_{PS}} + \overline{A_{PS}} \cdot x + B_{PS} \cdot x \cdot y$$

$$RED = A_{PS} \cdot \overline{B_{PS}}$$

4. 状态机逻辑电路的实现

图 2.71 给出了图 2.68 所示状态机模型的具体实现电路。

2.4.3　三位计数器的设计与实现

本节将使用前面介绍的 FSM 实现方法设计一个三位八进制计数器。

1. 三位计数器原理

三位八进制计数器可以从 000 计数到 111。图 2.72 给出了三位八进制计数器的状态图描述。

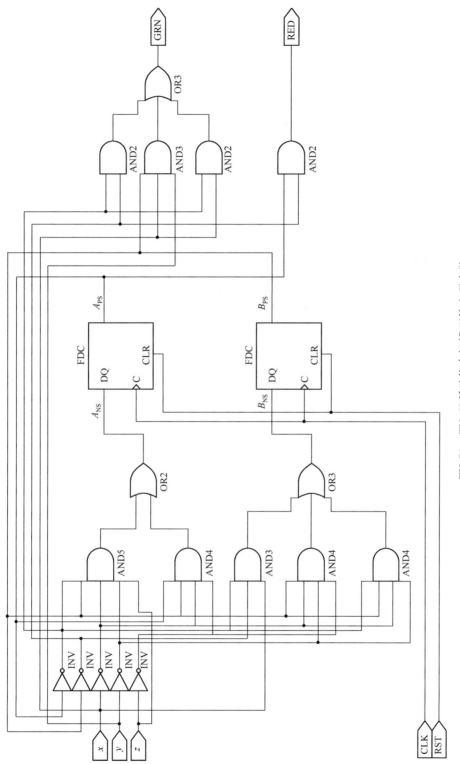

图2.71　图2.68所示状态机模型的实现电路

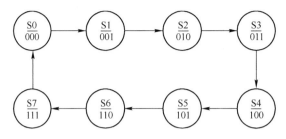

图 2.72　三位八进制计数器的状态图描述

在时钟的每个上升沿到来时，计数器从一个状态转移到另一个状态，计数器的输出从 000 递增到 111，然后返回 000。由于在该设计中状态编码反映了输出逻辑变量的变化规律，所以将状态编码作为逻辑变量输出。

如表 2.28 所示，3 个触发器的输出 Q_2、Q_1、Q_0 表示当前的状态。由下状态转移逻辑输出的状态编码组合 D_2、D_1 和 D_0 确定下一个状态。

表 2.28　三位计数器状态转移关系

状态	当前状态			下一状态		
	Q_2	Q_1	Q_0	D_2	D_1	D_0
S0	0	0	0	0	0	1
S1	0	0	1	0	1	0
S2	0	1	0	0	1	1
S3	0	1	1	1	0	0
S4	1	0	0	1	0	1
S5	1	0	1	1	1	0
S6	1	1	0	1	1	1
S7	1	1	1	0	0	0

> **注**：D 触发器任意时刻的输入包含下一个计数值，因此在下一个时钟上升沿，这个值就锁存到 Q，计数器的值将递增 1。

如图 2.73 所示，通过化简卡诺图，得到状态转移逻辑的表达式为

$$D_2 = Q_2 \cdot \overline{Q_1} + Q_2 \cdot \overline{Q_0} + \overline{Q_2} \cdot Q_1 \cdot Q_0$$
$$D_1 = Q_0 \cdot \overline{Q_1} + \overline{Q_0} \cdot Q_1 = Q_0 \oplus Q_1$$
$$D_0 = \overline{Q_0}$$

2. 三位计数器的实现

图 2.74 给出了使用基本逻辑门和 D 触发器芯片所构建的三位八进制计数器，图 2.75 给出了对该电路执行 SPICE 瞬态分析的结果，从分析结果可知该设计的正确性。

> **注**：读者进入本书配套提供例子的 \eda_verilog\counter_3b.ms14 路径下，用 Multisim 14 工具打开该设计，执行 SPICE 瞬态仿真，观察仿真结果。

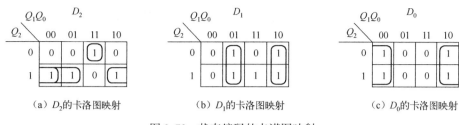

图 2.73　状态编码的卡诺图映射

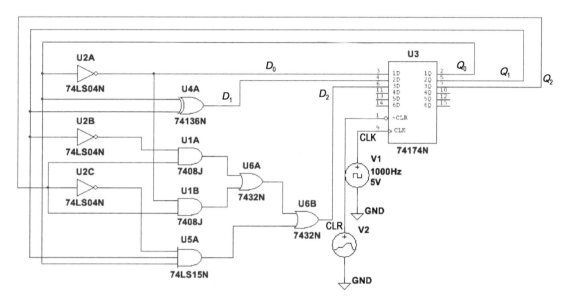

图 2.74　使用基本逻辑门和 D 触发器芯片所构建的三位八进制计数器

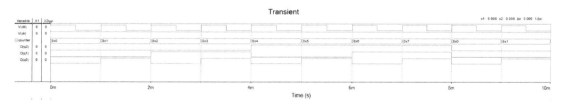

图 2.75　对图 2.74 所示的电路执行 SPICE 瞬态分析的结果

思考与练习 2-16：如图 2.76 所示，为下面的状态图分配状态编码，并说明编码规则。

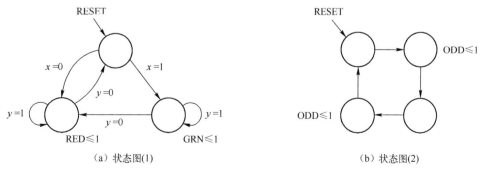

图 2.76　需要编码的状态图

思考与练习 **2-17**：如图 2.77 所示，设计实现该状态图的 FSM。

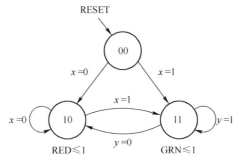

图 2.77　状态图描述

思考与练习 **2-18**：如图 2.78 所示，设计实现该计数功能的计数器。

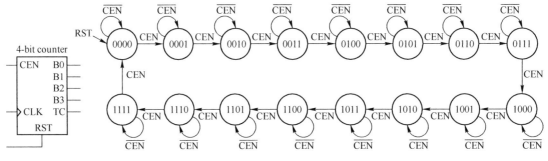

图 2.78　计数器的状态图描述

思考与练习 **2-19**：将上题的计数值显示在共阳/共阴极七段数码管上。

第 3 章 可编程逻辑器件原理

本章将主要对可编程逻辑器件（Programmable Logic Device，PLD）的原理进行详细介绍，内容主要包括可编程逻辑器件发展历史、可编程逻辑器件工艺、简单可编程逻辑器件结构、复杂可编程逻辑器件结构、现场可编程门阵列结构和 Xilinx 7 系列 FPGA 产品。

通过对 PLD 原理的介绍，读者将深入理解硬件可编程的概念，掌握基本数字逻辑知识和 PLD 之间的对应关系，为后续学习 Verilog HDL 打下坚实的基础。

3.1 可编程逻辑器件发展历史

PLD 产生于 20 世纪 70 年代，是在专用集成电路（Application Specific Integrated Circuit，ASIC）的基础上发展起来的一种新型逻辑器件。PLD 属于半定制 ASIC，是目前数字系统前端设计的主要平台，主要通过电子设计自动化软件工具对其进行配置和编程，其发展可以划分为以下 4 个阶段。

1. 第一阶段

20 世纪 70 年代，可编程器件只有简单的可编程只读存储器（Programmable ROM，PROM）、紫外线可擦除只读存储器（Erasable Programmable ROM，EPROM）和电可擦除只读存储器（Electrically Erasable Programmable ROM，EEPROM）3 种。由于结构和功能方面的限制，它们只能实现简单的数字逻辑功能。

2. 第二阶段

20 世纪 80 年代，出现了结构上更复杂的可编程阵列逻辑（Programmable Array Logic，PAL）和通用阵列逻辑（General Array Logic，GAL）器件，它们被正式称为 PLD，能够完成各种逻辑运算功能。例如，PLD 由逻辑"与"和逻辑"非"阵列组成，用"与或"表达式实现任意组合逻辑，所以 PLD 能以 SOP 形式完成大量的逻辑组合。PAL 器件只能实现一次编程，之后无法修改器件的内部结构；如果需要修改器件的内部结构，则需要更换新的 PAL 器件。而 GAL 器件可实现多次编程，如果需要修改内部结构，只要在原器件上再次编程即可。

3. 第三阶段

20 世纪 90 年代，众多可编程逻辑器件厂商（例如，Altera 和 Xilinx）推出了类似于标准门阵列的现场可编程门阵列（Field Programmable Gate Array，FPGA）和类似于 PAL 结构的复杂可编程逻辑器件（Complex PLD，CPLD），显著提高了逻辑运算的速度，具有体系结构和逻辑单元灵活、集成度高，以及适用范围广等特点，兼容传统 PLD 和通用门阵列的优点，能够实现超大规模数字逻辑电路，编程方式也很灵活，成为数字系统前端和中小规模产品设计的首选。

4. 第四阶段

21 世纪初，可编程逻辑器件厂商将可编程逻辑阵列和专用处理器集成到单片 FPGA 中，将其称为全可编程平台，也称为异构架构器件，有厂商将其称为片上可编程系统。例如，作为全球知名的可编程逻辑器件厂商——美国 Xilinx（中文称赛灵思）公司推出了几种基于异构架构的嵌入式系统解决方案，主要分为硬核处理器和软核处理器两类。

1）基于硬核处理器的异构架构

（1）2005 年，Xilinx 在 Virtex-4 系列的 FPGA 中内嵌了时钟频率高达 450MHz 的 PowerPC 硬核微处理器。

（2）2012 年，Xilinx 在 FPGA 中内嵌了时钟频率高达 1GHz 的 ARM Cortex-A9 双核硬核处理器，该器件不再被看作传统的 FPGA，而将其称为 Zynq-7000，它主要用于高性能嵌入式系统中。

（3）2016 年，在 Zynq-7000 的基础上，为了进一步扩展在高性能嵌入式系统领域的应用空间，Xilinx 发布了 Zynq UltraScale+ MPSoC，在该系列器件内部集成了四核 ARM Cortex-A53 处理器、双核 ARM Cortex-R5 处理器和 ARM Mali-400 图像处理器（Graphs Processing Unit，GPU）。

2）基于软核处理器的异构架构

基于 Xilinx 公司 FPGA 的微处理器知识产权（Intellectual Property，IP）软核，包括 8 位的 PicoBlaze 和 32 位的 MicroBlaze，提供了低成本的嵌入式系统应用解决方案。

通过这两种嵌入式解决方案，实现了软件需求和硬件设计的完美结合，使 FPGA 的应用范围从数字逻辑扩展到了嵌入式系统领域。

> 注：（1）硬核处理器是指已经将处理器以布局和布线的形式固化到 FPGA 芯片中，并占用一定的硅片面积的处理器。
>
> （2）软核处理器是指以 HDL 或网表的形式提供给用户，用户通过 ISE 或 Vivado 软件工具的综合和实现处理后，通过在 FPGA 内使用逻辑资源而合成的处理器。
>
> （3）从性能上来说，硬核处理器要远高于软核处理器；从实现成本上来说，软核处理器要低于硬核处理器；从可移植来说，硬核处理器没有可移植性，而软核处理器经过综合和实现后可用于很多不同的 FPGA 中。

3.2 可编程逻辑器件工艺

1. 熔丝连接工艺

最早允许对器件进行编程的技术是熔丝连接工艺。例如，PAL 就采用了熔丝连接工艺。在采用这种技术的器件中，所有逻辑靠熔丝连接。熔丝器件只可编程一次，一旦编程，永久不能改变其内部结构。

当未对熔丝连接工艺的器件编程时，熔丝和逻辑门之间保持连接关系，如图 3.1（a）所示；当对熔丝连接工艺的器件编程后，烧断相应的熔丝，如图 3.1（b）所示。

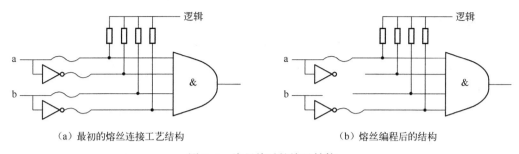

图 3.1　编程前后的熔丝结构

2. 反熔丝连接工艺

Actel 公司（后来被 Microsemi 公司收购）的 FPGA 采用了反熔丝连接工艺。反熔丝连接工艺和熔丝连接工艺相反，在未对反熔丝连接工艺的器件编程时，熔丝和逻辑门之间并没有任何连接关系，如图 3.2（a）所示。在对反熔丝连接工艺的器件编程后，熔丝将和对应的逻辑单元连接，如图 3.2（b）所示。反熔丝是连接两个金属的微型非晶硅柱。在没有对器件编程时，它为高阻状态；当对器件编程后，熔丝和逻辑门之间形成连接关系。一旦编程，永久不能改变其内部结构。

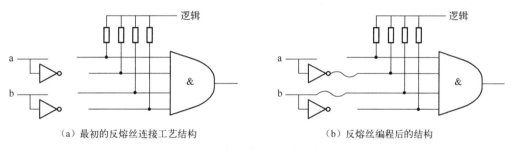

图 3.2　编程前后的反熔丝结构

通过上面的分析可知，采用反熔丝连接工艺的 PLD 设计成本较高，这是因为它是一次性器件，一旦编程失败或者设计出现缺陷，整个器件将被报废，必须重新采购新的器件。但是，这种器件具有优异的抗干扰性能和保密性能，这是因为整个设计已经被固化到芯片内，并且要想破解芯片内的设计结构异常困难。

3. SRAM 工艺

例如，Xilinx 公司和 Altera 公司（后被 Intel 公司收购）的绝大多数 FPGA 采用 SRAM 工艺。当采用 SRAM 工艺的 FPGA 进行数字系统设计时，器件配置信息被保存在 FPGA 内。只要系统正常供电，器件配置信息就不会丢失；一旦断电，保存在 FPGA 内的配置信息将丢失。在本书第 2 章提到，SRAM 存储数据需要消耗大量的硅片面积，且断电后数据信息丢失。但是，用户可以对 SRAM 工艺的 FPGA 器件进行反复编程和修改。

这就是为什么在使用 SRAM 工艺的 FPGA 进行数字系统设计时，需要在 FPGA 的外部挂载一个存储器芯片来保存器件配置信息的原因。当给系统上电时，将存储器内保存的器件配置信息加载到 FPGA 内的查找表（Look-Up Table，LUT）中。

4. 掩膜工艺

例如，ROM 就采用掩膜工艺。在本书第 2 章提到，ROM 是非易失性器件。当系统断电后，信息仍然保留在 ROM 内的存储单元中。用户可以从 ROM 器件中读取信息，但是不能往 ROM 中写入任何信息。

ROM 单元保存了行和列数据，形成一个阵列，每一列有负载电阻使其保持逻辑"1"，每个行列的交叉处有一个关联晶体管与一个掩膜连接。

下面通过一个例子来帮助读者理解 ROM 实现逻辑功能的原理。从图 3.3 可知，ROM 内部由"与"阵列和"或"阵列构成。相同列上二极管的串联形成逻辑"与"关系，相同行上二极管的并联形成逻辑"或"关系。分析原理很简单，就是当通过电阻给二极管两端施加的逻辑电平超过二极管的导通电压时，二极管导通；否则，二极管处于截止状态。根据这个原理，很容易得到下面的逻辑表达式：

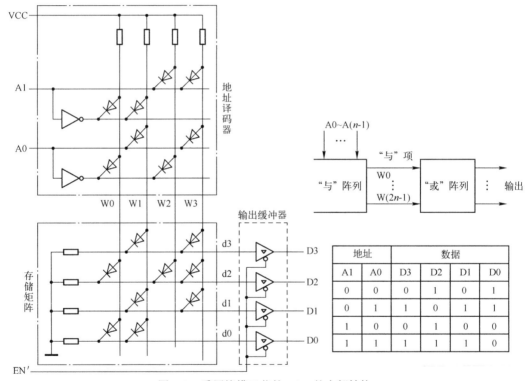

图 3.3　采用掩模工艺的 ROM 的内部结构

$$W0 = \overline{A0} \cdot \overline{A1}$$
$$W1 = A0 \cdot \overline{A1}$$
$$W2 = \overline{A0} \cdot A1$$
$$W3 = A0 \cdot A1$$
$$D3 = W1 + W3$$
$$D2 = W0 + W2 + W3$$
$$D1 = W1 + W3$$
$$D0 = W0 + W1$$

5. PROM 工艺

例如，EPROM 就采用了 PROM 工艺，它是非易失性器件。当系统断电时，信息仍然保留在存储单元中。PROM 器件可编程一次，之后只能读取 PROM 器件内的数据，但是不能向 PROM 器件写入新的数据。PROM 器件内的存储单元保存了行和列的数据，形成一个阵列，每一列有负载电阻使其保持逻辑"1"，每个行列的交叉有一个关联晶体管和一个掩膜连接，如图 3.4 所示。

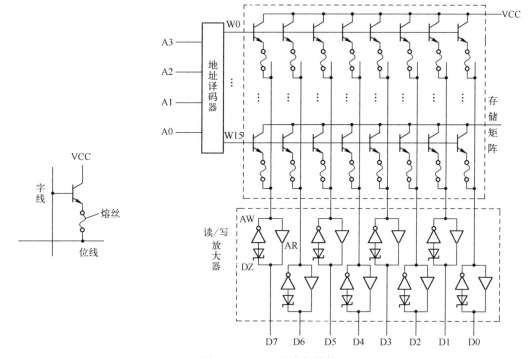

图 3.4　PROM 的内部结构

6. FLASH 工艺

例如，CPLD 采用了 FLASH 工艺。采用 FLASH 工艺的芯片的擦除速度要比采用 PROM 工艺的芯片的擦除速度快。FLASH 工艺可采用多种结构，与 EPROM 器件内的存储单元类似，具有一个浮置栅晶体管单元和 EEPROM 器件的薄氧化层特性。

采用 FLASH 工艺的 CPLD 具有多次可重复编程的能力，以及非易失性的特点。断电后，器件配置信息仍然保存在 CPLD 内。

思考与练习 3-1：PAL 采用_____工艺。

思考与练习 3-2：Xilinx 公司的 FPGA 大都采用_____工艺。

思考与练习 3-3：Actel 公司早期的 FPGA 采用_____工艺。

思考与练习 3-4：CPLD 采用_____工艺，其具有_____的能力和_____的特点。在使用 CPLD 时，_____（需要/不需要）使用外部存储器来保存器件的配置信息。

思考与练习 3-5：请读者分析图 3.3 给出的"与"和"或"阵列，并推导其逻辑表达式。

3.3 可编程逻辑器件结构

本节将简单介绍可编程逻辑器件的结构，包括 PROM 结构、PAL 结构和 PLA 结构。

3.3.1 PROM 结构

图 3.5 给出了 PROM 的内部结构。从图中可知，PROM 的内部由固定的逻辑"与"阵列和可编程的逻辑"或"阵列构成。当使用 PROM 结构时，可以通过最小项求和的方式实现布尔逻辑函数功能。从图中可知，在"与"阵列中：

（1）第一行实现$I3 \cdot I2 \cdot I1 \cdot I0$的逻辑关系；

（2）第二行实现$I3 \cdot I2 \cdot I1 \cdot \overline{I0}$的逻辑关系；

（3）第三行实现$I3 \cdot I2 \cdot \overline{I1} \cdot I0$的逻辑关系；

⋮

（6）最后一行实现$\overline{I3} \cdot \overline{I2} \cdot \overline{I1} \cdot I0$的逻辑关系。

3.3.2 PAL 结构

图 3.6 给出了 PAL 的内部结构。从图中可知，PAL 的内部由固定的逻辑"或"阵列和可编程的逻辑"与"阵列构成。

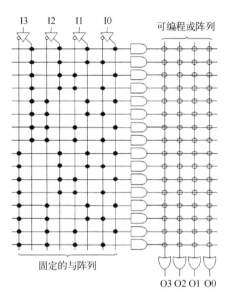

图 3.5 PROM 的内部结构

用户可以对可编程"与"阵列内的每一行编程，用于产生输入变量的一个乘积项。因此，当使用 PAL 时，可以通过 SOP 方式实现指定的布尔逻辑函数功能。

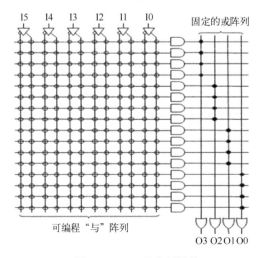

图 3.6 PAL 的内部结构

3.3.3　PLA 结构

图 3.7 给出了 PLA 的内部结构。从图中可知，PLA 的内部由可编程的逻辑 "或" 阵列和可编程的逻辑 "与" 阵列构成。很明显，PLA 要比 PROM 和 PAL 更加灵活。

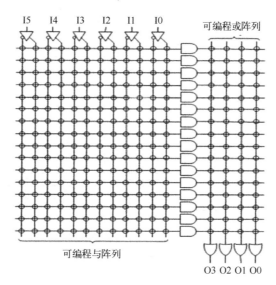

图 3.7　PLA 的内部结构

思考与练习 3-6：请使用 PAL 实现下面的逻辑表达式。

（1）$W(A, B, C, D) = \sum m(2, 12, 13)$

（2）$X(A, B, C, D) = \sum m(7, 8, 9, 10, 11, 12, 13, 14, 15)$

（3）$Y(A, B, C, D) = \sum m(0, 2, 3, 4, 5, 6, 7, 8, 10, 11, 15)$

（4）$Z(A, B, C, D) = \sum m(1, 2, 8, 12, 13)$

3.4　复杂可编程逻辑器件结构

Xilinx 公司复杂的可编程逻辑器件（以下称为 CPLD）主要分为 XC9500 和 Cool-Runner 两大系列。本节以 Xilinx 公司的 XC9500XL CPLD 为例，介绍 CPLD 的内部结构。

CPLD 由完全可编程的与/或阵列和宏单元库构成，这是 CPLD 的基本原理。通过对 CPLD 内的与/或阵列重新编程，可以实现多种逻辑功能。宏单元是实现组合逻辑或时序逻辑的功能模块，同时它还提供了原变量或反变量输出，以及以不同路径反馈等额外的灵活性。

图 3.8 给出了 XC9500 CPLD 的内部结构。从图中可知，通过快速开关阵列，将 CPLD 内的多个功能块（Function Block，FB）和 I/O 块（I/O Block，I/OB）连接在一起。I/O 块提供了缓冲区，用于器件的输入和输出。

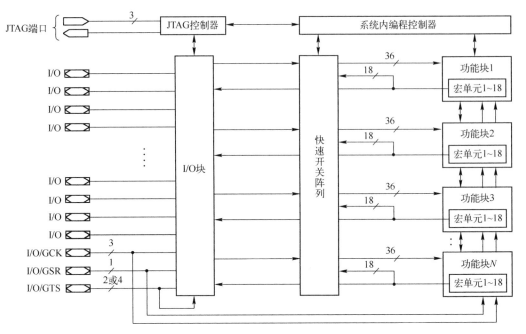

图 3.8　XC9500 CPLD 的内部结构

3.4.1　功能块

如图 3.9 所示，每个 FB 提供了可编程逻辑的能力，共 36 个输入和 18 个输出。

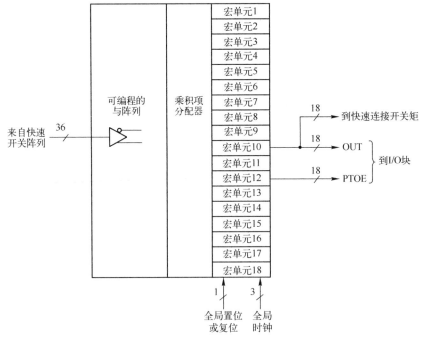

图 3.9　FB 的内部结构

图 3.9 给出了每个 FB 的内部结构。从图中可知，每个 FB 由 18 个独立的宏单元构成，每个宏单元可以实现一个组合逻辑或者寄存器功能。FB 也接收全局时钟，输出使能和置位/复位信号。FB 产生 18 个输出用于驱动快速连接开关矩阵，18 个输出和它们相对应的输出使能信号也可以驱动 I/O 块。

FB 内部的逻辑使用 SOP 表达方式描述。36 个输入所提供的信号（包括 36 个原变量和 36 个反变量）连接到可编程的逻辑"与"阵列，用于生成 90 个乘积项。通过乘积项分配器，可以将它们分配到每个宏单元。

每个宏单元也支持本地反馈路径，这样可以允许任意数量的 FB 输出来驱动它自己的逻辑"与"阵列。这些路径可用来创建计数器和状态机，状态机内所使用的状态寄存器也在相同的 FB 内。

3.4.2 宏单元

图 3.10 给出了 FB 内宏单元的内部结构。通过配置文件，可以单独配置每个宏单元，这样它们可用于组合逻辑或者寄存器功能。来自逻辑"与"阵列的 5 个直接乘积项可用作基本的数据输入（连接到逻辑或门和逻辑异或门），通过它们可以实现组合逻辑功能，或者作为控制输入，包括时钟、置位/复位和输出使能。与每个宏单元连接的乘积项分配器用于从 5 个直接乘积项中选择信号。

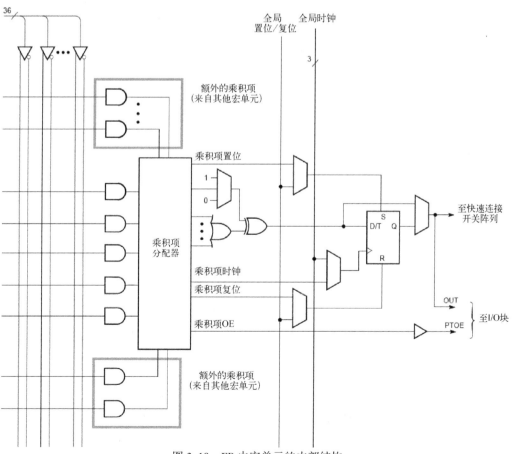

图 3.10 FB 内宏单元的内部结构

宏单元内的寄存器可以配置成 D 触发器或 T 触发器，也可旁路掉它（当只实现组合逻辑功能时）。每个寄存器支持异步置位和复位操作。上电时，所有的寄存器初始化为用户定义的预加载状态。

3.4.3　快速连接开关阵列

图 3.11 给出了快速连接开关阵列的内部结构。快速连接开关阵列将信号连接到 FB 输入，所有 I/O 块的输出和 FB 的输出均可用于驱动快速开关连接阵列。通过用户编程，可以选择它们中的任何一个以相同的延迟来驱动 FB。快速连接开关阵列能够将多个内部的信号连接到一个逻辑线，用于驱动目的 FB。

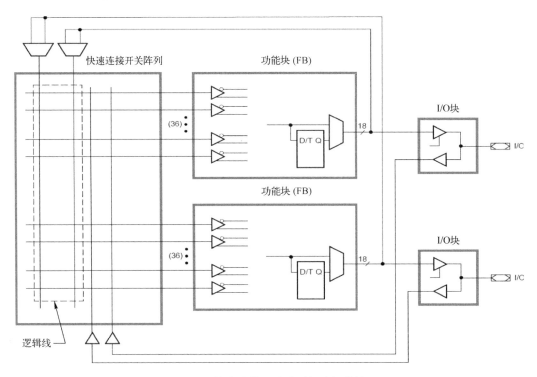

图 3.11　快速连接开关阵列的内部结构

3.4.4　输入/输出块

输入/输出块（I/O 块）是内部逻辑和用户 I/O 引脚之间的接口，如图 3.12 所示。每个 I/O 块包含输入缓冲区、输出驱动器、输出使能选择复用器和可编程的地控制。

思考与练习 3-7：CPLD 的基本原理是_____。

思考与练习 3-8：CPLD 内的每个功能块包含_____个宏单元。

思考与练习 3-9：CPLD 内的 FB 和 I/OB 通过_____连接。

思考与练习 3-10：当把设计下载到 CPLD 时，采用_____方式。

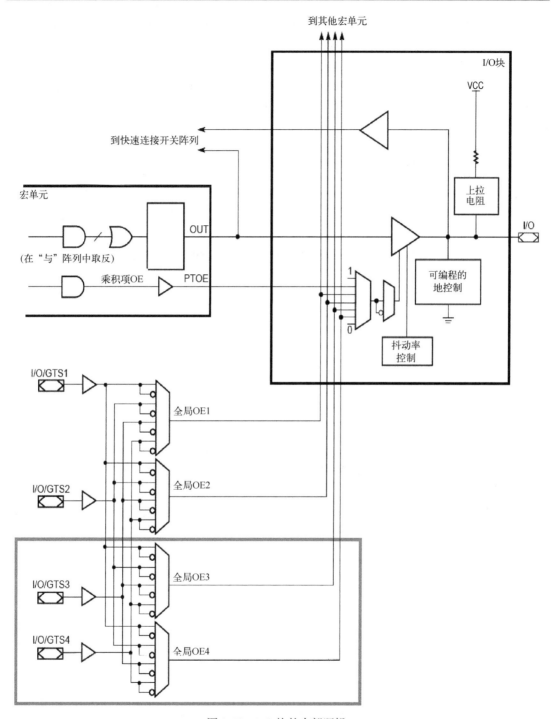

图 3.12　I/O 块的内部逻辑

3.5　现场可编程门阵列结构

现场可编程门阵列（FPGA）是在 CPLD 之后发展出来的一种更复杂的 PLD，它集成了更多且更复杂的设计资源，包括可配置的逻辑块、时钟资源、时钟管理模块、块存储器资源、互联资源、专用 DSP 模块、输入/输出块、XADC 模块等。在一些高性能的 FPGA 内，还提供了吉比特收发器和 PCI-E 模块等硬核资源。

与 CPLD 使用"与或"阵列不同，FPGA 使用查找表结构，这是 FPGA 最基本的原理。大多数 FPGA 采用 SRAM 工艺，少量 FPGA 采用反熔丝工艺或者 FLASH 工艺。注意，当使用 SRAM 工艺的 FPGA 时，需要外挂存储器用于保存 FPGA 的配置信息。

3.5.1　查找表结构原理

由布尔逻辑代数理论可知，对于一个 n 输入的逻辑运算，最多产生 2^n 个不同的组合。如果预先将每个逻辑输入对应的结果保存在一个存储单元中，就相当于实现了逻辑门电路的功能。下面通过一个例子进行说明。代码清单 3-1 给出了基本逻辑门 Verilog HDL 设计代码。

代码清单 3-1　基本逻辑门 Verilog HDL 设计代码

```verilog
module top(
    input a,
    input b,
    output x,
    output y
    );
assign x = a & b;
assign y = a | b;
endmodule
```

在该设计中，逻辑输入变量是 a 和 b，逻辑输出变量是 x 和 y。在该设计中，逻辑输入变量 a 和 b 执行逻辑与运算后的结果驱动输出变量 x，逻辑输入变量 a 和 b 执行逻辑或运算后的结果驱动输出变量 y。

按照传统数字电路的方法，使用真值表先得到输入和输出变量之间的逻辑关系，然后再通过化简卡诺图得到描述输入和输出变量关系的逻辑表达式，最后通过逻辑电路实现该逻辑表达式，如图 3.13 所示。

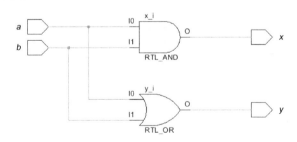

图 3.13　由逻辑门构成的组合逻辑电路

很明显，这种基于传统逻辑门电路实现逻辑关系的方法有下面的缺点：

（1）众所周知，逻辑输入变量 a 和 b 从输入经过逻辑门运算后送到逻辑输出变量 x 和 y，一定存在着延迟。延迟大小与逻辑电路的复杂度相关，当逻辑电路复杂度增加时，延迟就会增加；当逻辑电路复杂度降低时，延迟就会减少。也就是说，从逻辑输入到输出的延迟是不确定的，这与逻辑电路的复杂度相关。很明显，时间延迟的倒数是频率，这也就意味着频率也不确定，频率和时序电路的工作速度密切相关，这会影响整个电路的工作性能，这是因为很难确定时序逻辑最终的工作速度。

（2）逻辑电路的复杂度与输入逻辑变量的个数和逻辑电路中所使用的逻辑门的数量有关。很明显，逻辑电路中使用的输入变量越多，逻辑电路就会越复杂。

为了克服这些缺点，在 FPGA 中使用查找表（Look Up Table，LUT）来实现组合逻辑电路的功能。如图 3.14 所示，原来电路中的逻辑与门和逻辑或门分别被名字为"x_OBUF_inst_i_1"和"y_BOUF_inst_i_1"的 LUT 代替。在这两个 LUT 中分别保存着输出变量 O 与输入变量 I0 和 I1 之间的逻辑关系。这个表的形式类似于真值表。从 x_OBUF_inst_i_1 给出的真值表可知，该 LUT 实现两输入的逻辑与门功能；从 y_OBUF_inst_i_1 给出的真值表可知，该 LUT 实现两输入的逻辑或门功能。

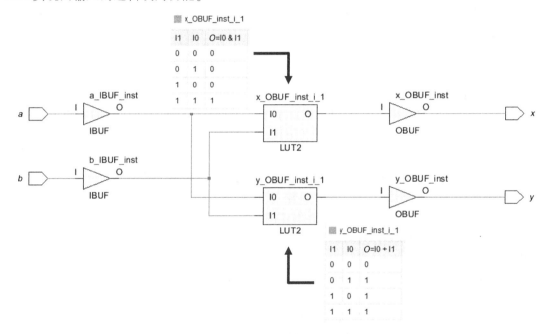

图 3.14　由查找表构成的电路

注：图 3.14 中的 IBUF 表示输入缓冲区、OBUF 表示输出缓冲区。

从上面这个例子可知，可以将输入和输出之间的逻辑关系保存在 LUT 中，而不再像以前那样需要使用逻辑门构建。也就是说，FPGA 内的所有组合逻辑关系均使用 LUT 实现。更进一步，虽然 FPGA 采用的是 SRAM 工艺，但是 LUT 的结构就像 ROM 一样。当设计者通过原理图或 HDL 描述了一个逻辑电路后，FPGA 厂商提供的软件集成开发工具就会自动计算逻辑电路的所有可能结果，然后通过设计下载，将真值表预先写入 LUT 中。

对于图 3.14 给出的设计来说，我们可以将 I0 和 I1 看作 ROM 的地址输入，而不是简单的逻辑输入变量。很明显，{I1,I0} 有 4 种组合，即 {00,01,10,11}，它们对应于 LUT 内的 4 个不同存储单元。当 {I1,I0} 的组合映射到 LUT 内的某个存储单元时，就将该单元所对应的输出送到 LUT 的输出端口上。

与传统的采用逻辑门实现组合逻辑相比，采用 LUT 实现组合逻辑有着巨大的优势：

（1）LUT 实现组合逻辑的功能由输入决定，而不是由复杂度决定。

（2）LUT 实现组合逻辑有固定的传输延迟。

自从 FPGA 诞生以来，一直采用 4 输入的 LUT 结构。根据前面的分析可知，4 输入的 LUT 结构可以生成最多 $2^4 = 16$ 种逻辑组合，很容易用来表示 4 个逻辑输入变量和一个逻辑输出变量之间的逻辑关系。

随着集成电路工艺的不断进化，在 65nm 工艺的条件下，与其他电路（特别是互联电路）相比，LUT 的常规结构大大缩小。很明显，6 输入的 LUT 结构是 4 输入的 LUT 结构容量的 4 倍，但是仅仅将所占用的 CLB 面积增加了 15%。平均而言，每个 LUT 上可集成的逻辑数量提高了 40%。当采用更高的逻辑密度时，通常可以降低级联 LUT 的数目，并且改进关键路径的延迟性能。因此，新一代的 FPGA 采用了 6 输入的 LUT 结构，显著提升了设计性能。

本书以 Xilinx 公司 7 系列的 FPGA 为例，将详细介绍 FPGA 内所提供的逻辑设计资源。

3.5.2　可配置的逻辑块

可配置的逻辑块（Configurable Logic Block，CLB）是 FPGA 内主要的逻辑资源，用于实现组合逻辑电路和时序逻辑电路。

Xilinx 公司 7 系列 FPGA 内的 CLB 提供了下列逻辑设计资源：①真正的 6 输入的查找表；②双 LUT5（5 输入的 LUT）选项；③可用作分布式存储器和移位寄存器；④用于算术功能的快速进位逻辑；⑤宽的多路复用器。

每个 CLB 连接到一个开关矩阵用于访问通用的布线资源。如图 3.15 所示，一个 CLB 包含两个切片（Slice），在每个切片中，包含 4 个 6 输入的查找表、8 个触发器、多路复用器和算术进位逻辑。从图中可知，两个切片之间没有直接的连接关系，它们各自连接到相邻的开关阵列。

7 系列 FPGA 中的 Slice 分为两类，包括 SLICEL（字母 L 表示 Logic）和 SLICEM（M 表示 Memory）。

对于 SLICEM 来说，除了实现 SLICEL 内的逻辑功能，它可以通过使用内部的 LUT 构造出分布式的 64 位 RAM 或者 32 位的移位寄存器（SRL32），或者 2 个 SRL16。

每个 CLB 由两个 Slice 构成，如图 3.16 所示。对于每个 CLB 来说：

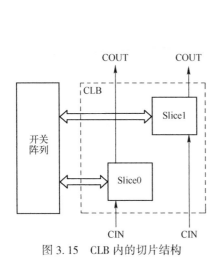

图 3.15　CLB 内的切片结构

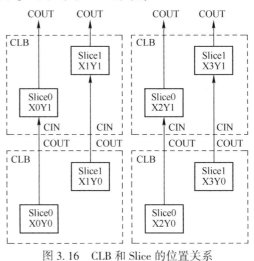

图 3.16　CLB 和 Slice 的位置关系

（1）Slice0 在 CLB 的底部和左边一列。

（2）Slice1 在 CLB 的顶部和右边一列。

> **注**：X 后面的数字用于标识 CLB 内每个切片的位置和切片所在列的位置。
> ① X 编号：切片位置从底部以顺序 0,1 开始计算（第 1 列 CLB）；2,3（第 2 列 CLB）等。
> ② Y 编号：标识切片所在行的位置。在同一个 CLB 内，Y 后面的值相同。计算从底部的 CLB 开始，从一行 CLB 递增到下一行 CLB。

SLICEM 的内部结构如图 3.17 所示，SLICEL 的内部结构如图 3.18 所示。从图中可知：

（1）在每个切片中，包含 4 个 LUT，SLICEM 中的 LUT 结构要比 SLICEL 中的 LUT 结构复杂一些。

（2）在每个切片中，包含两个 F7MUX，可用于组合两个 LUT 的输出。它可实现辅助的 7 输入（D6:1 和 AX/ CX）函数功能和 8-1 多路选择器的功能。

（3）在每个切片中，包含一个 F8MUX，可用于组合两个 F7MUX 的输出，也就是可以组合 4 个 LUT 的输出。它可实现辅助的 8 输入（D6:1、AX/CX 和 BX）函数功能和 16-1 多路选择器的功能。

（4）在每个切片中，包含一个快速进位链，用于执行快速加法和减法运算。通过将多个快速进位逻辑级联在一起，可以实现更宽位数的加法和减法运算。

（5）在每个切片中，包含 8 个存储元件。

① 4 个存储元件可配置成 D 触发器/锁存器。D 输入来源包括 LUT 输出 O6、进位链、宽多路选择器，或者切片输入 AX/BX/CX/DX。

② 其余的 4 个存储元件只能配置成 D 触发器。D 输入来源包括 LUT 输出 O5，或者切片输入 AX/BX/CX/DX。

> **注**：如果 4 个触发器/锁存器配置为锁存器，则剩下的 4 个 D 触发器存储元件不可用。

这些存储元件共享 SR 信号、CE 信号和 CLK 信号。通过相应的配置位，可将这些存储元件设置为同步/异步复位方式。此外，通过相应的配置位，可以将触发器的值设置为预先确定的状态。这 4 个存储元件的 CE 信号和 SR 信号为高电平有效。在切片的边界，CE 对时钟门控。此外，可以在切片的边界对 CLK 信号取反。通过 SRVAL 属性，可设置用于每个触发器的复位值。

此外，SLICEM 可用作 32 位的移位寄存器，即移位寄存器 LUT（Shift Register LUT，SRL），它可实现的功能包括可变长度的移位寄存器、同步 FIFO、内容可寻址存储器（Content Addressable Memory，CAM）、模式生成器和补偿延迟/时延。

（1）对于由 LUT 构成的移位寄存器来说，由地址决定寄存器的长度。常数值给出了固定的延迟线；而动态寻址用于弹性缓冲区。

（2）在一个 SLICEM 中，可以级联 4 个 LUT 实现 128×1 的移位寄存器。

（3）使用 LUT 并将其配置为移位寄存器时，对于 SRL16 来说，可以实现 16 个延迟；对于 SRL32 来说，可以实现 32 个延迟。

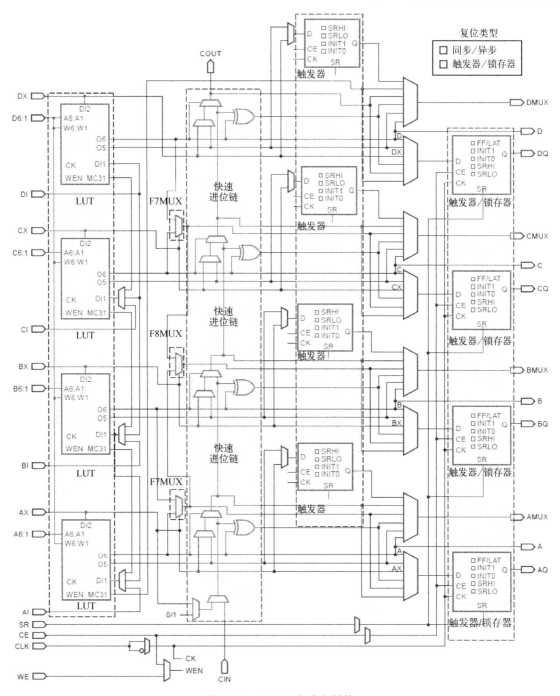

图 3.17　SLICEM 的内部结构

（4）SLICEM 可以配置为存储器（称为分布式存储器），其工作方式为同步写和异步读。通过使用切片内的触发器，可以将异步读转换为同步读。当把 SLICEM 配置为存储器时，允许将它配置为

① 单端口 RAM，一个 6 输入查找表等效于 64×1 位/32×2 位的 RAM；

② 双端口 RAM，包括一个只写端口和一个只读端口；

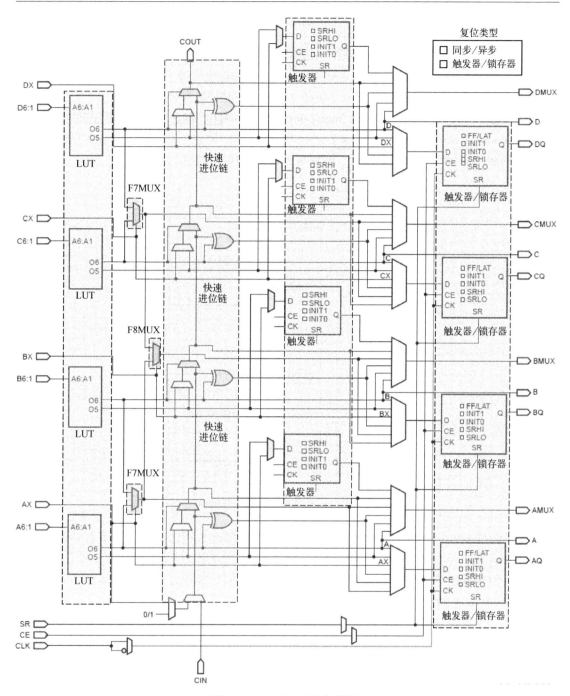

图 3.18 SLICEL 的内部结构

③ 四端口 RAM，包括一个读/写端口和 3 个只读端口。

3.5.3 时钟管理资源

7 系列 FPGA 提供了强大的时钟管理能力，以满足不同的设计要求。

1. 时钟架构

7 系列 FPGA 提供了全局时钟资源、区域时钟资源和 I/O 时钟资源。

（1）全局时钟树允许跨越器件，为内部的同步元件提供时钟。

（2）I/O 和区域时钟树可以为 3 个垂直方向相邻的时钟域提供时钟。

（3）每个时钟管理单元（Clock Management Tile，CMT）包含一个混合模式时钟管理器（Mixed-Mode Clock Managers，MMCM）和一个相位锁相环（Phase Locked Loop，PLL），如图 3.19 所示，它可以实现频率合成、抑制时钟相位漂移和过滤时钟抖动。

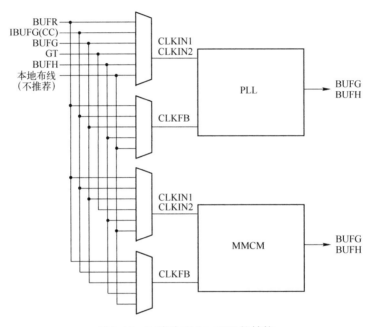

图 3.19　7 系列 FPGA CMT 的结构

为了满足 FPGA 内不同模块对时钟的要求，7 系列 FPGA 内部分成了多个时钟域，每个时钟域的特性包括：

（1）时钟域的个数与器件的大小有关，最小的 FPGA 器件只有一个时钟域，而最大的 FPGA 器件有多达 24 个时钟域。

（2）一个时钟域包含所有的同步元件，如 CLB、I/O 组、串行收发器、DSP、BRAM 和 CMT。如图 3.20 所示，一个时钟域的面积跨越 50 个 CLB 高度和一个 I/O 组（50 个 I/O），包含 20 个 DSP48E 和 10 个 BRAM36（等效为 20 个 BRAM18）。

（3）每个时钟域分成上下两部分，如图 3.20 所示，水平时钟行（Horizontal Clock Row，HROW）穿过上半部分和下半部分的中间区域。

2. 时钟布线资源

每个 I/O 组包含时钟使能输入引脚，用于将外部时钟连接到 7 系列 FPGA 内的时钟布线资源。与专用的时钟缓冲区一起，时钟使能输入将用户时钟引入：

（1）全局时钟线，它位于器件中心的位置；

（2）在相同 I/O 组内的 I/O 时钟线和垂直相邻的 I/O 组；

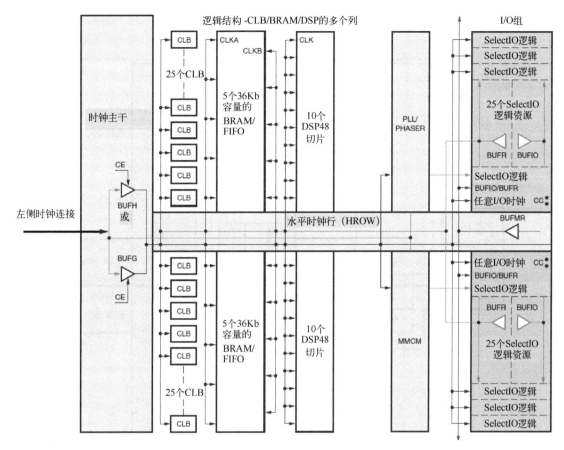

图 3.20　Artix-7 系列 FPGA 的时钟域

（3）在相同时钟域的区域时钟线和垂直相邻的时钟域；

（4）在相同时钟域内的 CMT（限制在垂直相邻的时钟域）。

7 系列 FPGA 内有 32 个全局时钟线，它为整个器件内的时序资源提供时钟和控制信号。如图 3.21 所示，全局时钟缓冲区 BUFGCTRL（简写为 BUFG）驱动全局时钟线，用于访问全局时钟线。通过使用一个时钟域内的 12 个水平时钟线，每个时钟域支持最多 12 个这样的全局时钟线。

全局时钟缓冲区可以实现的功能包括：

（1）作为一个时钟使能电路，用于使能/禁止跨越多个时钟域的时钟；

（2）可以用作一个无"毛刺"的多路选择器，用于在两个时钟源中选择其中一个时钟源，也可以用来切换掉有故障的时钟源；

（3）经常被 CMT 驱动，用于消除时钟的分布延迟，以及调整相对于其他时钟的延迟。

如图 3.20 所示，水平时钟缓冲区可实现的功能包括：

（1）允许通过水平时钟行访问单个时钟域内的全局时钟线；

（2）它可用作一个时钟使能电路，用于独立使能/禁止跨越单个时钟域的时钟；

（3）通过使用每个时钟域内的 12 个水平时钟线，每个时钟域可支持 12 个时钟。

7 系列 FPGA 有区域时钟和 I/O 时钟树，它能为一个时钟域内的所有时序元件提供时

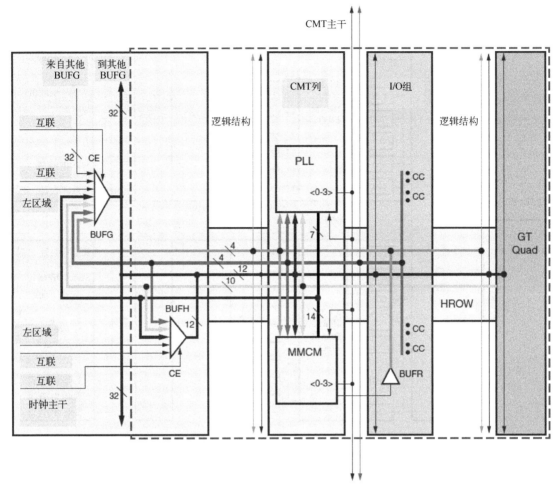

图 3.21　BUFG/BUFH/CMT 时钟域细节

钟。每个器件都有多时钟域缓冲区（BUFMR），它允许区域时钟和 I/O 时钟跨越 3 个垂直相邻的时钟域，如图 3.22 所示，包括：

（1）I/O 时钟缓冲区（BUFIO）驱动 I/O 时钟树，提供用于访问同一个 I/O 组内所有时序 I/O 资源的时钟；

（2）区域时钟缓冲区（BUFR）驱动区域时钟树，用于驱动相同时钟域内的所有时钟目标，也能够通过编程对进入时钟的频率进行分频；

（3）与 I/O 组内可编程的串行化器（实现并行-串行转换）/解串行化器（实现串行-并行转换）一起，BUFIO 和 BUFR 缓冲区允许源同步系统在不使用额外逻辑资源的情况下实现跨越时钟域；

（4）当使用相关的 BUFR 和 BUFIO 时，可以使用多时钟域缓冲区（BUFMR）驱动相邻时钟域和 I/O 组内的区域时钟树与 I/O 时钟树；

（5）一个时钟域或者 I/O 组内支持最多 4 个 I/O 时钟和 4 个区域时钟。

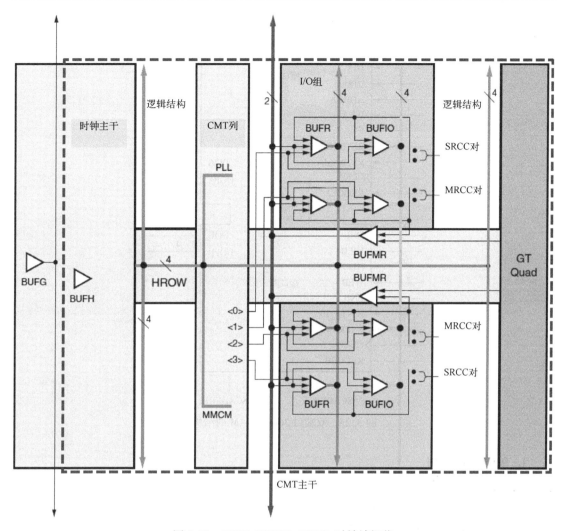

图 3.22　BUFR/BUFMR/BUFIO 时钟域细节

3.5.4　块存储器资源

7 系列 FPGA 提供了 20 ～ 1880 个双端口块存储器（Block RAM，BRAM），每个 BRAM 的容量为 36Kb，这极大拓展了 FPGA 的应用范围和灵活性。BRAM 用于实现高效的数据存储或者缓冲，可用于实现状态机、FIFO 缓冲区、移位寄存器、大容量的 LUT 或者 ROM。图 3.23 给出了双端口 36Kb BRAM 的结构，BRAM 的关键特性包括：①双端口存储器的数据宽度最大为 72 位；②可编程的 FIFO 逻辑；③内建可选的纠错电路。

从图 3.23 中可知，每个 BRAM 提供了两个可访问的端口，但是它也能够配置为单端口 RAM。对存储器的读/写访问由时钟 CLKA/CLKB 控制。所有的输入数据、地址、时钟使能和写使能都经过寄存。输入地址总是由时钟驱动，一直保持数据，直到下一个操作。BRAM 提供了可选的输出数据流水线寄存器（DOA_REG = 1），允许以一个额外时钟的代价产生更高的时钟速率。

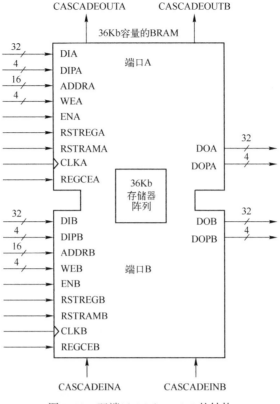

图 3.23 双端口 36Kb BRAM 的结构

1. 单端口 BRAM

当把 BRAM 配置成单端口 BRAM 时，它只提供了一个读和写端口，其信号线包括时钟（CLKA）、地址（ADDRA）、写使能（WEA）、写数据（DIA）和读数据（DOA）。

在 36Kb 的配置模式下，BRAM 可配置成 32K×1、16K×2、8K×4、4K×9、2K×18 和 1K×36；在 18Kb 的配置模式，BRAM 可配置成 16K×1、8K×2、4K×4、2K×9、1K×18 和 512×36。

此外，当写单端口 RAM 时，允许下面的写模式。

（1）WRITE_FIRST：在 DIA 上的写数据在 DOA 上可用。

（2）READ_FIRST：由地址 ADDRA 指向 RAM 单元以前的内容出现在端口 DOA 上。

（3）NO_CHANGE：DOA 端口保持其以前的值（降低功耗）。

2. 双端口 BRAM

当把 BRAM 配置成双端口 BRAM 时，它提供两个独立的读/写端口，每个端口有独立的时钟、地址、数据输入、数据输出和写使能信号。在这种模式下，允许端口 A 和端口 B 的时钟以异步方式运行。当配置为双端口 RAM 时，允许两个端口有不同的宽度，以及允许两个端口有不同的写模式。当两个端口访问同一个地址时，不会产生冲突（如果使用相同时钟，并且写端口配置为 READ_FIRST 时，读端口读取的是以前的数据）。

3. 简单的双端口 BRAM

当把 BRAM 配置为简单的双端口 BRAM 时，它提供了一个读端口和一个写端口，每个端口有独立的时钟和地址。在 36Kb 的配置模式下，其中一个端口必须是 72 位宽度，另一个端口可以是×1、×2、×4、×9、×18、×36 或者×72 位；在 18Kb 的配置模式下，其中一个端口必须是 36 位宽度，另一个端口可以是×1、×2、×4、×9、×18 或×36 位。

4. 级联 BRAM

FPGA 内的级联逻辑用于实现 64K×1b 容量的 RAM。通过内建的级联逻辑，可以在不使用额外 CLB 或者降低性能的前提下，实现对垂直相邻的两个 32K×1b 容量 RAM 的级联。使用额外的 CLB 逻辑可以进行深度扩展，性能会有所降低；使用并列的 BRAM 可以实现宽度扩展。

5. FIFO 控制器

7 系列 FPGA 提供了 FIFO 结构，如图 3.24 所示，该结构使用单时钟（同步）或者双时钟（异步）操作，递增内部的地址，并且提供了 4 个握手信号线，包括 full（满）、empty（空）、almost full（几乎满）和 almost empty（几乎空）。

> 注：（1）可通过编程设置几乎满和几乎空标志。
> （2）可通过编程设置 FIFO 的宽度和深度，但是读端口和写端口的宽度相同。
> （3）图 3.24 中的读和写指针专用于 FIFO。

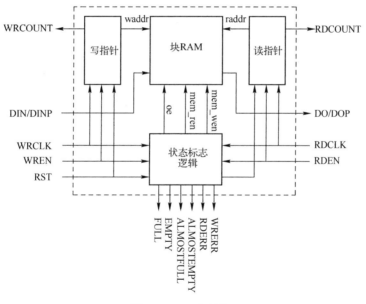

图 3.24　FIFO 结构

在首字跌落（First Word Fall-Through）模式中，第一个写入的字在第一个读操作前出现在数据输出端。当读取第一个字后，该模式与标准模式相同。

3.5.5　互联资源

互联资源是 FPGA 内用于连接功能元件（如 I/O 块、CLB、DSP、BRAM 输入和输出信号的通路）的可编程网络。互联也称为布线，采用分段方式实现最优的连接方案。

在 7 系列 FPGA 中，CLB 以规则的阵列排列，每个与开关矩阵的连接用来访问通用的布线资源，如图 3.25 所示。

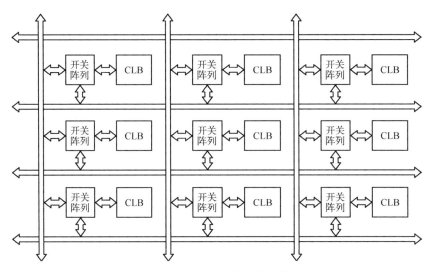

图 3.25　FPGA 内的布线资源

7 系列 FPGA 提供了不同类型的布线，这些布线通过长度来定义，如图 3.26 所示。互联类型包括快速连接、单连接、双连接和四连接。

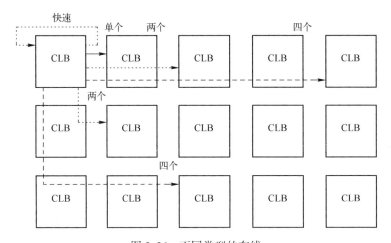

图 3.26　不同类型的布线

（1）快速连接：将模块的输出连接到自己的输入。

（2）单个连接：在垂直和水平方向上，连接到相邻的单元。

（3）两个连接：在四个方向上，水平和垂直连接到所有其他的单元和对角线相邻的单元。

（4）四个连接：在水平和垂直方向上，每隔 4 个 CLB 连接一个或者对角线连接到两行和两列距离的单元。

3.5.6 DSP 切片

7 系列 FPGA 集成了专用的、低功耗的 DSP 切片 DSP48E1,其内部结构如图 3.27所示,特性主要表现在:

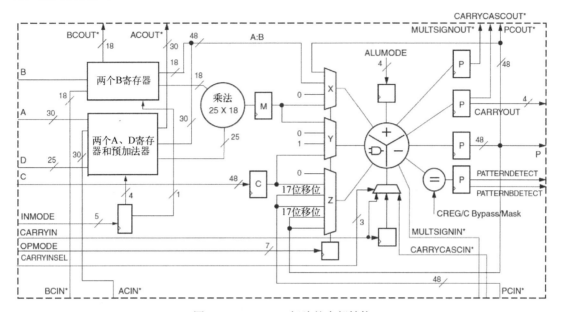

图 3.27 DSP48E1 切片的内部结构

(1) 25×18 位的补码乘法器,可以动态旁路;

(2) 48 位累加器,可用作同步加/减计数器;

(3) 预加法器,用于优化对称滤波器的应用,可以降低功耗和对 DSP 切片的要求;

(4) 单指令多数据算术 (Single-Instruction-Multiple-Data,SIMD) 单元,实现两个 24 位或者 4 个 12 位的加法/减法/累加运算;

(5) 可选的逻辑单元,能实现两个操作数 10 种不同的逻辑功能;

(6) 模式检测器,可实现收敛或对称的舍入,当与逻辑单元一起使用时,可以实现 96 位宽度的逻辑功能;

(7) 高级特性,包括可选的流水线和用于级联的专用总线。

3.5.7 输入/输出块

7 系列 FPGA 对输入和输出进行了优化,这样可以在物理级和逻辑级上满足不同的要求,这些要求包括高速存储器、网络、视频平板和传感器接口,高速 ADC/DAC 连接,以及传统接口。7 系列 FPGA 使用了统一的 I/O 架构。

每个 I/O 块的 I/O 数量,相对于时钟和 I/O 资源所在的位置,以及 I/O 在 FPGA 硅片上的排列顺序同样重要。此外,I/O 块集成了一些逻辑功能,如输入/输出延迟 (IDELAY/ODELAY) 和串行化/解串行化 (OSERDES/ISERDES) 功能,对于支持高带宽应用非常关键。在 I/O 上所增加的新功能,如移相器、PLL 和 I/O FIFO 完整接口特性,可用于支持最高性能的 DDR3 和其他存储器接口。图 3.28 给出了基本 I/O 结构和新 I/O 相关的模块。

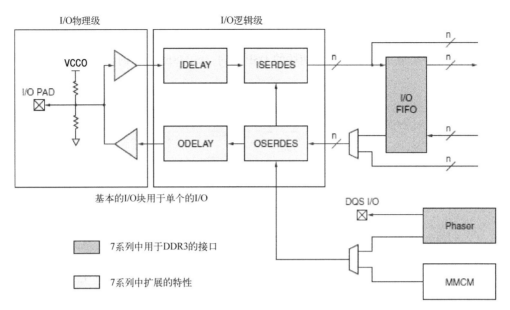

图 3.28 基本 I/O 结构和新 I/O 相关的模块

1. I/O 物理级

在物理级上，I/O 要求支持一个给定范围的驱动电压和驱动强度，以及功能接口可接受的不同 I/O 标准。此外，I/O 块也集成了端接功能，用于支持不同的输入/输出端接要求。7系列 FPGA 支持两种不同类型的 I/O，包括：

（1）高性能（High Performance，HP）I/O。在 I/O 块中，将它们称为 HP I/O 块。HP I/O 支持的 VCCO 电压最高只有 1.8V，它们用于最高的性能，并且支持 ODELAY 和数字控制阻抗（Digital Control Impedance，DCI）。

（2）宽范围（High Range，HR）I/O。在 I/O 块中，将它们称为 HR I/O 块，它支持宽范围的 I/O 标准。HR I/O 支持的 VCCO 电压最高可达 3.3V。

在 7 系列 FPGA 中，这两种 I/O 类型被整合到包含 50 个 I/O 的 I/O 块内。其中：

（1）Artix-7 系列 FPGA 内只有 HR I/O 块。

（2）Virtx-7 和 Kintex-7 系列 FPGA 内既有 HP I/O 块，也有 HR I/O 块。

图 3.29 给出了 7 系列 FPGA 的 I/O 物理特性结构。在 FPGA 内，标识为 P 和 N 的引脚可以配置成差分对，用于实现差分传输；也可各自配置为单端模式，用于实现信号的单端传输。

此外，接收器可以是标准的 CMOS 或者电压比较器，即

（1）配置为标准的 CMOS 模式。当信号逻辑电平接近于地时，为逻辑 "0"；当信号逻辑电平接近于 I/O 块供电电压 VCCO 时，为逻辑 "1"。

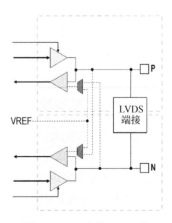

图 3.29 7 系列 FPGA 的 I/O 物理特性结构

（2）配置为基于 VREF 的参考模式。当信号的逻辑电平低于 VREF 时，为逻辑"0"；当信号的逻辑电平高于 VREF 时，为逻辑"1"。

（3）配置为差分模式。当引脚 P 上的逻辑电平小于引脚 N 上的逻辑电平时，为逻辑"0"；当引脚 P 上的逻辑电平大于引脚 N 上的逻辑电平时，为逻辑"1"。

2. I/O 逻辑级

在 7 系列 FPGA 中，所有 I/O 都可配置为组合或者寄存方式。所有的输入/输出支持双数据率（Double Data Rate，DDR）。通过编程 IDEALY 和 ODELAY，可以对任何一个输入和某些输出实现细粒度的延迟。

每个 I/O 块包含一个可编程的绝对延迟原语 IDELAY2。IDELAY2 可以连接到 ILOGICE2 / ISERDESE2，或者 ILOGICE3/ISERDESE2 模块。每个 HP I/O 块包含一个可编程的绝对延迟原语 ODELAY2。

> **注：**（1）原语（Primitive）是指 FPGA 内部的基本功能模块。
> （2）对于 HR I/O 块来说，不提供 ODELAY2 原语。

此外，很多应用需要连接外部高速设备。在这些应用中，往往需要将外部高速的串行比特流转换成 FPGA 内并行低速的宽字节。因此，要求在 I/O 结构内提供一个串行化器和解串行化器。在 7 系列 FPGA 的每个 I/O 引脚中，提供了 8 位的 ISERDES 和 OSERDES 原语，它们可以实现串行-并行或并行-串行转换。

> **注：**7 系列 FPGA 内，用于精确实现 ISERDES 的原语是 ISERDESE2，用于精确实现 OSERDES 原语的是 OSERDESE2。

3.5.8　XADC 模块

在数字化时代，模拟技术的需求依然强劲。严格定义来说，常用于测量真实世界信息的大多数传感器都是模拟电路。电压、电流、温度、压力、流量和重力均属于连续的时域信号。数字技术具有优异的准确性和可重复性，它常用于监控和控制这些模拟信号。数据转换器（包含 ADC、DAC 和模拟多路选择器）为数字世界和模拟世界架起了至关重要的桥梁。

随着模拟传感器市场和数字控制系统市场的不断发展，对连接模拟世界和数字世界的需求持续增长。推动模拟混合信号技术市场发展的因素包括智能电网技术、触摸屏、工业控制安全系统、高可用性系统、先进马达控制器，以及对各种设备更高安全性的需求。

2005 年，随着 Virtex-5 系列 FPGA 的推出，Xilinx 意识到有必要集成名字为系统监控器的子系统以支持模拟混合信号功能。通过系统监控器子系统，设计人员实现对 FPGA 关键性指标和外部环境的监控。

在经历两代 FPGA 产品之后，Xilinx 进一步强化了这方面的工作，推出了具有模拟混合信号功能的 FPGA，包括 Artix-7、Kintex-7 和 Virtex-7。此外，在 Zynq-7000 SoC 内也提供了模拟混合信号功能。通过在 7 系列 FPGA 内集成两个独立通用的采样率为 1Msps 的 12 位分辨率 ADC（称为 XADC），显著增强了 FPGA 在混合信号应用领域的功能。功能强大的模拟子系统与高度灵活、功能强劲的 FPGA 逻辑紧密结合，实现了高度可编程混合信号平台。

图 3.30 给出了 7 系列 FPGA 内 XADC 模块的内部结构，该模块的性能包括：

（1）17 个支持单极性和双极性模拟输入信号的差分模拟输入通道；

（2）可选择的片上或者外部参考电源；

（3）提供片上电压和温度传感器；

（4）采样序列控制器；

（5）片上传感器可配置阈值逻辑及相关告警功能。

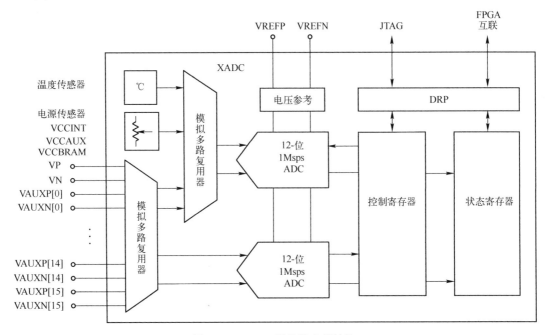

图 3.30　XADC 模块的内部结构

其中，控制寄存器和状态寄存器为数字可编程逻辑提供了无缝接口。

XADC 集成了两种类型的接口，即 JTAG 接口和 XADC FPGA 接口。通过 JTAG 接口可以直接访问 XADC，无须占用 FPGA 内的逻辑资源，也不必配置 FPGA。JTAG 接口同时支持数据和控制，可以让 JTAG 接口提供另一级功能和系统健康状况监控。负责控制 JTAG 接口的中央处理器能够采集远程的功率、温度和其他模拟数据，然后执行系统范围内的系统监控。对高可靠性系统、灵活混合信号方案提供了一种监控系统、控制冗余硬件和报告需求的低成本途径。

Vivado 开发工具提供的分析器为访问片上传感器的信息和通过 JTAG 接口配置 XADC 提供了便捷的访问途径。

思考与练习 3-11： FPGA 的基本原理是_____。

思考与练习 3-12： 7 系列 FPGA 内的一个 CLB 内包含_____个 Slice（切片），它们之间_____（有/没有）直接连接关系。

思考与练习 3-13： 7 系列 FPGA 内的一个 Slice 内包含_____个 LUT 和_____个存储元件。

思考与练习 3-14： 在 7 系列 FPGA 的 SLICEM 内，提供的 LUT 除可以实现组合逻辑功能外，还可以用作_____和_____。

思考与练习 3-15： 在 7 系列 FPGA 的一个 Slice 内，F7MUX 的作用是_____，

F8MUX 的作用是_____。

　　思考与练习 3-16：7 系列 FPGA 的一个时钟域面积跨越_____个 CLB 高度和一个 I/O 块（包含_____个 I/O），包含_____个 DSP48E 和_____个 BRAM36。

　　思考与练习 3-17：7 系列 FPGA 的 CMT 内包含一个_____和一个_____。

　　思考与练习 3-18：7 系列 FPGA 内的 BUFGCTRL 是_____，可以用来驱动_____（全局/本地）时钟线。

　　思考与练习 3-19：7 系列 FPGA 内，BUFIO 的作用是_____。

　　思考与练习 3-20：7 系列 FPGA 内，BUFR 的作用是_____。

　　思考与练习 3-21：7 系列 FPGA 内每个 BRAM 的容量是_____。

　　思考与练习 3-22：7 系列 FPGA 内的双端口 BRAM，每个端口内的所有信号是_____（同步/异步）。

　　思考与练习 3-23：7 系列 FPGA 内的互联线有 4 种类型，分别是_____、_____、_____和_____。

　　思考与练习 3-24：7 系列 FPGA 内的 I/O 分为两种类型，分别是_____和_____。

　　思考与练习 3-25：7 系列 FPGA 内的 HP I/O 块所支持的供电电压最高为_____V，HR I/O 块所支持的供电电压最高为_____V。

　　思考与练习 3-26：7 系列 FPGA 的 I/O 块内所提供的 ISERDES 实现_____，OSERDES 实现_____。

3.6　Xilinx 7 系列 FPGA 产品

　　本节只对 Xilinx 7 系列 FPGA 的产品性能和型号进行介绍，包括 Spartan-7 系列、Artix-7 系列、Kintex-7 系列和 Virtex-7 系列。

1. Spartan-7 系列

　　Spartan-7 系列继续延续 Xilinx 以前的 Spartan 系列，它具有成本低的特点，并且不包含吉比特收发器，该系列可选的产品型号如表 3.1 所示。

表 3.1　**Spartan-7 系列可选的产品型号**

设计资源	器 件 型 号	XC7S6	XC7S15	XC7S25	XC7S50	XC7S75	XC7S100
逻辑资源	逻辑单元	6000	12800	23360	52160	76800	102400
	切片	938	2000	3650	8150	12000	16000
	CLB 触发器	7500	16000	29200	65200	96000	128000
存储器资源	最大分布式 RAM（Kb）	70	150	313	600	832	1100
	BRAM/FIFO w/ECC（36Kb/个）	5	10	45	75	90	120
	总的 BRAM（Kb）	180	360	1620	2700	3240	4320
时钟资源	CMT（1 个 MMCM + 1 个 PLL）	2	2	3	5	8	8
I/O 资源	最大的单端 I/O 引脚	100	100	150	250	400	400
	最大差分 I/O 对	48	48	72	120	192	192

续表

设计资源	器 件 型 号	XC7S6	XC7S15	XC7S25	XC7S50	XC7S75	XC7S100
嵌入的硬核资源	DSP 切片	10	20	80	120	140	160
	模拟混合信号（AMS）/XADC	0	0	1	1	1	1
	配置 AES/HMAC 块	0	0	1	1	1	1
速度等级	商业级温度（C）	−1，−2	−1，−2	−1，−2	−1，−2	−1，−2	−1，−2
	工业级温度（I）	−1，−2，−1L	−1，−2，−1L	−1，−2，−1L	−1，−2，−1L	−1，−2，−1L	−1，−2，−1L
	扩展级温度（Q）	−1	−1	−1	−1	−1	−1

> **注**：（1）XC7S 后的数字表示逻辑单元的个数（以 1000 为单位计算）。
> （2）商业级（Commercial，C）温度（Tj = 0 ～ +85℃）；工业级（Industrial，I）温度（Tj = −40 ～ 100℃）；扩展级（Q）温度（Tj = −40 ～ +125℃）。

2. Artix-7 系列

Artix-7 系列属于低成本的 FPGA，与 Spartan-7 系列相比，该系列增加了吉比特收发器，其可选的产品型号如表 3.2 所示。

表 3.2　Artix-7 系列可选的产品型号

设计资源	器 件 型 号	XC7A12T	XC7A15T	XC7A25T	XC7A35T	XC7A50T	XC7A75T	XC7A100T	XC7A200T
逻辑资源	逻辑单元	12800	16640	23360	33280	52160	75520	101440	215360
	切片	2000	2600	3650	5200	8150	11800	15850	33650
	CLB 触发器	16000	20800	29200	41600	65200	94400	126800	269200
存储器资源	最大分布式 RAM（Kb）	171	200	313	400	600	892	1188	2888
	BRAM/FIFO w/ECC（36Kb/个）	20	25	45	50	75	105	135	365
	总的 BRAM（Kb）	720	900	1620	1800	2700	3780	4860	13140
时钟资源	CMT（1个 MMCM + 1个 PLL）	3	5	3	5	5	6	6	10
I/O资源	最大的单端 I/O 引脚	150	250	150	250	250	300	300	500
	最大差分 I/O 对	72	120	72	120	120	144	144	240
嵌入的硬核资源	DSP 切片	40	45	80	90	120	180	240	740
	PCIe Gen2	1	1	1	1	1	1	1	1
	模拟混合信号（AMS）/XADC	1	1	1	1	1	1	1	1
	配置 AES/HMAC 块	1	1	1	1	1	1	1	1
	GTP 收发器（最高 6.6Gb/s）	2	4	4	4	4	8	8	16
速度等级	商业级温度（C）	−1，−2	−1，−2	−1，−2	−1，−2	−1，−2	−1，−2	−1，−2	−1，−2

设计资源	器 件 型 号	XC7A12T	XC7A15T	XC7A25T	XC7A35T	XC7A50T	XC7A75T	XC7A100T	XC7A200T
速度等级	扩展级温度（E）	-2L, -3	-2L, -3	-2L, -3	-2L, -3	-2L, -3	-2L, -3	-2L, -3	-2L, -3
	工业级温度（I）	-1, -2, -1L	-1, -2, -1L	-1, -2, -1L	-1, -2, -1L	-1, -2, -1L	-1, -2, -1L	-1, -2, -1L	-1, -2, -1L

注：（1）XC7A 后的数字表示逻辑单元的个数（以 1000 为单位计算）。
（2）扩展级（E）温度（$T_j = 0 \sim +100℃$）。

3. Kintex-7 系列

Kintex-7 系列在性能和成本之间进行了权衡（实现最优的性价比），成本比 Artix-7 系列 FPGA 高，性能比 Virtex-7 系列的 FPGA 低，该系列可选的产品型号如表 3.3 所示。

表 3.3　Kintex-7 系列可选的产品型号

设计资源	器 件 型 号	XC7K70T	XC7K160T	XC7K325T	XC7K355T	XC7K410T	XC7K420T	XC7K480T
逻辑资源	切片	10250	25350	50950	55650	63550	65150	74650
	逻辑单元	65600	162240	326080	356160	406720	416960	477760
	CLB 触发器	82000	202800	407600	445200	508400	521200	597200
存储器资源	最大分布式 RAM（Kb）	838	2188	4000	5088	5663	5938	6788
	BRAM/FIFO w/ECC（36Kb/个）	135	325	445	715	795	835	955
	总的 BRAM（Kb）	4860	11700	16020	25740	28620	30060	34380
时钟资源	CMT（1 个 MMCM + 1 个 PLL）	6	8	10	6	10	8	8
I/O 资源	最大的单端 I/O 引脚	300	400	500	300	500	400	400
	最大差分 I/O 对	144	192	240	144	240	192	192
嵌入的硬核资源	DSP48 切片	240	600	840	1440	1540	1680	1920
	PCIe Gen2	1	1	1	1	1	1	1
	模拟混合信号（AMS）/XADC	1	1	1	1	1	1	1
	配置 AES/HMAC 块	1	1	1	1	1	1	1
	GTX 收发器（最高 12.5Gb/s）	8	8	16	24	16	32	32
速度等级	商业级温度（C）	-1, -2	-1, -2	-1, -2	-1, -2	-1, -2	-1, -2	-1, -2
	扩展温度（E）	-2L, -3	-2L, -3	-2L, -3	-2L, -3	-2L, -3	-2L, -3	-2L, -3
	工业级温度（I）	-1, -2	-1, -2, -2L	-1, -2, -2L	-1, -2, -2L	-1, -2, -2L	-1, -2, -2L	-1, -2, -2L

注：XC7K 后的数字表示逻辑单元的个数（以 1000 为单位计算）。

4. Virtex-7 系列

Virtex-7 系列延续了传统 Virtex 系列具有最高性能的优势，该系列可选的产品型号如表 3.4 所示。

表 3.4　Virtex-7 系列可选的产品型号

设计资源	器件型号	XC7V585T	XC7V2000T	XC7VX330T	XC7VX415T	VC7VX485T	XC7VX550T	XC7VX690T	XC7VX980T	XC7VX1140T	XC7VH580T	XC7VH870T
逻辑资源	切片	91 050	305 400	51 000	64 400	75 900	86 600	108 300	153 000	178 000	90 700	136 900
	逻辑单元	582 720	1 954 560	326 400	412 160	485 760	554 240	693 120	979 200	1 139 200	580 480	876 160
	CLB 触发器	728 400	2 443 200	408 000	515 200	607 200	692 800	866 400	1 224 000	1 424 000	725 600	1 095 200
存储器资源	最大分布式 RAM (Kb)	6 938	21 550	4 388	6 525	8 175	8 725	10 888	13 838	17 700	8 850	13 275
	BRAM/FIFO w/ECC (36Kb/个)	795	1 292	750	880	1 030	1 180	1 470	1 500	1 880	940	1 410
	总的 BRAM (Kb)	28 620	46 512	27 000	31 680	37 080	42 480	52 920	54 000	67 680	33 840	50 760
时钟资源	CMT(1 个 MMCM + 1 个 PLL)	18	24	14	12	14	20	20	18	24	12	18
I/O 资源	最大的单端 I/O 引脚	850	1 200	700	600	700	600	1 000	900	1 100	600	300
	最大差分 I/O 对	408	576	336	288	336	288	480	432	528	288	144
	DSP 切片	1 260	2 160	1 120	2 160	2 800	2 880	3 600	3 600	3 360	1 680	2 520
嵌入的硬核资源	PCIe Gen2	3	4	–	–	4	–	–	–	–	–	–
	PCIe Gen3	–	–	2	2	–	2	3	3	4	2	3
	模拟混合信号 (AMS)/XADC	1	1	1	1	1	1	1	1	1	1	1
	配置 AES/HMAC 块	1	1	1	1	1	1	1	1	1	1	1
	GTX 收发器（最高 12.5Gb/s）	36	36	–	–	56	–	–	–	–	–	–
	GTH 收发器（最高 13.1Gb/s）	–	–	28	48	–	80	80	72	96	48	72
	GTZ 收发器（最高 28.05Gb/s）	–	–	–	–	–	–	–	–	–	8	16
速度等级	商业级温度 (C)	-1, -2	-1, -2	-1, -2	-1, -2	-1, -2	-1, -2	-1, -2	-1, -2	-1, -2	-1, -2	-1, -2
	扩展级温度 (E)	-2L, -3	-2L, -2G	-2L, -3	-2L, -3	-2L, -3	-2L, -3	-2L, -3	-2L	-2L, -2G	-2L, -2G	-2L, -2G
	工业级温度 (I)	-1, -2	-1	-1, -2	-1, -2	-1, -2	-1, -2	-1, -2	-1	-1	-1	–

注：XC7V 后的数字表示逻辑单元的个数（以 1000 为单位计算）。

第 4 章　Vivado 集成开发环境设计流程

本章将首先介绍 Vivado 集成开发环境，在此基础上通过一个简单的 Verilog HDL 语言设计实例，说明 Vivado 工程模式的基本设计流程，包括创建新的设计工程、创建并添加一个新的设计文件、RTL 详细描述和分析、设计综合和分析、设计行为级仿真、创建实现约束文件 XDC、设计实现和分析、设计时序仿真、生成并下载比特流文件，以及生成并烧写 PROM 文件。

通过对 Vivado 在工程模式下基本设计流程的详细介绍，帮助读者初步掌握 Vivado 工具的使用方法。

4.1　Vivado 集成开发环境

Xilinx 于 2012 年推出了全新一代的集成开发环境 Vivado，图 4.1 给出了 Vivado 的系统级设计流程。除保留传统从寄存器传输级（Register Transfer Level，RTL）到比特流的 FPGA 设计流程外，Vivado 设计套件提供了系统级的设计集成流程，其中心思想是基于知识产权（Intellectual Property，IP）核的设计。从图 4.1 中可以看出：

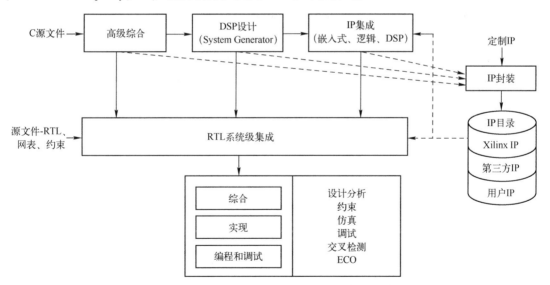

图 4.1　Vivado 的系统级设计流程

（1）Vivado 设计套件提供了一个环境，用于配置、实现、验证和集成 IP。

（2）通过 Vivado 提供的 IP 目录，可以快速地对 Xilinx IP、第三方 IP 和用户 IP 进行例化和配置，IP 的范围包括逻辑、嵌入式处理器、数字信号处理（DSP）模块，或者基于 C 的 DSP 算法设计。一方面，将用户 IP 进行封装，并且使封装的 IP 符合 IP-XACT 协议，这样就可以在 Vivado IP 目录中使用它；另一方面，Xilinx IP 利用 AXI4 互联标准，实现更快的系统集成。设计中，可以通过 RTL 或者网表格式使用这些已经存在的 IP。

（3）可以在设计流程的任意一个阶段对设计进行分析和验证。

（4）对设计进行分析，包括逻辑仿真、I/O 和时钟规划、功耗分析、时序分析、设计规则检查（Design Rule Check，DRC）、设计逻辑的可视化、实现结果的分析和修改，以及编程和调试。

（5）通过 AMBA AXI4 互联协议，Vivado IP 集成器环境使得设计者能够将不同的 IP 组合在一起。设计者可以使用块图风格的接口交互式地配置和连接 IP，并且可以像原理图那样，通过绘制 DRC 实现正确的连接，这样就很容易将整个接口连接在一起了。然后，将这些 IP 块设计进行封装，将其作为单个设计源。通过共享一个设计工程或多个工程来使用设计块。

（6）Vivado IP 集成器环境是主要的接口，通过使用 Zynq 器件或者 Microblaze 处理器创建嵌入式处理器设计。Vivado 设计套件也集成了传统的 XPS，用于创建、配置和管理 MicroBlaze微处理器核。在 Vivado IDE 环境中，集成和管理这些核。如果设计者选择编辑 XPS 的源设计，将自动启动 XPS 工具。设计者也可以将 XPS 作为一个单独的工具运行，然后将最终的输出文件作为 Vivado IDE 环境下的源文件。在 Vivado IDE 中，XPS 不能用于 Zynq 器件。取而代之的是，在 Vivado IDE 环境中，使用新的 IP 集成器环境。

（7）对于数字信号处理方面的应用，Vivado 提供了两种设计方法。

① 使用 Xilinx System Generator 建模数字信号处理。

Vivado 设计套件集成了 Xilinx System Generator 工具，用于实现 DSP 功能。当设计者编辑一个 DSP 源设计时，自动启动 System Generator。设计者可以使用 System Generator 作为一个独立运行的工具，然后将其最终的输出文件作为 Vivado IDE 的源文件。

② 使用高级综合工具（High Level Synthesis，HLS）建模数字信号处理。

Vivado 设计套件集成了 Vivado HLS 工具，该工具提供了基于 C 语言实现 DSP 的功能。来自 Vivado HLS 的 RTL 输出，作为 Vivado IDE 的 RTL 源文件，在 Vivado IP 封装器中将 RTL 的输出封装成 IP-XACT 标准的 IP，该 IP 在 Vivado IP 目录中变成可用。设计者也可以在 System Generator 逻辑中使用 Vivado HLS 逻辑模块。

（8）Vivado 设计套件中提供了完整的设计流程，包括 Vivado 综合、Vivado 实现、Vivado 时序分析、Vivado 功耗分析和比特流生成。通过使用下面一种方式运行整个设计流程，即 Vivado IDE→批处理 Tcl 脚本→Vivado 设计套件中的 Tcl Shell→在 Vivado IDE Tcl 控制台下输入 Tcl 命令。

（9）设计者可以创建多个运行策略，通过选择不同的综合选项、实现选项、时序约束、物理约束和设计配置对不同的运行策略进行验证，从而帮助读者得到最优的处理结果。

（10）Vivado 集成开发环境提供了 I/O 引脚规划环境，将 I/O 端口分配到指定的封装引脚上，或者分配到内部晶圆的焊盘上。通过使用 Vivado 引脚规划器内的视图和列表，设计者可以分析器件和设计相关的 I/O 数据。

Vivado IDE 提供了高级布局规划功能，用于帮助改善最终的实现结果。将一个指定的逻辑，强迫约束到芯片内某个特定的区域，即为了后面的运行，通过交互的方式，锁定到指定的位置或者布线。

（11）Vivado IDE 使设计者可以在处理的每个阶段对设计进行分析、验证和修改。通过对处理过程中所生成的中间结果进行分析，设计者可以提高设计的性能。在将设计表示成 RTL 后、综合后和实现后，可以运行分析。

Vivado 集成了 Vivado 仿真器，使得设计者可以在设计的每个阶段运行行为级和结构级的逻辑仿真。仿真器支持 Verilog 和 VHDL 混合模式的仿真，并且以波形的形式显示结果。设计者也可以使用第三方的仿真器。

在 Vivado IDE 内，设计处理的每一个阶段中，设计者都可以对结果进行交互分析。一些设计和分析特性包括时序分析、功耗估计和分析、器件利用率统计、DRC、I/O 规划、布局规划、交互布局和布线分析。

（12）执行实现过程后，对器件进行编程，然后在 Vivado Lab 工具环境中对设计进行分析。在 RTL 内或者在综合之后可以很容易地识别调试信号。在 RTL 或者综合网表中，插入和配置调试核。通过 Vivado 内建的逻辑分析仪工具，可以对设计进行在线的硬件调试和验证。通过将调试接口设计成与 Vivado 仿真器一致，可以使两者共享波形视图。

4.2　创建新的设计工程

本节将基于 Vivado 2018.1 建立新的设计工程，主要步骤包括：

（1）在 Windows 7 操作系统下，选择下面的一种方法启动 Vivado 集成开发环境。

① 在 Windows 7 操作系统主界面的左下角，选择开始->所有程序->Xilinx Design Tools-> Vivado 2018.1->Vivado 2018.1。

② 在 Windows 7 操作系统的桌面上，找到并双击名字为"Vivado 2018.1"的图标，如图 4.2 所示。

③ 在 Windows 7 操作系统主界面的左下角，选择开始->所有程序->Xilinx Design Tools-> Vivado 2018.1->Vivado 2018.1 Tcl Shell。

如图 4.3 所示，出现 Vivado 2018.1 Tcl Shell 界面，在该界面的"Vivado%"提示符后面输出"vivado"。

图 4.2　Vivado 2018.1 图标　　　　　　　图 4.3　Vivado 2018.1 Tcl Shell 界面

（2）在 Vivado 2018.1 主界面下，选择下面一种方法创建新的工程。

① 在 Vivado 2018.1 主界面的主菜单下，选择 File->New Project...。

② 在 Vivado 2018.1 集成开发环境主界面的"Quick Start"标题栏下单击"Create New

Project"图标。

（3）出现"New Project-Create a New Vivado Project"对话框。

（4）单击【Next】按钮。

（5）如图 4.4 所示，出现"New Project-Project Name"对话框，要求设计者给出工程的名字和工程路径，在该设计中按如下参数设置。

图 4.4 "New Project-Project Name"对话框

① Project name（工程名字）：project_1。

② Project location（工程路径）：E:/eda_verilog。

> **注**：读者可以根据自己的需要命名工程名和指定工程路径，但是不要命名中文名和将设计工程保存到中文路径下。否则，可能会导致进行后续处理时产生一些错误。

（6）单击【Next】按钮。

（7）出现"New Project-Project Type"对话框，如图 4.5 所示，该对话框内提供了下面可选的工程类型。

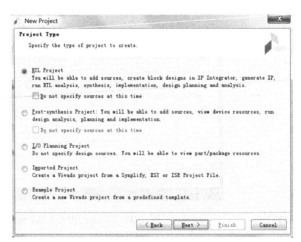

图 4.5 "New Project-Project Type"对话框

① RTL Project。当选择该选项时，通过 Vivado 2018.1 集成开发环境管理从 RTL 创建到

生成比特流的整个设计流程。设计者可以添加的文件包括 RTL 源文件、Xilinx IP 目录内的 IP、用于层次化模块的 EDIF 网表、Vivado IP 集成器内创建的块设计和数字信号处理（DSP）源文件。

此外，IP 包括 Vivado 生成的 XCI 文件、由核生成器工具生成的已经过时的 XCO 文件，以及预编译的 EDIF/NGC 格式的 IP 网表。

此外，设计者可以通过 Vivado 2018.1 集成开发环境实现下面的功能，即详细说明和分析 RTL，用于保证正确的结构；启动和管理不同的综合与实现运行过程；分析设计和运行结果；可以设置和运行不同约束与实现策略，用于实现时序收敛。

② Post-synthesis Project。当选择该选项时，设计者可以使用综合后的网表创建工程。设计者可以通过 Vivado、XST 或第三方的综合工具生成网表，如 Vivado 2018.1 集成开发环境可以导入 EDIF、NGC、结构的 SystemVerilog，或者结构的 Verilog 格式的网表，以及 Vivado 设计检查点（Design CheckPoint，DCP）文件。

此外，设计者可以通过 Vivado 2018.1 集成开发环境实现下面的功能，即分析和仿真逻辑网表；启动和管理不同的实现运行过程；分析布局和布线的结果；对不同约束和实现策略进行尝试，以找到最优的设计方案。

③ I/O Planning Project。当选择该选项时，通过创建一个空的 I/O 规划工程，在设计的早期阶段就可以执行时钟资源和 I/O 规划。设计者可以在 Vivado 集成开发环境中定义 I/O 端口，也可以通过逗号分隔的值（CSV）或者 XDC 文件导入它们。设计者可以创建一个空的 I/O 规划工程，用来探索在不同器件结构中逻辑资源的可用情况。

分配完 I/O 后，Vivado 2018.1 集成开发环境可以创建 CSV、XDC 和 RTL 输出文件。当有可用的 RTL 源文件或者网表文件时，这些文件可用于设计的后期；输出文件也可以用来创建原理图符号，然后用于印刷电路板（Printed Circuit Board，PCB）设计。

④ Imported Project。当选择该选项时，设计者可以导入由 Synplify、XST 或者 ISE 设计套件所创建的 RTL 工程数据。通过该选项，将设计过渡到 Vivado 工具中。在导入这些文件时，同时也导入工程源文件和编译顺序，但是不导入实现结果和工程设置。

⑤ Example Project。从预定义的工程设计模板中创建一个新的 Vivado 工程。

在该设计中，选中 "RTL Project"，勾选 "Do not specify sources at this time" 前面的复选框。

> **注：** 这里选择不指定源文件，表示生成工程后再将设计源文件添加到工程中。

（8）单击【Next】按钮。

（9）出现 "New Project-Default Part" 对话框，如图 4.6 所示。为了加快寻找器件的速度，通过该对话框提供的下拉框选择下面的参数。

① Category：General Purpose。

② Package：fgg484。

③ Family：Aritx-7。

④ Speed：-1。

⑤ Temperature：All Remaining。

从图 4.6 下方给出的器件列表中选中 "Part" 名字为 "xc7a75tfgg484-1" 的那一行。

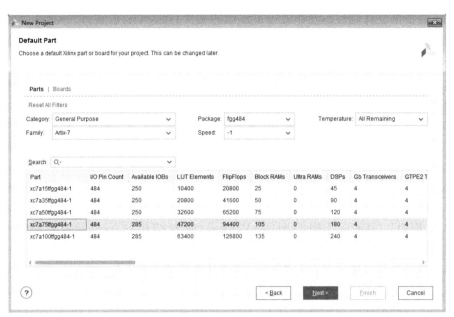

图 4.6 "New Project-Default Part" 对话框

> **注**：该设计基于本书配套的 A7-EDP-1 开发平台，该平台搭载 Xilinx 的 xc7a75tffg484-1 FPGA 芯片，该芯片属于 Artix-7 系列。关于该平台的具体信息和设计资源参见书中给出的学习说明。

（10）单击【Next】按钮。

（11）出现"New Project-New Project Summary"对话框，该对话框给出了工程类型、工程名字和器件信息的说明。

（12）单击【Finish】按钮。

4.3 创建并添加一个新的设计文件

本节将为该设计创建一个 Verilog HDL 设计文件。创建 Verilog HDL 设计文件的主要步骤包括：

（1）如图 4.7 所示，在"Sources"窗口中，单击"Hierarchy"标签。在标签页中，鼠标右键单击"Design Sources"，出现浮动菜单。在浮动菜单内，选择 Add Sources…。

（2）出现"Add Sources-Add Sources"对话框，如图 4.8 所示，该对话框中提供了下面的选项。

① Add or create constraints（添加或者创建约束）。

② Add or create design sources（添加或者创建设计源文件）。

③ Add or create simulation sources（添加或者创建仿真文件）。

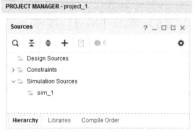

图 4.7 "Sources"窗口

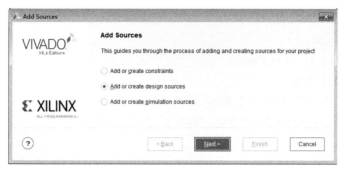

图 4.8　"Add Sources-Add Sources" 对话框

在该设计中，选择默认的 "Add or create design sources" 选项。

（3）单击【Next】按钮。

（4）出现 "Add Sources-Add or Create Design Sources" 对话框，如图 4.9 所示。使用下面给出的一种方法创建新的 Verilog HDL 源文件。

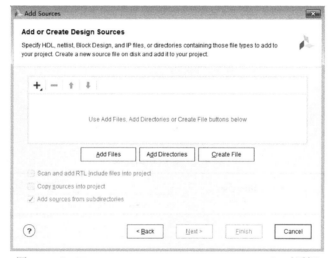

图 4.9　"Add Sources-Add or Create Design Sources" 对话框

① 在图 4.9 中单击【Create File】按钮。

② 如图 4.10 所示，在该界面中，单击 + 按钮，出现浮动菜单。在浮动菜单中，选择 Create File…。

（5）出现 "Create Source File" 对话框，如图 4.11 所示。在该对话框中，选择添加文件的类型和输入文件的名字，按下面参数进行设置。

图 4.10　添加或者创建新文件

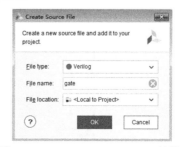

图 4.11　"Create Source File" 对话框

① File type：Verilog。

② File name：gate。

③ File loacation：Local to Project。

（6）单击【OK】按钮。

（7）单击图 4.9 中的【Finish】按钮。

（8）出现 "Define Module" 对话框，如图 4.12 所示。在该对话框中设置参数，如表 4.1 所示。

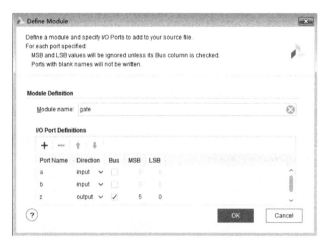

图 4.12 "Define Module" 对话框

表 4.1 参数端口定义

Port Name （端口名字）	Direction （方向）	Bus （总线）	
		MSB （最高有效位）	LSB （最低有效位）
a	input	–	–
b	input	–	–
z	output	5	0

> **注**：该声明和 Verilog 模块内的端口声明相对应。

（9）单击【OK】按钮。

（10）在 "Sources" 窗口中添加了 gate.v 文件，如图 4.13 所示。

图 4.13 在 "Sources" 窗口中添加了 gate.v 文件

（11）双击"Sources"窗口中的 gate.v 文件。打开设计模板，添加如代码清单 4-1 所示的设计代码。

清单代码 4-1　gate.v 文件

```
module gate(
    input a,
    input b,
    output [5:0] z
    );
assign z[0]=a & b;
assign z[1]=~(a & b);
assign z[2]=a | b;
assign z[3]=~(a | b);
assign z[4]=a ^ b;
assign z[5]=a ~^ b;
endmodule
```

（12）按【Ctrl+S】按键，保存设计。

4.4　详细描述

本节将介绍详细描述的原理和实现过程。

4.4.1　详细描述的原理

详细描述（Elaboration）是指将 RTL 优化到 FPGA 的技术。Vivado 2018.1 集成开发环境允许实现下面的功能：

（1）设计者导入和管理下面的 RTL 源文件，包括 Verilog、System Verilog、VHDL、NGC 或者测试平台文件。

（2）通过 RTL 编辑器创建和修改源文件。

（3）源文件视图。

① 层次。以层次化方式显示设计中的模块。

② 库。以目录的形式显示源文件。

在基于 RTL 的设计中，详细描述是第一步。当设计者打开一个详细描述的 RTL 设计时，Vivado 2018.1 集成开发环境编译 RTL 源文件，并且加载 RTL 网表，用于交互式分析。设计者可以查看 RTL 的结构、语法和逻辑定义。分析和报告能力包括：

（1）RTL 编译有效性的检查和语法检查。

（2）研究网表和原理图。

（3）设计规则检查。

（4）使用一个 RTL 端口列表的早期 I/O 引脚规划。

（5）可以在一个视图中选择一个对象，然后在其他视图中交叉检测，包含在 RTL 内定义的实例和逻辑定义。

4.4.2　详细描述的实现过程

本节将介绍详细描述的实现过程。实现详细描述的步骤主要包括：

（1）在"Sources"窗口下，选择 gate. v 文件。

（2）在 Vivado 左侧的"Flow Navigator"窗口中，找到并展开"RTL ANALYSIS"选项。在展开项中，找到并展开"Open Elaborated Design"。在展开项中，找到并单击"Schematic"，如图 4.14 所示。

（3）出现"Elaborate Design"对话框。在该对话框中，给出了一些提示信息。

（4）单击【OK】按钮。

（5）自动打开 RTL Schematic，可以看到详细描述后的网表结构如图 4.15 所示。

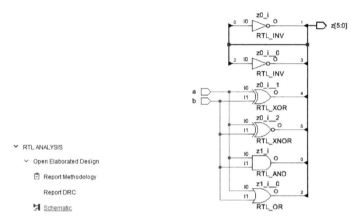

图 4.14　执行 RTL 分析　　　　图 4.15　详细描述后的网表结构

注：（1）如果想重新运行详细描述过程，则在图 4.14 所示的界面内选择"RTL-ANALYSIS"，单击鼠标右键，出现浮动菜单。在浮动菜单内，选择 Reload Design。

（2）在图 4.15 所示的原理图界面内选择一个对象，单击鼠标右键，出现浮动菜单。在浮动菜单内，选择 Go To Source，将自动跳转到定义该对象源代码文件（gate. v）的位置。

（6）在图 4.16 所示的窗口内，单击"Netlist"。在"Netlist"窗口中，查看 RTL 级网表。下面对该窗口内的图标含义进行说明。

① ⊩：表示总线。

② ⊫：表示 I/O 总线。

③ ⌐：表示网络。

④ ⌐：表示 I/O 网络。

⑤ ▦：表示层次化单元（逻辑）。

⑥ ▦：表示层次化单元（黑盒）。

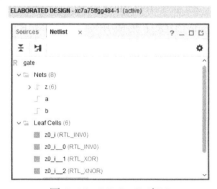

图 4.16　"Netlist"窗口

> **注：**那些不包含网表或者逻辑内容的层次化单元由 Vivado 理解为黑盒。一个层次化的单元可能是一个设计的黑盒，也可能是编码错误或者丢失文件。

⑦ 📋：表示层次化单元（分配到 Pblock）。

⑧ 📋：表示层次化单元（黑盒分配到 Pblock）。

⑨ 📋：表示原语单元（分配到 Pblock）。

⑩ 📋：表示原语单元（放置并且分配到 Pblock）。

⑪ 📋：表示原语单元（没有分配的布局约束）。

⑫ 📋：表示原语单元（已经分配了布局约束）。

4.5　设计行为级仿真

当执行完详细描述后，可以对设计执行行为级仿真。通过执行行为级仿真，可以尽早发现设计中的缺陷，并进行修改。需要注意的是，在对设计执行行为级仿真时，不包含任何时序的信息，仅对逻辑功能的正确性进行验证。本节将对该设计执行行为级仿真，主要步骤包括：

（1）如图 4.17 所示，在"Sources"窗口中，选中 Simulation Sources 文件夹，单击鼠标右键，出现浮动菜单。在浮动菜单内，选择 Add Sources…。

（2）出现"Add Sources"对话框。在该对话框中，默认勾选"Add or create simulation sources"前面的复选框。

（3）单击【Next】按钮。

（4）出现"Add Sources – Add or Create Simulation Sources"对话框。在该对话框中，单击【Create File】按钮；或者单击✚按钮，出现浮动菜单，在浮动菜单内，选择 Create File。

图 4.17　"Sources"窗口

（5）出现"Create Source File"对话框。在该对话框中，按如下参数设置。

① File type：Verilog。

② File name：test。

③ File location：Local to Project。

（6）单击【OK】按钮。

（7）在"Add Souces – Add or Create Simulation Sources"对话框中，新添加了名字为"test. v"的仿真源文件。

（8）单击【Finish】按钮。

（9）出现"Define Module"对话框。

（10）单击【OK】按钮。

（11）出现"Define Module"对话框。

（12）单击【Yes】按钮。

（13）如图 4.18 所示，在"Sources"窗口的 Sim-

图 4.18　"Sources"窗口

ulation Sources 文件夹下的 sim_1 子文件中新添加了 test.v 文件。

（14）在 test.v 文件中添加如代码清单 4-2 所示的测试代码。

代码清单4-2　test.v 文件

```
'timescale 1ns / 1ps

module test;
reg a;
reg b;
wire [5:0] z;
integer i;
gate uut(
    .a(a),
    .b(b),
    .z(z)
    );
begin
 always
 begin
  for(i=0;i<4;i=i+1)
   begin
    {a,b} =i;
    #100;
   end
  end
 end
endmodule
```

（15）按【Ctrl+S】组合键，保存 test.v 文件。

（16）在 Vivado 2018.1 当前设计界面左侧的"Flow Navigator"窗口中，找到并展开"SIMULATION"选项。在展开项中，单击"Run Simulation"，出现浮动菜单。在浮动菜单内，选择 Run Behavioral Simulation，如图 4.19 所示。Vivado 开始对设计执行行为级仿真。

图 4.19　选择运行行为级仿真

（17）出现行为级仿真后的波形界面，如图 4.20 所示。

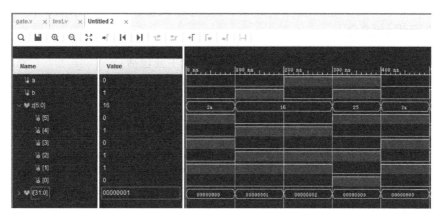

图 4.20　行为级仿真后的波形界面

注：（1）单击图 4.20 工具栏中的 ❤ （放大）或者 ❤| （缩小）按钮，将波形调整到合适的大小显示。

（2）单击工具栏中的 ❚ 按钮，添加若干标尺，使得可以测量某两个逻辑信号之间跳变的时间间隔。

（3）如图 4.21 所示，单击 Vivado 2018.1 主界面上方工具栏内的按钮，控制仿真的运行时间。

图 4.21　控制仿真的运行时间

（18）退出 SIMULATION 行为级仿真界面。

4.6　设计综合和分析

本节将对设计进行综合。综合就是将 RTL 级的设计描述转换成门级的描述。在该过程中，将进行逻辑优化，并且映射到 Xilinx 器件原语（也称为技术映射）。

Vivado 2018.1 集成开发环境综合采用基于时间驱动的策略，专门为存储器的利用率和性能进行了优化。综合工具支持 System Verilog，以及 VHDL 和 Verilog 混合语言，且该综合工具支持 Xilinx 设计约束 XDC。

4.6.1　综合过程的关键问题

在综合的过程中，需要了解下面的一些概念：

（1）在综合的过程中，综合工具使用 XDC 约束来驱动综合优化，因此必须存在 XDC 文件。

（2）时序约束考虑。

① 必须综合设计，否则没有用于约束编辑器的时序约束。

② 综合后，可以使用约束向导初步定义时序约束。

（3）综合设置提供了对额外选项的访问。

（4）当打开被综合的设计后，注意设计流程管理器的变化。通过设置调试属性来集成调试特性。

4.6.2 执行设计综合

本节将对设计进行综合。对设计进行综合的步骤主要包括：

（1）在 Vivado 2018.1 主界面左侧的"Flow Navigator"窗口中，找到并展开"SYNTHESIS"选项，如图 4.22 所示。在展开项中，单击 Run Synthesis。

图 4.22　查看 RTL 级网表

（2）出现"Launch Runs"对话框。

（3）单击【OK】按钮，Vivado 开始对设计进行综合。

（4）当对设计综合完成后，弹出"Synthesis Completed"对话框，如图 4.23 所示，该对话框提供了 3 个选项。

① Run Implementation（运行实现过程）。

② Open Synthesized Design（打开综合后的设计）。

③ View Reports（查看报告）。

在该对话框中，选中"Open Synthesized Design"前面的复选框。

（5）单击【OK】按钮。

（6）出现"Close Design"对话框，如图 4.24 所示，提示关闭前面执行 Elaborated Design 所打开的原理图界面，单击【Yes】按钮。

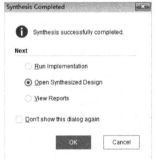

图 4.23　"Synthesis Completed"对话框

图 4.24　"Close Design"对话框

（7）读者可以在 Vivado 2018.1 左侧的"Flow Navigator"窗口中，找到并展开"SYNTHESIS"选项。在展开项中，找到并展开"Open Synthesized Design"。在该选项下，提供了综合后可执行的任务列表。

① Constraints Wizard（约束向导）。

② Edit Timing Constraints（编辑时序约束）：该选项用于启动时序约束标签。

③ Set Up Debug（设置调试）：该选项用于启动标记网络视图，这些标记过的网络将用于调试目的。

④ Report Timing Summary（报告时序总结）：该选项生成一个默认的时序报告。

⑤ Report Clock Networks（报告时钟网络）：该选项生成设计的时钟树。

⑥ Report Clock Interaction（报告时钟相互作用）：该选项用于在时钟域之间验证路径上的约束收敛。

⑦ Report DRC（报告 DRC）：该选项用于对整个设计执行设计规则检查。

⑧ Report Noise（报告噪声）：该选项用于对设计中的输出和双向引脚执行一个 SSO 分析。

⑨ Report Utilization（报告利用率）：该选项用于生成一个图形化的利用率报告。

⑩ Report Power（报告功耗）：该选项用于生成一个详细的功耗分析报告。

⑪ Schematic（原理图）：该选项用于打开综合后的原理图界面。

（8）在图 4.25 所示的界面内单击"Schematic"。

（9）该设计综合后生成的网表结构如图 4.26 所示。

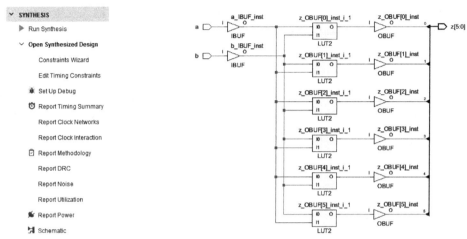

图 4.25　综合后的选项列表　　　　图 4.26　设计综合后生成的网表结构

思考与练习 4-1：分析综合后的电路结构。

提示：综合后，设计表示为层次和基本元素的互联网表，对应于：

① 模块（Verilog HDL 中的 module）的实例。

② 基本的元素。

● 查找表 LUT、触发器、进位链元素、宽的多路选择器 MUX。

● 块 RAM、DSP 单元。

● 时钟元件（BUFG、BUFR 和 MMCM）。

● I/O 元件（IBUF、OBUF 和 I/O 触发器）。

③ 尽可能使对象的名字与详细描述网表中的名字相同。

思考与练习 4-2：查看输入缓冲区和输出缓冲区的结构，分析该设计的逻辑通路。

（10）查看每个 LUT 的内部映射关系。分别选中图 4.26 中所对应的 LUT，总共 6 个 LUT。先选择最上面的一个 LUT。在图 4.26 左下方的窗口中，找到并单击"Cell Properties"标签。如图 4.27 所示，在"Cell Properties"标签中，通过单击右下角的左右箭头按钮 ◀▶ 找到"Truth Table"（真值表）子标签。在如图 4.27 所示的标签页中可以看到逻辑表达式"O = I0 & I1"，它表示逻辑与关系。

思考与练习 4-3：查看并分析其他 LUT 内部实现

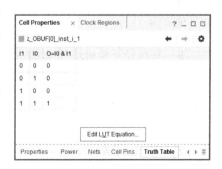

图 4.27　"Cell Properties"标签页

的逻辑关系。

思考与练习 4-4：查看设计文件 gate. v，可以看到 Verilog HDL 类似于 C 语言。很明显，C 语言也提供了按位逻辑运算符，用来实现逻辑运算。请说明用 FPGA 实现逻辑运算和 C 语言在 CPU 上实现逻辑运算有什么本质的区别。

提示：C 语言在 CPU 上实现，靠程序计数器 PC+1→PC 串行执行指令；而 FPGA 上并行实现 6 种逻辑运算，它由逻辑“流”推动。尽管 6 种逻辑运算之间没有任何数据依赖性，但是在 CPU 执行逻辑运算时，由于串行执行指令，逻辑运算依赖于指令描述的先后顺序，所以响应速度很慢。而 FPGA 实现 6 种逻辑运算时，只要逻辑变量的输入发生变化，运算结果经过很短的门延迟后就会立刻反映到逻辑门的输出。

4.6.3 查看综合报告

本节将查看综合后的报告。Vivado 可以提供很多重要的报告，在 Vivado 2018. 1 当前工程窗口底部的“Reports”标签页中，提供了其他有用的报告，如图 4. 28 所示。在“Reports”标签页中，找到并展开“Synthesis”选项。在展开项中，找到并展开“SynthDesign（synth_design)”，在该选项下提供了下面的报告选项。

图 4. 28 “Reports”标签页

1. synth_1_synth_synthesis_report_0（综合报告）

（1）HDL 文件的综合、综合的过程、读取时序约束、来自 RTL 设计中的 RTL 原语。

（2）时序优化目标、技术映射、去除引脚/端口、使用的最终单元（技术映射）。

2. synth_1_synth_report_utilization_0（利用率报告）

以表格的形式给出技术映射单元的使用情况。双击“synth_1_synth_report_utilization_0”，出现“Slice Logic”利用率报告，如图 4. 29 所示。在该报告中，提供了切片逻辑、存储器、DSP 切片、I/O、时钟，以及设计中所用到的其他资源。

Site Type	Used	Fixed	Available	Util%
Slice LUTs*	3	0	47200	<0.01
LUT as Logic	3	0	47200	<0.01
LUT as Memory	0	0	19000	0.00
Slice Registers	0	0	94400	0.00
Register as Flip Flop	0	0	94400	0.00
Register as Latch	0	0	94400	0.00
F7 Muxes	0	0	31700	0.00
F8 Muxes	0	0	15850	0.00

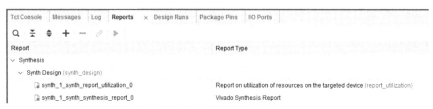

图 4. 29 “Slice Logic”利用率报告

> **注**：在执行下面的过程之前，请关闭“SYNTHESIZED DESIGN”视图窗口，关闭该窗口后会弹出“Confirm Close”对话框。在该对话框中，单击【OK】按钮。

思考与练习 4-5：读者仔细阅读该报告，得到该设计所用的所有资源情况。

4.7 约束文件对话框

本节将介绍约束文件、I/O 规划器的功能和实现约束。

4.7.1　约束文件

Xilinx Vivado 集成开发环境使用 Xilinx 设计约束（Xilinx Design Constraints，XDC）。XDC 是基于标准的 Synopsys 设计约束（Synopsys Design Constraints，SDC）的。SDC 已经使用和发展了二十多年，使得它变成用于描述设计约束的通用格式。

（1）XDC 是下面的组合，包括业界标准的 Synopsys 设计约束（SDC V1.9）和 Xilinx 专有的物理约束。

（2）XDC 文件具有下面的特性。

① 它们不是简单的字符串，它们遵循 Tcl 语法命令。

② 通过 Vivado Tcl 翻译器就可以如理解其他 Tcl 命令那样理解它们。

③ 可以读取 Tcl 命令，然后按顺序对命令进行分析。

（3）在设计流程的不同阶段，可以通过以下方式添加 XDC。

① 将约束保存在一个或者多个 XDC 文件中。可以通过下面的方法将 XDC 加载到存储器中。

- 通过 read_xdc 命令。
- 将它添加到其中一个设计工程的约束集中。

XDC 文件只接收下面内建的 Tcl 命令，即 set、list 和 expr 命令。

② 通过 Tcl 脚本生成约束。可以通过下面的方法运行 Tcl 脚本。

- 运行 source 命令。
- 将 Tcl 脚本添加到其中一个设计工程约束集中。

XDC 文件中有效的命令如表 4.2 所示。

表 4.2　XDC 文件中有效的命令

时序约束	物理约束	网表对象查询
create_clock	add_cells_to_pblock	all_cpus
create_generated_clock	create_pblock	all_dsps
group_path	delete_pblock	all_fanin
set_clock_groups	remove_cells_from_pblock	all_fanout
set_clock_latency	resize_pblock	all_hsios
set_data_check	create_macro	all_inputs
set_disable_timing	delete_macros	all_outputs
set_false_path	update_macro	all_rams
set_input_delay		all_registers
set_output_delay		all_ffs
set_max_delay		all_latches
set_min_delay	网表约束	get_cells
set_multicycle_path		get_nets
set_case_analysis	set_load	get_pins
set_clock_sense	set_logic_dc	get_ports
set_clock_uncertainty	set_logic_one	get_debug_cores
set_input_jitter	set_logic_zero	get_debug_ports
set_max_time_borrow	set_logic_unconnected	
set_propagated_clock		
set_system_jitter		
set_external_delay		

续表

器件对象查询	时序对象查询	通　用
get_iobanks	all_clocks	set
get_package_pins	get_path_groups	expr
get_sites	get_clocks	list
get_bel_pins	get_generated_clocks	filter
get_bels	get_timing_arcs	current_instance
get_nodes		get_hierarchy_separator
get_pips		set_hierarchy_separator
get_site_pins		get_property
get_site_pips		set_property
get_slrs		set_units
get_tiles		endgroup
get_wires		startgroup

顺利完成综合过程后，就会生成综合后的网表。设计者可以将综合后的网表，以及 XDC 文件或者 Tcl 脚本一起加载到存储器中，用于后续的实现过程。

> **注**：在一些情况下，综合后的网表的对象名字和详细描述后设计中对象的名字并不相同。如果出现这种情况，设计者必须要使用正确的名字重新创建约束，并将其只保存在实现过程时所使用到的 XDC 文件中。

4.7.2　I/O 规划器的功能

通过 I/O 规划器可以约束（定位）引脚位置，也就是将 RTL 设计中的逻辑端口对应到 FPGA 上的某个物理引脚。I/O 规划器允许设计者查看器件和封装视图，这样设计者就可以进一步理解 FPGA 内部的细节和 I/O 的分配情况。当对设计综合后，Vivado 工具会自动打开综合后的设计窗口，此时读者就能够看到封装（Package）视图和器件（Device）视图。

> **注**：如果没有打开封装视图和器件视图，读者可以在 Vivado 2018.1 主界面左侧的"Flow Navigator"窗口中找到并展开"SYNTHESIS"选项。在展开项中，找到并单击 Open Synthesized Design，这样就可以打开封装视图和器件视图。

1）器件（Device）视图

单击图 4.30 中的"Device"标签就可以看到器件视图，从器件视图中可知 FPGA 内所有设计资源的分布情况。

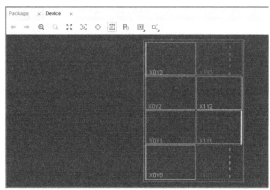

图 4.30　"Device"标签页

① 单击器件视图工具栏内的 ⊕ 按钮可以放大视图，帮助读者进一步观察设计资源的细节。

② 单击视图工具栏内的 ▦ 按钮可以看到器件内部的布线资源。

2）封装（Package）视图

单击图 4.31 中的"Package"标签就可以看到封装视图，在封装视图中：

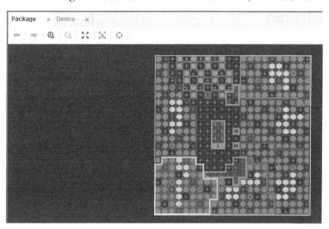

图 4.31 "Package"标签页

（1）显示了 I/O 的封装规范和分配状态，允许设计者查看布线延迟、引脚类型、电压标准和差分对。

（2）在一个 I/O 块内，可以以一个组或者列表的形式显示引脚。

（3）当把 I/O 端口列表中的逻辑端口定位到封装视图内器件对应的物理引脚位置时，图标会显示该 I/O 端口当前的分配情况。

4.7.3 实现约束

在该设计中，使用 A7-EDP-1 硬件开发平台上的两个开关作为 a 和 b 的逻辑输入量；使用 A7-EDP-1 硬件开发平台上的 6 个 LED 灯作为 z[0]～z[5] 的逻辑输出量，硬件平台外设与 FPGA 引脚之间的对应关系如表 4.3 所示。

表 4.3 硬件平台外设与 FPGA 引脚之间的对应关系

A7-EDP-1 硬件平台外设资源及标识	FPGA 引脚位置
SWITCH0（开关）	T5
SWITCH1（开关）	U5
LED0（LED 灯）	Y17
LED1（LED 灯）	Y16
LED2（LED 灯）	AA16
LED3（LED 灯）	AB16
LED4（LED 灯）	AB17
LED5（LED 灯）	AA13

本节将通过 I/O 规划器添加实现约束条件。添加实现约束条件的步骤主要包括：

（1）在 Vivado 2018.1 主界面的"Sources"窗口中，选中"Constraints"，单击鼠标右键，出现浮动菜单。在浮动菜单内，选择 Add Sources。

（2）出现"Add Sources"对话框。在该对话框中，默认选中"Add or create constraints"前面的复选框。

（3）单击【Next】按钮。

（4）出现"Add Sources-Add or Create Constraints"对话框。在该对话框中，单击【Create File】按钮，或者在该对话框中单击➕按钮，出现浮动菜单。在浮动菜单内，选择 Create File。

（5）出现"Create Constraints File"对话框，如图 4.32 所示。在该对话框中，按如下参数设置。

① File type：XDC。

② File name：gate。

③ File location：Local to Project。

（6）单击【OK】按钮，再次返回到"Add Sources-Add or Create Constraints"对话框。

图 4.32　"Create Constraints File"对话框

（7）可以看到在"Add Sources-Add or Create Constraints"对话框中添加了名字为"gate.xdc"的约束文件。

> **注**：在 Vivado 2018.1 集成开发环境中，约束文件名字的后缀是 .xdc，用于取代早前 ISE 集成设计环境中的 .ucf 文件。

（8）单击【Finish】按钮。

（9）可以看到在"Sources"窗口中的 constrs_1 文件夹下新添加了 gate.xdc 文件，如图 4.33 所示。

（10）在 Vivado 2018.1 左侧的"Flow Navigator"窗口中，找到并展开"SYNTHESIS"选项。在展开项中，找到并单击"Open Synthesized Design"。

（11）出现"Synthesis is Out-of-date"对话框。在该对话框中，提示由于添加了约束文件，综合后的文件过期，是否打开过期的设计还是重新进行综合。

（12）单击【Run Synthesis】按钮。

（13）出现"Reset Run"对话框。在该对话框中，提示是不是复位和删除磁盘上以前的 synth_1 结果。

图 4.33　添加约束文件后的"Sources"窗口

（14）单击【OK】按钮，删除以前的运行结果。此时，Vivado 对设计进行重新综合。

（15）综合后再次出现"Synthesis Completed"对话框。在该对话框中，选中"Open Synthesized Design"前面的对话框。

（16）单击【OK】按钮。

（17）此时，在 Vivado 右上角的下拉框中选择"I/O Planning"，如图 4.34 所示。

（18）此时，可以看到封装（Package）视图和器件（Device）视图。在视图下面的窗口中出现"I/O Ports"标签，单击该标签，可以看到待分配的 I/O 端口列表，如图 4.35 所示，该标签页中显示了如下信息。

① 显示了在设计工程中定义的所有逻辑端口。

② 将总线分组到可扩展的文件夹。

③ 将端口显示为一组总线或者列表。

④ 标识 I/O 端口的方向和状态。

（19）按表 4.4 所示设置下面的约束条件。

图 4.34　选择 I/O Planning 入口界面

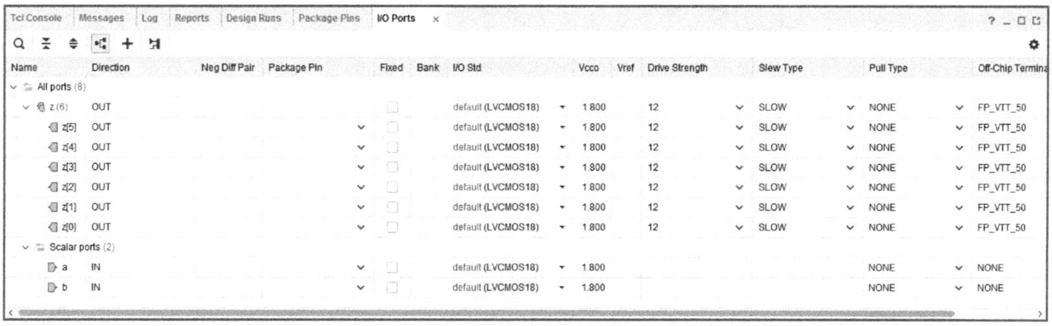

图 4.35　"I/O Ports"标签页

表 4.4　逻辑端口的 I/O 约束条件列表

逻辑端口名字	FPGA 引脚位置	I/O 标准
z[5]	AA13	LVCMOS33
z[4]	AB17	LVCMOS33
z[3]	AB16	LVCMOS33
z[2]	AA16	LVCMOS33
z[1]	Y16	LVCMOS33
z[0]	Y17	LVCMOS33
a	U5	LVCMOS33
b	T5	LVCMOS33

① 在名字为"Package Pin"的一列下输入每个逻辑端口在 FPGA 上的物理引脚位置。

② 在名字为"I/O Std"（I/O 标准）的一列下通过下拉框为每个逻辑端口选择它对应的 I/O 电气标准。

分配完的 I/O 引脚界面如图 4.36 所示。

图 4.36　分配完的 I/O 引脚界面

（20）按【Ctrl+S】组合键，保存约束条件。

（21）出现"Out of Date Design"对话框，在该对话框中出现提示信息。

（22）单击【OK】按钮。

（23）出现"Save Constraints"对话框，如图 4.37 所示。在该对话框中，默认选中"Select an existing file"前面的复选框，默认的文件名字为 gate. xdc。

图 4.37　"Save Constraints"对话框

（24）单击【OK】按钮。

（25）在图 4.34 所示的对话框中，通过下拉框，重新选择"Default Layout"选项，返回到最开始的设计界面中。

（26）关闭并退出"SYNTHESIZED DESIGN"窗口。

（27）出现"Confirm Close"对话框，单击【OK】按钮。

（28）在"Sources"窗口中，找到并展开"Constraints"选项。在展开项中，找到并展开名字为"constrs_1"的子文件夹。在该文件夹下，找到并双击 gate. xdc 文件。该文件给出的约束条件如代码清单 4-3 所示。

代码清单4-3　gate. xdc 文件

```
set_property PACKAGE_PIN AA13 [get_ports {z[5]}]
set_property PACKAGE_PIN AB17 [get_ports {z[4]}]
set_property PACKAGE_PIN AB16 [get_ports {z[3]}]
set_property PACKAGE_PIN AA16 [get_ports {z[2]}]
set_property PACKAGE_PIN Y16 [get_ports {z[1]}]
set_property PACKAGE_PIN Y17 [get_ports {z[0]}]
set_property PACKAGE_PIN U5 [get_ports a]
set_property PACKAGE_PIN T5 [get_ports b]
set_property IOSTANDARD LVCMOS33 [get_ports {z[5]}]
set_property IOSTANDARD LVCMOS33 [get_ports {z[4]}]
set_property IOSTANDARD LVCMOS33 [get_ports {z[3]}]
set_property IOSTANDARD LVCMOS33 [get_ports {z[2]}]
set_property IOSTANDARD LVCMOS33 [get_ports {z[1]}]
set_property IOSTANDARD LVCMOS33 [get_ports {z[0]}]
set_property IOSTANDARD LVCMOS33 [get_ports a]
set_property IOSTANDARD LVCMOS33 [get_ports b]
```

（29）关闭该文件。

4.8　设计实现和分析

设计实现的最终目的是在 FPGA 器件内实现布局和布线。本节将介绍设计实现所包含的各个环节，然后介绍启动设计实现的方法，最后对设计实现的结果进行分析。

4.8.1　设计实现原理

Vivado 2018.1 集成开发环境的实现过程包括对设计的逻辑和物理转换。表 4.5 给出了 Vivado 实现过程的各个环节。

表 4.5　Vivado 实现过程的各个环节

Vivado 工具实现流程：Tcl 命令	
link_design	对设计进行翻译，应用约束条件
opt_design	对逻辑设计进行优化，使其容易适配到目标 Xilinx 器件
power_opt_design	对设计元素进行优化，以降低目标 Xilinx 器件的功耗要求
place_design	在目标 Xilinx 器件上，对设计进行布局
phys_opt_design	对高扇出网络驱动器进行复制，对其负载进行分布，以优化设计时序
route_design	在目标 Xilinx 器件上，对设计进行布线
report_timing_summary	分析时序，并生成时序分析报告
write_bitstream	生成比特流文件

4.8.2　设计实现及分析

本节将介绍设计的实现过程，并对设计实现后的结果进行分析。

1. 启动设计的实现过程

本节将对设计进行实现，设计实现的步骤主要包括：

（1）在 Vivado 2018.1 主界面左侧的"Flow Navigator"窗口中，找到并展开"IMPLE-MENTATION"选项。在展开项中，单击 Run Implementation。

（2）出现"Launch Runs"对话框，在该对话框中提示启动所选择的综合或实现运行策略。

（3）单击【OK】按钮，Vivado 自动启动对设计的实现过程。

（4）实现过程结束后，出现"Implementation Completed"对话框，如图 4.38 所示。在该对话框内提供了 3 个选项。

① Open Implemented Design（打开实现后的设计）。

② Generate Bitstream（产生比特流）。

③ View Reports（查看报告）。

此处选中"Open Implemented Design"前面的复选框。

图 4.38　"Implementation Completed"
对话框

2. 查看布局布线后结果

本节将查看布局布线结果。查看布局布线结果的步骤主要包括：

（1）出现器件（Device）视图界面，如图 4.39 所示。

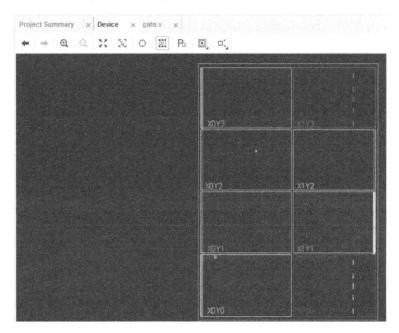

图 4.39　器件（Device）视图界面

（2）单击图 4.39 中工具栏内的 🔍 按钮，放大该器件视图，并调整视图在窗口中的位置。

（3）单击工具栏中的 ▦ 按钮，使得布线资源可以在器件视图中显示。

（4）在 Device 视图中，在标记为 "X0Y0" 和 "X1Y1" 的时钟域内可以看到标有橙色颜色方块的引脚，表示该设计中已经使用这些引脚，如图 4.40 所示。

（5）器件视图中的加粗连线表示设计中已经使用的布线资源。如图 4.41 所示，图中也给出了该设计所占用的逻辑资源，即 LUT。

（6）关闭 "IMPLEMENTED DESIGN" 界面，弹出 "Confirm Close" 对话框，提示确认关闭实现后的设计。单击【OK】按钮。

思考与练习 4-6：参考图 4.41，请读者分析该设计使用 LUT 的情况，以及 LUT 与 I/O 块的连线路径。

图 4.40　Artix FPGA 器件
所用 I/OB 的局部视图

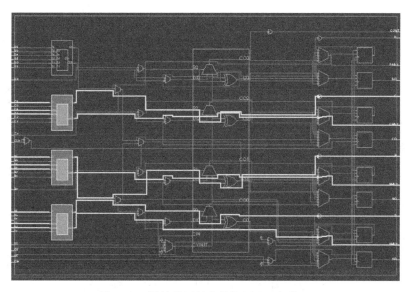

图 4.41 设计使用的布线资源和逻辑资源

4.9 设计时序仿真

本节将对设计执行时序仿真。与行为级仿真不同的是，时序仿真带有标准延迟格式（Standard Delay Format，SDF）的信息，而行为级仿真不包含时序信息。读者所知道的毛刺和竞争冒险等时序问题都会表现在对设计的时序仿真中。执行时序仿真的步骤主要包括：

（1）在 Vivado 2018.1 主界面左侧的"Flow Navigator"窗口内，找到并展开"SIMULA-TION"选项。在展开项中，找到并单击 Run Simulation，出现浮动菜单。在浮动菜单内，选择 Run Post-Implementation Timing Simulation，如图 4.42 所示。Vivado 开始对设计执行实现后的时序仿真。

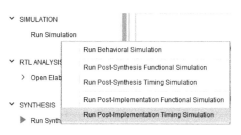

图 4.42 选择实现后时序仿真

（2）在左侧一列的工具栏中，单击 ⊕ （放大）按钮，对仿真模型局部放大，并且调整仿真波形在窗口中的位置，出现实现后的仿真波形界面，如图 4.43 所示。

思考与练习 4-7：请读者仔细观察图 4.43 中白色椭圆圈内的信号变化情况，说明毛刺是如何产生的（提示：从输入到输出存在延迟。从图 4.43 中明显可以看出，当 b 从逻辑"0"跳变到逻辑"1"后，大约经过 11ns 的延迟后，逻辑的变化才能反映到 $z[5:0]$。此外，从 $z[5]$ 到 $z[0]$ 的逻辑状态变化时间也有差别，大约相差了 480ps。因此，读者可以看到

z[5:0]逻辑信号总线上有一个毛刺存在)。

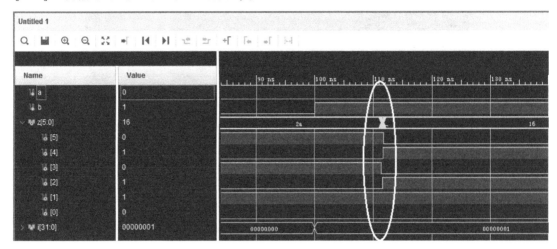

图 4.43　对实现后的设计执行时序仿真后的波形

思考与练习 4-8：查阅相关资料，说明 FPGA 内"关键路径"的定义，以及为什么关键路径对设计性能有很大的影响。在设计中，采取何种措施缩短关键路径以提高设计性能。

(3) 退出"SIMULATION"界面，出现"Confirm Close"对话框，提示是否关闭仿真。单击【OK】按钮。

4.10　生成并下载比特流文件

本节将生成比特流文件，用于配置 FPGA，并通过调试主机（PC/笔记本电脑）和目标 FPGA 之间的 JTAG 接口，将生成的比特流文件下载到目标 FPGA 中。

4.10.1　FPGA 配置原理

Xilinx 7 系列 FPGA 提供了专用的模式选择引脚 M[2:0]，用于为 FPGA 设置不同的配置模式，如表 4.6 所示。

表 4.6　7 系列 FPGA 的配置模式

配置模式	M[2:0]	总线宽度	CCLK 方向
Master Serial	000	×1	输出
Master SPI	001	×1，×2，×4	输出
Master BPI	010	×8，×16	输出
Master SelectMAP	100	×8，×16	输出
JTAG	101	×1	不可用
Slave SelectMAP	110	×8，×16，×32[1]	输入
Slave Serial[2]	111	×1	输入

注：(1) Slave SelectMAP×16 和×32，不支持 AES 加密比特流。

(2) 由于模式引脚的上拉电阻，这是默认设置。

从表 4.6 中可知，根据 FPGA 在配置电路中的地位，将配置分为主模式和从模式。当 FPGA 在配置电路中为主设备（主模式）时，由 FPGA 的 CCLK 引脚向外部设备提供时钟（CCLK 方向为输出）；当 FPGA 在配置电路中为从设备（从模式）时，由外部设备向 FPGA 的 CCLK 引脚提供时钟（CCLK 方向为输入）。根据配置数据的宽度，将配置分为并行模式和串行模式。当数据宽度为 1 位时，属于串行配置模式；否则，属于并行配置模式。

在 7 系列 FPGA 中，每个配置模式都有一组相应的接口引脚，这些引脚跨越一个或多个 I/O 块。FPGA 上的 BANK0 包含专用的配置引脚，它们总是配置接口的一部分。此外，FPGA 上的 BANK14 和 BANK15 包含多功能引脚，它们与特定的配置模式有关。

在本书使用的 A7-EDP-1 开发平台中，提供了两种配置 FPGA 的方式，包括 JTAG 模式和 Mater BPI 模式，如图 4.44 所示为 7 系列 FPGA 的 SPI×4 配置模式。

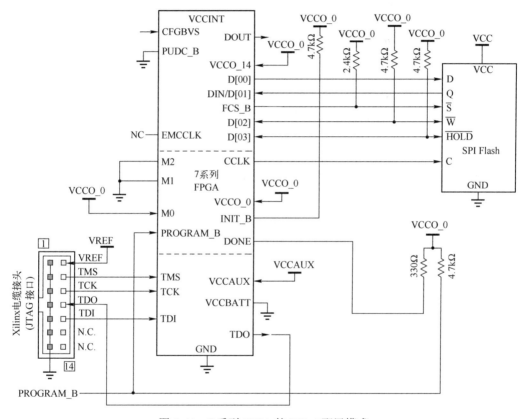

图 4.44　7 系列 FPGA 的 SPI×4 配置模式

为了便于通过 PC/笔记本电脑与配置电路连接，在 A7-EDP-1 硬件开发平台上提供了 USB-JTAG 转换芯片，这样就进一步降低了配置电路的成本，如图 4.45 所示。

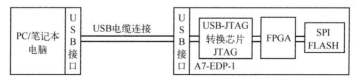

图 4.45　PC/笔记本电脑与 A7-EDP-1 硬件开发平台的连接

4.10.2　生成比特流文件

本节将生成比特流文件，主要步骤包括：

（1）在 Vivado 2018.1 主界面左侧的"Flow Navigator"窗口中，找到并展开"PROGRAM AND DEBUG"选项。在展开项中，找到并单击 Generate Bitstream。

（2）出现"Launch Runs"对话框。

（3）单击【OK】按钮，Vivado 开始生成比特流文件的过程。

（4）当生成比特流文件的过程结束后，出现"Bitstream Generation Completed"对话框。

（5）单击【Cancel】按钮。

4.10.3　下载比特流文件

当生成用于编程 FPGA 的比特流文件后，就需要将比特流文件下载到目标 FPGA 器件，这实际上是对 FPGA 进行配置，用于在 FPGA 内生成布局和布线结构。Vivado 2018.1 集成工具允许读者连接一个或多个 FPGA 进行编程，同时和这些 FPGA 进行交互。读者可以通过 Vivado 2018.1 集成开发环境用户接口或者使用 Tcl 命令连接 FPGA 硬件系统。在这两种方式下，连接目标 FPGA 器件的步骤都是相同的。包括：

（1）打开硬件管理器（Hardware Manager）。

（2）通过运行在主机上的硬件服务器（hardware server），打开硬件目标器件。

（3）给需要编程的目标 FPGA 器件分配相应的比特流文件。

（4）将比特流文件编程/下载到目标 FPGA 器件。

使用 Vivado 硬件管理器编程 FPGA 的步骤主要包括：

（1）将 A7-EDP-1 开发平台上标记为"J10"的跳线设置为"JTAG"，表示将使用 JTAG 接口将设计下载到目标 FPGA。

（2）读者可选择采用下面两种方式之一为 A7-EDP-1 硬件开发平台供电。

① 当采用外部+5V 电源供电时，首先将 A7-EDP-1 开发平台上标记为"J11"的跳线设置为 EXT 模式（外部供电模式），然后将外部+5V 电源连接到 A7-EDP-1 开发平台的 J6 插座。

② 当采用 USB 供电时，将 A7-EDP-1 开发平台上标记为"J11"的跳线设置为 USB 模式（采用 PC/笔记本电脑的 USB 供电模式）。

（3）通过 USB 电缆，将 A7-EDP-1 硬件开发平台上名字为"J12"的 USB-JTAG 插座连接到 PC 机/笔记本电脑上的 USB 接口。

（4）将 A7-EDP-1 开发平台上标记为"SW8"的开关设置为"ON"状态，给 A7-EDP-1 硬件开发平台供电。

（5）在 Vivado 2018.1 主界面左侧的"Flow Navigator"窗口中，找到并再次展开"PROGRAM AND DEBUG"选项。在展开项中，找到并单击 Open Hardware Manager。

（6）在 Vivado 2018.1 界面的上方出现"HARDWARE MANAGER-unconnected"窗口，如图 4.46 所示。

（7）单击 Open Target，出现浮动菜单。在浮动菜单内，选择 Auto Connect。

（8）出现"Auto Connect"对话框，如图 4.47 所示。

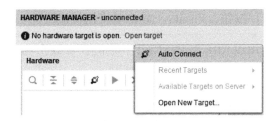

图 4.46　"HARDWARE MANAGER-unconneicted" 窗口

图 4.47　"Auto Connect" 对话框

（9）当硬件的工作状态正常时，在"Hardware"窗口中会出现所检测到的 FPGA 类型和 JTAG 电缆的信息，如图 4.48 所示。

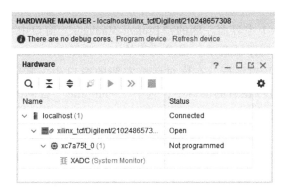

图 4.48　检测到 FPGA 器件后的"Hardware"窗口

（10）在图 4.48 中，选中名字为"xc7a75t_0"的一行，单击鼠标右键，出现浮动菜单。在浮动菜单内，选择 Program Device。

（11）出现"Program Device"对话框，如图 4.49 所示。在该对话框中，默认将"Bitstream file"（比特流文件）的路径指向下面的路径，即"E:/eda_verilog/project_1/project_1. runs/impl_1/gate. bit"。

图 4.49　"Program Device" 对话框

（12）单击【Program】按钮，Vivado 工具自动将比特流文件 gate.bit 下载到 FPGA 中。

> **注**：不要关闭"HARDWARE MANAGER"界面，之后生成和下载 PROM 文件时会再次用到这个界面。

思考与练习 4-9：读者改变 A7-EDP-1 开发平台上标记为"SW0"和"SW1"的开关设置，观察 LED0 ～ LED5 这 6 个 LED 灯的变化是否满足 6 种逻辑运算结果。

4.11　生成并烧写 PROM 文件

如果需要断电后从外部 SPI FLASH 存储器将配置信息自动加载到 FPGA 内，则需要先将比特流文件转换为 .bin 文件，然后烧写到 SPI FLASH 存储器中。本节先生成 bin 文件，并将该文件下载到 A7-EDP-1 硬件开发平台上型号为 N25Q32 的 SPI FLASH 存储器中。步骤主要包括：

> **注**：在执行以下步骤前，确保 A7-EDP-1 开发平台正常上电，以及正确连接 USB 电缆。

（1）在 Vivado 2018.1 主界面左侧的"Project Manager"窗口中，找到并右键单击 PRO-GRAM AND DEBUG，出现浮动菜单。在浮动菜单内，选择 Bitstream Settings。

（2）出现"Settings"对话框。在该对话框左侧的窗口中，默认指向"Project Settings"下面的"Bitstream"选项；在右侧窗口中，选中"-bin_file"右侧的复选框，该选项表示在生成比特流文件的同时生成 .bin 文件。

（3）单击【OK】按钮，退出"Settings"对话框。

（4）在 Vivado 2018.1 主界面左侧的"Project Manager"窗口中，再次找到并展开"PROGRAM AND DEBUG"选项，单击 Generate Bitstream，Vivado 将重新生成比特流文件，并且同时生成了 .bin 文件。

（5）当生成文件后，出现"Bitstream Generation Completed"对话框。在该对话框中，单击【Cancel】按钮。

（6）在图 4.48 所示的"Hardware"窗口中，选中"xc7a75t_0"，单击鼠标右键，出现浮动菜单。在浮动菜单内，选择 Add Configuration Memory Device…。

（7）出现"Add Configuration Memory Device"对话框，如图 4.50 所示。在该对话框中，为了加快搜索 SPI FLASH 存储器的速度，按图 4.50 所示设置下面参数。

① Manufacturer：Micron。

② Density（Mb）：32。

③ Type：spi。

④ Width：x1_x2_x4。

⑤ 在"Select Configuration Memory Part"列表中，选中名字为"n25q32-3.3v-spi-x1_x2_x4"的一行。

（8）单击【OK】按钮，退出"Add Configuration Memory Device"对话框。

（9）出现"Add Configuration Memory Device Completed"对话框。

（10）单击【OK】按钮。

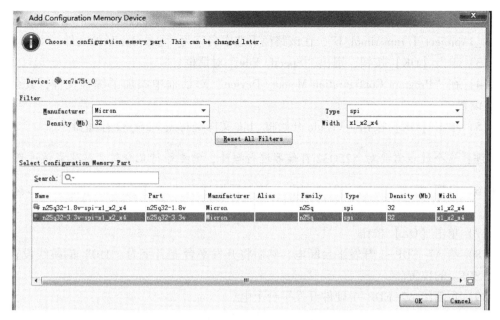

图 4.50　"Add Configuration Memory Device" 对话框

（11）出现 "Program Configuration Memory Device" 对话框，如图 4.51 所示。在该对话框中，单击 "Configruation file:" 右侧的 按钮。

图 4.51　"Program Configuration Memory Device" 对话框

（12）出现 "Specify File" 对话框。在该对话框中，指向下面路径，即 "E:\eda_verilog\project_1\project_1.runs\impl_1"，在该路径下选中名字为 "gate.bin" 的文件。

（13）单击【OK】按钮，退出 "Specify File" 对话框。

（14）在 "Program Configuration Memory Device" 对话框中添加了编程文件，其余按默认参数设置。

（15）单击【OK】按钮。Vivado 开始将 .bin 文件烧写到 N25Q32 存储器中。

> **注：** 这个过程需要对 N25Q32 存储器进行擦除，需要等待几分钟才能完成该过程。

（16）出现 "Program Flash" 对话框，该对话框提示 "Flash programming completed successfully" 信息。

（17）单击【OK】按钮。

（18）给 A7-EDP-1 开发平台断电，然后将开发平台上名字为 "J10" 的跳线设置到标记为 "SPI" 的位置。

（19）重新给 A7-EDP-1 硬件开发平台上电。

思考与练习4-10：观察给 A7-EDP-1 硬件开发平台上电后 FPGA 的配置信息是否能够从外部 SPI FLASH 存储器正确加载到 FPGA 中。

思考与练习4-11：Verilog HDL 描述 $N(N=13)$ 进制计数器模块的例子，如代码清单4-4所示，完成下面的要求。

代码清单4-4 Verilog HDL 描述 N 进制计数器模块

```verilog
module counter4b(
    input clk,
    input rst,
    output reg [3:0] counter
    );
always @ ( posedge clk or posedge rst)
begin
 if( rst)
        counter<=4'b0000;
 else
    if( counter==4'b1100)
        counter<=4'b0000;
    else
        counter<=counter+1;
end
endmodule
```

（1）在 Vivado 中建立新的设计工程。

（2）添加新的 Verilog HDL 设计源文件，并在该文件中添加代码清单4-4给出的设计代码。

（3）对设计执行 RTL 详细描述，分析详细描述后的电路结构。

（4）添加新的 Verilog HDL 仿真源文件，并在该文件中添加代码清单4-5给出的仿真测试代码。

代码清单 4-5　测试 Verilog HDL 描述 N 进制计数器模块

```verilog
module test_counter4b;
  reg clk;
  reg rst;

    wire [3:0] counter;
      counter4b uut (.clk(clk), .rst(rst), .counter(counter));
  initial begin
      clk = 0;
      rst = 1;
      #100;
      rst = 0;
  end
  always
  begin
      clk = 0;
      #20;
      clk = 1;
      #20;
    end
endmodule
```

（5）对该设计执行行为级仿真，观察是否实现 N 进制计数器功能。

（6）对设计进行综合，分析综合后的电路结构（提示：有限状态机的状态转移逻辑由 LUT 实现）。

（7）添加约束文件，按表 4.7 在约束文件内添加约束条件。

表 4.7　逻辑端口 I/O 的约束条件列表

逻辑端口名字	FPGA 引脚位置	I/O 标准
clk	J19	LVCMOS33
rst	T5	LVCMOS33
counter[0]	Y17	LVCMOS33
counter[1]	Y16	LVCMOS33
counter[2]	AA16	LVCMOS33
counter[3]	AB16	LVCMOS33

（8）对设计进行实现，分析实现后布局布线的结果。

（9）对设计进行时序仿真，观察并分析时序仿真后的结果。

（10）生成设计的比特流文件。

（11）下载设计到 A7-EDP-1 开发平台上。

> **注**：由于在该设计中没有对 100MHz 的输入时钟进行分频，因此不能在硬件平台上看到计数器驱动 LED 灯的变化情况。

第 5 章   Verilog HDL 规范

本章将介绍 IEEE Std 1364-2005 版本的 Verilog HDL 规范，其中包括 Verilog HDL 发展、Verilog HDL 程序结构、Verilog HDL 描述方式、Verilog HDL 要素、Verilog HDL 数据类型、Verilog HDL 表达式、Verilog HDL 分配、Verilog HDL 门级和开关级描述、Verilog 用户自定义原语、Verilog HDL 行为描述语句、Verilog HDL 任务和函数、Verilog HDL 层次化结构、Verilog 设计配置、Verilog HDL 指定块、Verilog HDL 时序检查、Verilog HDL SDF 逆向注解、Verilog HDL 系统任务和函数、Verilog HDL 编译指示语句，以及 Verilog HDL 关键字列表。

5.1   Verilog HDL 发展

Verilog HDL 是一种硬件描述语言，支持从晶体管级到行为级的数字系统建模。

Verilog 硬件描述语言（Verilog Hardware Description Language，Verilog HDL）最早由 Gateway 设计自动化（Gateway Design Automation）公司的工程师菲尔·莫比（Phil Moorby）于 1983 年年末发明。1990 年，Cadence 系统设计（Cadence Design Systems）公司收购 Gateway 设计自动化公司。

Verilog 全球开放（Open Verilog International，OVI）是促进 Verilog HDL 发展的国际性组织。1992 年，OVI 决定致力于推广 Verilog HDL，使其成为 IEEE 标准。经过不懈的努力，Verilog HDL 于 1995 年成为 IEEE 标准，称为 IEEE Std 1364-1995。

设计人员在使用 Verilog HDL 的过程中发现了一些需要改进的地方，因此 OVI 对 Verilog HDL 进行了修正和扩展，然后将这部分内容提交给 IEEE，这个扩展后的版本后来称为 IEEE Std 1364-2001，即通常所说的 Verilog-2001。Verilog-2001 是 Verilog-1995 的一个重大改进版本，它增加了新的实用功能，如敏感列表、多维数组、生成语句块和命名端口连接等。

2005 年，对 Verilog HDL 再次进行了修订，即 IEEE Std 1364-2005，该版本只是对上一版本的 Verilog HDL 进行了细微修正。Verilog-2005 包含了一个相对独立的新部分，即 Verilog-AMS。这个扩展使得传统的 Verilog HDL 可以对集成的模拟信号和混合信号系统进行建模。容易与 IEEE Std 1364-2005 标准混淆的是 IEEE Std 1800-2005 标准（它为 SystemVerilog 硬件验证语言制定了标准），它是 Verilog-2005 的一个超集，它是对硬件描述语言和硬件验证语言的集成。

2009 年，IEEE 1364-2005 和 IEEE 1800-2005 两个标准合并为 IEEE 1800-2009，成为了一个新的、统一的 SystemVerilog 硬件描述验证语言（Hardware Description and Verification Language，HDVL）。

注：本书介绍的 Veilog HDL 为 IEEE Std 1364-2005。

5.2　Verilog HDL 程序结构

在描述复杂硬件电路时，设计人员总是将复杂的功能划分为若干简单的功能，模块是提供每个简单功能的基本结构。设计人员可以采取"自顶向下"的设计思路，将复杂的功能模块划分为低层次的模块。这一步通常是由系统级的总设计师完成的，而低层次的模块则由下一级的设计人员完成。自顶向下的设计方式有利于系统级的层次划分和管理，提高了效率，降低了成本。

使用 Verilog HDL 描述硬件的基本设计单元是模块（Module）。通过模块间的相互连接调用，可以实现复杂的电路。在关键字"module"和"endmodule"之间描述了一个完整的模块。一个最简单的模块主要由两部分内容组成，即输入输出端口，以及逻辑功能定义语句。

通过 Verilog HDL 例化语句，引用一个模块的输入输出端口，就可以在另一个模块中使用该模块，且无须知道该模块内部的具体实现细节（隐藏内部的具体实现）。这就如同在 Multisim 工具中可以调用不同的基本逻辑门，设计者只要把这些基本逻辑门的端口连接在一起即可实现一个电路，而无须知道这些基本逻辑门内部的具体实现细节。这样做的好处就是，当设计者修改一个模块的内部结构时，不会对整个设计的其他部分造成影响。

虽然 Verilog HDL 在某些语法上类似于 C 语言，但是两者之间却有着本质的区别。C 语言的目标是面向处理器，本质上是在 CPU 上串行执行；而目前 Verilog HDL 的主要目标是面向数字逻辑电路，本质上并行执行，也就是靠逻辑流推动。

Verilog HDL 的程序结构如图 5.1 所示。从图中可知，在"module"和"endmodule"关键字之间定义了一个模块的端口，以及描述了该模块所实现的逻辑功能。一个完整的模块应该包括端口定义、数据类型说明和逻辑功能定义。其中，模块名是模块唯一的标识符，端口列表是由模块的各个输入、输出和输入输出（双向）端口组成的一个端口列表，这些端口用来与其他模块进行通信；数据类型说明用来指定模块内用到的数据对象为网络还是变量；逻辑功能定义是使用逻辑功能语句来实现具体的逻辑功能。

Verilog HDL 具有下面的特征：

（1）每个 Verilog HDL 源文件都以 .v 作为文件扩展名。

（2）Verilog HDL 区分大小写，也就是说大小写不同的标识符是不同的。

（3）Verilog HDL 程序的书写类似于 C 语言，一行可以写多条语句，也可以将一条语句分成多行书写。

（4）每条语句以分号结束，endmodule 语句后不加分号。

（5）空白（新行、制表符和空格）没有特殊意义。

图 5.1　Verilog HDL 的程序结构

5.2.1　模块声明

模块声明包括模块名字，以及模块的输入和输出端口列表。模块定义的语法格式如下：

> **module** <module_name>（port_name1,…,port_name*n*）；
> …
> …
> …
> **endmodule**

其中，module_name 为模块名，是该模块的唯一标识；port_name 为端口名，端口名之间使用"，"分割。

5.2.2　模块端口定义

端口是模块与外部其他模块进行信号传递的通道（信号线），模块端口分为输入、输出或双向端口。

（1）输入端口定义的语法格式如下：

> **input** <input_port_name>,…,<other_inputs>…；

其中，input 为关键字，用于声明后面的端口为输入端口；input_port_name 为输入端口的名字；other_inputs 为用逗号分割的其他输入端口的名字。

（2）输出端口定义的语法格式如下：

> **output** <output_port_name>,…,<other_outputs>…；

其中，output 为关键字，用于声明后面的端口为输出端口；output_port_name 为输出端口的名字；other_outputs 为用逗号分割的其他输出端口的名字。

（3）输入输出端口（双向端口）的定义格式

> **inout**<inout_port_name>,…,<other_inouts>…；

其中，inout 为关键字，用于声明后面的端口为输入输出端口；inout_port_name 为输入输出端口的名字；other_inouts 为逗号分割的其他输入输出端口的名字。

在声明端口时，除声明其输入/输出外，还需要注意以下几点：

（1）在声明端口时，还要声明其数据类型。可用的数据类型包括网络类型（net）或者寄存器（reg）类型。当没有为端口指定端口类型时，默认为网络类型。

（2）可以将输出端口重新声明为寄存器类型。无论是在网络类型说明中还是在寄存器类型说明中，网络类型或寄存器类型必须与端口说明中指定的宽度相同。

（3）不能将输入端口和输入输出端口指定为寄存器类型。

[例5.1] Verilog HDL 描述端口声明的实例，如代码清单 5-1 所示。

代码清单 5-1　Verilog HDL 描述端口声明

> **module** test（a,b,c,d,e,f,g,h）；
> **input** [7:0] a；　　　　　　　//没有明确的类型说明,默认为网络且是无符号的

```
    input [7:0] b;
    input signed [7:0] c;          //没有明确的类型说明,默认为网络且是有符号的
    input signed [7:0] d;
    output [7:0] e;                //没有明确的类型说明,默认为网络且是无符号的
    output [7:0] f;
    output signed [7:0] g;         //没有明确的类型说明,默认为网络且是有符号的
    output signed [7:0] h;
    wire signed [7:0] b;           //在网络声明中,端口 b 明确定义为有符号的
    wire [7:0] c;                  //在网络声明中,端口 c 继承了有符号的属性
    reg signed [7:0] f;            //在寄存器声明中,端口 f 明确定义为有符号的
    reg [7:0] g;                   //在寄存器声明中,端口 g 继承了有符号的属性
    endmodule
```

注意, 在 Verilog HDL 中, 也可以使用 ANSI C 风格声明端口。这种声明风格避免了在端口列表和端口声明语句中对端口重复说明。如果声明中未明确指定端口的数据类型, 那么端口默认为 wire 类型。下面给出前面模块 ANSI C 风格的端口声明。

[例 5.2] Verilog HDL 描述例 5.1 ANSI C 风格的端口声明的例子, 如代码清单 5-2 所示。

代码清单 5-2　Verilog HDL 描述例 5.1 ANSI C 风格的端口声明

```
    module test (
    input [7:0] a,
    input signed [7:0] b, c, d,     //多个共享所有属性的端口可以一起声明
    output [7:0] e,                 //必须在每个端口声明中单独声明每个端口的属性
    output reg signed [7:0] f, g,
    output signed [7:0] h) ;        //在模块的其他地方重新声明端口都是非法的
    endmodule
```

5.2.3　逻辑功能定义

逻辑功能定义是模块中最重要的一部分, 用于实现模块中的具体功能。可以使用多种方法实现逻辑功能, 主要包含以下 4 种。

1. 分配语句

分配语句可用于描述最简单的逻辑功能, 由 assign 分配语句定义。

[例 5.3] 分配语句用于逻辑功能定义的例子。

```
    assign F = ~((A&B)|(~(C&D)));
```

2. 模块调用

模块调用是指通过 Verilog HDL 提供的例化语句对被调用模块进行例化 (具体化)。被调用模块的每个实例都有它自己的名字、变量、参数和 I/O 接口。在一个设计中, 可以多次调用相同的模块。

在 Verilog HDL 中, 不能嵌套定义模块, 即在一个模块的定义中不能包含另一模块的定义, 但可以包含对其他模块的复制, 即调用其他模块的例化。定义模块和例化模块是两个不同的概念。在一个设计中, 只有通过例化语句才能使用某个模块。下面给出一个模块调用的

例子。

[**例 5.4**] 顶层模块调用底层模块的 Verilog HDL 描述的例子，如代码清单 5-3 所示。

代码清单 5-3 顶层模块调用底层模块的 Verilog HDL 描述

```
module top;
reg clk;
reg [0:4] in1;
reg [0:9] in2;
wire [0:4] o1;
wire [0:9] o2;
vdff m1 (o1, in1, clk);
vdff m2 (o2, in2, clk);
endmodule
```

在该例子中，vdff 为被调用模块的名字。很明显，模块 vdff 被调用两次（例化两次），m1 和 m2 是调用模块 vdff 时给该模块重新命名的标识符。这就如同在 Multisim 中，当我们每次调用一个逻辑门时，工具就会给这个逻辑门自动分配一个不同的标识符。

3. always 语句

always 语句经常用来描述时序逻辑电路，但也可以用来描述组合逻辑电路。需要注意的是，时序逻辑电路只能用 always 语句描述，而组合逻辑电路既可以使用 assign 语句描述，也可以使用 always 语句描述，这要根据所描述组合逻辑的复杂程度来决定。

[**例 5.5**] Verilog HDL 描述 always 语句实现计数器的例子，如代码清单 5-4 所示。

代码清单 5-4 Verilog HDL 描述 always 语句实现计数器

```
always @ (posedge clk)
begin
    if(reset) out<=0;
    else out<=out+1;
end
```

4. 函数和任务

模块调用和函数调用相似，但本质上有很大差别：

（1）一个模块是实现特定功能的一个电路块。每当调用一次该模块，就会在调用模块所表示的电路内部被复制一次被调用模块所表示的电路结构，即生成被调用模块的一个实例。

（2）模块调用不能像函数调用一样具有"退出调用"的操作，因为硬件电路结构不会随着时间而发生变化，被复制的电路块将一直存在。

[**例 5.6**] Veriog HDL 描述函数声明和函数调用的例子，如代码清单 5-5 所示。

代码清单 5-5 Verilog HDL 描述函数声明和函数调用

```
module tryfact;
//定义函数
function automatic integer factorial;
input [31:0] operand;
integer i;
```

```
    if( operand >= 2)
        factorial = factorial ( operand − 1) * operand;
    else
        factorial = 1;
endfunction
//测试函数
integer result;
integer n;
initial
 begin
    for( n = 0; n <= 7; n = n+1)
    begin
        result = factorial( n );
        $display( "%0d factorial =%0d", n, result);
    end
  end
endmodule
```

> **注**：Verilog HDL 中关键字"begin"和"end"的功能类似于 C 语言中的"{ }"，用于确定边界，关键字"begin"和"end"中间的内容是多条逻辑行为描述语句。

5.3　Verilog HDL 描述方式

模块内具体逻辑行为的描述方式又称为建模方式。根据设计的不同要求，每个模块内部具体的逻辑行为描述方式可以分为 4 种抽象级别。对于外部来说，看不到逻辑行为的具体实现方式。因此，模块内部具体的逻辑行为描述相对于外部其他模块来说是不可见的。改变一个模块内部逻辑行为的描述方式，并不会影响该模块与其他模块的连接关系。Verilog HDL 提供了下面 4 种描述方式，包括行为级描述、数据流描述、结构级描述和开关级描述。

5.3.1　行为级描述

Verilog HDL 的行为级描述是最能体现电子设计自动化风格的硬件描述方式，它既可以描述简单的逻辑门，也可以描述复杂的数字系统，甚至微处理器，并且其既可以描述组合逻辑电路，也可以描述时序逻辑电路。Verilog HDL 的行为级描述是 Verilog HDL 最高抽象级别的描述方式，可以按照要求的设计算法来实现一个模块而不用关心具体的实现细节。行为级描述类似于 C 语言编程。行为级描述只能用于对设计进行仿真，不能用于综合器的综合。行为级描述语句可以描述逻辑行为，包括以下两种方式：

（1）initial 语句，该语句只执行一次；

（2）always 语句，该语句循环执行若干次。

这两种语句内只能使用寄存器类型的数据，其特点是在被赋新值前保持原来的值不变。所有的 initial 语句和 always 语句在 0 时刻并行执行。

[**例 5.7**] Verilog HDL 行为级描述的例子，如代码清单 5-6 所示。

代码清单 5-6　Verilog HDL 行为级描述

```
module behave;
reg a, b;
initial begin
    a = 'b1;
    b = 'b0;
end
always begin
    #50 a = ~a;
end
always begin
    #100 b = ~b;
end
endmodule
```

在仿真这个模型时，在 0 时刻，分别将寄存器类型的 a 和 b 初始化为 1 和 0。在仿真的过程中，由 initial 定义的初始结构只执行一次，由关键字"begin"和"end"确定初始结构的边界（范围）。在 initial 定义的初始结构中，首先初始化 a，后面是 b。

在 0 时刻，开始执行 always 语句。但是，不改变变量的值，一直持续到指定的延迟时间为止（#后的数字表示延迟的时间长度）。

从 0 时刻开始计算，在第 50 个时间单位，寄存器类型的 a 翻转；在第 100 个时间单位，寄存器类型的 b 翻转。

由于总是重复执行 always 语句（语句范围由关键字"begin"和"end"确定）。因此，这个模型将生成两个方波，每 50 个时间单位就改变寄存器类型的 a 的状态；每 100 个时间单位就改变寄存器类型的 b 的状态。在整个仿真过程中，并发执行两条 always 语句。

Vivado 2018.1 集成开发环境给出的仿真结果如图 5.2 所示。

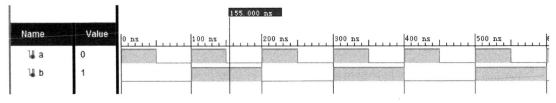

图 5.2　行为级描述的仿真结果

5.3.2　数据流描述

数据流描述也称为寄存器传输级（Register Transfer Level，RTL）描述。如图 5.3 所示，数据流描述可以理解成在一个复杂的数字系统中，应该包含有数据流和控制流。控制流用于控制数据的"流向"，即数据将要到达的地方。

如图 5.4 所示，从寄存器传输级的角度可以理解成在寄存器之间插入组合逻辑电路。在一个复杂的数字系统中，任何数据从输入到输出，都需要经过寄存器来对数据重定序。这样，保证数据从输入到输入满足时序收敛条件不会出现竞争冒险与亚稳定状态。

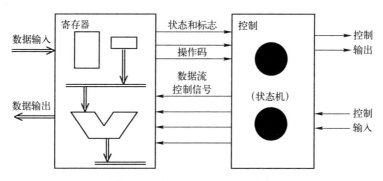

图 5.3　数据流描述的原理（1）

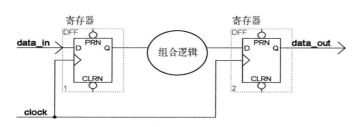

图 5.4　数据流描述的原理（2）

[**例 5.8**] Verilog HDL 描述 2-1 多路选择器的例子，如代码清单 5-7 所示。图 5.5 给出了 2-1 多路选择器的原理图。

代码清单 5-7　Verilog HDL 描述 2-1 多路选择器

```
module mux2_1(
    input sel,
    input a,
    input b,
    output reg d
    );
always @ (sel,a,b)
begin
if(sel)
    d=a;
else
    d=b;
end
endmodule
```

讲完数据流描述，经常有读者就会问行为级描述和数据流描述的本质区别是什么。下面进行简单说明：

（1）在行为级描述中，使用了 Verilog HDL 中提供的一些描述语句，这些语句无法通过 Vivado 综合转换为电路结构，如包含对时间延迟的描述；而数据流描述中所使用的 Verilog HDL 描述语句可以通过 Vivado 综合后转换为电路结构。

（2）行为级描述一般只用于对设计进行仿真，也就是生成对设计的测试向量，通过仿真工具来验证设计有无缺陷；而数据流描述最终要转换为电路结构。

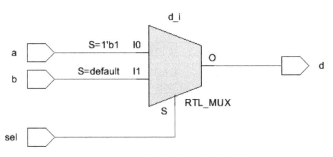

图 5.5　2-1 多路选择器的原理图

5.3.3　结构级描述

结构级描述就是在设计中，通过调用库中的元件或者是已经设计好的模块来完成设计实体功能的描述。通常情况下，在使用层次化设计方法时，一个高层次模块会调用一个或者多个低层次模块。在 Verilog HDL 中，通过模块例化语句来调用已经设计好的模块。

模块例化语句的基本格式如下：

　　　　<module_name><list_of_variable><module_example_name>(<list_of_port>);

其中：

（1）module_name 是指被调用模块的模块名（通过关键字"module"定义）。

（2）list_of_variable 是可选项，它是由参数值组成的一张有序列表，这些参数值将按顺序一一对应地传递给被调用模块实例内所对应的参数。

（3）module_example_name 是为被调用模块实例所命名的一个名字，它是模块实例的唯一标识。

在某个模块内，可以多次调用同一个模块。但是，每次调用生成的模块实例名不能重复。实例名和模块名的区别是，模块名表示调用不同的模块，即用来区分电路单元的不同种类；而实例名则表示不同的模块实例，用来区分电路系统中的不同硬件电路单元。

（4）list_of_port 是由外部信号组成的一张有序列表，这些外部信号端口代表着与模块实例各端口相连的外部信号。所以，list_of_port 说明模块实例端口与外部电路的连接情况。

> **注**：有两种方法连接端口信号，即按照端口列表的顺序映射端口，也可以通过端口的名字进行映射。

[例 5.9] Veilog HDL 结构级描述的例子，在该例子中，按端口在模块中的顺序实现端口映射，如代码清单 5-8 所示。

代码清单 5-8　Verilog HDL 结构级描述（采用位置映射）

```
//低层次模块
//描述一个与非门触发电路模块
module ffnand (q, qbar, preset, clear);
output q, qbar;                  //声明两个输出端口
input preset, clear;             //声明两个输入端口
//分别例化两个 nand 门,并按端口顺序实现端口映射
nand g1 (q, qbar, preset),
```

```
        g2 (qbar, q, clear);
endmodule

//较高层次模块
//用于与非触发器的一个波形描述
module ffnand_wave;
wire out1, out2;                    //来自 ffand 模块的输出
reg in1, in2;                       //用于驱动 ffand 模块的输入
parameter d = 10;
//例化 ffnand 模块,并将其实例命名为 ff,并按端口顺序实现端口映射
ffnand ff(out1, out2, in1, in2);
//定义用于验证 ffand 模块的测试向量
initial begin
    #d in1 = 0; in2 = 1;
    #d in1 = 1;
    #d in2 = 0;
    #d in2 = 1;
end
endmodule
```

> **注**：读者可定位到本书所提供例子的 \eda_verilog\arh_des 路经下，用 Vivado 2018.1 集成开发环境打开该设计。

在该例子中，ffnand 模块的内部结构如图 5.6 所示，产生的测试向量和仿真结果如图 5.7 所示。

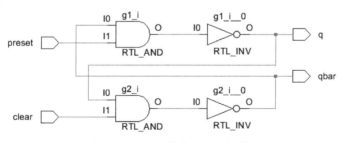

图 5.6　ffnand 模块的内部结构

Name	Value	0 ns	10 ns	20 ns	30 ns	40 ns	50 ns	6(
out1	0							
out2	1							
in1	1							
in2	1							

图 5.7　测试向量和仿真结果

[**例 5.10**] Verilog HDL 结构级描述的例子，在该例子中，采用端口名字实现端口映射，如代码清单 5-9 所示。

代码清单 5-9　Verilog HDL 结构级描述（采用端口名字映射）

```
//用于测试 ffnand 电路的波形描述,没有输出端口
module ffnand_wave;
reg in1, in2;              //驱动电路的两个变量
parameter d = 10;
//例化 ffnand 模块两次
//没有连接 ff1 的 qbar,没有连接 ff2 的 q
ffnand ff1(out1, , in1, in2),
ff2(.qbar(out2), .clear(in2), .preset(in1), .q());
//定义用于验证 ffand 模块的测试向量
initial begin
    #d in1 = 0; in2 = 1;
    #d in1 = 1;
    #d in2 = 0;
    #d in2 = 1;
end
endmodule
```

思考与练习 5-1：请简要说明行为级描述和结构级描述的区别。

5.3.4　开关级描述

从本质上来说，开关级描述属于结构级描述，但是其描述更接近于底层的门级和开关级电路。本书中，专门独立列出开关级描述，用于说明 Verilog HDL 对底层电路强大的描述能力。对于一个门或者开关实例来说，包含下面的描述：

（1）关键字命名了门或开关原语的类型；

（2）可选的驱动强度；

（3）可选的传输延迟；

（4）可选的标识符，命名了门或开关实例的名字；

（5）可选的用于例化阵列的范围；

（6）终端连接列表。

[例 5.11] Verilog HDL 开关级描述的例子，如代码清单 5-10 和代码清单 5-11 所示。

代码清单 5-10　Verilog HDL 开关级描述（1）

```
module driver (in, out, en);
input [3:0] in;
output [3:0] out;
input en;
bufif0 ar[3:0] (out, in, en);           //三态缓冲器阵列
endmodule
```

代码清单 5-11　Verilog HDL 开关级描述（2）

```
module driver_equiv (in, out, en);
input [3:0] in;
output [3:0] out;
input en;
```

```
bufif0 ar3 (out[3], in[3], en); //独立声明每个缓冲区
bufif0 ar2 (out[2], in[2], en);
bufif0 ar1 (out[1], in[1], en);
bufif0 ar0 (out[0], in[0], en);
endmodule
```

注：（1）读者可定位到本书所提供例子的\eda_verilog\switch_1 路经下，用 Vivado 2018.1 集成开发环境打开设计。

（2）bufif0 表示输出缓冲区，当且仅当 en 信号为"0"时，输入连接到输出；否则输出为高阻状态。

该设计所生成的电路结构如图 5.8 所示。

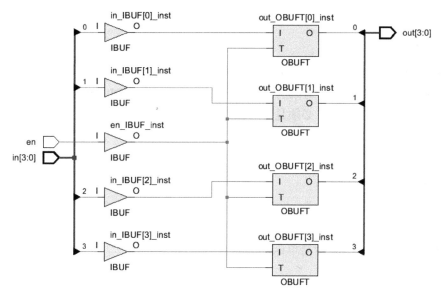

图 5.8　开关级描述生成的电路结构

5.4　Verilog HDL 要素

Verilog HDL 要素包括注释、间隔符、标识符、关键字、系统任务和函数、编译器命令、运算符、数字、字符串和属性。

5.4.1　注释

注释的主要作用是为了增加 Verilog HDL 代码的可读性，便于其他设计人员对 Verilog HDL 代码进行维护和修改。Verilog HDL 提供两种注释方法，其语法规定和 C 语言一致。

1. 单行注释

以双斜杠符"//"开始，"//"符号后面的内容是具体注释的内容。需要注意的是，注释的内容必须和双斜杠符"//"在同一行，注释内容不影响 Verilog HDL 综合工具对代码内

容的理解。

2. 多行注释

以单斜杠加上星号"/ *"作为多行注释的开始标志，以星号加上单斜杠"* /"作为注释的结束标志。在"/ *"和"* /"之间的任何描述都作为注释内容。同样地，注释内容不影响 Verilog HDL 综合工具对代码内容的理解。

5.4.2　间隔符

间隔符包括空格字符（\b）、制表符（\t）、换行符（\n）和换页符，这些间隔符只是将标识符进行分割，并无其他作用。此外，在必要的位置插入空格符或换行符，可以增加程序文本的可读性，便于其他设计人员对 Verilog HDL 代码进行维护和修改。

需要注意的是，将字符串中的空格和制表符看作有意义的字符。

5.4.3　标识符

Verilog HDL 中的标识符可以是任意一组字母、数字、"$"（货币符号）和"_"（下画线）符号的组合，是赋予一个对象的唯一名字。对于 Verilog HDL 中的标识符，规定如下：

（1）标识符的第一个字符必须是字母或者下画线；

（2）标识符区分大小写。

在 Verilog HDL 中，标识符分为简单标识符和转义标识符。

1. 简单标识符

简单标识符是由字母、数字、"$"符号和"_"符号构成的任意序列。简单标识符的第一个符号不能是数字或"$"符号，且简单标识符对大小写字母敏感。

[**例 5.12**] Verilog HDL 中简单标识符的例子。

```
shiftreg_a
busa_index
error_condition
merge_ab
_bus3
n $657
```

2. 转义标识符

转义标识符可以在一个标识符内包含任何可打印字符。转义标识符以"\"（反斜杠）符号开头，以空白字符结尾。空白字符可以是空格、制表符或换行符。

[**例 5.13**] Verilog HDL 中转义标识符的例子。

```
\busa+index
\-clock
\ ** * error-condition ** *
\net1/\net2
\{a,b}
\a * (b+c)
```

5.4.4　关键字

Verilog HDL 内部所使用的词称为关键字或保留字，设计人员不能随便使用这些保留字。所有的关键字都使用小写字母。

> **注：** 如果关键字前面包含转义符，则不再看作 Verilog HDL 的关键字。

5.4.5　系统任务和函数

为了便于设计者对仿真过程进行控制和对仿真结果进行分析，Verilog HDL 提供了大量的系统功能调用，大致可以分为两类：

（1）任务型功能调用，称为系统任务；

（2）函数型功能调用，称为系统函数。

Verilog HDL 中以字符"$"开始的标识符表示系统任务或系统函数，它们的区别主要包含：

（1）系统任务可以返回 0 个或者多个值。

（2）系统函数只有一个返回值。

（3）系统函数在 0 时刻执行，即不允许延迟；而系统任务可以包含延迟。

[**例 5.14**] Verilog HDL 描述系统任务的例子。

```
$display ("display a message");
$finish ;
```

5.4.6　编译器指令

与 C 语言中的预编译指令一样，Verilog HDL 也提供了大量的编译器指令。通过这些编译器指令，使得厂商使用他们的 EDA 工具解释 Verilog HDL 模型变得相当容易。将以"`"（重音符）符号开始的某些标识符看作编译器指令。在处于 Verilog HDL 代码时，特定的编译器指令在整个编译过程中均有效，即编译过程可跨越多个文件，直到遇到其他编译器指令为止。

[**例 5.15**] Verilog HDL 描述编译器指令的例子。

```
`define wordsize 8
```

5.4.7　运算符

Verilog HDL 提供了丰富的运算符，关于运算符的内容，将在后面详细介绍。

5.4.8　数字

本节将主要介绍整数型常量、实数型常量，以及实数型常量到整数型常量的转换。

1. 整数型常量

整数型常量可按下面两种方式定义。

1）简单的十进制形式

用这种形式定义整数型常量可以带有一个可选的“+”（一元加）或“−”（一元减）操作符的数字序列，其中符号“+”和“−”用于表示正数和负数。

2）基数表示法

用这种形式定义整数型常量的格式为

<size><'base_format><number>

其中：

（1）<size>为数字所等效二进制数的位宽，该参数是一个非零的无符号十进制常量。

（2）<'base_format>，符号“'”是用于指定位宽格式表示法的固有字符，不能省略。base_format 是用于指定 number 所使用基数格式（进制）的一个字母，对字母的大小写不敏感。在“'”后面可使用的基数标识符包括以下字母。

① 字母 s/S，表示 number 为有符号数；

② 字母 o/O，表示 number 为八进制数；

③ 字母 b/B，表示 number 为二进制数；

④ 字母 d/D，表示 number 为十进制数；

⑤ 字母 h/H，表示 number 为十六进制数。

> **注意**：符号“'”和 base_format 之间不能有空格。

（3）<number>为采用不同 base_format 所表示的数字序列，由相应基数格式的数字串组成。需要注意的是，值“x”和“z”，以及十六进制中的字符 a ~ f 不区分大小写。每个数字之间，可以使用“_”符号连接。

对于没有使用 size 和 base_format 标识的十进制整数常量，将其看作有符号数。然而，如果带有 base_format 的十进制数包含了基数标识符“s”，则看作有符号数；如果只包含基数，则看作无符号数。基数标识符“s”并不影响所给出的比特符号，只是影响对比特符号的理解。

在 size 前面的“+”或“−”符号表示一元加或者一元减操作符。

> **注**：在任何时候，负数应该使用二进制补码形式表示。

3）非对齐宽度整型常量的处理

对于非对齐宽度整型常量的处理，遵循下面的规则：

（1）当 size 指定的位宽小于 number 的实际位数时，将相应的高位部分截断。

（2）当 size 指定的位宽大于 number 的实际位数时，且 number 的最高位是“0”或“1”（表示正数或负数）时，高位部分相应地补“0”或“1”。

（3）当 size 指定的位宽大于 number 的实际位数时，且 number 的最高位是“x”或“z”时（表示不确定状态或高阻状态）时，高位部分相应地补“x”或“z”。

（4）如果未指定 size，则默认位宽至少为 32 位。

[**例 5.16**] Verilog HDL 中未指定位宽的整型常量的例子。

```
659          //十进制数
'h 837FF     //十六进制数
'o 7460      //八进制数
```

[**例 5.17**]　Verilog HDL 中指定位宽的整型常量的例子。

```
4'b1001      //二进制数,位宽为 4
5 'D3        //十进制数,指定 5 位的二进制位宽
3'b01x       //二进制数,位宽为 3,其中 LSB 包含不确定状态
12'hx        //十六进制数,指定 12 位的二进制位宽,其值为不确定状态
16'hz        //十六进制数,指定 16 位的二进制位宽,其值为高阻状态
```

[**例 5.18**]　Veriog HDL 中带符号的整型常量的例子。

```
8 'd-6       //非法声明
-8 'd 6      //定义了 6 的二进制补码,位宽为 8 位,等效于-(8'd6)
4 'shf       //定义了 4 位有符号数,将其看作-1 的二进制补码,等效于-4'h 1
-4 'sd15     //等效于-(-4'd 1),或 "0001"
16'sd?       //与 16'sbz 相同
```

> **注**："?" 符号用于替换 "z"，对于十六进制，设置为 4 位；对于八进制，设置为 3
> 位；对于二进制，设置为 1 位。

[**例 5.19**]　Verilog HDL 中与指定位宽不相等的整型常量的例子。

```
reg [11:0] a, b, c, d;
initial begin
    a = 'h x;   //生成 xxx
    b = 'h 3x;  //生成 03x
    c = 'h z3;  //生成 zz3
    d = 'h 0z3; //生成 0z3
end
reg [84:0] e, f, g;
    e = 'h5;    //生成{82{1'b0},3'b101}
    f = 'hx;    //生成{85{1'hx}}
    g = 'hz;    //生成{85{1'hz}}
```

[**例 5.20**]　Verilog HDL 中使用包含下画线的整型常量的例子。

```
27_195_000
16'b0011_0101_0001_1111
32 'h 12ab_f001
```

2. 实数型常量

IEEE Std 754-1985 标准中对实数的表示方法进行了说明，该标准用于双精度浮点数。
实数型常量可以用十进制计数法或者科学计数法表示。

> **注**：十进制小数点两边至少要有一个数字。

[**例 5.21**]　Verilog HDL 中描述实数常量的例子。

```
1. 2
0. 1
2394. 26331
1. 2E12(指数符号为 e 或者 E)
1. 30e-2
0. 1e-0
23E10
29E-2
236. 123_763_e-12(忽略下画线)
```

[例 5. 22] Verilog HDL 中不能表示实数常量的例子。

```
. 12
9.
4. E3
. 2e-7
```

3. 实数型常量到整数型常量的转换

Verilog HDL 语言规定，通过四舍五入的方法，将实数型常量转换为整数型常量。

[例 5. 23] Verilog HDL 中将实数型常量转换为整数型常量的例子。

```
实数型常量 42. 446 和 42. 45 转换为整数型常量 42
实数型常量 92. 5 和 92. 699 转换为整数型常量 93
实数型常量-15. 62 转换为整数型常量-16
实数型常量-26. 22 转换为整数型常量-26
```

5. 4. 9　字符串

字符串是双引号内的字符序列，用一串 8 位二进制 ASCⅡ码表示，每一个 8 位二进制 ASCⅡ码代表一个字符。例如，字符串"ab"等价于 16'h5758。如果将字符串用作 Verilog HDL 表达式或赋值语句的操作数，则将字符串看作无符号整数序列。

1. 声明字符串变量

字符串变量是寄存器（reg）类型的变量，其位宽等于字符串中字符的个数乘以 8。

[例 5. 24] Verilog HDL 中声明字符串变量的例子。

存储包含 12 个字符的字符串"Hello China!"，需要 8×12（96）位宽的寄存器。

```
reg [8 * 12:1] str1;
    initial
        begin
        str ="Hello China!";
    end
```

2. 操作字符串

使用 Verilog HDL 提供的操作符对字符串进行处理，被操作符处理的数据是 8 位 ASCⅡ码的序列。对于非对齐宽度的情况，采用下面的方式处理：

（1）在操作过程中，如果声明字符串变量的位宽大于字符串的实际位宽，则在赋值操作后，字符串变量的左边（高位）补 0。这一点与非字符串的赋值操作相同。

（2）如果声明的字符串变量的位宽小于字符串的实际位宽，则截断字符串的左端（高位），结果就会丢失字符串的高位。

［例 5.25］ Verilog HDL 描述操作字符串的例子，如代码清单 5-12 所示。

代码清单 5-12　Verilog HDL 的描述操作字符串

```
module string_test;
    reg [8 * 14:1] stringvar;
initial
begin
    stringvar = "Hello China";
    $display ("%s is stored as %h", stringvar, stringvar);
    Stringvar = {stringvar. "!!!"};
    $display ("%s is stored as %h", stringvar, stringvar);
end
endmodule
```

在 Vivado 2018.1 集成开发环境中的仿真结果如图 5.9 所示。

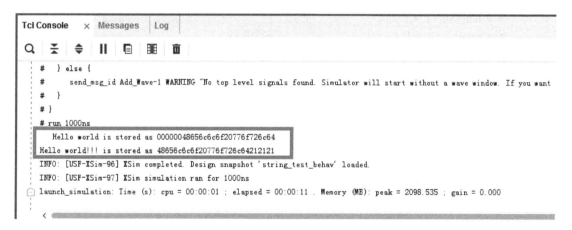

图 5.9　Verilog HDL 描述操作字符串的仿真结果

3. 特殊字符

在某些字符之前可以加上一个引导性的字符（转义字符），这些字符只能用于字符串中。表 5.1 列出了这些特殊字符的表示和意义。

表 5.1　特殊字符的表示和意义

特殊字符表示	意义
\n	换行符
\t	Tab 键
\\	字符\
\"	字符"
\ddd	以 3 位八进制数表示的一个字符（0<<d<<7）

5.4.10　属性

随着工具功能的扩展，除使用 Verilog HDL 作为仿真器的输入源外，还包含另外一个机制，即在 Verilog HDL 源文件中可以指定对象、描述和描述组的属性。这些属性可以用于各种工具中，包括仿真器，用于控制或干预工具的操作行为。在 Verilog HDL 中，这些属性称为 attribute。

指定属性的格式为

```
( * attribute_name = constant_expression * )
```

或者

```
( * attribute_name * )
```

[例 5.26]　Verilog HDL 中将属性添加到 case 语句的例子。

```
( * full_case, parallel_case * )
case ( foo )
              <rest_of_case_statement>
( * full_case = 1 * )
( * parallel_case = 1 * )                    //多个属性
case ( foo )
    <rest_of_case_statement>
```

或者

```
( * full_case,                       //没有分配值
    parallel_case = 1 * )
case ( foo )
        <rest_of_case_statement>
```

[例 5.27]　在 Verilog HDL 中添加 full_case 属性，但是没有 parallel_case 属性的例子。

```
( * full_case * ) //parallel_case not specified
case ( foo )
        <rest_of_case_statement>
```

或者

```
( * full_case = 1, parallel_case = 0 * )
case ( foo )
        <rest_of_case_statement>
```

[例 5.28]　在 Verilog HDL 中将属性添加到模块定义的例子。

```
( * optimize_power * )
 module mod1 ( <port_list> );
```

或者

```
( * optimize_power = 1 * )
 module mod1 ( <port_list> );
```

[**例5. 29**] 在 Verilog HDL 中将属性添加到模块实例的例子。

```
( * optimize_power=0 * )
mod1 synth1 (<port_list>);
```

[**例5. 30**] 在 Verilog HDL 中将属性添加到 reg 声明的例子。

```
( * fsm_state * ) reg [7:0] state1;
( * fsm_state=1 * )reg [3:0] state2, state3;
reg [3:0] reg1;                    //这个 reg 没有 fsm_state 设置
( * fsm_state=0 * )reg [3:0] reg2; //这个也没有
```

[**例5. 31**] 在 Verilog HDL 中将属性添加到操作符的例子。

```
a = b + ( * mode = "cla" * ) c;        //将属性模式的值设置为字符串 cla
```

[**例5. 32**] 在 Verilog HDL 中将属性添加到一个 Verilog 函数调用的例子。

```
a = add ( * mode = "cla" * ) (b, c);
```

[**例5. 33**] 在 Verilog HDL 中将属性添加到一个有条件操作符的例子。

```
a = b ? ( * no_glitch * ) c : d;
```

[**例5. 34**] 在 Verilog HDL 中未充分描述 case 的例子，注意，该例子中没有添加 full_case 属性，如代码清单 5-13 所示。

代码清单5-13　未充分描述 case 的 Verilog HDL 代码（1）

```
module mul(
    input [1:0] sel,
    input a,b,c,d,
    output reg y
    );
always @ ( * )
begin
  case (sel)
      2'b00 : y=a;
      2'b01 : y=b;
      2'b10: y=c;
  endcase
end
endmodule
```

该描述代码中没有添加 full_case 属性。使用 Vivado 工具对该设计进行综合后的结果如图 5.10 所示。从图中可知，生成了锁存器结构。

还是同样的设计代码，但是在代码中添加了 full_case 属性，如代码清单 5-14 所示。

代码清单5-14　未充分描述 case 的 Verilog HDL 代码（2）

```
module mul(
        input [1:0] sel,
        input a,b,c,d,
```

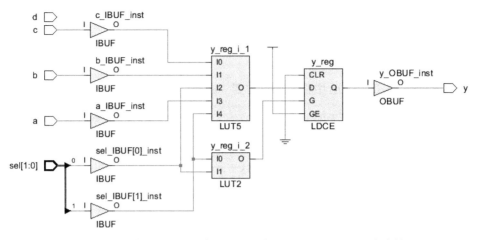

图 5.10 未充分描述 case 语句（没有添加 full_case 属性）的综合结果

```
        output reg y
        );
always @ ( * )
begin
    ( * full_case * )
    case (sel)
        2'b00    : y=a;
        2'b01    : y=b;
        2'b10    : y=c;
    endcase
end
endmodule
```

该描述代码中添加了 full_case 属性。使用 Vivado 工具对该设计进行综合后的结果如图 5.11 所示。从图中可知，并没有生成锁存器结构。

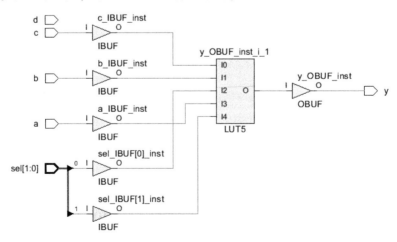

图 5.11 未充分描述 case 语句（添加 full_case 属性）的综合结果

5.5　Verilog HDL 数据类型

本节只介绍在 FPGA 设计中支持的 Verilog HDL 数据类型，其中包括值的集合，网络和变量，向量，隐含声明，网络类型，寄存器类型，整型、实数型、时间型和实时时间，数组，参数，Verilog HDL 名字空间。

5.5.1　值的集合

Verilog HDL 有 4 个基本值，包括：

（1）0。表示逻辑"0"或"假"状态。

（2）1。表示逻辑"1"或"真"状态。

（3）x（X）。表示未知状态，对大小写不敏感。

（4）z（Z）。表示高阻状态，对大小写不敏感。

> **注**：（1）这 4 种值的解释都内置于 Verilog HDL 中，如一个"z"值总是意味着高阻抗，一个"0"值通常是指逻辑"0"。
>
> （2）将逻辑门的输入或一个表达式中的"z"值通常解释为"x"。

5.5.2　网络和变量

在 Verilog HDL 中，根据赋值（分配值）和保持值方式的不同，可将数据类型分为两大类，即网络类型和变量类型，这两种数据类型代表了不同的硬件结构。

1. 声明网络

网络表示器件之间的物理连接，需要逻辑门和模块的驱动。网络类型不保存值（除 trireg 以外），其输出始终根据输入的变化而变化。很明显，这是组合逻辑电路的基本特征。

对于没有显式声明的网络，默认为一位（标量）wire 类型；Verilog HDL 禁止再次声明已经声明过的网络、变量或参数。声明网络类型的语法格式为

```
<net_type> [range] [delay] <net_name>[,net_name];
```

其中：

（1）net_type 表示网络类型的数据。

（2）range 指定数据为标量（一个比特位）或矢量（多个比特位）。若没有声明范围，则默认为标量。否则，由该项指定网络的位宽。

（3）delay 指定仿真的延迟时间（用于仿真）。

（4）net_name 为网络名，可以一次定义多个网络名，多个网络之间用逗号分隔。

［**例 5.35**］ Verilog HDL 中声明网络类型的例子。

```
wand w;              //声明 w 为一个标量 wand 类型的网络
tri [15:0] bus;      //声明一个具有 16 位宽度的三态总线
wire [0:31] w1, w2;  //声明两个 32 位 wire 类型的网络,MSB 为 0,LSB 为 31
```

2. 声明变量

变量是对数据存储元件的抽象。从一次赋值到下一次赋值之前，变量的值保持不变。Verilog HDL 代码中的赋值语句将引起存储元件中值的变化。

（1）对于 reg、time 和 integer 变量类型的数据来说，它们的初始值应当是未知（x）的。

（2）对于 real 和 realtime 变量类型的数据来说，它们的初始值是 0.0。

（3）如果使用变量声明赋值语句，那么变量将声明赋值语句所赋的值作为初值，这与在 initial 结构中对变量进行赋值等效。

> **注**：在变量类型的数据中，只有 reg 和 integer 变量类型的数据可综合，其他不可综合。

5.5.3 向量

在一个网络或寄存器类型声明中，如果没有指定其范围，默认将其看作一比特位宽，也就是通常所说的标量。通过指定范围来声明多位的网络或寄存器型数据，则称为矢量（也叫作向量）。

通过常量表达式说明向量范围，msb_constant_expression（最高有效位常量表达式）表示范围左侧的值，lsb_constant_expression（最低有效位常量表达式）表示范围右侧的值。右侧表达式的值可以大于、等于或者小于左侧表达式的值。

网络型和寄存器型的向量遵循以 2 为模（2^n）的乘幂算术运算法则，此处的 n 是向量的位宽。如果没有将网络型和寄存器型的向量声明为有符号量或者将其连接到一个已声明为有符号的数据端口，那么将该向量当作无符号的向量。

[**例 5.36**] Verilog HDL 中声明向量的例子。

```
wand w;                    //wand 类型的标量
tri [15:0] busa;           //一个 16 位的三态总线
trireg(small) storeit;     //低强度的一个充电保存点
reg a;                     //寄存器类型的标量
reg [3:0] v;               //4 位寄存器类型的向量,由 v[3]、v[2]、v[1]和 v[0]构成
reg signed [3:0] signed_reg;//一个 4 位有符号寄存器类型的向量,表示范围为-8~7
reg [-1:4] b;              //一个 6 位寄存器类型的向量
wire w1, w2;               //声明两个线网络类型的数据,默认为标量
reg [4:0] x, y, z;         //声明 3 个 5 位寄存器类型的变量
```

5.5.4 强度

在一个网络类型数据的声明中，可以指定两类强度。

1. 电荷量强度

只有在 trireg 网络类型的声明中才可以使用该强度。一个 trireg 网络类型的数据用于模拟一个电荷存储节点，该节点的电荷量将随时间而逐渐衰减。在仿真时，对于一个 trireg 网络类型的数据，其电荷衰减时间应当指定为延迟时间。电荷量强度由下面的关键字来指定电容量的相对大小，即 small、medium 或 large。默认地，电荷强度为 medium。

2. 驱动强度

在一个网络类型数据的声明语句中，如果对数据对象进行了连续赋值，就可以为声明的数据对象指定驱动强度。门级元件的声明只能指定驱动强度。根据驱动源的强度，其驱动强度可以是 supply、strong、pull 或 weak。

5.5.5　隐含声明

如果没有显式声明网络类型或者变量类型，则在下面的情况中，默认将其指定为网络类型：

（1）在一个端口表达式的声明中，如果没有对端口的数据类型进行显式说明，则默认的端口数据类型为 wire 型，并且默认的 wire 型矢量的位宽与矢量型端口声明的位宽相同。

（2）在模块例化的端口列表中，如果先前没有对端口的数据类型进行显式说明，那么默认的端口数据类型为网络类型的标量。

（3）如果一个标识符出现在连续赋值语句的左侧，而先前未曾声明该标识符，那么将该标识符的数据类型作为网络类型的标量。

5.5.6　网络类型

网络类型包括不同的种类，表 5.2 给出了常用网络类型的功能及其可综合性。本节仅对可综合的网络类型进行介绍。

表 5.2　常用网络类型的功能及其可综合性

类　　型	功　　能	Vivado 支持的可综合性
wire，tri	标准内部连接线	√
supply1，supply0	电源和地	√
wor，trior	多驱动源线或	×
wand，triand	多驱动源线与	×
trireg	能保存电荷的网络	×
tri1，tri0	无驱动时上拉/下拉	√

注：在 Vivado 2018.1 集成开发环境的实现工具中，禁止出现多个源驱动同一个网络的情况，遇到这种情况则会导致实现过程的失败。

简单的网络类型说明格式为

net_kind[msb:lsb]net1,net2,…,net$N$;

其中：

（1）net_kind 是上述网络类型中的一种。

（2）msb 和 lsb 用于定义网络范围的常量表达式。如果没有定义范围，默认的网络类型为 1 位。

默认地，网络类型的数据的初始化值为"z"。带有驱动的网络类型的数据应当为它们的驱动输出指定默认值。

> **注**：trireg 网络型数据是一个例外，它默认初始值为"x"，并且在声明语句中应当为其指定电荷量强度。

1. wire 和 tri 网络类型

用于连接单元的连线是最常见的网络类型。连线（wire）网络与三态（tri）网络的语法和语义一致。

三态网络可以用于描述多个驱动源驱动同一根线的网络类型，并且没有其他特殊意义。如果多个驱动源驱动一个连线（或三态网络），由表 5.3 确定网络输出的有效值。

表 5.3　多个源驱动 wire 和 tri 网络类型的输出

wire/tri	0	1	x	z
0	0	x	x	0
1	x	1	x	1
x	x	x	x	x
z	0	1	x	z

由关键词"wire"定义常用的网络类型，wire 型变量的定义格式如下：

wire $[n-1:0]$ \<name1\>,\<name2\>,…,\<name$n$\>;

其中，name1,…,name$n$ 表示 wire 型网络的名字。

[**例 5.37**] Verilog HDL 描述多个源驱动 wire 网络类型的例子，如代码清单 5-15 所示。

代码清单 5-15　Verilog HDL 描述多个源驱动 wire 网络类型

```verilog
module top(
    input a,
    input b,
    output z
    );
assign z=a;
assign z=b;
endmodule
```

对该设计执行综合后的电路结构如图 5.12 所示。

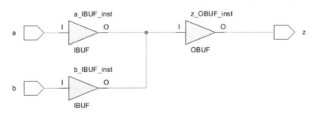

图 5.12　对多个源驱动 wire 网络综合后的电路结构

对该设计添加仿真测试向量，如代码清单 5-16 所示。

代码清单 5-16　测试 Verilog HDL 描述多个源驱动 wire 网络

```
module test;
reg a,b;
wire z;
top uut(.a(a),.b(b),.z(z));
initial
begin
    a=1'b0;
    b=1'bz;
    #100;
    a=1'b1;
    b=1'bz;
    #100;
    a=1'b0;
    b=1'b1;
    #100;
    a=1'bz;
    b=1'bz;
    #100;
    a=1'bx;
    b=1'bz;
    #100;
end
endmodule
```

在 Vivado 2018.1 集成开发环境中执行行为级仿真后的结果如图 5.13 所示。

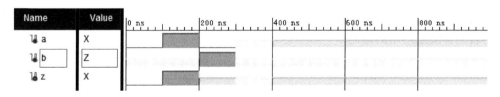

图 5.13　对多个源驱动 wire 网络仿真后的结果

思考与练习 5-2：请读者在测试代码中添加 a 和 b 其他取值的情况，并对修改后的代码执行行为级仿真，查看仿真结果是否与表 5.3 给出的规则一致。

2. wor 和 trior 网络类型

线或（wor）和三态线或（trior）用于为连线型逻辑结构建模。当有多个驱动源驱动 wor 和 trior 型数据时，将产生线或结构。如果驱动源中任一个为 "1"，那么网络型数据的值也为 "1"。线或与三态线或在语法和功能上一致。如果多个驱动源驱动这类网络，则表 5.4 决定了网络的输出。

表 5.4　多个源驱动 wor 和 trior 网络类型的输出

wor/trior	0	1	x	z
0	0	1	x	0

续表

wor/trior	0	1	x	z
1	1	1	1	1
x	x	1	x	x
z	0	1	x	z

> **注**：Vivado 2018.1 集成开发环境不支持对 wor 型网络的综合。

[例 5.38] Verilog HDL 描述多个源驱动 wor 网络类型的例子，如代码清单 5-17 所示。

代码清单 5-17　Verilog HDL 描述多个源驱动 wor 网络类型

```
module test;
wire a = 1'bz;
wire b = 1'bz;
wor z;
 assign z = a;
 assign z = b;
endmodule
```

思考与练习 5-3：请读者修改 a 和 b 的取值，并对该设计执行行为级仿真，查看仿真结果是否与表 5.4 给出的线或规则一致。

3. wand 和 triand 网络类型

线与（wand）网络和三态线与（triand）网络用于为连线型逻辑结构建模。如果某个驱动源为"0"，那么网络的值就为"0"。当有多个驱动源驱动 wand 和 triand 型网络时，将产生线与结构。线与网络和三态线与网络在语法和功能上是一致的。如果多个源驱动这类网络，由表 5.5 决定网络的输出。

表 5.5　多个源驱动 wand 和 triand 网络类型的输出

wand/triand	0	1	x	z
0	0	0	0	0
1	0	1	x	1
X	0	X	x	x
Z	0	1	x	z

[例 5.39] Verilog HDL 描述多个源驱动 wand 网络类型的例子，如代码清单 5-18 所示。

代码清单 5-18　Verilog HDL 描述多个源驱动 wand 网络类型

```
module test1;
wire a = 1'bz;
wire b = 1'bz;
wand z;
 assign z = a;
```

```
    assign z=b;
    endmodule
```

思考与练习 5-4：请读者修改 a 和 b 的取值，并对该设计执行行为级仿真，查看仿真结果是否与表 5.5 给出的线与规则一致。

> **注**：Vivado 2018.1 集成开发环境不支持对 wand 型网络的综合。

4. trireg 网络类型

Vivado 2018.1 集成开发环境的综合工具和仿真工具均不支持 trireg 网络类型。

5. tri0 和 tri1 网络类型

tri0 和 tri1 网络类型可用于对多于一个驱动源的线逻辑建模。tri0 类型的网络特性是，若无驱动源驱动，它的值为 "0"（tri1 的值为 "1"）。网络值的驱动强度都为 pull。

（1）tri0 相当于这样一个 wire 型网络，即由一个强度为 pull 的 "0" 值连续驱动该网络。

（2）tri1 相当于这样一个 wire 型网络，即由一个强度为 pull 的 "1" 值连续驱动该网络。

如果多个源驱动这类网络，由表 5.6 决定网络的输出。

表 5.6　多个源驱动 tri0 和 tri1 网络类型的输出

tri0/tri1	0	1	x	z
0	0	x	x	0
1	x	1	x	1
x	x	x	x	x
z	0	1	x	0/1

[例 5.40] Verilog HDL 描述多个源驱动 tri0 和 tri1 网络类型的例子，如代码清单 5-19 所示。

代码清单 5-19　Verilog HDL 描述多个源驱动 tri0 和 tri1 网络类型

```
module top(
    input a,
    input b,
    output tri0 x,
    output tri1 y
        );
assign x=a;
assign x=b;
assign y=a;
assign y=b;
endmodule
```

对该设计执行综合后的电路结构如图 5.14 所示。

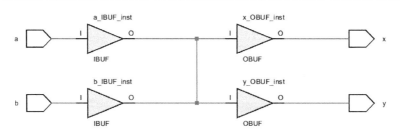

图 5.14　对多个源驱动 tri0 和 tri1 网络综合后的电路结构

对该设计添加仿真测试向量，如代码清单 5-20 所示。

代码清单 5-20　测试 Verilog HDL 描述多个源驱动 tri0 和 tri1 网络类型

```verilog
module test1;
reg a,b;
tri0 x;
tri1 y;
top1 uut(.a(a),.b(b),.x(x),.y(y));
initial
begin
    a=1'b0;
    b=1'b1;
    #100;
    a=1'bx;
    b=1'b1;
    #100;
    a=1'bz;
    b=1'bz;
    #100;
end
endmodule
```

在 Vivado 2018.1 集成开发环境下执行行为级仿真后的结果如图 5.15 所示。

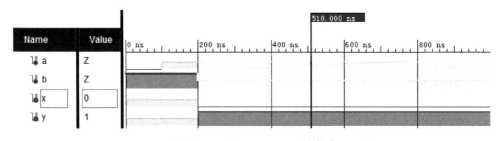

图 5.15　对多个源驱动 tri0 和 tri1 网络仿真后的结果

思考与练习 5-5：请读者在测试代码中添加 a 和 b 其他取值的情况，并对修改后的代码执行行为级仿真，查看仿真结果是否与表 5.6 给出的规则一致。

6. supply0 和 supply1 网络类型

supply0 网络类型用于对"地"建模，即低电平（逻辑"0"）；supply1 网络类型用于对"电源"建模，即高电平（逻辑"1"）。

[例 5.41]　Verilog HDL 描述 supply0 和 supply1 网络类型的例子。

```
supply0 Gnd,ClkGnd;
supply1 [2:0] Vcc;
```

7. 未说明的网络

在 Verilog HDL 中，可以不必声明某种网络类型。在这种情况下，默认该网络为一位 wire 类型。通过 "`default_nettype" 编译器指令，可以改变这一默认的网络说明方式。使用方法如下：

```
`default_nettypenet_kind
```

[例 5.42]　Verilog HDL 改变默认网络说明方式描述的例子。

```
`default_nettype wand
```

在该例子中，使用 "`default_nettype" 编译器指令将任何未被说明的网络默认为一位线与（wand）类型。

5.5.7　寄存器类型

通过过程分配语句给寄存器类型的变量分配值（赋值）。由于在分配的过程中寄存器的值不变，所以它可用于对硬件寄存器建模，包括对边沿敏感（如触发器）和电平敏感（如置位/复位和锁存器）的存储元件。

> **注**：一个寄存器变量不一定只表示一个硬件存储元件，这是因为它也可以用于表示一个组合逻辑。

寄存器型变量与网络型变量的区别主要在于：

（1）寄存器型变量保持最后一次的赋值，允许在 initial 或 always 语句内对寄存器型变量赋值。

（2）wire 型数据需要有连续的驱动源，如使用 assign 语句。

寄存器型变量声明的格式如下：

```
<reg_type> [range] <reg_name>[, reg_name];
```

其中：

（1）reg_type 为寄存器类型的变量。

（2）range 为矢量范围，[MSB:LSB] 格式，只对 reg 类型有效。

（3）reg_name 为 reg 型变量的名字，一次可定义多个 reg 型变量，使用逗号隔开。

[例 5.43]　Verilog HDL 描述寄存器型变量的例子，如代码清单 5-21 所示。

代码清单 5-21　Verilog HDL 描述寄存器型变量

```
module dff(clk,rst,d,q);
    input clk,rst,d;
    output reg q;
```

```
always @ ( posedge clk or posedge rst)
begin
  if( rst)
      q<= 1'b0;
  else
      q<= d;
end
endmodule
```

Vivado 2018.1 对该设计综合后的电路结构如图 5.16 所示。

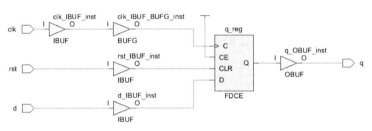

图 5.16　综合后的电路结构

5.5.8　整型、实数型、时间型和实时时间

本节将介绍变量类型中的整型、实数型、时间型和实时时间。

1. 整型变量声明

整型变量常用于声明循环控制变量。在算术运算中，将其看作二进制补码形式的有符号数。整型变量和 32 位的寄存器型数据在实际意义上相同，只是寄存器型数据被当作无符号数来处理。

［**例 5.44**］ Verilog HDL 声明整型变量的例子。

```
integer i,j;
integer [31:0] D;
```

> **注**：虽然 interger 有位宽度的声明，但是 integer 型变量不能作为位向量访问。不允许声明 D [6] 和 D [16:0]。在综合时，将 integer 型变量的初始值当作"x"。

2. 实数型变量声明

在机器码表示法中，实数型数据为浮点数，该变量类型可用于计算时间延迟。特别注意的是，Vivado 综合工具不支持对实数型变量的综合。对于实数来说：

（1）不是所有的 Verilog HDL 操作符都能用于实数值；

（2）不使用范围声明实数变量；

（3）默认地，实数变量的初始值为 0。

3. 时间型变量声明

时间型变量与整型变量类似，但它是 64 位的无符号数。时间型变量主要用于对仿真时间的存储与计算处理，常与系统函数$time 一起使用。

4. 实时时间变量声明

实时时间声明和实数声明进行相同的处理，能互相替换。

5.5.9　数组

向量可以将已声明过类型的元素组合成多维的数据对象。

（1）声明向量时，应当在声明的数据标识符后面指定元素的地址范围。每一个维度代表一个地址范围。

（2）数组可以是一维向量（一个地址范围），也可以是多维向量（多个地址范围）。

（3）向量的索引表达式应当是常量表达式，该常量表达式的值为整数。

（4）可以通过一条单独的赋值语句给一个数组元素赋值，但是不能为整个向量或向量的一部分赋值。

（5）要给一个向量元素赋值，需要为该向量的每个维度指定索引。向量索引可以是一个表达式，这就为选择向量中的元素提供了一种机制，即根据电路中其他网络或变量值来引用向量元素。

如果一个向量的元素类型为寄存器类型，那么将一维向量称为存储器。存储器只用于对 ROM、RAM 和寄存器建模。

（1）向量中的每一个寄存器也叫作元素或字，并且通过一个索引实现寻址。可以通过一条单独的赋值语句赋值一个 n 位的寄存器，但是不能通过这样的一条语句赋值整个存储器。

（2）为了对存储器的某个字赋值，需要为该字指定数组索引。该索引可以是一个表达式，表达式中可以包含其他变量或网络数据。通过计算该表达式的值，从而定位存储器的字。

［例 5.45］ Verilog HDL 声明数组的例子。

```
reg [7:0] mema[0:255];      //声明一个数组 mema 为 256×8 寄存器,其索引为 0~255
reg arrayb[7:0][0:255];     //声明一个二维数组,其数据为一位寄存器
wire w_array[7:0][5:0];     //声明线类型网络数组
integer inta[1:64];         //64 个整数值的数组
time chng_hist[1:1000]      //有 1000 个时间值的数组
integer t_index;
```

［例 5.46］ Verilog HDL 分配数组描述的例子。

```
mema = 0;                   //非法的描述,尝试给整个数组写 0
arrayb[1] = 0;              //非法的描述,尝试写元素从[1][0]到[1][255]
arrayb[1][12:31] = 0;       //非法的描述,尝试写元素从[1][12]到[1][31]
mema[1] = 0;                //给 mema 的第二个元素分配 0
arrayb[1][0] = 0;           //给索引[1][0]指向的元素分配 0
inta[4] = 33559;            //给数组的某个元素分配整数
chng_hist[t_index] = $time; //给当前索引指向的元素分配时间
```

［例 5.47］ Verilog HDL 声明存储器的例子。

```
reg [1:n] rega;             //声明一个宽度为 n 位且深度为 1 的寄存器
reg mema [1:n];             //声明一个宽度为 1 位且深度为 n 的寄存器
```

5.5.10 参数

Verilog HDL 中的参数既不属于变量类型也不属于网络类型。参数不是变量，而是常量。Verilog HDL 中，提供了两种类型的参数，包括模块参数和指定参数，可以指定这些参数的范围。默认地，parameter 和 specparam 保持必要的宽度，用于保存常数的值。当指定范围时，按照指定的范围确定。

1. 模块参数

模块参数定义的格式：

> parameter par_name1 = expression1, ···, par_namen = expressionn;

其中：

（1） par_name1, ···, par_namen 为参数的名字。

（2） expression1, ···, expressionn 为表达式。

（3） 可一次定义多个参数，用逗号隔开。参数的定义是局部的，只在当前模块中有效。

可以为一个模块参数指定类型和范围，规则如下：

（1） 没有为参数指定类型和范围，则根据分配给参数最终的值来确定参数的类型和范围。

（2） 一个指定范围但未指定类型的参数将是参数声明的范围，并且是无符号的。符号和范围将不受后面值的影响。

（3） 一个指定类型但未指定范围的参数将是参数指定的类型。一个有符号的参数，默认为分配给参数最后值的范围。

（4） 一个指定为有符号类型和范围的参数将是有符号的，并且是参数指定的范围。其符号和范围将不受后面值的影响。

（5） 一个没有指定范围，但是有指定符号类型或者没有指定类型的参数，有一个默认的范围，其 lsb 为 0，msb 等于或小于分配给参数最后的值。

编译时，可以改变参数值。改变参数值时，可以使用参数定义语句或在模块初始化语句中重新定义参数的值。

［例 5.48］ Verilog HDL 定义参数的例子。

```
parameter msb = 7;                      //定义 msb 为常数值 7
parameter e = 25, f = 9;                //定义两个常数
parameter r = 5.7;                      //定义 r 为实数参数
parameter byte_size = 8, byte_mask = byte_size − 1;
parameter average_delay = (r + f) / 2;
parameter signed [3:0] mux_selector = 0;
parameter real r1 = 3.5e17;
parameter p1 = 13'h7e;
parameter [31:0] dec_const = 1'b1;      //值转换到 32 位
parameter newconst = 3'h4;              //默认其范围是[2:0]
parameter newconst = 4;                 //默认其范围是[31:0]
```

2. 本地参数

本地参数（localparam）和参数（parameter）的区别在于，不能直接通过 defparam 描述符或者模块例化分配参数来修改本地参数。可以为本地参数分配包含参数的常数表达式，可通过 defparam 描述符或者模块例化分配参数来修改参数的值。

3. 指定参数

关键字"specparam"声明了一个特殊类型的参数，这个参数专用于提供时序和延迟值，但是可以出现在任何没有分配参数的表达式内，它不是声明范围描述的一部分。允许指定参数（也称为 specparam）出现在指定的块内和主模块内。

对于在一个指定块外的指定参数来说，在引用之前必须声明它。分配给指定参数的值可以是任何常数表达式。与模块参数不同，不能在语言内修改一个指定的参数，但是可以通过 SDF 注解进行修改。

指定参数和模块参数不可互换。此外，不能给模块参数分配一个包含指定参数的常数表达式。表 5.7 给出了 specparam 和 parameter 的区别。

表 5.7　specparam 和 parameter 的区别

指 定 参 数	模 块 参 数
使用关键字"specparam"	使用关键字"parameter"
在一个模块内或者指定块内声明	在一个指定块外声明
只能在一个模块内或者指定块内使用	不能在指定块内使用
可以被分配指定参数和参数	不能分配指定参数
使用 SDF 注解覆盖值	使用 defparam 或者例化声明参数值传递来覆盖值

[**例 5.49**] Verilog HDL 声明 specparam 的例子。

```
module test;
reg clk;
specify
  specparam low = 10, high = 10;
endspecify
initial clk = 0;
always
begin
  #low clk = 1;
  #high clk = 0;
 end
endmodule
```

[**例 5.50**] Verilog HDL 声明 parameter 和 specparam 的例子。

```
module RAM16GEN (output [7:0] DOUT, input [7:0] DIN, input [5:0] ADR,
input WE, CE);
specparam dhold = 1.0;
specparam ddly = 1.0;
parameter width = 1;
```

parameter regsize = dhold + 1.0; //非法–不能将 specparam 分配给 parameter
endmodule

5.5.11 Verilog HDL 名字空间

Verilog HDL 中有几类名字空间，其中两类为全局命名空间，其余为局部命名空间。

1. 全局命名空间

全局命名空间包括定义命名空间和文本宏命名空间。

（1）定义命名空间包括所有 module（模块）、marcomodule（宏模块）和 primitive（原语）的定义。

一旦某个名字用于定义一个模块、宏模块或原语，那么它将不能再用于声明其他模块、宏模块或原语，也就是说这个名字在命名空间内具有唯一性。

（2）文本宏命名空间也是全局的。由于文本宏名由重音符号（`）引导，因此它与别的命名空间有明显区别。文本宏名的定义逐行出现在设计单元的源程序中，可以重复定义它，即同一宏名后面的定义将覆盖其前面的定义。

2. 局部命名空间

局部命名空间包括 block（块）、module（模块）、generate block（生成块）、port（端口）、specify block（指定块）和 attribute（属性）。一旦在这几个命名空间中的任意一个空间内定义了某个名字，就不能够在该空间中重复定义该名字。

1）语句块命名空间

包括语句块、函数、任务、参数、事件和变量类型声明。

> **注**：变量类型声明包括 reg、integer、time、real 和 realtime。

2）模块命名空间

包括函数、任务、实例、参数、事件，以及网络和变量类型声明。

> **注**：网络类型声明包括 wire、wor、wand、tri、trior、triand、tri0、tri1、trireg、supply0 和 supply1。

3）生成块命名空间

包括函数、任务、命名块、模块实例、生成块、本地参数、命名事件、生成变量，以及网络和变量类型声明。

4）端口命名空间

用于连接两个不同命名空间中的数据对象，连接为单向或双向。端口命名空间是模块命名空间与语句块命名空间的交集。

从本质上说，端口命名空间规定了不同空间中两个名字的连接类型。端口类型包括 input、output 和 inout。

只需要在模块命名空间中声明一个与端口名同名的变量或线网络，就可以在模块命名空间中再次引用端口命名空间中所定义的端口名。

5）指定块

用来说明模块内的时序信息。specparam 用来声明延迟常数，类似于模块内的一个参数，但不能覆盖它的值。在 specify 和 endspecify 之间的语句构成指定块。

6）属性

由符号"（＊＊）"之间的名字指定属性。只能在属性命名空间中定义和使用属性名，不能在属性命名空间中定义其他任何名字。

5.6　Verilog HDL 表达式

在 Verilog HDL 中，将操作数和操作符组合在一起构成表达式，表达式是构成 Verilog HDL 程序结构的主体。

5.6.1　操作符

在 Verilog HDL 中，按功能可以将操作符分为算术操作符、关系操作符、相等操作符、逻辑操作符、按位操作符、归约操作符、移位操作符、条件操作符，以及连接和复制操作符。

此外，也可以按运算符所带操作数的个数将运算符分为单目操作符、双目操作符和三目操作符。

1. Verilog HDL 支持的操作符列表

Verilog HDL 支持的操作符如表 5.8 所示。

表 5.8　Verilog HDL 支持的操作符

操　作　符	实现的功能
{}、{{}}	并置和复制
一元+和一元-	一元运算符
+、-、＊、/、＊＊	算术运算符
%	取模运算符
>、>=、<、<=	关系运算符
!	逻辑非
&&	逻辑与
||	逻辑或
==	逻辑相等
!=	逻辑不相等
===	条件（case）相等
!==	条件（case）不相等
~	按位取反
&	按位与

续表

操　作　符	实现的功能
|	按位或
^	按位异或
^～或～^	按位异或非
&	规约与
～&	规约与非
|	规约或
～|	规约或非
^	规约异或
^～或～^	规约异或非
<<	逻辑左移
>>	逻辑右移
<<<	算术左移
>>>	算术右移
?:	条件运算符

2. 实数支持的操作符

可用于实数表达式的有效操作符，如表 5.9 所示。

表 5.9　可用于实数表达式的有效操作符

操　作　符	实现的功能
一元+和一元-	一元运算符
+、-、＊、/、＊＊	算术运算符
>、>=、<、<=	关系运算符
!、&&、||	逻辑运算符
==和!=	逻辑相等（不相等）
?=	条件运算符

3. 操作符优先级

所有操作符的优先级如表 5.10 所示。同一行内的操作符具有相同的优先级。表中操作符的优先级从高向低进行排列。

（1）除条件操作符从右向左关联外，其余所有操作符自左向右关联。

（2）当表达式中有不同优先级的操作符时，先执行高优先级的操作符。

（3）圆扩号能够用于改变优先级的顺序。

表 5.10　操作符的优先级

操　作　符	优先级顺序
+、-、!、~、&、~&、|、~|、^、~^、^~(一元)	最高优先级
**	
*、/、%	
+和-(二元)	
<<、>>、<<<、>>>	
<、<=、>、>=	
==、!=、===、!==	
&(二元)	
^、^~或~^(二元)	
|(二元)	
&&	
||	
?:(条件运算符)	
¦¦、¦¦¦¦	最低优先级

4. 表达式中使用整数

在表达式中，可以使用整数作为操作数，一个整数可以表示为：

(1) 未指定宽度和未指定基数的整数，如 12。

(2) 未指定宽度但指定基数的整数，如 d'12、'sd12。

(3) 指定宽度和基数的整数，如 16'd12、16'sd12。

一个没有基数标识整数的负数值不同于一个带有基数标识的整数。对于没有基数表示的整数，将其看作以二进制补码存在的负数。带有无符号基数表示的一个整数，将其理解为一个无符号数。

[例 5.51] Verilog HDL 描述整数表达式中使用整数的例子。

```
integer IntA;
IntA = -12/3;      //结果是-4
IntA = -'d12/3;    //结果是 1431655761,-12 的 32 位补码是 FFFFFFF4,FFFFFFF4/3 = 1431655761
IntA = -'sd12/3;   //结果是-4
IntA = -4'sd12/3;  //-4'sd12 是 4 位的负数 1100,等效于-4,-(-4) = 4,4/3 = 1
```

5. 算术操作符

二元操作符的定义如表 5.11 所示。

表 5.11　二元操作符的定义

二元操作符	功　　能
a+b	a 加 b
a-b	a 减 b
a * b	a 乘 b

续表

二元操作符	功　　能
a/b	a 除 b
a%b	a 模 b
a**b	a 的 b 次幂乘

（1）整数除法截断任何小数部分，如 7/4 的结果为 1。

（2）对于除法和取模运算，如果第二个操作数为 0，则运算结果为未知（x）。

（3）对于取模运算，运算结果的符号与第一个操作数的符号相同，如 -7%4=-3。

（4）对于幂乘运算，当其中一个数为实数时，运算结果也为实数。如果幂乘的第一个操作数为 0，并且第二个操作数不是正数；或者第一个操作数是负数，第二个操作数不是整数，则运算结果未知，幂乘操作符的规则如表 5.12 所示。

表 5.12　幂乘操作符的规则

op2 ＼ op1	负数<-1	-1	零	1	正数>1
正数	op1 ** op2	op2 是奇数→-1 op2 是偶数→1	0	1	op1 ** op2
零	1	1	1	1	1
负数	0	op2 是奇数→-1 op2 是偶数→1	x	1	0

（5）一元操作符的优先级大于二元操作符，如表 5.13 所示。

表 5.13　一元操作符

+m	一元加 m（和 m 一样）
-m	一元减 m

（6）如果算术操作符中的一个操作数是 "x" 或 "z"，则结果为 "x"。

（7）算术表达式结果的位宽由最长操作数的位宽确定。在赋值语句中，算术运算结果的位宽由操作符左侧目标的位宽决定。

[例 5.52] Verilog HDL 描述算术操作符的例子。

```
10%3 = 1
11%3 = 2
12%3 = 0
-10%3 = -1
11%-3 = 2
-4'd12%3 = 1
3 ** 2 = 9
2 ** 3 = 8
2 ** 0 = 1
0 ** 0 = 1
2.0 ** -3'sb1 = 0.5
2 ** -3'sb1 = 0
```

$$0 * * - 1 = x$$
$$9 * * 0.5 = 3.0$$
$$9.0 * * (1/2) = 1.0$$
$$-3.0 * * 2.0 = 9.0$$

算术操作数对数据类型的理解，如表 5.14 所示。

表 5.14　算术操作数对数据类型的理解

数　据　类　型	理　　解
无符号网络	无符号
有符号网络	有符号，二进制补码
无符号寄存器	无符号
有符号寄存器	有符号，二进制补码
整数	有符号，二进制补码
时间	无符号
实数、实时时间	有符号，浮点

[**例 5.53**]　Verilog HDL 描述在表达式中使用整数和寄存器数据类型的例子。

```
integer intA;
reg [15:0] regA;
reg signed [15:0] regS;
intA = -4'd12;
regA = intA/3;          //表达式的结果为-4, intA 为 integer 类型, regA 的值是 65532
regA = -4'd12;          //regA 是 65524
intA = regA/3;          //表达式的值为 21841, regA 是 reg 类型的数据
intA = -4'd12/3;        //表达式的结果为 1431655761, 是一个 32 位的寄存器数据
regA = -12/3;           //表达式的结果为-4, 一个整数类型, regA 是 65532
regS = -12/3;           //表达式的结果为-4, regS 是有符号寄存器
regS = -4'sd12/3;       //表达式的结果为 1, -4'sd12 为 4
```

6. 关系操作符

关系操作符如表 5.15 所示。关系操作符的特点如下。

表 5.15　关系操作符

关系操作符	功　　能
a<b	a 小于 b
a>b	a 大于 b
a<=b	a 小于等于 b
a>=b	a 大于等于 b

（1）关系操作符的结果为真（"1"）或假（"0"）。

（2）如果操作数中有一位为 "x" 或 "z"，那么结果为 "x"。

（3）如果关系运算中有无符号数时，将表达式看作无符号数。当操作数位宽不同时，位宽较小的操作数将 0 扩展到位宽较大的操作数范围。

（4）如果关系运算都是有符号数，将表达式看作有符号数。当操作数位宽不同时，位宽较小的操作数将符号扩展到位宽较大的操作数范围。

（5）所有关系运算符的优先级相同，但是低于算术运算符的优先级。

（6）如果操作数中有实数，则都先转换为实数，然后再进行关系运算。

［例 5.54］ Verilog HDL 描述关系操作符的例子。

```
a < foo – 1 和 a < (foo-1)等价
foo-(1 < a)和 foo – 1 < a 不等价
```

7. 相等操作符

相等操作符如表 5.16 所示。相等操作符的特点如下。

表 5.16　相等操作符

相等操作符	功　　能
a = = =b	a 等于 b，包含 "x" 和 "z" 的情况
a！= =b	a 不等于 b，包含 "x" 和 "z" 的情况
a = =b	a 等于 b，结果可能未知（比较不包括 "x" 和 "z"）
a！=b	a 不等于 b，结果可能未知（比较不包括 "x" 和 "z"）

（1）相等操作符有相同的优先级。

（2）如果相等操作中存在无符号数，将表达式看作无符号数。当操作数位宽不同时，位宽较小的操作数将 0 扩展到位宽较大的操作数范围。

（3）如果相等操作中都是有符号数时，将表达式看作有符号数。当操作数位宽不同时，位宽较小的操作数将符号扩展到位宽较大的操作数范围。

（4）如果操作数中间有实数，则先将操作数都转换为实数，然后再进行运算。

（5）如果比较结果为假，则结果为 "0"；否则结果为 "1"。

① 在 = = =和！= = =比较中，"x" 和 "z" 严格按位比较。也就是说，不进行解释，并且结果一定可知。这个用于 case 语句描述中。

② 在 = =和！=比较中，"x" 和 "z" 具有通常的意义，且结果可以不为 "x"。也就是说，在逻辑比较中，如果两个操作数之一包含 "x" 或 "z"，结果为未知的值（x），用于逻辑比较中。

［例 5.55］ Verilog HDL 描述相等操作符的例子。

```
Data = 'b11x0;
Addr = 'b11x0;
```

那么 Data = = Addr 不定，也就是说为 "x"。但 Data = = = Addr 为真，也就是说值为 "1"。

如果操作数的宽度不相等，在位宽较小操作数的左侧补 0。例如，表达式 2'b10 = = 4'b0010 与表达式 4'b0010 = = 4'b0010 相同，结果为真（"1"）。

8. 逻辑操作符

符号 "&&"（逻辑与）和符号 "||"（逻辑或）用来连接逻辑。逻辑比较的结果为真

（"1"）或者假（"0"）。当结果模糊时，用"x"表示。&&（逻辑与）运算的优先级高于||（逻辑或）运算。逻辑操作的优先级低于关系操作和相等操作。

符号"!"（逻辑非）是一元操作符。

这些操作符在逻辑值"0"或"1"上操作。逻辑操作的结果为"0"或"1"。

[**例 5.56**] Verilog HDL 描述逻辑关系操作的例子（1）。

```
假设：alpha = 127，beta = 0
    regA = alpha && beta；   //regA 设置为 0
    regB = alpha || beta；   //regB 设置为 1
```

[**例 5.57**] Verilog HDL 描述逻辑关系操作的例子（2）。

```
a < size-1 && b ! = c && index ! = lastone
```

为了便于理解和查看设计，推荐使用下面的方法描述上面的逻辑操作：

```
(a < size-1) && (b ! = c) && (index ! = lastone)
```

[**例 5.58**] Verilog HDL 描述逻辑关系操作的例子（3）。

```
if(! inword)
```

也可以表示为

```
if(inword = = 0)
```

9. 按位操作符

不同按位操作符运算的结果如表 5.17 所示。

表 5.17　不同按位操作符运算的结果

& （二元按位与）	0	1	x	z	|(二元按位或)	0	1	x	z
0	0	0	0	0	0	0	1	x	x
1	0	1	x	x	1	1	1	1	1
x	0	x	x	x	x	x	1	x	x
z	0	x	x	x	z	x	1	x	x
^ （二元按位异或）	0	1		z	^~（二元按位异或非）	0	1		z
0	0	1	x	x	0	1	0	x	x
1	1	0	x	x	1	0	1	x	x
x	x	x	x	x	x	x	x	x	x
z	x	x	x	x	z	x	x	x	x
～（一元非）	1	0	x	x					

如果操作数的位宽不同，在宽度较小操作数的最左侧补 0。例如，表达式'b0110^'b10000 和表达式'b00110^'b10000 相同，按位操作的结果为'b10110。

10. 归约操作符

归约操作是在单个操作数的所有位上操作，并产生一位操作结果。归约操作符如下所示。

1） & （归约与）

（1）如果存在位值为 0，则结果为 0。

（2）如果存在位值为"x"或"z"，则结果为"x"。

（3）其他情况结果为1。

2）～&（归约与非）

与归约与操作相反。

3）|（归约或）

（1）如果存在位值为1，则结果为1。

（2）如果存在位值为"x"或"z"，则结果为"x"。

（3）其他情况结果为0。

4）～|（归约或非）

与归约或操作相反。

5）^（归约异或）

（1）如果存在位值为"x"或"z"，则结果为"x"。

（2）如果操作数（以二进制表示）中有偶数个1，则结果为0。

（3）其他情况结果为1。

6）～^（归约异或非）

与归约异或操作相反。

一元归约操作的结果如表5.18所示。

表 5.18　一元归约操作的结果

操作数	&	～&	|	～|	^	～^
4'b0000	0	1	0	1	0	1
4'b1111	1	0	1	0	0	1
4'b0110	0	1	1	0	0	1
4'b1000	0	1	1	0	1	0

［例5.59］ Verilog HDL 描述归约异或操作的例子。

假定：

    MyReg = 4'b01x0;

则：

    ^MyReg 的结果为 x

上述功能使用如下的 if 语句检测：

    if(^MyReg = = = 1'bx)
    $display("There is an unknown in the vector MyReg !")

注： 逻辑相等（==）操作符不能用于比较，这是因为逻辑相等操作符比较只会产生结果"x"。全等操作符期望的结果为"1"。

11. 移位操作符

移位操作符包括<<（逻辑左移）、>>（逻辑右移）、<<<（算术左移）和>>>（算术右移）。

移位操作符的左侧是要移位的操作数，右侧为移动的次数，它是一个逻辑移位，空闲位补 0。如果右侧操作数的值为 "x" 或 "z"，则移位操作的结果为 "x"。

[**例 5.60**] Verilog HDL 描述移位操作的例子（1）。

```
reg [3:0] start, result;
initial begin
  start = 1;
  result = (start << 2);      //结果为 4'b0100
end
endmodule
```

[**例 5.61**] Verilog HDL 描述移位操作的例子（2）。

```
module ashift;
reg signed [3:0] start, result;
initial begin
  start = 4'b1000;
  result = (start >>> 2);     //结果为 4'b1110
end
endmodule
```

12. 条件操作符

条件操作符根据条件表达式的值选择表达式，形式如下：

```
cond_expr ? expr1 : expr2
```

（1）如果 cond_expr 为真（"1"），选择 expr1。

（2）如果 cond_expr 为假（"0"），选择 expr2。

（3）如果 cond_expr 为 "x" 或 "z"，结果将是 expr1 和 expr2 按以下逻辑按位操作的值：0 与 0 得 0，1 与 1 得 1，其余情况为 "x"。

[**例 5.62**] Verilog HDL 描述条件操作符的例子（1）。

```
wire [0:2] student = marks>18 ? grade_a : grade_c;
```

（1）如果 mark>18 条件为真（"1"），将 grade_a 分配给 student。

（2）如果 mark>18 条件为假（"0"），将 grade_c 分配给 student。

[**例 5.63**] Verilog HDL 描述条件操作符的例子（2）。

```
always #5 ctr = (ctr! = 25) ? (ctr+1) : 5;
```

（1）如果 ctr 不等于 25，则将 ctr+1 分配给 ctr。

（2）如果 ctr 等于 25，则将 5 分配给 ctr。

13. 连接和复制操作

连接操作是将较小位宽的表达式合并构成较大位宽表达式的操作，其描述格式如下：

```
{expr1, expr2, ..., exprN}
```

由于非定长常量的位宽未知，因此不允许连接非定长常量。

复制操作就是将一个表达式复制多次的操作，其描述格式如下：

{replication_constant {expr}}

其中，replication_constant 为非负数、非"z"和非"x"的常数，表示复制的次数；expr 为需要复制的表达式。

> **注**：包含有复制操作的连接表达式不允许作为分配语句左侧的操作数，也不能连接到 output 或 input 端口。

[**例 5. 64**] Verilog HDL 描述连接操作的例子。

{a, b[3:0], w, 3'b101}

等效于：

{a, b[3], b[2], b[1], b[0], w, 1'b1, 1'b0, 1'b1}

[**例 5. 65**] Verilog HDL 描述复制操作的例子（1）。

{4{w}}

等效于：

{w, w, w, w}

[**例 5. 66**] Verilog HDL 描述复制和连接操作的例子（1）。

{b, {3{a, b}}}

等效于：

{b, a, b, a, b, a, b}

复制操作的复制次数可能为 0，在参数化代码时非常有用。对于复制次数为 0 的复制，其位宽看作 0，并且忽略它。这样一个复制，只能出现在至少有一个连接操作数位宽是正数的连接。

[**例 5. 67**] Verilog HDL 描述复制和连接操作的例子（2）。

```
parameter P = 32;
//下面对于 1 到 32 是有效的
assign b[31:0] = { {32-P{1'b1}}, a[P-1:0] };
//对于 P=32 来说，下面是无效的。因为 0 复制单独出现在一个连接中
assign c[31:0] = { {{32-P{1'b1}}}, a[P-1:0] };
//下面对 P=32 来说是无效的
initial
    $displayb({32-P{1'b1}}, a[P-1:0]);
```

[**例 5. 68**] Verilog HDL 描述复制操作的例子（2）。

result = {4{func(w)}} ;

等效于：

```
y = func(w) ;
result = {y, y, y, y} ;
```

5.6.2 操作数

在表达式中需要指定一些类型的操作数。最简单的操作数包括网络、变量和参数，还包括：

（1）如果要求一个向量网络、向量寄存器、整数/时间变量/参数的单个比特位，则需要使用位选择操作数。

（2）如果要求一个向量网络、向量寄存器、整数/时间变量/参数的某些相邻比特位，则需要使用部分选择操作数。

（3）可以引用数组元素或者一个数组元素的位选择/部分选择作为一个操作数。

（4）其他操作数的一个连接（包括嵌套连接）也可以作为一个操作数。

（5）一个函数调用是一个操作数。

1. 向量位选择和部分选择寻址

如果位选择/部分选择超出地址范围，或者位选择为"x"/"z"，则返回结果"x"。一个标量，或者一个类型为实数或者实时时间的变量或者参数，位选择和部分选择均无效。

对于部分选择，有两种类型：

（1）一个向量寄存器或网络类型的常数部分选择，表示为

```
vect[msb_expr:lsb_expr]
```

其中，msb_expr 和 lsb_expr 为常数的整数表达式。

（2）一个向量网络类型、向量寄存器类型、时间变量或者参数的索引部分选择，表示为

```
reg [15:0] big_vect;
reg [0:15] little_vect;
big_vect[lsb_base_expr +: width_expr]
little_vect[msb_base_expr +: width_expr]
big_vect[msb_base_expr -: width_expr]
little_vect[lsb_base_expr -: width_expr]
```

其中，msb_base_expr 和 lsb_base_expr 为常数的整数表达式，可以在运行的时候改变值；width_base_expr 为正的常数表达式。

[**例 5.69**] Verilog HDL 描述数组部分选择的例子。

```
reg [31:0] big_vect;
reg [0:31] little_vect;
integer sel;
big_vect[ 0 +:8]        //等效于 big_vect[ 7:0]
big_vect[15 -:8]        //等效于 big_vect[15:8]
little_vect[ 0 +:8]     //等效于 little_vect[0:7]
little_vect[15 -:8]     //等效于 little_vect[8:15]
dword[8 * sel +:8]      //带有固定宽度的变量部分选择
```

[例 5.70] Verilog HDL 描述数组初始化、位选择和部分选择的例子。

```
reg [7:0] vect;
vect = 4;                 //用"00000100"填充,msb=7,lsb=0
```

（1）adder=2，vect[addr]返回 1。

（2）addr 超过范围，vect[addr]返回"x"。

（3）addr=0、1 或 3 ~ 7，vect[addr]返回 0。

（4）vect[3:0]="0100"。

（5）vect[5:1]="00010"。

（6）vect [包含"x"的表达式]，则结果为"x"。

（7）vect [包含"z"的表达式]，则结果为"x"。

（8）若 addr 中的某一位为"x"或"z"，则 addr 的值为"x"。

2. 数组和存储器寻址

对于下面的存储器声明：

```
reg [7:0] mem_name[0:1023];
```

表示为 8 位宽度、1024 个深度的存储器，存储容量为 1024×8 比特。

存储器地址表示为

```
mem_name[addr_expr]
```

其中，addr_expr 为任意整数表达式。例如：

```
mem_name[mem_name[3]]
```

表示存储器的间接寻址。

[例 5.71] Verilog HDL 描述存储器寻址的例子。

```
reg [7:0] twod_array[0:255][0:255];
wire threed_array[0:255][0:255][0:7];
twod_array[14][1][3:0]         //访问字的低 4 位
twod_array[1][3][6]            //访问字的第 6 位
twod_array[1][3][sel]          //使用可变的位选择
threed_array[14][1][3:0]       //无效
```

3. 字符串

字符串是双引号内的字符序列，用一串 8 位二进制 ASCⅡ码表示，每一个 8 位二进 ASCⅡ码代表一个字符。Verilog HDL 中的任何操作符均可操作字符串。当给字符串所分配值的宽度小于所声明字符串的宽度时，用 0 补齐左侧。

Verilog HDL 中，所支持的字符串操作包括：

（1）复制。通过分配实现复制。

（2）连接。通过连接操作符实现连接。

（3）比较。通过相等操作符实现比较。

当操作向量寄存器内字符串的值时，寄存器的宽度应该至少为 8×n 比特（n 是字符串中

ASCⅡ 字符的个数），用于保存 n 个 8 位的 ASCⅡ 码。

[**例 5.72**] Verilog HDL 描述连接字符串的例子。

```
initial
begin
  s1 = "Hello";
  s2 = " world!";
  if({s1,s2} == "Hello world!")
  $display("strings are equal");
end
```

其中：

```
s1 = 000000000048656c6c6f
s2 = 00000020776f726c6421
{s1,s2} = 000000000048656c6c6f00000020776f726c6421
```

> **注：** 对于空字符串 "", 将其认为和 ASCⅡ 中的 NUL("\0") 等效, 其值为 0, 而不是字符串 "0"。

5.6.3　延迟表达式

在 Verilog HDL 中，延迟表达式的格式为用圆括号括起来的 3 个表达式，这 3 个表达式之间用冒号分隔。3 个表达式依次表示最小、典型和最大延迟时间值。

[**例 5.73**] Verilog HDL 描述延迟表达式的例子。

```
(a:b:c)+(d:e:f)
```

该延迟表达式的含义为

（1）最小延迟值是 a+d 的和。

（2）典型延迟值是 b+e 的和。

（3）最大延迟值是 c+f 的和。

[**例 5.74**] Verilog HDL 描述分配 min:typ:max 格式值的例子。

```
val = (32'd 50:32'd 75:32'd 100)
```

5.6.4　表达式的位宽

为了使表达式的求值可以得到可靠的结果，控制表达式的位宽非常重要。在某些情况下采取最简单的解决方法，如如果指定了两个 16 位的寄存器矢量的位排序方式和操作，那么结果就是一个 16 位的值。然而，在某些情况下，究竟有多少位参与表达式求值或者结果有多少位并不容易看出来。例如，两个 16 位操作数加法运算的结果应该使用 16 位还是使用 17 位（允许进位位溢出）表示？答案取决于建模器件的类型和该器件是否处理进位位溢出来。Verilog HDL 利用操作数的位宽确定参与表达式求值的位数。

[**例 5.75**] Verilog HDL 描述表达式长度的例子。

```
reg [15:0] a, b;         //16 位寄存器类型
reg [15:0] sumA;         //16 位寄存器类型
reg [16:0] sumB;         //17 位寄存器类型
sumA = a + b;            //结果为 16 位
sumB = a + b;            //结果为 17 位
```

控制表达式位宽的规则已经公式化。因此，在多数情况下，都有一个简单的解决方法：

（1）表达式位宽由包含在表达式内的操作数和表达式的上下文决定；

（2）自主表达式的位宽由自身单独决定，如延迟表达式；

（3）由表达式的位宽和它所处的上下文来决定，如在一个分配语句中，右侧表达式的位宽由自己的位宽和赋值符左侧的位宽来决定。

表达式的形式决定表达式的位宽，规则如表 5.19 所示，表中的 i、j 和 k 均表示单操作数的表达式，而 L (i) 代表表达式 i 的位宽，op 代表操作符。

表 5.19　表达式位宽的规则

表 达 式	结果值位宽	说　　明
不确定位宽的常量	与整数相同	
确定位宽的常量	与给定的位宽相同	
i op j, op 为+、-、*、/、%、&、|、^、^~ 或 ~^	max(L(i),L(j))	
op i, op 为+、-、~	L (i)	
i op j, op 为 = = =、! = =、= =、! =、&&、||、>、>=、<、<=	1 位	在求表达式值时，每个操作数的位宽都先变为 max(L(i),L(j))
op i, op 为 &、~&、|、~|、^、^~ 或 ~^	1 位	所有操作数都是自主表达式
i op j, op 为>>、<<、* *、>>>、<<<	L (i)	j 是自主表达式
i ? j : k	max(L(j),L(k))	i 是自主表达式
{i,…,j}	L(i)+…+L(j)	所有操作数都是自主表达式
{i{j,…,k}}	i×(L(j)+…+L(k))	所有操作数都是自主表达式

在表达式求值的过程中，中间结果应当使用具有最大位宽操作数（如果是在分配语句中，也包括赋值符的左侧）的位宽。在表达式的求值过程中，一定要注意避免丢失数据的 msb 或 lsb。

[例 5.76] Verilog HDL 描述保护进位位的例子。

```
reg [15:0] a, b, answer;   //声明 16 位的寄存器变量
answer = (a + b) >> 1;     //不能正确操作。a+b 可能导致溢出，然后右移一位保存进位
```

[例 5.77] Verilog HDL 描述自主表达式的例子。

```
reg [3:0] a;
reg [5:0] b;
reg [15:0] c;
initial begin
```

```
        a = 4'hF;
        b = 6'hA;
        $display("a*b=%h", a*b);    //表达式的位度是自己确定的
        c = {a**b};                 //由于连接符"||",所以表达式的位度由 a**b 自己确定
        $display("a**b=%h", c);
        c = a**b;                   //表达式的位度由 c 确定
        $display("c=%h", c);
    end
```

仿真器的输出结果：

```
    a*b=16              //由于位宽为 6,所以'h96 被截断到'h16
    a**b=1              //表达式的位宽为 4(变量 a 的位宽)
    c=ac61              //表达式的位宽为 16(变量 c 的位宽)
```

5.6.5　有符号表达式

为了得到可靠的结果，控制表达式的符号非常重要。可以使用两个系统函数来处理类型的表示：

（1）$signed()，返回相同位宽的有符号数；

（2）$unsigned()，返回相同位宽的无符号数。

[例 5.78] Verilog HDL 描述调用系统函数进行符号转换的例子。

```
    reg [7:0] regA, regB;
    reg signed [7:0] regS;
    regA = $unsigned(-4);       //regA = 8'b11111100
    regB = $unsigned(-4'sd4);   //regB = 8'b00001100
    regS = $signed (4'b1100);   //regS = -4
```

下面是表达式符号类型的规则：

（1）表达式的符号类型仅取决于操作数，与 LHS（左侧）值无关；

（2）简单的十进制格式是有符号数；

（3）基数格式的数值是无符号数，除非使用符号 s；

（4）无论操作数是何类型，位选择的结果为无符号数；

（5）无论操作数是何类型，其部分位选择的结果为无符号数（即使部分位选择指定了一个完整的矢量）；

（6）无论操作数是何类型，连接/复制操作的结果为无符号数；

（7）无论操作数是何类型，比较操作的结果（"1"/"0"）为无符号数；

（8）通过类型强制转换为整型的实数为有符号数；

（9）任何自主操作数的符号和位宽由操作数自己决定，不依赖于表达式的其他部分；

（10）对于非自主操作数，遵循下面的规则。

① 如果有操作数为实型，则结果为实型。

② 如果有操作数为无符号数，则结果为无符号数。

③ 如果所有操作数为有符号数，则结果为有符号数。

5.6.6　分配和截断

如果右操作数的位宽大于左操作数的位宽，则将丢失右操作数的最高有效位。当出现位宽不匹配时，并不要求实现过程警告或者报告与分配位宽不匹配的任何错误。截断符号表达式的符号位可能会改变运算结果的符号。

[例 5.79] Verilog HDL 描述长度不匹配的例子（1）。

```
reg [5:0] a;
reg signed [4:0] b;
initial begin
  a = 8'hff;          //分配完后,a = 6'h3f
  b = 8'hff;          //分配完后,b = 5'h1f
end
```

[例 5.80] Verilog HDL 描述长度不匹配的例子（2）。

```
reg[0:5] a;
reg signed [0:4] b, c;
initial begin
  a = 8'sh8f;         //分配完后,a = 6'h0f
  b = 8'sh8f;         //分配完后,b = 5'h0f
  c = −113;           //分配完后,c = 15
end
```

[例 5.81] Verilog HDL 描述长度不匹配的例子（3）。

```
reg[7:0] a;
reg signed [7:0] b;
reg signed [5:0] c, d;
initial begin
  a = 8'hff;
  c = a;              //分配完后,c = 6'h3f
  b = −113;
  d = b;              //分配完后,d = 6'h0f
end
```

5.7　Verilog HDL 分配

分配（也称为赋值）是最简单的机制，用于给网络和变量设置相应的值。Verilog HDL 提供了两种基本的分配形式，包括：

（1）连续分配，用于给网络分配值；

（2）过程分配，用于给变量分配值。

此外，Verilog HDL 还另外提供了两种分配形式，即 assign/deassign 和 force/release，将其称为过程连续分配。

一条赋值语句包括左侧和右侧。在阻塞赋值（分配）中，使用 "="将左侧和右侧隔开；在非阻塞赋值（分配）中，使用 "<="将左侧和右侧隔开。分配语句的右侧可以是任

意表达式。根据是连续分配还是过程分配，左侧类型遵守表 5.20 给出的规则。

表 5.20　分配描述中有效的左侧形式

描 述 类 型	左　　　侧
连续分配	（1）网络（标量或者矢量） （2）一个矢量网络的常量位选择 （3）一个矢量网络的常量部分选择 （4）一个矢量网络的常量索引的部分选择 （5）以上形式任何左侧连接或者嵌套连接
过程分配	（1）变量（标量或者矢量） （2）一个矢量寄存器、整数或时间变量的比特选择 （3）一个矢量寄存器、整数或时间变量的部分选择 （4）一个矢量网络的常量索引的部分选择 （5）存储器字 （6）以上形式任何左侧连接或者嵌套连接

5.7.1　连续分配

连续分配包括网络声明分配和连续分配描述。

1. 网络声明分配

前面讨论了声明网络的两种方法，这里给出第 3 种方法，即网络声明分配。在声明网络的相同描述中，允许在网络上使用连续分配。

［例 5.82］Verilog HDL 描述连续分配网络声明格式的例子。

```
wire mynet;
wire (strong1, pull0) mynet = enable;
```

> 注：由于一个网络只能声明一次，所以对于一个特殊的网络，只能有一个网络声明分配，这不同于连续分配描述。在连续分配描述中，一个网络可以接受连续分配形式的多个分配。

2. 连续分配描述

连续分配将为网络类型数据设置一个值。网络可能明确地声明，或者根据隐含的声明规则继承一个隐含声明。

给一个网络进行分配是连续且自动的。换句话说，如果右侧表达式中的操作数发生变化导致整个右侧表达式的取值发生变化，那么将自动更新左侧的值。连续分配描述的格式为

```
assign variable = expression;
```

其中，variable 为 wire 网络类型；expression 为分配语句的右侧表达式。

［例 5.83］Verilog HDL 描述使用连续分配实现带进位的 4 位加法器的例子，如代码清单 5-22 所示。

代码清单 5-22　Verilog HDL 描述使用连续分配实现带进位的 4 位加法器

```
module adder (sum_out, carry_out, carry_in, ina, inb);
output [3:0] sum_out;
```

```
output carry_out;
input [3:0] ina, inb;
inputcarry_in;
wire carry_out, carry_in;
wire [3:0] sum_out, ina, inb;
assign {carry_out, sum_out} = ina + inb + carry_in;
endmodule
```

[例 5.84] Verilog HDL 描述使用连续分配实现 16 位宽度 4:1 多路选择器的例子，如代码清单 5-23 所示。

代码清单 5-23　Verilog HDL 描述使用连续分配实现 16 位宽度 4:1 多路选择器

```
module select_bus(busout, bus0, bus1, bus2, bus3, enable, s);
parameter n = 16;
parameter Zee = 16'bz;
output [1:n] busout;
input [1:n] bus0, bus1, bus2, bus3;
input enable;
input [1:2] s;
tri [1:n] data;                       //声明网络
tri [1:n] busout = enable ? data : Zee; //带有连续分配的网络声明
//带有 4 个连续分配的分配描述
assign
data = (s == 0) ? bus0 : Zee,
data = (s == 1) ? bus1 : Zee,
data = (s == 2) ? bus2 : Zee,
data = (s == 3) ? bus3 : Zee;
endmodule
```

3. 延迟

在连续分配中，延迟指定将右侧操作数的变化分配到左侧的时间间隔。如果左侧是标量网络，这种分配的效果和门延迟相同，即可以为输出上升、下降，以及改变为高阻指定不同的延迟。

如果左边是一个矢量网络，则可以应用最多 3 个延迟。下面的规则用于确定哪个延迟用于控制分配过程：

（1）如果右侧从非零变化到零，则应该使用下降延迟；

（2）如果右侧变化到高阻，则应该使用关闭延迟；

（3）对于其他情况，应该使用上升延迟。

> **注**：在连续分配中，指定延迟是网络声明的一部分，它用于指定一个网络延迟。这与指定一个延迟再为网络进行连续分配是不同的。在网络声明中，可以将延迟值应用于网络。

[例 5.85] Verilog HDL 描述一个延迟值应用到一个网络的例子。

```
wire #10 wireA;
```

该例子说明任何变化的值，需要延迟 10 个时间单位后才能应用于 wireA 网络。

> **注**：对于一个向量网络的分配，当在声明中包含分配时，不能将上升延迟和下降延迟应用到单个的位。

4. 强度

用户可以在一个连续分配中指定驱动强度，这只应用于为下面类型的标量网络进行分配的情况：

wire	tri	trireg
wand	triand	tri0
wor	trior	tri1

可以在网络声明中指定连续分配的驱动强度，也可以使用关键字"assign"在一个单独的分配中指定驱动强度。

如果提供了强度说明，应该紧跟关键字（用户网络类型的关键字或者"assign"），并且在任何指定的延迟前面。当连续分配驱动网络时，应该按照指定的值进行仿真。

一个驱动强度描述应该包含强度值，当给网络分配的值为"1"时，使用该强度值；当给网络分配的值为"0"时，使用第二个强度值。

当为网络分配的值为"1"时，所指定强度值的关键字如下：

supply1　strong1　pull1　weak1　highz1

当为网络分配的值为"0"时，所指定强度值的关键字如下：

supply0　strong0　pull0　weak0　highz0

两个强度描述的顺序是任意的。下面两个规则对强度值的使用进行限制：

（1）强度描述（**highz1**，**highz0**）和（**highz0**，**highz1**）认为是非法的；

（2）如果没有指定驱动强度，它将默认为（**strong1**，**strong0**）。

[**例 5.86**] Verilog HDL 描述包含强度网络连续分配的例子。

```
module test1;
wire a = 1'b1;
wire b = 1'b0;
assign (strong1, highz0) z = a & b;
endmodule
```

思考与练习 5-6：读者修改 assign 后分配的强度值，以及线网络数据 a 和 b，并在 Vivado 2018.1 集成开发环境中执行行为级仿真，观察仿真的结果。

5.7.2　过程分配

连续分配驱动网络的行为类似于逻辑门驱动网络。右侧的分配表达式是连续驱动网络的组合逻辑电路。与连续分配不同的是，过程分配语句为变量赋值。过程分配没有连续性，变量一直保存上一次分配的值，直到下一次为变量进行了新的过程分配为止。

过程分配发生在下面的过程中，如 **always**、**initial**、**task** 和 **function** 中，可以认为是触

发分配。

变量声明分配是过程分配的一个特殊情况，用于给变量分配一个初值，它允许在用于声明变量的相同描述中给变量设置一个初值。分配（赋值）应该是一个常量表达式，并且分配没有连续性，取而代之的是，变量一直保持该分配值，直到下一个新的分配。需要注意的是，不能对一个数组使用变量声明分配，变量声明分配只能用于模块级，假如在 initial 模块和变量声明分配中为相同的变量分配了不同的值，则没有定义分配值的顺序。

[例 5.87] Verilog HDL 描述定义一个 4 位变量并且分配初值的例子。

reg[3:0] a = 4'h4;

这等价于：

reg[3:0] a;
initial a = 4'h4;

[例 5.88] Verilog HDL 描述非法为数组分配初值的例子。

reg[3:0] array [3:0] = 0;

[例 5.89] Verilog HDL 描述声明两个整型变量并分配初值的例子。

integer i = 0, j;

[例 5.90] Verilog HDL 描述声明两个实数变量并分配初值的例子。

real r1 = 2.5, n300k = 3E6;

[例 5.91] Verilog HDL 描述声明一个时间变量和一个实时时间变量并分配初值的例子。

time t1 = 25;
realtime rt1 = 2.5;

5.8　Verilog HDL 门级和开关级描述

本节将介绍 Verilog HDL 语言内建的门级和开关级电路建模原语，以及在一个数字系统设计中使用这些原语的方法。

在 Verilog HDL 中，预定义了 14 个逻辑门和 12 个开关，用于提供门级和开关级电路建模工具。使用门级和开关级建模的优势包括：

（1）在真实门电路和模型之间，提供了近似一对一的映射；

（2）没有相当于双向传输门的连续分配。

5.8.1　门和开关声明

对一个门或者开关的例化声明，应该包含下面的说明：

（1）用于命名开关或原语类型的关键字；

（2）驱动强度（可选）；

（3）传输延迟（可选）；

（4）用于命名门或者例化开关的标识符（可选）；

（5）例化数组（矢量）范围（可选）；

（6）端口连接列表。

1. 门类型说明

Verilog HDL 内建的门和开关如表 5.21 所示。

表 5.21　**Verilog HDL 内建的门和开关**

n 输入门	n 输出门	三态门	pull 门	MOS 开关	双向开关
and	**buf**	**bufif0**	**pulldown**	**cmos**	**rtran**
nand	**not**	**bufif1**	**pullup**	**nmos**	**rtranif0**
nor		**notif0**		**pmos**	**rtranif0**
or		**notif1**		**rcmos**	**tran**
xnor				**rnmos**	**tranifo**
xor				**rpmos**	**tranif1**

2. 驱动强度说明

指定了门例化输出终端逻辑值的强度。可使用驱动强度描述的门类型如表 5.22 所示。

表 5.22　**可使用驱动强度描述的门类型**

and	**nand**	**buf**	**not**	**pulldown**
or	**nor**	**bufif0**	**notif0**	**pullup**
xor	**xnor**	**bufif1**	**notif1**	

对于一个门实例驱动强度的说明，除 pullup 和 pulldown 外，应该有 strength1 说明和 strength0 说明。strength1 说明指定了逻辑 "1" 的信号强度；strength0 说明指定了逻辑 "0" 的信号强度。驱动强度说明写在门类型关键字的后面和延迟规范的前面。strength0 说明可以放在 strength1 之后，也可以在其之前。在一对圆括号内，使用逗号将 strength0 说明和 strength1 说明隔开。

（1）pullup 门只有 strength1 说明，strength0 说明是可选的。

（2）pulldown 门只有 strength0 说明，strength1 说明是可选的。

> **注：**（1）strength1 说明可以包含下面的关键字，即
>
> **supply1　　strong1　　pull1　　weak1**
>
> （2）strength0 说明可以包含下面的关键字，即
>
> **supply0　　strong0　　pull0　　weak0**
>
> （3）将 strength1 指定为 highz1，将使门或开关输出一个逻辑值 "z"，而不是逻辑 "1"；将 strength0 指定为 highz0，将使门或开关输出一个逻辑值 "z"，而不是逻辑 "0"。不允许出现强度说明（highz0，highz1）和（highz1，highz0）。

[例 5.92] Verilog HDL 描述一个集电极开路 nor 门的例子，如代码清单5-24 所示。

代码清单5-24　集电极开路 nor 门的 Verilog HDL 描述

```
module test1;
reg in1,in2;
wire out1;
nor (highz1,strong0)  n1(out1,in1,in2);
initial
begin
  in1=0;
  in2=0;
  #100;
  in1=1;
  in2=0;
  #100;
end
endmodule
```

思考与练习 5-7：使用 Vivado 2018.1 集成开发环境对代码清单 5-24 给出的设计进行行为级仿真，观察仿真结果，说明强度说明对设计的影响。

3. 延迟说明

在一个声明中，可选的延迟说明指定了贯穿门和开关的传输延迟。如果在声明中没有包含门和开关的延迟说明，则没有传输延迟。根据门的类型，一个延迟说明最多包含 3 个延迟值。此外，在 pullup 和 pulldown 的例化声明中不包含延迟说明。

4. 原语例化标识符

原语例化标识符可以作为门或者开关例化可选的一个名字。如果以数组形式声明了多个实例，则需要使用一个标识符来命名例化。

5. 范围说明

当需要多次例化相同的门或开关时，使用不同的标识符标识这些不同的实例，通过矢量索引将它们连接在一起。

为了指定一个例化数组，在例化名字的后面应该跟随范围，使用两个常数表达式指定范围，即左侧索引（Left-Hand Index，LHI）和右侧索引（Right-Hand Index，RHI），并通过"[ ]"中的"："符号将它们隔开，如范围[LHI：RHI]表示例化数组中标识符的个数为 abs（LHI-RHI）+1。

> **注**：一个例化数组的范围应该是连续的。一个例化标识符只关联一个范围，用于声明例化数组。

[例 5.93] Verilog HDL 门例化非法描述的例子。

nand #2 t_nand[0:3] (...), t_nand[4:7] (...);

[例 5.94] Verilog HDL 描述例化数组声明的例子。

```
nand #2 t_nand[0:7](...);
nand #2 x_nand[0:3] (...), y_nand[4:7] (...);
```

6. 端口连接列表

端口连接列表描述了连接门或开关模型的方法。门和开关类型限制了端口连接列表的形式。连接列表通过"( )"括起来，通过","将"( )"号内的终端分割。对于门级和开关级原语例化来说，在连接列表中最先出现的总是输出端口或者输入输出端口，后面跟着输入端口。

[例 5.95] Verilog HDL 描述 nand 门例化的例子。

```
nand #2 nand_array[1:4](...);
```

在该例子中，声明了 4 个例化，可作为 nand_array[1]、nand_array[2]、nand_array[3] 和 nand_array[4]引用。

[例 5.96] Verilog HDL 描述两个等效门例化的例子，如代码清单 5-25 和代码清单 5-26 所示。

代码清单 5-25　Verilog HDL 描述两个等效门例化（1）

```
module driver (in, out, en);
input [3:0] in;
output [3:0] out;
input en;
bufif0 ar[3:0] (out, in, en);        //三态缓冲区数组
endmodule
```

代码清单 5-26　Verilog HDL 描述两个等效门例化（2）

```
module driver_equiv (in, out, en);
input [3:0] in;
output [3:0] out;
input en;
bufif0 ar3 (out[3], in[3], en);      //单独声明每一个三态缓冲区实例
bufif0 ar2 (out[2], in[2], en);
bufif0 ar1 (out[1], in[1], en);
bufif0 ar0 (out[0], in[0], en);
endmodule
```

思考与练习 5-8：说明下面 Verilog HDL 描述所给出的门级设计结构，如代码清单 5-27 所示。

代码清单 5-27　Verilog HDL 描述通过例化元件构成存储阵列

```
module dffn (q, d, clk);
parameter bits = 1;
input [bits-1:0] d;
output [bits-1:0] q;
input clk ;
DFF dff[bits-1:0] (q, d, clk);       //创建一行 D 触发器
```

Endmodule

module MxN_pipeline (in, out, clk);
parameter M = 3, N = 4; //M=宽度,N=深度
input [M−1:0] in;
output [M−1:0] out;
input clk;
wire [M * (N−1):1] t;
//#(M)重新定义了 dffn 的比特参数
//创建 p[1:N]列 columns 的 dffn 行(流水)
dffn #(M) p[1:N] ({out, t}, {t, in}, clk);
endmodule

5.8.2　逻辑门

Veilog HDL 内建的逻辑门关键字包括：

|　**and**　|　**nand**　|　**nor**　|　**or**　|　**xor**　|　**xnor**|

两输入逻辑门的逻辑关系如表 5.23 所示。

表 5.23　两输入逻辑门的逻辑关系

and	0	1	x	z	**or**	0	1	x	z
0	0	0	0	0	0	0	1	x	x
1	0	1	x	x	1	1	1	1	1
x	0	x	x	x	x	x	1	x	x
z	0	x	x	x	z	x	1	x	x
nand	0	1	x	z	**nor**	0	1	x	z
0	1	1	1	1	0	1	0	x	x
1	1	0	x	x	1	0	0	0	0
x	1	x	x	x	x	x	0	x	x
z	1	x	x	x	z	x	0	x	x
xor	0	1	x	z	**xnor**	0	1	x	z
0	0	1	x	x	0	1	0	x	x
1	1	0	x	x	1	0	1	x	x
x	x	x	x	x	x	x	x	x	x
z	x	x	x	x	z	x	x	x	x

在门级逻辑设计中，可使用具体的门例化语句。逻辑门例化语句的格式如下：

gate_type[instance_name](term1, term2, …,term*N*);

其中，gate_type 为逻辑门的关键字；instance_name 为例化标识符（可选）；term1,…,term*N* 为用于表示与逻辑门输入/输出端口相连的网络或寄存器端口列表。

逻辑门的延迟说明包含 0、1 或 2 个延迟值：

（1）如果说明中包含 2 个延迟，则第 1 个延迟确定输出上升延迟；第 2 个延迟确定输出下降延迟。2 个延迟中较小的一个延迟应用于输出跳变到 "x" 的延迟。

（2）如果只有一个延迟，则将该延迟应用于上升和下降延迟。

（3）如果没有指定延迟，则逻辑门没有传输延迟。

> **注**：这 6 种类型的逻辑门，有多个输入端口，但只有一个输出端口。输出端口总出现在逻辑门端口列表的最开始，随后表示若干个输入端口。

[**例 5.97**] Verilog HDL 描述通过例化内建逻辑门实现两输入异或关系的例子，如代码清单 5-28 所示。

代码清单 5-28 例化内建逻辑门实现两输入异或关系的 Verilog HDL 描述

```
module test;
reg in1,in2;
wire out1;
xor（strong1,strong0）#(10,15) a1(out1,in1,in2);
initial
begin
  in1 = 0;
  in2 = 0;
  #100;
  in1 = 1;
  in2 = 0;
  #100;
  in1 = 'bz;
  in2 = 'bx;
end
endmodule
```

在该例子中，a1 为门例化标识符；out1 为输出端口；in1 和 in2 分别为两个输入端口。

思考与练习 5-9：使用 Vivado 2018.1 集成开发环境对代码清单 5-28 给出的设计进行行为级仿真，并观察仿真结果，说明强度和延迟在设计中的作用。

5.8.3 输出门

在 Verilog HDL 中内建的多输出逻辑门关键字包括：

buf   **not**

输出门的延迟说明同逻辑门的延迟说明。输出门的逻辑关系如表 5.24 所示。

表 5.24 输出门的逻辑关系

buf		not	
输入	输出	输入	输出
0	0	0	1
1	1	1	0
x	x	x	x
z	x	z	x

输出门包含一个输入端口和一个/多个输出端口。输出门例化语句的格式如下：

$$multiple\_output\_gate\_type \left[instance\_name \right] \left(out1, out2, \ldots, outn, inputA \right);$$

其中，multiple_output_gate_type 为输出门的关键字；instance_name 为例化标识符（可选）；"（）"内为输出和输出端口列表，out1, out2, …, outn 为 n 个输出端口，inputA 为 1 个输入端口。需特别注意的是，在输出门的端口列表中，只有最后一个端口是输入端口，而其余的所有端口为输出端口。

输出门的延迟说明包含 0、1 或 2 个延迟值：

（1）如果说明中包含 2 个延迟，则第 1 个延迟确定输出上升延迟；第 2 个延迟确定输出下降延迟。2 个延迟中较小的一个延迟应用于输出跳变到"x"的延迟。

（2）如果只有一个延迟，则将该延迟应用于上升和下降延迟。

（3）如果没有指定延迟，则逻辑门没有传输延迟。

[例 5.98] Verilog HDL 描述例化内建多输出门的例子，如代码清单 5-29 所示。

代码清单 5-29　Verilog HDL 描述例化内建多输出门

```
module test;
reg in;
wire out1, out2, out3;
buf (pull1, pull0) #(5, 15) uut(out1, out2, out3, in);
initial
begin
  in = 0;
  #100;
  in = 1;
  #100;
  in = 'bz;
  #100;
  in = 'bx;
end
endmodule
```

在该例子中，uut 为门例化标识符；out1、out2 和 out3 为输出端口；in 为输入端口。

思考与练习 5-10：使用 Vivado 2018.1 集成开发环境对代码清单 5-29 给出的设计进行行为级仿真，并观察仿真结果，说明输出门的特性、强度和延迟在输出门中的作用。

5.8.4　三态门

在 Verilog HDL 中内建的三态门关键字包括：

bufif0　　bufif1　　notif1　　notif0

其延迟特性与逻辑门延迟说明相同。这些门除输出逻辑"1"和逻辑"0"外，还可以输出"z"（高阻）。

三态门用于对三态驱动器建模，这些门提供了一个输出端口、一个数据输入端口和一个控制输入端口。三态门的逻辑关系如表 5.25 所示。

表 5.25　三态门的逻辑关系

bufif0		控制输入				bufif1		控制输入			
		0	1	x	z			0	1	x	z
数据	0	0	z	L	L	数据	0	z	0	L	L
	1	1	z	H	H		1	z	1	H	H
	x	x	z	x	x		x	z	x	x	x
	z	x	z	x	x		z	z	x	x	x
notif0		控制输入				notif1		控制输入			
		0	1	x	z			0	1	x	z
数据	0	1	z	H	H	数据	0	z	1	H	H
	1	0	z	L	L		1	z	0	L	L
	x	x	z	x	x		x	z	x	x	x
	z	x	z	x	x		z	z	x	x	x

> **注**：(1) 符号 L 表示结果为 0 或 "z"。
> (2) 符号 H 表示结果为 1 或 "z"。
> (3) 跳变到 "H" 或 "L" 的延迟和跳变到 "x" 的延迟相同。

三态门例化语句的基本语法如下：

> tristate_gate［instance_name］(outputA, inputB, control);

其中，tristate_gate 为三态门的关键字；instance_name 为例化标识符；output A 是输出端口；input B 是数据输入端口；control 是控制输入端口。根据控制输入的值，可将输出驱动为高阻态 "(z)"。

三态门的延迟说明包含 0、1、2 或 3 个延迟值：

(1) 如果说明中包含 3 个延迟，则第 1 个延迟确定输出上升延迟，第 2 个延迟确定输出下降延迟，第 3 个延迟确定跳变到 "z" 的延迟。此外，3 个延迟中最小的延迟用于确定跳变到 "x" 的延迟。

(2) 如果描述中包含 2 个延迟，则第 1 个延迟确定输出上升延迟，第 2 个延迟确定输出下降延迟，2 个延迟中较小的一个延迟用于确定跳变到 "x" 和 "z" 的延迟。

(3) 如果只有一个延迟，则将该延迟值应用于所有的输出延迟。

(4) 如果没有指定延迟，则三态门没有传输延迟。

[**例 5.99**] Verilog HDL 描述三态门的例子，如代码清单 5-30 所示。

代码清单 5-30　Verilog HDL 描述三态门

```
module test;
reg en,d;
wire q;
bufif1 (pull1,pull0) #(5,15,25) uut (q,d,en);
initial
begin
  d=1;
  en=0;
  #100;
```

```
        d=1;
        en=1;
        #100;
        d=0;
        en=1;
        #100;
        d=1'bz;
        en=0;
        #100;
        d=0;
        en=1'bz;
    end
endmodule
```

在该例子中，uut 为门例化标识符；q 为输出端口；d 为数据输入端口；en 为控制输入端口。

思考与练习 5-11：使用 Vivado 2018.1 集成开发环境对代码清单 5-30 给出的设计进行行为级仿真，并观察仿真结果，说明三态门的特性、强度和延迟在三态门中的作用。

5.8.5　MOS 开关

在 Verilog HDL 中内建的 MOS 开关包括：

cmos　　nmos　　pmos　　rcmos　　rnmos　　rpmos

其中：

（1）pmos 表示 p 型金属氧化物半导体场效应晶体管。

（2）nmos 表示 n 型金属氧化物半导体场效应晶体管。

（3）rpmos 表示电阻型 PMOS 晶体管。

（4）rnmos 表示电阻型 NMOS 晶体管。

与 pmos 和 nmos 相比，当 rpmos 和 rnmos 导通时，它们源级和漏级之间的阻抗要高很多。

pmos、nmos、rpmos 和 rnmos 这 4 个开关对数据来说是单向通道，类似于 bufif0/bufif1 门。

MOS 开关的延迟说明包含 0、1、2 或 3 个延迟：

（1）如果说明中包含 3 个延迟，则第 1 个延迟确定输出上升延迟，第 2 个延迟确定输出下降延迟，第 3 个延迟确定跳变到"z"的延迟。此外，3 个延迟中最小的延迟用于确定跳变到"x"的延迟。

（2）如果说明中包含 2 个延迟，则第 1 个延迟确定输出上升延迟，第 2 个延迟确定输出下降延迟，两个延迟中较小的一个延迟用于确定跳变到"x"和"z"的延迟。

（3）如果只有一个延迟，则将该延迟值应用于所有的输出延迟。

（4）如果没有指定延迟，则 MOS 开关没有传输延迟。

MOS 开关的逻辑关系如表 5.26 所示。

表 5.26　MOS 开关的逻辑关系

pmos rpmos		控制				nmos rnmos		控制			
		0	1	x	z			0	1	x	z
数据	0	0	z	L	L	数据	0	z	0	L	L
	1	1	z	H	H		1	z	1	H	H
	x	x	z	x	x		x	z	x	x	x
	z	z	z	z	z		z	z	z	z	z

注：(1) 符号 L 表示结果为 0 或 "z"。

(2) 符号 H 表示结果为 1 或 "z"。

(3) 跳变到 H 或者 L 的延迟和跳变到 "x" 的延迟相同。

MOS 开关包含一个输出端口、一个数据输入端口和一个控制输入端口。MOS 开关例化语句的基本语法如下：

mos_switch_type[instance_name] (outputA, inputB, control);

其中，mos_switch_type 为 MOS 开关的关键字；instance_name 为例化标识符；outputA 为输出端口；inputB 为数据输入端口；control 为控制输入端口。

[例 5.100]　Verilog HDL 描述 MOS 开关的例子，如代码清单 5-31 所示。

代码清单 5-31　Verilog HDL 描述 MOS 开关

```verilog
module test;
reg data, control;
wire out;
pmos #(10, 15, 20) p1(out, data, control);
initial
begin
  data = 1;
  control = 0;
  #100;
  data = 0;
  control = 0;
  #100;
  data = 1;
  control = 1;
  #100;
  data = 1'bz;
  control = 0;
  #100;
  data = 1'b0;
  control = 1'bz;
end
endmodule
```

在该例子中，p1 为门例化标识符；out 为输出端口；data 为数据输入端口；control 为控制输入端口。

思考与练习 5-12：使用 Vivado 2018.1 集成开发环境对代码清单 5-31 给出的设计进行行为级仿真，并观察仿真结果，说明 MOS 开关的特性和延迟在 MOS 开关中的作用。

5.8.6　双向传输开关

在 Veilog HDL 中，内建双向传输开关的关键字包括：

tran	tranif1	tranif0
rtran	rtranif1	rtranif0

双向传输开关不会对通过它们的信号产生延迟。当断开 tranif0、tranif1、rtranif0 和 rtranif1 时，将阻塞信号；当导通它们时，信号将通过双向传输开关。不能关闭 tran 和 rtran 器件，它们总能通过信号。

对于 tranif0、tranif1、rtranif0 和 rtranif1，其传输的延迟说明包含 0、1 或 2 个延迟：

（1）如果说明中包含 2 个延迟，则第 1 个延迟确定导通开关的延迟，第 2 个延迟确定断开开关的延迟，2 个延迟中较小的一个值用于确定跳变到"x"和"z"的延迟。

（2）如果说明中包含一个延迟，则用于确定开关导通和断开的延迟值。

（3）如果没有指定延迟，则双向开关没有导通和断开延迟。

> **注**：对于 tran 和 rtran 器件，不接受延迟说明。

双向传输开关例化语句的基本语法如下：

    pass_switch_type［instance_name］(inout1,inout2,control);

其中，pass_switch_type 为双向开关的关键字；instance_name 为例化标识符；inout1 和 inout2 是连接信号的两个双向端口；control 是控制输入端口。

> **注**：（1）所有 6 个器件的双向终端只能连接到标量网络或者向量网络的位选择。
> （2）Vivado 工具的行为级仿真不支持双向传输开关。

5.8.7　CMOS 开关

CMOS 开关的符号如图 5.17 所示，有一个数据输入端 datain，一个数据输出端 w，两个控制输入端 pcontrol 和 ncontrol。

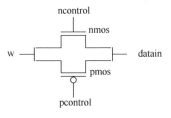

图 5.17　CMOS 开关的符号

CMOS 开关例化语句的基本语法如下：

    cmos_switch_type［instance_name］(w,datain,ncontrol,pcontrol);

其中，cmos_switch_type 为 CMOS 开关的关键字；instance_name 为例化标识符；w 为数据输出端；datain 为数据输入端；ncontrol 是 nmos 的控制输入端；pcontrol 是 pmos 的控制输入端。

表达式等效于：

```
nmos (w, datain, ncontrol);
pmos (w, datain, pcontrol);
```

5.8.8　pull 门

Verilog HDL 内建的上拉和下拉关键字包含：

```
pullup              pulldown
```

上拉源 pullup 将终端列表中的网络设置为 "1"，下拉源 pulldown 将终端列表中的网络设置为 "0"。在没有强度说明的情况下，放置在网络上的这些信号源将为 pull 强度。如果在 pullup 上有 strength1 说明或者在 pulldown 上有 strength0 说明，则信号应该有强度说明，并且将忽略在 pullup 上的 strength0 说明或者 pulldown 上的 strength1 说明。pullup 和 pulldown 没有延迟说明。此外，pull 门没有输入，只有输出。门实例的端口列表只包含一个输出端口。

[例 5.101] Verilog HDL 描述 pull 门的例子，如代码清单 5-32 所示。

代码清单 5-32　Verilog HDL 描述 pull 门

```
module test;
wire out1,out2;
pullup (weak1) p1 (out1), p2 (out2);
endmodule
```

在该例化语句中，p1 例化驱动 out1；p2 例化驱动 out2，并且为 weak1 强度。

思考与练习 5-13：使用 Vivado 2018.1 集成开发环境对代码清单 5-32 给出的设计进行行为级仿真，并观察仿真结果，说明 MOS 开关的特性和延迟在 MOS 开关中的作用。

5.9　Verilog HDL 用户自定义原语

在 Verilog HDL 中，提供了用户定义原语（User Defined Primitive，UDP）的能力。例化 UDP 的语句与例化基本门的语句完全相同。

> **注**：Vivado 工具不支持对用户自定义原语的综合，只支持行为级仿真。

5.9.1　UDP 定义

在 UDP 中可以描述下面两类行为。

1. 组合电路

组合电路 UDP 使用输入值来确定输出的下一个值。

2. 时序电路

时序电路 UDP 使用输入值和当前的输出值确定下一个输出值。时序 UDP 提供了一个用于对时序电路（如触发器和锁存器）进行建模的方法。一个时序 UDP 能够建模电平敏感和边沿敏感行为。

每个 UDP 只能有一个输出端口，以及一个或多个输入端口。第 1 个端口必须是输出端口。此外，输出的取值为 0、1 或 "x"，但不允许为 "z"。凡是输入中出现 "z" 值，均以 "x" 进行处理。

UDP 的语法格式如下：

> **primitive** UDP_name（OutputName, List_of_inputs）
> 　　output_declaration
> 　　input_declarations
> 　　[reg_declaration]
> 　　[initial_statement]
> 　　**table**
> 　　　　List_of_table_entries
> 　　**endtable**
> **endprimitive**

其中，OutputName 为输出端口名；UDP_name 为 UDP 的标识符；List_of_inputs 为用 "," 分割的输入端口的名字；output_declaration 为输出端口的类型声明；input_declarations 为输入端口的类型声明；reg_declaration 为输出寄存器类型数据的声明（可选）；initial_statement 为元件的初始状态声明（可选）；table…endtable 为关键字；List_of_table_entries 为表项 1 到 n 的声明。

UDP 的定义独立于模块定义，因此 UDP 的定义出现在模块定义以外。此外，也可以在单独的文本文件中定义 UDP。

> **注：**（1）UDP 包含输入和输出端口声明。
> ① 输出端口声明以关键字 ouput 开头，后面跟随输出端口的名字。
> ② 输入端口声明以关键字 input 开头，后面跟随输入端口的名字。
> ③ 时序 UDP，包含用于输出端口的 reg 声明，可以在时序 UDP 的 initial 语句中指定输出端口的初始值。
> ④ 实现过程限制了 UDP 的输入端口个数，允许时序 UDP 可以至少有 9 个输入端口，组合 UDP 可以至少有 10 个输入端口。
> （2）UDP 的行为以列表的形式给出，以关键字 "table" 开始，以关键字 "endtable" 结束。

表 5.27 给出了 UDP 表中符号的含义。

表 5.27　UDP 表中符号的含义

符　号	理　解	注　释
0	逻辑 0	–
1	逻辑 1	–
x	未知	允许出现在所有 UDP 的输入和输出域，以及时序 UDP 的当前状态中
?	逻辑 0、1 或 "x"	不允许出现在输出域中
b	逻辑 0 和 1	允许出现在所有 UDP 的输入域和时序 DUP 的当前状态中，不允许出现在输出域中
–	没有变化	只允许出现在一个时序 UDP 的输出域中

符　号	理　　解	注　　释
（vw）	值从 v 变化到 w	v 和 w 可以用 0、1、"x"、"?" 或 "b" 中的任何一个，只能出现在输入域中
*	同（??）	在输入的任何值变化
r	同（01）	输入的上升沿
f	同（10）	输入的下降沿
p	（01）、（0x）和（x1）	输入为潜在的上升沿
n	（10）、（1x）和（x0）	输入为潜在的下降沿

5.9.2　组合电路 UDP

在组合电路 UDP 中，列表中规定了不同的输入组合和所对应的输出值。如果没有指定的任意组合，则输出为 "x"。

[**例 5.102**] Verilog HDL 描述 2:1 多路选择器用户定义原语的例子，如代码清单 5-33 所示。

代码清单 5-33　Verilog HDL 描述 2:1 多路选择器用户定义原语（1）

```
primitive multiplexer ( mux, control, dataA, dataB );
output mux;
input control, dataA, dataB;
table
//control dataA dataB mux
    0      1     0   :   1 ;
    0      1     1   :   1 ;
    0      1     x   :   1 ;
    0      0     0   :   0 ;
    0      0     1   :   0 ;
    0      0     x   :   0 ;
    1      0     1   :   1 ;
    1      1     1   :   1 ;
    1      x     1   :   1 ;
    1      0     0   :   0 ;
    1      1     0   :   0 ;
    1      x     0   :   0 ;
    x      0     0   :   0 ;
    x      1     1   :   1 ;
endtable
endprimitive

multiplexer uut( out,en,in1,in2 );
initial
begin
 en = 0;in1 = 1;in2 = 0;
 #100;
```

```
en = 1;in1 = 1;in2 = 0;
#100;
en = 1'bz;in1 = 1;in2 = 0;
#100;
end
endmodule
```

> **注**：由于没有指定输入的组合 0xx（control = 0，dataA = x，dataB = x）。则在仿真的时候，输出端口 mux 将变成"x"。

将例 5.102 中的 multiplexer 也可以写成如代码清单 5-34 所示的形式。

代码清单 5-34　Verilog HDL 描述 2:1 多路选择器用户定义原语（2）

```
primitive multiplexer (mux, control, dataA, dataB);
output mux;
input control, dataA, dataB;
table
//control dataA dataB mux
    0    1    ? :  1 ; //? = 0 1 x
    0    0    ? :  0 ;
    1    ?    1 :  1 ;
    1    ?    0 :  0 ;
    x    0    0 :  0 ;
    x    1    1 :  1 ;
endtable
endprimitive
```

思考与练习 5-14：使用 Vivado 2018.1 集成开发环境对代码清单 5-33 给出的设计进行行为级仿真，并观察仿真结果，说明该 UDP 所实现的功能。

5.9.3　电平触发的时序 UDP

电平敏感的行为表示方法和组合逻辑的行为表示方法一样，只是输出端口声明为 reg 类型，并且在每个表的入口处有一个额外的域，用于表示 UDP 当前的状态。此外，时序 UDP 的输出域表示下一个状态。

[**例 5.103**] Verilog HDL 描述锁存器用户定义原语的例子，如代码清单 5-35 所示。

代码清单 5-35　Verilog HDL 描述锁存器用户定义原语

```
primitive latch (q, clock, data);
output q;
reg q;
input clock, data;
table
  //clock data   q    q+
     0    1 :  ? :   1 ;
     0    0 :  ? :   0 ;
     1    ? :  ? :   - ; //- = no change
```

```
endtable
endprimitive

module test;
reg clk, in;
wire q;
latch   uut(q, clk, in);
initial
begin
clk = 0;
end

always
begin
   #10 clk = ~clk;
end

always
begin
   in = 0; #16;
   in = 1; #18;
   in = 0; #21;
   in = 1; #11;
 end
endmodule
```

思考与练习 5-15：使用 Vivado 2018.1 集成开发环境对代码清单 5-35 给出的设计进行行为级仿真，并观察仿真结果，说明该 UDP 所实现的功能。

5.9.4　边沿触发的时序 UDP

在电平敏感行为中，输入值和当前状态足以用于确定输出值。与电平触发行为的不同之处在于，边沿触发的输出由输入指定的跳变触发。

在最多一个输入上，每个表的入口有一个跳变说明。一个跳变使用括号内的一对值表示，如上升沿用 "01" 或者 "r" 表示。

应该明确说明没有影响输出的所有跳变。否则，这些跳变将使得输出变为 "x"（对于所有没有指定的跳变默认为 "x"）。

如果 UDP 的行为对任何输入的边沿敏感，应该为所有输入的所有边沿明确所希望的输出状态。

[**例 5.104**] Verilog HDL 描述边沿触发时序用户自定义原语的例子，如代码清单 5-36 所示。

代码清单 5-36　Verilog HDL 描述边沿触发时序用户定义原语

```
primitive d_edge_ff (q, clock, data);
output q; reg q;
input clock, data;
```

```
table
//clock    data      q       q+      //上升沿得到输出
  (01)     0    :    ?   :   0 ;
  (01)     1    :    ?   :   1 ;
  (0?)     1    :    1   :   1 ;
  (0?)     0    :    0   :   0 ;
  (? 0)    ?    :    ?   :   - ;      //忽略下降沿
  ?       (??)  :    ?   :   - ;      //在稳定时钟的时候忽略数据变化
endtable
endprimitive

module test ;
reg clk,in ;
wire q ;
d_edge_ff   uut(q,clk,in) ;
initial
begin
clk = 0 ;
end

 always
 begin
   #10 clk = ~ clk ;
 end

 always
 begin
   in = 0 ; #16 ;
   in = 1 ; #18 ;
   in = 0 ; #21 ;
   in = 1 ; #11 ;
 end
endmodule
```

思考与练习 5-16：使用 Vivado 2018.1 集成开发环境对代码清单 5-36 给出的设计进行行为级仿真，并观察仿真结果，说明该 UDP 所实现的功能。

5.9.5　边沿和电平触发的混合行为

在 UDP 中，允许在同一个表中出现电平和边沿触发混合结构。在输入变化时，先处理边沿敏感事件，然后再处理电平敏感事件。这样，当电平敏感事件和边沿敏感事件指定不同的输出值时，结果由电平敏感事件确定。

[例 5.105] Verilog HDL 描述带异步清空 JK 触发器用户自定义原语的例子，如代码清单 5-37 所示。

代码清单 5-37　Verilog HDL 描述带异步清空 JK 触发器用户自定义原语

```
primitive jk_edge_ff (q, clock, j, k, preset, clear) ;
```

```
output q; reg q;
input clock, j, k, preset, clear;
table
  //clock jk pc state output/next state
     ???    01 :  ?   :  1 ;      //置位逻辑
     ???    *1 :  1   :  1 ;
     ???    10 :  ?   :  0 ;      //复位逻辑
     ???    1* :  0   :  0 ;
     r00    00 :  0   :  1 ;      //通常的时钟情况
     r00    11 :  ?   :  - ;
     r01    11 :  ?   :  0 ;
     r10    11 :  ?   :  1 ;
     r11    11 :  0   :  1 ;
     r11    11 :  1   :  0 ;
     f??    ?? :  ?   :  - ;
     b*?    ?? :  ?   :  - ;      //j 和 k 跳变的情况
     b?*    ?? :  ?   :  - ;
endtable
endprimitive
```

5.10　Verilog HDL 行为描述语句

本节将介绍行为描述语句。通过行为级建模，把一个复杂的系统分解成可操作的若干个模块，每个模块之间的逻辑关系通过行为模块的仿真加以验证。同时，行为级建模还可以用来生成仿真激励信号，对已设计模块进行仿真验证。

5.10.1　过程语句

过程分配用于更新 reg、integer、time、real、realtime 和存储器数据类型。过程分配和连续分配的区别在于：

（1）对于连续分配，连续分配驱动网络。只要其中一个输入的值发生变化，则更新所驱动网络的值。

（2）对于过程分配。在过程流结构的控制下，过程分配更新流结构内变量的值。

过程分配的右侧可以是任何求取值的表达式。左边应该是一个变量，用于接收右侧表达式所引用分配的值。过程分配的左侧可以是下面的一种格式：

（1）reg、integer、real、realtime 或 time 数据类型，表示分配给这些数据类型的名字。

（2）reg、integer、real、realtime 或 time 数据类型的位选择，表示分配到单个的比特位。

（3）reg、integer、real、realtime 或 time 数据类型的部分选择，表示一个或者多个连续比特位的部分选择。

（4）存储器字，表示一个存储器的单个字。

（5）任何上面 4 种格式的并置或者嵌套的并置，这些语句对右侧的表达式进行有效的分割，将分割的部分按顺序分配到并置或者嵌套并置的不同部分中。

Verlig HDL 包含两种类型的过程赋值语句：

（1）阻塞过程分配语句。

（2）非阻塞过程分配语句。

1. 阻塞过程分配

以分配操作符 "＝" 来标识的分配操作称为阻塞过程分配。阻塞分配语句不会阻止该语句后面语句的执行。

[**例 5.106**] Verilog HDL 描述阻塞过程分配的例子。

```
rega = 0;
rega[3] = 1;                    //位选择
rega[3:5] = 7;                  //部分选择
mema[address] = 8'hff;          //分配到一个存储器元素
{carry, acc} = rega + regb;     //并置
```

2. 非阻塞过程分配

非阻塞过程分配允许分配调度，但不会阻塞过程内的流程。在相同的时间段内，当有多个变量分配时，使用非阻塞过程分配，这个分配不需要考虑顺序或者互相之间的依赖性。

以赋值操作符 "＜＝" 来标识非阻塞过程分配，其形式与小于等于操作符相同，需要根据上下文环境区分。

过程赋值操作也出现在 initial 和 always 块语句中，在非阻塞赋值语句中，赋值符号 "＜＝" 的左侧必须是 reg 型变量，其值不像过程赋值语句那样语句结束时即刻得到，而是在该块语句结束时才可得到。

也可以这样理解这两种分配语句，阻塞过程分配没有"时序的概念"，这一点和 C 语言是一致的，而非阻塞过程分配有"时序的概念"，这一点和 C 语言是有区别的。

[**例 5.107**] Verilog HDL 描述非阻塞过程分配的例子，如代码清单 5-38 所示。

代码清单 5-38　Verilog HDL 描述非阻塞过程分配

```
module block(a3,a2,a1,clk);
input clk,a1;
output reg a3,a2;
always @ (posedge clk)
begin
  a2<=a1;
  a3<=a2;
end
endmodule
```

使用 Vivado 综合工具对该设计综合后生成的电路结构如图 5.18 所示。

[**例 5.108**] Verilog HDL 描述阻塞过程分配的例子（1），如代码清单 5-39 所示。

代码清单 5-39　Verilog HDL 描述阻塞过程分配（1）

```
module block(a3,a2,a1,clk);
input clk,a1;
output reg a3,a2;
```

```
always@ ( posedge clk )
begin
  a2 = a1 ;
  a3 = a2 ;
end
endmodule
```

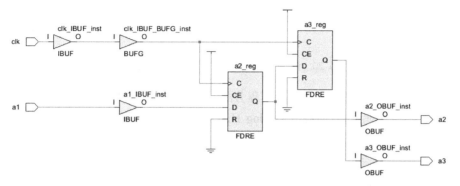

图 5.18　非阻塞过程分配综合后的电路结构

使用 Vivado 综合工具对该设计综合后生成的电路结构如图 5.19 所示。

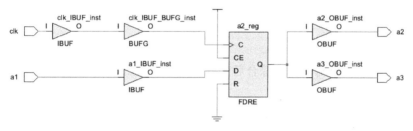

图 5.19　阻塞过程分配综合后的电路结构（1）

从上述两个例子中可以清楚地看到两种过程分配语句的不同之处：

（1）非阻塞过程分配语句是并发执行的；

（2）阻塞过程分配语句是按照指定顺序执行的，分配语句的书写顺序对执行的结果有着直接的影响。

［例 5.109］ Verilog HDL 描述阻塞过程分配的例子（2），如代码清单 5-40 所示。

代码清单 5-40　Verilog HDL 描述阻塞过程分配（2）

```
module block( q,b,clk ) ;
input clk ;
output reg q,b ;
always @ ( posedge clk )
begin
  q = ~ q ;
  b = ~ q ;
end
endmodule
```

使用 Vivado 综合工具对该设计综合后生成的电路结构如图 5.20 所示。

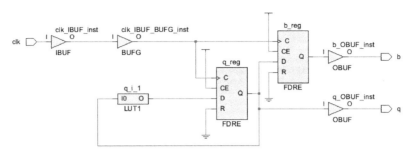

图 5.20　阻塞过程分配综合后的电路结构（2）

[**例 5.110**] Verilog HDL 描述阻塞过程分配的例子（3），如代码清单 5-41 所示。

代码清单 5-41　Verilog HDL 描述阻塞过程分配（3）

```
module block(q,b,clk);
input clk;
output reg q,b;
always @ (posedge clk)
begin
    b = ~q;
    q = ~q;
end
endmodule
```

使用 Vivado 综合工具对该设计综合后生成的电路结构如图 5.21 所示。

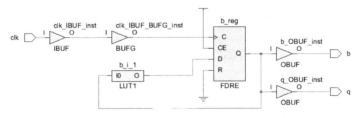

图 5.21　阻塞过程分配综合后的电路结构（3）

[**例 5.111**] Verilog HDL 描述阻塞和非阻塞过程分配的例子（1），如代码清单 5-42 所示。

代码清单 5-42　Verilog HDL 描述阻塞和非阻塞过程分配（1）

```
module evaluates2 (out);
output out;
reg a, b, c;
initial
begin
    a = 0;              //在 0 时刻,初始化后 a=0,b=1
    b = 1;
    c = 0;
end
```

```
    always c = #5 ~c;
    always @ ( posedge c)
    begin
        a <= b;              //在 5 个时间单位后,a=1,b=0
        b <= a;
    end
endmodule
```

思考与练习 5-17：对代码清单 5-42 给出的设计进行行为级仿真，分析仿真结果。

[**例 5. 112**] Verilog HDL 描述阻塞和非阻塞过程分配的例子（2），如代码清单 5-43 所示。

代码清单 5-43　Verilog HDL 描述阻塞和非阻塞过程分配（2）

```
module non_block1;
reg a, b, c, d, e, f;
//阻塞分配
initial begin
        a = #10 1;             //在第 10 个时间单位,给 a 分配 1
        b = #2 0;              //在第 12 个时间单位,给 b 分配 0
        c = #4 1;              //在第 16 个时间单位,给 c 分配 1
    end
//非阻塞分配
initial begin
        d <= #10 1;            //在第 10 个时间单位,给 d 分配 1
        e <= #2 0;             //在第 2 个时间单位,给 e 分配 0
        f <= #4 1;             //在第 4 个时间单位,给 e 分配 1
    end
endmodule
```

思考与练习 5-18：对代码清单 5-43 给出的设计进行行为级仿真，分析仿真结果。

[**例 5. 113**] Verilog HDL 描述阻塞和非阻塞过程分配的例子（3），如代码清单 5-44 所示。

代码清单 5-44　Verilog HDL 描述阻塞和非阻塞过程分配（3）

```
module non_block1;
reg a, b;
initial begin
        a = 0;               //a=1,b=0
        b = 1;
        a <= b;
        b <= a;
    end
initial begin
        $monitor($time, ,"a = %b b = %b", a, b);
        #100 $finish;
    end
endmodule
```

思考与练习5-19：对代码清单5-44给出的设计进行行为级仿真，分析仿真结果。

[**例5.114**] Verilog HDL 描述阻塞和非阻塞过程分配的例子（4），如代码清单5-45所示。

代码清单5-45   Verilog HDL 描述阻塞和非阻塞过程分配（4）

```verilog
module multiple;
reg a;
initial a = 1;
initial begin
    a <= #4 0;          //在第4个时间单位,调度a = 0
    a <= #4 1;          //在第4个时间单位,调度a = 1
end
endmodule
```

思考与练习5-20：对代码清单5-45给出的设计进行行为级仿真，分析仿真结果。

[**例5.115**] Verilog HDL 描述阻塞和非阻塞过程分配的例子（5），如代码清单5-46所示。

代码清单5-46   Verilog HDL 描述阻塞和非阻塞过程分配（5）

```verilog
module multiple;
reg a;
initial a = 1;
initial begin
    a <= #4 0;          //在第4个时间单位,调度a = 0
    a <= #4 1;          //在第4个时间单位,调度a = 1
end
endmodule
```

思考与练习5-21：对代码清单5-46给出的设计进行行为级仿真，分析仿真结果。

[**例5.116**] Verilog HDL 描述阻塞和非阻塞过程分配的例子（6），如代码清单5-47所示。

代码清单5-47   Verilog HDL 描述阻塞和非阻塞过程分配（6）

```verilog
module multiple2;
reg a;
initial a = 1;
initial a <= #4 0;      //在第4个时间单位,调度a = 0
initial a <= #4 1;      //在第4个时间单位,调度a = 1
//在第4个时间单位, a = ??
//reg 分配的值是不确定的
endmodule
```

> **注**：如果仿真器同时有两个过程模块，如果过程模块包含对相同变量的非阻塞分配操作符，则变量最终的值是不确定的。

思考与练习5-22：对代码清单5-47给出的设计进行行为级仿真，分析仿真结果。

[**例5.117**] Verilog HDL 描述阻塞和非阻塞过程分配的例子（7），如代码清单5-48所示。

代码清单 5-48　Verilog HDL 描述阻塞和非阻塞过程分配 (7)

```
module multiple3;
reg a;
initial    #8 a <= #8 1;        //在第 8 个时间单位执行,在第 16 时刻更新为 1
Initial    #12 a <= #4 0;       //在第 12 个时间单位执行,在第 16 时刻更新为 0
endmodule
```

思考与练习 5-23：对代码清单 5-48 给出的设计进行行为级仿真，分析仿真结果。

[**例 5.118**] Verilog HDL 描述阻塞和非阻塞过程分配的例子 (8)，如代码清单 5-49 所示。

代码清单 5-49　Verilog HDL 描述阻塞和非阻塞过程分配 (8)

```
module multiple4;
reg r1;
reg [2:0] i;
initial begin
for (i = 0; i <= 5; i = i+1)
    r1 <= # (i * 10) i[0];
end
endmodule
```

思考与练习 5-24：对代码清单 5-49 给出的设计进行行为级仿真，分析仿真结果。

5.10.2　过程连续分配

使用关键字 "assign" 和 "force" 的过程连续分配是过程语句，允许在变量或者网络上连续驱动表达式，其语法格式如下：

```
assign variable_assignment
deassign variable_assignment
force variable_assignment
force net_assignment
release variable_lvalue
release net_lvalue
```

> **注**：(1) assign 语句的左侧应该是一个变量引用或者变量的并置，它不能是存储器字 (数组引用)，或者一个变量的比特位选择和部分选择。
>
> (2) force 语句的左侧应该是一个变量引用或者网络引用，它也可以是变量或者网络的并置，它不允许一个向量变量的比特位选择或者部分选择。

1. assign 和 deassign 过程语句

assign 过程连续分配语句将覆盖对变量的所有过程分配。deassign 过程分配将终止对一个变量的过程连续分配。变量将保持相同的值，直到通过一个过程分配或者一个过程连续分配语句，给变量分配一个新的值为止。例如，assign 和 deassign 过程语句允许对一个带异步清除/置位端的 D 触发器进行建模。

[**例 5.119**] Verilog HDL 描述 assign 和 deassign 连续过程分配的例子，如代码清单 5-50 所示。

代码清单 5-50　Verilog HDL 描述 assign 和 deassign 连续过程分配

```
module dff (q, d, clear, preset, clock);
output q;
input d, clear, preset, clock;
reg q;
always @ (clear or preset)
    if(!clear)
        assign q = 0;
    else if(!preset)
        assign q = 1;
    else
        deassign q;

always@ (posedge clock)
    q = d;
endmodule
```

> **注：** Vivado 综合工具不支持过程分配语句。

2. force 和 release 过程语句

force 和 release 过程语句提供了另一种形式的过程连续分配，这些语句的功能和 assign/deassign 类似，但是 force 可以用于网络和变量。左侧的分配可以是一个变量、网络、一个向量网络的常数比特位选择和部分选择、并置，它不能是一个存储器字（数组引用）或者一个向量变量的比特位选择和部分选择。

对一个变量的 force 操作将覆盖对变量的一个过程分配或者一个分配过程连续分配，直到对该变量使用了 release 过程语句为止。当 release 时，如果当前变量没有一个活动的分配过程连续分配，则不会立即改变变量的值，变量将保留当前的值，直到对该变量的下一个过程分配或者过程连续分配为止。release 一个当前有一个活动分配过程的连续分配的变量时，将立即重新建立那个分配。

对一个网络的 force 过程语句，将覆盖网络所有驱动器的门输出、模块输出和连续分配，直到在该网络上执行一个 release 语句为止。当 release 时，网络将立即分配由网络驱动器所分配的值。

[**例 5.120**] Verilog HDL 描述 force 和 release 过程连续分配的例子，如代码清单 5-51 所示。

代码清单 5-51　Verilog HDL 描述 force 和 release 过程连续分配

```
module test;
reg a, b, c, d;
wire e;
and and1 (e, a, b, c);
initial begin
```

```
        $monitor ("%d d=%b,e=%b", $stime, d, e);
        assign d = a & b & c;
        a = 1;
        b = 0;
        c = 1;
        #10;
        force d = (a | b | c);
        force e = (a | b | c);
        #10;
        release d;
        release e;
        #10 $finish;
    end
    endmodule
```

最终的结果：

```
0       d=0, e=0
10      d=1 ,e=1
20      d=0, e=0
```

5.10.3　条件语句

条件语句主要由 if-else 结构组成，用于确定是否执行一条语句。if-else 结构有下面 3 种表述方法。

1）表述方法 1

```
if( condition_1)
    procedural_statement1;
```

2）表述方法 2

```
if( condition_1)
    procedural_statement1;
else
    procedural_statement2;
```

3）表述方法 3

```
if( condition_1)
    procedural_statement_1;
else if( condition_2)
    procedural_statement_2;
…
else if( condition_n)
    procedural_statement_n;
else
    procedural_statement_n+1;
```

其中：

（1）conditon_1,…,condition_ n 为条件表达式。

（2）procedural_statement_1,…,procedural_ statement_$n+1$ 为描述语句。

（3）如果对 condition_1 求值的结果为一个真值，则执行 procedural_statement_1；如果 condition_1 的求值结果为 0、"x" 或 "z"，则不执行 procedural_statement_1。

（4）描述语句可以是一条，也可以是多条。当有多条描述语句时，使用 "begin-end" 关键字将其包含进去。

特别注意的是，在 if 语句中，尽量使用 if-else 的全条件描述方式。如果条件不全，则在对设计综合时，会生成锁存器结构，从而影响电路的性能。

[例 5.121] Verilog HDL 描述 if 语句的例子，如代码清单 5-52 所示。

代码清单 5-52　Verilog HDL 描述 if 语句

```verilog
module sel(
    input a,
    input [3:0] addr,
    output reg [3:0] x
    );
always @ ( * )
    if(a)    x = addr;
endmodule
```

使用 Vivado 对该设计执行综合后生成的电路结构如图 5.22 所示，由于设计中只有 if 语句，所以生成了锁存器结构。

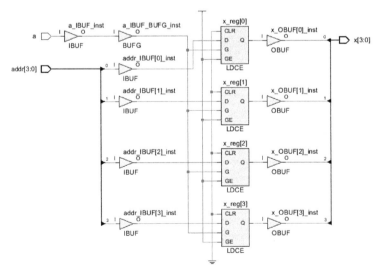

图 5.22　对 if 语句综合后生成的电路结钩

[例 5.122] Verilog HDL 描述 if- else 语句的例子，如代码清单 5-53 所示。

代码清单 5-53　Verilog HDL 描述 if-else 语句

```verilog
module sel(
    input a,
```

```
      input [3:0] addr,
      output reg [3:0] x
    );
    always @ ( * )
      if( a )   x = addr;
      else      x = 4'h0;
    endmodule
```

与例子 5.121 不同的是，在例子 5.122 中，if-else 构成了全条件语句，使用 Vivado 对该设计执行综合后生成的电路结构如图 5.23 所示，由于设计中为全条件 if-else 语句，所以没有生成锁存器结构。

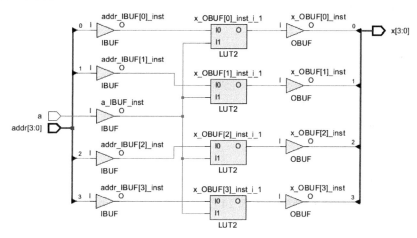

图 5.23　对 if-else 语句综合后生成的电路结构

5.10.4　case 语句

case 语句是一个多条件分支语句，用于测试一个表达式是否匹配相应的其他表达式和分支。语法如下：

```
    case( case_expr )
      case_item_expr_1:   procedural_statement_1;
      case_item_expr_2:   procedural_statement_2;
          …
      case_item_expr_n:   procedural_statement_n;
      default:            procedural_statement_n+1;
    endcase
```

其中，case_expr 为条件表达式；case_item_expr_1,…,case_ item_ expr_ n 为条件值；procedural_statement_1,…,procedural_ statement_ n+1 为描述语句。

case 语句的规则包括：

（1）case 语句首先对条件表达式 case_expr 求值，然后依次对各分支项求值并进行比较。将执行分支中第一个与条件表达式值匹配的语句。

（2）可以在一个分支中定义多个分支项。

（3）默认分支（default）覆盖所有没有被分支表达式覆盖的其他分支。

（4）分支表达式和各分支项表达式不必都是常量表达式。

特别注意的是，与条件语句类似，在 case 语句中也要尽量使用全条件描述方式。如果条件不全，则在对设计综合时会生成锁存器结构，从而影响电路的性能。

[例 5.123] Verilog HDL 描述非全条件的 case 语句的例子，如代码清单 5-54 和代码清单 5-55 所示。

代码清单 5-54　Verilog HDL 描述非全条件的 case 语句

```
module sel(
    input [1:0] rega,
    output reg [3:0] result
);
always @ ( * )
 case（rega）
    2'd0：result = 4'b0111;
    2'd1：result = 4'b1011;
    2'd2：result = 4'b1101;
    default；
 endcase
endmodule
```

在上面的描述中，没有说明 rega = 2'd3 时的情况，为非全条件 case 描述。使用 Vivado 对该设计执行综合后生成的电路结构如图 5.24 所示，生成了锁存器结构。

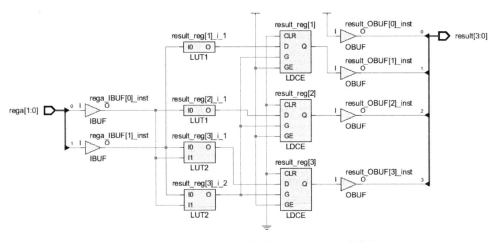

图 5.24　非全条件 case 语句综合后生成的电路结钩

对上面的 case 语句进行修改，将条件补充完整，如代码清单 5-55 所示。

代码清单 5-55　Verilog HDL 描述全条件的 case 语句

```
module sel(
    input [1:0] rega,
    output reg [3:0] result
);
always @ ( * )
```

```
case（rega）
    2'd0: result = 4'b0111;
    2'd1: result = 4'b1011;
    2'd2: result = 4'b1101;
    default: result = 4'b1110;
    endcase
endmodule
```

在上面的描述中，为全条件 case 描述。使用 Vivado 对该设计执行综合后生成的电路结构如图 5.25 所示，没有生成锁存器结构。

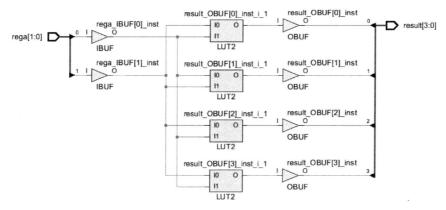

图 5.25　全条件 case 语句综合后生成的电路结构

[**例 5.124**]　Verilog HDL 描述 case 语句的例子。

```
case（select[1:2]）
    2'b00: result = 0;
    2'b01: result = flaga;
    2'b0x,
    2'b0z: result = flaga ? 'bx : 0;
    2'b10: result = flagb;
    2'bx0,
    2'bz0: result = flagb ? 'bx : 0;
    default result = 'bx;
endcase
```

该例子中，如果 select[1] = 0 并且 flaga = 0 时，如果 select[2] = 'x'/'z'，结果也为 0。

[**例 5.125**]　Verilog HDL 描述 case 语句中 "x" 和 "z" 的例子。

```
case（sig）
    1'bz: $display（"signal is floating"）;
    1'bx: $display（"signal is unknown"）;
    default: $display（"signal is %b", sig）;
endcase
```

在 Verilog HDL 中，提供了 case 语句的其他两种形式：

（1）casex，将 "x" 和 "z" 都看作无关值。

（2）casez，将"z"看作无关值。

这些形式对"x"和"z"使用不同的解释。除关键字是 **casex** 和 **casez** 外，语法与 case 语句完全一致。

[**例 5. 126**] Verilog HDL 描述 casez 语句的例子。

```
reg [7:0] ir;
casez (ir)
8'b1???????: instruction1(ir);
8'b01??????: instruction2(ir);
8'b00010???: instruction3(ir);
8'b000001??: instruction4(ir);
endcase
```

[**例 5. 127**] Verilog HDL 描述 casex 语句的例子。

```
reg [7:0] r, mask;
mask = 8'bx0x0x0x0;
casex (r ^ mask)
    8'b001100xx: stat1;
    8'b1100xx00: stat2;
    8'b00xx0011: stat3;
    8'bxx010100: stat4;
endcase
```

此外，常数表达式也可以作为 case 表达式。常数表达式的值将要和 case 项中的表达式进行比较，寻找匹配条件。

[**例 5. 128**] Verilog HDL 描述 case 语句中常数表达式的例子。

```
reg [2:0] encode ;
case (1)
    encode[2] :$display("Select Line 2");
    encode[1] :$display("Select Line 1");
    encode[0] :$display("Select Line 0");
    default: $display("Error: One of the bits expected ON");
endcase
```

5. 10. 5　循环语句

Verilog HDL 提供了 4 种循环语句，用于控制执行语句次数，包括 forever 循环、repeat 循环、while 循环和 for 循环。

1. forever 循环语句

该循环语句连续执行过程语句，语法格式如下：

```
forever
    procedural_statement;
```

为了退出循环，可以使用终止语句和过程语句，但在过程语句中必须使用某种形式的时序控制，否则 forever 循环将在 0 时延后永远循环下去。

2. repeat 循环语句

该循环语句执行指定循环次数的过程语句，语法格式如下：

```
repeat (loop_count)
    procedural_statement;
```

其中，loop_count 为循环次数；procedural_statement 为描述语句；如果循环计数表达式的值不确定，即为"x"或"z"时，循环次数按 0 处理。

[**例 5.129**] Verilog HDL 描述 repeat 循环的例子。

```
parameter size = 8, longsize = 16;
reg [size:1] opa, opb;
reg [longsize:1] result;
begin : mult
    reg [longsize:1] shift_opa, shift_opb;
    shift_opa = opa;
    shift_opb = opb;
    result = 0;
    repeat (size) begin
        if (shift_opb[1])
            result = result + shift_opa;
        shift_opa = shift_opa << 1;
        shift_opb = shift_opb >> 1;
    end
end
```

思考与练习 5-25：请分析该段代码所实现的功能。

3. while 循环语句

该循环语句循环执行过程赋值语句，直到指定的条件为假，语法格式如下：

```
while(condition)
    procedural_statement;
```

其中，condition 为循环的条件表达式；procedural_statement 为描述语句；如果表达式的初始条件为假，则永远不会执行过程语句；如果条件表达式的值为"x"或"z"，同样也按 0（假）处理。

[**例 5.130**] Verilog HDL 描述 while 循环的例子。

```
begin : count1s
    reg [7:0] tempreg;
    count = 0;
    tempreg = rega;
    while (tempreg) begin
        if(tempreg[0])
            count = count + 1;
        tempreg = tempreg >> 1;
    end
end
```

思考与练习 5-26：请分析该段代码所实现的功能。

4. for 循环语句

该循环语句按照指定的次数重复执行过程赋值语句若干次，语法格式如下：

$$
\textbf{for}\,(\,initial\_assignment\,;condition\,;step\_assignment\,)
$$
$$
procedural\_statement\,;
$$

其中：

（1）initial_assignment 为初始值，为循环变量提供初始值。

（2）condition 为循环条件表达式，指定循环结束的条件。

（3）step_assignment 给出要修改的赋值，通常为增加或减少循环变量计数。

（4）procedural_statement 为描述语句。只要条件为真，就执行循环中的描述语句。

[例 5. 131] Verilog HDL 描述 for 循环的例子，如代码清单 5-56 所示。

代码清单 5-56　Verilog HDL 描述 for 循环

```
module countzeros (a, Count) ;
input [7:0] a;
outputreg [2:0] Count;
reg [2:0] count_aux;
integer i;
always @ (a)
begin
    count_aux = 3'b0;
        for (i = 0; i < 8; i = i+1)
        begin
          if (!a[i])
                count_aux = count_aux+1;
        end
        count = count_aux;
end
endmodule
```

思考与练习 5-27：请分析该段代码所实现的功能。

5. 10. 6　过程时序控制

当发生过程语句时，Verilog HDL 提供了两种类型的时钟控制，即延迟控制和事件表达式。

1. 延迟控制

delay 控制由 "#" 开头。

[例 5. 132] Verilog HDL 描述延迟控制的例子（1）。

```
#10 rega = regb;
```

[例 5. 133] Verilog HDL 描述延迟控制的例子（2）。

```
#d rega = regb;              //d 定义为一个参数
```

```
#((d+e)/2) rega = regb;              //延迟是 d 和 e 的平均值
#regr regr = regr + 1;               //延迟值在 regr 寄存器中
```

2. 事件控制

通过一个网络、变量或者一个声明时间的发生来同步一个过程语句的执行。网络和变量的变化可以作为一个事件，用于触发语句的执行，这就称为检测一个隐含事件。事件基于变化的方向，即朝着值 1（posedge）或者朝着 0（negedge）：

（1）negedge。①检测到从 1 跳变到"x"、"z"或者 0；②检测到从"x"或"z"跳变到 0。

（2）posedge。①检测到从 0 跳变到"x"、"z"或者 1；②检测到从"x"或"z"跳变到 1。

［**例 5.134**］Verilog HDL 描述边沿控制语句的例子。

```
@r rega = regb;                      //由寄存器 r 内值的变化控制
@(posedge clock) rega = regb;        //时钟上升沿控制
forever @(negedge clock) rega = regb; //下降沿控制
```

3. 命名事件

除网络和变量外，可以声明一种新的数据类型——事件。一个用于声明事件数据类型的标识符称为一个命名的事件，它可以用在事件表达式内，用于控制过程语句的执行。命名的事件可以来自一个过程。

4. 事件或操作符

可以表示逻辑或者任何数目的事件，任何一个事件的发生将触发跟随在该事件后的过程语句。使用","或者 or 分割事件关键字，用于一个事件逻辑或者操作符，它们的组合可以同样用于事件表达式中。逗号分割的敏感列表和 or 分割的敏感列表是同步的。

［**例 5.135**］Verilog HDL 描述逻辑或者多个事件的例子。

```
@(trig or enable) rega = regb;           //由 trig 或 enable 控制
@(posedge clk_a or posedge clk_b or trig) rega = regb;
```

［**例 5.136**］Verilog HDL 描述使用逗号作为事件逻辑或者操作符的例子。

```
always @(a, b, c, d, e)
always @(posedge clk, negedge rstn)
always @(a or b, c, d or e)
```

5. 隐含的表达式列表

在 RTL 级仿真中，一个事件控制的事件表达式列表是一个公共的漏洞。在时序控制描述中，设计者经常忘记添加需要读取的一些网络或者变量。当比较 RTL 级和门级版本的设计时，经常可以发现这个问题。隐含的表达式"@ ＊"是一个简单的方法，用于解决忘记添加网络或者变量的问题。

［**例 5.137**］Verilog HDL 描述隐含事件的例子（1）。

```
always @ ( * )              //等效于@ (a or b or c or d or f)
    y = (a & b) | (c & d) | myfunction(f);
```

[例5.138] Verilog HDL 描述隐含事件的例子（2）。

```
always @ * begin          //等效于@ (a or b or c or d or tmp1 or tmp2)
    tmp1 = a & b;
    tmp2 = c & d;
    y = tmp1 | tmp2;
end
```

[例5.139] Verilog HDL 描述隐含事件的例子（3）。

```
always @ * begin              //等效于@ (b)
    @ (i) kid = b;            //i 没有添加到@ *
end
```

[例5.140] Verilog HDL 描述隐含事件的例子（4）。

```
always @ * begin              //等效于@ (a or b or c or d)
    x = a ^ b;
    @ *                      //等效于@ (c or d)
    x = c ^ d;
end
```

[例5.141] Verilog HDL 描述隐含事件的例子（5）。

```
always @ * begin          //和 @ (a or en)一样
    y = 8'hff;
    y[a] = !en;
end
```

[例5.142] Verilog HDL 描述隐含事件的例子（6）。

```
always @ * begin          //等效于 @ (state or go or ws)
    next = 4'b0;
case(1'b1)
    state[IDLE]:if (go) next[READ] = 1'b1;
                else next[IDLE] = 1'b1;
    state[READ]: next[DLY ] = 1'b1;
    state[DLY ]:if (!ws) next[DONE] = 1'b1;
                else next[READ] = 1'b1;
    state[DONE]: next[IDLE] = 1'b1;
endcase
end
```

6. 电平敏感的事件控制

可以延迟一个过程语句的执行，直到一个条件变成真。使用 wait 语句可以实现这个延迟控制，它是一种特殊形式的事件控制。等待语句本质上对电平敏感。

wait 语句对条件进行评估。当条件为假时，在 wait 语句后面的过程语句将保持阻塞，直到条件变为真。

［**例 5.143**］Verilog HDL 描述等待事件的例子。

```
begin
wait (!enable) #10 a = b;
    #10 c = d;
end
```

7. 内部分配的时序控制

前面介绍的延迟和事件控制结构是在一个语句和延迟执行的前面。相比较而言，一个分配语句中包含内部分配延迟和事件，以不同的方式修改活动的顺序。

内部分配的时序控制可以用于阻塞分配和非阻塞分配。repeat 事件控制在一个事件发生指定数目后的内部分配延迟。如果有符号寄存器所保存的重复次数在仿真时间上小于或者等于 0，将产生分配，这就好像不存在重复结构。

表 5.28 给出了内部分配时序控制的等效性比较。

表 5.28　内部分配时序控制的等效性比较

包含内部分配时序控制结构	没有包含内部分配时序控制结构

a = #5 b;	begin
	temp = b;
	#5 a = temp;
	end

a = @ (**posedge** clk) b;	begin
	temp = b;
	@ (**posedge** clk) a = temp;
	end

a =**repeat**(3)
　　@ (**posedge** clk) b;
	begin
	temp = b;
	@ (**posedge** clk);
	@ (**posedge** clk);
	@ (**posedge** clk) a = temp;
	end

下面使用 fork-join 行为结构，所有在 fork-join 结构之间的语句都是并发执行的。

［**例 5.144**］Verilog HDL 描述 fork-join 语句的例子（1）。

```
fork
    #5 a = b;
    #5 b = a;
join
```

上面的例子产生了竞争条件。

下面的描述消除了竞争条件：

```
fork    //数据交换
    a = #5 b;
    b = #5 a;
join
```

[例5.145] Verilog HDL 描述 fork-join 语句的例子（2）。

```
fork    //数据移位
    a = @(posedge clk) b;
    b = @(posedge clk) c;
join
```

[例5.146] Verilog HDL 描述 fork-join 语句的例子（3）。

```
a <= repeat(5) @(posedge clk) data;
```

图5.26 给出了仿真波形，在 5 个上升沿后给 a 分配值。

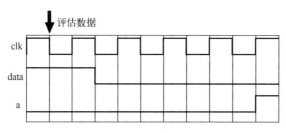

图 5.26　仿真波形图

[例5.147] Verilog HDL 描述 fork-join 语句的例子（4）。

```
a <= repeat(a+b) @(posedge phi1 or negedge phi2) data;
```

5.10.7　语句块

语句块提供一个方法，将多条语句组合在一起，这样它们看上去好像一个语句。Verilog HDL 中有两类语句块：

（1）顺序语句块（begin…end），按给定顺序执行语句块中的语句。

（2）并行语句块（fork…join），并行执行语句块中的语句。

1. 顺序语句块

按顺序执行顺序语句块中的语句。每条语句中的时延值与其前面语句执行的仿真时间有关。一旦顺序语句块执行结束，继续执行跟随顺序语句块过程的下一条语句。顺序语句块的语法如下：

```
begin: <block_name>
    //declaration
    //behavior statement1
    …
    //behavior statementn
end
```

其中，block_ name 为模块的标识符，该标识符是可选的；declaration 为块内局部变量的声明，这些声明可以是 reg、integer 和 real 型变量声明；behavior statement 1,…,behavior statement*n* 为行为描述语句。

[例5.148] Verilog HDL 描述顺序语句块的例子（1）。

```
begin
   #2 Stream = 1;
   #5 Stream = 0;
   #3 Stream = 1;
   #4 Stream = 0;
   #2 Stream = 1;
   #5 Stream = 0;
end
```

如图 5.27 所示，假定在第 10 个时间单位开始执行顺序语句块。两个时间单位后，执行第一条语句，即在第 12 个时间单位执行第一条语句。执行完该条语句后，在第 17 个时间单位（延迟 5 个时间单位）执行下一条语句，然后在第 20 个时间单位执行再下一条语句，以此类推。

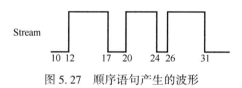

图 5.27　顺序语句产生的波形

[**例 5.149**] Verilog HDL 描述顺序语句块的例子（2）。

```
begin
   pat = mask | mat;
   @ (negedge clk);
   ff = & pat
end
```

在该例中，首先执行第 1 条语句，然后执行第 2 条语句。很明显，只有在 clk 出现下降沿时才执行第 2 条语句中的赋值过程。

2. 并行语句块

在关键字 "**fork**" 和 "**join**" 之间的语句为并行语句块，并行执行该语句块内的各条语句。并行语句块内的各条语句指定的时延值都与语句块开始执行的时间相关。当执行完并行语句块中最后的行为时（执行的并不一定是最后的语句），继续执行顺序语句块的语句。换一种说法，必须在控制转出语句块前完成并行语句块内所有语句的执行，语法格式如下：

```
fork:<block_name>
   //declaration
   //behavior statement1
   ...
   //behavior statementn
join
```

其中，block_name 为模块标识符；declaration 为块内局部变量的声明，可以是 reg、integer、real 或 time 型变量声明和事件声明。

[**例 5.150**] Verilog HDL 描述并行语句块的例子。

```
fork
    #2 Stream = 1;
    #7 Stream = 0;
    #10 Stream = 1;
    #14 Stream = 0;
    #16 Stream = 1;
    #21 Stream = 0;
join
```

如图 5.28 所示，如果在第 10 个时间单位开始执行并行语句块，则并行执行所有的语句，并且所有时延都以第 10 个时间单位为基准。例如，在第 20 个时间单位执行第 3 个赋值操作，在第 26 个时间单位执行第 5 个赋值操作，以此类推。

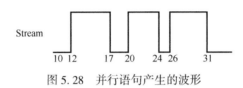

图 5.28 并行语句产生的波形

［例 5.151］Verilog HDL 描述混合顺序语句块和并行语句块的例子。

```
fork
@ enable_a
begin
    #ta wa = 0;
    #ta wa = 1;
    #ta wa = 0;
end
@ enable_b
begin
    #tb wb = 1;
    #tb wb = 0;
    #tb wb = 1;
end
join
```

5.10.8 结构化的过程

在 Verilog HDL 中，由下面 4 种语句指定所有的过程，即 initial 语句、always 语句、任务和函数。

1. initial 语句

只执行一次 initial 语句。在仿真开始时执行 initial 语句，initial 语句通常用于在仿真模块中确定激励向量的初始值，或用于给寄存器变量赋初值。initial 语句的语法格式如下：

```
initial
  begin
    statement1;              //描述语句 1
```

```
        statement2;                    //描述语句 2
          …
    end
```

[**例 5.152**]　Verilog HDL 描述 initial 语句的例子。

```
    initial begin
      areg = 0;                        //初始化一个寄存器
      for (index = 0; index < size; index = index + 1)
          memory[index] = 0;           //初始化存储器字
    end
```

[**例 5.153**]　Verilog HDL 描述包含时延控制 initial 语句的例子。

```
    initial begin
      inputs = 'b000000;        //在 0 时刻初始化
      #10 inputs = 'b011001;    //第 1 个取值
      #10 inputs = 'b011011;    //第 2 个取值
      #10 inputs = 'b011000;    //第 3 个取值
      #10 inputs = 'b001000;    //第 4 个取值
    end
```

2. always 语句

在仿真期间内，连续重复执行 always 语句。由于其循环运行的本质特点，因此当与一些形式的时序控制一起使用时，这种语句非常有用。如果一个 always 语句没有控制所达到的仿真时间，将引起死锁。

[**例 5.154**]　Verilog HDL 描述带有零时延控制 always 语句的例子。

```
    always areg = ~areg;
```

[**例 5.155**]　Verilog HDL 描述带有时延控制 always 语句的例子。

```
    always #half_period areg = ~areg;
```

5.11　Verilog HDL 任务和函数

在一个设计中，任务和函数提供了从不同位置执行公共程序的能力。此外，它们也提供了将一个大程序分解成较小程序的能力，这样更容易阅读和调试源文件代码。

5.11.1　任务和函数的区别

任务和函数的区别如下：

(1) 函数在一个仿真时间单位内执行，一个任务可以包含时间控制语句。

(2) 函数不能使能任务，但是一个任务可以使能其他任务和函数。

(3) 函数至少有一个 **input** 类型的参数，但没有 **ouput** 或者 **inout** 类型的参数。而一个任务可以有零个或者更多任意类型的参数。

(4) 一个函数返回一个值，而任务不返回值。

（5）函数的目的是通过返回一个值来响应输入的值。一个任务可以支持多个目标，可以计算多个结果的值。

（6）通过一个任务调用，只能返回传递的 **ouput** 和 **inout** 类型的参数结果。

（7）使用函数作为表达式内的一个操作数，由函数返回操作数的值。

（8）在函数定义中，不能包含任何时间控制语句，如#、@或者 wait，而任务无此限制。

（9）在函数定义中，必须包含至少一个输入参数，而任务无此限制。

（10）在函数中，不能有任何非阻塞分配语句或过程连续分配语句。

（11）在函数中，不能存在任何事件触发器。

一个任务可以声明为下面的格式：

    switch_bytes (old_word, new_word);

一个函数可以声明为下面的格式：

    new_word = switch_bytes (old_word);

5.11.2 定义和使能任务

本节将介绍定义和使能任务的方法。

1. 定义任务

定义任务的语法格式如下：

```
task <task_name>;
    input automatic <input_name>;
    <more_inputs>
    output <output_name>;
    <more_outputs>
    begin
        <statements>;
    end
endtask
```

其中，**automatic** 为可选的关键字，用于声明一个自动的任务，该任务是可嵌套的，用于动态分配每一个并发执行的任务入口。当没有该关键字时，表示一个静态的任务。在层次中，不能访问自动任务条目，可以通过使用它们的层次化名字来调用自动化任务。task_name 为任务名。input_name 为输入端口的名字。output_name 为输出端口的名字。statements 为描述语句。任务可以有 0 个、1 个或多个参数。

2. 使能任务和传递参数

通过任务使能语句调用任务。任务使能语句给出传入任务的参数值和接收结果的变量值。任务使能语句是过程性语句，可以在 **always** 语句或 **initial** 语句中使用，任务使能语句的语法形式如下：

    <task_name>(<comma_separated_inputs>,<comma_separated_outputs>);

其中，task_name 为任务的名字；comma_separated_inputs 为逗号分割的输入端口名字；

comma_separated_outputs 为逗号分割的输出端口名字。

> **注**：任务使能语句中的参数列表必须与任务定义中的输入、输出和输入输出参数说明的顺序一致，任务可以没有参数。

[**例 5. 156**]　Verilog HDL 描述包含 5 个参数的任务的例子。

```
task my_task;
input a, b;
inout c;
output d, e;
begin
…                    //执行任务的语句
…
c = foo1;            //初始化结果寄存器的分配
d = foo2;
e = foo3;
end
endtask
```

也可以采用下面的描述方式：

```
task my_task (input a, b, inout c, output d, e);
begin
    …                    //执行任务的语句
    …
    c = foo1;            //初始化结果寄存器的分配
    d = foo2;
    e = foo3;
end
endtask
```

使用下面的语句使能任务：

```
my_task (v, w, x, y, z);
```

其中，任务使能参数列表（v,w,x,y,z）对应于任务所定义的参数（a,b,c,d,e）。在任务使能期间，input 和 inout 类型的参数（a,b,c）接受传递的值（v,w,x）。这样，执行任务使能调用产生下面的分配：

```
a=v;
b=w;
c=x;
```

作为任务处理的一部分，定义的任务 my_task 将计算的结果分配到（c,d,e）。当完成任务时，下面的分配将计算得到的值，并返回到被执行的调用过程：

```
x=c;
y=d;
z=d;
```

[例 5.157] Verilog HDL 描述交通灯时序任务的例子，如代码清单 5-57 所示。

代码清单 5-57　Verilog HDL 描述交通灯时序任务

```
module traffic_lights;
reg clock, red, amber, green;
parameter on = 1, off = 0, red_tics = 350,
          amber_tics = 30, green_tics = 200;
//初始化颜色
initial red = off;
initial amber = off;
initial green = off;
always begin                        //控制灯的时序
    red = on;                       //点亮红灯
    light(red, red_tics);           //等待
    green = on;                     //点亮绿灯
    light(green, green_tics);       //等待
    amber = on;                     //点亮琥珀色灯
    light(amber, amber_tics);       //等待
end
//等待'tics'的任务,上升沿时钟
task light;
output color;
input [31:0] tics;
begin
repeat (tics) @ (posedge clock);
color = off;                        //关闭灯
end
endtask
always begin                        //时钟波形
#100 clock = 0;
#100 clock = 1;
end
endmodule                           //traffic_lights 模块结尾
```

3. 任务存储器使用和并行运行

可以多次并行使能一个任务，将并行调用的每个自动任务的所有变量进行复制，用于保存该调用的状态。静态任务的所有变量是静态的，即在一个模块实例中，有一个单个的变量对应于每个声明的本地变量，与并行运行的任务个数无关。然而，对于静态任务来说，一个模块的不同实例，将应用于每个例化的单独存储空间。

在静态任务里声明的变量，包含 **input**、**output** 和 **inout** 类型的参数，在调用时将保存它们的值。

在自动任务里声明的变量，包含 **output** 类型的变量。当进入任务时，将其初始化为默认的初始化值。根据任务使能语句中所列出的参数，将 **input** 和 **inout** 类型的参数初始化为来自表达式传递的值。

在任务调用结束时，将解除在自动任务中所声明的变量。所以，它们不能用于某个结构中：

（1）不能使用非阻塞分配语句或过程连续分配语句分配值；

（2）过程连续分配语句或者过程 **force** 语句不能引用它们；

（3）内部分配事件控制的非阻塞分配语句不能引用它们；

（4）系统任务**$monitor** 和**$dunpvars** 不能跟踪它们。

5.11.3　禁止命名的块和任务

disable 语句提供了一种能力，用于终止与并行活动过程相关的活动而保持 Verilog HDL 过程描述的本质。disable 语句提供了用于在执行所有任务语句前终止一个任务的一个机制，如退出一个循环语句或跳出语句，用于继续一个循环语句的其他循环。在处理异常条件时，disable 语句非常有用，如硬件中断和全局复位。disable 语句的格式如下：

disable hierarchical_task_identifier(任务标识符)
disable hierarchical_block_identifier(块标识符)

[**例 5.158**] Verilog HDL 描述禁止块的例子（1）。

```
begin : block_name
    rega = regb;
    disable block_name;
    regc = rega;              //不执行该分配
end
```

[**例 5.159**] Verilog HDL 描述禁止块的例子（2）。

```
begin : block_name
…
if( a == 0)
disable block_name;
…
end          //结束命名的块
//继续下面块的代码
   …
```

[**例 5.160**] Verilog HDL 描述禁止任务的例子。

```
task proc_a;
begin
    …
    …
if ( a == 0)
    disable proc_a;           //如果为真,则返回
    …
    …
end
endtask
```

[**例 5.161**] Verilog HDL 描述禁止块的例子（3）。

```
begin : break
```

```
for (i = 0; i < n; i = i+1) begin : continue
    @ clk
        if (a = = 0)              //退出 continue
            disable continue;
        statements
        statements
    @ clk
        if (a = = b)              //退出 break
            disable break;
        statements
        statements
    end
end
```

在该例子中，disable 的功能相当于 C 语言中的 continue 和 break 语句。

[例 5.162] Verilog HDL 描述 fork-join 块中 disable 语句的例子。

```
fork
    begin : event_expr
        @ ev1;
        repeat (3) @ trig;
        #d action (areg, breg);
    end
    @ reset disable event_expr;
join
```

[例 5.163] Verilog HDL 描述 always 块中 disable 语句的例子。

```
always begin : monostable
    #250 q = 0;
end
always @ retrig begin
    disable monostable;
    q = 1;
end
```

5.11.4 声明和调用函数

本节将介绍声明和调用函数的方法。

1. 声明函数

函数的声明部分可以出现在模块说明中的任何位置，函数的输入参数由输入说明指定，声明函数的形式如下：

```
function [ <lower>:<upper>] <output_name> ;
    input <name>;
    begin
        <statements>
```

```
        end
    endfunction
```

其中，lower：upper 声明了函数输出数据的位宽；output_name 为函数返回值的名字；name 为输入数据的名字；statements 为描述语句。

> **注**：(1) 如果函数声明部分没有定义函数的取值范围，则默认为 1 位的二进制数。
> (2) 和任务一样，也可以使用 **automatic** 关键字。
> (3) 函数返回值的名字是 output_name 所定义的标识符。

[**例 5.164**] Verilog HDL 描述声明函数的例子。

```
    function [7:0] getbyte;
    input [15:0] address;
    begin
        …
        getbyte = result_expression;
    end
    endfunction
```

也可以用下面的格式：

```
    function [7:0] getbyte (input [15:0] address);
    begin
        …
        getbyte = result_expression;
    end
    endfunction
```

2. 调用函数

由函数调用语句调用一个函数，函数调用语句的语法格式如下：

```
    <signal> = <function_name>(<comma_separated_inputs>);
```

其中，signal 为与调用函数返回参数宽度一样的信号名字；function_name 为函数名字；comma_separated_inputs 为用逗号分割的输入信号的名字。

[**例 5.165**] Verilog HDL 描述调用函数的例子。

```
    word = control ? {getbyte(msbyte), getbyte(lsbyte)} : 0;
```

[**例 5.166**] Verilog HDL 描述调用可重入函数的例子，如代码清单 5-58 所示。

代码清单 5-58　Verilog HDL 描述调用可重入函数

```
    module tryfact;
    //定义函数
    function automatic integer factorial;
    input [31:0] operand;
    integer i;
    if (operand >= 2)
        factorial = factorial (operand - 1) * operand;
```

```
    else
        factorial = 1;
endfunction

//测试函数
integer result;
integer n;
initial begin
for (n = 0; n <= 7; n = n+1) begin
    result = factorial(n);
    $display("%0d factorial=%0d", n, result);
    end
end
endmodule      //tryfact
```

使用 Vivado 2018.1 集成开发环境对该设计进行行为级仿真的结果如图 5.29 所示。

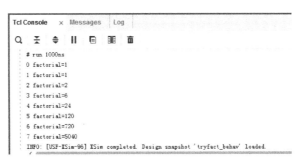

图 5.29　仿真结果

3. 常数函数

通过调用常数函数，支持在详细描述时建立复杂计算的值。调用一个常数函数，模块所调用函数的参数是一个常数表达式。常数函数是 Verilog HDL 普通函数的子集，应该满足以下约束条件：

（1）它们未包含层次引用；

（2）在一个常数函数内的任意函数调用应该是当前模块的本地函数；

（3）它可以调用任何常数表达式中所允许的系统函数，对其他系统函数的调用是非法的；

（4）忽略一个常数函数内的所有系统任务；

（5）使用一个常数函数前，应该定义函数内所有的参数值；

（6）所有不是参数和函数的标识符应该在当前函数内的本地声明；

（7）如果使用 defparam 语句直接或间接影响任何参数值，则结果未定义，这将导致一个错误，或者函数返回一个未确定的值；

（8）应该在一个生成模块内声明它们；

（9）在任何要求一个常数表达式的上下文中，它们本身不能使用常数函数。

下面的例子定义了一个常数函数 clogb2，根据 ram 来确定一个 ram 地址线的宽度。

［**例 5. 167**］ Verilog HDL 描述调用常数函数的例子。

```
    module ram_model (address, write, chip_select, data);
        parameter data_width = 8;
        parameter ram_depth = 256;
        localparam addr_width = clogb2(ram_depth);
        input [addr_width - 1:0] address;
        input write, chip_select;
        inout [data_width - 1:0] data;
//定义 clogb2 函数
        function integer clogb2;
            input [31:0] value;
            begin
                value = value - 1;
                for (clogb2 = 0; value > 0; clogb2 = clogb2 + 1)
                    value = value >> 1;
            end
        endfunction
    reg [data_width - 1:0] data_store[0:ram_depth - 1];
        //ram model 剩余部分
```

例化 ram_model，带有参数分配：

```
    ram_model #(32,421) ram_a0(a_addr,a_wr,a_cs,a_data);
```

5. 12　Verilog HDL 层次化结构

Verilog HDL 支持将一个模块嵌入到其他模块的层次化描述结构中。高层次模块创建低层次模块的实例，并且通过 input、output 和 inout 端口通信，这些端口为标量或矢量类型。

5. 12. 1　模块和模块例化

在 Verilog HDL 的描述方式中对模块例化的方法进行了简要说明，下面介绍模块例化中涉及的一些其他问题。

5. 12. 2　覆盖模块参数值

Verilog HDL 提供了两种定义参数的方法。一个模块声明中可以包含 0 个、1 个或多个类型的参数定义。

模块参数可以包含一个类型说明和一个范围说明。根据下面的规则，确定参数对一个参数类型和范围覆盖的结果：

（1）一个没有类型和参数说明的参数声明，由最终参数值的类型和范围确定该参数的属性。

（2）一个包含范围说明但没有类型说明的参数声明，其范围是参数声明的范围，类型是无符号的。一个分配的值将转换到参数声明的类型和范围。

（3）一个包含类型说明但没有范围说明的参数声明，其类型是参数声明的类型。一个分配的值将转换到参数的类型。一个有符号的参数将默认到最终分配参数值的范围。

（4）一个包含有符号类型说明和范围说明的参数声明，其类型是有符号的，范围是参数声明的范围。一个分配的值将最终转换到参数声明的类型和范围。

[**例5.168**] Verilog HDL 描述参数属性的例子，如代码清单 5-59 所示。

代码清单 5-59　Verilog HDL 描述参数属性

```verilog
module generic_fifo
#(parameter MSB = 3, LSB = 0, DEPTH = 4)
//可以覆盖这些参数
(input [MSB:LSB] in,
input clk, read, write, reset,
output [MSB:LSB] out,
output full, empty);
localparam FIFO_MSB = DEPTH * MSB;
localparam FIFO_LSB = LSB;
//这些参数是本地的,不能被覆盖
//通过修改参数影响它们,模块将正常工作
reg [FIFO_MSB:FIFO_LSB] fifo;
    reg [LOG2(DEPTH):0] depth;
always @(posedge clk or reset) begin
  casex ({read,write,reset})
    //实现 fifo
  endcase
  end
endmodule
```

Verilog HDL 提供了两种方法用于修改非本地参数的值：

（1）**defparam** 语句，允许使用层次化的名字给参数进行分配。

（2）模块例化参数值分配，允许在模块例化行内给参数分配值。通过列表的顺序或者名字分配模块例化参数的值。

如果 **defparam** 分配和模块例化参数冲突，模块内的参数将使用 **defparam** 指定的值。

1. defparam 分配参数值

[**例5.169**] Verilog HDL 描述参数定义对分配值类型和范围影响的例子，如代码清单 5-60 所示。

代码清单 5-60　Verilog HDL 描述参数定义对分配值和范围的影响

```verilog
module foo(a,b);
  real r1,r2;
  parameter [2:0] A = 3'h2;
  parameter B = 3'h2;
  initial begin
    r1 = A;
    r2 = B;
    $display("r1 is %f r2 is %f",r1,r2);
  end
```

```
endmodule //foo

module bar;
    wire a,b;
    defparam f1. A = 3. 1415;
    defparam f1. B = 3. 1415;
    foo f1(a,b);
endmodule //bar
```

（1）在该例子中，参数 A 指定了范围，而参数 B 没有。所以，将浮点数 f1. A = 3.1415 转换为定点数 3，并且将 3 的低 3 位赋值给参数 A，而参数 B 由于没有说明类型和范围，因此没有进行任何转换。

（2）通过参数的层次化名字和 defparam 语句，在例化模块时均可修改模块内参数的值。defparam 语句对一个模块内分组的参数值同时覆盖非常有用。

> **注**：一个层次内的 defparam 语句或者在一个生成模块下面的 defparam 语句，或者一个例化数组的 defparam 语句，均不能在层次外改变参数的值。

[例 5.170] 下面的 Verilog HDL 描述将不会修改参数的值。

```
genvar i;
generate
for (i = 0; i < 8; i = i + 1) begin : somename
    flop my_flop(in[i], in1[i], out1[i]);
    defparam somename[i+1]. my_flop. xyz = i;
end
endgenerate
```

（3）对于多个 defparam 语句用于单个参数的情况，参数只使用最后一个 defparam 语句所分配的值。当在多个源文件中出现 defparam 语句时，没有定义参数所使用的值。

[例 5.171] 下面的 Verilog HDL 描述将无法定义参数使用的值，如代码清单 5-61 所示。

代码清单 5-61　Verilog HDL 描述无法定义参数使用的值

```
module top;
reg clk;
reg [0:4] in1;
reg [0:9] in2;
wire [0:4] o1;
wire [0:9] o2;
vdff m1 (o1, in1, clk);
vdff m2 (o2, in2, clk);
endmodule

module vdff (out, in, clk);
parameter size = 1, delay = 1;
input [0:size-1] in;
input clk;
```

```
    output [0:size-1] out;
    reg [0:size-1] out;
    always @ (posedge clk)
        # delay out = in;
endmodule

module annotate;
defparam
        top.m1.size = 5,
        top.m1.delay = 10,
        top.m2.size = 10,
        top.m2.delay = 20;
endmodule
```

模块 annotate 包含 defparam 语句，其覆盖 top 模块中例化 m1 和 m2 的 size 与 delay 参数的值。模块 top 和 annotate 都将被认为是顶层模块。

2. 通过列表顺序分配参数值

采用这种方法分配参数，其分配的顺序应该和模块内声明参数的顺序一致。当使用这种方法时，没有必要为模块内的所有参数分配值。然而，不可能跳过一个参数。因此，给模块内声明参数的子集分配值的时候，组成这个子集的参数声明将在剩下参数声明的前面。一个可选的方法是，给所有的参数分配值，但是对那些不需要新值的参数使用默认的值，即与模块内定义的参数声明中所分配的值相同。

[**例 5.172**] Verilog HDL 描述按顺序分配参数值的例子，如代码清单 5-62 所示。

代码清单 5-62　Verilog HDL 描述按顺序分配参数值

```
module tb1;
wire [9:0] out_a, out_d;
wire [4:0] out_b, out_c;
reg [9:0] in_a, in_d;
reg [4:0] in_b, in_c;
reg clk;
//测试平台和激励生成代码
//通过列表顺序对带有参数值分配的4个vdff例化
//mod_a 有新的参数值,size=10 和 delay=15
//mod_b 为默认的参数值(size=5, delay=1)
//mod_c 有默认的参数值 size=5 和新的参数值 delay=12
//为了改变参数的值,需要制定默认值
//mod_d 有新的参数值 size=10,delay 为默认参数值
    vdff #(10,15) mod_a (.out(out_a), .in(in_a), .clk(clk));
    vdff mod_b (.out(out_b), .in(in_b), .clk(clk));
    vdff #(5,12) mod_c (.out(out_c), .in(in_c), .clk(clk));
    vdff #(10) mod_d (.out(out_d), .in(in_d), .clk(clk));
endmodule

module vdff (out, in, clk);
parameter size=5, delay=1;
```

```
output [size-1:0] out;
input [size-1:0] in;
input clk;
reg [size-1:0] out;
always @ (posedge clk)
    #delay out = in;
endmodule
```

> **注**：不能覆盖本地参数值，因此不能将其作为覆盖参数值的一部分。

[**例 5.173**] Verilog HDL 描述对本地参数处理的例子。

```
module my_mem (addr, data);
parameter addr_width = 16;
localparam mem_size = 1 << addr_width;
parameter data_width = 8;
…
endmodule
module top;
…
my_mem #(12, 16) m(addr,data);
endmodule
```

在本例中，给参数 addr_width 分配了 12，给参数 data_width 分配了 16。由于 mem_size 为本地参数，因此不能直接为本地参数 mem_size 分配值，但是可以通过修改参数 addr_width 的值来间接实现修改 mem_size 的值。由于 addr_width=12，经过 mem_size = 1 << addr_width 操作（1 左移 12 位）后，mem_size 的值为 4096。

3. 通过名字分配参数值

通过名字分配参数，是将参数的名字和它新的值显式地进行连接。参数的名字是被例化模块内所指定参数的名字。当使用这种方法的时候，不需要给所有参数分配值，只为需要分配新值的参数分配值。

[**例 5.174**] Verilog HDL 描述通过名字分配部分参数值的例子，如代码清单 5-63 所示。

代码清单 5-63　Verilog HDL 描述通过名字分配部分参数值

```
module tb2;
wire [9:0] out_a, out_d;
wire [4:0] out_b, out_c;
reg [9:0] in_a, in_d;
reg [4:0] in_b, in_c;
reg clk;
//测试平台和激励生成代码
//通过名字分配带有参数值的 4 个例化 vdff
//mod_a 有新的参数，size=10 和 delay=15
//mod_b 有默认的参数值，即 size=5,delay=1
//mod_c 有默认的参数值 size=5 和新的参数值 delay=12
```

```
//mod_d 有一个新的参数值 size=10,延迟保持它的默认参数值
    vdff #(.size(10),.delay(15)) mod_a (.out(out_a),.in(in_a),.clk(clk));
    vdff mod_b (.out(out_b),.in(in_b),.clk(clk));
    vdff #(.delay(12)) mod_c (.out(out_c),.in(in_c),.clk(clk));
    vdff #(.delay(),.size(10)) mod_d (.out(out_d),.in(in_d),.clk(clk));
endmodule

module vdff (out, in, clk);
parameter size=5, delay=1;
output [size-1:0] out;
input [size-1:0] in;
input clk;
reg [size-1:0] out;
always @ (posedge clk)
    #delay out = in;
endmodule
```

在相同的顶层模块中，当例化模块时，使用不同的重新定义的参数类型是合法的。

[**例 5.175**] Verilog HDL 描述混合使用不同参数定义类型的例子。

```
module tb3;
//声明和代码
//使用位置参数例化和名字参数例化的混合声明是合法的
    vdff #(10, 15) mod_a (.out(out_a), .in(in_a), .clk(clk));
    vdff mod_b (.out(out_b), .in(in_b), .clk(clk));
    vdff #(.delay(12)) mod_c (.out(out_c), .in(in_c), .clk(clk));
endmodule
```

不允许在例化同一个模块时同时使用两种混合参数分配方法，如：

```
vdff #(10, .delay(15)) mod_a (.out(out_a), .in(in_a), .clk(clk));
```

5.12.3　端口

端口提供了内部互联硬件描述的模块和原语的构成，如模块 A 可以例化模块 B，通过适当的端口连接到模块 A。这些端口的名字不同于模块 B 内所指定的内部网络和变量的名字。

在顶层模块内的每个模块声明中，端口列表中每个端口的引用可以是：

（1）一个简单的标识符或者转义标识符；

（2）在模块内一个声明向量的比特选择；

（3）上面形式的并置。

端口表达式是可选的。由于定义的端口不能连接到模块内部。所以一旦定义了端口，不能使用相同的名字定义其他端口。例化模块的端口声明可以是显式或隐含的方式。

1. 端口声明

如果端口声明中包含一个网络或者变量类型，则将端口看作完整的声明。如果在一个变量类型或网络类型声明中再次声明端口，则会出现错误。由于这个原因，端口的其他内容也应该在这样一个端口声明中进行声明，包括有符号和范围的定义（如果需要的话）。

　　如果端口声明中不包含一个网络或变量类型，则可以在变量或者网络类型声明中再次声明端口。如果将网络或变量类型声明为一个向量，在一个端口中的两个声明中应该保持一致。一旦在端口的定义中使用了该名字，则不允许在其他端口声明或者在数据类型声明中再次进行声明。

　　具体实现可能限制一个模块定义中端口的最大数目，但至少为 256 个。

　　[例 5.176] Verilog HDL 描述端口不同声明方式的例子。

```
module test(a,b,c,d,e,f,g,h);
input [7:0] a;              //没有明确定义类型,a 为无符号网络类型
input [7:0] b;
input signed [7:0] c;       //没有明确定义类型,c 为有符号网络类型
input signed [7:0] d;
output [7:0] e;             //没有明确定义类型,e 为无符号网络类型
output [7:0] f;
output signed [7:0] g;
output signed [7:0] h;      //没有明确定义类型,h 为有符号网络类型
wire signed [7:0] b;        //从端口定义中,网络 b 继承有符号属性
wire [7:0] c;               //从端口定义中,网络 c 继承有符号属性
reg signed [7:0] f;         //从端口定义中,寄存器 f 继承有符号属性
reg [7:0] g;                //从端口定义中,寄存器 g 继承有符号属性
endmodule

module complex_ports ({c,d},.e(f));
        //网络{c,d}接收到第一个端口比特位
        //在模块内定义了名字'f'
        //在模块外定义了名字'e'
        //不能使用第一个端口命名的端口连接
module split_ports (a[7:4],a[3:0]);
        //第一个端口是'a'的高四位
        //第二个端口是'a'的低四位
        //由于 a 是部分选择,不能使用命名的端口连接
module same_port (.a(i),.b(i));
        //在模块内声明名字'i'为输入端口
        //定义名字'a'和'b'用于端口连接
module renamed_concat (.a({b,c}),f,.g(h[1]));
        //在模块内定义名字'b','c','f','h'
        //定义名字'a','f','g'用于端口连接
        //能用于命名的端口连接
module same_input (a,a);
    input a;                //这是有效的,将输入绑定到一起
        module mixed_direction (.p({a, e}));
    input a;                //p 包含所有输入和输出的方向
    output e;
```

前面例子，端口定义的另一种形式：

```
module test (
input [7:0] a,
```

```
    input signed [7:0] b, c, d,        //可以一次声明多个相同属性的端口
    output [7:0] e,                    //必须在一个声明中声明每个属性
    output reg signed [7:0] f, g,
    output signed [7:0] h);

                                        //在模块的其他地方重新声明模块都是非法的

    endmodule
```

2. 通过列表顺序连接模块例化

通过列表顺序连接模块例化是一种连接端口的方法。在例化模块时，连接端口的顺序和模块内定义端口的顺序相同。

[例 5.177] Verilog HDL 描述通过列表顺序连接端口的例子，如代码清单 5-64 所示。

代码清单 5-64　Verilog HDL 描述通过列表顺序连接端口

```
module topmod;
    wire [4:0] v;
    wire a,b,c,w;
    modB b1 (v[0], v[3], w, v[4]);
endmodule

module modB (wa, wb, c, d);
inout wa, wb;
input c, d;

tranif1 g1 (wa, wb, cinvert);
not #(2, 6) n1 (cinvert, int);
and #(6, 5) g2 (int, c, d);
endmodule
```

该例子中，实现了下面的端口连接：

(1) 模块 modB 内定义的端口 wa 连接到 topmod 模块的 v[0]；

(2) 端口 wb 连接到 v[3]；

(3) 端口 c 连接到 w；

(4) 端口 d 连接到 v[4]。

在仿真时，将 modB 例化，即 b1，首先激活标识符为 g2 的 and 门，驱动 and 门的输出端口 int；然后，与门的输出端口 int 触发标识符为 n1 的 not 门，并驱动 not 门的输出端口 cinvert；最后，触发标识符为 g1 的 tranif1 门。

3. 通过名字连接模块例化

另一种将模块端口和例化模块端口连接的方法是通过名字来实现。下面将给出通过名字连接模块例化的几种方式。

[例 5.178] Verilog HDL 描述通过名字连接端口的例子 (1)。

```
    ALPHA instance1 (.Out(topB),.In1(topA),.In2());
```

在该例子中，例化模块将其信号 topA 和 topB 连接到模块 ALPHA 所定义的端口 In1 和 Out。在例化模块 ALPHA 时，并没有连接该模块的端口 In2。

[**例 5.179**] Verilog HDL 描述通过名字连接端口的例子（2），如代码清单 5-65 所示。

代码清单 5-65　Verilog HDL 描述通过名字连接端口

```
module topmod;
    wire [4:0] v;
    wire a,b,c,w;
    modB b1 (.wb(v[3]),.wa(v[0]),.d(v[4]),.c(w));
endmodule

module modB( wa, wb, c, d);
    inout wa, wb;
    input c, d;
    tranif1 g1( wa, wb, cinvert);
    not #(6, 2) n1( cinvert, int);
    and #(5, 6) g2( int, c, d);
endmodule
```

[**例 5.180**] Verilog HDL 非法描述通过名字连接端口的例子。

```
moduletest;
a ia (.i(a), .i(b),        //非法连接输入端口两次
.o(c), .o(d),              //非法连接输出端口两次
.e(e), .e(f));             //非法连接输入输出端口两次
endmodule
```

4. 端口连接中的实数

real 数据类型不能直接用于连接端口，应该采用间接的方式进行连接。系统函数**$real-tobits** 和**$bitstoreal** 用于在模块端口之间传递比特位。

[**例 5.181**] Verilog HDL 描述通过系统函数传递实数的例子。

```
module driver (net_r);
    output net_r;
    real r;
    wire [64:1] net_r = $realtobits (r);
endmodule

module receiver (net_r);
    input net_r;
    wire [64:1] net_r;
    real r;
    initial assignr = $bitstoreal(net_r);
endmodule
```

5. 连接不同端口

可以将一个模块端口看作两个条项（如网络、寄存器和表达式）之间的链路或连接，即模块实例的内部和模块实例的外部。

下面的端口连接规则给出了被调用模块端口可以接收的数据（内部条项用于输入，外部条项用于输出）应该是一个结构化的网络表达式。提供值的条项可以是任意表达式。

一个声明为 input(output)，但是用于 output(input) 或者 inout，可以强制转换为 inout。如果没有强制为 inout，将产生警告信息。

1) 规则一

一个 input 或者 inout 端口是网络类型。

2) 规则二

每个端口连接应该是源到接收端的分配，其中一个连接项应该是一个信号源，而另一个连接项应该是一个信号接收端。对于 input 或 ouput 端口来说，分配应该是从信号源到信号接收端的连续分配。用于 inout 端口的分配是一个非强度减少的晶体管连接。在一个分配中，只有接收端端口是网络或者结构化的网络表达式才可以。

一个结构化的网络表达式是一个端口表达式，其操作数可以是一个标量网络、一个向量网络、一个向量网络的常数比特位选择、一个向量网络的部分选择，或结构化网络表达式的并置。

下面的外部项不能连接到模块的 output 或 inout 端口：

（1）变量；

（2）表达式不能是一个标量网络、一个矢量网络、一个矢量网络的常数比特位选择、一个矢量网络的部分选择、结构化网络表达式的并置。

3) 规则三

如果一个端口两侧的任何一个网络类型是 uwire，如果没有将网络合并为一个网络，则会出现警告信息。

如果通过一个模块端口将不同的网络类型连接到了一起，则两侧的端口会是同一种类型。表 5.29 给出了不同网络类型连接后最后类型的确定列表。

表 5.29　不同网络类型连接后最后类型的确定列表

内部网络	外部网络								
	wire，tri	wand，triand	wor，trior	trireg	tri0	tri1	uwire	supply0	supply1
wire，tri	ext	ext	ext	ext	ext	ext	ext	ext	ext
wand，triand	int	ext	ext warn	ext warn	ext warn	ext warn	ext warn	ext	ext
wor，trior	int	ext warn	ext	ext warn	ext warn	ext warn	ext warn	ext	ext
trireg	int	ext warn	ext warn	ext	ext	ext	ext warn	ext	ext
tri0	int	ext warn	ext warn	int	ext	ext warn	ext warn	ext	ext
tri1	int	ext warn	ext warn	int	ext warn	ext	ext warn	ext	ext
uwire	int	int warn	int warn	int warn	int warn	int warn	ext	ext	ext
supply0	int	int	int	int	int	int	int	ext	ext warn
supply1	int	int	int	int	int	int	int	ext warn	ext

注：（1）ext 表示将使用外部网络类型，是指例化模块时所定义的网络；

（2）int 表示将使用内部网络类型，是指定义模块时所定义的网络；

（3）warn 表示产生一个警告。

4）规则四

符号属性不可以跨越层次。为了让符号类型跨越层次，在不同层次级的对象声明中，使用关键字 **"signed"**。

5.12.4　生成结构

在 Verilog HDL 中，生成结构用于在一个模型中有条件或成倍地例化生成模块。一个例化模块是一个或者多个模块项的集合。一个生成模块不包含端口声明、参数声明、指定模块或者 specparam 声明。在一个生成模块中，允许包含其他生成结构。生成结构提供了通过参数值修改模型结构的能力，这将简化描述包含重复结构模块的方法，也可实现对递归模块的例化。

Verilog HDL 提供了两种类型的生成结构：

（1）循环生成结构，允许对单个生成模块进行多次例化。

（2）条件生成结构，包含 if-generate 或 case-generate 结构，这个结构可以从一堆可选择的生成模块中例化出最多一个生成模块。

生成策略是指确定例化所生成的模块或者生成多个模块的方法，它包含出现在一个生成结构中的条件表达式、case 表达式和循环控制语句。

在对模型进行详细说明（Elaboration）的过程中评估生成策略。详细说明涉及下面内容，包括展开模块例化、计算参数值、解析层次的名字、建立网络连接和准备用于仿真的模型。尽管生成策略使用与行为语句类似的语法，但是在仿真的时候并不执行它们。因此，在生成策略中的所有表达式必须是常数表达式。

生成结构的详细描述将会产生 0 个或多个生成模块。在某些方面，对生成模块的一个例化类似于对一个模块的例化，它创建了一个新的层次级，并将模块内的对象、行为结构和模块例化引入实体中。

在模块内使用关键字 **"generate"** 和 **"endgenerate"** 确定生成结构的边界。当使用一个生成结构区域时，在模块内没有语义上的差别。

1. 循环生成结构

循环生成结构允许对单个生成模块进行多次例化。循环生成结构的语法格式如下：

```
genvar <var>;
  generate
      for (<var>=0; <var> < <limit>; <var>=<var>+1)
      begin: <label>
            <instantiation>
      end
  endgenerate
```

其中，var 为循环索引的变量，使用关键字 "genvar" 定义。在使用循环生成语句前，定义该变量。genvar 后的 var 用于评估循环的次数和例化生成模块例化的个数。需要注意的是，不可以在循环生成语句外的其他地方使用 genvar 定义的关键字。变量 var 的值不允许为 "x" 或 "z"。instantiation 为例化模块的描述。label 为生成模块所使用的标识符。

在一个循环生成结构的内部，有一个隐含的 localparam 声明，这是一个整型参数，它与循环索引变量有相同的名字和类型。在生成模块内，该参数的值是当前详细描述中索引变量的值，这个参数可以用于生成模块内的任何地方。在该生成模块中，可以使用带有一个整数值的普通参数，可以引用它（带有一个参数名字）。

由于这个隐含的 localparam 和 genvar 有相同的名字，任何对循环生成块内名字的引用都是对 localparam 的一个引用而不是对 genvar 的引用，因此不能将相同的 genvar 用于两个嵌套的循环生成结构中。

可以命名或不命名一个生成结构，它们可以只有一个条项，此时不需要使用关键字"begin"和"end"。即使没有关键字"begin"和"end"，它仍然是一个生成模块。

如果命名了一个生成模块，它是一个生成模块例化数组的声明，这个数组内的索引值是详细描述期间所假设的值。

[**例 5.182**] Verilog HDL 描述合法和非法生成循环结构的例子

```
module mod_a;
genvar i;
//不要求"generate", "endgenerate"
for (i=0; i<5; i=i+1) begin:a
    for (i=0; i<5; i=i+1) begin:b
    ...//错误,因为使用同一个生成变量 i 作为两个嵌套生成循环的索引
    end
end
endmodule
...
module mod_b;
genvar i;
reg a;
for (i=1; i<0; i=i+1) begin: a
    ...//错误,标识符 a 和寄存器变量类型声明 a 冲突
end
endmodule
...
module mod_c;
genvar i;
for (i=1; i<5; i=i+1) begin: a
...
end
for (i=10; i<15; i=i+1) begin:a
    ...//错误,两个标识符的名字相同
end
endmodule
```

[**例 5.183**] Verilog HDL 描述循环生成结构实现格雷码到二进制码转换的例子，如代码清单 5-66 所示。

代码清单 5-66　Verilog HDL 描述循环生成结构实现格雷码到二进制码的转换

```
module gray2bin1 (bin, gray);
    parameter SIZE = 8;        //该模块参数化
```

```
    output[SIZE-1:0] bin;
    input[SIZE-1:0] gray;
    genvar i;
    generate
    for (i=0; i<SIZE; i=i+1) begin:bit
        assign bin[i] = ^gray[SIZE-1:i];
    end
    endgenerate
endmodule
```

思考与练习 5-28：使用 Vivado 2018.1 集成开发环境对该设计执行详细描述和综合过程，观察生成的电路结构，说明生成结构实现的功能。

[例 5.184] Verilog HDL 描述循环生成结构实现逐次进位加法器的例子（1），如代码清单 5-67 所示。

代码清单 5-67　Verilog HDL 描述循环生成结构实现逐次进位加法器（1）

```
module addergen1 (co, sum, a, b, ci);
    parameter SIZE = 4;
    output [SIZE-1:0] sum;
    output co;
    input [SIZE-1:0] a, b;
    input ci;
    wire [SIZE :0] c;
    wire [SIZE-1:0] t [1:3];
    genvar i;
    assign c[0] = ci;
                //层次化的门例化名字
                //xor 门：bit[0].g1 bit[1].g1 bit[2].g1 bit[3].g1
                //bit[0].g2 bit[1].g2 bit[2].g2 bit[3].g2
                //与门：bit[0].g3 bit[1].g3 bit[2].g3 bit[3].g3
                //bit[0].g4 bit[1].g4 bit[2].g4 bit[3].g4
                //或门：bit[0].g5 bit[1].g5 bit[2].g5 bit[3].g5
                //使用多维网络进行连接 t[1][3:0] t[2][3:0] t[3][3:0]（总共 12 个网络）
    for(i=0; i<SIZE; i=i+1) begin:bit
        xor g1 (t[1][i], a[i], b[i]);
        xor g2 (sum[i], t[1][i], c[i]);
        and g3 (t[2][i], a[i], b[i]);
        and g4 (t[3][i], t[1][i], c[i]);
        or g5 (c[i+1], t[2][i], t[3][i]);
    end
    assign co = c[SIZE];
endmodule
```

思考与练习 5-29：使用 Vivado 2018.1 集成开发环境对该设计执行详细描述和综合过程，观察生成的电路结构，说明生成结构实现的功能。

[例 5.185] Verilog HDL 描述循环生成结构实现逐次进位加法器的例子（2），如代码清单 5-68 所示。

代码清单 5-68　Verilog HDL 描述循环生成结构实现逐次进位加法器（2）

```verilog
module addergen1 (co, sum, a, b, ci);
    parameter SIZE = 4;
    output [SIZE-1:0] sum;
    output co;
    input [SIZE-1:0] a, b;
    input ci;
    wire [SIZE :0] c;
    genvar i;
    assign c[0] = ci;
    //层次化的门例化名字
    //xor 门：bit[0].g1 bit[1].g1 bit[2].g1 bit[3].g1
    //bit[0].g2 bit[1].g2 bit[2].g2 bit[3].g2
    //与门：bit[0].g3 bit[1].g3 bit[2].g3 bit[3].g3
    //bit[0].g4 bit[1].g4 bit[2].g4 bit[3].g4
    //或门：bit[0].g5 bit[1].g5 bit[2].g5 bit[3].g5
    //使用下面的网络名字连接
    //bit[0].t1 bit[1].t1 bit[2].t1 bit[3].t1
    //bit[0].t2 bit[1].t2 bit[2].t2 bit[3].t2
    //bit[0].t3 bit[1].t3 bit[2].t3 bit[3].t3
    for (i=0; i<SIZE; i=i+1) begin:bit
        wire t1, t2, t3;
        xor g1 (t1, a[i], b[i]);
        xor g2 (sum[i], t1, c[i]);
        and g3 (t2, a[i], b[i]);
        and g4 (t3, t1, c[i]);
        or g5 (c[i+1], t2, t3);
    end
    assign co = c[SIZE];
endmodule
```

[**例 5.186**] Verilog HDL 描述多层生成模块的例子。

```verilog
parameter SIZE = 2;
genvar i, j, k, m;
generate
    for (i=0; i<SIZE; i=i+1) begin:B1          //范围 B1[i]
        M1 N1();                               //例化 B1[i].N1
        for (j=0; j<SIZE; j=j+1) begin:B2      //范围 B1[i].B2[j]
            M2 N2();                           //例化 B1[i].B2[j].N2
            for (k=0; k<SIZE; k=k+1) begin:B3  //范围 B1[i].B2[j].B3[k]
                M3 N3();                       //例化 B1[i].B2[j].B3[k].N3
            end
        end
        if (i>0) begin:B4                      //范围 B1[i].B4
            for (m=0; m<SIZE; m=m+1) begin:B5  //范围 B1[i].B4.B5[m]
                M4 N4();                       //例化 B1[i].B4.B5[m].N4
            end
```

```
            end
         end
      endgenerate
```

2. 条件生成结构

条件生成结构包含 if-generate 和 case-generate。在 EDA 工具详细描述的过程中，根据给出的常数表达式，从可替换的生成模块集合中选择生成最多一个模块。如果存在选择需要生成的块，则将其例化到模型中。

包含 case 语句的有条件 generate 语句的格式为

```
generate
    case (<constant_expression>)
        <value>: begin: <label_1>
                    <code>
                end
        <value>: begin: <label_2>
                    <code>
                end
        default: begin: <label_3>
                    <code>
                end
    endcase
endgenerate
```

其中，constant_expression 为常数表达式；value 为 case 的取值；label 为标号。

包含 if-else 语句的有条件 generate 语句的格式为

```
generate
if (<condition>) begin: <label_1>
    <code>;
end
else if (<condition>) begin: <label_2>
    <code>;
end
else begin: <label_3>
    <code>;
end
endgenerate
```

其中，condition 为条件表达式；label 为标号。

可以命名/不命名条件生成结构内的生成块，它们可以只由一个条项构成，不需要使用关键字 "begin" 和 "end"。即使没有关键字 "begin" 和 "end"，它仍然是一个生成模块。与所有生成模块一样，当对其进行例化时，构成一个单独的范围和一个新的层次级。

由于最多只例化了一个生成模块，因此允许在单个条件生成结构中存在包含相同名字的两个或更多数目的块。

> **注**：(1) 不允许任何命名的生成块和其他任何条件生成的块，或者在相同范围内的循环生成结构有相同的名字，即使没有选择例化有相同名字的块。
>
> (2) 不允许任何命名的生成块和相同范围内的其他声明有相同的名字，即使没有选择例化该块。
>
> (3) 如果命名了用于例化的块，则该名字声明了一个生成块的例化，该名字也作为创建块的名字范围。如果没有命名用于例化的块，它将创建一个范围，但是在该块内的声明不能使用层次化的名字引用。
>
> (4) 如果在条件生成结构中的一个生成块只由一个条目构成，而它本身是一个条件生成结构时，如果没有关键字"begin"和"end"，则这个生成块不能作为一个单独的范围。在这个块内的生成结构被称为被直接嵌套。直接嵌套生成结构的生成块看作属于外部的结构。因此，它们可以和外部结构的生成块有相同的名字，并且它们不能和外部由关键字"begin"和"end"所包含结构范围内的任何声明有相同的名字。这样，允许表达复杂的条件生成策略，而无须创建不必要的生成块层次级。
>
> (5) Verilog HDL 允许在相同复杂生成策略中使用 if-generate 和 case-generate 的组合。直接嵌套只能用于条件生成结构内的嵌套条件生成结构中，而不能用于循环生成结构中。

[**例 5.187**] Verilog HDL 描述 if-else 生成策略的例子，如代码清单 5-69 所示。

代码清单 5-69　Verilog HDL 描述 if-else 生成策略

```verilog
module test;
parameter p = 0, q = 0;
wire a, b, c;
//----------------------------------------------------------
//代码或者生成 u1. g1 例化或者没有生成例化
//u1. g1 例化下面的一个门{and, or, xor, xnor),根据条件
//{p,q} == {1,0}, {1,2}, {2,0}, {2,1}, {2,2}, {2, default}
//----------------------------------------------------------
if (p == 1)
    if (q == 0)
        begin : u1 //如果 p==1 和 q==0, 则例化
            and g1(a, b, c);          //and 的层次名字为 test. u1. g1
        end
    else if (q == 2)
        begin : u1 //如果 p==1 和 q==2, 则例化
            or g1(a, b, c);           //or 的层次名字为 test. u1. g1
        end
    //添加"else"结束"(q == 2)"的描述
    else ;//如果 p==1 和 q!=0 或 2, 则没有例化
else if (p == 2)
    case (q)
    0, 1, 2:
        begin : u1                    //如果 p==2 和 q==0,1, 或者 2,则例化
            xor g1(a, b, c);          //xor 的层次名字为 test. u1. g1
```

```
              end
        default:
          begin : u1 //If p= =2 and q!=0,1, or 2, then instantiate
              xnor g1(a, b, c);                  //xnor 的层次名字为 test. u1. g1
          end
     endcase
     endmodule
```

[**例 5.188**] Verilog HDL 描述 if-else 条件生成结构实现一个参数化乘法器的例子。

```
     module multiplier(a,b,product);
     parameter a_width = 8, b_width = 8;
     localparam product_width = a_width+b_width;
        //不能通过 defparam 描述或者例化语句直接修改#
     input [a_width-1:0] a;
     input [b_width-1:0] b;
     output [product_width-1:0] product;
     generate
        if((a_width < 8) ‖ (b_width < 8)) begin: mult
            CLA_multiplier #(a_width,b_width) u1(a, b, product);
            //例化一个 CLA 乘法器
        end
        else begin: mult
            WALLACE_multiplier #(a_width,b_width) u1(a, b, product);
            //例化一个 WALLACE 树乘法器
        end
     endgenerate
        //层次化的例化名字为 mult. u1
     endmodule
```

[**例 5.189**] Verilog HDL 描述一个 case 条件生成结构的例子。

```
     generate
       case (WIDTH)
         1:begin: adder //实现 1 比特加法器
             adder_1bit x1(co, sum, a, b, ci);
         end
         2:begin: adder //实现 2 比特加法器
             adder_2bit x1(co, sum, a, b, ci);
         end
         default:
           begin: adder //其他超前进位加法器
             adder_cla #(WIDTH) x1(co, sum, a, b, ci);
           end
         endcase
     //这个层次例化的名字是 adder. x1
     endgenerate
```

[**例 5.190**] Verilog HDL 描述包含条件和 for 循环生成结构的例子。

```verilog
module dimm( addr, ba, rasx, casx, csx, wex, cke, clk, dqm, data, dev_id );
parameter [31:0] MEM_WIDTH = 16, MEM_SIZE = 8;
input [10:0] addr;
input ba, rasx, casx, csx, wex, cke, clk;
input [ 7:0] dqm;
inout [63:0] data;
input [ 4:0] dev_id;
genvar i;
    case ( {MEM_SIZE, MEM_WIDTH} )
      {32'd8, 32'd16} : //8M×16 位宽
      begin : memory
        for ( i=0; i<4; i=i+1 ) begin : word
          sms_08b216t0 p( .clk( clk ), . csb( csx ), .cke( cke ), .ba( ba ),
                      . addr( addr ), . rasb( rasx ), . casb( casx ),
                      . web( wex ), . udqm( dqm[2 * i+1] ), . ldqm( dqm[2 * i] ),
                      . dqi( data[15+16 * i :16 * i] ), . dev_id( dev_id ) );
              //层次化的例化名字是 memory. word[3]. p,
              //memory. word[2]. p, memory. word[1]. p, memory. word[0]. p
              //和任务 memory. read_mem
        end
        task read_mem;
          input [31:0] address;
          output [63:0] data;
          begin //在 sms 模块内调用 read_mem
              word[3]. p. read_mem( address, data[63:48] );
              word[2]. p. read_mem( address, data[47:32] );
              word[1]. p. read_mem( address, data[31:16] );
              word[0]. p. read_mem( address, data[15:0] );
          end
        endtask
      end
      {32'd16, 32'd8} : //16Meg×8 位宽度
      begin : memory
        for ( i=0; i<8; i=i+1 ) begin : byte
          sms_16b208t0 p( . clk( clk ), . csb( csx ), . cke( cke ), .ba( ba ),
                      . addr( addr ), . rasb( rasx ), . casb( casx ),
                      . web( wex ), . dqm( dqm[i] ),
                      . dqi( data[7+8 * i :8 * i] ), . dev_id( dev_id ) );
              //层次化的例化名字是 memory. byte[7]. p, memory. byte[6]. p, …, memory. byte[1].
              p, memory. byte[0]. p
              //和任务 memory. read_mem
        end
        task read_mem;
          input [31:0] address;
          output [63:0] data;
          begin //在 sms 模块内调用 read_mem
              byte[7]. p. read_mem( address, data[63:56] );
```

```
                        byte[6].p.read_mem(address, data[55:48]);
                        byte[5].p.read_mem(address, data[47:40]);
                        byte[4].p.read_mem(address, data[39:32]);
                        byte[3].p.read_mem(address, data[31:24]);
                        byte[2].p.read_mem(address, data[23:16]);
                        byte[1].p.read_mem(address, data[15:8]);
                        byte[0].p.read_mem(address, data[7:0]);
                    end
                endtask
            end
                //其存储器情况
            endcase
        endmodule
```

3. 用于未命名生成块的外部名字

尽管可以在层次化的名字中使用没有命名的生成块，但是需要有一个名字，通过该名字外部的接口可以指向它。

在一个给定的范围内，给每个生成结构都分配了一个数字。在该范围内，首先出现以文字形式出现的结构，其数字是 1。对于该范围的每个子生成结构其值递增 1。对于所有未命名的生成块，将其命名为 "genblk<n>"，"n" 为分配给生成结构的数字。如果这个名字和显式声明的名字冲突，则在数字前一直加 0，直到没有冲突为止。

[例 5.191] Verilog HDL 描述未命名生成块的例子。

```
module top;
    parameter genblk2 = 0;
    genvar i;
    //下面的生成块有隐含的名字 genblk1
    if (genblk2) reg a;                  //top.genblk1.a
    else reg b;                          //top.genblk1.b
    //下面的生成块有隐含的名字 genblk02，因为 genblk2 已经声明为标识符了
    if (genblk2) reg a;                  //top.genblk02.a
    else reg b;                          //top.genblk02.b
    //下面的生成块有隐含的名字 genblk3，但是有明确的名字 g1
    for (i = 0; i < 1; i = i + 1) begin : g1   //块的名字
        //下面的生成块有隐含的名字 genblk1
        //作为 g1 内第 1 个嵌套的范围
        if (1) reg a;                    //top.g1[0].genblk1.a
    end
        //下面的生成块有隐含的名字 genblk4，由于它输入 top 内的第 4 个生成块
        //如果没有明确命名为 g1，前面的生成块命名为 genblk3
    for (i = 0; i < 1; i = i + 1)
        //下面的生成块有隐含的名字 genblk1
        //作为 genblk4 内第一个嵌套的生成块
        if (1) reg a;                    //top.genblk4[0].genblk1.a
        //下面的生成块有隐含的名字 genblk5
```

```
        if (1) reg a;                    //top. genblk5. a
endmodule
```

5.12.5 层次化的名字

在 Verilog HDL 中，每个标识符应该有唯一的层次路径名字。模块层次和模块内所定义的条项，如任务和命名块定义了这些名字，将名字的层次看作一个树形结构。在这个树形结构中，每个模块例化生成块例化、任务、函数，或者命名的 **begin-end** 块和 **fork-join** 块，在一个特殊的树形分支上定义了一个新的层次级或者范围。

一个设计描述包含一个或多个顶层模块，每个这样的模块构成一个名字层次的顶层。在一个设计说明中，这个根或并行根模块构成了一个或多个层次。在命名的块和任务或函数内的命名块创建了新的分支。没有命名的块是例外，它们所创建的分支只能在块内和由块例化的层次内看到。

> **注**：(1) 对于简单的标识符，可以以一个字符或下画线开始，必须包含有一个字符 (a～z、Z～Z、0～9)，字符之间不允许有空格。
> (2) 通过 "." 符号连接层次化名字。

[例 5.192] Verilog HDL 描述模块例化和命名模块的例子，如代码清单 5-70 所示。

代码清单 5-70 Verilog HDL 描述模块例化和命名模块

```
module mod (in);
input in;
always @ (posedge in) begin : keep
reg hold;
        hold = in;
end
endmodule


module cct (stim1, stim2);
input stim1, stim2;
//例化 mod
  mod amod(stim1), bmod(stim2);
endmodule


module wave;
reg stim1, stim2;
cct a(stim1, stim2);                    //例化 cct
initial begin :wave1
    #100 fork ; innerwave
            reg hold;
    join
    #150 begin
        stim1 = 0;
        end
```

```
    end
    endmodule
```

图 5.30 给出了该 Verilog HDL 所描述模型中的层次。

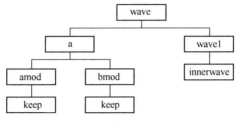

图 5.30　模型中的层次

下面给出了代码中所有定义对象的层次形式列表：

wave	wave. a. bmod
wave. stim1	wave. a. bmod. in
wave. stim2	wave. a. bmod. keep
wave. a	wave. a. bmod. keep. hold
wave. a. stim1	wave. wave1
wave. a. stim2	wave. wave1. innerwave
wave. a. amod	wave. wave1. innerwave. hold
wave. a. amod. in	
wave. a. amod. keep	
wave. a. amod. keep. hold	

对层次化名字的引用，允许自由地访问层次内任何级对象的数据。如果知道一个条项唯一的层次化路径名字，则可以从描述中的任何位置进行采样或修改它的值。

[例 5.193]　Verilog HDL 描述在层次化结构中修改值的例子。

```
    begin
        fork ;mod_1
            reg x;
            mod_2. x = 1;
        join
        fork ;mod_2
            reg x;
            mod_1. x = 0;
        join
    end
```

5.12.6　向上名字引用

模块或模块例化的名字对于识别模块和它在层次中的位置已经足够。一个更低层的模块，能引用层次中该模块上层模块内的条目。如果知道高层模块或它的例化名字，则可以引用它的名字。对于任务、函数、命名的块和生成块，Verilog HDL 将检查模块内的名字，直到找到名字或到达层次的根部。

向上名字引用的格式：

> scope_name. item_name

其中，scope_name 为一个模块例化名字或一个生成块的名字。

[**例 5.194**] Verilog HDL 描述向上名字引用的例子。

```
module a;
integer i;
    b a_b1();
endmodule

module b;
integer i;
    c b_c1(), b_c2();
initial              //向下的路径引用,i 的两个复制:
    #10 b_c1.i = 2;  //a.a_b1.b_c1.i, d.d_b1.b_c1.i
endmodule

module c;
integer i;
initial begin        //i 的本地名字应用的 4 个复制:
    i = 1;           //a.a_b1.b_c1.i, a.a_b1.b_c2.i,
                     //d.d_b1.b_c1.i, d.d_b1.b_c2.i
    b.i = 1;         //向上的路径引用,i 的两个复制:
                     //a.a_b1.i, d.d_b1.i
end
endmodule

module d;
integer i;
    b d_b1();
initial begin        //i 的每个复制的全路径名字引用
a.i = 1;
d.i = 5;
a.a_b1.i = 2;
d.d_b1.i = 6;
a.a_b1.b_c1.i = 3;
d.d_b1.b_c1.i = 7;
a.a_b1.b_c2.i = 4;
d.d_b1.b_c2.i = 8;
end
endmodule
```

5.12.7 范围规则

在 Verilog HDL 中，下面的元素定义了一个新的范围，包括模块、任务、函数、命名块和生成块。

一个标识符用于在一个范围内只声明一个条目，这个规则意味着以下情况是非法的：

（1）在相同的模块内，为两个或多个变量声明相同的名字，或命名任务的名字和变量的名字相同。

（2）将一个逻辑门的例化名字和连接到该逻辑门输出网络的名字相同。

（3）对于生成块来说，上面的规则一样适用，不用考虑生成块是否被例化。对于一个条件生成结构内的生成块，则不适用这个规则。

在一个任务、函数、命名块或生成块内，如果直接引用一个标识符（没有层次化的路径），则应该在任务、函数、命名块、生成块的本地直接声明，或者在包含任务、函数、命名块、生成块的名字树的相同分支内较高的模块、任务、函数、命名块、生成块内声明。如果在本地直接声明，则可以使用本地条项；如果没有，则向上查找路径，直到满足条件或者到达根部。这也意味着，在包含模块内的任务和函数可以使用并且修改变量而不需要通过它们的端口。

图 5.31 给出了标识符的范围，其中每个长方形表示一个本地范围。

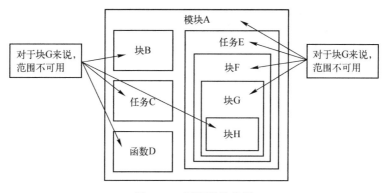

图 5.31　标识符的范围

[例 5.195]　Verilog HDL 描述通过名字访问变量的例子。

```
task t;
reg s;
begin : b
    reg r;
    t.b.r = 0;              //这 3 行访问相同的变量 r
    b.r = 0;
    r = 0;
    t.s = 0;               //这 2 行访问相同的变量 s
    s = 0;
end
endtask
```

5.13　Verilog HDL 设计配置

为了方便在设计者和/或设计小组间共享 Verilog HDL 设计，在 Verilog HDL 中提供了配置功能。一个配置就是简单明确规则的集合，用于说明将要使用的正确源文件的描述，这些描述表示一个设计中的每个例子。选择用于一个例化的源文件描述称为绑定例化。

例如：

文件 top.v	文件 adder.v	文件 adder.vg
module top( );	**module** adder(…);	**module** adder(…);
adder a1(…);	//RTL 级加法器	//门级加法器
adder a2(…);	//描述	//描述
endmodule	**endmodule**	**endmodule**

在顶层模块中，对于例化 a2 来说，在 adder.vg 中使用门级加法器描述。为了标识这个特殊的例化绑定集合，以及避免必须修改源文件描述来标识一个新的集合，使用配置。

5.13.1 配置格式

配置的语法格式为

```
config <config_name>;
    design <lib_name>.<design_name>
    default liblist <new_library_1> <library_2>;
    instance <instance_name> liblist <new_library>;
endconfig;
```

其中，config_name 为配置的标识符；lib_name 为库的标识符；design_name 为设计的标识符；new_library_1 为新的库标识符；instance_name 为例化名字标识符。

对于上面的设计给出一个参考配置，表示为

```
config cfg1;                //指定 RTL 级加法器用于 top.a1,门级加法器用于 top.a2
design rtlLib.top;
default liblist rtlLib;
instance top.a2 liblist gateLib;
endconfig
```

> **注：**（1）在上例中，假设将文件 top.v 和文件 adder.v（RTL 级描述）映射到库 rtlLib；将文件 adder.vg 映射到库 gateLib。
>
> （2）关键字 "design"，在设计中的顶层模块，以及所使用的源文件描述，该描述说明顶层模块描述来自 rtlLib。
>
> （3）关键字 "default" 和 "liblist" 一起使用，说明默认情况下 top 的所有子例化（如 top.a1 和 top.a2）来自库 rtlLib。这意味着在 rtoLib 库中，将使用 top.v 和 adder.v 内的描述。
>
> （4）关键字 "instance" 说明对于特殊例化的 top.a2 来说，描述来自 gateLib 库中。例化语句覆盖了用于这个特殊例化的默认规则。

下面的配置格式表示将要绑定到设计中的子模块库：

```
config <config_name>;
    design <lib_name>.<design_name>
```

```
        default liblist <new_library_1> <library_2>;
        cell <sub-module_name> use <new_library>.<new_module_name>;
    endconfig;
```

5. 13. 2　库

正如前面所介绍的那样，库是逻辑元件的集合，它们被映射到特殊的源文件描述中。下面的描述：

```
        lib.cell[ :config]
```

表明在一个设计中绑定例化时，通过提供指向源文件描述的文件–系统相互独立的名字，支持对源文件进行单独的编译。这种方式也允许多个工具共享相同的配置。

当解析一个源文件描述时，解析器先从一个预定义的文件中读取库映射信息。由工具指定这个文件的名字和读取文件的机制。但是，所有兼容的工具都提供一个机制，用于指定特殊调用的一个或多个映射文件。如果指定了多个映射文件，则按照指定的顺序读取文件。

为了当前的讨论，假设在当前工作目录下存在一个名字为"lib.map"的文件。解析器自动读取该文件。在一个库映射文件内声明一个库的格式如下：

```
    library library_identifier file_path_spec [ { , file_path_spec } ]
        [ -incdir file_path_spec { , file_path_spec } ] ;
    include file_path_spec ;
```

其中，file_path_spec 指明了一个或多个特殊文件的绝对或者相对路径。可以使用下面的快捷键/通配符。

① ?：单个字符的通配符（匹配任何单个字符）。

② ＊：多个字符的通配符（匹配一个目录/文件名内任意个数的字符）。

③ …：层次化通配符（匹配任意数量的层次化路径）。

④ . .：指定父路径。

⑤ . ：指定包含 lib.map 的目录。路径"./＊.v"和"＊.v"是相同的，都是在当前路径中指定带有.v 后缀的所有文件。

include 命令用于插入其他文件中的一个库映射文件的完整内容。

> 注：(1) 以"/"结束的路径包含指定路径的所有文件，和"/＊"等效；
> (2) 不以"/"开始的路径是 lib.map 的相对路径；
> (3) 如果编译器不能够找到 file_path_spec 指向的路径，则默认编译到名字为"work"的库。

[例 5.196] Verilog HDL 描述 lib.map 文件中库定义的例子。

```
    library rtlLib ＊.v;          //在当前的目录中,匹配所有带.v 后缀的文件
    library gateLib ./＊.vg;      //在当前的目录中,匹配所有带.vg 后缀的文件
```

[例 5.197] Verilog HDL 描述层次化配置的例子。

```
    config bot;
```

```
            design lib1. bot;
            default liblist lib1 lib2;
            instance bot. a1 liblist lib3;
        endconfig


        config top;
            design lib1. top;
            default liblist lib2 lib1;
            instance top. bot use lib1. bot:config;
            instance top. bot. a1 liblist lib4;
            //错误,不能从该配置中为 top. bot. a1 设置 liblist
        endconfig
```

5. 13. 3　配置例子

考虑下面的源文件描述：

file top. v	file adder. v	file adder. vg	file lib. map
module top(⋯);	**module** adder(⋯);	**module** adder(⋯);	**library** rtlLib top. v;
⋯	⋯ //rtl	⋯ //gate-level	**library** aLib adder. *;
adder a1(⋯);	foo f1(⋯);	foo f1(⋯);	**library** gateLib
adder a2(⋯);	foo f2(⋯);	foo f2(⋯);	adder. vg;
endmodule	**endmodule**	**endmodule**	
module foo(⋯);	**module** foo(⋯);	**module** foo(⋯);	
⋯ //rtl	⋯ //rtl	⋯ //gate-level	
endmodule	**endmodule**	**endmodule**	

［例 5. 198］Verilog HDL 描述配置的例子（1）。

```
        config cfg1;
          design rtlLib. top;
            default liblist aLib rtlLib;
        endconfig
```

［例 5. 199］Verilog HDL 描述配置的例子（2）。

```
        config cfg2;
          design rtlLib. top ;
            default liblist gateLib aLib rtlLib;
        endconfig
```

［例 5. 200］Verilog HDL 描述配置的例子（3）。

```
        config cfg3;
          design rtlLib. top ;
            default liblist aLib rtlLib;
        cell foo use gateLib. foo;
        endconfig
```

［例 5. 201］Verilog HDL 描述配置的例子（4）。

```
config cfg4
    design rtlLib. top ;
    default liblist gateLib rtlLib;
instance top. a2 liblist aLib;
endconfig
```

[**例 5. 202**] Verilog HDL 描述配置的例子（5）。

```
config cfg5;
    design aLib. adder;
    default liblist gateLib aLib;
    instance adder. f1 liblist rtlLib;
endconfig
```

[**例 5. 203**] Verilog HDL 描述配置的例子（6）。

```
config cfg6;
    design rtlLib. top;
    default liblist aLib rtlLib;
    instance top. a2 use work. cfg5;config ;
endconfig
```

5. 14　Verilog HDL 指定块

两种类型的 HDL 结构经常用于描述结构化模型的延迟，如 ASIC 的逻辑单元，包括：

（1）分布式延迟，说明在一个模块内事件通过门和网络所用的时间。

（2）模块路径延迟，描述一个事件从源端传播到目的端所用的时间。

指定块语句用于说明源端和目的端的路径，并为这些路径分配延迟。指定块的语法格式为

```
specify
{
        specparam_declaration
        | pulsestyle_declaration
        | showcancelled_declaration
        | path_declaration
        | system_timing_check
}
    endspecify
```

指定块可以完成下面的任务：

（1）描述贯穿模块的不同路径；

（2）为这些路径分配延迟；

（3）执行时序检查，保证模块输入端所产生的事件，满足模块所描述器件的时序约束。

[**例 5. 204**] Verilog HDL 描述指定块的例子。

```
specify
    specparam tRise_clk_q = 150, tFall_clk_q = 200;        //指定参数
    specparam tSetup = 70;                                  //指定参数
        (clk => q) = (tRise_clk_q, tFall_clk_q);           //分配延迟
        $setup(d, posedge clk, tSetup);                    //时序检查
endspecify
```

5.14.1　模块路径声明

图 5.32 给出了模块的路径延迟。从图中可知，从源端口 A、B、C 和 D 到同一个目的端口 Q 存在不同的路径延迟。

可以通过下面两种方式声明路径延迟：

（1）source ∗ >destination，用于在源端和目的端建立一个全连接路径；

（2）source = >destination，用于在源端和目的端建立一个并行连接路径。

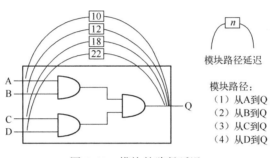

图 5.32　模块的路径延迟

[例 5.205] Verilog HDL 描述模块路径声明的例子。

```
(A => Q) = 10;
(B => Q) = (12);
(C, D ∗ > Q) = 18;
```

1. 边沿敏感路径

如果在描述一个模块路径时在源端使用了一个边沿过渡，则称该路径为边沿敏感路径。边沿敏感路径结构用于对输入到输出的延迟建模，该延迟只与源端信号指定的边沿有关。

使用关键字 **"posedge"** 和 **"negedge"** 表示边沿，该关键字后面带有输入/输入输出（input/inout）端口描述符。如果声明的是向量输入端口描述符，则边沿在最低位检测。格式为

```
([edge_identifier] specify_input_terminal_descriptor =>
(specify_output_terminal_descriptor [polarity_operator] : data_source_expression))
```

或：

```
([ edge_identifier ] list_of_path_inputs ∗ >
(list_of_path_outputs [ polarity_operator ] : data_source_expression ))
```

其中，edge_identifier 为 **posedge/negedge**；specify_input_terminal_descriptor 为输入终端描述符；specify_output_terminal_descriptor 为输出终端描述符；polarity_operator 为极性操作符，"+"／"-"用于标识数据路径的方向，"+"表示同方向，"-"表示反方向；data_source_expression 为数据源端表达式；list_of_path_outputs 为输出路径列表。

[**例 5.206**] Verilog HDL 描述敏感路径的例子。

```
//在时钟的上升沿时,将模块路径从 clock 延伸到 out,其上升延迟为 10,下降延迟为 8
//数据路径从 in 到 out,并且在传播到 out 时不会取反
    (posedge clock => (out +: in)) = (10, 8);
//在时钟的下降沿时,将模块路径从 clock 延伸到 out,其上升延迟为 10,下降延迟为 8
//数据路径从 in 到 out,当传播到 out 时,in 被取反
    (negedge clock[0] => (out-: in)) = (10, 8);
//没有敏感标识符,在时钟发生任何变化时,将模块路径从 clock 延伸到 out
    (clock => (out : in)) = (10, 8);
```

2. 状态依赖路径

状态依赖路径是指当一个指定条件为真时，可以为一个模块路径分配延迟，它影响通过该路径的信号传播延迟。格式为

```
if (module_path_expression) simple_path_declaration;
if (module_path_expression) edge_sensitive_path_declaration;
ifnone simple_path_declaration;
```

其中，条件表达式可以是下面中的一个：

（1）标量或向量形式的 input/inout 端口，或它们的比特位选择、部分选择；

（2）本地定义的变量或网络，或它们的比特位选择、部分选择；

（3）编译时间常数（常数数值或者制定参数）。

如果表达式的评估结果为"x"或者"z"，也将其看作 1。如果条件表达式的评估结果为多个比特位，则最低有效位表示结果。

[**例 5.207**] Verilog HDL 描述状态依赖路径的例子，如代码清单 5-71 所示。

代码清单 5-71　Verilog HDL 描述状态依赖路径

```
module xorgate (a, b, out);
input a, b;
output out;
xor x1 (out, a, b);
specify
    specparam noninvrise = 1, noninvfall = 2;
    specparam invertrise = 3, invertfall = 4;
    if (a) (b => out) = (invertrise, invertfall);
    if (b) (a => out) = (invertrise, invertfall);
    if (~a)(b => out) = (noninvrise, noninvfall);
    if (~b)(a => out) = (noninvrise, noninvfall);
    endspecify
endmodule
```

```
module test;
reg a,b;
wire z;
xorgate uut(a,b,z);
initial
begin
a=1;
b=0;
#100;
a=1;
b=1;
#100;
a=1;
b=0;
#100;
end
endmodule
```

思考与练习 5-30：使用 Vivado 2018.1 集成开发环境，对该设计执行行为级仿真，分析仿真结果，说明路径和传输延迟。

[**例 5.208**] Verilog HDL 描述 ALU 不同操作延迟的例子。

```
module ALU (o1, i1, i2, opcode);
input [7:0] i1, i2;
input [2:1] opcode;
output [7:0] o1;
        //忽略功能描述
specify
    //加法操作
    if (opcode == 2'b00) (i1,i2 * > o1) = (25.0, 25.0);
    //直通 i1 操作
    if (opcode == 2'b01) (i1 => o1) = (5.6, 8.0);
    //直通 i2 操作
    if (opcode == 2'b10) (i2 => o1) = (5.6, 8.0);
    //操作码改变的延迟
    (opcode * > o1) = (6.1, 6.5);
    endspecify
endmodule
```

3. 边沿敏感状态依赖路径

如果状态依赖路径描述了一个边沿敏感路径，则将状态依赖路径称为一个边沿敏感状态依赖路径。

[**例 5.209**] Verilog HDL 描述边沿敏感状态依赖路径的例子（1）。

```
if( !reset && !clear)
        (posedge clock => (out +: in)) = (10, 8);
```

[**例 5.210**] Verilog HDL 描述边沿敏感状态依赖路径的例子（2）。

```
specify
    (posedge clk => (q[0] : data)) = (10, 5);
    (negedge clk => (q[0] : data)) = (20, 12);
endspecify
```

[例 5. 211] Verilog HDL 描述边沿敏感状态依赖路径的例子（3）。

```
specify
    if (reset)
      (posedge clk => (q[0] : data)) = (15, 8);
    if (!reset && cntrl)
      (posedge clk => (q[0] : data)) = (6, 2);
endspecify
```

[例 5. 212] Verilog HDL 描述边沿敏感状态依赖路径的例子（4）。

```
specify
    if (reset)
        (posedge clk => (q[3:0]:data)) = (10,5);
    if (!reset)
        (posedge clk => (q[0]:data)) = (15,8);
endspecify
```

4. ifnone 条件

ifnone 条件用于当用于路径的其他条件都不成立时指定一个默认的与状态相关的路径延迟。ifnone 条件将指定与状态依赖路径相同的模块路径源端和目的端。需要遵守下面的规则：

（1）只能描述简单模块路径；

（2）对应于 ifnone 路径的状态依赖路径可以是简单模块路径或边沿敏感状态依赖路径；

（3）如果没有到 ifnone 模块路径对应的状态依赖路径，则将 ifnone 路径看作一个无条件的简单模块路径；

（4）在 ifnone 条件和在一个无条件简单模块路径中，禁止同时指定相同的模块路径。

[例 5. 213] Verilog HDL 描述带有 ifnone 路径延迟的例子。

```
if (C1) (IN => OUT) = (1,1);
ifnone (IN => OUT) = (2,2);

//加法操作
if (opcode == 2'b00) (i1,i2 *> o1) = (25.0, 25.0);
//直通 i1 操作
if (opcode == 2'b01) (i1 => o1) = (5.6, 8.0);
//直通 i2 操作
if (opcode == 2'b10) (i2 => o1) = (5.6, 8.0);
//所有的其他操作
ifnone (i2 => o1) = (15.0, 15.0);
```

```
(posedge CLK => (Q +: D)) = (1,1);
ifnone (CLK => Q) = (2,2);
```

[例 5.214] Verilog HDL 描述非法模块路径的例子。

```
if (a) (b => out) = (2,2);
if (b) (a => out) = (2,2);
ifnone (a => out) = (1,1);
(a => out) = (1,1);
```

5. 全连接和并行连接路径

1) 全连接

在一个全连接中，源端口连接到目的端口的每一位。源端口不需要和目的端口有相同的位数。

由于没有限制源信号和目的信号的位宽或数量，全连接可以处理大多数类型的模块路径。下面的条件要求使用全连接：

（1）一个向量和一个标量之间的一个模块路径；

（2）不同位宽向量之间的一个模块路径；

（3）在一个语句中，描述有多个源或有多个目的的模块路径。

2) 并行连接

操作符 "=>" 用于在源端口和目的端口之间建立一个并行连接。在一个并行连接中，源端口的每一位将连接到目的端口的每一位。只在包含相同位数的源端口和目的端口之间创建并行模块路径。

并行连接比全连接更加严格，它们只能是一个源端口和一个目的端口之间的连接，并且每个信号包含相同的位数。因此，一个并行连接只能用于描述两个相同位宽向量之间的一个模块路径。由于标量是一个比特位，所以 "*>" 或者 "=>" 都可以用于建立两个标量比特位之间的连接。

图 5.33 给出了在两个 4 位向量之间使用全连接和并行连接的不同。

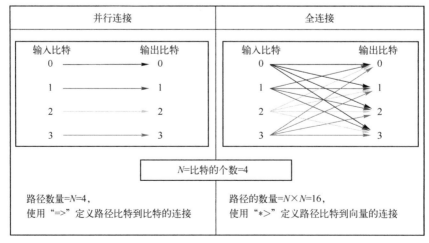

图 5.33 全连接和并行连接之间的不同

[**例 5. 215**] Verilog HDL 描述两个 8 位输入和一个 8 位输出 2∶1 多路选择器的例子。

```
module mux8 (in1, in2, s, q);
output [7:0] q;
input [7:0] in1, in2;
input s;
//功能描述
specify
    (in1 => q) = (3, 4);
    (in2 => q) = (2, 3);
    (s *> q) = 1;
endspecify
endmodule
```

[**例 5. 216**] Verilog HDL 描述多个路径全连接的例子。

```
(a, b, c *> q1, q2) = 10;
```

等效为

```
(a *> q1) = 10;
(b *> q1) = 10;
(c *> q1) = 10;
(a *> q2) = 10;
(b *> q2) = 10;
(c *> q2) = 10。
```

5. 14. 2　为路径分配延迟

使用括号将分配的延迟值括起来。分配给一个模块路径的可能有 1、2、3、6 或 12 个延迟值。延迟值包含文字或 specparam 常数表达式，也可能是一个延迟表达式，格式为 min∶typ∶max。

[**例 5. 217**] Verilog HDL 描述延迟格式表达式路径分配的例子（1）。

```
specify
    //指定参数
    specparam tRise_clk_q = 45:150:270, tFall_clk_q=60:200:350;
    specparam tRise_Control = 35:40:45, tFall_control=40:50:65;
    //模块路径分配
    (clk => q) = (tRise_clk_q, tFall_clk_q);
    (clr, pre *> q) = (tRise_control, tFall_control);
endspecify
```

1. 指定在模块路径上的条件延迟

表 5. 30 给出了将不同路径的延迟值与不同的跳变关联的方法。

表 5.30   将不同路径的延迟值与不同的跳变关联的方法

跳　　变	指定路径延迟表达式的个数				
	1	2	3	6	12
0->1	t	trise	trsie	t01	t01
1->0	t	tfall	tfall	t10	t10
0->z	t	trise	tz	t0z	t0z
z->1	t	trise	trise	tz1	tz1
1->z	t	tfall	tz	t1z	t1z
z->0	t	tfall	tfall	tz0	tz0
0->x	*	*	*	*	t0x
x->1	*	*	*	*	tx1
1->x	*	*	*	*	t1x
x->0	*	*	*	*	tx0
x->z	*	*	*	*	txz
z->x	*	*	*	*	tzx

[**例 5.218**] Verilog HDL 描述延迟格式表达式路径分配的例子（2）。

```
//1 个表达式指定所有的跳变
(C => Q) = 20;
(C => Q) = 10:14:20;
//2 个表达式指定上升和下降延迟
specparam tPLH1 = 12, tPHL1 = 25;
specparam tPLH2 = 12:16:22, tPHL2 = 16:22:25;
(C => Q) = (tPLH1, tPHL1);
(C => Q) = (tPLH2, tPHL2);
//3 个表达式指定上升、下降和 z 跳变延迟
specparam tPLH1 = 12, tPHL1 = 22, tPz1 = 34;
specparam tPLH2 = 12:14:30, tPHL2 = 16:22:40, tPz2 = 22:30:34;
(C => Q) = (tPLH1, tPHL1, tPz1);
(C => Q) = (tPLH2, tPHL2, tPz2);
//6 个表达式指定从 0、1 和 z 跳变到 0、1 和 z
specparam t01 = 12, t10 = 16, t0z = 13,
tz1 = 10, t1z = 14, tz0 = 34 ;
(C => Q) = (t01, t10, t0z, tz1, t1z, tz0);
specparam T01 = 12:14:24, T10 = 16:18:20, T0z = 13:16:30 ;
specparam Tz1 = 10:12:16, T1z = 14:23:36, Tz0 = 15:19:34 ;
(C => Q) = (T01, T10, T0z, Tz1, T1z, Tz0);
//12 个表达式明确指定所有跳变延迟
specparam t01 = 10, t10 = 12, t0z = 14, tz1 = 15, t1z = 29, tz0 = 36,
t0x = 14, tx1 = 15, t1x = 15, tx0 = 14, txz = 20, tzx = 30 ;
(C => Q) = (t01, t10, t0z, tz1, t1z, tz0, t0x, tx1, t1x, tx0, txz, tzx);
```

2. 指定 x 跳变延迟

如果没有明确指出 x 过渡延迟，则基于下面两个规则计算 x 过渡的延迟值：

（1）从一个已知状态跳变到"x"将尽可能快地发生，即跳变到"x"使用尽量短的延迟；

（2）从"x"到一个已知状态的跳变延迟尽可能长，即为从"x"的任何一个跳变使用尽量长的延迟。

表 5.31 给出了用于"x"跳变的计算延迟。

表 5.31　用于"x"跳变的计算延迟

"x"跳变	延迟值
一般的算法	
s->x	最小（s->其他已知的信号）
x->s	最小（其他已知信号->s）
指定的跳变	
0->x	最小（0->z 延迟，0->1 延迟）
1->x	最小（1->z 延迟，1->0 延迟）
z->x	最小（z->1 延迟，z->0 延迟）
x->0	最大（z->0 延迟，1->0 延迟）
x->1	最大（z->1 延迟，0->1 延迟）
x->z	最大（1->z 延迟，0->z 延迟）
使用：（C=>Q）=（5, 12, 17, 10, 6, 22）	
0->x	最小（17, 5）= 5
1->x	最小（6, 12）= 6
z->x	最小（10, 22）= 10
x->0	最大（22, 12）= 22
x->1	最大（10, 5）= 10
x->z	最大（6, 17）= 17

3. 选择延迟

当一个指定路径的输入必须调度到跳变时，仿真器需要确定所使用的正确延迟。这时，可能指定了连接到一个输出路径的多个输入，仿真器必须确定使用哪个指定的路径。

首先，仿真器要确定所指定的到输出的活动路径。活动的指定路径是指在最近的时间内输入经常跳变的路径，以及它们是无条件的或它们的条件为真。在同时出现输入跳变时，有可能有很多从输入到输出的指定路径都是活动的。

一旦识别出活动的指定路径，必须选择其延迟。通过比较，从每个指定的路径中选择当前被调度的指定跳变的正确延迟，应该选择最小的。

[例5.219] Verilog HDL 描述延迟的例子（1）。

$$(A \Rightarrow Y) = (6, 9);$$
$$(B \Rightarrow Y) = (5, 11);$$

对于一个 Y，其从 0 到 1 的跳变，如果近期 A 的跳变比 B 更加频繁，则选择延迟 6。否则，选择延迟 5。如果最近它们都同时发生跳变，则选择它们两个上升延迟中最小的，则选择 5。如果 Y 从 1 到 0 跳变，则从 A 中选择下降延迟 9。

[例5.220] Verilog HDL 描述延迟的例子（2）。

if $(MODE < 5)$ $(A \Rightarrow Y) = (5, 9);$
if $(MODE < 4)$ $(A \Rightarrow Y) = (4, 8);$
if $(MODE < 3)$ $(A \Rightarrow Y) = (6, 5);$
if $(MODE < 2)$ $(A \Rightarrow Y) = (3, 2);$
if $(MODE < 1)$ $(A \Rightarrow Y) = (7, 7);$

当 MODE = 2 时，前面 3 个指定路径是活动的。在上升沿时，将选择 4；在下降沿时，将选择 5。

5.14.3　混合模块路径延迟和分布式延迟

如果一个模块，包含模块路径延迟和分布式延迟（模块内例化原语的延迟），将选择每个路径内两个延迟中较大的一个。

如图 5.34 所示，模块路径延迟比分布式延迟要长，延迟值为 22。

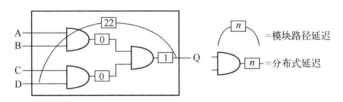

图 5.34　模块路径延迟比分布式延迟要长

如图 5.35 所示，模块路径延迟比分布式延迟要短，因此延迟值为 30。

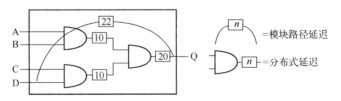

图 5.35　模块路径延迟比分布式延迟要短

5.14.4　驱动布线逻辑

在模块内，模块路径的输出网络不超过一个驱动器。因此，在模块路径输出时，不允许布线逻辑。

图 5.36 给出了非法的和合法的模块路径。如图 5.36（a）所示，由于一个路径有两个逻辑门的输出驱动器，因此所有连接到网络 S 的模块路径都是非法的。假设信号 S 是"线与"的，通过放置包含门逻辑的布线逻辑来创建连到输出的一个驱动器就能规避这个限制。

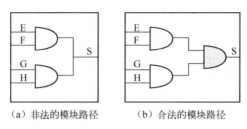

（a）非法的模块路径　　　　（b）合法的模块路径

图 5.36　非法的和合法的模块路径（1）

图 5.37（a）的模块路径是非法的，当把 Q 和 R 连接到一起时，则产生规则冲突。尽管在相同的模块内禁止多个输出驱动器连接到一个路径目的端，但是在模块外是允许的。图 5.37（b）给出的模块路径是合法的。

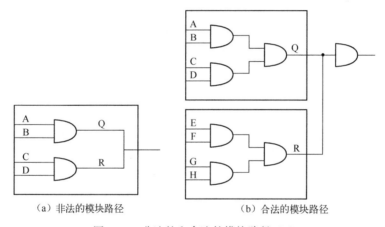

（a）非法的模块路径　　　　　　　　　　（b）合法的模块路径

图 5.37　非法的和合法的模块路径（2）

5.14.5　脉冲过滤行为的控制

在时间上，将比模块路径延迟更接近的两个连续调度的跳变看作脉冲。默认地，拒绝模块路径的输出脉冲。连续的跳变不能比模块输出延迟还要靠近，称为脉冲传播的惯性延迟模型。

脉冲宽度的范围控制如何处理模块路径输出的一个脉冲包括：

（1）拒绝一个脉冲宽度的范围；

（2）允许脉冲传播到目的地的脉冲宽度的范围；

（3）脉冲宽度的范围在目的端生成的"x"。

两个脉冲的限制值定义了与每个模块路径跳变延迟相关的脉冲宽度范围，将该脉冲的限制值称为错误限制值和拒绝限制值：

（1）错误限制值应该至少和拒绝限制值一样大；

（2）不会过滤掉大于或等于错误界限的脉冲（通过）；

（3）将小于错误限制值但大于或等于拒绝限制值的脉冲过滤为"x"；

（4）拒绝出现小于拒绝限制值的脉冲。

默认地，将错误限制值和拒绝限制值与延迟设置为相等，这意味着将拒绝所有小于延迟的脉冲。在如图 5.38 所示的条件下，将过滤掉脉冲。

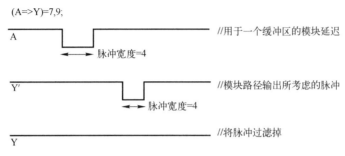

图 5.38　由于脉冲宽度小于模块路径延迟，因此过滤掉脉冲

1. 修改脉冲的限制值

Verilog HDL 提供了 3 种方法用于修改脉冲的限制值。

（1）通过 **specparam** 和 **PATHPULSE** $ 修改。语法格式：

> **PATHPULSE** $ = (reject_limit_value [, error_limit_value])；

或：

> **PATHPULSE** $specify_input_terminal_descriptor $specify_output_terminal_descriptor
> = (reject_limit_value [, error_limit_value])；

其中，reject_limit_value 为拒绝限制值；error_limit_value 为错误限制值；specify_input_terminal_descriptor 为输入终端描述符；specify_output_terminal_descriptor 为输出终端描述符。

（2）调用选项可以指定百分比，用于所有的模块路径延迟，以生成相应的错误限制值和拒绝限制值。

如果错误限制的百分比小于拒绝限制的百分比，则是错误的。

当 **PATHPULSE** $ 和百分比同时出现时，**PATHPULSE** $ 值优先。

（3）标准延迟注解可以单独注解每个模块路径跳变延迟的错误限制和拒绝限制。当 **PATHPULSE** $、百分比和 SDF 注解同时出现时，SDF 注解优先。

［例 5.221］Verilog HDL 描述 PATHPULSE $ 修改延迟指定范围的例子。

```
specify
    ( clk => q ) = 12;
    ( data => q ) = 10;
    ( clr, pre *> q ) = 4;
specparam
    PATHPULSE $clk $q = (2,9),
    PATHPULSE $clr $q = (0,4),
    PATHPULSE $ = 3;
endspecify
```

在该例子中，通过第一个 PATHPULSE $确定路径 clk=>q 的拒绝限制值为 2、错误限制值为 9；通过第二个 PATHPULSE $确定路径 clr=>q 的拒绝限制值为 0、错误限制值为 4；路径 data=>q 没有使用 PATHPULSE $明确说明，因此其拒绝限制值和错误限制值为 3。

2. 基于事件/基于检测

很明显，默认的脉冲过滤行为有两个缺点：

（1）脉冲过滤到"x"状态，由于"x"状态的周期太短以至于不能使用；

（2）当后沿先于前沿时，不相等的延迟可能会导致脉冲拒绝，但没有指示拒绝脉冲的信息。

下面将介绍更详细的脉冲控制能力。

当一个输出脉冲必须过滤到"x"时，如果模块的输出立即跳变到"x"（基于检测，on-detect），而不是在脉冲的前沿已经调度的跳变时间上（基于事件，on-event），则表达出更大的悲观意见。默认，基于事件的脉冲过滤到"x"。

1）基于事件

当一个输出脉冲必须过滤到 x 时，脉冲前沿跳变到 x，脉冲后沿从 x 跳变。边沿的跳变时间没有变化。

2）基于检测

如基于事件那样，基于检测的脉冲过滤将脉冲前沿跳变到"x"、脉冲后沿从"x"跳变。但是，脉冲前沿的时间立即改变为检测到脉冲。

如图 5.39 所示，使用了非对称上升/下降时间的简单缓冲区，图中的拒绝限制值和错误限制值都为 0，且给出了基于时间和基于检测的输出波形。

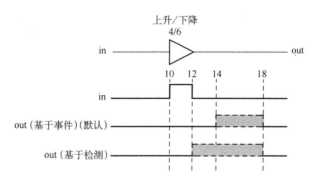

图 5.39　基于事件和基于检测

有两种不同的方法用于选择基于检测或者基于事件的行为：

（1）通过使用基于检测或者基于事件调用选项全局处理所有模块的路径输出。

（2）通过使用本地指定块脉冲类型声明，其格式为

```
pulsestyle_onevent list_of_path_outputs ;
```

或：

```
pulsestyle_ondetect list_of_path_outputs ;
```

3. 负脉冲检测

当一个模块的路径输出延迟不相等时，可能调度一个脉冲的后沿时间要早于调度一个脉冲的前沿时间，导致产生一个负脉冲宽度。在正常条件下，如果调度一个脉冲的后沿时间早于调度一个脉冲的前沿时间，则取消前沿。当脉冲的初始状态和最终状态相同时，不会出现跳变，因此未指示曾经出现一个调度。

通过使用行为的 **showcancelled** 类型，可以指示一个 "x" 状态的负脉冲。当一个脉冲的后沿比前沿先调度时，这个类型使得前沿调度变成 "x"、后沿从 "x" 调度。基于事件脉冲类型，用调度到的 "x" 来代替前沿调度；基于检测脉冲类型，在检测到负脉冲时立即调度到 "x"。

通过两种不同的方法使能 **showcancelled** 行为：

（1）使用 **showcancelled** 和 **noshowcancelled** 调用选项。

（2）使用指定块 **showcancelled** 的声明，其语法格式为

　　showcancelled list_of_path_outputs ;

或：

　　noshowcancelled list_of_path_outputs ;

图 5.40 给出了 showcancelled 行为的描述，给出了一个输入到一个带有不等上升/下降延迟缓冲区的窄脉冲，这将导致调度脉冲的后沿早于前沿。输入脉冲的前沿在 6 个单位之后调度（由 A 点标记的输出事件）。脉冲后沿在一个时间单位后出现，其调度输出事件出现在 4 个单位之后（由 B 标记的点）。第 2 个输出调度用于一个时间，该时间先于已经存在的用于前面的输出脉冲边沿的调度。图中给出了 3 种不同工作模式的输出波形，第一个波形给出了默认行为（未使能 showcancelled 的行为和默认的基于事件的类型）；第二个波形给出了与基于事件结合的 showcancelled 行为；最后一个波形给出了与基于检测结合的 showcancelled 行为。

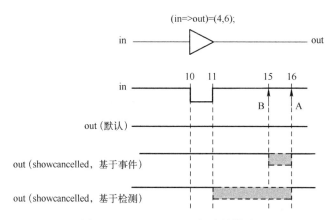

图 5.40　showcancelled 行为的描述

两个几乎同时出现跳变的输入，其跳变时间非常接近小于它们各自到输出延迟的时间差异，也会出现同样的情况。如图 5.41 所示，给出了两输入与非门的输入波形，开始

时 A 为逻辑高，B 为逻辑低。B 在第 10 个时刻，由 0 跳变到 1，因此输出在第 24 个时刻调度，由 1 跳变到 0。A 在第 12 个时刻，由 1 跳变到 0，因此在第 22 个时刻调度，从 0 跳变到 1。图中的箭头用于标记由输入 A 和 B 跳变引起的输出跳变，并且给出了 3 种工作模式的输出波形。

　　带有 showcancelled 行为基于事件类型的缺点是输出脉冲的边沿靠得太近，导致 "x" 状态的时间持续太短，图 5.42 给出了解决这个问题的方法。

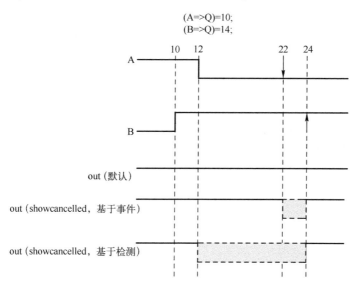

图 5.41　与非门几乎同时跳变的输入，其中一个事件在另一个事件尚未成熟之前调度

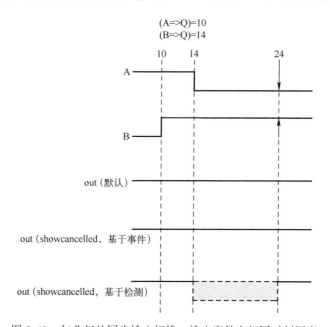

图 5.42　与非门的同步输入切换，输出事件在相同时刻调度

[例 5.222]　Verilog HDL 描述指定块的例子。

```
specify
    (a=>out)=(2,3);
    showcancelled out;
    (b =>out)=(3,4);
endspecify
```

该例子中，指定块中没有脉冲类型或 showcancelled 声明，编译器使用基于事件和没有 showcencelled 的默认模式。

[例 5. 223] Verilog HDL 描述带有 showcancelled 和 pulsestyle 语句的例子。

```
specify
    showcancelled out;
    pulsestyle_ondetect out;
    (a => out) = (2,3);
    (b => out) = (4,5);
    showcancelled out_b;
    pulsestyle_ondetect out_b;
    (a => out_b) = (3,4);
    (b => out_b) = (5,6);
endspecify

specify
    showcancelled out,out_b;
    pulsestyle_ondetect out,out_b;
    (a => out) = (2,3);
    (b => out) = (4,5);
    (a => out_b) = (3,4);
    (b => out_b) = (5,6);
endspecify
```

5.15　Verilog HDL 时序检查

本节将在指定块内描述进行时序检查的方法，从而使得信号满足时序约束。为了方便起见，将时序检查分成两组。

（1）第一组从稳定时间窗口来说：

```
$setup          $hold           $setuphold
$recovery       $removal        $recrem
```

（2）第二组从两个事件之间的时间不同来说，用于时钟和控制信号：

```
$skew           $timeskew       $fullskew
$width          $period         $nochange
```

尽管它们以"$"开头，但是时序检查不是系统任务。

> 注：在一个指定块中，不会出现系统任务，时序检查不能出现在过程代码中。

5.15.1　使用一个稳定窗口检查时序

1. $setup

语法格式为

$setup（data_event，reference_event，timing_check_limit [, [notifier]]）;

其中，data_event 为时间戳事件；reference_event 为时间检查事件；timing_check_limit 为非负常数表达式；notifier（可选）为 Reg。

此外，数据事件（时间戳）通常是一个数据信号，而参考事件（时间检查事件）通常指一个时钟信号。窗口的起点和结束点由下式确定：

$$窗口的起点 = 时间检查时间−限制$$
$$窗口的结束点 = 时间检查时间$$

在下面情况下，$setup 时序检查报告时序冲突，即

$$窗口的起点<时间戳时间 <窗口的结束点$$

从图 5.43 中可知，允许建立的时间窗口宽度由限制决定。对于数据信号（时间戳事件）来说，它在窗口的起点以外就有效。如果数据信号的有效时间落在了时间窗口内，就表示时间戳事件没有为参考事件（clk 信号）提供足够的建立时间，也就是不满足建立时间要求，这就会产生建立时间的冲突。

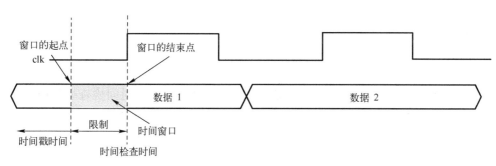

图 5.43　$setup 时序检查的概念

2. $hold

语法格式为

$hold（reference_event，data_event，timing_check_limit [, [notifier]]）;

其中，reference_event 为时间戳事件；data_event 为时间检查事件；timing_check_limit 为非负常数表达式；notifier（可选）为 reg。

此外，数据事件（时间检查事件）通常是一个数据信号，而参考事件（时间戳事件）通常指一个时钟信号。窗口的起点和结束点由下式确定：

$$窗口的起点=时间戳时间$$
$$窗口的结束点=时间戳时间+限制$$

在下面情况下，$hold 时序检查报告时序冲突，即

窗口的起点≤时间检查时间<窗口的结束点

从图 5.44 中可知，允许保持的时间窗口宽度由限制决定。对于数据信号（时间检查事件）来说，它应该在窗口的起始点开始一直到窗口的结束点为止一直有效。如果数据信号（时间检查事件）的有效时间落在了时间窗口内，就表示时间检查事件没有为时间戳事件（clk 信号）提供足够的保持时间，也就是不满足保持时间要求，这就会产生保持时间的冲突。

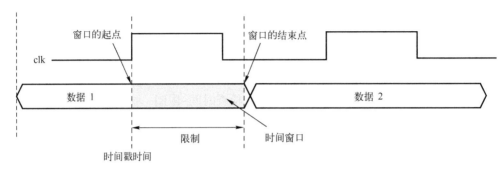

图 5.44　$hold 时序检查的概念

3. $setuphold

语法格式为

```
$setuphold ( reference_event , data_event , timing_setup_limit , timing_hold_limit
[ , [ notifier ] [ , [ stamptime_condition ] [ , [ checktime_condition ]
[ , [ delayed_reference ] [ , [ delayed_data ] ] ] ] ] ] );
```

其中：

（1）reference_event 表示当建立限制条件的值是正数的时候为时间检查事件或者时间戳事件；当建立限制条件的值是负数的时候为时间戳事件。

（2）data_event 表示当保持限制条件的值是正数的时候为时间检查事件或者时间戳事件；当保持限制条件值是负数时为时间戳事件。

（3）timing_setup_limit 为常数表达式。

（4）timing_hold_limit 为常数表达式。

（5）notifier（可选）为 reg。

（6）stamptime_condition（可选）为用于负的时序检查的时间戳条件。

（7）checktime_condition（可选）为用于负的时序检查的时间检查条件。

（8）delayed_reference（可选）为用于负的时序检查的延迟参考信号。

（9）delayed_data（可选）为用于负的时序检查的延迟数据信号。

$setuphold 时序检查可以接受限制值为负数的条件。此处，数据事件通常是一个数据信号，而参考事件通常是一个时钟信号。当建立限制和保持限制的值均为正数时，参考事件或数据事件可作为时间检查事件，这将取决于在仿真时首先发生的事件。如果建立限制或保持限制的值其中有一个为负数，则限制条件变成如下表达式：

timing_setup_limit + timing_hold_limit > (simulation unit of precision)

$setuphold 时序检查将$setup 和$hold 时序检查的功能组合为一个时序检查。因此,下面的调用:

> **$setuphold**(posedge clk, data, tSU, tHLD);

等效于下面的功能(如果 tSU 和 tHLD 都不是负数时):

> **$setup**(data, **posedge** clk, tSU);
> **$hold**(**posedge** clk, data, tHLD);

当建立约束和保持约束为正,数据事件首先发生时,窗口的起点和结束点由下式确定:

$$窗口的起点 = 时间检查时间 - 限制$$
$$窗口的结束点 = 时间检查时间$$

在下面的情况下,$setuphold 时序检查报告一个时序冲突,即

$$窗口的起点 < 时间戳时间 \leq 窗口的结束点$$

当建立约束和保持约束为正,数据事件第二个发生时,窗口的起点和结束点由下式确定:

$$窗口的起点 = 时间戳时间$$
$$窗口的结束点 = 时间戳时间 + 限制$$

在下面的情况下,$setuphold 时序检查报告一个时序冲突,即

$$窗口的起点 \leq 时间检查时间 < 窗口的结束点$$

4. $removal

语法格式为

> **$removal** (reference_event , data_event , timing_check_limit [, [notifier]]);

其中,data_event 为时间戳事件;reference_event 为时间检查事件;timing_check_limit 为非负常数表达式;notifier(可选)为 reg。

此处,参考事件(时间检查事件)通常指一个控制信号,如清除、复位或置位,而数据事件(时间戳事件)通常是一个时钟信号。窗口的起点和结束点由下式决定:

$$窗口的起点 = 时间检查时间 - 限制$$
$$窗口的结束点 = 时间检查时间$$

在下面的情况下,$removal 时序检查报告一个时序冲突,即

$$窗口的起点 < 时间戳时间 < 窗口的结束点$$

对于包含有异步复位的一个寄存器来说,去除时间是在一个活动时钟沿后在异步复位信号可以安全切换到不活动状态前的最小时间。

从图 5.45 中可知,允许的去除时间窗口宽度由限制决定。对于参考事件(时间检查事件)来说,它应该在窗口的起点开始一直到窗口的结束点为止一直有效。如果参考事件(时间检查事件)的有效时间落在了时间窗口内,就表示时间检查事件没有为时间戳事件(clk 信号)提供足够的去除时间,也就是不满足去除时间要求,这就会产生去除时间冲突。

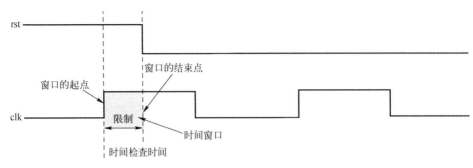

图 5.45 $removal 时序检查的概念

5. $recovery

语法格式为

$recovery (reference_event , data_event , timing_check_limit [, [notifier]]);

其中，data_event 为时间检查事件；reference_event 为时间戳事件；timing_check_limit 为非负常数表达式；notifier（可选）为 reg。

此处，参考事件（时间戳事件）通常是一个控制信号，如清除、复位或者置位，而数据事件（时间检查事件）通常是一个时钟信号。时间窗口的起点和结束点由下式确定：

$$窗口的起点 = 时间戳时间$$
$$窗口的结束点 = 时间戳时间 + 限制$$

下面的情况下，$removal 时序检查报告一个时序冲突，即

$$窗口的起点 \leq 时间检查时间 < 窗口的结束点$$

对于包含有异步复位的一个寄存器来说，恢复时间是指把异步复位信号切换到不活动状态后下一个活动时钟沿之前的最小时间，这个时间用于安全地锁存一个新的数据。

从图 5.46 中可知，允许恢复的时间窗口宽度由限制决定。对于参考事件（时间戳事件）来说，它应该先于窗口的起点有效。如果参考事件（时间戳事件）的有效时间落在了时间窗口内，就表示时间戳事件没有为时间检查事件（clk 信号）提供足够的恢复时间，也就是不满足恢复时间要求，这就会产生恢复时间冲突。

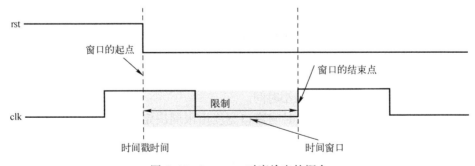

图 5.46 $recovery 时序检查的概念

6. $recrem

语法格式为

> $recrem (reference_event , data_event , timing_recovtry_limit , timing_removal_limit
> [, [notifier] [, [stamptime_condition] [, [checktime_condition]
> [, [delayed_reference] [, [delayed_data]]]]]);

其中：

（1）reference_event 表示当去除限制值是正数时为时间检查事件或者时间戳事件；当去除限制值是负数时为时间戳事件。

（2）data_event 表示当恢复限制值是正数时为时间检查事件或者时间戳事件；当恢复限制值是负数时为时间戳事件。

（3）timing_recovery_limit 为常数表达式。

（4）timing_removal_ limit 为常数表达式。

（5）notifier（可选）为 reg。

（6）stamptime_condition（可选）表示用于负的时序检查的时间戳条件。

（7）checktime_condition（可选）表示用于负的时序检查的时间检查条件。

（8）delayed_reference（可选）表示用于负的时序检查的延迟参考信号。

（9）delayed_data（可选）表示用于负的时序检查的延迟数据信号。

当去除限制值和恢复限制值均为正数时，参考事件或数据事件均可作为时间检查事件，这取决于仿真中最先出现的事件。

$recrem 时序检查将$removal 和$recovery 时序检查的功能组合为一个时序检查，因此下面的调用：

> $recrem(posedge clear, posedge clk, tREC, tREM);

等效为下面的功能（tREC 和 tREM 的值不为负数）：

> $removal(posedge clear, posedge clk, tREM);
> $recovery(posedge clear, posedge clk, tREC);

当去除限制值和恢复限制值均为正数，并且数据事件首先发生时，窗口的起点和结束点由下式确定：

$$窗口的起点 = 时间检查时间 - 限制$$

$$窗口的结束点 = 时间检查时间$$

在下面的情况下，$recrem 时序检查报告一个时序冲突：

$$窗口的起点 < 时间戳时间 \leqslant 窗口的结束点$$

当去除限制值和恢复限制值均为正数，且数据事件第二个发生时，窗口的起点和结束点由下面的公式确定：

$$窗口的起点 = 时间戳时间$$

$$窗口的结束点 = 时间戳时间 + 限制$$

在下面的情况下，$recrem 时序检查将报告一个时序冲突，即

$$窗口的起点 \leqslant 时间检查时间 < 窗口的结束点$$

5.15.2　时钟和控制信号的时序检查

时钟和控制信号的时序检查接受一个或者两个信号，并且验证它们的跳变永远不会被多

个限制分割。对于只指定一个信号的检查，从该信号得到参考事件和数据事件。通常这些检查执行下面的步骤：

(1) 确定两个事件之间经过的时间；

(2) 将经过的时间和指定的限制进行比较；

(3) 如果经过时间和指定的限制冲突，则报告时序冲突。

抖动检查有两个不同的冲突检测机制，即基于事件的抖动检查和基于定时器的抖动检查。

(1) 基于事件的抖动检查，只有在一个信号跳变时执行检查。

(2) 基于定时器的抖动检查，只要仿真时间等于经过的抖动限制值时执行检查。

> **注**：$nochange 检查包含 3 个事件，而不是两个。

1. $skew

语法格式为

$skew (reference_event , data_event , timing_check_limit [, [notifier]]);

其中，reference_event 为时间戳事件；data_event 为时间检查事件；timing_check_limit 为非负常数表达式；notifier（可选）为 reg。

在下面情况下，$skew 时序检查报告一个冲突，即

时间检查时间 – 时间戳时间 > 限制

参考信号和数据信号的同时跳变不会引起**$skew** 报告冲突。

$skew 时序检查是基于事件的，只有在一个数据事件后才进行评估。如果没有一个数据事件（如数据事件无限延迟），将不会评估$skew 时序检查，且不会报告时序冲突。相反，$timeskew 和$fullskew 默认基于定时器，如果绝对需要冲突报告且数据事件很晚出现或甚至于完全不出现时，就会使用它们。

一旦检测到参考事件，$skew 将无限等待一个数据事件，在没有发生数据事件以前不会报告时序冲突。第二个连续的参考事件将取消前面所等待的数据事件，开始新的数据事件。

在一个参考事件后，$skew 时序检查不会停止对用于一个时序冲突的数据事件进行检查。当一个发生在参考事件后的数据事件超过了限制，则$skew 报告时序冲突。

2. $timeskew

语法格式为

$timeskew (reference_event , data_event , timing_check_limit
[, [notifier] [, [event_based_flag] [, [remain_active_flag]]]]);

其中，data_event 为时间检查事件；reference_event 为时间戳事件；timing_check_limit 为非负常数表达式；notifier（可选）为 reg；event_based_flag（可选）为常数表达式；remain_active_ flag（可选）为常数表达式。

在出现下面情况时，$timeskew 时序检查报告一个时序冲突：

时间检查时间 – 时间戳时间 > 限制

参考信号和数据信号的同时跳变不会引起**$timeskew** 报告冲突。如果一个新的时间戳事件准

确地发生在时间限制超时时，$timeskew 也不会报告一个冲突。

$timeskew 的默认行为是基于定时器的。在一个参考事件后经过的时间等于限制值时，立即报告一个冲突，且检查将变成静止的，不会报告更多的冲突（甚至是响应数据事件），一直到下一个参考事件为止。然而，如果在限制内发生了一个数据事件，则不会报告一个冲突，检查将立即变成静止的。当它的条件为假并且没有设置 remain_active_flag 时，如果检测到一个有条件的参考事件时，该检查也将变成静止的。

使用 event_based_flag，可以将基于时间的行为改为基于事件的行为。当 event_based_flag 和 remain_active_flag 同时设置时，它的行为像$skew 检查。当只设置 event_based_flag 时，它的行为像$skew，下面情况例外：

（1）当报告第一个冲突后变成静态的；

（2）当它的条件为假时检测到一个有条件的参考事件。

[**例 5.224**] Verilog HDL 描述$timeskew 的例子。

$timeskew(**posedge** CP && MODE, **negedge** CPN, 50,, event_based_flag, remain_active_flag);

图 5.47 给出了**$timeskew** 的波形。图中：

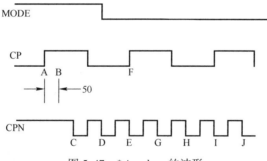

图 5.47　$timeskew 的波形

（1）没有设置 event_based_flag 和 remain_active_flag。

在 CP 上，第一个参考事件（A 点标记）后，在 50 个时间单位后，在 B 点报告一个冲突。将$timeskew 检查改为静止的，并且不会报告更多的冲突。

（2）设置 event_based_flag，但未设置 remain_active_flag。

在 CP 上，第一个参考事件（A 点标记）后，在 CPN 上有一个负跳变（C 点标记），产生一个时序冲突，将$timeskew 检查改为静止的，且不会报告更多的冲突。当 MODE 为假时，在 CP 上产生第二个参考事件（F 点标记），因此$timeskew 检查保持静止。

（3）设置 event_based_flag 和 remain_active_flag。

在 CP 上，第一个参考事件（A 点标记）后，在 CPN 上有 3 个负跳变（用 C、D 和 E 点标记），则将产生时序冲突。当 MODE 为假时，在 CP 上产生第二个参考事件（F 点标记），但是由于设置了 remain_active_flag，$timeskew 保持活动。因此，在 CPN 上的 G、H、I 和 J 点报告额外的冲突。换句话说，CPN 上的所有负跳变将产生冲突，与$skew 行为相同。

（4）没有设置 event_based_flag，但设置 remain_active_flag。

对于图 5.47 给出的波形，$timeskew 在情况（4）下与在情况（1）下有相同的行为。两个情况的不同之处如图 5.48 所示。

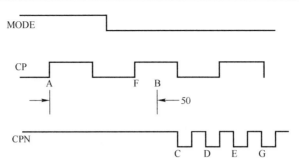

图 5.48 设置 remain_active_flag 时采样$timeskew

尽管 MODE 的条件为假，在 CP 上产生参考事件（以 F 点标记），但是由于设置了 remain_active_flag，所以 **$timeskew** 检查不会变为静止的。因此，在 B 点报告冲突。然而，对于情况（1），由于没有设置 remain_active_flag，在 F 点的 **$timeskew** 检查将变为静止的，且不会报告冲突。

3. $fullskew

语法格式为

> **$fullskew** (reference_event , data_event , timing_check_limit , timing_check_limit
> [, [notifier] [, [event_based_flag] [, [remain_active_flag]]]]);

其中，data_event 为时间戳事件或时间检查事件；reference_event 为时间戳事件或时间检查事件；第一个 timing_check_limit 为非负常数表达式；第二个 timing_check_limit 为非负常数表达式；notifier（可选）为 reg；event_based_flag（可选）为常数表达式；remain_active_flag（可选）为常数表达式。

除参考事件和数据事件可以以任何顺序跳变外，$fullskew 类似于$timeskew。第一个限制是数据事件跟随参考事件的最大时间；第二个限制是参考事件跟随数据事件的最大时间。

当参考事件在数据事件之前时，参考事件是时间戳事件，数据事件是时间检查事件；当数据事件在参考事件之前时，数据事件是时间戳事件，参考事件是时间检查事件。

在下面情况下，$fullskew 时序检查报告一个冲突。此处，当参考事件先出现跳变时，将限制设置为第一个 timing_check_limit；以及当数据事件先出现跳变时，将限制设置为第二个 timing_check_limit：

时间检查时间 − 时间戳时间 > 限制

在参考信号和数据信号出现同时跳变时，不会引起$fullskew 报告一个时序冲突。如果一个新的时间戳事件准确发生在到达时间限制时，$fullskew 也不会报告一个冲突。

$fullskew 默认的行为是基于定时器（没有设置 event_based_flag）的。在一个时间戳时间后，如果一个时间检查事件没有出现在到达时间限制时，将立即报告一个冲突，且时序检查将变成静止的。然而，如果在时间限制内发生了一个时间检查事件，则不会报告冲突，且时序检查立即变成静止的。

一个参考事件或数据事件是一个时间戳时间，并且开始一个新的窗口。如果在前面的一个时间戳时间后，在时间限制范围内发生了一个时间检查事件，则时序检查将变成静止的，和上面描述的相同。

在基于定时器的模式下，在一个时间限制范围内发生的第二个时间戳事件将开启一个新的时间窗口用于取代第一个窗口，除非第二个时间戳事件有一个关联条件，该条件的值为假，在这种情况下，$fullskew 的行为取决于 remain_active_flag。如果设置该标志，则将简单地忽略第二个时间戳事件。如果没有设置该标志，且时间检查是活动的，则时序检查将转为静止的。

通过 event_based_flag，可以将$fullskew 检查所默认的行为从基于定时器的改为基于事件的。在这个模式下，$fullskew 类似于$skew，这是因为它不是在时间戳事件后到达时间限制时报告冲突（基于定时器模式），而是在时间限制值后发生时间检查事件才报告冲突。这样一个事件将结束第一个时序窗口，并且立即开启一个新的时序窗口，它充当新窗口的时间戳事件。在限制值范围内的一个时间检查事件将结束时序窗口，时序检查将变为静止的，且不报告时序冲突。

在基于事件的模式下，发生在时间检查事件之前的第二个时间戳事件将开启一个新的时序窗口来取代第一个时序窗口，除非第二个时间戳事件所关联的条件值为假。在这种情况下，$fullskew 的行为取决于 remain_active_flag。如果设置标志，则简单忽略第二个时间戳事件；如果没有设置标志，且时间检查是活动的，则时序检查变为静止的。

[**例 5.225**] Verilog HDL 描述**$fullskew** 的例子。

```
$fullskew( posedge CP &&& MODE, negedge CPN, 50, 70,, event_based_flag,
        remain_active_flag);
```

图 5.49 给出采样**$fullskew** 的波形。

（1）没有设置 event_based_flag。

在 CP 上的跳变（A 点标记），同时 MODE 为真时，开始等待 CPN 上的负跳变。在到达 50 个时间单位时（B 点标记），报告冲突。这将检查复位，并且等待下一个活动的跳变。

CPN 产生一个负跳变（C 点标记），同时 MODE 为真时，在 CP 上等待一个正的跳变，在 D 点，时间过去了 70 个时间单位，同时 MODE 为真，但 CP 没有出现正的跳变，因此报告一个冲突，复位检查，等待下一个活动的跳变。

CPN 上的一个跳变（E 点标记）也导致一个时序冲突，在 F 点也是这样，这是因为即使 CP 跳变，但是 MODE 不再为真。G 点和 H 点的跳变也导致时序冲突，但是 I 点没有，这是因为该点后 CP 出现跳变时 MODE 同时为真。

（2）设置 event_based_flag。

在 CP 上的跳变（A 点标记），同时 MODE 为真，开始等待 CPN 上的负跳变。CPN 在 C 点报告一个时序冲突，这是因为超过了 50 个时间单位的限制。当 MODE 为真，在 C 点的跳变开始等待 70 个时间单位，用于 CP 上的正跳变。但是，对于 CPN 在 C ～ H 点的跳变，且 MODE 为真时，CP 没有正的跳变。因此，不会报告时序冲突。CPN 上 I 点的跳变，开始等待 70 个时间单位，且当 MODE 为真时，CP 在 J 点的正跳变满足条件。

尽管在这个例子给出的波形中没有显示 remain_active_flag 的角色，但是应该承认在确定$fullskew 在时序检查中的行为时这个标志非常重要，正如$timeskew 在时序检查中所做的那样。

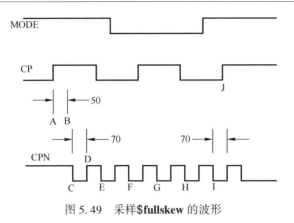

图 5.49　采样$fullskew 的波形

4. $width

语法格式为

$width (controlled_reference_event , timing_check_limit
　　[, threshold [, notifier]]);

其中，data_event（隐含）为时间检查边沿触发事件；controlled_reference_event 为时间戳边沿触发事件；timing_check_limit 为非负常数表达式；notifier（可选）为 reg；threshold（可选）为非负常数表达式。

通过测量从时间戳事件到时间检查事件的时间，$width 时序检查监视信号脉冲的宽度。由于一个数据事件没有传递到$width，所以它从参考事件中得到：

数据事件=带有相反边沿的参考事件信号

由于采用这种方法获取用于$width 的数据事件，因此必须传递一个边沿触发的事件作为参考事件。如果一个参考事件没有边沿说明，则出现编译器错误。

由于根据时间窗口定义$width 时序检查，因此类似于将其表示为时间检查事件和时间戳事件之间的时间差。

在下面情况下，$width 时序检查报告一个冲突，即

threshold<时间检查时间−时间戳时间<限制

脉冲宽度必须大于或等于限制值，以避免一个时序冲突。但是，对于小于门限（Threshold）的毛刺来说，没有报告冲突。

如果要求一个 notifier 参数时，需要包含门限参数。允许可以不指定这两个参数，此时门限的默认值为 0。如果出现 notifier，则应该有非空的门限值。

[例 5.226] Verilog HDL 描述$width 合法调用和不合法调用的例子。

```
//合法的调用
$width(negedge clr, lim);
$width(negedge clr, lim, thresh, notif);
$width(negedge clr, lim, 0, notif);
//不合法的调用
$width(negedge clr, lim, , notif);
$width(negedge clr, lim, notif);
```

5. $period

语法格式为

> $period (controlled_reference_event , timing_check_limit [, [notifier]]);

其中，隐含的 data_event 为时间戳边沿触发事件；controlled_reference_event 为时间戳边沿触发事件；limit 为非负常数表达式；notifier（可选）为 reg。

由于一个数据事件没有传递参数到 $period，所以它从参考事件中得到：

数据事件 = 带有相同边沿的参考事件信号

由于采用这种方法获取用于 $period 的数据事件，因此必须传递一个边沿触发的事件作为参考事件。如果一个参考事件没有边沿说明，则出现编译器错误。

由于根据时间窗口定义 $period 时序检查，因此类似于将其表示为时间检查和时间戳之间的时间差。在下面情况下，$period 时序检查报告冲突：

时间检查时间−时间戳时间<限制

6. $nochange

其语法格式为

> $nochange (reference_event , data_event , start_edge_offset ,
> 　　　　　　 end_edge_offset [, [notifier]]);

其中，data_event 为时间戳事件或时间检查事件；reference_event 为边沿触发的时间戳事件和/或时间检查事件；start_edge_offset 为常数表达式；end_edge_offset 为常数表达式；notifier（可选）为 reg。

如果在一个控制信号（参考事件）指定的电平期间发生了一个数据事件，则 $nochange 时序检查报告一个时序错误。参考事件可以使用关键字"posedge"或"negedge"说明，但不能使用边沿控制的标识符。

起始边沿和结束边沿能够扩展或者缩小时序冲突的区域，它是由边沿之后的参考事件的间隔定义的。如果参考事件是一个上升沿，则间隔是一个参考信号为高电平的周期。一个用于起始边沿的正偏移通过更早的启动时序冲突区域而扩展了区域；用于起始边沿的负偏移通过更晚的启动时序冲突区域缩短了区域。类似地，用于结束边沿的正偏移通过更晚结束而扩展了时序冲突区域，而用于结束边沿的负偏移通过较早结束而缩小了时序冲突区域。如果所有的偏移都为 0，将不会改变区域的大小。

不像其他时序检查，**$nochange** 涉及 3 个跳变，而不是两个跳变。参考事件的前沿定义了时间窗口的开始，参考事件的后沿定义了时间窗口的结束。如果在时间窗口的任何时间内发生了数据事件，则导致冲突。

[**例 5. 227**] Verilog HDL 描述 **$nochange** 的例子。

> $nochange(**posedge** clk , data , 0 , 0);

在该例子中，如果 clk 为高时，改变 data 信号则报告一个冲突。如果 clk 上升沿和 data 跳变同时发生，则没有冲突。

5.15.3　边沿控制标识符

在时序检查中，基于 0、1 和 "x" 之间的特定沿跳变，边沿控制标识符可用于控制事件。边沿控制标识符包含关键字 "edge"，后面跟着包含 1 ～ 6 对边沿跳变 (0、1 和 "x") 的一个方括号列表，即 01 表示从 0 跳变到 1；0x 表示从 0 跳变到 "x"；10 表示从 1 跳变到 0；1x 表示从 1 跳变到 "x"；x0 表示到从 "x" 跳变到 0；x1 表示从 "x" 跳变到 1。

边沿跳变中涉及 "z" 时，与在边沿跳变中涉及 "x" 时相同对待。关键字 "posedge" 和 "negedge" 可以用于某个边沿控制的描述符，如 posedge clr 等效于 edge[01, 0x, x1] clr。类似地，negedge clr 等效于 edge[10, x0, 1x] clr。

5.15.4　提示符：用户定义对时序冲突的响应

时序检查提示符可以检测到时序检查冲突行为，并且在发生冲突时采取措施，这个提示符可以用于打印描述冲突或者在器件输出端出现 "x" 的错误信息。

提示符是一个 reg，在需要调用时序检查任务的模块中声明，作为系统时序检查的最后一个参数。只要发生时序冲突，时序检查就更新提示符的值。

对所有的系统时序检查来说，提示符是一个可选的参数，可以从时序检查中去掉该参数而不会对时序检查产生不利的影响。

表 5.32 给出了提示符值对时序冲突的响应。

表 5.32　提示符值对时序冲突的响应

BEFORE 冲突	AFTER 冲突
x	0/1
0	1
1	0
z	z

[例 5.228] Verilog HDL 描述提示符的例子。

```
$setup(data, posedge clk, 10, notifier);
$width(posedge clk, 16, 0, notifier);
```

[例 5.229] Verilog HDL 描述在行为模型中使用提示符的例子。

```
primitive posdff_udp(q, clock, data, preset, clear, notifier);
output q; reg q;
input clock, data, preset, clear, notifier;
table
    //clock  data  p  c  notifier  state   q
    //------------------------------------------------
      r   0   1  1     ?       : ? : 0;
      r   1   1  1     ?       : ? : 1;
      p   1   ?  1     ?         : 1 : 1;
```

```
            p   0   1   ?   ?      : 0  : 0 ;
            n   ?   ?   ?   ?      : ?  : - ;
            ?   *   ?   ?   ?      : ?  : - ;
            ?   ?   0   1   ?      : ?  : 1 ;
            ?   ?   *   1   ?      : 1  : 1 ;
            ?   ?   1   0   ?      : ?  : 0 ;
            ?   ?   1   *   ?      : 0  : 0 ;
            ?   ?   ?   ?   *      : ?  : x ;      //在任何提示符事件中输出 x
    endtable
    endprimitive

    module dff( q, qbar, clock, data, preset, clear);
    output q, qbar;
    input clock, data, preset, clear;
    reg notifier;
    and( enable, preset, clear);
    not( qbar, ffout);
    buf( q, ffout);
    posdff_udp ( ffout, clock, data, preset, clear, notifier);
specify
    //定义时序检查参数值
    specparam tSU = 10, tHD = 1, tPW = 25, tWPC = 10, tREC = 5;
    //定义模块路径延迟
    specparam tPLHc = 4:6:9 , tPHLc = 5:8:11;
    specparam tPLHpc = 3:5:6 , tPHLpc = 4:7:9;
    //指定模块路径延迟
    ( clock * > q,qbar) = ( tPLHc, tPHLc);
    ( preset,clear * > q,qbar) = ( tPLHpc, tPHLpc);
    //建立时间：数据到时钟，只有在 preset 和 clear 为 1 时
    $setup( data, posedge clock && enable, tSU, notifier);
    //保持时间：数据到时钟，只有在 preset 和 clear 为 1 时
    $hold( posedge clock, data && enable, tHD, notifier);
    //时钟周期检查
    $period( posedge clock, tPW, notifier);
    //脉冲宽度：preset, clear
    $width( negedge preset, tWPC, 0, notifier);
    $width( negedge clear, tWPC, 0, notifier);
    //恢复时间：clear 或 preset 到 clock
    $recovery( posedge preset, posedge clock, tREC, notifier);
    $recovery( posedge clear, posedge clock, tREC, notifier);
endspecify
endmodule
```

注：这个模块只应用到边沿敏感的 UDP；对于电平敏感的模型，生成一个用于 "x" 传播的额外模型。

1. 精确仿真的要求

为了对负值时序检查准确建模，应用下面的要求：

（1）如果信号在冲突窗口中（除去结束点）发生改变，将触发时序冲突。小于两个单位仿真精度的冲突窗口将不产生时序冲突。

（2）在冲突窗口内（除去结束点），锁存数据应该是一个稳定的值。

为了便于这些建模要求，在时序检查中，产生数据信号和参考信号的延迟复制版本。运行时，用于内部时序检查评估。调整内部所使用的建立时间和保持时间，以移动冲突窗口，使得它和参考信号重叠。

在时序检查中，声明延迟信号，这样可以在模型的功能实现中使用它们，以保证精确的仿真。如果在时序检查中没有延迟信号，并且出现负的建立时间和保持时间，则创建隐含的延迟信号。由于在定义的模块行为中不能使用隐含的延迟信号，所以这样的一个模型可能有不正确的行为。

[例 5.230] Verilog HDL 描述隐含延迟信号的例子（1）。

```
$setuphold( posedge CLK, DATA, -10, 20);
```

为 CLK 和 DATA 创建隐含的延迟信号，但是不可能访问它们。**$setuphold** 检查将正确地评估。但是，功能行为不总是正确的。如果在 CLK 的上升沿和 10 个时间单位后 DATA 跳变，则时钟将会不正确地获取前面的 DATA 数据。

[例 5.231] Verilog HDL 描述隐含延迟信号的例子（2）。

```
$setuphold( posedge CLK, DATA1, -10, 20);
$setuphold( posedge CLK, DATA2, -15, 18);
```

为 CLK、DATA1 和 DATA2 创建隐含的延迟信号，即使在两个不同的时序检查中都引用 CLK，但只创建一个隐含的延迟信号，并且用于所有的时序检查。

[例 5.232] Verilog HDL 描述隐含延迟信号的例子（3）。

```
$setuphold( posedge CLK, DATA1,-10, 20,,,, del_CLK, del_DATA1);
$setuphold( posedge CLK, DATA2, -15, 18);
```

为 CLK 和 DATA1 创建明确的延迟信号 del_CLK 和 del_DATA1，而为 DATA2 创建了隐含的延迟信号。换句话说，CLK 只创建了一个延迟信号 del_CLK，而不是为每个时序检查都创建了一个延迟信号。

信号的延迟版本，不管是隐含的还是明确的，可以用在 $setup、$hold、$setuphold、$recovery、$removal、$recrem、$width、$period 和 $nochange 时序检查中，这些检查将相应地调整其限制，这将保证在正确的时刻切换提示符。如果调整后的限制小于等于 0，则将限制设置为 0，仿真器将产生一个警告。

信号的延迟版本，不可以用于 $skew、$fullskew 和 $timeskew 时序检查中。因为它可能导致信号跳变顺序的逆转，导致模型剩余部分在错误时间切换用于时序检查的提示符，这将可能导致在取消一个时序检查冲突时导致跳变到 "x"。这个问题可以通过为每个检查使用单独的提示符来解决。

对负的时序检查值，可能会出现相互之间的不一致，并且对于延迟信号的延迟值没有解决的方法。在这些情况下，仿真器将产生警告信息。可以将最小的负限制值改为 0，重新计算延迟信号的延迟，并且通过反复计算直到找到一个解决方案。这样，可以解决不一致的问题。因为在最坏的情况下，所有负的限制值都变为 0，不需要延迟信号，所以这个过程总是可以找到一个解决方案。

当出现负限制值时，延迟时序检查信号才真正地被延迟。如果一个时序检查信号被多个该信号到输出的传播延迟所延迟，将花费比传播延迟更长的时间来改变输出，它将在相同的时间（被延迟的时序检查信号发生变化的时间）取代跳变。这样，输出的行为就好像它的指定路径延迟等于应用到时序检查信号的延迟。只有为数据信号的每个边沿给出唯一的建立/保持或去除/恢复时间时，才产生这种情况。

例如：

```
(CLK = Q) = 6;
$setuphold(posedge CLK, posedge D, -3, 8, , , , dCLK, dD);
$setuphold(posedge CLK, negedge D, -7, 13, , , , dCLK, dD);
```

建立时间是 -7（-3 和 -7 中，较大的绝对值），为 dCLK 创建的延迟是 7。因此，在 CLK 的上升沿之后的 7 个时间单位输出 Q，而不是在指定路径中给出的 6 个时间单位。

2. 负时序检查的条件

通过使用 "&&&" 操作符，可以使条件与参考信号和数据信号相关。但是，当建立时间或保持时间为负时，条件需要以更灵活的方式与参考信号和数据信号配对。

下面的 $setup 和 $hold 检查将一起工作，以提供与单个 $setuphold 相同的检查：

```
$setup(data, clk &&& cond1, tsetup, ntfr);
$hold(clk, data &&& cond1, thold, ntfr);
```

在 $setup 检查中，clk 是时间检查事件；而在 $hold 检查中，data 是时间检查事件。不能用一个 $setuphold 表示。因此，提供额外的参数，使得用一个 $setuphold 表示成为可能，这些参数是 timestamp_cond 和 timecheck_cond。下面的 $setuphold 等效于分开的 $setup 和 $hold：

```
$setuphold(clk, data, tsetup, thold, ntfr, , cond1);
```

在该例子中，timestamp_cond 参数为空，而 timecheck_cond 参数是 cond1。

timestamp_cond 和 timecheck_cond 参数与参考信号或数据信号关联，这基于这些信号延迟版本发生的前后顺序。timestamp_cond 与最先跳变的延迟信号关联，而 timecheck_cond 与第二个跳变的延迟信号关联。

延迟信号只创建用于参考信号和数据信号的信号，不能用于任何和它们相关的条件信号。因此，仿真器不能隐含延迟 timestamp_cond 和 timecheck_cond。通过构造延迟信号的函数，实现用于 timestamp_cond 和 timecheck_cond 域延迟的条件信号。

[**例 5. 233**] Verilog HDL 描述条件延迟控制的例子。

```
assign TE_cond_D = (dTE !== 1'b1);
assign TE_cond_TI = (dTE !== 1'b0);
assign DXTI_cond = (dTI !== dD);
```

```
specify
    $setuphold( posedge CP, D, -10, 20, notifier, ,TE_cond_D, dCP, dD);
    $setuphold( posedge CP, TI, 20, -10, notifier, ,TE_cond_TI, dCP, dTI);
    $setuphold( posedge CP, TE, -4, 8, notifier, ,DXTI_cond, dCP, dTE);
endspecify
```

分配语句创建条件信号，它是延迟信号的函数。创建延迟的条件与参考信号和数据信号的延迟版本是同步的，用于执行检查。

第一个 $setuphold 有负的建立时间，因此时间检查条件 TE_cond_D 与数据信号 D 相关；第二个 $setuphold 有负的保持时间，因此时间检查条件 TE_cond_TI 与参考信号 CP 相关；第三个 $setuphold 有负的建立时间，因此时间检查条件 DXTI_cond 与数据信号 TE 相关。

图 5.50 给出了该例子的冲突窗口。

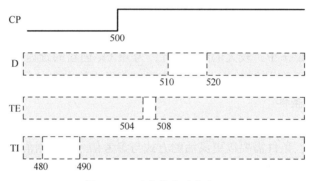

图 5.50　时序检查冲突窗口

以下是用于延迟信号所计算的延迟值：

dCP	10.01
dD	0.00
dTI	20.02
dTE	2.02

用延迟的信号为 timestamp_cond 和 timecheck_cond 参数创建信号不是必要的，但通常更接近于真实的器件行为。

3. 负时序检查的提示符

由于在内部对参考信号和数据信号延迟，因此将时序冲突的检测延迟。在负时序检查中，当时序检查检测到一个时序冲突时，将切换负时序检查中的提示符寄存器。时序冲突发生在被调整的时序检查值所测量的延迟信号出现冲突时，而不是在未延迟信号在模型输入被冲突内的原始时序检查值所测量时。

5.15.5　使能带有条件的时序检查

在条件中使用比较可能是确定的（如＝＝＝和！＝＝），或无操作，或不确定的（如＝＝或！＝）。当比较是确定的，在条件信号中的"x"不会使能时序检查。对于不确定的比较，条件信号中的"x"将使能条件检查。

作为条件的信号应该是一个标量网络，如果使用有多比特位的一个矢量网络或一个表达式，则使用矢量网络或表达式的 LSB。

如果有条件时序检查要求多个有条件信号时，在指定块外通过逻辑组合成一个信号，它可用于有条件信号。

一个称为条件事件的结构是指时序检查的发生和一个条件信号相关，使用"&&&"操作符。

[**例 5.234**] Verilog HDL 描述无条件时序检查的例子。

```
$setup(data, posedge clk, 10);
```

此处，在信号 clk 的每个上升沿到来时执行建立时序检查。

如果只有在 clr 为高时，在信号 clk 的每个上升沿到来时执行时序检查，将上面的命令重新写为

```
$setup(data, posedge clk &&& clr, 10);
```

[**例 5.235**] Verilog HDL 描述有条件时序检查的例子。

```
$setup(data, posedge clk &&& (~clr), 10);
$setup(data, posedge clk &&& (clr===0), 10);
```

该例子给出了触发相同时序检查的两种方法。第一种方法，只有 clr 为低时，在 clk 上升沿到来时才执行建立时序检查；第二种方法，使用"==="运算符，使得条件的比较结果是确定的。

5.15.6　时序检查中的矢量信号

在时序检查中，信号可以部分或全部都是向量，这将被理解为单个时序检查，其中一位或多位的跳变被看作该向量的单个跳变。

[**例 5.236**] Verilog HDL 描述矢量信号时序检查的例子，如代码清单 5-72 所示。

代码清单 5-72　Verilog HDL 描述矢量信号时序检查

```
module DFF (q, clk, dat);
input clk;
input [7:0] dat;
output reg [7:0] q;
always@(posedge clk)
q = dat;
specify
 $setup(dat, posedge clk, 10);
endspecify
endmodule
```

如果在第 100 个时刻，dat 从 b00101110 跳变到 b01010011，在第 105 个时刻，clk 从 0 跳变到 1，则 **$setup** 时序检查也只报告一个时序冲突。

仿真器可以提供一个选项，使时序检查中的向量创建多个单比特位的时序检查。对于只有单个信号的时序检查，如 $period 或者 $width，$N$ 位宽度的向量导致 N 个不同的时序检查。对于两个信号的时序检查，如 $setup、$hold、$setuphold、$skew、$timeskew、$fullskew、$recovery、\$removal、\$recrem 和\$nochange，M 和 N 是两个信号的宽度，结果是 $M \times N$ 个时序检查。如果有一个提示符，则所有的时序检查将触发该提示符。

使能该选项，上面的例子产生 6 个时序冲突，这是因为 dat 中的 6 位发生跳变。

5.15.7 负时序检查

当使能负时序检查选项时，可以接受 \$setuphold 和 \$recrem 时序检查，这两个时序检查的行为和对应的负值是相同的。本节将介绍 \$setuphold 时序检查，但是也同样应用于 \$recrem 时序检查。

建立和保持时序检查值定义了一个关于参考信号沿的时序冲突窗口，在这个窗口内，数据保持不变。在指定窗口内的任何数据变化都将会引起时序冲突。报告时序冲突，通过提示符 reg，在模型中将发生其他行为。如当检测到一个时序冲突时，强制一个触发器输出"x"。

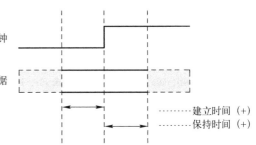

图 5.51   数据约束间隔，正的建立/保持

如图 5.51 所示，对于建立时间和保持时间都为正值时，暗示这个冲突窗口跨越参考信号。

一个负的建立时间或保持时间，意味着冲突窗口移动到参考信号的前面或后面。在真实器件的内部，由于内部时钟和数据信号路径的不同，可能发生这种情况。图 5.52 给出了这些器件内部的延迟，从图中可知，这些延迟的显著差异会导致出现负的建立时间或保持时间。

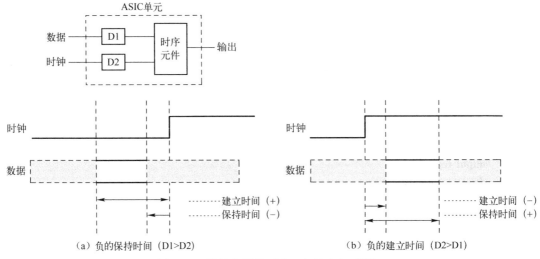

图 5.52   器件内部的延迟（负的建立/保持）

5.16   Verilog HDL SDF 逆向注解

标准延迟格式（Standard Delay Format，SDF）包含时序值，用于指定路径延迟、时序检查约束和互联延迟。SDF 也包含仿真时序以外的其他信息，但是这些信息与 Verilog 仿真无

关。SDF 中的时序值经常来自 ASIC 延迟计算工具，它利用了连接性、技术和布局的几何信息。

Verilog 逆向注解是一个过程，来自 SDF 的时序值用于更新指定路径延迟、指定参数值、时序检查约束值和互联延迟。

5.16.1　SDF 注解器

SDF 注解器是指可以将 SDF 数据逆向注解到 Verilog 仿真器的任何工具。当遇到不能注解的数据时，将报告警告信息。

一个 SDF 文件可以包含很多结构，它与指定路径延迟、指定参数值、时序检查约束值，或互联延迟无关，如 SDF 文件 TIMINGENV 内的任何结构。忽略所有与 Verilog 时序无关的结构，并且不会给出任何警告。

在逆向注解的过程中，对于没有在 SDF 文件中提供的任何 Verilog 时序值，在逆向注解的过程中均不会修改，且不会改变预逆向注解的值。

5.16.2　映射 SDF 结构到 Verilog

SDF 时序值出现在一个 CELL 声明中，如代码清单 5-73 所示。

代码清单 5-73　SDF 时序值出现在 CELL 声明中

```
(CELL
  (CELLTYPE "OBUF")
  (INSTANCE z_OBUF\[2\]_inst)
  (DELAY
    (PATHPULSE (50.0))
    (ABSOLUTE
      (IOPATH I O (3389.3:3592.2:3592.2) (3389.3:3592.2:3592.2))
    )
  )
)
```

> **注**：读者可以在 Vivado 生成的仿真目录（如工程名 \ 工程名 . sim \ sim_1 \ impl \ timing）下找到并打开 . sdf 文件。

在 CELL 中，包含一个或多个 DELAY、TIMINGCHECK 和 LABEL 部分。DELAY 部分包含了用于指定路径的传播延迟和互联延迟；TIMINGCHECK 部分包含了时序检查约束值；LABEL 部分包含了用于指定参数的新值。

通过将 SDF 结构和相应的 Verilog 声明匹配，将 SDF 逆向注解到 Verilog，然后用来自 SDF 文件的值替换已经存在的 Verilog 时序值。

1. 映射 SDF 延迟结构到 Verilog 声明

当注解不是互联延迟的 DELAY 结构时，SDF 注解器查找名字和条件匹配的指定路径。当注解 TIMINGCHECK 结构时，SDF 注解器查找名字和条件匹配的相同类型的时序检查。表 5.33 给出了通过 DELAY 中的每个 SDF 结构注解 Verilog 结构。

表 5.33 通过 DELAY 中的每个 SDF 结构注解 Verilog 结构

SDF 结构	Verilog 注解结构
（PATHPULSE…	有条件和无条件指定路径脉冲限制
（PATHPULSEPERCENT…	有条件和无条件指定路径脉冲限制
（IOPATH…	有条件和无条件指定路径延迟/脉冲限制
（IOPATH（RETAIN…	有条件和无条件指定路径延迟/脉冲限制，忽略 RETAIN
（COND（IOPATH…	有条件指定路径延迟/脉冲限制
（COND（IOPATH（RETAIN…	有条件指定路径延迟/脉冲限制，忽略 RETAIN
（CONDELSE（IOPATH…	ifnone
（CONDELSE（IOPATH（RETAIN…	ifnone，忽略 RETAIN
（DEVICE…	所有的指定路径到模块的输出。如果没有指定路径，则所有原语驱动模块输出
（DEVICE port_ instance…	如果 port_instance 是一个模块例化，则所有的指定路径到模块的输出。如果没有指定路径，则所有的原语驱动模块输出。如果 port_instance 是一个模块例化输出，则所有的指定路径到那个模块的输出。如果没有指定路径，则所有的原语驱动那个模块输出

在下面的例子中，SDF 的源信号 sel 匹配 Verilog 中的源信号，并且 SDF 的目的信号 zout 也匹配 Verilog 中的目的信号。因此，将上升/下降时间 1.3 和 1.7 注解到指定路径。

SDF 文件：

（IOPATH sel zout（1.3）（1.7））

Verilog 指定路径：

（sel => zout) = 0;

在两个端口之间的一个有条件的 IOPATH 延迟只能注解到 Verilog HDL 具有相同条件和相同端口的指定路径。在下面的例子中，上升/下降时间 1.3 和 1.7 只注解到第二条指定路径。

SDF 文件：

（COND mode（IOPATH sel zout（1.3）（1.7）））

Verilog 指定路径：

```
if(!mode) (sel => zout) = 0;
if(mode) (sel => zout) = 0;
```

在两个端口之间的一个无条件 IOPATH 延迟将注解到 Verilog HDL 具有两个相同端口的指定路径。在下面的例子中，上升/下降时间 1.3 和 1.7 将注解到所有的指定路径。

SDF 文件：

（IOPATH sel zout（1.3）（1.7））

Verilog 指定路径：

```
if(!mode) (sel => zout) = 0;
if(mode) (sel => zout) = 0;
```

2. 映射 SDF 时序检查结构到 Verilog

表 5.34 给出了通过每个类型的 SDF 时序检查注解 Verilog 的每个时序检查。v1 是时序检查的第一个值，v2 是第二个值，而 x 表示没有值注解。

表 5.34　通过每个类型的 SDF 时序检查注解 Verilog 的每个时序检查

SDF 时序检查	注解 Verilog 时序检查
（SETUP v1…	$setup(v1)，$setuphold(v1,x)
（HOLD v1…	$hold(v1)，$setuphold(x,v1)
（SETUPHOLD v1 v2…	$setup(v1)，$hold(v2)，$setuphold(v1,v2)
（RECOVERY v1…	$recovery(v1)，$recrem(v1,x)
（REMOVAL v1…	$removal(v1)，$recrem(x,v1)
（RECREM v1 v2…	$recovery(v1)，$removal(v2)，$recrem(v1,v2)
（SKEW v1…	$skew(v1)
（TIMESKEW v1…[a]	$timeskew(v1)
（FULLSKEW v1 v2…[a]	$fullskew(v1,v2)
（WIDTH v1…	$width(v1,x)
（PERIOD v1…	$period(v1)
（NOCHANGE v1 v2…	$nochange(v1,v2)

注：“[a]” 表示不是当前 SDF 标准的一部分。

时序检查的参考信号和数据信号可以有关联的条件表达式和边沿。一个 SDF 时序检查中，它的任何信号如果没有条件或者边沿，则将匹配所有对应的 Verilog 时序检查而不考虑是否出现条件。下面的例子中，SDF 时序将注解到所有 Verilog 时序检查中。

SDF 文件：

```
（SETUPHOLD data clk（3）（4））
```

Verilog HDL 时序检查：

```
$setuphold(posedge clk && mode, data, 1, 1, ntfr);
$setuphold(negedge clk && !mode, data, 1, 1, ntfr);
```

当在一个 SDF 时序检查中，当条件和/或边沿与信号有关联时，在注解之前，它们将在任何 Verilog 时序检查中匹配它们。在下面的例子中，SDF 时序检查将注解到第一个 Verilog 时序检查中，而不是第二个时序检查中。

SDF 文件：

```
（SETUPHOLD data（posedge clk）（3）（4））
```

Verilog 时序检查：

```
$setuphold(posedge clk && mode, data, 1, 1, ntfr);      //注解
$setuphold(negedge clk && !mode, data, 1, 1, ntfr);     //没有注解
```

此处，SDF 时序检查将不会注解到任何的 Verilog 时序检查中。

SDF 文件：

> （SETUPHOLD data（COND !mode（**posedge** clk））（3）（4））

Verilog 时序检查：

> **$setuphold**（**posedge** clk &&& mode, data, 1, 1, ntfr）;　　　　　//没有注解
> **$setuphold**（**negedge** clk &&& !mode, data, 1, 1, ntfr）;　　　　　//没有注解

3. SDF 注解指定参数

SDF 中的 LABEL 结构注解到指定参数。当来自 SDF 文件的 LABEL 结构注解到 Verilog 结构时，将重新评估包含一个或多个指定参数的表达式。在下面的例子中，SDF LABEL 结构注解到 Verilog 模块的指定参数。当一个时钟跳变时，在过程延迟中使用指定参数进行控制。SDF LABEL 结构注解 dhigh 和 dlow 的值，用于设置时钟的周期和占空比。

SDF 文件：

> （LABEL
> 　　（ABSOLUTE
> 　　　　（dhigh 60）
> 　　　　（dlow 40）））

Verilog 文件：

```
module clock（clk）;
output clk;
reg clk;
specparam dhigh=0, dlow=0;
initial clk = 0;
always
  begin
  #dhigh clk = 1;        //跳变到 1 前,时钟保持低周期为 dlow
  #dlow clk = 0;         //跳变到 0 前,时钟保持高周期为 dhigh
  end;
endmodule
```

下面的例子中，在一个指定路径表达式内使用了指定参数。SDF LABEL 结构用于改变指定参数的值，并对表达式重新评估：

```
specparam cap = 0;
...
specify
    (A => Z) = 1.4 * cap + 0.7;
endspecify
```

4. SDF 注解 SDF 互联延迟

SDF 互联延迟注解不同于前面所说的 3 种结构，这是因为不存在对应的 Verilog 声明用于注解。在 Verilog 仿真中，互联延迟是一个抽象的对象，用于表示从一个输出或输入/输出端口到一个输入或输入/输出端口的传播延迟。INTERCONNECT 结构包含一个源、一个负载和延迟值，而 PORT 和 NETDELAY 结构只包含一个负载和延迟值。互联延迟只能在两个端

口之间进行注解，不能用于原语引脚之间。表 5.35 给出了在 DELAY 部分注解 SDF 互联结构的方法。

表 5.35　在 DELAY 部分注解 SDF 互联结构的方法

SDF 结构	Verilog 注解结构
（PORT…	互联延迟
（NETDELAY [a]	互联延迟
（INTERCONNECT…	互联延迟

注：“[a]”表示只在 OVI SDF 版本 1.0、2.0 和 2.1，以及 IEEE SDF 版本 4.0 中使用。

互联延迟可以被注解到单个源或者多个源网络。

当注解一个 PORT 结构时，SDF 注解器将搜索端口。如果存在，将给该端口注解一个互联延迟，表示网络上的所有源到该端口的延迟。

当注解一个 NETDELAY 结构时，SDF 注解器将查看是注解到一个端口还是注解到一个网络。如果是注解到一个端口，则 SDF 注解器将一个互联延迟注解到该端口；如果是注解到一个网络，则将一个互联延迟注解到连接该网络的所有负载端口。如果端口或网络有多个源，则延迟将表示来源于所有源的延迟。NETDELAY 延迟只能被注解到输入或输入/输出端口，也可以是网络。

在一个网络有多个源的情况下，使用 INTERCONNECT 结构在每个源和负载对之间注解唯一的延迟。当注解这个结构时，SDF 注解器将找到源端口和负载端口。如果都存在，则将在两者之间注解一个互联延迟。如果没有找到源端口或源端口和负载端口没有真正地在相同的网络上时，则给出警告信息。但是，一定要注解连接到负载端口的延迟。如果一个端口是多源网络的一部分，则将延迟视作来自所有源端口，它和注解一个 PORT 延迟行为相同。源端口应该是输出或输入/输出端口，而负载端口应该是输入或输入/输出端口。

互联延迟共享指定路径延迟的许多特性，用于填充缺失延迟和脉冲限制的指定路径延迟规则同样也可以应用到互联延迟。互联延迟有 12 个跳变延迟，其中的每个跳变延迟都有唯一的拒绝脉冲限制和错误脉冲限制。

在一个 Verilog 模块中，当在任何地方引用一个注解端口时，不管是在 $monitor 和 $display 描述中，还是在一个表达式中，都应该提供延迟信号的。到源的引用将产生一个没有延迟的信号，而对负载的引用将产生延迟的信号。通常地，在负载前引用层次的信号，将产生没有延迟的信号。当在一个负载引用一个信号或在负载后引用层次化的信号时，将生成延迟信号。根据注解的方向，注解一个层次化端口将影响高层或低层所有连接的端口。将来自一个源端口的注解理解为来自层次上高于或低于该源端口的所有源。

正确处理向上的层次注解。在层次结构中，负载高于源时，将出现这个情况。到所有端口的延迟（这些端口在层次上高于负载或其连接到在层次上高于负载的网络）与到那个负载的延迟相同。

正确处理向下的层次注解。当源在层次中高于负载时，将出现这个情况。到负载的延迟理解为来自等于或高于源的所有端口或者连接到在层次上高于源的网络。

允许层次上的重叠注解。当注解到不同层次或来自不同层次的相同端口时，没有对应到相同分层子集的端口。在下面的例子中，第一个 INTERCONNECT 语句注解到网络的所有端口（在 i53/selmode 中或层次内），而第二注解注解到端口的更小子集（只有在 i53/u21/in 中或层次内）。

```
(INTERCONNECT i14/u5/out i53/selmode (1.43) (2.17))
(INTERCONNECT i14/u5/out i53/u21/in (1.58) (1.92))
```

重叠注解可以以多种不同的方式发生，特别是在多源/多负载网络中，以及 SDF 注解应正确解决所有的影响。

5.16.3　多个注解

SDF 注解是一个按顺序处理的过程，按照发生的顺序注解 SDF 文件内的结构。换句话说，注解后面的结构可以修改 SDF 结构的注解，即修改（INCREMENT）或覆盖（ABSOLUTE）它。下面的例子首先将脉冲限制注解到一个 IOPATH，然后注解整个 IOPATH，从而覆盖刚刚注解的脉冲限制：

```
(DELAY
    (ABSOLUTE
    (PATHPULSE A Z (2.1) (3.4))
    (IOPATH A Z (3.5) (6.1))
```

通过使用空的括号来保持脉冲限制当前的值，从而避免覆盖脉冲限制，即

```
(DELAY
    (ABSOLUTE
    (PATHPULSE A Z (2.1) (3.4))
    (IOPATH A Z ((3.5) () ()) ((6.1) () ()))
```

可以将上面的注解简化成类似下面的单个描述：

```
(DELAY
    (ABSOLUTE
        (IOPATH A Z ((3.5) (2.1) (3.4)) ((6.1) (2.1) (3.4)))
```

一个 PORT 注解后面跟着一个到相同负载的 INTERCONNECT 注解，将只影响来自 INTERCONNECT 源的延迟。对于下面带有 3 个源和 1 个负载的网络，延迟来自所有的源（除了 i13/out），保持 6：

```
(DELAY
    (ABSOLUTE
        (PORT i15/in (6))
        (INTERCONNECT i13/out i15/in (5))
```

一个 INTERCONNECT 注解后面跟着一个 PORT 注解，将覆盖 INTERCONNECT 注解。此处，来自所有源到负载的延迟将变成 6：

```
(DELAY
    (ABSOLUTE
        (INTERCONNECT i13/out i15/in (5))
        (PORT i15/in (6))
```

5.16.4　多个 SDF 文件

可以对多个 SDF 文件进行注解。对 $sdf_annotate 任务的每个调用，将使用来自 SDF 文件的时序信息注解设计。注解的值将要修改（INCREMENT）或者覆盖（ABSOLUTE）早前的 SDF 文件的值。通过将指定区域的层次范围作为 $sdf_annotate 的第二个参数，不同的 SDF 文件就可以注解一个设计的不同区域。

5.16.5　脉冲限制注解

对于延迟（不是时序约束）的 SDF 注解，通过使用用于拒绝和错误限制的百分比设置来计算用于脉冲限制注解的默认值。默认限制是 100%，可以通过调用选项修改这些值，如假设调用选项将拒绝限制设置为 40%，错误限制设置为 80%。下面的 SDF 结构将延迟注解为 5，拒绝限制注解为 2，错误限制注解为 4：

```
(DELAY
    (ABSOLUTE
        (IOPATH A Z (5))
```

假定指定路径的延迟初始为 0，下面的注解将导致延迟为 5，脉冲限制为 0：

```
(DELAY
    (ABSOLUTE
        (IOPATH A Z ((5) () ()))
```

在 INCREMENT 模式下的注解，可能导致脉冲限制小于 0。在这种情况下，将它们调整到 0。例如，如果指定路径的脉冲限制都是 3，下面的注解将导致所有脉冲的限制值为 0：

```
(DELAY
    (INCREMENT
        (IOPATH A Z (() (-4) (-5)))
```

这里有两个 SDF 结构（PATHPULSE 和 PATHPULSEPERCENT）只注解到脉冲限制，并不影响延迟。当 PATHPULSE 设置脉冲限制的值大于延迟时，Verilog 将给出相同的行为，就像脉冲限制等于延迟。

5.16.6　SDF 到 Verilog 延迟值映射

对于最多有 12 个状态的跳变，Verilog 的指定路径和互联延迟有唯一的延迟。所有其他结构，如门原语和连续分配，只有 3 个状态跳变。

对于 Verilog 的指定路径和互联延迟，SDF 提供的跳变延迟值的个数可能小于 12 个。如表 5.36 所示，将少于 12 个的 SDF 延迟扩展到 12 个延迟，左侧给出了 Verilog 跳变的类型，上方给出了 SDF 提供的延迟值个数。SDF 的值为 v1 ～ v12。

表 5.36　SDF 到 Verilog 延迟值的映射

Verilog 跳变的类型	SDF 提供的延迟值个数				
	1 个	2 个	3 个	6 个	12 个
0->1	v1	v1	v1	v1	v1

续表

Verilog 跳变的类型	SDF 提供的延迟值个数				
	1 个	2 个	3 个	6 个	12 个
1->0	v1	v2	v2	v2	v2
0->z	v1	v1	v3	v3	v3
z->1	v1	v1	v1	v4	v4
1->z	v1	v2	v3	v5	v5
z->0	v1	v2	v2	v6	V6
0->x	v1	v1	min(v1,v3)	min(v1,v3)	v7
x->1	v1	v1	v1	max(v1,v4)	v8
1->x	v1	v2	min(v2,v3)	min(v2,v5)	v9
x->0	v1	v2	v2	max(v2,v6)	v10
x->z	v1	max(v1,v2)	v3	max(v3,v5)	v11
z->x	v1	min(v1,v2)	min(v1,v2)	max(v4,v6)	v12

5.17　Verilog HDL 系统任务和函数

本节将介绍 Verilog HDL 提供的系统任务和函数，将这些系统任务和函数分成 11 类，包括显示任务、文件 I/O 任务、时间标度任务、仿真控制任务、PLA 建模任务、随机分析任务、仿真时间函数、转换函数、概率分布函数、命令行输入和数学函数。

> 注：Verilog HDL 综合工具和仿真工具均不支持 PLA 建模任务，因此本书不对 PLA 建模任务做任何介绍。

5.17.1　显示任务

显示任务分为 3 类，包括显示和写任务、探测任务和连续监视任务。

1. 显示和写任务

显示和写任务用于显示信息，这两个任务是相同的，但 $display 任务自动在输出的末尾添加一个换行符，而 $write 任务不添加换行符。$display 和 $write 系统任务的语法格式如下：

```
task_name ( format_specification 1 , argument_list 1 ,
           format_specification 2 , argument_list 2 ,
                    … ,
           format_specification N , argument_list N ) ;
```

其中，task_name 为下面其中一个，即 **$display**、**$displayb**、**$displayh**、**$displayo**、**$write**、**$writeb**、**$writeh**、**$writeo**。

1）用于特殊字符的转义序列

如表 5.37 所示为用于打印特殊字符的转义序列。

表 5.37　用于打印特殊字符的转义序列

参　　　数	描　　　述
\n	换行符
\t	制表符
\\	字符 "\"
\"	字符 """
\ddd	用 1 ~ 3 位八进制数字表示一个字符（0≤d≤7） 如果使用的字符少于 3 个，则后面的字符不应该是一个八进制数字。如果表示的 字符大于 \ 377，则实现可能会给出错误
%%	字符 "%"

[**例 5.237**] Verilog HDL 描述用于打印特殊字符的转义序列的例子，如代码清单 5-74 所示。

代码清单 5-74　Verilog HDL 描述用于打印特殊字符的转义序列

```
module disp;
initial begin
    $display(" \\\t\\\n\" \123");
end
endmodule
```

在 Vivado 2018.1 集成开发环境中执行行为级仿真的输出结果为

```
\    \
"S
```

2）用于指定格式的转义序列

表 5.38 给出了用于指定格式的转义序列。

表 5.38　用于指定格式的转义序列

输出格式符	格 式 说 明
%h 或%H	以十六进制格式显示
%d 或%D	以十进制格式显示
%o 或%O	以八进制格式显示
%b 或%B	以二进制格式显示
%c 或%C	以 ASCII 字符形式显示
%v 或%V	显示网络信号强度
%l 或%L	显示库绑定信息
%m 或%M	显示模块分层名
%s 或%S	以字符串格式显示
%t 或%T	显示当前的时间格式
%u 或%U	未格式化的二值数据
%z 或%Z	未格式化的四值数据

如果没有指定参数格式，默认值如下：

（1）$display 与 $write 以十进制格式显示。

（2）$display b 与 $writeb 以二进制格式显示。

（3）$display o 与 $writeo 以八进制格式显示。

（4）$display h 与 $writeh 以十六进制格式显示。

表 5.39 给出了用于显示实数的指定格式。

表 5.39　用于显示实数的指定格式

参　　数	描　　述
%e 或%E	以指数格式显示实数
%f 或%F	以浮点格式显示实数
%g 或%G	以以上两种格式中较短的格式显示实数

[例 5.238] Verilog HDL 描述 $display 任务的例子，如代码清单 5-75 所示。

代码清单 5-75　Verilog HDL 描述 $display 任务

```
module disp;
reg [31:0] rval;
pulldown(pd);
initial begin
    rval = 101;
    $display("rval = %h hex %d decimal", rval, rval);
    $display("rval = %o octal\nrval = %b bin", rval, rval);
    $display("rval has %c ascii character value", rval);
    $display("pd strength value is %v", pd);
    $display("current scope is %m");
    $display("%s is ascii value for 101", 101);
    $display("simulation time is %t", $time);
end
endmodule
```

在 Vivado 2018.1 集成开发环境下对该设计执行行为级仿真的结果如图 5.53 所示。

3）显示数据的位宽

当把表达式的参数写到输出文件（或终端）时，将自动调整值的位宽。例如，当以十六进制显示 12 位表达式的结果时，分配 3 个字符；当以八进制显示时，分配 4 个字符，这是因为表达式最大的可能值为 FFF（十六进制）和4095（十进制）。

```
rval = 00000065 hex        101 decimal
rval = 00000000145 octal
rval = 00000000000000000000000001100101 bin
rval has e ascii character value
pd strength value is PuO
current scope is disp
    e is ascii value for 101
simulation time is                  0
```

图 5.53　在 Vivado 2018.1 集成开发环境下对该设计执行行为级仿真的结果（1）

当以十进制显示时，去掉前面的零，用空格代替。对于其他进制，总是显示前面的零。

通过在"%"字符和表示基数的字符之间插入一个 0 覆盖所显示数据，自动调整位宽，如下所示。

$display("d=%0h a=%0h", data, addr);

[例 5.239] Verilog HDL 描述显示不同数据位宽的例子，如代码清单 5-76 所示。

代码清单 5-76　Verilog HDL 描述显示不同数据位宽

```
module test;
reg [11:0] r1;
initial begin
        r1 = 10;
        $display("Printing with maximum size - :%d: :%h;", r1,r1);
        $display("Printing with minimum size - :%0d: :%0h;", r1,r1);
end
endmodule
```

在 Vivado 2018. 1 集成开发环境下对该设计执行行为级仿真的结果如图 5.54 所示。

从图 5.54 中可知，第一个 $display 是标准的显示格式，第二个 $display 使用%0 的格式。

```
Printing with maximum size - :   10: :00a:
Printing with minimum size - :10: :a:
```

图 5.54　在 Vivado 2018. 1 集成开发环境下对该设计执行行为级仿真的结果（2）

4）未知值和高阻值

当一个表达式的结果包含一个未知值或高阻值的时候，下面的规则用于显示值。

（1）对于%d 格式，规则如下：

① 如果所有位都是未知值，则显示一个小写字符"x"；

② 如果所有位都为高阻，则显示一个小写字符"z"；

③ 如果某些位为未知值，则显示大写字符"X"；

④ 如果某些位为高阻值，则显示大写字符"Z"，除非有一些位为未知值；

⑤ 在一个固定宽度的区域内总是向右对齐。

（2）对于%h 和%o 格式，规则如下：

① 每 4 个比特位为一组，表示一个十六进制数字，每 3 个比特位为一组，表示一个八进制数字；

② 如果一组内的所有位都是未知值，为该进制的某个数字显示小写字符"x"；

③ 如果一组内的所有位都是高阻值，为该进制的某个数字显示小写字符"z"；

④ 如果一个组内的某些位为未知值，为该进制的某个数字显示大写字符"X"；

⑤ 如果一个组内的某些位为高阻值，为该进制的某个数字显示大写字符"Z"，除非有一些位为未知值，在这种情况下，为该进制的某个数字显示大写字符"X"。

[**例 5.240**] Verilog HDL 描述显示未知值和高阻值的例子，如代码清单 5-77 所示。

代码清单 5-77　Verilog HDL 描述显示未知值和高阻值

```
module test;
initial begin
    $display("%d", 1'bx);
    $display("%h", 14'bx01010);
    $display("%h %o", 12'b001xxx101x01,12'b001xxx101x01);
end
endmodule
```

```
       x
    xxXa
    XXX 1x5X
```

图 5.55　在 Vivado 2018. 1 集成开发环境下对该设计执行行为级仿真的结果（3）

在 Vivado 2018. 1 集成开发环境下对该设计执行行为级仿真的结果如图 5.55 所示。

5）强度格式

格式"%v"用于显示标量网络的强度。对于每个"%v"来说，以字符串方式显示。用 3 个字符格式报告一个标量网络的强度，其中前两个字符表示强度，第三个字符表示标量当前的值，其值如表 5.40 所示。

表 5.40　强度格式的逻辑值分量

参　　数	描　　述
0	用于逻辑"0"
1	用于逻辑"1"
X	用于一个未知值
Z	用于一个高阻值
L	用于一个逻辑"0"或高阻值
H	用于一个逻辑"1"或高阻值

前两个字符，即强度字符，可以是两个字母助记符或者一对十进制数字。通常，使用两个字符助记符表示强度信息。然而，少数情况下使用一对十进制数字表示各种信号强度。表 5.41 给出了用于表示不同强度级的助记符。

表 5.41　用于表示不同强度级的助记符

注　记　符	强 度 名 字	强　度　级
Su	Supply 驱动	7
St	强驱动	6
Pu	Pull 驱动	5
La	大的电容	4
We	弱驱动	3
Me	中电容	2
Sm	小电容	1
Hi	高阻	0

强度格式提供了 4 种驱动强度和 3 种电荷存储强度。驱动强度与门输出和连续分配输出关联；电荷存储强度和 trireg 类型的网络相关。

对于逻辑"0"和逻辑"1"来说，如果信号没有强度范围，则使用一个助记符。否则，逻辑值用两个十进制数字引导，表示最大和最小强度级。

对于未知值，当 0 和 1 强度组件在相同的强度级时，使用一个助记符。否则，未知值"X"由两个十进制数字引导，分别用于表示 0 和 1 强度级。

高阻强度没有一个已知的逻辑值，用于这个强度的逻辑值是"Z"。

对于值"L"和"H"，使用一个助记符表示强度级。

[例 5.241] Verilog HDL 描述显示强度级的例子。

```
always
#15 $display($time,,"group=%b signals=%v %v %v",{s1,s2,s3},s1,s2,s3);
```

下面给出了这样一个调用可能的输出：

```
0    group = 111 signals = St1 Pu1 St1
15   group = 011 signals = Pu0 Pu1 St1
30   group = 0xz signals = 520 PuH HiZ
45   group = 0xx signals = Pu0 65X StX
60   group = 000 signals = Me0 St0 St0
```

表 5.42 解释了输出中不同的强度格式。

表 5.42　强度格式的解释

St1	强驱动 1 值
Pu0	一个 pull 驱动 0 值
HiZ	高阻状态
Me0	一个中电容强度的 0 电荷存储
StX	一个强驱动未知值
PuH	1 或者高阻值的 pull 驱动强度
65X	有一个强驱动 0 分量和一个上拉驱动 1 分量的未知值
520	0 值，可能的范围为从 pull 驱动到中电容

6）层次化名字格式

"%m"格式标识符不接受一个参数，该格式使得显示任务打印模块、任务、函数或命名块层次名字，它调用包含格式标识符的系统任务。当有很多模块例子调用系统任务时，非常有用。一个明确的应用是一个触发器或锁存器时序检查消息，"%m"格式标识符精确地找到模块例化，该模块例化负责时序检查消息。

7）字符格式

"%s"格式标识符用于将 ASCII 码作为字符打印，每个"%s"标识符以一个字符串显示。参数列表中，相应的参数应跟随在字符串后面。将相关参数理解为一个 8 位十六进制 ASCII 码，每 8 位表示一个字符。如果参数是一个变量，它的值右对齐，最右侧的值是字符串中最后字符的最低有效位。在字符串的末尾不要求结束符或值，不会打印出前面的 0。

2. 探测任务

探测任务包含 \$strobe、\$strobeb、\$strobeh 和 \$strobeo，它们提供了在所选择时间内显示仿真数据的能力，这个时间是当前仿真时间的结束，在该仿真时间内，所有的仿真事件均已发生，且仅在仿真时间推进之前。用于探测任务所指定的参数与 \$display 系统任务所指定的参数完全相同，包括用于特殊字符和格式规范的转义序列。

［**例 5.242**］Verilog HDL 描述 \$strobe 任务的例子。

```
forever @ (negedge clock)
    $strobe(" At time %d, data is %h" ,$time,data);
```

对于该例子，在时钟的每个下降沿，\$strobe 将时间和数据信息写到标准输出和日志文件中。这个行为将发生在仿真时间推进之前，并在其他所有操作之后发生，这样保证写入的数据是该仿真时间内的正确数据。

3. 连续监视任务

在 Verilog HDL 中，提供的系统监视任务包括 $monitor、$monitorb、$monitorh 和$monitoro。

$monitor 任务提供了监控和显示任何变量或者表达式值的能力，这些值作为任务指定的参数。这个任务的参数和 $display 系统任务指定参数的行为一样，包括用于特殊字符和格式规范的转义序列。

当使用一个或多个参数调用 $monitor 任务时，仿真器建立一种机制，每次参数列表中的变量或表达式的值变化时，$time、$stime 或 $realtime 系统函数除外，整个参数列表显示在时间步长的结尾，就像 $display 任务报告。如果两个或多个参数的值同时变化，则只产生一个显示，用于显示新的值。

在任意一个时刻，只有一个 $monitor 显示列表处于活动状态。然而，可以在仿真期间发布若干次带有新显示列表的一个新 $monitor 任务。

$monitoron 和 $monitoroff 任务可以用来打开和关闭监视。$monitoroff 关闭标志，禁止监视；$monitoron 任务用于打开标志，使能监视，对 $monitor 最近的调用可以继续它的显示。对 $monitoron 的调用将在调用它之后立即产生显示，与值是否发生变化无关。$monitoron 用于在一个监视会话的开始时建立一个初始值，默认在仿真开始时打开监视标志。

5.17.2　文件 I/O 任务和函数

对于文件操作的系统任务和函数，主要分为下面的类型，即①打开和关闭文件的函数和任务；②输出到文件的任务；③输出值到变量的任务；④从文件中读取值并加载到变量或存储器的任务和函数。

1. 打开和关闭文件

1）打开文件

在 Verilog HDL 中，系统任务 $fopen 的语法格式如下：

    multi_channel_descriptor = **$fopen**（"file_name"，type）；

或：

    file_descriptor = **$fopen**（"file_name"，type）；

其中：

（1）file_name 是一个字符串或一个包含字符串的 reg，它命名了将要打开的文件。

（2）type 为文件类型，文件描述符的类型如表 5.43 所示。

表 5.43　文件描述符的类型

参　　数	描　　述
"r" 或 "rb"	打开文件，用于读
"w" 或 "wb"	截断到长度零，或创建文件用于写
"a" 或 "ab"	添加。打开文件，在文件的末尾（EOF）写或创建文件用于写
"r+"，"r+b" 或 "rb+"	打开文件，用于更新（读和写）
"w+"，"w+b" 或 "wb+"	截断或者创建文件，用于更新
"a+"，"a+b" 或 "ab+"	添加。打开或者创建文件，用于在 EOF 更新

（3）multi_channel_descriptor 为 32 位的多通道描述符或一个 32 位的文件描述符，它由是否出现 type 参数确定。

①如果没有 type 参数，打开文件，用于写，返回一个多通道的描述符（Multi-Channel Descriptor, MCD）。MCD 是 32 位 reg，设置其中的一位，表示所打开的文件。MCD 的 LSB 总是作为标准输出。多个打开的文件，通过对 MCD 按位或写到结果的值中。保留 MCD 的 MSB，总是为 0，限制打开最多 31 个文件用于输出。②如果指定 type，打开指定类型的文件，返回文件描述符（File Descriptor, FD）。FD 是一个 32 位的值，保留 FD 的 MSB，总是设置为 1。这允许实现文件的输入和输出功能，以确定打开文件的方式。FD 剩余的比特位用于指示所打开的文件。

预先打开 3 个文件描述符，分别是：①STDIN，值为 32'h8000_0000，用于读；②STD-OUT，其值为 32'h8000_0001，用于写；③STDERR，其值为 32'h8000_0002，用于添加。

不像 MCD，不能通过按位或组合 FD 来实现向多个文件输出。取而代之，根据 type 参数，通过 FD 打开文件，用于输入、输出、输入和输出，以及添加操作。

如果不能打开文件，MCD 或 FD 将返回 0。通过调用 $ferror，以确定不能打开文件的原因。

2）关闭文件

在 Verilog HDL 中，系统任务 $fclose 的语法格式如下：

```
$fclose( multi_channel_descriptor) ;
```

或：

```
$fclose( file_descriptor) ;
```

该系统任务用于关闭由 FD 或者 MCD 所指向的文件，不允许对由 $fclose 关闭的任何文件描述符执行进一步的输出或输入操作。通过一个 $fclose 操作，隐含取消在 FD 或者 MCD 上处于活动状态的 $fmonitor 或 $fstrobe 操作。

> **注**：在任何一个时刻，可以同时打开输入和输出通道的数量由操作系统确定。一些操作系统不支持将打开的文件用于更新。

2. 文件输出系统任务

显示、写入、探测和监控系统任务都有一个用于向文件输出的相应副本，该副本可用于将信息写入文件。Verilog HDL 中用来将信息输出到文件的系统任务有 $fdisplay、$fwrite、$fstrobe 和 $fmonitor，这些副本所接受的参数与它们的原型一致，除了第一个参数是 MCD 或 FD（用于指示所输出的文件）。

$fstrobe 和 $fmonitor 系统任务类似于 $strobe 和 $monitor，除了它们写到 MCD 对应的文件中。不像 $monitor，允许任意个数的 $fmonitor 任务同时处于活动状态。然而，它没有类似 $monitoron 和 $monitoroff 任务的副本。任务 $fclose 用于取消处于活动状态的 $fstrobe 或 $fmonitor 任务。

文件输出系统任务的格式如下：

```
file_output_task_name( multi_channel_descriptor[ ,list_of_arguments]) ;
```

或：

```
        file_output_task_name(fd[,list_of_argument]);
```

其中，file_output_task_name 是其中一个文件输出系统任务，包括 $fdisplay、$fdisplayb、$fdisplayh、$fdisplayo、$fwrite、$fwriteb、$fwriteh、$fwriteo、$fstrobe、$fstrobeb、$fstrobeh、$fstrobo、$fmonitor、$fmonitorb、$fmonitorh 或 $fmonitoro；multi_channel_descriptor 为多通道描述符；fd 为文件描述符；list_of_arguments 为参数列表，用来指定输出格式。

[例 5.243] Verilog HDL 描述设置多通道描述符的例子。

```
integer
    messages, broadcast,
    cpu_chann, alu_chann, mem_chann;
initial begin
    cpu_chann = $fopen("cpu.dat");
    if(cpu_chann == 0) $finish;
        alu_chann = $fopen("alu.dat");
    if(alu_chann == 0) $finish;
        mem_chann = $fopen("mem.dat");
    if(mem_chann == 0) $finish;
        messages = cpu_chann | alu_chann | mem_chann;
    //broadcast 包含标准的输出
    broadcast = 1 | messages;
end
endmodule
```

在该例子中，给出了建立 MCD 的方法，使用 $fopen 函数打开 3 个不同的通道。函数返回 3 个 MCD，然后通过逻辑或运算将 3 个 MCD 进行组合，将组合后的结果分配给整型变量 messages。变量 messages 能作为文件输出任务的第一个参数，可以一次输出到所有 3 个通道。此外，创建一个描述符用于直接输出到标准的输出，将变量 messages 和常数 1 进行逻辑或运算，有效地使能通道 0。

[例 5.244] Veriog HDL 描述文件输出系统任务的例子。

```
$fdisplay(broadcast, "system reset at time %d", $time);

$fdisplay(messages, "Error occurred on address bus",
            " at time %d, address = %h", $time, address);

forever@(posedge clock)
    $fdisplay(alu_chann, "acc= %h f=%h a=%h b=%h", acc, f, a, b);
```

该例子中，基于前面打开的通道，实现不同的文件输出任务。

3. 数据格式化为字符串

系统任务 $swrite 的语法格式如下：

```
    string_output_task_name (output_reg, list_of_arguments);
```

其中，string_output_task_name 为输出任务名字，包括 $swrite、$swriteb、$swriteh 和

$swriteo；output_reg 为输出寄存器变量的名字；list_of_arguments 为参数列表。

从命令格式可知，$swrite 输出任务的第一个参数是一个 reg 类型的变量，用于保存写入的字符串。

系统任务 **$sformat** 的语法格式如下：

> **$sformat**（output_reg, format_string, list_of_arguments）;

系统任务 $swrite 和 $sformat 的一个主要区别是：$sformat 总是理解第二个参数，只有第二个参数作为一个格式化字符串。这个格式参数可以是一个静态字符串，如 "data is %d"，或者用于保存一个格式化串的 reg（它的内容被理解为格式化串），没有其他参数可以作为格式化串。$sformat 支持 $display 支持的所有格式描述符，如：

> **$sformat**（string, "Formatted %d %x", a, b）;

4. 从文件中读取数据

1）一次读一个字符

[例 5.245] Veriog HDL 描述一次读取一个字符的例子（1）。

> c = **$fgetc**（fd）;

从 fd 指定的文件中读取一个字节。如果发生读取错误，则将 c 设置为 EOF（-1）。代码定义的 reg 位宽应该大于 8，这样将 $fgetc 的错误返回值 EOF（-1）与字符码 0xFF 进行区分。应用程序可以调用 $ferror 确定读取错误的原因。

[例 5.246] Veriog HDL 描述一次读取一个字符的例子（2）。

> code = **$ungetc**（c, fd）;

将 c 指定的字符插入到文件描述符 fd 指定的缓冲区。字符 c 是作用于 fd 的下一次 $fgetc 调用时的返回值。文件本身并不变化。如果在字符插入文件的过程中发生错误，将 code 设置为 EOF；否则，将 code 设置为 0。应用程序可以调用 $ferror 以决定最近错误的原因。

> **注**：主机 I/O 的底层实现特性限制了可以推回到流的字符个数，类似 $fseek 的操作可以删除任何推回的字符。

2）一次读一行

[例 5.247] Verilog HDL 描述一次读一行的例子。

> **integer** code ;
> code = **$fgets**（str, fd）;

从 fd 指定的文件中，将字符读入 str，直到填满 str，或读到新的一行，或遇到 EOF 条件。如果 str 的长度不是整数字节，则不使用最重要的部分字节来确定大小。如果发生读取错误，则将 code 设置为 0；否则，将读取字符的个数保存到 code。应用程序可以调用 $ferror 以决定最近错误的原因。

3）读格式化数据

[例 5.248] Verilog HDL 描述读格式化数据的例子。

```
        integer code ;
        code = $fscanf ( fd, format, args ) ;
        code = $sscanf ( str, format, args ) ;
```

$fscanf 从文件描述符 fd 指定的文件中读；**$sscanf** 从 str 中读取。这两个函数读取字符，然后根据格式理解字符，并保存结果。它们都期望有一个用于 format 的控制字符串和一个用于指示保存结果位置的参数集。如果格式参数太少，则没有定义行为。

如果一个参数太小，则不能保存转换后的输入，在通常情况下，一般传输最低有效位，可以使用 Verilog 所支持的任意长度参数。然而，如果目标是 real 或者 realtime，则传输值为 +Inf/-Inf。格式可以是字符串常量，也可以是包含一个字符串内容的 reg。字符串保存转换的规格，将转换结果直接输入到参数中。

控制字符串可以包含：

（1）空白字符，包括空格、制表符、换行符或者换页符。除了下面描述的一种情况，导致输入被读取到下一个非空白字符。对于 $sscanf，空字符也被看作空白。

（2）一个普通字符（不是"%"），它必须匹配输入流的下一个字符。

（3）转换规范，包括字符"%"、一个可选的赋值抑制字符" * "，以及指定可选数字的最大位宽和一个转换码。

转换码规范指示下一个输入字段的转换，结果放在由对应参数所指定的变量中，除非使用了赋值抑制符" * "，在这种情况下不提供任何参数。

赋值抑制符提供了一种描述忽略输入字段的方法。一个输入字段定义为一个没有空格的字符串；它扩展到下一个不合适的字符或直到最大字段宽度。如果指定了一个，则耗尽。对于除字符 c 以外的其他所有描述符，空白将导致忽略输入字段。

（1）%，将一个%理解为在该点输入，但没有分配（赋值）。

（2）b，匹配一个二进制数，由 0、1、X、x、Z、z、? 和_构成的序列。

（3）o，匹配一个八进制数，由 0 ~ 7、X、x、Z、z、? 和_构成的序列。

（4）d，匹配一个可选的有符号十进制数，由符号+/-（可选），后面跟着 0 ~ 9 和_或来自 X、x、Z、z 或? 的单个值构成。

（5）h/x，匹配一个十六进制数，由 0 ~ 9、a ~ f、A ~ F、X、x、Z、z、? 和_构成的序列。

（6）f/e/g，匹配一个浮点数。浮点数的格式由符号+/-（可选），后面跟着 0 ~ 9 的数字串，十进制小数点（可选），指数部分（可选）e/E，符号（可选）、0 ~ 9 构成的数字串。

（7）v，匹配一个网络信号强度，由 3 个字符序列组成。

（8）t，匹配一个浮点数，浮点数的格式由符号+/-（可选），后面跟着 0 ~ 9 的数字串，十进制小数点（可选），指数部分（可选）e/E，符号（可选）、0 ~ 9 构成的数字串。根据 $timeformat 所设置的当前时间标度，对匹配的值标定并舍入，如一个时间标度是`timescale 1ns/100ps 且时间格式为 timeformat (- 3, 2," ms",10)，则通过 $sscanf (" 10.345", " %t" , t) 读取的值应该返回 10350000.0。

（9）c，匹配单个字符，返回它的 8 位 ASCII 码。

（10）s，匹配一个字符串，它是一个没有空白符的字符序列。

（11）u，匹配无格式（二进制）数据。应用程序将从输入中传输足够的数据来填充目标 reg。例如，数据从一个匹配的 $fwrite（"%u"，data）获取或者从外部的应用程序写入，如 C、Perl 或 FORTRAN。

（12）z，定义格式化的规格%z（或%Z）用于读取无格式（二进制）的数据。应用程序将从输入流中得到的 4 值二进制表示的数据传输到目标 reg。可以使用这个转义序列和现有的任何输入系统任务，尽管首选为 $fscanf。

（13）m，以字符串形式返回当前的分层路径。不要从输入文件或 str 参数读取数据。

如果%后面跟着非法的转换字符，则操作结果取决于实现。

如果 $sscanf 的格式字符串或者 str 参数包含未知比特（x 或 z），则系统任务返回 EOF。

4）读二进制数据

[**例 5.249**] Verilog HDL 描述读二进制数据的例子。

```
integer code ;
code = $fread(myreg, fd);
code = $fread(mem, fd);
code = $fread(mem, fd, start);
code = $fread(mem, fd, start, count);
code = $fread(mem, fd, , count);
```

其中，start（可选）用于说明在存储器中所加载第一个元素的地址，如 start＝12，存储器为 up[10:20]，则第一个数据应加载到 up[12]；count（可选）用于说明存储器中可以加载的最大位置数。如果加载的是 reg 类型，则忽略 start 和 count。读回的数据是大端方式。从文件加载的是 2 值数据。如果读取错误，将 code 设置为 0。

5. 文件定位

[**例 5.250**] Verilog HDL 描述 $ftell 任务的例子。

```
integer pos ;
pos = $ftell (fd);
```

返回 fd 所指向文件从开始到当前的位置，随后对 fd 的这个位置进行读/写操作。后面的 $fseek 调用使用这个值将文件重新定位到该位置。通过 $ungetc 操作来取消任何重定位。如果发生错误，返回 EOF。

[**例 5.251**] Verilog HDL 描述 $fseek 任务的例子。

```
code = $fseek (fd, offset, operation);
code = $rewind (fd);
```

设置 fd 指向文件下一个输入/输出操作的位置。新的位置是文件的开始、当前位置，或文件结尾的一个有符号距离偏移字节。根据操作值 0、1 和 2，可以是：

（1）操作值为 0 时，位置为偏置字节。

（2）当设置为 1 时，位置为当前位置加偏置。

（3）当设置为 2 时，位置为 EOF 加偏置。

$rewind 等价于 **$fseek**(fd,0,0)。

6. 刷新输出

[**例 5.252**] Veriog HDL 描述刷新输出的例子。

```
$fflush( mcd) ;
$fflush( fd) ;
$fflush( ) ;
```

将任何缓冲的输出写入 mcd 或者 fd 指向的文件。如果调用没有参数的 $fflush，则写到所有打开的文件。

7. I/O 错误状态

[例 5.253] Verilog HDL 描述检测 I/O 错误状态的例子。

```
integer errno ;
errno = $ferror (fd, str) ;
```

将最近文件 I/O 操作的错误类型字符串描述信息写入 str 中，它应该至少为 640 比特。错误代码的整数值返回在 errno 中。如果最近的操作没有错误，则 error 返回 0 且清空 str。

8. 检测文件结束

[例 5.254] Verilog HDL 描述检测文件结束的例子。

```
integer code;
code = $feof (fd) ;
```

当检测到 EOF 时，返回非 0 的值；否则，返回 0。

[例 5.255] Verilog HDL 描述对文件进行读操作的例子。

```
module readFile( clk, reset, dEnable, dataOut, done) ;
parameter size = 4;
parameter bits = 8 * size;
input clk, reset, dEnable;
output dataOut, done;

wire [1:0] dEnable;
reg dataOut, done;
reg [7:0] addr;

integer file;
reg [31:0] c;
reg eof;

always@ ( posedge clk)
begin
  if( file = = 0 && dEnable = = 2'b10) begin
      file = $fopen( "test. kyle" ) ;
    end
end

always@ ( posedge clk) begin
    if( addr> = 32  ‖  done = = 1'b1) begin
      c <= $fgetc( file) ;
```

```
            eof <= $feof(file);
            addr <= 0;
        end
    end

    always@(posedge clk)
    begin
        if(dEnable == 2'b10)begin
        if($feof(file))
                done <= 1'b1;
        else
                addr <= addr+1;
        end
    end

    always@(addr)
    begin: Access_Data
        if(reset == 1'b0) begin
        dataOut <= 1'bx;
        file <= 0;
        end
        else
            if(addr<32)
                dataOut <= c[31-addr];
    end
    endmodule
```

9. 从文件中加载存储器数据

在 Verilog HDL 中，提供了 $readmemb 和 $readmemh 两个系统任务，它们用于从文本文件中读取数据，并将数据加载到指定的存储器中。在仿真的时候，可以在任何时刻执行它们。读取的文本文件应该只包含：

（1）空白（空格、换行符、制表符和换页符）；

（2）注解（允许所有类型的注解）；

（3）二进制数或十六进制数。

这两个系统任务的区别在于：对于 $readmemb，要求二进制数；对于 $readmemh，要求十六进制数。

$readmemb 和 $readmemh 系统任务的语法格式如下：

```
task_name("file_name",memory_name[,start_addr[,finish_addr]]);
```

其中，task_name 为 $readmemb 或 $readmemh；file_name 为读出数据的文件名；memory_name 为要加载读入数据的存储器名；start_addr 为存储器的起始地址，实际就是建模存储器数组的索引值；finish_addr 为存储器的结束地址，实际就是建模存储器数组的索引值。

当在数据文件中出现地址时，格式是字符 "@" 后面跟着十六进制数，如@ hh...h。如果在系统任务中没有给出地址信息，并且在数据文件中也没有地址说明，则默认的起始地址是存储器的最低地址，连续加载字，直到存储器的最高地址或读取完数据文件为止。如果在系统任务中指定了起始地址而没有指定结束地址，则将从指定的地址加载，直到存储器的最高地址为止。如果在系统任务中指定了起始地址和结束地址，则应该从起始地址加载，并且连续朝着结束地址。如果起始地址大于结束地址，则在连续加载时地址递减而不是递增。如果在系统任务和数据文件中都提供了寻址信息，则数据文件中的地址应该在系统任务中的参数所指定的地址范围内，否则将产生一个错误，并终止加载过程。

[例 5.256] Verilog HDL 描述从文件中读取数据并加载到存储器的例子。

```
reg [7:0] mem[1:256];
initial $readmemh("mem.data", mem);
initial $readmemh("mem.data", mem, 16);
initial $readmemh("mem.data", mem, 128, 1);
```

（1）第 1 个初始化描述语句，没有显式声明地址。在 0 时刻，开始从存储器地址 1 开始读取数据并加载到 mem。

（2）第 2 个初始化描述语句，声明起始地址，但没有声明结束地址。从地址 16 开始加载数据，一直向前到达地址 256。

（3）第 3 个初始化描述语句，声明起始地址和结束地址。因为起始地址大于结束地址，则地址递减。从地址 128 开始加载数据，连续向下一直到地址 1 为止。在这种情况下，当完成加载后，执行最后的检查以保证在文件中包含 128 个数据。如果检查失败，则给出警告信息。

10. 从 SDF 文件中加载时序数据

$sdf_annotate 系统任务的语法格式：

$**sdf_annotate** ("sdf_file" [, [module_instance] [, ["config_file"]
　　　　　　[, ["log_file"] [, ["mtm_spec"]
　　　　　　[, ["scale_factors"] [, ["scale_type"]]]]]]]);

其中：

（1）sdf_file 为要打开的 SDF 文件名，由字符串表示，或保存在包含文件名字符串的 reg 类型中。

（2）module_instance 为模块实例（可选），用于指定在 SDF 文件中注解的范围。SDF 注解器使用指定例化的层次级运行注解，允许使用数组索引。如果没有指定该参数，则 SDF 注解器使用包含该系统任务调用的模块作为模块实例。

（3）config_file（可选）为一个字符串参数，它提供了一个配置文件的名字，该文件信息可以用于提供对注解多方面的详细控制。

（4）log_file（可选）为一个字符串参数，它提供了 SDF 注解时日志文件的名字。来自 SDF 文件的时序数据的每个单独注解将会导致日志文件的每个入口。

（5）mtm_spec（可选）为一个字符串参数，它指定注解 min/typ/max 其中的一个。表 5.44 给出了 mtm_spec 的有效值，它将覆盖配置文件中的任何 MTM_SPEC 关键字。

表 5.44　mtm_spec 的有效值

关　键　字	描　述
MAXIMUM	注解最大值
MINIMUM	注解最小值
TOOL_CONTROL（默认）	注解由仿真器选择的值
TYPICAL	注解典型的值

（6）scale_factors（可选）为一个字符串参数表示的标定因子。当注解时序值时，使用该参数，如"1.6:1.4:1.2"表示将最小值乘以 1.6，典型值乘以 1.4，最大值乘以 1.2，默认值为"1.0:1.0:1.0"。该参数将覆盖配置文件中的任何 SCALE_FACTORS 关键字。

（7）scale_type（可选）为一个字符串参数表示的标定类型，用于说明将 scale_factor 用于 min/typ/max 的方法，如表 5.45 所示。

表 5.45　scale_type 参数

关　键　字	描　述
FROM_MAXIMUM	将 scale_factor 应用到最大值
FROM_MINIMUM	将 scale_factor 应用到最小值
FROM_MTM（默认）	将 scale_factor 应用到 min/typ/max 值
FROM_TYPICAL	将 scale_factor 应用到典型值

5.17.3　时间标度任务

在 Verilog HDL 中，提供了 \$printtimescale 和 \$timeformat 两种系统任务，用于显示和设置时间标度信息。

1. \$printtimescale

\$printtimescale 系统任务显示了用于特殊模块的时间单位和精度，其语法格式如下：

> **\$printtimescale**[（hierarchical_identifier）]；

其中，hierarchical_identifier 为模块层次化标识符。如果没有指定参数，则显示包含该任务调用所有模块的时间单位和精度；如果指定参数，则显示所对应模块的时间单位和精度。

以下面的格式显示时间标度信息：

> Time scale of（module_name）is unit / precision

[例 5.257]　Verilog HDL 描述 \$printtimescale 显示信息的例子。

```
`timescale 1ms / 1us
module a_dat;
initial
    $printtimescale(b_dat. c1);
endmodule
```

```
`timescale 10fs / 1fs
module b_dat;
    c_dat c1 ();
endmodule

`timescale 1ns / 1ns
module c_dat;
endmodule
```

在该例子中，模块 a_dat 调用系统任务 $printtimescale 显示模块 c_dat（该模块由模块 b_dat 例化）的时间标度信息，运行该设计后显示的结果为

　　　Time scale of (b_dat.c1) is 1ns / 1ns

2. $timeformat

$timeformat 系统任务执行以下两个功能：

（1）为系统任务 $write、$display、$strobe、$monitor、$fwrite、$fdisplay、$fstrobe 和 $fmonitor 指定 "%t" 格式规范以报告时间信息；

（2）为交互式输入指定时间单位。

该系统任务的语法格式如下：

$timeformat [(units_number, precision_number, suffix_string, minimum_field_width)];

其中：

（1）units_number 表示时间单位，取值范围为 0 ～ −15，每个整数值所表示的时间单位如表 5.46 所示。

表 5.46　每个整数值所表示的时间单位

取　　值	时 间 单 位	取　　值	时 间 单 位
0	1s	−8	10ns
−1	100ms	−9	1ns
−2	10ms	−10	100ps
−3	1ms	−11	10ps
−4	100μs	−12	1ps
−5	10μs	−13	100fs
−6	1μs	−14	10fs
−7	100ns	−15	1fs

（2）precision_number 指定所要显示时间信息的精度，默认值为 0。

（3）suffix_string 提供类似 "ms"、"ns" 之类的字符，默认为一个空的字符串。

（4）minimum_field_width 确定时间信息的最小字符数，默认值为 20。

[**例 5.258**] Verilog HDL 描述 $timeformat 系统任务的例子，如代码清单 5-78 所示。

代码清单 5-78　Verilog HDL 描述 $timeformat 系统任务（1）

```
`timescale 1ms / 1ns
module cntrl;
initial
    $timeformat(-9, 5, " ns", 10);
endmodule
```

［例5.259］Verilog HDL 描述 $timeformat 系统任务的例子，如代码清单5-79 所示。

代码清单 5-79　Verilog HDL 描述 $timeformat 系统任务（2）

```
`timescale 1fs / 1fs
module a1_dat;
reg in1;
integer file;
buf #10000000 (o1,in1);
initial begin
    file = $fopen("a1. dat");
    #00000000 $fmonitor(file,"%m: %t in1=%d o1=%h", $realtime,in1,o1);
    #10000000 in1 = 0;
    #10000000 in1 = 1;
end
endmodule
```

在 Vivado 2018.1 集成开发环境下，对该设计执行行为级仿真（仿真时间至少为 4μs）。关闭仿真窗口后，在该设计的 sim_1\behav\xsim 目录下，找到并打开名字为"a1. dat"的文件，该文件的内容如下所示：

```
a1_dat:              0 in1=x o1=x
a1_dat:       10000000 in1=0 o1=x
a1_dat:       20000000 in1=1 o1=0
a1_dat:       30000000 in1=1 o1=1
```

［例5.260］Verilog HDL 描述 $timeformat 系统任务的例子，如代码清单5-80 所示。

代码清单 5-80　Verilog HDL 描述 $timeformat 系统任务（3）

```
`timescale 1ps / 1ps
module a2_dat;
reg in2;
integer file2;
buf #10000 (o2,in2);
initial begin
    file2 = $fopen("a2. dat");
    #00000 $fmonitor(file2,"%m: %t in2=%d o2=%h",$realtime,in2,o2);
    #10000 in2 = 0;
    #10000 in2 = 1;
end
endmodule
```

在 Vivado 2018.1 集成开发环境下，对该设计执行行为级仿真（仿真时间至少为 4μs）。

关闭仿真窗口后，在该设计的 sim_1\behav\xsim 目录下，找到并打开名字为"a2.dat"的文件，该文件的内容如下所示：

```
a2_dat:                        0 in2=x o2=x
a2_dat:                    10000 in2=0 o2=x
a2_dat:                    20000 in2=1 o2=0
a2_dat:                    30000 in2=1 o2=1
```

5.17.4　仿真控制任务

在 Verilog HDL 中，提供了两个仿真控制系统任务，即 $finish 和 $stop。

1. $finish

系统任务 $finish 退出仿真器，并将控制权交给主机操作系统。如果给该系统任务提供了表达式，则该表达式的值 0、1 或 2 确定在出现提示符之前所打印的诊断信息。如果没有给该系统任务提供参数，则 1 为默认值。该系统任务的语法格式为

$\textbf{\$finish}\ [\ (n)\ ]\ ;$

其中，$n=0$，不打印任何信息；$n=1$，打印仿真时间和位置；$n=2$，打印仿真时间、位置，以及仿真时 CPU 和存储器的利用率。

2. $stop

系统任务 $stop 挂起仿真。该任务有一个可选的参数 0、1 或 2，用于确定所打印的诊断信息类型，诊断信息的数量随传递给 $stop 系统任务的可选参数值增加。该系统任务的语法格式为

$\textbf{\$stop}\ [\ (n)\ ]\ ;$

5.17.5　随机分析任务

Verilog HDL 中提供了用于管理队列的系统任务，这些任务便于实现随机排队模型。

1. $q_initialize

该系统任务用于创建一个新的队列，语法格式为

$\textbf{\$q\_initialize}\ (q\_id, q\_type, max\_length, status)\ ;$

其中，q_id 参数为一个整数输入值，用于标识一个新的队列；q_type 参数为一个整数输入值，标识队列的类型，如表 5.47 所示；max_length 参数为整数输入值，标识队列入口的最大数量；status 参数为整数值，表示创建队列成功或失败。

表 5.47　q_type 值与队列类型的对应关系

q_type 值	队列类型
1	先进先出
2	后进先出

2. $q_add

该系统任务在队列中添加入口，语法格式为

　　　$q_add (q_id, job_id, inform_id, status);

其中，q_id 参数为一个整数输入值，用于标识要添加入口的队列；job_id 参数为一个整数输入值，用于识别作业；inform_id 参数为一个整数输入，与队列入口相关，它的含义由用户定义，如在一个 CPU 模型中一个入口的执行时间；status 表示操作成功或失败。

3. $q_remove

该系统任务接收来自一个队列的入口，语法格式为

　　　$q_remove (q_id, job_id, inform_id, status);

其中，q_id 参数为一个整数输入值，用于标识所移除的队列；job_id 参数为一个整数输入值，标识正在移除的入口；inform_id 参数为一个整数输出值，在执行 $q_add 系统任务时由队列管理器保存，它的含义由用户定义；status 表示操作成功或失败。

4. $q_full

该系统函数用于检查一个队列是否有空间用于其他入口，语法格式为

　　　$q_full (q_id, status)

其中，status 表示操作成功或失败。当队列满时，返回 1；否则返回 0。

5. $q_exam

该系统任务提供队列 q_id 活动性的统计信息，其语法格式为

　　　$q_exam (q_id, q_stat_code, q_stat_value, status);

根据 q_stat_code 所要求的信息返回 q_stat_value，表 5.48 给出了 $q_exam 系统任务的参数值。

表 5.48　$q_exam 系统任务的参数值

q_stat_code 所要求的值	从 q_stat_value 收到的信息
1	当前队列的长度
2	平均到达的时间
3	最大队列的长度
4	最短等待时间
5	仍在队列中作业的最长等待时间
6	队列中的平均等待时间

6. 状态编码

所有的队列管理任务和函数返回一个输出状态码，状态码的值与对应的含义如表 5.49 所示。

表 5.49　状态码的值与对应的含义

状态码的值	含　义
0	OK

续表

状态码的值	含　义
1	队列满，不能添加
2	未定义的 q_id
3	队列空，不能移除
4	不支持的队列类型，不能创建队列
5	指定的长度≤0，不能创建队列
6	重复 q_id，不能创建队列
7	没有足够的存储器，不能创建队列

【例 5. 261】Verilog HDL 描述随机分析任务的例子。

```
always @ ( posedge clk )
begin
    //检查队列是不是满
$q_full( queue1, status );
    //如果满,则显示信息和移除一个条目
if ( status ) begin
$display( " Queue is full " );
    $q_remove( queue1, 1, info, status );
end
    //添加一个新的条目到队列 queue1
$q_add( queue1, 1, info, status );
    //如果有错误,显示消息
if ( status )
    $display( " Error %d ", status );
end
end
```

5.17.6　仿真时间函数

Verilog HDL 中提供了系统函数 $time、$stime 和 $realtime，用于返回当前仿真时间。

1. $time

该系统函数返回一个整型值，它是一个 64 位的时间，适配到调用该系统函数模块的时间标度单位。

【例 5. 262】Verilog HDL 描述 $time 系统函数的例子，如代码清单 5-81 所示。

代码清单 5-81　Verilog HDL 描述 $time 系统函数

```
`timescale 10 ns / 1 ns
module test;
reg set;
parameter p = 1.55;
initial begin
    $monitor( $time, , " set = ", set );
    #p set = 0;
```

```
        #p set = 1;
    end
    endmodule
```

在该例子中，在仿真时间 16ns 时，为寄存器类型的变量 set 分配一个值 0；在仿真时间 32ns 时，为寄存器类型的变量 set 分配一个值 1。

$time 系统函数返回的时间值由下面内容确定：

（1）因为模块的时间单位为 10ns，将仿真时间 16ns 和 32ns 标定为 1.6 和 3.2，因此这个模块报告的时间值是 10ns 的倍数。

（2）因为 $time 系统函数返回一个整数值，因此将 1.6 四舍五入到 2，3.2 四舍五入到 3。时间精度不引起这些值的四舍五入。

在 Vivado 2018.1 集成开发环境下，对该设计执行行为级仿真，结果如图 5.56 所示。

```
0 set=x
2 set=0
3 set=1
```

图 5.56　在 Vivado 2018.1 集成开发环境下对 $time 执行行为级仿真的结果

2. $stime

该系统函数返回一个整型值，它是一个 32 位的时间，适配到调用该系统函数模块的时间标度单位。如果实际的仿真时间不适合 32 位，则返回当前仿真时间的低 32 位值。

3. $realtime

该系统函数返回一个实数时间，类似于 $time，它适配到调用其模块的时间单位。

[**例 5.263**]　Verilog HDL 描述 $realtime 系统函数的例子，如代码清单 5-82 所示。

代码清单 5-82　Verilog HDL 描述 $realtime 系统函数

```
`timescale 10 ns / 1 ns
module test;
reg set;
parameter p = 1.55;
initial begin
    $monitor($realtime,,"set=",set);
    #p set = 0;
    #p set = 1;
end
endmodule
```

在 Vivado 2018.1 集成开发环境下，对该设计执行行为级仿真，结果如图 5.57 所示。

```
0 set=x
1.6 set=0
3.2 set=1
```

图 5.57　在 Vivado 2018.1 集成开发环境下对 $realtime 执行行为级仿真的结果

5.17.7　转换函数

在一个常数表达式中，可能会用到转换系统函数。在 Verilog HDL 中，提供了下列函数用于处理实数：

（1）**integer**　**$rtoi**(real_value)，通过截断小数值将实数转换为整数，如 123.45 变成 123。

（2）**real**　**$itor**(integer_value)，将整数转换为实数，如 123 变成 123.0。

（3）［63:0］ **$realtobits**(real_value)，将实数转换为 64 位的实数向量表示法。

（4） **real** **$bitstoreal**(bit_value)，将位矢量转换为实数（与 $realtobits 相反）。

上述函数产生的实数或者接收的实数遵守 IEEE 754 标准，应该使用四舍五入将结果转换到最近有效的表示格式。

［例 5.264］ Verilog HDL 描述 $realtobits 和 $bitstoreal 系统函数的例子。

```
module driver (net_r);
output net_r;
real r;
wire [64:1] net_r = $realtobits(r);
endmodule

module receiver (net_r);
input net_r;
wire [64:1] net_r;
real r;
initial assign r = $bitstoreal(net_r);
endmodule
```

5.17.8 概率分布函数

在 Verilog HDL 中，提供了随机数发生器，它根据标准的概率函数返回整数值。

1. $random 函数

系统函数 **$random** 提供了产生随机数的机制。当每次调用该函数时，返回一个新的 32 位随机数，它是一个有符号的整数。其语法格式为

$random ［(seed)］

其中，seed 参数为种子变量。种子变量（应该是 reg、integer 或 time 类型）控制函数的返回值，即不同的种子将产生不同的随机数。在每次调用该函数之前，需要给种子变量赋值。

［例 5.265］ Verilog HDL 描述产生随机数的例子（1）。

```
reg [23:0] rand;
rand = $random % 60;
```

在该例子中，产生-59 ～ 59 之间的随机数。

［例 5.266］ Verilog HDL 描述产生随机数的例子（2）。

```
reg [23:0] rand;
rand = {$random} % 60;
```

在前面例子的基础上，添加了并置操作符，因此产生 0 ～ 59 之间的随机数。

2. $dist_ 函数

在 Verilog HDL 中，提供下面的函数，这些函数根据指定的概率分布函数产生伪随机数。

（1） **$dist_uniform** (seed, start, end)；

（2） **$dist_normal** (seed, mean, standard_deviation, upper)；

（3）**$dist_exponential**（seed, mean）；

（4）**$dist_poisson**（seed, mean）；

（5）**$dist_chi_square**（seed, degree_of_freedom）；

（6）**$dist_t**（seed, degree_of_freedom）；

（7）**$dist_erlang**（seed, k_stage, mean）。

其中：

（1）系统函数的所有参数都是整数值。对于系统函数 $dist_exponential、$dist_poisson、$dist_chi_square、$dist_t 和$dist_erlang 来说，参数 mean、degree_of_freedom 和 k_stage 应该大于 0。

（2）每个函数返回一个伪随机数，它们的特征是由函数名字确定的。换句话说，$dist_uniform 返回由其参数所指定区间内均匀分布的随机数。

[**例 5.267**] Verilog HDL 描述 **$dist_**函数的例子（1）。

```
reg [15:0] a ;
initial begin
  a = $dist_exponential(60, 24);
end
```

[**例 5.268**] Verilog HDL 描述 **$dist_**函数的例子（2）。

```
reg [15:0] a ;
initial begin
  a = $dist_erlang(60, 24, 7);
end
```

5.17.9　命令行输入

在仿真中，取代读取文件得到使用信息的另一种方法是用带有命令的指定信息来调用仿真器。这个信息是提供给仿真的一个可选参数的格式，以一个"+"字符开始，使得这些参数明显区别于其他仿真器参数。

1. $test $plusargs（string）

$test $plusargs 系统函数为用户指定的 string 查找 plusargs 的列表。这个字符串不包含命令行前面的"+"号。如果匹配，则返回非零的整数；否则返回 0。

[**例 5.269**] Verilog HDL 描述 $test $plusargs 的例子，如代码清单 5-83 所示。

代码清单 5-83　Verilog HDL 描述 $test $plusargs

```
module test;
 initial begin
   if($test $plusargs("HELLO")) $display("Hello argument found. ");
   if($test $plusargs("HE")) $display("The HE subset string is detected. ");
   if($test $plusargs("H")) $display("Argument starting with H found. ");
   if($test $plusargs("HELLO_HERE"))$display("Long argument. ");
   if($test $plusargs("HI")) $display("Simple greeting. ");
   if($test $plusargs("LO")) $display("Does not match. ");
```

```
        end
        endmodule
```

在 Vivado 2018.1 集成开发环境左侧的"Flow Navigator"窗口中，找到并鼠标右键单击 SIMULATION，出现浮动菜单。在浮动菜单内，选择 Simulation Settings，出现"Settings"对话框。在该对话框中，单击"Simulation"标签，如图 5.58 所示。在"Simulation"标签页中，找到名字为"xsim.simulate.xsim.more_options*"的一行，在其右侧的文本框中添加"-testplusarg 'HELLO'"。

对该设计执行行为级仿真的输出结果如图 5.59 所示。

| Compilation | Elaboration | **Simulation** | Netlist | Advanced |

xsim.simulate.tcl.post	
xsim.simulate.runtime	1000ns
xsim.simulate.log_all_signals	
xsim.simulate.custom_tcl	
xsim.simulate.wdb	
xsim.simulate.saif_scope	
xsim.simulate.saif	
xsim.simulate.saif_all_signals	
xsim.simulate.xsim.more_options*	-testplusarg "HELLO"

```
Hello argument found.
The HE subset string is detected.
Argument starting with H found.
```

图 5.58 "Settings"对话框中的"Simulation"标签页　　图 5.59 对设计执行行为级仿真的输出结果

2. $value $plusargs（user_string，variable）

$value $plusargs 系统函数为用户定义的 user_string 寻找 plusargs（类似于 $test $plusargs 系统函数）。系统函数内第一个参数指定的字符串作为一个字符串或者一个非实数变量（将其理解为一个字符串），字符串不包含命令行参数前面的"+"号。在命令行出现的 plusargs，按照所提供的顺序进行查找。如果提供的 plusargs 其中一个字头匹配所提供字符串的所有字符，则函数返回非零的整数，将字符串的剩余部分转换为 use_string 指定的类型，结果保存在所提供的变量中。如果没有找到匹配的字符串，系统函数返回一个整数 0，不修改所提供的变量。当函数返回 0 时，不产生警告信息。

user_string 是下面的格式，即 plusarg_stringformat_string，格式化字符串和 $display 系统任务相同。下面是合法的格式，即"%d"，十进制转换；"%o"，八进制转换；"%h"，十六进制转换；"%b"，二进制转换；"%e"，实数指数转换；"%f"，实数十进制转换；"%g"，实数十进制或指数转换；"%s"，字符串（没有转换）。

来自 plusargs 列表的第一个字符串提供给仿真器，匹配 user_string 指定的 plusarg_string 部分，用于转换的可用的 plusarg 字符串。匹配的 plusargs 的剩余字符串将从一个字符串转换为格式字符串指定的格式，并保存在所提供的变量中。如果没有剩余的字符串，保存到值为 0 的变量中或者为空的字符串。

如果变量的位宽大于转换后的值，则使用零填充值的高位部分；如果变量的位宽不足以保存转换后的值，则将转换后的值截断；如果值是负数，则将认为其大于所提供的变量；如果字符串中用于转换的字符无效，则将变量的值设置为 1'bx。

[例 5. 270] Verilog HDL 描述 $value $plusargs 的例子，如代码清单 5-84 所示。

代码清单 5-84　Verilog HDL 描述 $value $plusargs（1）

```verilog
`define STRING reg [1024 * 8:1]
module goodtasks;
  `STRING str;
  integer int;
  reg [31:0] vect;
  real realvar;
  initial
    begin
      if($value $plusargs("TEST=%d",int))
        $display("value was %d",int);
      else
        $display("+TEST= not found");
      #100 $finish;
    end
  endmodule
```

在 xsim. simulate. xsim. more_options 右侧的文本框中添加如下内容：

```
-testplusarg"TEST=123"
```

对该设计执行行为级仿真的输出结果如下所示：

```
value was          123
```

[例 5. 271] Verilog HDL 描述 $value $plusargs 的例子，如代码清单 5-85 所示。

代码清单 5-85　Verilog HDL 描述 $value $plusargs（2）

```verilog
module ieee1364_example;
  real frequency;
  reg [8 * 32:1] testname;
  reg [64 * 8:1] pstring;
  reg clk;
  initial
    begin
      if($value $plusargs("TESTNAME=%s",testname))
        begin
          $display(" TESTNAME= %s.",testname);
          $finish;
        end
      if( !($value $plusargs("FREQ+%0F",frequency)))
          frequency = 8.33333; //166MHz
          $display("frequency = %f",frequency);
          pstring = "TEST%d";
      if($value $plusargs(pstring, testname))
          $display("Running test number %0d.",testname);
    end
  endmodule
```

（1）在 xsim. simulate. xsim. more_options 右侧的文本框中添加如下内容：

　　　－testplusarg "TESTNAME＝bar"

对该设计执行行为级仿真的输出结果如下所示：

　　　TESTNAME＝　　　　　　　　bar.

（2）在 xsim. simulate. xsim. more_options 右侧的文本框中添加如下内容：

　　　－testplusarg "FREQ+9. 234"

对该设计执行行为级仿真的输出结果如下所示：

　　　frequency ＝ 9. 234000

（3）在 xsim. simulate. xsim. more_options 右侧的文本框中添加如下内容：

　　　－testplusarg "TEST23"

对该设计执行行为级仿真的输出结果如下所示：

　　　frequency ＝ 8. 333330
　　　Running test number 23.

5. 17. 10　数学函数

在 Verilog HDL 中，提供了整数数学函数和实数数学函数。数学函数可以用在常数表达式中。

1. 整数数学函数

［例 5. 272］Verilog HDL 描述整数数学函数的例子。

　　　integer result;
　　　result = **$clog2**(n);

系统函数 **$clog2** 将返回基于 2 对数的计算结果（对数向上舍入到一个整数值），参数可以是一个整数或一个任意宽度的向量值，将该系统函数中的参数看作无符号数。当参数值为 0 时，产生的结果也为 0。

这个系统函数可用于计算寻址一个给定大小存储器的地址宽度或表示给定数量状态所需的最小矢量位宽。

2. 实数数学函数

实数数学函数接受实数参数，返回实数结果，这些行为匹配等效的 C 语言标准数学库函数，如表 5. 50 所示。

表 5. 50　Verilog 到 C 实数数学函数交叉列表

Verilog 函数	等效的 C 函数	描　　述
$ln(x)	log(x)	自然对数
$log10(x)	log10(x)	基 10 对数
$exp(x)	exp(x)	指数

续表

Verilog 函数	等效的 C 函数	描　述
$sqrt(x)	sqrt(x)	均方根
$pow(x,y)	pow(x,y)	x^y
$floor(x)	floor(x)	向下取整
$ceil(x)	ceil(x)	向上舍入
$sin(x)	sin(x)	正弦
$cos(x)	cos(x)	余弦
$tan(x)	tan(x)	正切
$asin(x)	asin(x)	反正弦
$acos(x)	acos(x)	反余弦
$atan(x)	atan(x)	反正切
$atan2(x,y)	atan2(x,y)	(x/y)反正切
$hypot(x,y)	hypot(x,y)	sqrt(x * x+y * y)
$sinh(x)	sinh(x)	双曲正弦
$cosh(x)	cosh(x)	双曲余弦
$tanh(x)	tanh(x)	双曲正切
$asinh(x)	asinh(x)	反双曲正弦
$acosh(x)	acosh(x)	反双曲余弦
$atanh(x)	atanh(x)	反双曲正切

5.18　Verilog HDL 的 VCD 文件

值变转储（Value Change Dump，VCD）是一种基于 ASCII 码的文件格式，用于记录由 EDA 仿真工具产生的信号信息。存在两种类型的 VCD：

（1）四态 VCD 格式，随 IEEE1364—1995 一起发布，表示变量在 0、1、"x" 和 "z" 之间的改变（不包含强度信息）。

（2）扩展 VCD 格式，随 IEEE1364—2001 一起发布，表示变量状态信息和强度信息的改变。

> **注**：本章只介绍四态 VCD 格式，不涉及扩展 VCD 格式。

5.18.1　Vivado 创建四态 VCD 文件

在 Vivado 2018.1 集成开发环境中，提供了创建 VCD 文件的功能，主要步骤包括：

（1）在 Vivado 2018.1 集成开发环境中，运行仿真过程。

（2）在仿真主界面下，找到并单击 "Tcl Console" 标签。在该标签页底部的文本框中，依次输入并执行下面的命令：

① open_vcd

② log_vcd［get_object /<toplevel_testbench/uut/ * >］

③ run * ns

④ close_vcd

> 注：(1)"<>"中的内容与测试模块的名字和层次有关，在使用时应根据具体设计情况进行修改。
>
> (2)"*"表示具体的数字，设计者根据具体情况设置运行仿真的时间长度，如 run 1000ns。

当执行完上述 Tcl 脚本命令后，在 sim_1/behave/xsim 目录下，生成一个名字为"dump.vcd"的文件。

一段由 Vivado 2018.1 集成开发环境生成的 VCD 文件（dump.vcd 文件）的代码如代码清单 5-86 所示。

代码清单 5-86　dump.vcd 文件的内容

```
$date
        Sat Dec   8 18:15:11 2018
$end
$version
    2018.1
$end
$timescale
    1ps
$end
$scope module test $end
$scope module uut $end
$var wire 1 ! a $end
$var wire 1 " b $end
$var wire 6 # z [5:0] $end
$upscope $end
$upscope $end
$enddefinitions $end
#0
$dumpvars
1!
0"
b10110 #
$end
#1100000
1"
b100101 #
#1200000
0!
0"
b101010 #
#1300000
1"
b10110 #
#1400000
1!
```

```
0"
#1500000
1"
b100101 #
#1600000
0!
0"
b101010 #
#1700000
1"
b10110 #
#1800000
1!
0"
#1900000
1"
b100101 #
#2000000
0!
0"
b101010 #
```

5.18.2　Verilog 源创建四态 VCD 文件

从 Verilog 源文件创建四态 VCD 文件的过程如图 5.60 所示，步骤主要包括：

（1）在 Verilog 源文件中，插入 VCD 系统任务 $dumpfile，该任务用于定义转储文件，以及指定需要转储的变量。

（2）运行仿真。

VCD 文件是一个 ASCII 文件，它包含了头部信息、节点信息和在任务调用时所有指定变量的值变化。在 Verilog HDL 中，可将下面的系统任务插入到源文件中，用于创建和控制 VCD 文件。

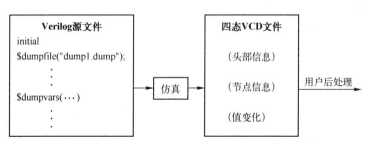

图 5.60　从 Verilog 源文件创建四态 VCD 文件的过程

1. 指定转储文件的名字（$dumpfile）

该系统任务用于指定 VCD 文件的名字，其语法格式为

> **$dumpfile**（filename）;

其中，filename（可选）为 VCD 文件的名字。如果没有指定 VCD 文件的名字，默认的 VCD 文件名为"dump. vcd"，如：

initial $dumpfile（"module1. dump"）；

2. 指定转储的变量（$dumpvars）

该任务列出了所有需要转储到由 $dumpfile 所指定文件的变量，可以在模型中（如在不同的块中）根据需要经常调用该任务，但是应该在相同的仿真时间执行所有的 $dumpvars 任务，该任务的语法格式为

$dumpvars ；

或：

$dumpvars（levels[, list_of_modules_or_variables]）；

其中，levels 表示每个指定模块例子下面的多少级转储到 VCD 文件中。当设置为 0 时，将指定模块内和指定模块下的所有模块实例的变量转储到 VCD 文件中。参数 0 应用于指定模块实例的第二个参数，不能用于单个的变量；list_of_modules_or_variables 指明需要转储到 VCD 文件中模块的范围。

[**例 5. 273**] Verilog HDL 描述 **$dumpvars** 系统任务的例子（1）。

$dumpvars（1, top）；

在该例子中，由于第一个参数是 1，所以这个调用将转储模块 top 内的所有变量，它不会转储由模块 top 所例化任何模块内的变量。

[**例 5. 274**] Verilog HDL 描述 **$dumpvars** 系统任务的例子（2）。

$dumpvars（0, top）；

在该例子中，$dumpvars 系统任务将转储模块 top 和 top 以下层次所有模块实例的变量。

[**例 5. 275**] Verilog HDL 描述 **$dumpvars** 系统任务的例子（3）。

$dumpvars（0, top. mod1, top. mod2. net1）；

在该例子中，$dumpvars 系统任务将转储模块 mod1 和其以下层次模块实例的所有变量，以及模块 mod2 内的变量 net1。参数 0 只用于模块实例 top. mod1，而不用于单个变量 top. mod2. net1。

3. 停止和继续转储（$dumpoff/ $dumpon）

执行 $dumpvars 系统任务，使得在当前仿真时间单位结束时开始转储变化的值。调用 $dumpoff 系统任务将停止转储，调用 $dumpon 系统任务将继续转储。

当执行 $dumpoff 系统任务时，会生成一个检查点，将其中每个选定的变量转储为"x"值。稍后执行 $dumpon 系统任务时，每个变量都会在当时转储其值。$dumpoff 和 $dumpon 的间隔不会转储任何更改的值，这两个任务提供了对仿真期间内所发生转储的控制机制。

[**例 5. 276**] Verilog HDL 描述调用 **$dumpoff** 和 **$dumpon** 系统任务的例子。

```
initial begin
    #10 $dumpvars(. . .);
```

```
    #200 $dumpoff；
    #800 $dumpon；
    #900 $dumpoff；
end
```

这个例子在 10 个时间单位后启动 VCD 文件，在 200 个时间单位（第 210 个时间单位）后停止，在 800 个时间单位（第 810 个时间单位）后重新开始，在 900 个时间单位（第 910 个时间单位）后停止。

4. 创建一个检查点（$dumpall）

系统任务 $dumpall 用于在 VCD 文件中创建一个检查点，显示所有选择变量当前的值，语法格式如下：

```
$dumpall；
```

当使能转储时，值转储器记录了在每个时间递增时刻变量值的变化，在时间递增时刻不会转储值没有变化的变量。

5. 限制转储文件的大小（$dumplimit）

系统任务 $dumplimit 用于设置 VCD 文件的大小，其语法格式如下：

```
$dumplimit（filesize）；
```

其中，参数 filesize 用于设置 VCD 文件的最大容量（以字节计）。当 VCD 文件的大小到达设置的这个值时，停止转储，并在 VCD 文件中插入一个注释，用来表示达到了转储的限制。

6. 在仿真期间读取转储文件（$dumpflush）

系统任务 $dumpflush 用于清空操作系统的 VCD 文件缓冲区，确保将所有缓冲区内的数据保存到 VCD 文件中，其语法格式为

```
$dumpflush；
```

在执行完 $dumpflush 系统任务后，继续转储不会丢失值的变化。调用 $dumpflush 的一个通常应用是更新存储文件，这样应用程序可以在仿真期间读取 VCD 文件。

[**例 5.277**] Verilog HDL 描述调用 $dumpflush 系统任务的例子。

```
initial begin
    $dumpvars；
        …
    $dumpflush；
    $（applications program）；
end
```

这个例子给出了在 Verilog HDL 源文件中使用 $dumpflush 系统任务的方法。

[**例 5.278**] Verilog HDL 描述生成 VCD 文件的例子。

```
module dump；
    event do_dump；
    initial $dumpfile（"verilog. dump"）；
```

```
    initial @do_dump
      $dumpvars;                            //转储设计中的变量
    always @do_dump                         //在 do_dump 事件时开始转储
    begin
      $dumpon;                              //第一次不影响
      repeat(500) @(posedge clock);         //转储 500 个周期
      $dumpoff;                             //停止转储
    end
    initial @(do_dump)
      forever#10000 $dumpall;               //所有变量的检查点
  endmodule
```

在这个例子中，转储文件的名字是 verilog.dump，它用于转储模型中所有变量值的变化。当发生事件 do_dump 时开始转储，持续 500 个时钟周期后停止，然后等待再次触发事件 do_dump。在每 10000 个时间步长，转储所有 VCD 变量当前的值。

5.18.3　四态 VCD 文件格式

转储文件以自由格式构建。命令之间用空格分隔，便于用文本编辑器阅读该文件。

VCD 文件以头部信息段开始，包含日期、用于仿真的仿真器版本号和使用的时间标度。随后，文件包含转储范围和变量的定义，后面跟着在每个仿真时间递增时真实变化的值。只列出在仿真期间值发生变化的变量。在 VCD 文件中记录的仿真时间是跟随变量值变化的仿真时间的绝对值。

对于每个实数值的变化，使用实数标识。对于所有其他变量值的变化，使用二进制格式 0、1、"x" 或 "z" 标识。不转储强度和存储器信息。

实数使用 printf 的 "%.16g" 格式转储，这保留了数字的精度，输出 64 位 IEEE 754 双精度数尾数中的 53 位。应用程序通过在 scanf( ) 中使用 "%g" 格式来读取实数。

值转储器产生字符标识符，用来表示变量。标识符是由可打印字符组成的码，它们是 ASCII 字符集，从 "!" 到 "～"（十进制数的 33 ～ 126）。

VCD 不支持转储部分矢量的机制，如一个 16 位矢量的第 8 ～ 15 位（[8:15]）不能转储到 VCD 文件，取而代之，转储整个矢量（[0:15]）。此外，在 VCD 文件中也不能转储表达式，如 a+b。

VCD 文件中的数据是大小写字母敏感的。

1. 变量值的格式

变量可以是标量或矢量，每个类型以它们自己的格式转储。当转储标量变量值的变化时，在值和标识符之间没有任何空白符。转储矢量值的变化时，在基数字母和数字之间不能有任何空白符，但是在数字和标识符之间可以有一个空白符。

每个值的输出格式都是右对齐的。向量的值以尽可能短的形式出现，即删除由左扩展值填充一个特殊向量宽度产生的冗余比特值。

向左扩展向量值的规则如表 5.51 所示。表 5.52 给出

表 5.51　向左扩展向量值的规则

当 值 为	VCD 左扩展
1	0
0	0
Z	Z
X	X

了 VCD 文件缩短值的方法，如表 5.52 所示。

表 5.52　VCD 文件缩短值的方法

二 进 制 值	扩展到 4 位寄存器	在 VCD 文件中显示
10	0010	b10
X10	XX10	bX10
ZX0	ZZX0	bZX0
0X10	0X10	b0X10

将事件以与标量相同的格式进行转储，如 1 * %，值（1）是不相关的。只有标识符（ * %）是重要的。在 VCD 文件中，用于指示在时间步长期间触发了事件。

2. 关键字命令描述

四态 VCD 文件的语法格式为

```
declaration_keyword
[ command_text ]
$end

simulation_keyword { value_change } $end
```

或：

```
$comment [ comment_text ] $end
```

或：

```
simulation_time
```

或：

```
value_change
```

其中，declaration_keyword 关键字包括 $comment、$date、$enddefinitions、$scope、$timescale、$upscope、$var 和 $version；simulation_keyword 关键字包括 $dumpall、$dumpoff、$dumpon 和 $dumpvars。

1）$comment

用于在 VCD 文件中插入一个注释，语法格式为

```
$comment comment_text $end
```

如下面给出的描述：

```
$comment This is a single-line comment $end
$comment This is a
    multiple-line comment
$end
```

2）$date

用于指示 VCD 文件生成的时间，语法格式为

> **$date** date_text **$end**

如下面给出的描述：

> **$date**
> 　　June 25，1989 09:24:35
> **$end**

3）$enddefinitions

用于标记头部信息和定义的结束，语法格式为

> **$enddefinitions $end**

4）$scope

定义了被转储变量的范围，语法格式为

> **$scope** scope_type scope_identifier **$end**

其中，scope_type 为类型的范围，包括 module、task、function、module、begin、fork。如下面给出的描述：

> **$scope**
> 　　**module** top
> **$end**

5）$timescale

标明仿真时所用的时间标度，语法格式为

> **$timescale** time_number time_unit **$end**

其中，time_number 为 1、10 或 100；time_unit 为 s、ms、us、ns、ps 或 fs。如下面给出的描述：

> **$timescale** 10 ns **$end**

6）$upscope

指示在一个设计层次中的范围更改为下一个较高的层次。其语法格式为

> **$upscope $end**

7）$var

打印正在转储变量的名字和标识符。其语法格式为

> **$var** var_type size identifier_code reference **$end**

其中：

（1）var_type 为变量类型，包括 event、integer、parameter、real、realtime、reg、supply0、supply1、time、tri、triand、trior、trireg、tri0、tri1、wand、wire、wor。

（2）size 为变量的位宽。

（3）identifier_code 为所指定变量的名字，它是可打印的 ASCII 字符。①msb index 表示最高有效位，lsb index 表示最低有效位。②可以有多个引用名字映射到相同的标识符。例

如，在一个电路中，可以将 net10 和 net15 进行互联，因此有相同的标识符。③向量中的各个位，可以单个进行转储。④标识符是模型中正在转储变量的名字。

> **注**：在该部分，uwire 类型的网络有一个 wire 类型的变量。

如下面给出的描述：

```
$var
        integer 32（2 index
$end
```

8）$version

表示使用哪个版本的 VCD 文件书写器用于生成 VCD 文件，使用 $dunpfile 系统任务创建文件。其语法格式为

```
$version version_text system_task $end
```

如下面给出的描述：

```
$version
    VERILOG-SIMULATOR 1. 0a
            $dumpfile（" dump1. dump" )
$end
```

9）dunppall

用于指示所有转储变量当前的值，其语法格式为

```
$dumpall｜value_changes｜$end
```

如下面给出的描述：

```
$dumpall 1*@　x*#　0*$　bx（k　$end
```

10）dumppff

表示用 x 值转储所有的变量，其语法格式为

```
$dumpoff｜value_changes｜$end
```

如下面给出的描述：

```
$dumpoff　x*@　x*#　x*$　bx（k　$end
```

11）dumpon

表示继续转储，并且列出所有转储变量当前的值，其语法格式为

```
$dumpon｜value_changes｜$end
```

如下面给出的描述：

```
$dumpon　x*@　0*#　x*$　b1（k　$end
```

12）dumpvars

列出所有转储变量的初始值，其语法格式为

```
$dumpvars│ value_changes │ $end
```

如下面给出的描述：

```
$dumpvars  x * @   z * $   b0 ( k   $end
```

5.19　Verilog HDL 编译器指令

Verilog HDL 编译器指令由重音符 "`" 开始，注意与撇号字符区分。编译器指令的范围从处理它的所有文件扩展到指向另一个编译器指令取代它或处理完成的点。

5.19.1　`celldefine 和`endcelldefine

这两个指令用于将模块标记为单元模块，它们表示包含模块定义。某些 PLI 使用单元模块用于这些应用，如延迟计算。

它们可以出现在源代码描述中的任何地方，但是推荐将其放在模块定义的外部。

[例 5.279] Verilog HDL 描述`celldefine 指令的例子。

```
`celldefine
    module my_and(y, a, b);
    output y;
    input a, b;
        assign y = a & b;
    endmodule
`endcelldefine
```

5.19.2　`default_nettype

该指令用于为隐含网络指定网络类型，也就是为那些没有说明的连线定义网络类型。它只可以出现在模块声明的外部，允许多个`default_netype 指令。

如果没有出现`default_netype 指令，或如果指定了`resetall 指令，隐含的网络类型为 wire。当`default_netype 设置为 none 时，将明确声明所有的网络。如果没有明确声明网络，则产生错误。`default_netype 指令的格式为

```
`default_nettype default_nettype_value
```

其中，default_nettype_value 的值可以是 wire、tri、tri0、tri1、wand、triand、wor、trior、trireg、uwire、none。

5.19.3　`define 和`undef

1. `define 指令

`define 指令用于替换文本，它很像 C 语言中的#define 指令生成一个文本宏。该指令既可以在模块内部定义，也可以在模块外部定义。一旦编译了`define 指令，它在整个编译过程中均有效。

如果已经定义了一个文本宏，那么在该宏名之前加上重音符号"`"就可以在源程序中引用它。

在编译器编译时，将会自动用相应文本块代替字符串`macro_name。Verilog HDL 中的所有编译指令都被看作预定义的宏名。要将一个编译指令重新定义为一个宏名是非法的。

一个文本宏定义可以带有一个参数。这样，就允许为每一个单独的应用定制文本宏，语法格式如下：

> **`define** text_macro_name macro_text

其中：

（1）text_macro_name 为文本的宏名字，其语法格式为

> text_macro_identifier[（list_of_formal_arguments）]

① text_macro_identifier 为宏标识符，要求是简单标识符。

② list_of_formal_arguments 为形参列表，一旦定义了一个宏名，就可以在源程序的任何地方使用它，没有范围限制。

（2）macro_text 为宏文本，可以是与宏名同行的任意指定文本。

① 如果指定的文本超过一行，那么新的一行需要以反斜杠（\）作为起始。这样反斜杠后面的文本也将作为宏文本的一部分参与宏替换。反斜杠并不参与宏替换，编译时将它忽略。

② 如果宏文本包含了一个单行注释语句（以"//"开始），该语句不属于替换文本，编译时不参与替换。

③ 宏文本可以是空白。

[例 5.280] Verilog HDL 描述`define 指令的例子。

> **`define** wordsize 8
> **reg**［1:`wordsize］data；
> //用可变的延迟定义一个 nand
> **`define** var_nand(dly) nand #dly
> `var_nand(2) g121（q21, n10, n11）；
> `var_nand(5) g122（q22, n10, n11）；

[例 5.281] Verilog HDL 描述非法使用`define 指令的例子。

> **`define** first_half "start of string
> **$display**(`first_half end of string"）；

2. `undef 指令

`undef 指令用于取消前面定义的宏。如果先前并没有使用`define 指令进行宏定义，那么使用`undef 指令将会出现一个警告。`undef 指令的语法格式如下：

> **`undef** text_macro_identifier

一个取消了的宏没有值，就如同没有被定义一样：

> **`define** SIZE 8
> **`define** xor_b(x,y) (x & !y)│(!x & y)

```
//下面将这样使用这些文本宏
reg [`SIZE - 1 : 0] data_out;
c = `xor_b(a, b);
`undef SIZE
```

5.19.4　`ifdef、`else、`elsif、`endif、`ifndef

1. `ifdef 编译器命令

编译指令`ifdef、`else、`endif 用于条件编译，语法格式如下：

```
`ifdef text_macro_identifier
ifdef_group_of_lines
{`elsif text_macro_identifier elsif_group_of_lines }
[`else else_group_of_lines ]
`endif
```

其中：

（1）text_macro_identifier 为 Verilog HDL 文本宏的名字。

（2）ifdef_group_of_lines、elsif_group_of_lines、else_group_of_lines 是 Veriog HDL 源描述的一部分。

`ifdef、`else、`elsif、`endif 编译器命令以下面的行为一起工作：

（1）当遇到`ifdef 时，测试`ifdef 文本宏标识符，查看在 Verilog HDL 源文件描述中是否使用`define 作为一个文本宏名字。

（2）如果`ifdef 定义了文本宏标识符，则对`ifdef 所包含的行作为描述的一部分进行编译。如果还有`else 或者`elsif 编译器指令，则忽略这些编译器指令和相关的行组。

（3）如果没有定义`ifdef 文本宏标识符，则忽略`ifdef 所包含的行。

（4）如果有`elsif 编译器指令，测试`elsif 文本宏标识符，查看在 Verilog HDL 源文件描述中是否使用`define 作为一个文本宏名字。

（5）如果`elsif 定义了文本宏标识符，则对`elsif 所包含的行作为描述的一部分进行编译。如果还有`else 或者`elsif 编译器指令，则忽略这些编译器指令和相关的行组。

（6）如果没有定义第一个`elsif 文本宏标识符，则忽略第一个`elsif 所包含的行。

（7）如果有多个`elsif 编译器命令，将按照它们在 Verilog HDL 源文件中的描述顺序和评估第一个`elsif 编译器指令的方法对这些指令进行评估。

（8）如果有一个`else 编译器命令，将`else 所包含的行作为描述的一部分进行编译。

[例 5.282] Verilog HDL 描述`ifdef 指令的例子（1），如代码清单 5-87 所示。

代码清单 5-87　Verilog HDL 描述`ifdef 指令（1）

```
module and_op (a, b, c);
output a;
input b, c;
`ifdef behavioral
    wire a = b & c;
`else
    and a1 (a,b,c);
```

```
        `endif
    endmodule
```

[例 5.283] Verilog HDL 描述 `ifdef 指令的例子 (2)，如代码清单 5-88 所示。

代码清单 5-88　Verilog HDL 描述 `ifdef 指令 (2)

```
`define wow
`define nest_one
`define second_nest
`define nest_two

module test;
    `ifdef wow
      initial $display("wow is defined");
        `ifdef nest_one
          initial $display("nest_one is defined");
            `ifdef nest_two
              initial $display("nest_two is defined");
            `else
              initial $display("nest_two is not defined");
            `endif
        `else
            initial $display("nest_one is not defined");
        `endif
    `else
        initial $display("wow is not defined");
        `ifdef second_nest
            initial $display("second_nest is defined");
        `else
            initial $display("second_nest is not defined");
        `endif
    `endif
endmodule
```

2. `ifndef 编译器命令

编译指令 `ifndef、`else、`endif 用于条件编译，语法格式如下：

```
`ifndef text_macro_identifier
ifndef_group_of_lines
{ `elsif text_macro_identifier elsif_group_of_lines }
[ `else else_group_of_lines ]
`endif
```

其中：

（1）text_macro_identifier 为 Verilog HDL 文本宏的名字。

（2）ifndef_group_of_lines、elsif_group_of_lines、else_group_of_lines 是 Verilog HDL 源描述的一部分。

`ifndef、`else、`elsif、`endif 编译器命令以下面的行为一起工作：

（1）当遇到`ifndef 时，测试`ifdef 文本宏标识符，查看在 Verilog HDL 源文件描述中是否使用`define 作为一个文本宏名字。

（2）如果`ifndef 没有定义文本宏标识符，则对`ifndef 所包含的行作为描述的一部分进行编译。如果还有`else 或者`elsif 编译器指令，则忽略这些编译器指令和相关的行组。

（3）如果定义`ifndef 文本宏标识符，则忽略`ifndef 所包含的行。

（4）如果有`elsif 编译器指令，测试`elsif 文本宏标识符，查看在 Verilog HDL 源文件描述中是否使用`define 作为一个文本宏名字。

（5）如果`elsdef 定义文本宏标识符，则对`elsdef 所包含的行作为描述的一部分进行编译。如果还有`else 或者`elsif 编译器指令，则忽略这些编译器指令和相关的行组。

（6）如果没有定义第一个`elsif 文本宏标识符，则忽略第一个`elsif 所包含的行。

（7）如果有多个`elsif 编译器命令，将按照它们在 Verilog HDL 源文件中的描述顺序和评估第一个`elsif 编译器指令的方法对这些指令进行评估。

（8）如果有一个`else 编译器命令，将`else 所包含的行作为描述的一部分进行编译。

[例 5.284] Verilog HDL 描述`ifndef 指令的例子，如代码清单 5-89 所示。

代码清单 5-89　Verilog HDL 描述`ifndef 指令

```
module test;
  `ifdef first_block
    `ifndef second_nest
      initial $display("first_block is defined");
    `else
      initial $display("first_block and second_nest defined");
    `endif
  `elsif second_block
    initial $display("second_block defined, first_block is not");
  `else
    `ifndef last_result
      initial $display("first_block, second_block, last_result not defined.");
    `elsif real_last
      initial $display("first_block, second_block not defined,"
        " last_result and real_last defined.");
    `else
      initial $display("Only last_result defined!");
    `endif
  `endif
endmodule
```

5.19.5　`include

在编译期间，`include 编译器指令用于嵌入另一个文件的内容，既可以用相对路径定义文件，也可以用全路径名定义文件，语法格式为

```
`include "filename"
```

使用`include 编译器指令的优势主要体现在：

（1）提供了配置管理不可分割的一部分；

（2）改善了 Verilog HDL 源文件描述的组织结构；

（3）便于维护 Verilog HDL 源文件的描述。

[**例 5. 285**]　Verilog HDL 描述`include 指令的例子。

```
`include " parts/count. v"
`include "fileB" //包含 fileB
```

5. 19. 6　`resetall

当编译器遇到`resetall 指令时，将所有的编译指令重新设置为默认值。推荐在源文件的开始放置`resetall 指令，禁止将`resetall 指令放置在模块内或者 UDP 声明中，语法格式为

```
`resetall
```

5. 19. 7　`line

对于 Verilog 工具来说，跟踪 Verilog HDL 源文件的名字和文件的行号非常重要，这些信息可用于对错误消息或源代码进行调试，Verilog PL1 可以访问它。

然而，在很多情况下，Verilog 源文件由其他工具进行了预处理。由于预处理工具可能在 Verilog HDL 源文件中添加了额外的行，或将多个源代码行合并为一行，或并置多个源文件等，可能会丢失原始的源文件和行信息。

`line 编译器指令可以用于指定的原始源代码的行号和文件名。如果其他过程修改了源文件，它允许定位原始的文件。当指定了新的行号和文件名，编译器可以正确地定位原始的源文件位置。然而，这要求相应的工具产生`line 指令，其语法格式为

```
`line number "filename" level
```

其中，number 是一个正整数，用于指定跟随文本行的行号；filename 是一个字符串常量，将其看作文件的新名字。文件名可以是全路径名字或相对路径名字；level 参数的取值可以是 0、1 或 2。当取 1 时，输入一个 include 行后的下一行作为第一行；当取 2 时，当退出一个 inlcude 行后的下一行作为第一行；当取 0 时，指示任何其他行。

[**例 5. 286**]　Verilog HDL 描述`line 指令的例子。

```
`line 3 " orig. v" 2
//该行是 orig. v 存在 include 文件后的第 3 行
```

5. 19. 8　`timescale

在 Verilog HDL 模型中，所有时延都用单位时间表述。使用`timescale 编译器指令将时间单位与实际时间相关联，该指令用于定义时延的单位和时延精度，指令格式为

```
`timescale time_unit/time_precision
```

其中，time_unit 指定用于定义时间和延迟测量的单位；time_precision 用于在仿真前确定四舍五入的延迟值。time_precision 的时间单位不能大于 time_unit 的时间单位。

这些参数的整数用于指定值大小的数量级，有效的整数为 1、10 或 100。字符串表示测量单位，有效的字符串为 s、ms、us、ns、ps 和 fs。

[例 5.287] Verilog HDL 描述`timescale 指令的例子（1）。

```
`timescale 1 ns / 1 ps
`timescale 10 us / 100 ns
```

[例 5.288] Verilog HDL 描述`timescale 指令的例子（2），如代码清单 5-90 所示。

代码清单 5-90　Verilog HDL 描述`timescale 指令（2）

```
`timescale 10 ns / 1 ns
module test;
reg set;
parameter d = 1.55;
initial begin
    #d set = 0;
    #d set = 1;
end
endmodule
```

根据时间精度，参数 d 的值从 1.55 四舍五入到 1.6。模块的时间单位是 10ns，精度是 1ns，因此将参数 d 的延迟标定到 16ns。

5.19.9 `unconnected_drive 和`nounconnected_drive

当一个模块所有未连接的端口出现在`unconnected_drive 和`nounconnected_drive 指令之间时，将这些未连接的端口上拉或下拉，而不是通常的默认值。

指令`unconnected_drive 使用 pull1/pull0 参数中的一个。当指定 pull1 时，所有未连接的端口自动上拉；当指定 pull0 时，所有未连接的端口自动下拉。

建议成对使用`unconnected_drive 和`nounconnected_drive 指令，但不是强制要求，这些指令在模块外部成对指定。

`resetall 指令包括`nounconnected_drive 指令的效果。

[例 5.289] Verilog HDL 描述`nounconnected_drive/ `unconnected_drive 指令的例子。

```
`unconnected_drive pull1
module my_and(y, a, b);
output y;
input a, b;
    assign y = a & b;
endmodule
module test;
reg b;
wire y;
    my_and u1 (y, ,b);
endmodule
`nounconnected_drive
```

5.19.10 `pragma

`pragma 指令是一个结构化的描述，它改变对 Verilog HDL 源文件的解释。由该指令引入的描述称为编译指示。其语法格式为

> `pragma pragma_name [pragma_expression { , pragma_expression }]

其中，pragma_name 为编译指示的名字，可以是从 "$" 开头的系统标识符或一般标识符；pragma_expression 为编译指示表达式。

> 注：reset 和 resetall 编译指示将恢复默认值和 pragma_keywords 所影响的状态。

5.19.11 `begin_keywords 和`end_keyword

`begin_keywords 和`end_keyword 一对指令用于在一个源代码块中，基于不同版本的 IEEE Std1364 标准，确定用于关键字的保留字。该对指令只指定那些作为保留关键字的标识符。只能在设计元素（模块、原语和配置）外指定该关键字，并且需要成对使用，语法格式为

> `begin_keywords "version_specifier"
> 　　…
> `end_keyword

其中，version_specifier 为可选参数，包括 1364–1995、1364–2001、1364–2001–noconfig、1364–2005。

[例 5.290] Verilog HDL 描述`begin_keywords 和`end_keyword 指令的例子。

```
`begin_keywords "1364-2001"    //使用 IEEE Std 1364-2001Verilog 关键字
module m2 (…);
reg [63:0] logic;              //logic 不是 1364-2001 的关键字
…
endmodule
`end_keywords
```

5.20　Verilog HDL （IEEE 1364—2005） 关键字列表

Verilog HDL（IEEE 1364—2005）关键字如图 5.61 所示。

思考与练习 5-31：利用加法和移位实现一个 4×4 的有符号乘法器，并对该设计执行行为级仿真，具体要求如下：

（1）设计模块的端口宽度用参数声明，这样便于在仿真的时候可以通过例化修改参数的值，从而改变乘法器的位宽。

（2）使用函数声明加法和移位实现乘法运算的具体过程，然后在设计模块中调用该函数。

always	ifnone	rnmos
and	incdir	rpmos
assign	include	rtran
automatic	initial	rtranif0
begin	inout	rtranif1
buf	input	scalared
bufif0	instance	showcancelled
bufif1	integer	signed
case	join	small
casex	large	specify
casez	liblist	specparam
cell	library	strong0
cmos	localparam	strong1
config	macromodule	supply0
deassign	medium	supply1
default	module	table
defparam	nand	task
design	negedge	time
disable	nmos	tran
edge	nor	tranif0
else	noshowcancelled	tranif1
end	not	tri
endcase	notif0	tri0
endconfig	notif1	tri1
endfunction	or	triand
endgenerate	output	trior
endmodule	parameter	trireg
endprimitive	pmos	unsigned[1]
endspecify	posedge	use
endtable	primitive	uwire
endtask	pull0	vectored
event	pull1	wait
for	pulldown	wand
force	pullup	weak0
forever	pulsestyle_onevent	weak1
fork	pulsestyle_ondetect	while
function	rcmos	wire
generate	real	wor
genvar	realtime	xnor
highz0	reg	xor
highz1	release	
if	repeat	

图 5.61　Verilog HDL（IEEE 1364—2005）关键字

（3）在行为级仿真中，调用 \$display 显示在给定不同的乘数和被乘数时得到的乘法运算结果。

第 6 章　基本数字逻辑单元 Verilog HDL 描述

任何复杂的数字系统可以用若干基本逻辑单元组合和时序逻辑单元组合来实现。基本逻辑单元一般分为组合逻辑电路和时序逻辑电路两大类，这两类基本逻辑电路是构成复杂数字系统的基石。

本章首先对这些基本单元的 Verilog HDL 描述方法进行详细介绍。在此基础上，详细介绍更复杂数字逻辑单元的 Verilog HDL 描述方法，包括数据运算操作、存储器、有限自动状态机和算法状态机。

读者在学习本章内容时，要掌握基本数字逻辑单元的实现原理，并能够高效使用 Verilog HDL 描述各种不同的数字逻辑单元，为实现复杂数字系统设计打下坚实基础。

6.1　组合逻辑电路 Verilog HDL 描述

组合逻辑电路的输出状态只决定于同一时刻各个输入状态的组合，与先前的状态无关。组合逻辑电路主要包括基本逻辑门、编码器、译码器、多路选择器、数据比较器、总线缓冲器等。

6.1.1　逻辑门 Verilog HDL 描述

Verilog HDL 语言提供了多种描述风格和不同的逻辑运算符用于描述基本组合逻辑。

[例 6.1]　基本门电路的 Verilog HDL 描述的例子，如代码清单 6-1、6-2 和 6-3 所示。

代码清单 6-1　基本门电路的 Verilog HDL 描述（1）

```
module g1(o,a,b,c,d);
input a,b,c,d;
output reg o;
always @ (a or b or c or d)
begin
  o=(~(a&b)) | (b&c&d);
end
endmodule
```

代码清单 6-2　基本门电路的 Verilog HDL 描述（2）

```
module g2(o,a,b,c,d);
input a,b,c,d;
output o;
  assign o=(~(a&b)) | (b&c&d);
endmodule
```

代码清单 6-3　基本门电路的 Verilog HDL 描述（3）

```verilog
module g3(o,a,b,c,d);
input a,b,c,d;
output o;
    nand(o1,a,b);
    and(o2,b,c,d);
    or(o,o1,o2);
endmodule
```

思考与练习 6-1：定位到本书所提供资料的/eda_verilog/example6_1/project_1 路径下，在 Vivado 2018.1 集成开发环境中打开 project_1.xprj 工程，查看上面代码的 RTL 级和综合后的结构，说明 Verilog HDL 代码和具体结构之间的关系。

6.1.2　编码器 Verilog HDL 描述

将某一信息用一组按一定规律排列的二进制代码表示称为编码，如 8421 码和 BCD 码等。

[**例 6.2**] 8/3 线编码器的 Verilog HDL 描述的例子，如代码清单 6-4 所示。

代码清单 6-4　8/3 线编码器的 Verilog HDL 描述

```verilog
module v_priority_encoder_1(sel,code);
input [7:0] sel;
output [2:0] code;
reg [2:0] code;
always @(sel)
begin
    if (sel[0]) code = 3'b000;
    else if (sel[1]) code = 3'b001;
    else if (sel[2]) code = 3'b010;
    else if (sel[3]) code = 3'b011;
    else if (sel[4]) code = 3'b100;
    else if (sel[5]) code = 3'b101;
    else if (sel[6]) code = 3'b110;
    else if (sel[7]) code = 3'b111;
    else code = 3'bxxx;
end
endmodule
```

思考与练习 6-2：定位到本书所提供资料的/eda_verilog/example6_2/project_1 路径下，在 Vivado 2018.1 集成开发环境中打开 project_1.xprj 工程，查看上面代码的 RTL 级和综合后的结构，说明 Verilog HDL 代码和具体结构之间的关系。

6.1.3　译码器 Verilog HDL 描述

将某一特定的代码变换为原始信息的过程称为译码。译码是编码的逆过程，即从一组按一定规律排列的二进制数还原出原始信息。本节以 3-8 译码器、十六进制数转换为七段码，以及十六进制数转换为 BCD 码为例，详细介绍译码器的 Verilog HDL 描述方法。

1. 3-8 译码器的设计

[**例 6.3**] 3-8 译码器的 Verilog HDL 描述的例子，如代码清单 6-5 所示。

代码清单 6-5　3/8 译码器的 Verilog HDL 描述

```verilog
module v_decoders_1 (sel, res);
input [2:0] sel;
output [7:0] res;
reg [7:0] res;
always @ (sel or res)
begin
    case (sel)
        3'b000 : res = 8'b00000001;
        3'b001 : res = 8'b00000010;
        3'b010 : res = 8'b00000100;
        3'b011 : res = 8'b00001000;
        3'b100 : res = 8'b00010000;
        3'b101 : res = 8'b00100000;
        3'b110 : res = 8'b01000000;
        default : res = 8'b10000000;
    endcase
end
endmodule
```

思考与练习 6-3：定位到本书所提供资料的/eda_verilog/example6_3/project_1 路径下，在 Vivado 2018.1 集成开发环境中打开 project_1.xprj 工程，查看上面代码的 RTL 级和综合后的结构，说明 Verilog HDL 代码和具体结构之间的关系。

2. 十六进制数转换为七段码的设计

[**例 6.4**] 十六进制数转换为共阳极七段码的 Verilog HDL 描述的例子，如代码清单 6-6 所示。

代码清单 6-6　十六进制数转换为共阳极七段码的 Verilog HDL 描述

```verilog
module seven_segment_led(o,i);
input[3:0] i;
output reg[6:0] o;
always @ (i)
begin
    case (i)
        4'b0001 : o = 7'b1111001;    //1
        4'b0010 : o = 7'b0100100;    //2
        4'b0011 : o = 7'b0110000;    //3
        4'b0100 : o = 7'b0011001;    //4
        4'b0101 : o = 7'b0010010;    //5
        4'b0110 : o = 7'b0000010;    //6
        4'b0111 : o = 7'b1111000;    //7
        4'b1000 : o = 7'b0000000;    //8
        4'b1001 : o = 7'b0010000;    //9
```

```
                        4'b1010 : o = 7'b0001000;    //A
                        4'b1011 : o = 7'b0000011;    //b
                        4'b1100 : o = 7'b1000110;    //C
                        4'b1101 : o = 7'b0100001;    //d
                        4'b1110 : o = 7'b0000110;    //E
                        4'b1111 : o = 7'b0001110;    //F
                        default : o = 7'b1000000;    //0
                    endcase
                end
            endmodule
```

思考与练习 6-4：定位到本书所提供资料的/eda_verilog/example6_4/project_1 路径下，在 Vivado 2018.1 集成开发环境中打开 project_1. xprj 工程，查看上面代码的 RTL 级和综合后的结构，说明 Verilog HDL 代码和具体结构之间的关系。

3. 十六进制数转换为 BCD 码的设计

如果以十进制数显示十六进制的运算结果时，需要使用 BCD 码。十六进制数到 BCD 码的转换方法包括：

（1）化简真值表，得到最简逻辑表达式（本书第 2 章详细介绍过这种方法）；

（2）使用移位后加 3 的方法。

本节使用移位后加 3 的方法将十六进制数转换为 BCD 码。将两位十六进制数（以 8 位二进制数表示，范围为 00 ～ FF）转换为三位 BCD 码（范围为 000 ～ 255）的过程，如表 6.1 所示，主要步骤包括：

表 6.1　将十六进制数 EC 转换为 BCD 码 236 的过程

操　　作	百　　位	十　　位	个　　位	十六进制数	
十六进制				E	C
开始				1 1 1 0	1 1 0 0
第 1 次移位			1	1 1 0 1	1 0 0
第 2 次移位			1 1	1 0 1 1	0 0
第 3 次移位			1 1 1	0 1 1 0	0
加 3			1 0 1 0	0 1 1 0	0
第 4 次移位		1	0 1 0 0	1 1 0 0	—
第 5 次移位		1 0	1 0 0 1	1 0 0	—
加 3		1 0	1 1 0 0	1 0 0	—
第 6 次移位		1 0 1	1 0 0 1	0 0	—
加 3		1 0 0 0	1 1 0 0	0 0	—
第 7 次移位	1	0 0 0 1	1 0 0 0	0	—
加 3	1	0 0 0 1	1 0 1 1	0	—
第 8 次移位	1 0	0 0 1 1	0 1 1 0	—	—
最终得到 BCD	2	3	6		

（1）将二进制数向左移一位；

（2）如果移动了 8 次，则在百位、十位和个位列中均出现 BCD 码；

（3）当任意一列 BCD 的值大于或等于 5 时，该列 BCD 的值加 3；

（4）返回第 1 步。

[**例 6.5**] 十六进制数转换为 BCD 码的 Verilog HDL 描述的例子，如代码清单 6-7 所示。

代码清单 6-7　十六进制数转换为 BCD 码的 Verilog HDL 描述

```verilog
module binbcd8 (
input wire [7:0] b,
output reg [9:0] p
);
reg [17:0] z;
integer i;
always @ ( * )
  begin
    for(i=0;i<=17;i=i+1)
      z[i]=0;
    z[10:3]=b;
repeat(5)
begin
  if(z[11:8]>4)
    z[11:8]=z[11:8]+3;
  if(z[15:12]>4)
    z[15:12]=z[15:12]+3;
    z[17:1]=z[16:0];
end
 p=z[17:8];
end
endmodule
```

思考与练习 6-5：定位到本书所提供资料的/eda_verilog/example6_5/project_1 路径下，在 Vivado 2018.1 集成开发环境中打开 project_1. xprj 工程，查看上面代码的 RTL 级和综合后的结构，说明 Verilog HDL 代码和具体结构之间的关系。

6.1.4　多路选择器 Verilog HDL 描述

在数字系统中，经常需要把多个不同通道的信号发送到公共的信号通道上，通过多路选择器可以实现这一功能。在数字系统设计中，常使用 case 和 if 语句描述多路选择器。

[**例 6.6**] 4:1 多路选择器的 Verilog HDL 描述的例子，如代码清单 6-8 和 6-9 所示。

代码清单 6-8　4:1 多路选择器的 Verilog HDL 描述（1）

```verilog
module v_multiplexers_1 (a, b, c, d, s, o);
input a,b,c,d;
input [1:0] s;
outputreg o;
always @ ( a or b or c or d or s )
```

```
begin
    if (s = = 2'b00) o = a;
    else if (s = = 2'b01) o = b;
    else if (s = = 2'b10) o = c;
    else o = d;
end
endmodule
```

代码清单 6-9　4:1 多路选择器的 Verilog HDL 描述（2）

```
module full_mux (sel, i1, i2, i3, i4, o1);
input [1:0] sel;
input [1:0] i1, i2, i3, i4;
output [1:0] o1;
reg [1:0] o1;
always @ (sel or i1 or i2 or i3 or i4)
begin
    case (sel)
        2'b00: o1 = i1;
        2'b01: o1 = i2;
        2'b10: o1 = i3;
        2'b11: o1 = i4;
    endcase
end
endmodule
```

思考与练习6-6：定位到本书所提供资料的/eda_verilog/example6_6_1/project_1 路径下，在 Vivado 2018.1 集成开发环境中打开 project_1.xprj 工程，查看上面代码的 RTL 级和综合后的结构，说明 Verilog HDL 代码和具体结构之间的关系。

思考与练习6-7：定位到本书所提供资料的/eda_verilog/example6_6_2/project_1 路径下，在 Vivado 2018.1 集成开发环境中打开 project_1.xprj 工程，查看上面代码的 RTL 级和综合后的结构，说明 Verilog HDL 代码和具体结构之间的关系。

[**例6.7**] 三态缓冲区建模4:1多路选择器的 Verilog HDL 描述的例子，如代码清单6-10所示。

使用三态缓冲语句也可以描述多路数据选择器，4:1 多路选择器三态的原理如图6.1所示。

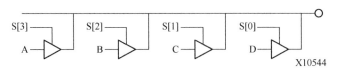

图 6.1　4:1 多路选择器三态的原理

代码清单 6-10　三态缓冲区建模 4:1 多路选择器的 Verilog HDL 描述

```
module v_multiplexers_3 (a, b, c, d, s, o);
input a,b,c,d;
```

```
input [3:0] s;
output o;
assign o = s[3] ? a :1'bz;
assign o = s[2] ? b :1'bz;
assign o = s[1] ? c :1'bz;
assign o = s[0] ? d :1'bz;
endmodule
```

思考与练习 6-8：定位到本书所提供资料的/eda_verilog/example6_7/project_1 路径下，在 Vivado 2018.1 集成开发环境中打开 project_1.xprj 工程，查看上面代码的 RTL 级和综合后的结构，说明 Verilog HDL 代码和具体结构之间的关系。

6.1.5　数字比较器 Verilog HDL 描述

比较器就是对输入数据进行比较，并判断其大小的逻辑电路。在数字系统中，比较器是基本的组合逻辑单元之一，使用关系运算符可以描述比较器的功能。

[**例6.8**] 数字比较器的 Verilog HDL 描述的例子，如代码清单 6-11 所示。

代码清单 6-11　数字比较器的 Verilog HDL 描述

```
module v_comparator_1 (A, B, CMP);
input [7:0] A;
input [7:0] B;
output CMP;
assign CMP = (A >= B) ? 1'b1 : 1'b0;
endmodule
```

思考与练习 6-9：定位到本书所提供资料的/eda_verilog/example6_8/project_1 路径下，在 Vivado 2018.1 集成开发环境中打开 project_1.xprj 工程，查看上面代码的 RTL 级和综合后的结构，说明 Verilog HDL 代码和具体结构之间的关系。

6.1.6　总线缓冲器 Verilog HDL 描述

总线是一组相关信号的集合。计算机系统常用的总线有数据总线、地址总线和控制总线。由于总线上经常需要连接很多的设备，因此必须正确控制总线的输入和输出，这样才不会产生总线访问的冲突。

[**例6.9**] 三态缓冲器的 Verilog HDL 描述的例子，如代码清单 6-12 和 6-13 所示。

代码清单 6-12　三态缓冲器的 Verilog HDL 描述 （1）

```
module v_three_st_1 (T, I, O);
input T, I;
output reg O;
always @ (T or I)
begin
  if ( ~T) O = I;
  else O = 1'bZ;
end
endmodule
```

代码清单 6-13   三态缓冲器的 Verilog HDL 描述（2）

```
module v_three_st_2 (T, I, O);
input T, I;
output O;
assign O = ( ~T) ? I: 1'bZ;
endmodule
```

思考与练习 6-10：定位到本书所提供资料的/eda_verilog/example6_9_1/project_1 路径下，在 Vivado 2018. 1 集成开发环境中打开 project_1. xprj 工程，查看上面代码的 RTL 级和综合后的结构，说明 Verilog HDL 代码和具体结构之间的关系。

思考与练习 6-11：定位到本书所提供资料的/eda_verilog/example6_9_2/project_1 路径下，在 Vivado 2018. 1 集成开发环境中打开 project_1. xprj 工程，查看上面代码的 RTL 级和综合后的结构，说明 Verilog HDL 代码和具体结构之间的关系。

[**例 6.10**] 双向缓冲器的 Verilog HDL 描述的例子，如代码清单 6-14 和 6-15 所示。

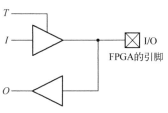

Xilinx FPGA 内双向缓冲器的结构如图 6.2 所示。当 T = 1 时，I 对 I/O 引脚呈现高阻状态；当 T = 0 时，I→I/O。也就是说，从 I 输出到 I/O 引脚是有条件的，而 I/O→O 是无条件的。因此，可以通过 Verilog HDL 的连续分配语句对双向缓冲器进行建模。

图 6.2   双向缓冲器的结构

代码清单 6-14   双向缓冲器的 Verilog HDL 描述（1）

```
module bidir (
        inout IO,
        input I,
        output O,
        input T
);
assign O=IO;
assign IO=T ? 1'bz: I ;
endmodule
```

此外，可以直接通过在模块中例化 I/O 原语的方式实现双向缓冲器的功能，读者可以在下面给出的 Vivado 安装路径中找到这些原语的模型：

d:\xilinx\vivado\2018. 1\data\verilog\src\unisims

代码清单 6-15   双向缓冲器的 Verilog HDL 描述（2）

```
module bidir (
        inout IO,
        input I,
        output O,
        input T
);
IOBUF Inst_IOBUF(. O(O) ,. IO(IO) ,. I(I) ,. T(T) );
endmodule
```

思考与练习6-12：定位到本书所提供资料的/eda_verilog/example6_10_1/project_1 路径下，在 Vivado 2018.1 集成开发环境中打开 project_1. xprj 工程，查看上面代码的 RTL 级和综合后的结构，说明 Verilog HDL 代码和具体结构之间的关系。

思考与练习6-13：定位到本书所提供资料的/eda_verilog/example6_10_2/project_1 路径下，在 Vivado 2018.1 集成开发环境中打开 project_1. xprj 工程，查看上面代码的 RTL 级和综合后的结构，说明 Verilog HDL 代码和具体结构之间的关系。

6.2　数据运算操作 Verilog HDL 描述

数据运算操作主要包含加法操作、减法操作、乘法操作和除法操作，由这 4 种运算单元和逻辑运算单元一起，可以完成复杂数学运算。在 Verilog HDL 语言中，提供了丰富的数据运算操作的运算符，用于描述行为级和 RTL 级的数据运算操作。

6.2.1　加法操作 Verilog HDL 描述

在 Verilog HDL 中，提供了用于加法操作的运算符"+"，可以实现行为级和 RTL 级描述。

[**例6.11**] 包含进位输入和输出的无符号 8 位加法操作的 Verilog HDL 描述的例子，如代码清单 6-16 所示。

代码清单6-16　包含进位输入和输出的无符号8位加法操作的 Verilog HDL 描述

```
module v_adders_2(A, B, CI, SUM);
input [7:0] A;
input [7:0] B;
input CI;
output [7:0] SUM;
    assign SUM = A + B + CI;
endmodule
```

> **注**：(1) 当把端口显式声明为 signed 时，执行有符号运算。在 Verilog HDL 中，通过在端口声明中包含/不包含 signed 关键字来区分执行的是有符号运算/无符号运算，这点特别重要！
>
> (2) 当在 module 关键字前面添加属性声明（* use_dsp48 = "yes" *）时，将使用 FPGA 内专用的 DSP 切片实现不同的运算。

思考与练习6-14：定位到本书所提供资料的/eda_verilog/example6_11/project_1 路径下，在 Vivado 2018.1 集成开发环境中打开 project_1. xprj 工程，查看上面代码的 RTL 级和综合后的结构，说明 Verilog HDL 代码和具体结构之间的关系。

6.2.2　减法操作 Verilog HDL 描述

在 Verilog HDL 中，提供了用于减法操作的运算符"−"，可以实现行为级和 RTL 级描述。

[**例6.12**] 包含借位的无符号 8 位减法器的 Verilog HDL 描述的例子，如代码清单 6-17 所示。

代码清单6-17　包含借位的无符号8位减法器的Verilog HDL描述

```
module v_adders_8(A, B, BI, RES);
input [7:0] A;
input [7:0] B;
input BI;
output [7:0] RES;
    assign RES = A – B – BI;
endmodule
```

思考与练习6-15：定位到本书所提供资料的/eda_verilog/example6_12/project_1路径下，在Vivado 2018.1集成开发环境中打开project_1.xprj工程，查看上面代码的RTL级和综合后的结构，说明Verilog HDL代码和具体结构之间的关系。

6.2.3　乘法操作Verilog HDL描述

在Verilog HDL中，提供了用于乘法操作的运算符"＊"，可以实现行为级和RTL级描述。

[**例6.13**] 8位和4位无符号乘法操作的Verilog HDL描述的例子，如代码清单6-18所示。

代码清单6-18　8位和4位无符号乘法操作的Verilog HDL描述

```
module v_multipliers_1(A, B, RES);
input [7:0] A;
input [3:0] B;
output [11:0] RES;
    assign RES = A ＊ B;
endmodule
```

思考与练习6-16：定位到本书所提供资料的/eda_verilog/example6_13/project_1路径下，在Vivado 2018.1集成开发环境中打开project_1.xprj工程，查看上面代码的RTL级和综合后的结构，说明Verilog HDL代码和具体结构之间的关系。

6.2.4　除法操作Verilog HDL描述

在Verilog HDL语言中提供了除法运算符号，用于实现任意数的除法操作。

> **注**：在FPGA中尽量少使用除法运算，这是因为该运算会消耗FPGA内部大量的逻辑设计资源。

[**例6.14**] 8位无符号数除法操作的Verilog HDL描述的例子，如代码清单6-19所示。

代码清单6-19　8位无符号数除法操作的Verilog HDL描述

```
module div(
    input [7:0] numerator,
    input [7:0] denominator,
    output [7:0] quotient,
    output [7:0] remainder
    );
assign quotient = numerator/denominator;
```

```
assign remainder = numerator % denominator;
endmodule
```

思考与练习6-17：定位到本书所提供资料的/eda_verilog/example6_14/project_1 路径下，在 Vivado 2018. 1 集成开发环境中打开 project_1. xprj 工程，查看上面代码的 RTL 级和综合后的结构，说明 Verilog HDL 代码和具体结构之间的关系。

6.2.5　算术逻辑单元 Verilog HDL 描述

前面几节介绍了加法器和减法器的 Verilog HDL 设计代码。通过增加一些逻辑操作，设计一个叫作算术/逻辑单元（Arithmetic Logic Unit，ALU）的模块。由于 ALU 包含了所希望实现的功能集，因此很容易通过替换/扩展来实现其他不同的运算功能。

类似于前面的复用开关有选择线一样，ALU 也有选择线来控制所要使用的操作。表 6.2 给出了在 ALU 所要实现的算术和逻辑功能，4 位 ALU 的符号如图 6.3 所示。

表 6.2　ALU 所要实现的算术和逻辑功能

alusel[2:0]	功能	输出
000	传递 a	a
001	加法	a+b
010	第 1 种减法	a-b
011	第 2 种减法	b-a
100	逻辑非	not a
101	逻辑与	a and b
110	逻辑或	a or b
111	逻辑异或	a xor b

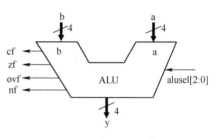

图 6.3　4 位 ALU 的符号

由于 ALU 完成 8 种功能，所以选择线为 3 位。此外，ALU 也提供 4 位的 y 输出和 4 个标志位。cf 为进位标志，ovf 为溢出标志，zf 为零标志，nf 为符号标志（当输出结果的第 4 位为 1 时，表示负数）。

为了进一步说明进位标志和溢出标志的不同，以一个 8 位的有符号加法运算为例。当无符号数相加的结果大于 255 时，设置进位标志。当有符号数相加的结果不在 $-128 \sim +127$ 范围内时，设置溢出标志。考虑下面的几个例子（最高位为符号位）：

$$53_{10}+25_{10}=35_{16}+19_{16}=78_{10}=4E_{16}, cf=0, ovf=0$$
$$53_{10}+91_{10}=35_{16}+5B_{16}=144_{10}=90_{16}, cf=0, ovf=1$$
$$53_{10}-45_{10}=35_{16}+D3_{16}=8_{10}=108_{16}, cf=1, ovf=0$$
$$-98_{10}-45_{10}=9E_{16}+D3_{16}=-143_{10}=171_{16}, cf=1, ovf=1$$

溢出标志 ovf 满足下面的关系：

ovf=（第六位向第七位进位）xor（第七位向 cf 进位）

[例 6.15]　算术逻辑单元的 Verilog HDL 描述的例子，如代码清单 6-20 所示。

代码清单 6-20　算术逻辑单元的 Verilog HDL 描述

```
module ALU(
input wire [2:0] alusel,
```

```verilog
input wire [3:0] a,
input wire [3:0] b,
output reg nf,
output reg zf,
output reg cf,
output reg ovf,
output reg [3:0] y
);
reg [4:0] temp;
always @ ( * )
    begin
        cf = 0;
        ovf = 0;
        temp = 5'b00000;
        case ( alusel)
            3'b000 : y = a;
            3'b001 :
                begin
                    temp = {1'b0,a} + {1'b0,b};
                    y = temp[3:0];
                    cf = temp[4];
                    ovf = y[3] ^ a[3] ^ b[3] ^ cf;
                end
            3'b010 :
                begin
                    temp = {1'b0,a} - {1'b0,b};
                    y  = temp[3:0];
                    cf = temp[4];
                    ovf = y[3] ^ a[3] ^ b[3] ^cf;;
                end
            3'b011 :
                begin
                    temp = {1'b0,b} - {1'b0,a};
                    y = temp[3:0];
                    cf = temp[4];
                    ovf = y[3] ^ a[3] ^ b[3] ^ cf;
                end
            3'b100 : y = ~a;
            3'b101 : y = a & b;
            3'b110 : y = a | b;
            3'b111 : y = a ^ b;
            default : y = a;
        endcase
        nf = y[3];
        if( y = = 4'b0000)
            zf = 1;
        else
            zf = 0;
```

```
          end
        endmodule
```

思考与练习 6-18：定位到本书所提供资料的/eda_verilog/example6_15/project_1 路径下，在 Vivado 2018.1 集成开发环境中打开 project_1.xprj 工程，查看上面代码的 RTL 级和综合后的结构，说明 Verilog HDL 代码和具体结构之间的关系。

6.3　时序逻辑电路 Verilog HDL 描述

时序逻辑电路的输出状态不仅与输入变量的状态有关，而且还与系统原先的状态有关。时序逻辑电路最重要的特点是存在着记忆单元部分。时序逻辑电路主要包括触发器和锁存器、计数器、移位寄存器、脉冲宽度调制等。

6.3.1　触发器和锁存器 Verilog HDL 描述

触发器和锁存器是时序逻辑电路的最基本单元，它们具有记忆信息的能力。触发器靠有效边沿记忆信息，而锁存器靠有效电平记忆信息，这是二者最重要的区别。

1. D 触发器 Verilog HDL 描述

D 触发器是数字电路中应用最多的一种时序电路。表 6.3 给出了带时钟使能和异步复位/置位的 D 触发器的真值表，其符号如图 6.4 所示。

表 6.3　D 触发器的真值表

输		入			输出
CLR	PRE	CE	D	C	Q
1	×	×	×	×	0
0	1	×	×	×	1
0	0	0	×	×	无变化
0	0	1	0	↑	0
0	0	1	1	↑	1

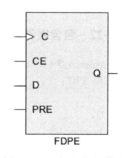

图 6.4　D 触发器的符号

[**例 6.16**] 包含时钟使能和异步复位/置位的 D 触发器的 Verilog HDL 描述的例子，如代码清单 6-21 所示。

代码清单 6-21　包含时钟使能和异步复位/置位的 D 触发器的 Verilog HDL 描述

```
module v_registers_5 (C, D, CE, PRE, Q);
input C, CE, PRE;
input D;
output reg Q;
always @ (posedge C or posedge PRE)
begin
  if (PRE) Q <= 1'b1;
  else
    if (CE) Q <= D;
```

```
end
endmodule
```

在上面的描述中，使用异步复位/置位模式，即先判断异步复位/置位信号是否有效，然后判断时钟的边沿。在异步复位/置位模式的敏感向量表中，出现时钟和复位/置位信号。

思考与练习 6-19：定位到本书所提供资料的/eda_verilog/example6_16/project_1 路径下，在 Vivado 2018.1 集成开发环境中打开 project_1.xprj 工程，查看上面代码的 RTL 级和综合后的结构，如图 6.5 所示，说明 Verilog HDL 代码和具体结构之间的关系。

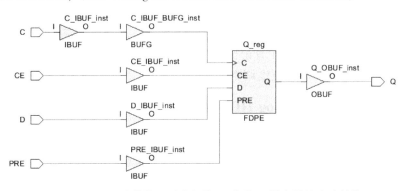

图 6.5　包含时钟使能和异步复位/置位的 D 触发器的电路结构

[**例 6.17**]　包含时钟使能和同步复位/置位的 D 触发器的 Verilog HDL 描述的例子，如代码清单 6-22 所示。

代码清单 6-22　包含时钟使能和同步复位/置位的 D 触发器的 Verilog HDL 描述

```
module v_registers_5 (C, D, CE, PRE, Q);
input C, CE, PRE;
input D;
output reg Q;
always @ (posedge C)
begin
  if (PRE) Q <= 1'b1;
  else
    if (CE) Q <= D;
end
endmodule
```

在上面的描述中，使用同步复位/置位模式，只有在时钟的边沿才判断复位/置位信号是否有效。在同步复位/置位模式的敏感向量表中只出现时钟信号。

思考与练习 6-20：定位到本书所提供资料的/eda_verilog/example6_17/project_1 路径下，在 Vivado 2018.1 集成开发环境中打开 project_1.xprj 工程，查看上面代码的 RTL 级和综合后的结构，如图 6.6 所示，说明 Verilog HDL 代码和具体结构之间的关系。

思考与练习 6-21：请说明同步复位电路和异步复位电路在实现上的本质区别。

2. 锁存器 Verilog HDL 描述

[**例 6.18**]　锁存器的 Verilog HDL 描述的例子，如代码清单 6-23 所示。

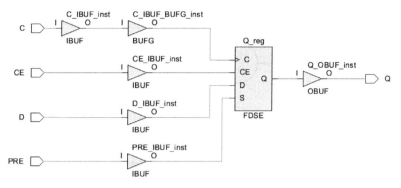

图 6.6 包含时钟使能和同步复位/置位的 D 触发器的电路结构

代码清单 6-23 锁存器的 Verilog HDL 描述

```
module v_latches_2 (gate,data,set, Q);
inputgate, data, set;
output Q;
reg Q;
always @ (gate,data,set)
begin
    if (!set)   Q = 1'b0;
    else if( gate) Q = data;
end
endmodule
```

思考与练习 6-22：定位到本书所提供资料的/eda_verilog/example6_18/project_1 路径下，在 Vivado 2018.1 集成开发环境中打开 project_1. xprj 工程，查看上面代码的 RTL 级和综合后的结构，如图 6.7 所示，说明 Verilog HDL 代码和具体结构之间的关系。

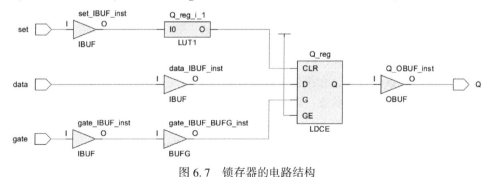

图 6.7 锁存器的电路结构

6.3.2 计数器 Verilog HDL 描述

根据计数器触发方式的不同，将计数器分为同步计数器和异步计数器。当赋予计数器更多的功能时，计数器可以实现更复杂的功能。计数器是常用定时器的核心部件，当计数器输出定时控制信号时，计数器也就成为了定时器。本书中主要介绍同步计数器的设计。

1. 通用计数器 Verilog HDL 描述

一个 3 位二进制计数器可以实现八进制（计数范围 0 ~ 7）计数功能，其状态变换过程如图 6.8 所示。

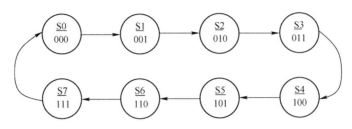

图 6.8　3 位八进制计数器状态图

[例 6.19] 3 位八进制计数器的 Verilog HDL 描述的例子，如代码清单 6-24 所示。

代码清单 6-24　3 位八进制计数器的 Verilog HDL 描述

```
module count3(
    input wire clk,
    input wire clr,
    output reg [2:0] q
    );
always @ ( posedge clk or posedge clr)
    begin
      if(clr == 1)
        q <= 0;
      else
        q <= q + 1;
    end
endmodule
```

思考与练习 6-23：定位到本书所提供资料的/eda_verilog/example6_19/project_1 路径下，在 Vivado 2018.1 集成开发环境中打开 project_1. xprj 工程，查看上面代码的 RTL 级和综合后的结构，说明 Verilog HDL 代码和具体结构之间的关系。

2. 任意进制计数器 Verilog HDL 描述

下面以五进制计数器为例，介绍任意进制计数器的实现方法。五进制计数器可在 0 ～ 4 的范围内反复计数，即有 5 个状态，输出范围为 $(000)_2 \sim (100)_2$。

[例 6.20] 五进制计数器的 Verilog HDL 描述的例子，如代码清单 6-25 所示。

代码清单 6-25　五进制计数器的 Verilog HDL 描述

```
module mod5cnt(
    input wire clr,
    input wire clk,
    output reg [2:0] q
    );
always @ ( posedge clr or posedge clk)
    begin
      if(clr == 1)
        q <= 0;
      else if( q == 4)
```

```
            q <= 0;
        else
            q <= q + 1;
    end
endmodule
```

思考与练习 6-24：定位到本书所提供资料的/eda_verilog/example6_20/project_1 路径下，在 Vivado 2018.1 集成开发环境中打开 project_1.xprj 工程，查看上面代码的 RTL 级和综合后的结构，说明 Verilog HDL 代码和具体结构之间的关系。

3. 时钟分频器 Verilog HDL 描述

本部分将设计分频器，使用 25 位的计数器作为时钟的分频因子。该设计将由 50MHz 的时钟产生 190Hz 的时钟和 47.7Hz 的时钟信号，计数器的每位和分频时钟的关系如表 6.4 所示。

表 6.4　分频时钟频率和计数器的关系（输入时钟 50MHz）

$q(i)$	频率（Hz）	周期（ms）	$q(i)$	频率（Hz）	周期（ms）
0	25000000.00	0.00004	12	6103.52	0.16384
1	12500000.00	0.00008	13	3051.76	0.32768
2	6250000.00	0.00016	14	1525.88	0.65536
3	3125000.00	0.00032	15	762.94	1.31072
4	1562500.00	0.00064	16	381.47	2.62144
5	781250.00	0.00128	17	190.73	5.24288
6	390625.00	0.00256	18	95.37	10.48576
7	195312.50	0.00512	19	47.68	20.97152
8	97656.25	0.01024	20	23.84	41.94304
9	48828.13	0.02048	21	11.92	83.88608
10	24414.06	0.04096	22	5.96	167.77216
11	12207.03	0.08192	23	2.98	335.54432

[例 6.21] 时钟分频器的 Verilog HDL 描述的例子，如代码清单 6-26 所示。

代码清单 6-26　时钟分频器的 Verilog HDL 描述

```
module clkdiv(
    input wire clr,
    input wire mclk,
    output wire clk190,
    output wire clk48
    );
reg [24:0] q;
always @ (posedge mclk or posedge clr)
    begin
    if(clr == 1)
        q <= 0;
```

```
        else
                q <= q + 1;
        end

    assign clk190 = q[17];
    assign clk48 = q[19];
    endmodule
```

思考与练习 6-25：定位到本书所提供资料的/eda_verilog/example6_21/project_1 路径下，在 Vivado 2018.1 集成开发环境中打开 project_1.xprj 工程，查看上面代码的 RTL 级和综合后的结构，说明 Verilog HDL 代码和具体结构之间的关系。

6.3.3 移位寄存器 Verilog HDL 描述

本节将介绍通用移位寄存器 Verilog HDL 描述、环形移位寄存器 Verilog HDL 描述、消抖电路 Verilog HDL 描述和时钟脉冲电路 Verilog HDL 描述。

1. 通用移位寄存器 Verilog HDL 描述

一个 N 位移位寄存器包含 N 个触发器。如图 6.9 所示，在每一个时钟脉冲内，数据从一个触发器移动到另一个触发器。从移位寄存器的左边输入串行数据 data_in，在每个时钟沿到来时，q3 移动到 q2，q2 移动到 q1，q1 移动到 q0。下面用结构化方式对 16 位的移位寄存器进行描述。

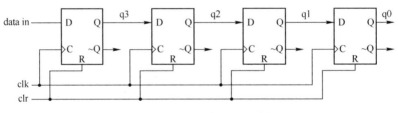

图 6.9 4 位移位寄存器的结构

[**例 6.22**] 例化元件实现 16 位串入/串出移位寄存器的 Verilog HDL 描述的例子，如代码清单 6-27 所示。

代码清单 6-27 例化元件实现 16 位串入/串出移位寄存器的 Verilog HDL 描述

```
module shift16(
    input a,
    input clk,
    output b
    );
wire [15:0] z;
assign z[0] = a;
assign b = z[15];
genvar i;
    generate
        for (i=0; i<15; i=i+1)
        begin: g1
```

```
                    dff Dffx (z[i],clk,z[i+1]);
                end
            endgenerate
        endmodule
```

思考与练习 6-26：定位到本书所提供资料的/eda_verilog/example6_22/project_1 路径下，在 Vivado 2018.1 集成开发环境中打开 project_1.xprj 工程，查看上面代码的 RTL 级和综合后的结构，说明 Verilog HDL 代码和具体结构之间的关系。

此外，在 Verilog HDL 语言中，对移位寄存器通过下面 3 种 RTL 级方式描述：①预定义的移位操作符描述；②for 循环语句描述；③并联操作符描述。

[例 6.23] 预定义移位操作符实现逻辑左移的 Verilog HDL 描述的例子，如代码清单 6-28 所示。

代码清单 6-28　预定义移位操作符实现逻辑左移的 Verilog HDL 描述

```
module logical_shifter_3(
    input [7:0] DI,
    input [1:0] SEL,
    output reg[7:0] SO
    );
always @ ( DI or SEL)
  begin
    case ( SEL)
        2'b00: SO = DI;
        2'b01: SO = DI << 1;
        2'b10: SO = DI << 2;
        2'b11: SO = DI << 3;
      default: SO = DI;
    endcase
  end
endmodule
```

思考与练习 6-27：定位到本书所提供资料的/eda_verilog/example6_23/project_1 路径下，在 Vivado 2018.1 集成开发环境中打开 project_1.xprj 工程，查看上面的代码 RTL 级和综合后的结构，说明 Verilog HDL 代码和具体结构之间的关系。

[例 6.24] for 循环语句实现 16 位移位寄存器的 Verilog HDL 描述的例子，如代码清单 6-29 所示。

代码清单 6-29　for 循环语句实现 16 位移位寄存器的 Verilog HDL 描述

```
module shift_registers_1 (
    input c,
    input si,
    output so
    );
reg [15:0] tmp;
integer i;
assign so=tmp[15];
```

```
always @ ( posedge c )
begin
   for( i = 0; i < 15; i = i+1)
       tmp[ i+1] <= tmp[ i];
       tmp[ 0] <= si;
end
endmodule
```

思考与练习6-28：定位到本书所提供资料的/eda_verilog/example6_24/project_1 路径下，在 Vivado 2018.1 集成开发环境中打开 project_1. xprj 工程，查看上面代码的 RTL 级和综合后的结构，说明 Verilog HDL 代码和具体结构之间的关系。

[例 6.25] 并置操作实现 16 位串入/并出移位寄存器的 Verilog HDL 描述的例子，如代码清单6-30 所示。

代码清单6-30　并置操作实现 16 位串入/并出移位寄存器的 Verilog HDL 描述

```
module shift_register_5(
    input SI,
    input clk,
    output reg[ 15:0] PO
    );
reg[ 15:0] temp = 0;
always @ ( posedge clk)
   begin
   temp <= { temp[ 14:0], SI};
   PO <= temp;
   end
endmodule
```

思考与练习6-29：定位到本书所提供资料的/eda_verilog/example6_25/project_1 路径下，在 Vivado 2018.1 集成开发环境中打开 project_1. xprj 工程，查看上面代码的 RTL 级和综合后的结构，说明 Verilog HDL 代码和具体结构之间的关系。

2. 环形移位寄存器 Verilog HDL 描述

如图 6.10 所示，如果将前面移位寄存器的输出 q0 连接到 q3 的输入端，则移位寄存器变成了环形移位寄存器。

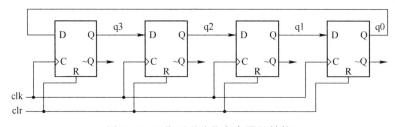

图 6.10　4 位环形移位寄存器的结构

[例 6.26] 4 位右移环形移位寄存器的 Verilog HDL 描述的例子，如代码清单 6-31 所示。

代码清单 6-31　4 位右移环形移位寄存器的 Verilog HDL 描述

```
module ring4(
    input wire clk,
    input wire clr,
    output reg [3:0] q
    );
always @ (posedge clk or posedge clr)
begin
    if( clr == 1)
        q <= 1;
    else
      begin
          q[3] <= q[0];
          q[2:0] <= q[3:1];
      end
end
endmodule
```

思考与练习 6-30：定位到本书所提供资料的/eda_verilog/example6_26/project_1 路径下，在 Vivado 2018. 1 集成开发环境中打开 project_1. xprj 工程，查看上面代码的 RTL 级和综合后的结构，说明 Verilog HDL 代码和具体结构之间的关系。

3. 消抖电路 Verilog HDL 描述

按键时，不可避免地会引起按键抖动，大约需要毫秒级的时间才能稳定下来。也就是说，输入到 FPGA 的按键信号并不是直接从 0 变到 1，而是在毫秒级时间内在 0 和 1 之间进行交替变化。由于时钟信号比按键抖动变化得更快，因为会把错误的信号锁存在寄存器中，这对于时序电路来说是非常严重的问题。因此，需要消抖电路来消除按键的抖动，如图 6.11 所示。

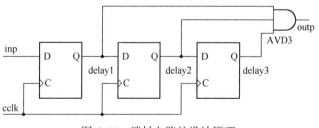

图 6.11　消抖电路的设计原理

[**例 6.27**] 消抖电路的 Verilog HDL 描述的例子，如代码清单 6-32 所示。

代码清单 6-32　消抖电路的 Verilog HDL 描述

```
module debounce4(
input wire [3:0] inp,
input wire cclk,
input wire clr,
output wire [3:0] outp
);
```

```
reg [3:0] delay1;
reg [3:0] delay2;
reg [3:0] delay3;

always @ ( posedge cclk or posedge clr)
begin
    if( clr == 1)
        begin
            delay1 <= 4'b0000;
            delay2 <= 4'b0000;
            delay3 <= 4'b0000;
        end
    else
        begin
            delay1 <= inp;
            delay2 <= delay1;
            delay3 <= delay2;
        end
end
assign outp = delay1 & delay2 & delay3;
endmodule
```

思考与练习6-31：定位到本书所提供资料的/eda_verilog/example6_27/project_1 路径下，在 Vivado 2018.1 集成开发环境中打开 project_1. xprj 工程，查看上面代码的 RTL 级和综合后的结构，说明 Verilog HDL 代码和具体结构之间的关系。

4. 时钟脉冲电路 Verilog HDL 描述

时钟脉冲逻辑电路如图 6.12 所示。与前面消抖电路不同，输入到逻辑与门的 delay3 来自触发器 Q 的互补输出端。图 6.13 给出了该电路的仿真结果。

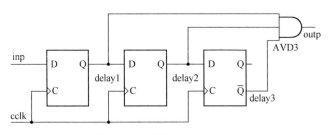

图 6.12　时钟脉冲逻辑电路

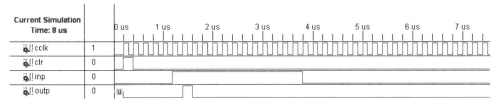

图 6.13　时钟脉冲逻辑电路的仿真结果

[**例 6.28**] 时钟脉冲生成单元的 Verilog HDL 描述的例子，如代码清单 6-33 所示。

代码清单 6-33　时钟脉冲生成单元的 Verilog HDL 描述

```verilog
module clock_pulse(
input wire inp,
input wire cclk,
input wire clr,
output wire outp
);
reg delay1;
reg delay2;
reg delay3;

always @ ( posedge cclk or posedge clr)
begin
    if( clr == 1)
        begin
            delay1 <= 0;
            delay2 <= 0;
            delay3 <= 0;
        end
    else
        begin
            delay1 <= inp;
            delay2 <= delay1;
            delay3 <= delay2;
        end
end
assign outp = delay1 & delay2 & ~ delay3;
endmodule
```

思考与练习 6-32：定位到本书所提供资料的 /eda_verilog/example6_28/project_1 路径下，在 Vivado 2018.1 集成开发环境中打开 project_1.xprj 工程，查看上面代码的 RTL 级和综合后的结构，说明 Verilog HDL 代码和具体结构之间的关系。

6.3.4　脉冲宽度调制 Verilog HDL 描述

本节将介绍使用脉冲宽度调制技术（Pluse Width Modulation，PWM）来控制直流电机的方法。

当连接电机或其他负载时，可能向数字电路（如 CPLD、FPGA 和 MCU）流入很大的电流，因此最安全和最容易的方法是使用一些类型的固态继电器（Solid State Relay，SSR）。如图 6.14 所示，数字电路将小的电流（5 ～ 10mA）输入到引脚 1 和引脚 2，这时将导通固态继电器内的 LED，来自 LED 的光将导通 MOSFET，这将允许引脚 3 和引脚 4 之间流经很大的电流。这种光电耦合电路将数字电路隔离开，从而降低电路的噪声并防止对数字电路造成的破坏。

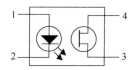

图 6.14　固态继电器

SSR 适合于控制直流负载。然而，一些 SSR 有两个 MOSFET 和背对背的二极管，用来控制交流负载。当使用直流或交流 SSR 时，需要确认 SSR 能够处理所使用的电压和电流负载。通常，需要为电机提供独立的电源，将两个地连在一起。

例如，使用 G3VM-61B1/E1 固态继电器 SSR，该 SSR 是欧姆龙公司的一个 6 脚的 MOS-FET 继电器，能用作直流或交流 SSR。最大的交流负载电压是 60V，最大负载电流是 500mA（将两个 MOSFET 并联后可为直流负载提供 1A 电流）。

直流电机的速度取决于电机的电压，电压越高，电机转动越快。如果需要电机以恒定的速度旋转，将引脚 4 和电源连接起来，将电机连在引脚 3 和地之间（也可以将引脚 3 连接到地，将电机连接到引脚 4 和电源之间）。连接到电机的电源极性决定了电机的转动方式。如果转动方向错误，只需要改变电机的两个连接端子。如果使用数字电路改变电机的方向，需要使用 H 桥。SN75440 是包含 4 个半桥的驱动器芯片，它能够管理两个双向运行的电机，其供电电压可以达到 36V，负载电流可以达到 1A。

使用数字电路来控制电机的速度，通常使用图 6.15 所示的 PWM 信号波形。脉冲周期恒定，而脉冲的高电平时间（称为占空）可变。占空比表示为

$$占空比 = \frac{占空}{周期} \times 100\%$$

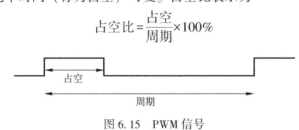

图 6.15　PWM 信号

PWM 信号的直流平均值与占空比的关系。50% 占空比的 PWM 其直流值为 PWM 信号最大值的 1/2。如果通过电机的电压与 PWM 成正比，简单地改变脉冲占空比就可以改变电机的转速，PWM 控制直流电机的电路如图 6.16 所示。

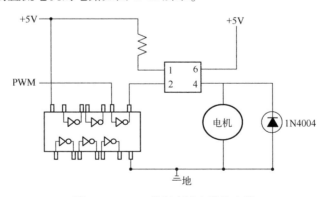

图 6.16　PWM 控制直流电机的电路

[**例 6.29**] PWM 控制电机的 Verilog HDL 描述的例子，如代码清单 6-34 所示。

代码清单 6-34　PWM 控制电机的 Verilog HDL 描述

```
module pwmN
# ( parameter N   = 4)
```

```
( input wire clk,
  input wire clr,
  input wire [N−1:0] duty,
  input wire [N−1:0] period,
  output reg pwm
);
reg [N−1:0] count;
always @ ( posedge clk or posedge clr )
  if( clr == 1 )
      count <= 0;
  else if( count == period−1 )
      count <= 0;
  else
      count <= count + 1;

always @ ( * )
  if( count < duty )
      pwm <= 1;
  else
      pwm <= 0;
endmodule
```

思考与练习 6-33：定位到本书所提供资料的/eda_verilog/example6_29/project_1 路径下，在 Vivado 2018.1 集成开发环境中打开 project_1.xprj 工程，查看上面代码的 RTL 级和综合后的结构，说明 Verilog HDL 代码和具体结构之间的关系。

6.4　存储器 Verilog HDL 描述

本节将使用 Verilog HDL 描述 ROM 和 RAM 模型，并实现对它们的访问。

6.4.1　ROM 的 Verilog HDL 描述

在 Verilog HDL 中，可通过读取文件或变量赋值的方法初始化 ROM。在对 ROM 进行读访问时，需要提供合适的读控制信号和地址信号，这样才能够正确读取 ROM 内不同存储单元的数据。

本节使用 FPGA 内的 BRAM 作为 ROM，其符号如图 6.17 所示。其中，EN 为使能信号，ADDR 为地址信号，CLK 为时钟信号，DATA 为数据信号。

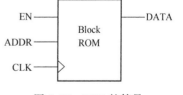

图 6.17　ROM 的符号

[**例 6.30**] ROM 的 Verilog HDL 描述的例子，如代码清单 6-35 所示。

代码清单 6-35　ROM 的 Verilog HDL 描述

```
module rom(
    input en,
    input [5:0] addr,
    input clk,
    output reg[19:0] data
```

```
    );
parameter ADDRESS_WIDTH = 6;
localparam rom_depth = 2 * * ADDRESS_WIDTH - 1;
  ( * rom_style = "block" * )   reg [19:0] memory[0:rom_depth];   //声明存储器的深度和宽度
  initial                                              //属性 rom_style 声明使用 BRAM 实现 memory
  begin
      $readmemh("text.txt", memory);  //读取 text.txt 文件的内容以初始化 memory
  end

  always @ ( posedge clk )
  begin
     if( en)
         data<=memory[addr];                              //从存储器中读取数据
     end
  endmodule
```

> **注**：应将 text.txt 文件和设计源文件保存在同一个目录下。在 text.txt 文件中，每一行放置一个十六进制数据，数据后面不要添加其他分割符。

思考与练习 6-34：定位到本书所提供资料的/eda_verilog/example6_30/project_1 路径下，在 Vivado 2018.1 集成开发环境中打开 project_1.xprj 工程，查看上面代码的 RTL 级和综合后的结构，说明 Verilog HDL 代码和具体结构之间的关系。

6.4.2   RAM 的 Verilog HDL 描述

RAM 提供了读和写控制信号，因此可以实现对 RAM 的读和写访问。在读写 RAM 时，需要满足控制信号的时序要求。本节将 FPGA 内的 BRAM 配置为单端口模式，其符号如图 6.18 所示。其中，EN 为使能信号，WE 为写信号，DI 为数据输入信号，ADDR 为地址信号，CLK 为时钟信号，DO 为数据输出信号。

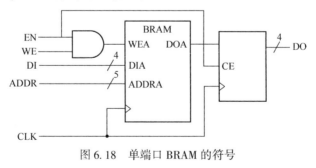

图 6.18   单端口 BRAM 的符号

[例 6.31] 单端口 BRAM 的 Verilog HDL 描述的例子，如代码清单 6-36 所示。

代码清单 6-36   单端口 BRAM 的 Verilog HDL 描述

```
module rams_01(
    input clk,
    input we,
    input en,
    input [5:0] addr,
```

```
        input [15:0] di,
        output reg[15:0] do
        );
    reg [15:0] RAM [63:0];
    always @ (posedge clk)
        begin
        if(en)
        begin
            if(we)
            RAM[addr] <= di;
            do  <= RAM[addr];
        end
        end
    endmodule
```

思考与练习 6-35：定位到本书所提供资料的/eda_verilog/example6_31/project_1 路径下，在 Vivado 2018.1 集成开发环境中打开 project_1.xprj 工程，查看上面代码的 RTL 级和综合后的结构，说明 Verilog HDL 代码和具体结构之间的关系。

6.5　有限自动状态机 Verilog HDL 描述

本书第 2 章详细介绍了有限自动状态机的原理和使用门电路构建有限自动状态机的方法，本节将介绍使用 Verilog HDL 描述不同状态机模型的方法。

6.5.1　FSM 设计原理

有限自动状态机（FSM）或简单的状态机用于设计计算机程序和时序逻辑电路。人们将它设想为一个抽象的机器，包含有限数量用户定义的状态。在任意一个时刻，FSM 只能处于一种状态，将它在任何给定时间所处的状态称为当前状态。当由触发事件或条件启动时，它可以从一种状态变化到另一种状态，将其称为迁移（过渡）。由状态列表和用于每个过渡的触发条件定义一个特定的 FSM。

在现代社会的许多设备中，可以观察到状态机的行为。根据事件序列出现的前后顺序，状态机执行一系列预定义的行为。一个简单的例子就是自动售货机，当塞进正确组合的硬币时，它们将为消费者分配正确的产品；另一个例子是，当汽车等待时，交通灯按预先的事件序列改变灯的状态；在打开密码锁时，要求按正确的顺序输入数字。

1. FSM 的设计模型

有限自动状态机可以由标准数学模型定义。此模型包括一组状态、状态之间的一组转换，以及与状态转换有关的一组行为。有限自动状态机的数学模型可以表示为

$$M=(I,O,S,f,h)$$

其中，$S=\{S_i\}$ 为有限个状态的集合；$I=\{I_j\}$ 为有限个输入信号的集合；$O=\{O_k\}$ 为有限个输出信号的集合；$f(S_i,I_j):S\times I\rightarrow S$ 为状态转移函数；$h(S_i,I_j):S\times I\rightarrow O$ 为输出函数。

从 FSM 数学模型可知，如果在数字系统中实现 FSM，则应该包含 3 部分，即状态寄存

器、下状态转移逻辑和输出逻辑。有限状态机的设计应遵循以下原则：

（1）使用状态图描述 FSM 数学模型；

（2）确认 FSM 的各个状态，以及输入和输出条件；

（3）使用 Verilog HDL 语言描述状态机模型。

采用有限状态机描述有以下几方面的优点：

（1）可以采用不同的编码风格。在描述状态机时，常采用的状态编码有二进制、格雷码、one-hot 编码，用户可以根据自己的要求在综合属性中进行设置，不需要修改源文件或修改源文件中的编码格式及状态机的描述。

（2）可以实现状态的最小化。

（3）设计灵活，可将控制单元与数据单元分离开。

2. 状态定义及编码规则

在 Verilog HDL 中，要求设计者在使用状态机之前必须显式定义状态变量的编码，也就是每个状态变量的具体取值。

[**例 6.32**] 定义状态变量的 Verilog HDL 描述的例子，如代码清单 6-37 所示。

代码清单 6-37　定义状态变量的 Verilog HDL 描述

```
reg[2:0] present_state,next_state;
parameter s0=3'b000, s1=3'b001, s2=3'b010, s3=3'b011, s4=3'b100;
```

在 Vivado 2018.1 集成开发工具中，为 FSM 提供了 one_hot、gray、johnson 和 sequential 编码选项，如图 6.19 所示。表 6.5 给出了各种编码的编码规则。

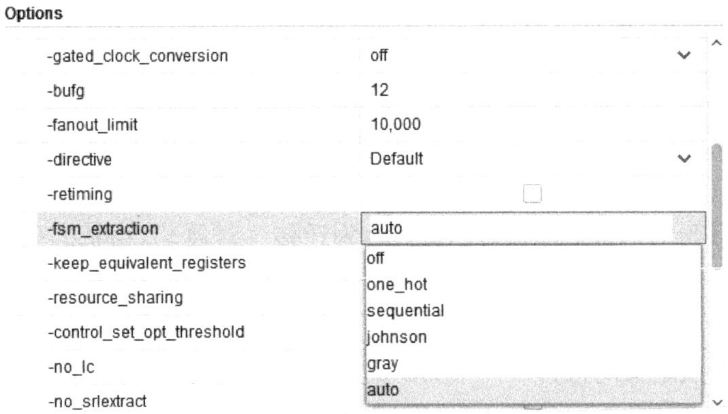

图 6.19　Vivado 综合属性设置中的 FSM 编码选项

表 6.5　FSM 编码的编码规则

十进制数	二进制码	gray 码	johnson 码	one-hot 码
0	000	000	000	001
1	001	001	001	010
2	010	011	011	100
3	011	010	111	1000
4	100	110	—	—

十进制数	二进制码	gray 码	johnson 码	one-hot 码
5	101	111	—	—
6	110	101	—	—
7	111	100	—	—

表中：

（1）one_hot 编码。在 one_hot 编码中，每一个状态使用一个触发器，即 4 个状态的状态机需要 4 个触发器。同一时间仅 1 个状态位处于有效电平。使用 one_hot 状态编码时，使用较多的触发器资源，但逻辑简单，速度快。

（2）gray 编码。当采用 gray 编码时，在相邻的两个编码中仅有一个比特位的值不同。在使用 gray 状态编码时，使用较少的触发器资源，但速度较慢，且不会产生两个比特位同时翻转的情况。采用 gray 码作为状态编码时，T 触发器是最好的实现方式。

（3）johnson 编码。johnson 编码能够使状态机保持一个很长的路径而不会产生分支。

（4）sequential 编码。在 sequential 编码中，采用一个可标识的长路径，并采用了连续的基 2 编码描述这些路径，将下一个状态逻辑表达式最小化。

3. FSM 的描述风格

有限自动状态机使用两种基本的类型，即 Mealy（米勒）和 Moore（摩尔）。在米勒状态机中，输出取决于当前状态和当前的输入；而在摩尔状态机中，输出仅取决于当前状态。

有限自动状态机的一般模型包括输出逻辑、状态转移逻辑和用于保持当前状态的状态寄存器。在状态机中，状态寄存器通常使用 D 触发器构建。状态寄存器必须对时钟边沿敏感。而状态机中的其他模块（包括输出逻辑和状态转移逻辑）可以使用 always 过程块或 always 过程块和数据流建模描述的混合结构。always 过程块必须对输入到模块的所有信号敏感，并且必须为每个分支定义所有的输出，这样就将其他模块建模为组合逻辑。

对于有限自动状态机而言，有 3 种描述方式，包括：

（1）当把状态转移逻辑和状态寄存器，以及输出逻辑都写到一个 always 语句块时，将这种描述方式称为单进程状态机；

（2）当把状态转移逻辑和状态寄存器写到一个 always 语句块，而把输出逻辑写到另一个 always 语句块时，将这种描述方式称为双进程状态机；

（3）当把状态转移逻辑、状态寄存器和输出逻辑分别用 3 个 always 语句块描述时，将这种描述方式称为三进程状态机。

在这 3 种描述风格中，三进程状态机是标准的有限自动状态机描述方式，也是读者应优先选择的描述方式。

[**例 6.33**] 有限自动状态机的 Verilog HDL 描述的例子，如代码清单 6-38、6-39 和 6-40 所示。以图 6.20 给出的有限自动状态机的模型为例，说明单进程、双

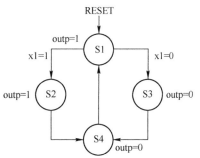

图 6.20　有限自动状态机的模型

进程和三进程状态机的描述方式。该状态机模型包含：4 个状态（分别是 S1、S2、S3、S4）；5 条状态转移路径；1 个输入变量 x1；1 个输出变量 outp。

代码清单 6-38　单进程状态机的 Verilog HDL 描述

```verilog
module fsm_1(
    input clk,
    input reset,
    input x1,
    output reg outp
    );
reg [1:0] state;
parameter s1 = 2'b00, s2 = 2'b01,s3 = 2'b10, s4 = 2'b11;

always @ ( posedge clk or posedge reset )    //状态转移逻辑、状态寄存器和输出逻辑都写在
begin                                        //一个 always 结构中
  if( reset)
      begin
        state <= s1;
          outp <= 1'b1;
      end
    else
      begin
        case( state)
            s1: begin
                    if( x1 == 1'b1)
                        begin
                          state <= s2;
                          outp <= 1'b1;
                        end
                      else
                        begin
                          state <= s3;
                          outp <= 1'b0;
                        end
                  end
            s2: begin
                  state <= s4;
                  outp <= 1'b1;
                end
            s3: begin
                  state <=s4;
                  outp <= 1'b0;
                end
            s4: begin
                  state <= s1;
                  outp <= 1'b0;
                end
        endcase
```

```
            end
      end
endmodule
```

思考与练习 6-36：定位到本书所提供资料的/eda_verilog/example6_32/project_1 路径下，在 Vivado 2018. 1 集成开发环境中打开 project_1. xprj 工程，查看上面代码的 RTL 级和综合后的结构，说明 Verilog HDL 代码和具体结构之间的关系。

代码清单 6-39　双进程状态机的 Verilog HDL 描述

```
module fsm_2(
      input clk,
      input reset,
      input x1,
      output reg outp
      );
reg [1:0] state;
parameter s1 = 2'b00, s2 = 2'b01,s3 = 2'b10, s4 = 2'b11;

always @ ( posedge clk or posedge reset)    //状态寄存器和状态转移逻辑在一个 always 结构中
begin
      if( reset)
       state <= s1;
else
      begin
          case(state)
          s1: if( x1 == 1'b1)
                  state <= s2;
              else
                  state <= s3;
            s2: state <= s4;
            s3: state <= s4;
            s4: state <= s1;
          endcase
      end
end
always @ ( state)                    //输出逻辑在另一个 always 结构中
begin
    case (state)
      s1: outp = 1'b1;
      s2: outp = 1'b1;
      s3: outp = 1'b0;
      s4: outp = 1'b0;
    endcase
end
endmodule
```

思考与练习 6-37：定位到本书所提供资料的/eda_verilog/example6_33/project_1 路径下，在 Vivado 2018. 1 集成开发环境中打开 project_1. xprj 工程，查看上面代码的 RTL 级和综合后的结构，说明 Verilog HDL 代码和具体结构之间的关系。

代码清单 6-40 三进程状态机的 Verilog HDL 描述

```verilog
module fsm_3(
    input clk,
    input reset,
    input x1,
    output reg outp
    );
reg [1:0] state;
reg [1:0] next_state;
parameter s1 = 2'b00, s2 = 2'b01,s3 = 2'b10, s4 = 2'b11;

always @ ( posedge clk or posedge reset )     //状态寄存器在一个单独的 always 结构中
    if ( reset )
        state <= s1;
    else
        state <= next_state;

always @ ( state or x1 )                //状态转移逻辑在一个单独的 always 结构中
    case ( state )
    s1: if( x1 == 1'b1 )
                next_state = s2;
        else
                next_state = s3;
    s2: next_state = s4;
    s3: next_state = s4;
    s4: next_state = s1;
    endcase

always @ ( state )                //输出逻辑在一个单独的 always 结构中
    case ( state )
        s1: outp = 1'b1;
        s2: outp = 1'b1;
        s3: outp = 1'b0;
        s4: outp = 1'b0;
    endcase
endmodule
```

思考与练习 6-38：定位到本书所提供资料的/eda_verilog/example6_34/project_1 路径下，在 Vivado 2018.1 集成开发环境中打开 project_1. xprj 工程，查看上面代码的 RTL 级和综合后的结构，说明 Verilog HDL 代码和具体结构之间的关系。

思考与练习 6-39：比较 3 种描述风格所设计的状态机其 FPGA 资源占用率，说明三进程状态机是最优的状态机描述方式。

6.5.2 FSM 的应用——序列检测器的实现

本节将分别使用摩尔状态机模型和米勒状态机模型设计序列检测器，用于检测序列

"1101"。当检测到该序列时，状态机的输出为 1。

1. 摩尔状态机序列检测器 Verilog HDL 描述

摩尔状态机序列检测器的状态图描述，如图 6.21 所示。下面对该状态机模型进行详细说明。

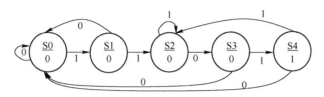

图 6.21　摩尔状态机序列检测器的状态图描述

（1）初始状态为 S0，如果输入为 1，则状态迁移到 S1；否则，等待接收序列的头部。

（2）在状态 S1，如果输入为 0，则必须返回状态 S0；否则，迁移状态到 S2（表示接收到序列 "11"）。

（3）在状态 S2，如果输入为 1，则停留在状态 S2；否则，迁移状态到 S3（表示接收到序列 "110"）。

（4）在状态 S3，如果输入为 0，则必须返回到状态 S0；否则，迁移到状态 S4（表示接收到序列 "1101"）。

（5）在状态 S4，状态机输出为 1。如果输入为 0，则必须返回到状态 S0；否则，迁移状态到 S2（表示接收到序列 "11"）。

[例 6.34] Moore 型序列检测器的 Verilog HDL 描述的例子，如代码清单 6-41 所示。

代码清单 6-41　Moore 型序列检测器的 Verilog HDL 描述

```
module moore(
input wire clk,
input wire clr,
input wire din,
output reg dout
);
reg[2:0] present_state, next_state;
parameter  S0 = 3'b000, S1 = 3'b001, S2 = 3'b010, S3 = 3'b011, S4 = 3'b100;

always @ (posedge clk or posedge clr)
  begin
      if (clr == 1)
              present_state <= S0;
      else
              present_state <= next_state;
  end

always @ ( * )
  begin
    case(present_state)
        S0:if(din == 1)
```

```
                            next_state <= S1;
                    else
                            next_state <= S0;
                S1:if(din == 1)
                            next_state <= S2;
                    else
                            next_state <= S0;
                S2:if(din == 0)
                            next_state <= S3;
                    else
                            next_state <= S2;
                S3:if(din == 1)
                            next_state <= S4;
                    else
                            next_state <= S0;
                S4:if(din == 0)
                            next_state <= S0;
                    else
                            next_state <= S2;
                default next_state <= S0;
            endcase
    end

    always @ ( * )
        begin
            if ( present_state == S4)
                    dout <= 1;
            else
                    dout <= 0;
        end

    endmodule
```

思考与练习6-40：定位到本书所提供资料的/eda_verilog/example6_35/project_1 路径下，在 Vivado 2018.1 集成开发环境中打开 project_1.xprj 工程，查看上面代码的 RTL 级和综合后的结构，说明 Verilog HDL 代码和具体结构之间的关系。

2. 米勒状态机序列检测器 Verilog HDL 描述

米勒状态机序列检测器的状态图描述，如图 6.22 所示。

在前面使用摩尔状态机检测序列时，使用了 5 个状态，且当状态机处于状态 S4 时，输出为 1。

本节将使用米勒状态机检测序列。当状态机处于 S3，且输入为 1 时，输出为 1。状态迁移的条件表示为当前输入/当前输出。例如，当状态机处于 S3（接收到序列 "110"），且输入为 1

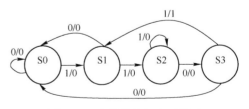

图 6.22 米勒状态机序列检测器的状态图描述

时，输出将变为 1。在下一个时钟沿有效时，状态迁移到 S1，输出将变为 0。

为了让米勒状态机的输出成为寄存器的输出（也就是说状态变化为 S1 时，输出仍然保持为 1），为输出添加寄存器，即米勒状态机的输出与 D 触发器连接。这样，在下一个时钟有效时，状态仍然变化到 S1，但输出锁存为 1（被保持）。

[**例 6.35**] Mealy 型序列检测器的 Verilog HDL 描述的例子，如代码清单 6-42 所示。

代码清单 6-42   Mealy 型序列检测器的 Verilog HDL 描述

```verilog
module seqdetb(
input wire clr,
input wire clk,
input wire din,
output reg dout
);
reg[1:0] present_state, next_state;
parameter S0 = 2'b00, S1 = 2'b01,S2 = 2'b10, S3 = 2'b11;

always @ (posedge clr or posedge clk)
begin
  if(clr == 1)
      present_state <= S0;
  else
      if((present_state == S3) & din == 1)
          begin
              dout <= 1;
              present_state <= next_state;
          end
      else
          begin
              dout <= 0;
              present_state <= next_state;
          end
end
always @ ( * )
  begin
      case(present_state)
          S0: if(din == 1)
                  next_state <= S1;
              else
                  next_state <= S0;
          S1: if(din == 1)
                  next_state <= S2;
              else
                  next_state <= S0;
          S2: if(din == 0)
                  next_state <= S3;
              else
                  next_state <= S2;
```

```
            S3: if( din == 1)
                    next_state <= S1;
                 else
                    next_state <= S0;
             default next_state <= S0;
        endcase
    end
endmodule
```

思考与练习 6-41：定位到本书所提供资料的/eda_verilog/example6_36/project_1 路径下，在 Vivado 2018.1 集成开发环境中打开 project_1.xprj 工程，查看上面代码的 RTL 级和综合后的结构，说明 Verilog HDL 代码和具体结构之间的关系。

6.5.3　FSM 的应用——交通灯的实现

通过任意状态，且使得状态可以停留任意时间，这样做非常有用。例如，考虑如图 6.23 所示的交通灯。假设灯是 4 个方向交互的，一条路由北向南，另一条由东向西。

表 6.6 给出了交通灯的状态描述。如果使用 3Hz 时钟驱动交通灯状态机模型，则通过 3 个时钟周期就可以延迟 1s。类似地，通过 15 个时钟周期就可以延迟 5s。当到达定时时间时，count 变量的值将变成 0。交通灯的 FSM 模型如图 6.24 所示。

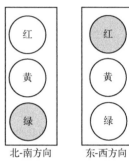

图 6.23　交通控制灯示意图

表 6.6　交通灯的状态描述

状　态	北-南方向	东-西方向	延迟/(s)
0	绿	红	5
1	黄	红	1
2	红	红	1
3	红	绿	5
4	红	黄	1
5	红	红	1

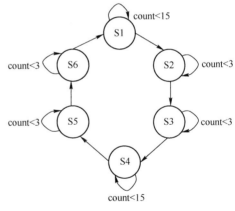

图 6.24　交通灯的 FSM 模型

[**例 6.36**]　交通灯有限自动状态机的 Verilog HDL 描述的例子，如代码清单 6-43 所示。

代码清单 6-43　交通灯有限自动状态机的 Verilog HDL 描述

```
module traffic(
    input clk,
    input clr,
    output reg [5:0] lights
    );
reg [2:0] state;
reg [3:0] count;
```

```verilog
parameter s0 = 3'b000, s1 = 3'b001, s2 = 3'b010, s3 = 3'b011, s4 = 3'b100, s5 = 3'b101;
parameter sec5 = 4'b1111, sec1 = 4'b0011;

always @ ( posedge clk or posedge clr)
begin
  if( clr = = 1)
    begin
      state < = s0;
      count < = 0;
    end
  else
    case( state)
      s0: if( count<sec5)
            begin
              state < = s0;
              count < = count+1;
            end
          else
            begin
              state < = s1;
              count < = 0;
            end
      s1: if( count<sec1)
              begin
                state < = s1;
                count < = count+1;
              end
            else
              begin
                state < = s2;
                count < = 0;
              end
      s2: if( count<sec1)
              begin
                state < = s2;
                count < = count+1;
              end
          else
              begin
                state < = s3;
                count < = 0;
              end
      s3: if( count<sec5)
              begin
                state < = s3;
                count < = count+1;
              end
            else
              begin
                state < = s4;
                count < = 0;
```

```
                        end
            s4: if(count<sec1)
                    begin
                        state<=s4;
                        count<=count+1;
                    end
                else
                    begin
                        state<=s5;
                        count<=0;
                    end
            s5: if(count<sec1)
                    begin
                        state<=s5;
                        count<=count+1;
                    end
                else
                    begin
                        state<=s0;
                        count<=0;
                    end
            default   state<=s0;
            endcase
    end

    always @ ( * )
        begin
            case(state)
                s0: lights=6'b100001;
                s1: lights=6'b100010;
                s2: lights=6'b100100;
                s3: lights=6'b001100;
                s4: lights=6'b010100;
                s5: lights=6'b100100;
                default lights=6'b100001;
            endcase
        end
endmodule
```

思考与练习6-42：定位到本书所提供资料的/eda_verilog/example6_37/project_1 路径下，在 Vivado 2018.1 集成开发环境中打开 project_1. xprj 工程，查看上面代码的 RTL 级和综合后的结构，说明 Verilog HDL 代码和具体结构之间的关系。

6.6 算法状态机 Verilog HDL 描述

控制单元的设计可以从简单到高度复杂。有许多方法可用于设计并实现控制单元，可以使用前面介绍的状态图和状态表设计简单的控制单元。但是，对于设计复杂的控制单元，建议使用算法图表设计，它就像使用流程图开发软件一样。本节将介绍算法状态机（Algorithmic State Machine，ASM）图表技术。

6.6.1　算法状态机原理

在描述软件算法时，我们经常会使用流程图。特殊流程图我们将其称为算法状态机，它在数字系统硬件设计中非常有用。例如，数字系统由数据通路处理和控制路径构成。控制路径使用状态机实现，它可以用状态图实现。随着系统控制路径（行为）越来越复杂，因此使用状态图技术设计控制路径越来越困难。在设计复杂算法电路时，ASM 变得有用且便捷。图 6.25 给出了一个复杂的数字系统，包括控制器（用来产生控制信号）和受控架构（数据处理器）。

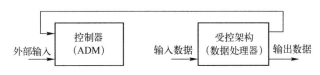

图 6.25　ASM 的块图描述

图 6.25 中的控制器（ASM）可看作米勒状态机和摩尔状态机的组合，如图 6.26 所示。

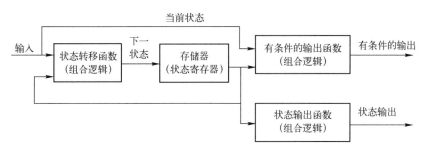

图 6.26　控制器块的结构

ASM 图与普通流程图的不同之处在于，在构建时必须遵循特定的规则。当遵循这些规则时，ASM 图等同于状态图，它直接导致硬件实现。ASM 图的 3 个主要组件，如图 6.27 所示。

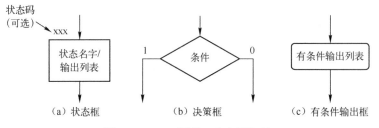

（a）状态框　　　　　　（b）决策框　　　　　（c）有条件输出框

图 6.27　ASM 图的 3 个主要组件

系统状态由状态框表示。状态框包含一个状态名字，此外也可包含一个输出列表（就像摩尔状态机中的状态图）。如果想分配一个状态码，则可以在状态框外面的上方放置状态码。一个决策框总是有"真"（1）分支和"假"（0）分支。放置在决策框内的条件必须是布尔逻辑表达式，用于评估决定采用的分支。有条件输出框包含一个有条件输出列表。有条件输出取决于系统状态和输入（如米勒状态机）。

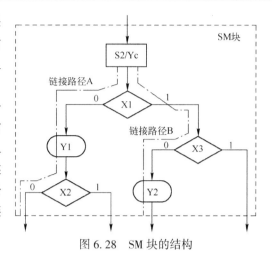

ASM 图由 SM 块构成。每个 SM 块包含一个状态框、决策框和与该状态相关的有条件输出框，如图 6.28 所示。一个 SM 块只有一个入口路径和一个/多个出口路径。每个 SM 块描述了在该时刻机器所处状态所执行的操作。一条贯穿 SM 块的从入口到出口的路径称为一个链接路径。

图 6.28　SM 块的结构

6.6.2　ASM 到 Verilog HDL 的转换

考虑下面给出的一个顺序网络的状态图，如图 6.29 所示。这个状态图有米勒输出和摩尔输出。输出 Y1 和 Y2 是米勒输出，是有条件输出的；Ya、Yb 和 Yc 是摩尔输出，它们是状态框的一部分。输入 X 是 "0" 或 "1"，因此它是决策框的一部分。该状态图的 ASM 图如图 6.30 所示。

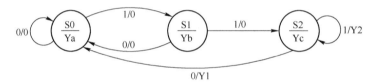

图 6.29　顺序网络的状态图

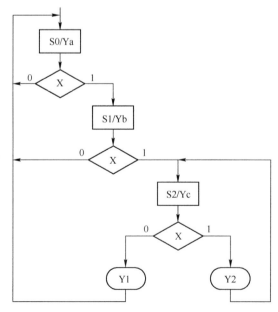

图 6.30　图 6.29 所示状态图的 ASM 图

一旦确定了 ASM 图，就可以直接转换为 Verilog HDL。case 语句用于描述每种状态下所发生的事情。每个条件框直接对应于一条 if 语句（或 else if），如代码清单 6-44 所示。

代码清单 6-44 由 ASM 图转换得到的 Verilog HDL 描述

```
module asm_chart(input clk, input x, output reg ya, output reg yb, output reg yc, output reg y1, out-
put reg y2);
reg [1:0] state, nextstate;
parameter [1:0] S0 = 0, S1 = 1, S2 = 2;
always @ (posedge clk)
        state <= nextstate;
always @ (state or x)
begin
        y1 = 1'b0;
        y2 = 1'b0;
case(state)
    S0:
        if(x)
                nextstate = S1;
        else
                nextstate = S0;
    S1:
        if(x)
                nextstate = S2;
        else
                nextstate = S0;
    S2:
        if(x)
            begin
            y2 = 1'b1;
            nextstate = S1;
            end
        else
            begin
            y1 = 1'b1;
            nextstate = S0;
            end
    default:
            nextstate = S0;
        endcase
end

always @ (state)
begin
        ya = 1'b0;
        yb = 1'b0;
        yc = 1'b0;
case(state)
    S0: ya = 1'b1;
```

```
        S1：yb = 1'b1；
        S2：yc = 1'b1；
    default：
        begin
            ya = 1'b0；
            yb = 1'b0；
            yc = 1'b0；
        end
    endcase
    end
endmodule
```

思考与练习6-43：定位到本书所提供资料的/eda_verilog/example6_38/project_1 路径下，在 Vivado 2018.1 集成开发环境中打开 project_1.xprj 工程，查看上面代码的 RTL 级和综合后的结构，说明 Verilog HDL 代码和具体结构之间的关系。

思考与练习6-44：设计一个 3 位×3 位的二进制乘法器，该乘法器将产生 6 位的乘积。数据处理器单元由一个 3 位累加器、一个 3 位乘法器寄存器、一个 3 位加法器、一个计数器和一个 3 位移位器组成。控制单元由乘法器的 lsb、启动信号 cnt_done 和时钟 clk 组成。它将产生 start、shift、add 和 done 信号，为控制单元设计一个 ASM 图，为数据处理器和控制单元设计一个模型，并且对该设计执行行为级仿真（提示：乘法器控制单元的 ASM 图如图 6.31 所示）。

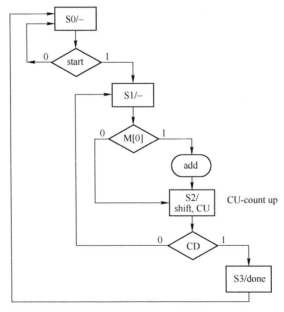

图 6.31　乘法器控制单元的 ASM 图

第7章　复杂数字系统设计和实现

本章将通过一个大的设计工程说明复杂数字系统的实现流程，内容包含设计所用外设的原理、系统中各个模块的功能、创建新的设计工程、Verilog HDL 数字系统设计流程、添加 XDC 约束，以及设计下载和验证。

通过本章内容的学习，读者可进一步掌握 Verilog HDL 描述复杂数字系统的方法，即巧妙应用 Verilog HDL 的词法和句法，同时进一步熟练掌握 Vivado 2018.1 集成开发环境的设计流程。

7.1　设计所用外设的原理

本章设计所使用的外设包括 LED、开关、七段数码管、VGA 显示器接口和 UART 接口。

> **注：**本书使用的是北京汇众新特科技有限公司开发的 A7-EDP-1 开发平台。

7.1.1　LED 驱动原理

在 A7-EDP-1 开发平台上，有 8 个 LED 与 xc7a75tfgg484-1 FPGA 接口，具体连接方式如图 7.1 所示。

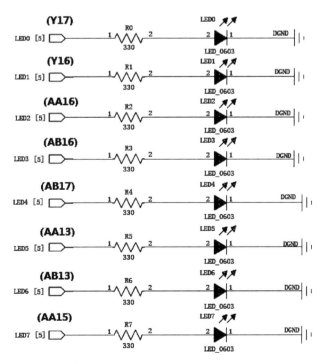

图 7.1　A7-EDP-1 开发平台上 FPGA 和 8 个 LED 的连接方式

在 A7-EDP-1 开发平台上，xc7a75tfgg484-1 FPGA 的 8 个引脚 Y17、Y16、AA16、AB16、AB17、AA13、AB13 和 AA15，分别通过 8 个限流电阻与 8 个 LED（LED0 ～ LED7）连接。当 FPGA 上相应的引脚置为高电平时，所连接的 LED 灯亮；否则，所对应的 LED 灯灭。

7.1.2　开关驱动原理

在 A7-EDP-1 开发平台上，有 8 个开关与 xc7a75tfgg484-1 FPGA 接口连接，具体连接方式如图 7.2 所示。

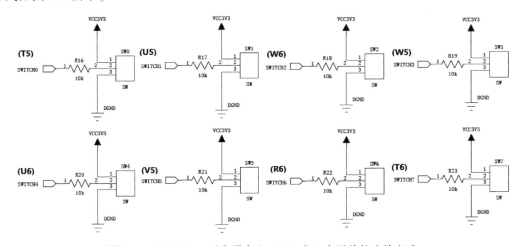

图 7.2　A7-EDP-1 开发平台上 FPGA 和 8 个开关的连接方式

在 A7-EDP-1 开发平台上，xc7a75tfgg484-1 FPGA 的 8 个引脚 T5、U5、W6、W5、U6、V5、R6 和 T6，通过 8 个限流电阻与 8 个开关（SWITCH0 ～ SWITCH7）连接。当开关触点在上方时，连接到 VCC3V3（3.3V，逻辑高电平），并通过限流电阻与对应的 FPGA 引脚连接；否则，当开关触点在下方时，接入 DGND（地，逻辑低电平），并通过限流电阻与对应的 FPGA 引脚连接。

7.1.3　七段数码管驱动原理

在 A7-EDP-1 开发平台上，提供了两片 4 位共阳极七段数码管，4 位七段数码管每段的阳极连接在一起，因此是共阳极的连接方式，如图 7.3 所示。

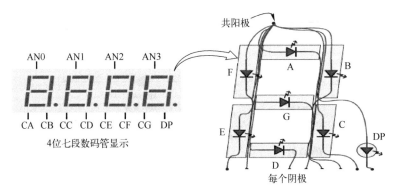

图 7.3　A7-EDP-1 开发平台上的 4 位七段数码管

如果要在某位七段数码管上显示正确的值，则给共阳极端提供高电平，给相应的 CA ～ CG 段施加低电平即可。表 7.1 给出了十六进制数和 7 段码的对应关系。

表 7.1　十六进制数和 7 段码的对应关系

十六进制数 ＼ 7 段码	CA	CB	CC	CD	CE	CF	CG
0	0	0	0	0	0	0	1
1	1	0	0	1	1	1	1
2	0	0	1	0	0	1	0
3	0	0	0	0	1	1	0
4	1	0	0	1	1	0	0
5	0	1	0	0	1	0	0
6	0	1	0	0	0	0	0
7	0	0	0	1	1	1	1
8	0	0	0	0	0	0	0
9	0	0	0	0	1	0	0
A	0	0	0	1	0	0	0
B	1	1	0	0	0	0	0
C	0	1	1	0	0	0	1
D	1	0	0	0	0	1	0
E	0	1	1	0	0	0	0
F	0	1	1	1	0	0	0

A7-EDP-1 开发平台上两个 4 位七段数码管与 xc7a75tfgg484-1 FPGA 接口的连接如图 7.4 所示。

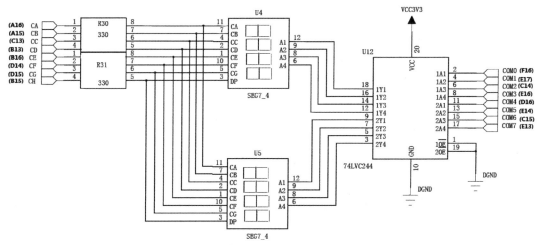

图 7.4　A7-EDP-1 开发平台上两个 4 位七段数码管与 xc7a75tfgg484-1 FPGA 接口的连接

图 7.4 中：

（1）xc7a75tfgg484-1 的 8 个引脚 A16、A15、C13、B13、B16、D14、D15 和 B15 分别

连接到七段数码管的 CA ～ CG 和 DP 引脚。

（2）xc7a75tfgg484-1 的 8 个引脚 F16、E17、C14、E16、D16、E14、C15 和 E13 分别连接到七段数码管的 COM0 ～ COM7 选择端。

（3）图 7.4 中的 74LVC244 是数据缓冲区，用于驱动两个 4 位七段数码管。

从前面 4 个数码管的结构可以看出，4 个数码管共享 CA ～ CG 引脚。也就是说，如果同时给 COM0 ～ COM3、COM4 ～ COM7 引脚施加高电平，并且按照表 7.1 给 CA ～ CG 不同的值时，在 4 个数码管上会显示相同的值。为了让 4 位数码管中的每个数码管显示不同的值，则需要依次轮流导通 4 个数码管。如图 7.5 所示，首先给 COM0 置高电平，而 COM1 ～ COM3 置低电平，维持一个数位周期；然后，依次给 COM1、COM2 和 COM3 置高电平，周而复始不断循环。这样，在一个时刻只能导通一个共阳极七段数码管。很明显，当刷新周期足够快（毫秒级）时，由于人眼的滞后效应，看上去像是多个数码管"同时"显示不同的数字。为了实现这个效果，需要在七段数码管中设计扫描电路。

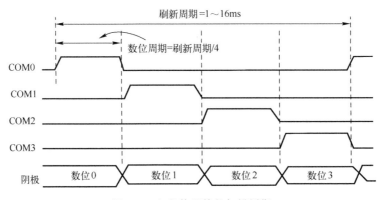

图 7.5 七段数码管的扫描周期

7.1.4 VGA 显示器原理

阴极射线管（Cathode Ray Tube，CRT）的结构如图 7.6 所示。基于 CRT 的 VGA 显示原理是通过调幅将电子束（或阴极射线）移动到荧光屏上显示信息。LCD 显示使用了一个阵列开关，它们用于在少量的液晶上施加一个电压。因此，基于每个像素来改变通过晶体的光介电常数。尽管本节所介绍的显示原理基于 CRT 结构，但是 LCD 显示也使用和 CRT 显示相同的时序。彩色 CRT 使用了 3 个电子束，包括红、蓝和绿，用于给磷施加能量，其附着在阴极射线管显示末端的内侧。电子枪所发出的电子束精确地指向加热的阴极，阴极放置在靠近称为"栅极"的正电荷的环形板旁。由栅极施加的静电力拖动来自阴极所施加能量的电子射线，并且这些射线由电流驱动到阴极。一开始这些粒子射线朝着栅极加速，但是在更大的静电力的影响下衰减，导致涂磷的 CRT 表面充电到 20kV（或更高）。当射线穿过栅极时，将其聚焦为一个精准的电子束，然后将其加速碰撞到附着磷的显示表面。在碰撞点的磷涂层表面发光，并且在电子束消失后，持续几百微秒继续发光。送到阴极的电流越大，磷就越亮。

在栅极和显示表面之间，电子束穿过 CRT 的颈部。颈部的两个线圈产生了正交的电磁场。由于阴极射线带有电荷粒子（电子），因此它们可以被磁场偏转。通过线圈的电流波形产生磁场，与阴极射线相互作用，使其以光栅模式的方式从左到右、从上到下贯穿显示器表面。由于阴极射线在显示器表面不停移动，因此通过增加/减少进入电子枪的电流就可以改变阴极射线碰撞点的显示亮度。

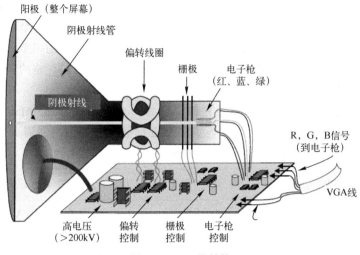

图 7.6　CRT 的结构

VGA 扫描波形图如图 7.7 所示。只有当电子束朝前方移动（从左到右，从上到下）时，才会显示信息。在电子束返回显示屏幕的最左边或最上边时，不会显示信息。因此，当复位电子束，并且稳定开始新的一行或完成一个垂直显示时，在"空白"周期就需要额外地显

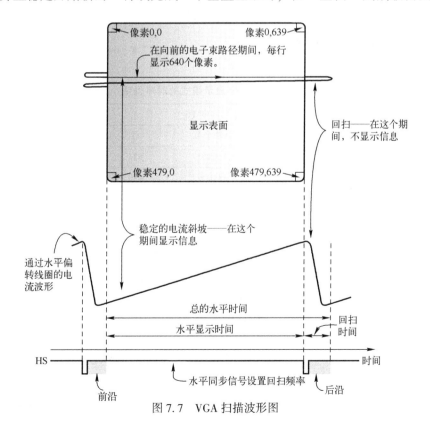

图 7.7　VGA 扫描波形图

示时间。电子束的强度和电子束的穿越频率等因素决定了显示器的分辨率。现代的 VGA 显示可以实现不同的分辨率，通过产生不同时序来控制光栅模式就可以控制 VGA 显示器的分辨率。VGA 控制器必须在 3.3V/5V 电压条件下产生同步脉冲，用于设置电流通过线圈的频率，并且保证视频数据准确地应用到电子枪。光栅视频显示定义了行的个数，其对应于穿过阴极水平行的个数。显示列的数目对应于每行的每一个区域，一行的每个区域会分配一个图像元素或像素。例如，范围在 240 ～ 1200 行和 320 ～ 1600 列之间。总的显示范围、行数和列数决定了每个像素的大小。

例如，视频数据来自一个视频刷新存储器，为每个像素的位置分配一个或多个字节（用于确定所显示的颜色）。当电子束在显示器上进行移动时，控制器需要对视频存储器进行检索，然后在正确的位置给出一个正确的像素值。

注：在 A7-EDP-1 开发平台上，每个像素（R、G、B）使用 4 个比特位表示。

VGA 控制器逻辑必须正确地产生行同步信号（HS）和场同步信号（VS）控制时序，并且基于像素协调视频数据的正确传输。像素时钟用于确定显示一个像素信息所需要的时钟频率。VS 定义了显示器的刷新频率，即以该频率重新绘制可显示的所有信息。最小的刷新频率是显示器磷元素和电子束密度的函数。实际上，显示器的可选择刷新频率在 50 ～ 120Hz 之间。在一个给定刷新频率内可显示的行数定义了垂直回扫的频率。对于 640×480 分辨率来说，使用 25MHz 的像素时钟和 60 ± 1Hz 的刷新率。

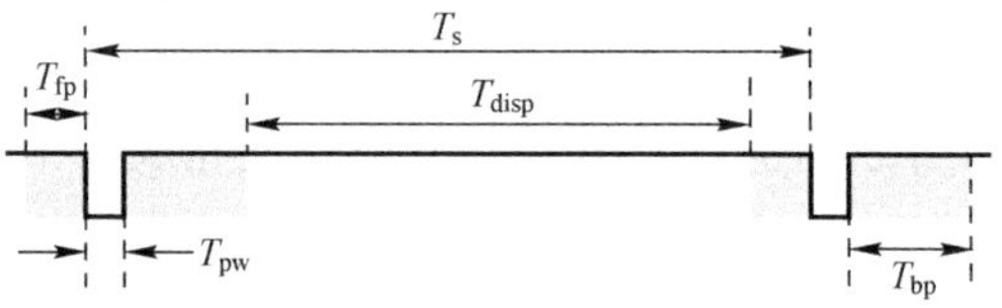

图 7.8　640×480 模式下的时序

640×480 显示模式下的时序如图 7.8 所示，时序的详细说明如表 7.2 所示。

表 7.2　640×480 显示模式的时序说明

符　　号	参　　数	垂直同步 VS			水平同步	
		时间	时钟个数	行	时间	时钟个数
T_s	同步脉冲	16.7ms	416800	521	32μs	800
T_{disp}	显示时间	15.36ms	384000	480	25.6μs	640
T_{pw}	脉冲宽度	64μs	1600	2	3.84μs	96
T_{fp}	前沿	320μs	8000	10	640ns	16
T_{bp}	后沿	928μs	23200	29	1.92μs	48

VGA 控制器对像素时钟驱动的行同步计数器进行解码，以产生正确的 HS 时序。这个计数器用于定位在一个给定行内的任意像素位置。类似地，用每个 HS 脉冲所递增的一个垂直同步计数器的输出生成 VS 信号时，该计数器用于定位给定的任意行。这两个连续运行的计数器构成了映射到视频 RAM 的地址。对于 HS 脉冲的起始和 VS 脉冲的起始，没有说明时序关系。这样，使得设计者可以很容易设计计数器，以用于生成视频 RAM 地址，或减少生成同步脉冲的译码逻辑。

在 Z7-EDP-1 开发平台上，xc7a75tfgg484-1 FPGA 引脚与 VGA 接口的连接如图 7.9 所示。

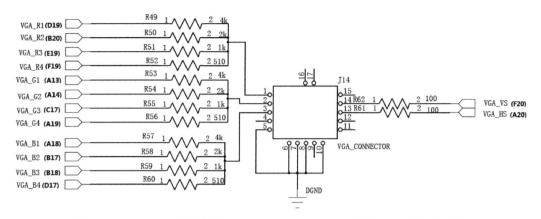

图 7.9　Z7-EDP-1 开发平台上 xc7a75tfgg484-1 FPGA 引脚与 VGA 接口的连接

其中：

（1）红色分量 R 由 FPGA 的 4 个引脚 D19、B20、E19 和 F19 确定。

（2）绿色分量 G 由 FPGA 的 4 个引脚 A13、A14、C17 和 A19 确定。

（3）蓝色分量 B 由 FPGA 的 4 个引脚 A18、B17、B18 和 D17 确定。

（4）VS 信号由 FPGA 的引脚 F20 确定。

（5）HS 信号由 FPGA 的引脚 A20 确定。

> **注**：（1）本节给出的 VGA 的时序是 640×480 的驱动模式。
> （2）VGA 信号时序规范由 VESA 组织（http://www.vesa.org）制定。

7.1.5　通用异步接收发送器原理

RS-232 是美国电子工业联盟（Electronic Industry Association，EIA）制定的串行数据通信的接口标准，原始编号全称是 EIA-RS-232（简称 232 或 RS-232），它广泛应用于连接计算机串行外设接口。在 EIA-RS-232-C 标准中，EIA 表示美国电子工业联盟，RS 表示推荐标准（Recommended Standard，RS），232 为标识号，C 表示标准的第 3 次修改（1969 年）。

目前，最新版本是由美国电信工业协会（Telecommunications Industry Association，EIA）发布的 TIA-232-F，它同时也是美国国家标准 ANSI/TIA-232-F-1997（R2002），该标准于 2002 年进行再次确认，1997 年由 TIA/EIA 发布，当时的编号是 TIA/EIA-232-F 与 ANSI/TIA/EIA-232-F-1997，在此之前的版本编号是 TIA/EIA-232-E。标准规定了连接电缆、机械和电气特性、信号功能及传送过程。其他常用的电气标准还有 EIA-RS-422-A、EIA-RS-423A、EIA-RS-485。

目前，在 PC/笔记本电脑上的 COM1 和 COM2 接口就是 RS-232C 接口。RS-232 对电气特性、逻辑电平和各种信号线功能都做了详细规定。

> **注**：在最新的 PC/笔记本电脑中，已经不提供 COM1 和 COM2 接口，读者需要使用 USB-UART 芯片在 PC/笔记本电脑上虚拟出串口。

由于 EIA-RS-232-C 的重大影响，即使 IBM PC/AT 开始改用 9 针连接器（目前几乎不再使用 RS-232 中规定的 25 针连接器），但大家仍然普遍使用 EIA-RS-232-C 来表示该接口。

如图 7.10 所示，在 RS-232 标准中，字符是以一串行的比特串来一位接一位串行传输的，优点是传输线少，配线简单，传送距离可以较远。最常用的编码格式是异步起停格式，它以一个起始比特位表示传输开始，后面紧跟用于表示一个字符的 7/8 个二进制数据位，然后是奇偶校验位（可选），最后是 1/2 个停止位。所以，当使用 RS-232 传输数据时，发送一个字符至少需要 10 个比特位。

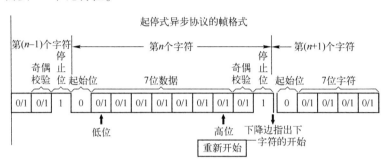

图 7.10　UART 的数据格式

在 RS-232 标准中定义了逻辑"1"和逻辑"0"电平标准，以及标准的传输速率和连接器类型。信号电平值在+3 ～ +15V 和−15 ～ −3V 之间。在 RS-232 标准中规定接近 0V 的逻辑电平是无效的，将逻辑"1"规定为负电平，将逻辑"0"规定为正电平。

串行通信在软件设置里需要做多项设置，最常见的设置包括波特率、奇偶校验和停止位。

1）波特率

是指将数据从一设备发到另一设备的速率，即每秒钟传输比特位的个数。例如，波特率的值可以是 300、1200、2400、9600、19200 和 115200 等。一般情况下，用于通信的两端设备都要设置为相同的波特率，但有些设备可以设置为自动检测波特率。

2）奇偶校验

奇偶校验用于验证数据的正确性。一般不使用奇偶校验。如果使用它，那么既可以做奇校验也可以做偶校验。奇偶校验是通过修改每一发送字节（也可以限制发送的字节）来工作的。如果不做奇偶校验，那么数据是不会被改变的。在偶校验中，因为奇偶校验位会被相应地置"1"或"0"（一般是最高位或最低位），所以数据会被改变以使得所有传送的比特位（含字符的各位和校验位）中"1"的个数为偶数；在奇校验中，所有传送的比特位（含字符的各位和校验位）中"1"的个数为奇数。接收设备可以通过奇偶校验来判断数据在传输的过程中是否发生错误。如果某个字节中"1"的个数发生了错误，那么这个字节在传输中一定有错误发生。如果奇偶校验是正确的，则没有发生错误或发生了偶数个错误。

3）停止位

在传输每个字节之后发送停止位，它用来协助接收信息的设备重同步。在传送数据时，RS-232 并不需要另外使用一条专用的传输线来传送同步信号就可以正确地将数据顺利传送到对方，因此叫作异步接收发送器（Universal Asynchronous Receiver Transmitter，UART），但必须在每个传输数据的前后都加上同步信号，把同步信号与数据混合之后，可以使用同一条传输线来传输数据。例如，传输数据"11001010"时，数据的前后就需要添加起始位（逻辑低）和停止位（逻辑高）。

注：起始位固定为一个比特，而停止位则为 1、1.5 或 2 比特，由使用 RS-232 的发送和接收方自行选择，但需注意传送与接收两者的选择必须一致。

在串行通信软件设置中，D/P/S 是常规的符号表示。常见的，8/N/1 表示数据为 8 比特，没有奇偶校验，有 1 个停止位。数据位可以设置为 5、6、7 或 8 位，奇偶校验位可设置为无校验、奇校验或偶校验。

4）流量控制

当发送握手信号或检测数据完整性时需要其他设置，公用的组合有 RTS/CTS，DTR/DSR 或 XON/XOFF（实际中，不使用连接器引脚而在数据流内插入特殊字符）。

接收方把 XON/XOFF 信号发给发送方来控制发送方发送数据的时间，这些信号与发送数据的传输方向相反。XON 信号告诉发送方接收方准备好接收更多的数据，XOFF 信号告诉发送方停止发送数据直到接收方再次准备好。一般不推荐使用 XON/XOFF，用 RTS/CTS 控制流来代替它们。XON/XOFF 是一种工作在终端间的带内方法，但要求两端都同时支持该协议，而且在突然启动时有混淆的可能性。XON/XOFF 可以工作于 3 线的接口。RTS/CTS 最初用于实现电传打字机和调制解调器半双工协作通信，每次只能一方通过调制解调器发送数据。终端必须发送请求发送信号，然后等待调制解调器回应清除发送信号。尽管需要硬件实现 RTS/CTS 信号握手，但是在某些实际应用中它有独特优势。

注：在 Z7-EDP-1 开发平台中，通过板上的 UART-USB 转换芯片，将 UART 信号转换成 USB 信号，然后与 PC/笔记本电脑的 USB 连接。这样，对于很多不提供传统 RS-232 9 针/25 针串口的 PC/笔记本电脑来说，省去了需要进行 UART-USB 转接的过程，简化了系统的连接设计。

7.2 系统中各个模块的功能

本节将介绍所给出设计实例的设计原理，该设计所包含的模块如图 7.11 所示。下面对各个模块的设计原理进行简要说明。

1. 分频时钟模块 1（divclk1）

该模块对 A7-EDP-1 开发平台上提供的 100MHz 时钟信号 clk 进行分频，为七段数码管提供千赫兹级扫描时钟信号 scan_clk。

2. 分频时钟模块 2（divclk2）

该模块对 A7-EDP-1 开发平台上提供的 100MHz 时钟信号进行分频，为 4 位计数器模块提供赫兹级时钟信号 div_clk。在该设计中，将计数器的时钟频率设置为 1Hz。

3. 分频时钟模块 3（divclk3）

该模块对 A7-EDP-1 开发平台上提供的 100MHz 时钟信号进行分频，为异步收发器模块提供波特率时钟信号 band_clk。在该设计中，将异步收发器的波特率设置为 9600。

4. 分频时钟模块 4（divclk4）

该模块对 A7-EDP-1 开发平台上提供的 100MHz 时钟信号进行分频，为 VGA 控制器提供像素时钟 pix_clk。在该设计中，将像素时钟的频率设置为 25MHz。

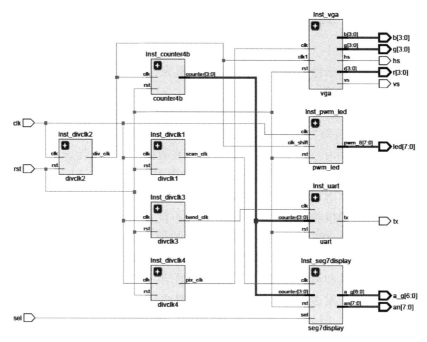

图 7.11　系统设计所包含的模块

5. 呼吸灯模块（pwm_led）

该模块将通过 A7-EDP-1 开发平台上提供的 100MHz 时钟信号 clk，根据模块内给出的分频因子和占空值，产生具有固定周期和可变占空的 PWM 信号，并通过移位操作，使该 PWM 信号可以驱动 A7-EDP-1 开发平台上的 8 个 LED，以实现呼吸灯和流水灯的效果。呼吸灯就是模拟人的呼吸过程，先呼气，即 LED 的亮度由弱变强；然后吸气，即 LED 的亮度由强变弱。

6. 4 位计数器模块（counter4b）

该模块所实现的功能包括：

（1）在 1Hz 分频时钟信号 div_ clk 的驱动下，实现递增计数功能。在该设计中，通过声明指定参数 N 的取值，该值规定了计数的范围在 0 ~ N 之间。

（2）输出该模块的计数值并送给七段数码管模块（seg7display）。

（3）输出该模块的计数值并送给异步收发器模块（uart）。

7. 七段数码管模块（seg7display）

该模块实现的功能包括：

（1）接收来自 4 位计数器模块（counter4b）的计数输出值。

（2）模块内预设的 8 个十六进制数 "12345678"。

（3）为外部两个 4 位七段数码管提供驱动信号，包括数码管驱动信号 an[7:0] 和段码驱动信号 a_g[6:0]。

（4）该模块接收来自外部开关的选择信号 sel，选择让七段数码管滚动显示（以 1Hz 频率循环左移显示）计数器的值或以固定方式在七段数码管上显示预设的 8 个十六进制数"12345678"。

8. 异步收发器模块（uart）

该模块所实现的功能包括：

（1）接收来自 4 位计数器模块（counter4b）的计数输出值。

（2）给 8 位数据封装起始位和停止位，以满足 RS-232 串口通信协议的数据格式要求。

（3）将计数器的值以 9600 的波特率速率发送到 PC/笔记本电脑的虚拟串口上，并在串口助手中显示计数器当前的计数值。

9. VGA 控制模块（vga）

该模块所实现的功能包括：

（1）生成驱动 VGA 的时序信号 hs 和 vs，以及颜色分量信号 r[3:0]、g[3:0] 和 b[3:0]。

（2）给定初始 x 和 y 坐标（0，0），在 VGA 该像素点起始的位置上显示一幅 320×240 的图片。

（3）通过中心点计算模块（vga_center），修改 x 坐标值。最开始时，x 坐标为 0，然后 x 坐标以 10 个像素的步长递增，使图片在 VGA 显示器的水平方向上以 1 个步长（10 个像素点）/秒的速度向右移动；当图片移动到 VGA 显示器可显示区域的最右侧时，x 坐标以 10 个像素的步长递减，使图片在 VGA 显示器的水平方向以 1 个步长（10 个像素点）/秒的速度向左移动；当图片移动到 VGA 显示器可显示区域的最左侧时，x 坐标又以 10 个像素的步长递增，这样周而复始，使得图片可以在 VGA 显示器上左右来回移动，实现类似"屏保"的效果。

7.3　创建新的设计工程

本节将介绍建立新的设计工程的步骤，其步骤主要包括：

（1）启动 Vivado 2018.1 集成开发环境。

（2）在 Vivado 主界面主菜单下，选择 File->New Project...。

（3）出现"New Project-Create a New Vivado Project"对话框。

（4）单击【Next】按钮。

（5）出现"New Project-Project Name"对话框。在该对话框中，按如下参数设置。

① Project name：top_verilog。

② Project location：e:/eda_verilog。

（6）单击【Next】按钮。

（7）出现"New Project-Project Type"对话框。在该对话框中，默认选择"RTL Project"选项，勾选"Do not specify sources at this time"前面的复选框。

（8）单击【Next】按钮。

（9）出现"New Project-Default Part"对话框。在该对话框中，选择 xc7a75tfgg484-1。

（10）单击【Next】按钮。

（11）出现"New Project-New Project Summary"对话框。

（12）单击【Finish】按钮。

7.4　Verilog HDL 数字系统设计流程

本节将介绍基于 Verilog HDL 的复杂数字系统的设计实现，包括创建 divclk1.v 文件、创建 divclk2.v 文件、创建 divclk3.v 文件、创建 divclk4.v 文件、创建 pwm_led.v 文件、创建 conter4b.v 文件、创建 seg7display.v 文件、创建 uart.v 文件和创建 top.v 文件。

7.4.1　创建 divclk1.v 文件

下面将创建 divclk1.v 文件，主要步骤包括：

（1）在"Sources"窗口中，选择 Design Sources 文件夹，单击鼠标右键，出现浮动菜单。在浮动菜单内，选择 Add Sources..。

（2）出现"Add Sources-Add Sources"对话框。在该对话框中，默认选择"Add or create design sources"。

（3）单击【Next】按钮。

（4）出现"Add Sources-Add or Create design Sources"对话框。在该对话框中，单击【Create File】按钮。

（5）出现"Create Source File"对话框。在该对话框中，在"File name"右侧的文本框中输入"divclk1"。

（6）单击【OK】按钮。

（7）单击【Finish】按钮。

（8）出现"Define Module"对话框。

（9）单击【OK】按钮。

（10）在"Sources"窗口中的 Design Sources 文件夹下，找到并双击 divclk1，打开 divclk1.v 文件，按如下输入设计代码，如代码清单 7-1 所示。

代码清单 7-1　分频时钟模块 1（divclk1.v）的 Verilog HDL 描述

```verilog
module divclk1(
    input clk,
    input rst,
    output reg scan_clk
    );
reg [19:0] counter;

always @ ( posedge clk or posedge rst)
begin
if( rst)
    counter<= 20'h00000;
else
    if( counter= = 20'h0f07f)
        begin
        counter<= 20'h00000;
        scan_clk<= ~ scan_clk;
        end
```

```
            else
                    counter<=counter+1;
        end

        endmodule
```

（11）保存该设计文件。

7.4.2　创建 divclk2. v 文件

下面将创建 divclk2. v 文件，主要步骤包括：

（1）在 "Sources" 窗口中，选择 Design Sources 文件夹，单击鼠标右键，出现浮动菜单。在浮动菜单内，选择 Add Sources. . 。

（2）出现 "Add Sources-Add Sources" 对话框。在该对话框中，默认选择 "Add or create design sources"。

（3）单击【Next】按钮。

（4）出现 "Add Sources-Add or Create design Sources" 对话框。在该对话框中，单击【Create File】按钮。

（5）出现 "Create Source File" 对话框。在该对话框中，在 "File name" 右侧的文本框中输入 "divclk2"。

（6）单击【OK】按钮。

（7）单击【Finish】按钮。

（8）出现 "Define Module" 对话框。

（9）单击【OK】按钮。

（10）在 "Sources" 窗口中的 Design Sources 文件夹下，找到并双击 divclk2，打开 divclk2. v 文件，按如下输入设计代码，如代码清单 7-2 所示。

代码清单 7-2　分频时钟模块 2（divclk2. v）的 Verilog HDL 描述

```
module divclk2(
    input clk,
    input rst,
    output reg div_clk
    );
reg [31:0] counter;

always @ (posedge clk or posedge rst)
begin
if( rst)
    counter<=32'h00000000;
else
    if( counter= =32'h02faf07f)
      begin
        counter<=32'h00000000;
            div_clk<= ~ div_clk;
        end
```

```
        else
                counter<=counter+1;
    end
    endmodule
```

（11）保存文件。

> **注**：在该设计中，输入时钟为 100MHz，输出时钟为 1Hz，其分频因子的值按如下公式计算。
>
> $$\frac{\left[\dfrac{f_{输入时钟}}{f_{输出时钟}}\right]}{2}-1=N$$
>
> 经过计算，$N=(49999999)_{10}=(02FAF07F)_{10}$。

7.4.3　创建 divclk3.v 文件

下面将创建 divclk3.v 文件，主要步骤包括：

（1）在"Sources"窗口中，选择 Design Sources 文件夹，单击鼠标右键，出现浮动菜单。在浮动菜单内，选择 Add Sources..。

（2）出现"Add Sources-Add Sources"对话框。在该对话框中，默认选择"Add or create design sources"。

（3）单击【Next】按钮。

（4）出现"Add Sources-Add or Create design Sources"对话框。在该对话框中，单击【Create File】按钮。

（5）出现"Create Source File"对话框。在该对话框中，在"File name"右侧的文本框中输入"divclk3"。

（6）单击【OK】按钮。

（7）单击【Finish】按钮。

（8）出现"Define Module"对话框。

（9）单击【OK】按钮。

（10）在"Sources"窗口中的 Design Sources 文件夹下，找到并双击 divclk3，打开 divclk3.v 文件，按如下输入设计代码，如代码清单 7-3 所示。

代码清单 7-3　分频时钟模块 3（divclk3.v）的 Verilog HDL 描述

```
module divclk3(
    input clk,
    input rst,
    output reg band_clk
    );
reg [23:0] counter;

always @ (posedge clk or posedge rst)
begin
```

```
if( rst)
    counter<= 24'h000000;
else
    if( counter= = 24'h001457)
        begin
          counter<= 24'h000000;
           band_clk<= ~ band_clk;
            end
        else
        counter<= counter+1;
end

endmodule
```

（11）保存该文件。

7.4.4　创建 divclk4. v 文件

下面将创建 divclk4. v 文件，主要步骤包括：

（1）在"Sources"窗口中，选择 Design Sources 文件夹，单击鼠标右键，出现浮动菜单。在浮动菜单内，选择 Add Sources.．。

（2）出现"Add Sources - Add Sources"对话框。在该对话框中，默认选择"Add or create design sources"。

（3）单击【Next】按钮。

（4）出现"Add Sources - Add or Create design Sources"对话框。在该对话框中，单击【Create File】按钮。

（5）出现"Create Source File"对话框。在该对话框中，在"File name"右侧的文本框中输入"divclk4"。

（6）单击【OK】按钮。

（7）单击【Finish】按钮。

（8）出现"Define Module"对话框。

（9）单击【OK】按钮。

（10）在"Sources"窗口中的 Design Sources 文件夹下，找到并双击 divclk4，打开 divclk4. v 文件，按如下输入设计代码，如代码清单 7-4 所示。

代码清单 7-4　分频时钟模块 4（divclk4. v）的 Verilog HDL 描述

```
module divclk4(
    input clk,
    input rst,
    output reg pix_clk
    );
reg clk1;
always @ ( posedge clk or posedge rst)
begin
  if( rst)
```

```
            clk1<=1'b0;
        else
            clk1<=~clk1;
    end

    always @ ( posedge clk1 or posedge rst)
    begin
        if( rst)
            pix_clk<=1'b0;
        else
            pix_clk<=~pix_clk;
    end
endmodule
```

（11）保存该文件。

7.4.5　创建 pwm_led. v 文件

下面将创建 pwm_led. v 文件，主要步骤包括：

（1）在"Sources"窗口中，选择 Design Sources 文件夹，单击鼠标右键，出现浮动菜单。在浮动菜单内，选择 Add Sources. .。

（2）出现"Add Sources–Add Sources"对话框。在该对话框中，默认选择"Add or create design sources"。

（3）单击【Next】按钮。

（4）出现"Add Sources–Add or Create design Sources"对话框。在该对话框中，单击【Create File】按钮。

（5）出现"Create Source File"对话框。在该对话框中，在"File name"右侧的文本框中输入"pwm_ led"。

（6）单击【OK】按钮。

（7）单击【Finish】按钮。

（8）出现"Define Module"对话框。

（9）单击【OK】按钮。

（10）在"Sources"窗口中的 Design Sources 文件夹下，找到并双击 pwm_led，打开 pwm_led. v 文件，按如下输入设计代码，如代码清单 7-5 所示。

代码清单 7-5　呼吸灯模块（pwm_led. v）的 Verilog HDL 描述

```
module pwm_led(
    input clk ,
    input clk_shift ,
    input rst ,
    output reg [7:0] pwm_8
    );
parameter period=500000;
parameter step=1250;
parameter s0=1'b0,s1=1'b1;
```

```
reg [31:0] count;
reg signed [31:0] duty=0;
reg dir=1;
reg state;
reg pwm_1;
reg [2:0] i;
initial i=0;
always @ ( posedge clk or posedge rst)
begin
if( rst)
    begin
        count<=0;
        duty<=0;
        state<=s0;
    end
else if( count= =period-1)
    begin
        count<=0;
        case (state)                    //通过增加和减少占空比,实现"呼吸"功能
        s0:
            begin
                duty<=duty+step;        //增加占空比
                if( duty>=period-1)
                    begin
                        state<=s1;
                        duty<=period;    //达到最大占空值,准备减少占空值
                    end
            end
        s1:
            begin
                duty<=duty-step;        //减少占空比
                if( duty<=0)
                    begin
                        duty<=0;         //达到最小占空值,准备增加占空值
                        state<=s0;
                    end
            end
        endcase
    end
else
        count<=count+1;
end

always @  *                           //小于占空值,输出高电平,否则,输出低电平
begin
    if( count<duty)
        pwm_1=1;
    else
```

```
            pwm_1=0;
      end

      always @ ( posedge clk_shift )                    //设置计数器,实现流水的功能
            i<=i+1;

      always @  *
         case ( i )
            3'b000：   pwm_8={7'b0000000,pwm_1};
            3'b001：   pwm_8={6'b000000,pwm_1,1'b0};
            3'b010：   pwm_8={5'b00000,pwm_1,2'b00};
            3'b011：   pwm_8={4'b0000,pwm_1,3'b000};
            3'b100：   pwm_8={3'b000,pwm_1,4'b0000};
            3'b101：   pwm_8={2'b00,pwm_1,5'b00000};
            3'b110：   pwm_8={1'b0,pwm_1,6'b000000};
            default：  pwm_8={pwm_1,7'b0000000};
         endcase
      endmodule
```

（11）保存该文件。

思考与练习7-1：说明 PWM 周期和占空值与"呼吸"灯呼吸频率之间的关系。

7.4.6　创建 counter4b. v 文件

下面将创建 counter4b. v 文件，主要步骤包括：

（1）在"Sources"窗口中，选择 Design Sources 文件夹，单击鼠标右键，出现浮动菜单。在浮动菜单内，选择 Add Sources...。

（2）出现"Add Sources–Add Sources"对话框。在该对话框中，默认选择"Add or create design sources"。

（3）单击【Next】按钮。

（4）出现"Add Sources–Add or Create design Sources"对话框。在该对话框中，单击【Create File】按钮。

（5）出现"Create Source File"对话框。在该对话框中，在"File name"右侧的文本框中输入"counter4b"。

（6）单击【OK】按钮。

（7）单击【Finish】按钮。

（8）出现"Define Module"对话框。

（9）单击【OK】按钮。

（10）在"Sources"窗口中的 Design Sources 文件夹下，找到并双击 counter4b，打开 counter4b. v 文件，按如下输入设计代码，如代码清单7-6所示。

代码清单7-6　4位计数器模块（counter4b. v）的 Verilog HDL 描述

```
      module counter4b(
         input clk,
         input rst,
```

```
        output reg[3:0] counter
        );
    always @ (posedge clk or posedge rst)
    begin
    if(rst)
        counter<=4'b0000;
    else
      if(counter==4'b1100)
        counter<=4'b0000;
      else
        counter<=counter+1;
    end
    endmodule
```

（11）保存该文件。

7.4.7　创建 seg7display.v 文件

下面将创建 seg7display.v 文件，主要步骤包括：

（1）在"Sources"窗口中，选择 Design Sources 文件夹，单击鼠标右键，出现浮动菜单。在浮动菜单内，选择 Add Sources..。

（2）出现"Add Sources-Add Sources"对话框。在该对话框中，默认选择"Add or create design sources"。

（3）单击【Next】按钮。

（4）出现"Add Sources-Add or Create design Sources"对话框。在该对话框中，单击【Create File】按钮。

（5）出现"Create Source File"对话框。在该对话框中，在"File name"右侧的文本框中输入"seg7display"。

（6）单击【OK】按钮。

（7）单击【Finish】按钮。

（8）出现"Define Module"对话框。

（9）单击【OK】按钮。

（10）在"Sources"窗口中的 Design Sources 文件夹下，找到并双击 seg7display，打开 seg7display.v 文件，按如下输入设计代码，如代码清单 7-7 所示。

代码清单 7-7　七段数码管模块（seg7display.v）的 Verilog HDL 描述

```
module seg7display(
    input clk,
    input rst,
    input sel,
    input [3:0] counter,
    output reg[7:0] an,
    output reg[6:0] a_g
    );
reg[2:0] counter1;
```

```verilog
parameter N1 = 4;
parameter N2 = 8;
parameter mod = 13;
parameter data = 32'h12345678;          //预设的值
reg [N1-1:0] rom [N2-1:0];              //rom 的每个元素与 8 个七段数码管中的每个对应
integer i;
function [6:0] seg7;                     //声明函数 seg7,实现 4 位二进制数到 7 段码的转换
 input [3:0] x;
begin
  case (x)
     0          : seg7 = 7'b0000001;
     1          : seg7 = 7'b1001111;
     2          : seg7 = 7'b0010010;
     3          : seg7 = 7'b0000110;
     4          : seg7 = 7'b1001100;
     5          : seg7 = 7'b0100100;
     6          : seg7 = 7'b0100000;
     7          : seg7 = 7'b0001111;
     8          : seg7 = 7'b0000000;
     9          : seg7 = 7'b0000100;
     'hA        : seg7 = 7'b0001000;
     'hB        : seg7 = 7'b1100000;
     'hC        : seg7 = 7'b0110001;
     'hD        : seg7 = 7'b1000010;
     'hE        : seg7 = 7'b0110000;
     'hF        : seg7 = 7'b0111000;
     default    : seg7 = 7'b0000001;
    endcase
  end
endfunction
initial                                  //将预设值加载到 rom 中
begin
    counter1 = 2'b00;
    for(i=0;i<N2;i=i+1)
    rom[i] = data[(31-4*i)-:4];
end
always @ (posedge clk)                    //生成扫描时钟
begin
    counter1 <= counter1+1;
end
always @ ( * )
case(counter1)
  3'b000  :
            begin
                if(sel)
                    a_g = seg7(rom[0]);      //第 1 个数码管显示预设值
                else
                    a_g = seg7(counter%mod); //第 1 个数码管显示计数值
                    an = 8'b00000001;        //驱动第 1 个数码管的选择信号
            end
  3'b001  :
```

```
                begin
                    if( sel)
                        a_g = seg7( rom[ 1 ]);              //第 2 个数码管显示预设值
                    else
                        a_g = seg7( ( counter+1)%mod);      //第 2 个数码管显示计数值
                        an = 8'b00000010;                   //驱动第 2 个数码管的选择信号
                end
        3'b010  :
                begin
                    if( sel)
                        a_g = seg7( rom[ 2 ]);              //第 3 个数码管显示预设值
                    else
                        a_g = seg7( ( counter+2)%mod);      //第 3 个数码管显示计数值
                        an = 8'b00000100;                   //驱动第 3 个数码管的选择信号
                end
        3'b011  :
                begin
                    if( sel)
                        a_g = seg7( rom[ 3 ]);              //第 4 个数码管显示预设值
                    else
                        a_g = seg7( ( counter+3)%mod);      //第 4 个数码管显示计数值
                        an = 8'b00001000;                   //驱动第 4 个数码管的选择信号
                end
        3'b100  :
                begin
                    if( sel)
                        a_g = seg7( rom[ 4 ]);              //第 5 个数码管显示预设值
                    else
                        a_g = seg7( ( counter+4)%mod);      //第 5 个数码管显示计数值
                        an = 8'b00010000;                   //驱动第 5 个数码管的选择信号
                end
        3'b101  :
                begin
                    if( sel)
                        a_g = seg7( rom[ 5 ]);              //第 6 个数码管显示预设值
                    else
                        a_g = seg7( ( counter+5)%mod);      //第 6 个数码管显示计数值
                        an = 8'b00100000;                   //驱动第 6 个数码管的选择信号
                end
        3'b110  :
                begin
                    if( sel)
                        a_g = seg7( rom[ 6 ]);              //第 7 个数码管显示预设值
                    else
                        a_g = seg7( ( counter+6)%mod);      //第 7 个数码管显示计数值
                        an = 8'b01000000;                   //驱动第 7 个数码管的选择信号
                end
        3'b111  :
                begin
                    if( sel)
                        a_g = seg7( rom[ 7 ]);              //第 8 个数码管显示预设值
```

```
                    else
                        a_g=seg7((counter+7)%mod);        //第8个数码管显示计数值
                        an=8'b10000000;                   //驱动第8个数码管的选择信号
                    end

            default :
                    begin
                        a_g=seg7(0);
                        an=8'b00000000;
                    end
        endcase
    endmodule
```

（11）保存并关闭该文件。

思考与练习 7-2：请仔细分析该设计的原理和设计的实现方法。

7.4.8 创建 uart. v 文件

下面将创建 uart. v 文件，主要步骤包括：

（1）在"Sources"窗口中，选择 Design Sources 文件夹，单击鼠标右键，出现浮动菜单。在浮动菜单内，选择 Add Sources. .。

（2）出现"Add Sources – Add Sources"对话框。在该对话框中，默认选择"Add or create design sources"。

（3）单击【Next】按钮。

（4）出现"Add Sources – Add or Create design Sources"对话框。在该对话框中，单击【Create File】按钮。

（5）出现"Create Source File"对话框。在该对话框中，在"File name"右侧的文本框中输入"uart"。

（6）单击【OK】按钮。

（7）单击【Finish】按钮。

（8）出现"Define Module"对话框。

（9）单击【OK】按钮。

（10）在"Sources"窗口中的 Design Sources 文件夹下，找到并双击 uart，打开 uart. v 文件，按如下输入设计代码，如代码清单 7-8 所示。

代码清单 7-8　异步收发器模块（uart. v）的 Verilog HDL 描述

```
    module uart(
        input clk,
        input rst,
        input [3:0] counter,
        output reg tx
        );
    reg[1:0] state;
    reg[3:0] counter_tmp;
    reg[7:0] counter_tmp_1;
```

```
integer con;
parameter ini = 2'b00, ready = 2'b01, trans = 2'b10, finish = 2'b11;

function [7:0] tran_data;                    //一个十六进制数转换为对应的 ASCII 码
input [3:0] a;
begin
  case(a)
    4'b0000 :   tran_data = 8'h30;   //0
    4'b0001 :   tran_data = 8'h31;   //1
    4'b0010 :   tran_data = 8'h32;   //2
    4'b0011 :   tran_data = 8'h33;   //3
    4'b0100 :   tran_data = 8'h34;   //4
    4'b0101 :   tran_data = 8'h35;   //5
    4'b0110 :   tran_data = 8'h36;   //6
    4'b0111 :   tran_data = 8'h37;   //7
    4'b1000 :   tran_data = 8'h38;   //8
    4'b1001 :   tran_data = 8'h39;   //9
    4'b1010 :   tran_data = 8'h41;   //A
    4'b1011 :   tran_data = 8'h42;   //b
    4'b1100 :   tran_data = 8'h43;   //c
    4'b1101 :   tran_data = 8'h44;   //d
    4'b1110 :   tran_data = 8'h45;   //e
    4'b1111 :   tran_data = 8'h46;   //f
    default : tran_data = 8'h00;   //off
  endcase
end
endfunction

initial
begin
  con = 0;
end

always @ ( posedge clk or posedge rst)          //构造 uart 数据格式,一个起始位,
begin                                           //8 位数据位和一个停止位,
 if( rst)
    state <= ini;
 else
    case (state)
        ini    :
                begin
                    counter_tmp <= counter;
                    counter_tmp_1 <= tran_data(counter);
                    con <= 0;
                    state <= ready;
                end
        ready  :
                begin
```

```
                                        tx<=1'b0;
                                        state<=trans;
                    end
         trans    :
                    begin
                            con<=con+1;
                            tx<=counter_tmp_1[con];
                        if(con==7)
                            state<=finish;
                        else
                            state<=trans;
                        end
         finish  :
                    begin
                        tx<=1'b1;
                        if(counter==counter_tmp)
                            state<=finish;
                        else
                            state<=ini;
                        end
        endcase
    end
endmodule
```

（11）保存 uart. v 文件。

7.4.9　创建显示处理文件

本节将创建显示处理文件，包括编写 matlab 代码获取图片像素信息、创建 vga_center. v 文件和创建 vga. v 文件。

1. 编写 matlab 代码获取图片像素信息

在 matlab2017b 集成开发环境下，输入设计代码，如代码清单 7-9 所示。

代码清单 7-9　img2code12. m 文件

```
function img2 = img2code12(imgfile, outfile)
img = imread(imgfile);
height = size(img, 1);
width = size(img, 2);
s = fopen(outfile,'wb');                    %打开输出文件
cnt = 0;                                     %初始化变量 cnt
img2 = img;
for r=1:height
    for c=1:width
        cnt = cnt + 1;
        R = img(r,c,1);
        G = img(r,c,2);
        B = img(r,c,3);
        Rb = dec2bin(R,8);
```

```
                Gb = dec2bin( G,8);
                Bb = dec2bin( B,8);
                img2(r,c,1) = bin2dec([ Rb(1:4) '0000']);
                img2(r,c,2) = bin2dec([ Gb(1:4) '0000']);
                img2(r,c,3) = bin2dec([ Bb(1:4) '0000']);
                Outbyte =[ Rb(1:4) Gb(1:4) Bb(1:4) ];
                    fprintf(s,'%03X',bin2dec( Outbyte));
                    if((r~=height) || (c~=width))
                        fprintf(s,'\n');
                    end
            end
        end
        fclose(s);
```

在本书提供资料的 \eda_verilog\source 目录下，找到并打开该设计文件。在该目录下，保存着一幅名字为 "pic240×320. jpg" 的图片，如图 7. 12 所示。

在 matlab 命令行下，运行下面的命令：

>>img2 = img2code12('pic240×320. jpg','pic240x320. txt')

得到该图像的像素信息，并保存在 pix240×320. txt 文件中。然后，运行下面的命令：

>>imshow(img2)

得到处理后的图片，如图 7. 13 所示。pix240×320. txt 文件的片段如图 7. 14 所示。

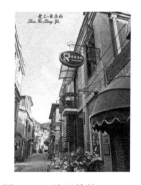

图 7. 12　处理前的 240×320
的 jpg 格式的图片

图 7. 13　处理后的 240×320
的 jpg 格式的图片

```
9DF
9DF
9DF
9DF
9DF
9DF
9DF
9DF
9DF
9DF
9DF
```

图 7-14　pix240×320. txt
文件的片段

2. 创建 vga_center. v 文件

下面将创建 vga_center. v 文件，主要步骤包括：

（1）在 "Sources" 窗口中，选择 Design Sources 文件夹，单击鼠标右键，出现浮动菜单。在浮动菜单内，选择 Add Sources..。

（2）出现 "Add Sources-Add Sources" 对话框。在该对话框中，默认选择 "Add or create design sources"。

（3）单击【Next】按钮。

（4）出现 "Add Sources-Add or Create design Sources" 对话框。在该对话框中，单击

【Create File】按钮。

（5）出现 "Create Source File" 对话框。在该对话框中，在 "File name" 右侧的文本框中输入 "vga_center"。

（6）单击【OK】按钮。

（7）单击【Finish】按钮。

（8）出现 "Define Module" 对话框。

（9）单击【OK】按钮。

（10）在 "Sources" 窗口中的 Design Sources 文件夹下，找到并双击 vga_center，打开 vga_center.v 文件，按如下输入设计代码，如代码清单 7-10 所示。

代码清单 7-10 确定显示坐标模块（vga_center.v）的 Verilog HDL 描述

```
( * use_dsp48 = "yes" * ) module vga_center(
    input clk,
    output reg [9:0] x_center
    );
reg state;
parameter s0 = 1'b0,s1 = 1'b1;
initial
    begin
        x_center = 0;
    end

always @ ( posedge clk)
    begin
        case ( state)
            s0:  if( x_center <= 400)
                        x_center <= x_center + 10;         //x 坐标以 10 像素递增
                    else
                        begin
                            x_center <= 400;
                            state <= s1;
                        end
            s1:
                    if( x_center >= 10)
                        x_center <= x_center - 10;          //x 坐标以 10 像素递减
                    else
                        begin
                            x_center <= 0;
                            state <= s0;
                        end
        endcase
    end
endmodule
```

3. 创建 vga.v 文件

下面将创建 vga.v 文件，主要步骤包括：

（1）在"Sources"窗口中，选择 Design Sources 文件夹，单击鼠标右键，出现浮动菜单。在浮动菜单内，选择 Add Sources...。

（2）出现"Add Sources-Add Sources"对话框。在该对话框中，默认选择"Add or create design sources"。

（3）单击【Next】按钮。

（4）出现"Add Sources-Add or Create design Sources"对话框。在该对话框中，单击【Create File】按钮。

（5）出现"Create Source File"对话框。在该对话框中，在"File name"右侧的文本框中输入"vga"。

（6）单击【OK】按钮。

（7）单击【Finish】按钮。

（8）出现"Define Module"对话框。

（9）单击【OK】按钮。

（10）在"Sources"窗口中的 Design Sources 文件夹下，找到并双击 vga，打开 vga.v 文件，按如下输入设计代码，如代码清单 7-11 所示。

代码清单 7-11　vga 显示驱动模块（vga.v）的 Verilog HDL 描述

```
( * use_dsp48 = "yes" * ) modulevga(
    input clk,
    input clk1,
    input rst,
    output reg hs,
    output reg vs,
    output reg [3:0] r,
    output reg[3:0] g,
    output reg[3:0] b
    );
//maximum value for the horizontal pixel counter
parameter HMAX = 10'b1100100000;    //800
//maximum value for the vertical pixel counter
parameter VMAX = 10'b1000001101;    //525
//total number of visible columns
parameter HLINES = 10'b1010000000;    //640
//value for the horizontal counter where front porch ends
parameter HFP = 10'b1010010000;    //648
//value for the horizontal counter where the synch pulse ends
parameter HSP = 10'b1011110000;    //744
//total number of visible lines
parameter VLINES = 10'b0111100000;    //480
//value for the vertical counter where the front porch ends
parameter VFP = 10'b0111101010;    //482
//value for the vertical counter where the synch pulse ends
parameter VSP = 10'b0111101100;    //484
//polarity of the horizontal and vertical synch pulse
//only one polarity used, because for this resolution they coincide.
```

```verilog
parameter SPP = 1'b0;
parameter pix_width = 240;
parameter pix_hight = 320;
//horizontal and vertical counters
reg [9:0] hcounter = 10'b0000000000;
reg [9:0] vcounter = 10'b0000000000;

//active when inside visible screen area.
wire video_enable;
reg vidon;
wire [9:0] x_center;
( * rom_style = "block" * ) reg [11:0] pix_memory [0:pix_width * pix_hight-1];
initial
begin
    $readmemh("pic240x320.txt", pix_memory);
end
vga_center Inst_vga_center(.clk(clk1),. x_center(x_center));
//increment horizontal counter at pixel_clk rate
//until HMAX is reached, then reset and keep counting
always @ (posedge clk or posedge rst)
begin
if(rst)
    hcounter <= 10'b0000000000;
else
    if(hcounter == HMAX)
        hcounter <= 10'b0000000000;
    else
        hcounter <= hcounter+1;
end

//increment vertical counter when one line is finished
//(horizontal counter reached HMAX)
//until VMAX isreached, then reset and keep counting
always @ (posedge clk or posedge rst)
begin
if(rst)
    vcounter <= 10'b0000000000;
else
    if(hcounter == HMAX)
        if(vcounter == VMAX)
            vcounter <= 10'b0000000000;
        else
            vcounter <= vcounter + 1;
end
//The HS is active (with polarity SPP) for a total of 96 pixels.
always@ (posedge clk)
begin
    if((hcounter >= HFP) && (hcounter < HSP))
```

```
                hs<=SPP;
        else
                hs<= ~SPP;
    end

//The VS is active (with polarity SPP) for a total of 2 video lines
// = 2 * HMAX = 1600 pixels.
always@ (posedge clk)
begin
        if((vcounter >= VFP) && (vcounter < VSP))
                vs <=SPP;
        else
                vs <= ~SPP;
    end

//enable video output when pixel is in visible area
assign video_enable=((hcounter < HLINES) && (vcounter < VLINES))? 1'b1: 1'b0;
always@ (posedge clk)
begin
        vidon <= ~video_enable;
end

always @ ( * )
begin
    //确定图片坐标
if( vcounter>=0 && vcounter<320 && hcounter>=x_center && hcounter<x_center+240)
    begin
        r=pix_memory[ vcounter * 240+hcounter-x_center][11:8];     //绘制图片的红色分量
        g=pix_memory[ vcounter * 240+hcounter-x_center][7:4];      //绘制图片的绿色分量
        b=pix_memory[ vcounter * 240+hcounter-x_center][3:0];      //绘制图片的蓝色分量
    end
  else
    begin
     r=4'b0000;
     g=4'b0000;
     b=4'b0000;
    end
end
endmodule
```

(11) 保存该文件。

4. 添加存储器初始化文件

下面将添加存储器初始化文件，主要步骤包括：

(1) 在"Sources"窗口中，鼠标右键单击 Design Sources。

(2) 出现"Add Sources-Add Sources"对话框。在该对话框中，默认选中"Add or create design sources"前面的复选框。

（3）单击【Next】按钮。

（4）出现"Add Sources–Add or Create Design Sources"对话框。在该对话框中，单击【Add Files】按钮。

（5）出现"Add Source Files"对话框。在该对话框中，定位到本书提供资料的\eda_verilog\source 路径中，并将该对话框中的"Files of type"改成"All Files"。在该路径指向的目录中，找到并添加文件 pic240×320. txt。

（6）默认在 Design Sources 文件夹下生成了一个名字为"Text"的子文件夹，在该文件夹下保存着新添加的 pic240×320. txt 文件。

（7）选中 pic240×320. txt 文件。在"Sources"窗口下面的"Source File Properties"窗口中，单击"Type"右侧的▣按钮，出现"Set Type"对话框。在该对话框"File type"右侧的下拉框中选择"Memory Initialization Files"，单击【OK】按钮，完成修改 pic240×320. txt 文件的属性设置，修改完属性后将 pic240×320. txt 文件自动放置到 Memory Initialization Files 文件夹下。

思考与练习 7-3：分析 vga. v 文件，理解并掌握 VGA 的驱动原理。

思考与练习 7-4：修改设计文件，让图片在 VGA 显示器的 x 和 y 方向上自由移动。

7.4.10　创建 top. v 文件

下面将创建 top. v 文件，用于将上面的模块例化到顶层设计文件中，主要步骤包括：

（1）在"Sources"窗口中，选择 Design Sources 文件夹，单击鼠标右键，出现浮动菜单。在浮动菜单内，选择 Add Sources. .。

（2）出现"Add Sources–Add Sources"对话框。在该对话框中，默认选择"Add or create design sources"。

（3）单击【Next】按钮。

（4）出现"Add Sources–Add or Create design Sources"对话框。在该对话框中，单击【Create File】按钮。

（5）出现"Create Source File"对话框。在该对话框中，在"File name"右侧的文本框中输入"top"。

（6）单击【OK】按钮。

（7）单击【Finish】按钮。

（8）出现"Define Module"对话框。

（9）单击"OK"按钮。

（10）在"Sources"窗口中的 Design Sources 文件夹下，找到并双击 top，打开 top. v 文件，按如下输入设计代码，如代码清单 7-12 所示。

代码清单 7-12　顶层模块（top. v）的 Verilog HDL 描述

```
module top(
    input clk,
    input rst,
    input sel,
    output [7:0] led,
    output [7:0] an,
```

```
            output [6:0] a_g,
            output tx,
            output hs,
            output vs,
            output [3:0] r,
            output [3:0] g,
            output [3:0] b
        );
    wire div_clk;
    wire scan_clk;
    wire band_clk;
    wire pix_clk;
    wire [3:0] counter;
    divclk2 Inst_divclk2 (
        .clk(clk),
        .rst(rst),
        .div_clk(div_clk)
        );
    divclk1 Inst_divclk1 (
        .clk(clk),
        .rst(rst),
        .scan_clk(scan_clk)
        );
    divclk3 Inst_divclk3 (
        .clk(clk),
        .rst(rst),
        .band_clk(band_clk)
        );
    divclk4 Inst_divclk4 (
        .clk(clk),
        .rst(rst),
        .pix_clk(pix_clk)
        );
    pwm_led Inst_pwm_led(
        .clk(clk),
        .clk_shift(div_clk),
        .rst(rst),
        .pwm_8(led)
            );
    counter4b#(.N(4'b1110)) Inst_counter4b(
        .clk(div_clk),
        .rst(rst),
        .counter(counter)
        );
    seg7display#(.mod(15)) Inst_seg7display (
        .clk(scan_clk),
        .rst(rst),
        .sel(sel),
```

```
            .counter(counter),
            .an(an),
            .a_g(a_g)
            );
    uart Inst_uart (
            .clk(band_clk),
            .rst(rst),
            .counter(counter),
            .tx(tx)
            );
    vga Inst_vga(
            .clk(pix_clk),
            .clk1(div_clk),
            .rst(rst),
            .hs(hs),
            .vs(vs),
            .r(r),
            .g(g),
            .b(b)
            );
    endmodule
```

（11）保存该文件。

思考与练习 7-5：在例化模块时，使用了参数例化，说明在设计中使用参数例化的好处。

7.5 添加 XDC 约束

本节将添加 XDC 文件，并在 XDC 文件中完成对引脚位置的约束。约束引脚位置的步骤主要包括：

（1）在 "Sources" 窗口中，找到并选中 Constraints 文件夹，单击鼠标右键，出现浮动菜单。在浮动菜单内，选择 Add Sources…。

（2）出现 "Add Sources-Add Sources" 对话框。在该对话框中，默认选择 "Add or create constraints" 前面的复选框。

（3）出现 "Add Sources-Add or Create Constraints" 对话框。在该对话框中，单击【Create File】按钮。

（4）出现 "Create Constraints File" 对话框。在该对话框中，在 "File name" 右侧的文本框中输入 "top"。

（5）单击【OK】按钮，退回到 "Add Sources-Add or Create Constraints" 对话框。

（6）单击【Finish】按钮，退出 "Add Sources-Add or Create Constraints" 对话框。

（7）可以看到在 Constraints 文件夹的子文件夹 constrs_1 下新添加了 top. xdc 文件。

（8）对 top. v 文件执行综合过程，并打开综合后的设计（切记不要忘记执行该步骤）。

（9）在 Vivado 主界面右上方的下拉框中选择 "I/O Planning"，将 Vivado 切换到 I/O 规划界面。

（10）按如图7.15给出的界面完成I/O端口PackagePin（封装引脚）和I/O Std（I/O标准）的约束。

Name	Direction	Neg Diff Pair	Package Pin		Fixed	Bank	I/O Std		Vcco
∨ ▭ All ports (41)									
∨ ◀ a_g (7)	OUT				☑	16	LVCMOS3*		3.300
◀ a_g[6]	OUT		A16	∨	☑	16	LVCMOS33*		3.300
◀ a_g[5]	OUT		A15	∨	☑	16	LVCMOS33*		3.300
◀ a_g[4]	OUT		C13	∨	☑	16	LVCMOS33*		3.300
◀ a_g[3]	OUT		B13	∨	☑	16	LVCMOS33*		3.300
◀ a_g[2]	OUT		B16	∨	☑	16	LVCMOS33*		3.300
◀ a_g[1]	OUT		D14	∨	☑	16	LVCMOS33*		3.300
◀ a_g[0]	OUT		D15	∨	☑	16	LVCMOS33*		3.300
∨ ◀ an (8)	OUT				☑	16	LVCMOS33*		3.300
◀ an[7]	OUT		E13	∨	☑	16	LVCMOS33*		3.300
◀ an[6]	OUT		C15	∨	☑	16	LVCMOS33*		3.300
◀ an[5]	OUT		E14	∨	☑	16	LVCMOS33*		3.300
◀ an[4]	OUT		D16	∨	☑	16	LVCMOS33*		3.300
◀ an[3]	OUT		E16	∨	☑	16	LVCMOS33*		3.300
◀ an[2]	OUT		C14	∨	☑	16	LVCMOS33*		3.300
◀ an[1]	OUT		E17	∨	☑	16	LVCMOS33*		3.300
◀ an[0]	OUT		F16	∨	☑	16	LVCMOS33*		3.300

（a）引脚约束界面（1）

Name	Direction	Neg Diff Pair	Package Pin		Fixed	Bank	I/O Std		Vcco
∨ ▭ All ports (41)									
> ◀ a_g (7)	OUT				☑	16	LVCMOS33*		3.300
> ◀ an (8)	OUT				☑	16	LVCMOS33*	▾	3.300
∨ ◀ b (4)	OUT				☑	16	LVCMOS33*		3.300
◀ b[3]	OUT		D17	∨	☑	16	LVCMOS33*		3.300
◀ b[2]	OUT		B18	∨	☑	16	LVCMOS33*		3.300
◀ b[1]	OUT		B17	∨	☑	16	LVCMOS33*		3.300
◀ b[0]	OUT		A18	∨	☑	16	LVCMOS33*		3.300
∨ ◀ g (4)	OUT				☑	16	LVCMOS33*		3.300
◀ g[3]	OUT		A19	∨	☑	16	LVCMOS33*		3.300
◀ g[2]	OUT		C17	∨	☑	16	LVCMOS33*		3.300
◀ g[1]	OUT		A14	∨	☑	16	LVCMOS33*		3.300
◀ g[0]	OUT		A13	∨	☑	16	LVCMOS33*		3.300
∨ ◀ led (8)	OUT				☑	13	LVCMOS33*		3.300
◀ led[7]	OUT		AA15	∨	☑	13	LVCMOS33*		3.300
◀ led[6]	OUT		AB13	∨	☑	13	LVCMOS33*		3.300
◀ led[5]	OUT		AA13	∨	☑	13	LVCMOS33*		3.300
◀ led[4]	OUT		AB17	∨	☑	13	LVCMOS33*		3.300
◀ led[3]	OUT		AB16	∨	☑	13	LVCMOS33*		3.300
◀ led[2]	OUT		AA16	∨	☑	13	LVCMOS33*		3.300
◀ led[1]	OUT		Y16	∨	☑	13	LVCMOS33*		3.300
◀ led[0]	OUT		Y17	∨	☑	13	LVCMOS33*		3.300

（b）引脚约束界面（2）

Name	Direction	Neg Diff Pair	Package Pin		Fixed	Bank	I/O Std		Vcco
∨ ▭ All ports (41)									
> ◀ a_g (7)	OUT				☑	16	LVCMOS33*	▾	3.300
> ◀ an (8)	OUT				☑	16	LVCMOS33*	▾	3.300
> ◀ b (4)	OUT				☑	16	LVCMOS33*	▾	3.300
> ◀ g (4)	OUT				☑	16	LVCMOS33*	▾	3.300
> ◀ led (8)	OUT				☑	13	LVCMOS33*	▾	3.300
∨ ◀ r (4)	OUT				☑	16	LVCMOS33*	▾	3.300
◀ r[3]	OUT		F19	∨	☑	16	LVCMOS33*	▾	3.300
◀ r[2]	OUT		E19	∨	☑	16	LVCMOS33*	▾	3.300
◀ r[1]	OUT		B20	∨	☑	16	LVCMOS33*	▾	3.300
◀ r[0]	OUT		D19	∨	☑	16	LVCMOS33*	▾	3.300
∨ ▭ Scalar ports (6)									
▷ clk	IN		J19	∨	☑	15	LVCMOS33*	▾	3.300
◀ hs			A20	∨	☑	16	LVCMOS33*	▾	3.300
▷ rst	IN		T5	∨	☑	34	LVCMOS33*	▾	3.300
▷ sel	IN		U5	∨	☑	34	LVCMOS33*	▾	3.300
◀ tx	OUT		F13	∨	☑	16	LVCMOS33*	▾	3.300
◀ vs	OUT		F20	∨	☑	16	LVCMOS33*	▾	3.300

（c）引脚约束界面（3）

图 7.15　引脚约束界面

top. xdc 文件的内容如代码清单 7-13 所示。

代码清单 7-13　top. xdc 文件

```
set_property IOSTANDARD LVCMOS33 [get_ports {counter[3]}]
set_property IOSTANDARD LVCMOS33 [get_ports {counter[2]}]
set_property IOSTANDARD LVCMOS33 [get_ports {counter[1]}]
set_property IOSTANDARD LVCMOS33 [get_ports {counter[0]}]
set_property IOSTANDARD LVCMOS33 [get_ports clk]
set_property IOSTANDARD LVCMOS33 [get_ports rst]
set_property PACKAGE_PIN J19 [get_ports clk]
set_property PACKAGE_PIN T5 [get_ports rst]
set_property PACKAGE_PIN Y17 [get_ports {counter[0]}]
set_property PACKAGE_PIN Y16 [get_ports {counter[1]}]
set_property PACKAGE_PIN AA16 [get_ports {counter[2]}]
set_property PACKAGE_PIN AB16 [get_ports {counter[3]}]


set_property IOSTANDARD LVCMOS33 [get_ports {a_g[6]}]
set_property IOSTANDARD LVCMOS33 [get_ports {a_g[5]}]
set_property IOSTANDARD LVCMOS33 [get_ports {a_g[4]}]
set_property IOSTANDARD LVCMOS33 [get_ports {a_g[3]}]
set_property IOSTANDARD LVCMOS33 [get_ports {a_g[2]}]
set_property IOSTANDARD LVCMOS33 [get_ports {a_g[1]}]
set_property IOSTANDARD LVCMOS33 [get_ports {a_g[0]}]
set_property PACKAGE_PIN A16 [get_ports {a_g[6]}]
set_property PACKAGE_PIN A15 [get_ports {a_g[5]}]
set_property PACKAGE_PIN C13 [get_ports {a_g[4]}]
set_property PACKAGE_PIN B13 [get_ports {a_g[3]}]
set_property PACKAGE_PIN B16 [get_ports {a_g[2]}]
set_property PACKAGE_PIN D14 [get_ports {a_g[1]}]
set_property PACKAGE_PIN D15 [get_ports {a_g[0]}]


set_property PACKAGE_PIN E13 [get_ports {an[7]}]
set_property PACKAGE_PIN C15 [get_ports {an[6]}]
set_property PACKAGE_PIN E14 [get_ports {an[5]}]
set_property PACKAGE_PIN D16 [get_ports {an[4]}]
set_property PACKAGE_PIN E16 [get_ports {an[3]}]
set_property PACKAGE_PIN C14 [get_ports {an[2]}]
set_property PACKAGE_PIN E17 [get_ports {an[1]}]
set_property PACKAGE_PIN F16 [get_ports {an[0]}]
set_property PACKAGE_PIN U5 [get_ports sel]
set_property IOSTANDARD LVCMOS33 [get_ports {an[7]}]
set_property IOSTANDARD LVCMOS33 [get_ports {an[6]}]
set_property IOSTANDARD LVCMOS33 [get_ports {an[5]}]
set_property IOSTANDARD LVCMOS33 [get_ports {an[4]}]
set_property IOSTANDARD LVCMOS33 [get_ports {an[3]}]
set_property IOSTANDARD LVCMOS33 [get_ports {an[2]}]
set_property IOSTANDARD LVCMOS33 [get_ports {an[1]}]
```

```
set_property IOSTANDARD LVCMOS33 [get_ports {an[0]}]
set_property IOSTANDARD LVCMOS33 [get_ports sel]

set_property PACKAGE_PIN F13 [get_ports tx]
set_property IOSTANDARD LVCMOS33 [get_ports tx]

set_property IOSTANDARD LVCMOS33 [get_ports hs]
set_property IOSTANDARD LVCMOS33 [get_ports vs]
set_property PACKAGE_PIN A20 [get_ports hs]
set_property PACKAGE_PIN F20 [get_ports vs]
set_property IOSTANDARD LVCMOS33 [get_ports {b[3]}]
set_property IOSTANDARD LVCMOS33 [get_ports {b[2]}]
set_property IOSTANDARD LVCMOS33 [get_ports {b[1]}]
set_property IOSTANDARD LVCMOS33 [get_ports {b[0]}]
set_property IOSTANDARD LVCMOS33 [get_ports {g[3]}]
set_property IOSTANDARD LVCMOS33 [get_ports {g[2]}]
set_property IOSTANDARD LVCMOS33 [get_ports {g[1]}]
set_property IOSTANDARD LVCMOS33 [get_ports {g[0]}]
set_property IOSTANDARD LVCMOS33 [get_ports {r[3]}]
set_property IOSTANDARD LVCMOS33 [get_ports {r[2]}]
set_property IOSTANDARD LVCMOS33 [get_ports {r[1]}]
set_property IOSTANDARD LVCMOS33 [get_ports {r[0]}]
set_property PACKAGE_PIN D19 [get_ports {r[0]}]
set_property PACKAGE_PIN B20 [get_ports {r[1]}]
set_property PACKAGE_PIN E19 [get_ports {r[2]}]
set_property PACKAGE_PIN F19 [get_ports {r[3]}]
set_property PACKAGE_PIN A18 [get_ports {b[0]}]
set_property PACKAGE_PIN B17 [get_ports {b[1]}]
set_property PACKAGE_PIN B18 [get_ports {b[2]}]
set_property PACKAGE_PIN D17 [get_ports {b[3]}]
set_property PACKAGE_PIN A13 [get_ports {g[0]}]
set_property PACKAGE_PIN A14 [get_ports {g[1]}]
set_property PACKAGE_PIN C17 [get_ports {g[2]}]
set_property PACKAGE_PIN A19 [get_ports {g[3]}]


set_property IOSTANDARD LVCMOS33 [get_ports {led[7]}]
set_property IOSTANDARD LVCMOS33 [get_ports {led[6]}]
set_property IOSTANDARD LVCMOS33 [get_ports {led[5]}]
set_property IOSTANDARD LVCMOS33 [get_ports {led[4]}]
set_property IOSTANDARD LVCMOS33 [get_ports {led[3]}]
set_property IOSTANDARD LVCMOS33 [get_ports {led[2]}]
set_property IOSTANDARD LVCMOS33 [get_ports {led[1]}]
set_property IOSTANDARD LVCMOS33 [get_ports {led[0]}]
set_property PACKAGE_PIN Y17 [get_ports {led[0]}]
set_property PACKAGE_PIN Y16 [get_ports {led[1]}]
set_property PACKAGE_PIN AA16 [get_ports {led[2]}]
set_property PACKAGE_PIN AB16 [get_ports {led[3]}]
```

```
set_property PACKAGE_PIN AB17 [get_ports {led[4]}]
set_property PACKAGE_PIN AA13 [get_ports {led[5]}]
set_property PACKAGE_PIN AB13 [get_ports {led[6]}]
set_property PACKAGE_PIN AA15 [get_ports {led[7]}]
```

（11）按【Ctrl+S】组合键，将图形化界面中给出的约束条件保存到 top. xdc 文件中。

（12）在 Vivado 主界面右上方的下拉框中重新选择"I/O Planning"，将 Vivado 切换到 I/O 规划界面。

> **注**：在该设计中，使用 A7-EDP-1 开发平台上的 100MHz 时钟作为 clk 的输入时钟源、开发平台上的开关作为 rst 输入，以及开发平台上的 LED0 ～ LED3 作为 counter[0] ～ counter[3] 的输出。

7.6 设计下载和验证

下面将设计下载到 FPGA 中，并对设计进行验证，主要步骤包括：

（1）对设计执行综合和实现，并且生成比特流文件。

（2）通过 USB 电缆，将 A7-EDP-1 开发平台上的 USB-JTAG 接口连接到 PC/笔记本电脑的 USB 接口。

（3）通过 VGA 电缆，将 A7-EDP-1 开发平台上标记为"J14"的 VGA 母头连接到外部 VGA 显示器。

（4）将标识为"SW8"的开关设置到"ON"状态，给 A7-EDP-1 开发平台上电。

（5）打开串口调试助手，正确设置参数，波特率为 9600，8 个数据位，一个停止位。

（6）将生成的比特流文件下载到 A7-EDP-1 开发平台的 xc7a75tfgg484-1 FPGA 中。

思考与练习 7-6：观察 VGA 显示器、串口调试助手界面、A7-EDP-1 开发平台上的 LED 和七段数码管，验证设计是否满足设计要求。

第 8 章　数模混合系统设计

本章将介绍数模混合系统的设计与实现方法，内容主要包括信号采集和处理的实现，以及信号发生器的实现。

数模混合系统是 FPGA 的一个重要应用领域。通过本章内容的学习，读者将会掌握基于 FPGA 的数模混合系统的设计方法和设计技巧，为将来设计复杂高性能数模混合系统打下基础。

8.1　信号采集和处理的实现

7 系列 FPGA 内集成了 XADC 模块，该模块包含一个双 12 位、采样率高达 1Msps 的 ADC 和片上传感器，该 ADC 为不同的应用提供了通用、高精度的模拟接口。XADC 内的两个 ADC 支持不同的工作模式，如外部触发模式和同步采样模式。此外，还支持不同类型的模拟输入信号，如单极性信号和差分信号。ADC 可以访问最多 17 个外部模拟输入通道。

本节将使用 7 系列 FPGA 内集成的 XADC 模块测量外部输入的电压信号，并在字符 LCD 上显示测量的结果。

8.1.1　XADC 模块原理

XADC 的内部结构如图 8.1 所示，ADC 的转换结果保存在状态寄存器中，通过 FPGA 内的互联资源，使用动态可重配置端口（Dynamic Reconfigurable Port，DRP）的 16 位动态读和写端口就可以访问这些寄存器。对 XADC 的配置前后，也可以通过 JTAG TAP 访问转换结果。当使用 JTAG TAP 时，不要求例化 XADC。当在一个设计中未例化 XADC 时，器件将工作在预定义模式，它将监视片上传感器的温度和供电电压。

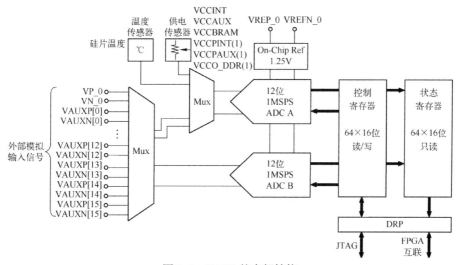

图 8.1　XADC 的内部结构

XADC 的所有专用引脚被分配在 7 系列 FPGA 的 bank 0 上，读者可参见设计原理图。对于 XADC 的电路设计，Xilinx 给出两种推荐的配置方法，如图 8.2 所示。图 8.2（a）采用 VCCAUX（1.8V）供电，并且使用了外部 1.25V 参考源；图 8.2（b）采用 VCCAUX（1.8V）供电，并且使用了内部 1.25V 参考源。当使用片上参考源时，将引脚 VREFP 接地。

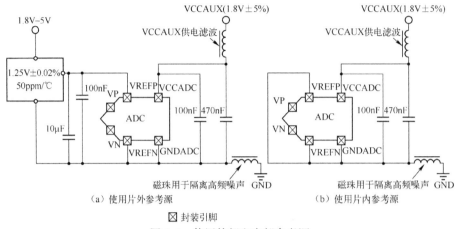

（a）使用片外参考源　　　　　　　　（b）使用片内参考源

⊠ 封装引脚

图 8.2　使用外部和内部参考源

注：本书使用的 A7-EDP-1 硬件开发平台使用了片外的参考源。

在 7 系列的 FPGA 中，除提供一对专用的模拟输入端口（VP/VN）外，还提供了可复用的 I/O 引脚。当在设计中例化 XADC 模块时，这些引脚就作为模拟信号的输入端口。这些引脚上带有 ADxP 或者 ADxN 的标记（"x"代表具体的数字）。在 7 系列 FPGA 中，提供了 AD0P/AD0N～AD15P/AD15N，最多 16 个辅助的模拟输入端口，这些辅助 I/O 分配在 FPGA 的 BANK15 和 BANK35。通过设计顶层，将这些模拟输入连接到 XADC 原语。当引脚用作模拟输入时，不可以用于数字 I/O。所有的模拟输入通道均为差分输入。

注：在 Vivado 设计工具中，必须将辅助模拟输入信号分配到相关的引脚位置。此外，也必须选择和该 I/O BANK 相同的 IOSTANDARD。

8.1.2　XADC 原语

前面已经提到，如果想访问 XADC 模块，必须在设计中例化 XADC 原语。如果在设计中未例化 XADC 原语，则只能通过 JTAG 的 TAP 端口访问 XADC。

1. XADC 端口

为了通过 FPGA 逻辑访问状态寄存器中的转换结果，必须在设计中例化 XADC 原语，XADC 原语的符号如图 8.3 所示，其中的端口说明如表 8.1 所示。

表 8.1　XADC 原语的端口说明

端　　口	I/O	描　　述
DI[15:0]	输入	用于 DRP 的输入数据总线
DO[15:0]	输出	用于 DRP 的输出数据总线
DADDR[6:0]	输入	用于 DRP 的地址总线

端　　口	I/O	描　　述
DEN	输入	用于 DRP 的使能信号
DWE	输入	用于 DRP 的写使能信号
DCLK	输入	用于 DRP 的时钟输入信号
DRDY	输出	用于 DRP 的数据准备信号
RESET	输入	用于 XADC 控制逻辑的异步复位信号
CONVST	输入	转换开始。该信号控制 ADC 输入的采样时间，只用于事件模式。该信号来自 FPGA 逻辑的通用互联
CONVSTCLK	输入	转换开始时钟。该输入连接到一个时钟网络，类似 CONVST。该信号来自 FPGA 逻辑的时钟分配网络。因此，为了更好地控制采样时间（延迟和抖动），全局时钟输入应作为 CONVST 源
VP/VN	输入	专用的模拟输入对。XADC 提供专用的模拟输入引脚，它提供了差分模拟输入。当不使用该专用模拟输入对时，将 VP/VN 引脚接地
VAUXP[15:0]/VAUXN[15:0]	输入	16 个辅助的模拟输入对
ALM[0]	输出	温度传感器报警输出
ALM[1]	输出	VCCINT 传感器报警输出
ALM[2]	输出	VCCAUX 传感器报警输出
ALM[3]	输出	VCCBRAM 传感器报警输出
ALM[4]	输出	VCCPINT 传感器报警输出
ALM[5]	输出	VCCPAUX 传感器报警输出
ALM[6]	输出	VCCO_DDR 传感器报警输出
ALM[7]	输出	对 ALM[6:0] 进行逻辑或，可以用来标识任何一个报警
OT	输出	过温度报警输出
MUXADDR[4:0]	输出	这些输出用于外部多路选择器模式，它们用于标识序列中下一个通道的地址，它们为一个外部多路选择器提供通道地址
CHANNEL[4:0]	输出	通道选择输出。在一个 ADC 转换结束时，用于当前 ADC 转换的 ADC 输入 MUX 通道选择现在这些输出上
EOC	输出	转换结束信号。在 ADC 转换结束，测量结果写到状态寄存器时，这个信号变为高
EOS	输出	序列结束。在一个自动通道序列的最后一个测量数据写到状态寄存器时，该信号变为高
BUSY	输出	ADC 忙信号。在 ADC 转换期间，该信号为高，在一个 ADC 或传感器标定过程中，该信号也为高
JTAGLOCKED	输出	标识 JTAG 接口有一个 DRP 端口锁定请求。该信号也用于标识准备访问 DRP
JTAGMODIFIED	输出	用于标识 JTAG 写到 DPR 的事件
JTAGBUSY	输出	用于标识 JTAG DRP 交易正在进行

2. XADC 属性

前面已经提到 XADC 内的控制寄存器用于定义 XADC 的操作。XADC 共提供了 32 个 16 位的控制寄存器。通过 DRP 或 JTAG 端口可以读写这些寄存器。在配置 FPGA 的过程中，可以初始化这些寄存器。这样，当配置完 FPGA 后，XADC 就可以工作在用户所定义的工作模式。在 XADC 原语中，提供 32 个属性用于初始化这些寄存器，如表 8.2 所示，这些属性称为 INIT_xx，"xx"对应于 DRP 的寄存器地址。例如，INIT_40 对应于 DRP 的控制寄存器地址 40h。

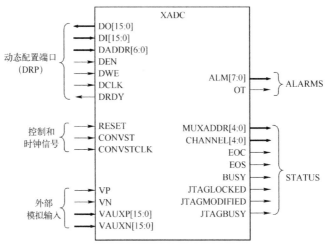

图 8.3　XADC 原语的符号

表 8.2　XADC 原语的属性

属　　　性	名　　字	控制寄存器地址	描　　　述
INIT_40	配置寄存器 0	40h	XADC 配置寄存器
INIT_41	配置寄存器 1	41h	
INIT_42	配置寄存器 2	42h	
INIT_43～INIT_47	测试寄存器	43h～47h	用于厂商的 XADC 测试寄存器。默认初始值为 0000h
INIT_48～INIT_4F	序列寄存器	48h～4Fh	用于对 XADC 通道顺序进行编程的序列寄存器
INIT_50～INIT_5F	报警限制寄存器	50h～5Fh	用于 XADC 报警功能的报警门限寄存器

3. 计算转换结果

ADC 的输入范围为 0 ～ 1V。在单极性模式下，ADC 的模拟输入为 1V 时，输出的数字量为 FFFh，满量程。因此，如果在单极性模式下输入 200mV 的模拟信号，则输出的数字量为

$$[(0.2/1.0) \times FFFh] = 819(333h)$$

在双极性模式下，ADC 使用二进制补码。在模拟输入为 +0.5V 时，输出的数字量为 7FFh，而模拟输入为 -0.5V 时，输出的数字量为 800h。

计算温度传感器的温度时使用下面的公式：

$$测量温度(℃) = (输出数字量 \times 503.975)/4096 - 273.15$$

对于 XADC 供电传感器，3V 的输入电压产生满量程的数字量 FFFh。

4. 转换结果寄存器

XADC 中提供了用于保存转换结果的状态寄存器，如图 8.4 所示。

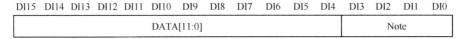

图 8.4　状态寄存器

ADC 总是产生 16 位的转换结果，12 位数据对应状态寄存器的高 12 位。没有引用的最低有效位，用于平均或滤波以减少量化效应进而改善分辨率。

5. XADC 寄存器集

XADC 模块内提供的寄存器集如图 8.5 所示。

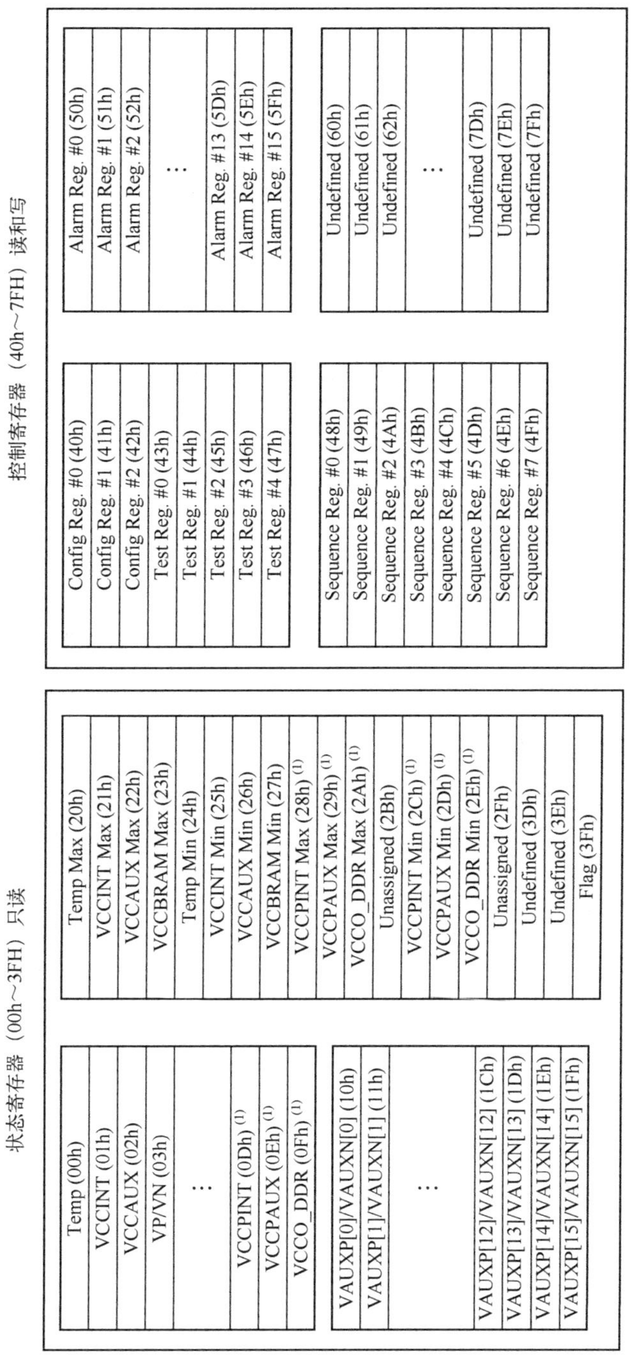

控制寄存器 (40h～7FH) 读和写

Config Reg. #0 (40h)	Alarm Reg. #0 (50h)
Config Reg. #1 (41h)	Alarm Reg. #1 (51h)
Config Reg. #2 (42h)	Alarm Reg. #2 (52h)
Test Reg. #0 (43h)	...
Test Reg. #1 (44h)	Alarm Reg. #13 (5Dh)
Test Reg. #2 (45h)	Alarm Reg. #14 (5Eh)
Test Reg. #3 (46h)	Alarm Reg. #15 (5Fh)
Test Reg. #4 (47h)	

Sequence Reg. #0 (48h)	Undefined (60h)
Sequence Reg. #1 (49h)	Undefined (61h)
Sequence Reg. #2 (4Ah)	Undefined (62h)
Sequence Reg. #3 (4Bh)	...
Sequence Reg. #4 (4Ch)	Undefined (7Dh)
Sequence Reg. #5 (4Dh)	Undefined (7Eh)
Sequence Reg. #6 (4Eh)	Undefined (7Fh)
Sequence Reg. #7 (4Fh)	

状态寄存器 (00h～3FH) 只读

Temp (00h)	Temp Max (20h)
VCCINT (01h)	VCCINT Max (21h)
VCCAUX (02h)	VCCAUX Max (22h)
VP/VN (03h)	VCCBRAM Max (23h)
...	Temp Min (24h)
VCCPINT (0Dh) [1]	VCCINT Min (25h)
VCCPAUX (0Eh) [1]	VCCAUX Min (26h)
VCCO_DDR (0Fh) [1]	VCCBRAM Min (27h)
	VCCPINT Max (28h) [1]

VAUXP[0]/VAUXN[0] (10h)	VCCPAUX Max (29h) [1]
VAUXP[1]/VAUXN[1] (11h)	VCCO_DDR Max (2Ah) [1]
...	Unassigned (2Bh)
VAUXP[12]/VAUXN[12] (1Ch)	VCCPINT Min (2Ch) [1]
VAUXP[13]/VAUXN[13] (1Dh)	VCCPAUX Min (2Dh) [1]
VAUXP[14]/VAUXN[14] (1Eh)	VCCO_DDR Min (2Eh) [1]
VAUXP[15]/VAUXN[15] (1Fh)	Unassigned (2Fh)
	Undefined (3Dh)
	Undefined (3Eh)
	Flag (3Fh)

图8.5 XADC模块内提供的寄存器集

> **注**：关于寄存器更详细的含义，请读者参考 Xilinx 提供的 UG480(v1.7)《7 Series FP-GAs and Zynq-7000 All Programmable SoC XADC Dual 12-Bit 1 MSPS Analog-to-Digital Converter User Guide》。

8.1.3　1602 字符 LCD 模块原理

本节将介绍 1602 字符 LCD 模块的原理，内容主要包括 1602 字符 LCD 指标、1602 字符 LCD 内部显存、1602 字符 LCD 读写时序、1602 字符 LCD 命令和数据。

1. 1602 字符 LCD 指标

1602 字符 LCD 的特性指标如表 8.3 所示。

表 8.3　1602 字符 LCD 的特性指标

显示容量	16×2 个字符，即可以显示 2 行字符，每行可以显示 16 个字符
工作电压范围	4.5～5.5V，推荐 5.0V
工作电流	2.0mA@ 5V
屏幕尺寸	2.95mm×4.35mm （宽×高）

> **注**：工作电流是指液晶的耗电，没有考虑背光耗电。一般情况下，背光耗电大约为 20mA。

2. 1602 字符 LCD 内部显存

1602 字符 LCD 的内部包含 80 字节的 RAM，用于保存需要发送的数据，如图 8.6 所示。

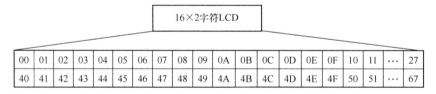

00	01	02	03	04	05	06	07	08	09	0A	0B	0C	0D	0E	0F	10	11	… 27
40	41	42	43	44	45	46	47	48	49	4A	4B	4C	4D	4E	4F	50	51	… 67

图 8.6　1206 内部的 RAM

第一行存储器的地址范围为 0x00 ～ 0x27；第二行存储器的地址范围为 0x40 ～ 0x67。图 8.6 中，第一行存储器的地址范围 0x00 ～ 0x0F 与 1602 字符 LCD 第一行的位置对应；第二行存储器的地址范围 0x40 ～ 0x4F 与 1602 字符 LCD 第二行的位置对应。

每行多出来的部分是为了显示移动字幕而设置的。

3. 1602 字符 LCD 读写时序

本部分将介绍在 8 位并行模式下 1602 字符 LCD 的各种信号在读写操作时的时序关系。

1）写操作时序

FPGA 对 1602 字符 LCD 进行写数据/命令操作时的时序如图 8.7 所示。

（1）将 R/W 信号拉低。同时，给出 RS 信号，该信号为逻辑高（"1"）或逻辑低（"0"），用于区分数据和命令。

（2）将 E 信号拉高。当拉高 E 信号后，FPGA 将写入 1602 字符 LCD 的数据放在 DB7 ～ DB0 数据线上。当数据维持一段有效时间后，先将 E 信号拉低，但数据继续维持一段时间 t_{HD2}。这样，就可以将数据写到 1602 字符 LCD 中。

（3）撤除或保持 R/W 信号。

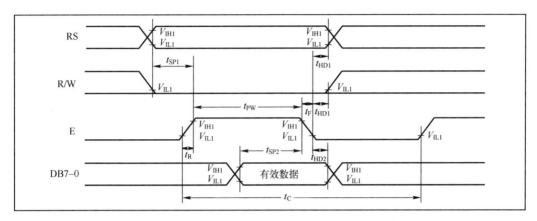

图 8.7　FPGA 对 1602 字符 LCD 进行写数据/命令操作时的时序

至此，FPGA 完成对 1602 字符 LCD 的写操作过程。

2）读操作时序

FPGA 对 1602 字符 LCD 进行读数据/状态操作时的时序如图 8.8 所示。

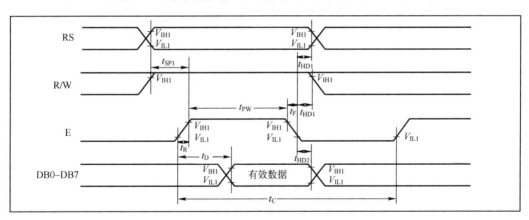

图 8.8　FPGA 对 1602 字符 LCD 进行读数据/状态操作时的时序

（1）将 R/W 信号拉高。同时，给出 RS 信号，该信号为逻辑高（"1"）或逻辑低（"0"），用于区分数据和状态。

（2）将 E 信号拉高。当拉高 E 信号，并且延迟一段时间 t_D 后，1602 字符 LCD 将数据放在 DB7 ～ DB0 数据线上。在继续维持一段时间 t_{PW} 后，将 E 信号拉低。

（3）撤除/保持 R/W 信号。

至此，STC15 系列单片机完成对 1602 字符 LCD 的读操作过程。

RS 信号和 R/W 信号组合的含义如表 8.4 所示。

表 8.4 **RS 信号和 R/W 信号组合的含义**

RS	R/W	操 作 说 明
0	0	写入指令寄存器（清屏）
0	1	读 BF（忙）标志，以及读取地址计数器的内容
1	0	写入数据寄存器（显示各字型等）
1	1	从数据寄存器读取数据

4. 1602 字符 LCD 命令和数据

在 FPGA 对 1602 字符 LCD 操作的过程中会用到表 8.5 给出的指令。

表 8.5 **1602 字符 LCD 指令和数据**

指 令	指令操作码									功 能
	RS	RW	DB7	DB6	DB5	DB4	DB3	DB2	DB1	DB0	
清屏	0	0	0	0	0	0	0	0	0	1	将"20H"写到 DDRAM，将 DDRAM 地址从 AC（地址计数器）设置为"00"
光标归位	0	0	0	0	0	0	0	0	1	—	将 DDRAM 的地址设置为"00"，光标如果移动，则将光标返回到初始的位置。DDRRAM 的内容保持不变
输入模式设置	0	0	0	0	0	0	0	1	I/D	S	分配光标移动的方向，使能整个显示的移动。I=0，递减模式；I=1，递增模式 S=0，关闭整个移动；S=1，打开整个移动
显示打开/关闭控制	0	0	0	0	0	0	1	D	C	B	设置显示（D），光标（C）和光标闪烁（B）打开/关闭控制 D=0，显示关闭；D=1，打开显示 C=0，关闭光标；C=1，打开光标 B=0，关闭闪烁；B=1，打开闪烁
光标或者显示移动	0	0	0	0	0	1	S/C	R/L	—	—	设置光标移动和显示移动的控制位及方向，不改变 DDRAM 数据。S/C=0 且 R/L=0 时，光标左移；S/C=0 且 R/L=1 时，光标右移；S/C=1 且 R/L=0 时，显示左移，光标跟随显示移动；S/C=1 且 R/L=1 时，显示右移，光标跟随显示移动
功能设置	0	0	0	0	1	DL	N	F	—	—	设置接口数据宽度，以及显示行的个数 DL=1，8 位宽度；DL=0，4 位宽度。N=0，1 行模式；N=1，2 行模式 F=0，5×8 字符字体；F=1，5×10 字符字体
设置 CGRAM 地址	0	0	0	1	AC5	AC4	AC3	AC2	AC1	AC0	在地址计数器中，设置 CGRAM 地址
设置 DDRAM 地址	0	0	1	AC6	AC5	AC4	AC3	AC2	AC1	AC0	在计数器中，设置 DDRAM 地址
读忙标志和地址计数器	0	1	BF	AC6	AC5	AC4	AC3	AC2	AC1	AC0	读 BF 标志，判断 LCD 屏内部是否正在操作。也可以读取地址计数器的内容
将数据写到 RAM	1	0	D7	D6	D5	D4	D3	D2	D1	D0	写数据到内部 RAM（DDRAM/ CGRAM）
从 RAM 读数据	1	1	D7	D6	D5	D4	D3	D2	D1	D0	从内部 RAM（DDRAM/ CGRAM）读取数据

5. 1602 字符 LCD 初始化和操作流程

1602 字符 LCD 的初始化和操作流程如图 8.9 所示。

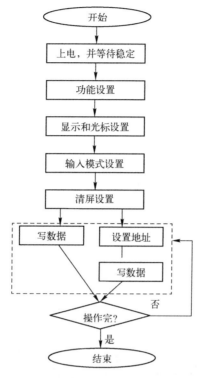

图 8.9　1602 字符 LCD 的初始化和操作流程

6. 1602 硬件接口

在该设计中，+3.3V 供电的 1602 字符 LCD 通过单排插针（共 16 个引脚）与 A7-EDP-1 硬件开发平台上标记为 "J7" 的双排插座连接，它们的引脚定义如表 8.6 所示，连接方式如图 8.10 所示。

表 8.6　A7-EDP-1 开发平台和 1602 字符 LCD 引脚定义

A7-EDP-1 开发平台上 J7 插座的引脚号	信号名字	与板上 FPGA 引脚的连接关系	1602 LCD 的引脚号	信号名字	功　　能
40	GND	地	1	VSS	地
39	VCC3V3	+3.3V 电源	2	VCC	+3.3V 电源
38	VO	—	3	VO	LCD 驱动电压输入
37	TFT_RS/LCD_RS	Y1	4	RS	寄存器选择。RS=1，数据；RS=0，指令
36	TFT_RD/LCD_RW	U3	5	R/W	读写信号。R/W=1，读操作；R/W=0，写操作
35	TFT_WR/LCD_E	V3	6	E	芯片使能信号

续表

A7-EDP-1 开发平台上 J7 插座的引脚号	信号名字	与板上 FPGA 引脚的连接关系	1602 LCD 的引脚号	信号名字	功能
34	TFT_DB0/LCD_DB0	T1	7	DB0	1602 字符 LCD 的 8 位数据总线信号
33	TFT_DB1/LCD_DB1	U1	8	DB1	
32	TFT_DB2/LCD_DB2	U2	9	DB2	
31	TFT_DB3/LCD_DB3	V2	10	DB3	
30	TFT_DB4/LCD_DB4	R3	11	DB4	
29	TFT_DB5/LCD_DB5	R2	12	DB5	
28	TFT_DB6/LCD_DB6	W2	13	DB6	
27	TFT_DB7/LCD_DB7	Y2	14	DB7	
26	VCC3V3	—	15	LEDA	背光源正极，接+3.3V
25	DGND	—	16	LEDK	背光源负极，接地
24	TFT_TOUCH_DOUT	Y3			
23	TFT_TOUCH_DIN	AB2			
22	TFT_TOUCH_CS	AB3			
21	TFT_TOUCH_DCLK	AB1			

图 8.10　1602 字符 LCD 与 A7-EDP-1 开发平台的连接

注：（1）A7-EDP-1 开发平台上标记为"J7"的插座上的 I/O 信号由 FPGA 引脚引出，这些 I/O 为+3.3V 供电。因此，必须选择+3.3V 供电的 1602 字符 LCD。

（2）A7-EDP-1 开发平台上标记为"J7"的插座还可以外接 12864 图形点阵 LCD 屏和 3.2 寸 TFT 屏。

（3）A7-EDP-1 开发平台上标记为"J7"的插座为双排插座，当与 1602 字符 LCD 和 12864 图形点阵 LCD 连接时，将其连接到双排插座中内侧的单排插座（上方标记为"40"）。

8.1.4　信号采集、处理和显示的实现

在该设计中，通过外接的可调电位器将+3.3V 分压得到的 0 ～ 1V 的直流电压通过 A7-EDP-1 开发平台上的 J1 插座连接到 xc7a75tfgg484-1 的 AD0P/AD0N 模拟输入引脚。

通过 xc7a75tfgg484-1 内部的 XADC 模块，采集由可调电位器得到的直流电压，并显示在 1602 字符 LCD 屏上。

1. 建立新的设计工程

本节将建立新的设计工程，主要步骤包括：

（1）启动 Vivado 2018.1 集成开发环境。

（2）在 Vivado 主界面主菜单下，选择 File→New Project...。

（3）出现"New Project-Create a New Vivado Project"对话框。

（4）单击【Next】按钮。

（5）出现"New Project-Project Name"对话框。在该对话框中，按如下参数设置。

① Project name：adc。

② Project location：e:/eda_verilog。

（6）单击【Next】按钮。

（7）出现"New Project-Project Type"对话框。在该对话框中，默认选择"RTL Project"选项，并勾选"Do not specify sources at this time"前面的复选框。

（8）单击【Next】按钮。

（9）出现"New Project-Default Part"对话框。在该对话框中，选择"xc7a75tfgg484-1"。

（10）单击【Next】按钮。

（11）出现"New Project-New Project Summary"对话框。

（12）单击【Finish】按钮。

2. 设计用于 1602 字符 LCD 的时钟分频模块

下面将设计用于 1602 字符 LCD 屏的分频模块，主要步骤包括：

（1）新建一个名字为"clk_1602.v"的 Verilog HDL 源文件。

（2）在该文件中添加设计代码，如代码清单 8-1 所示。

代码清单 8-1　clk_1602.v 文件

```verilog
module clk_1602(
    input clk,
    input rst,
    output reg div_clk
    );
reg [11:0] counter;
always @ ( posedge clk or posedge rst)
begin
  if( rst)
      counter<= 12'h000;
  else
```

```
            if( counter = = 12'h4f3)
               begin
                 counter< = 12'h000;
                 div_clk< = ~div_clk;
               end
            else
                 counter< =counter+1;
      end
   endmodule
```

(3) 保存该设计文件。

3. 设计用于 XADC 的时钟分频模块

下面将设计用于 XADC 的时钟分频模块，主要步骤包括：

(1) 新建一个名字为"clk_adc.v"的 Verilog HDL 源文件。

(2) 在该文件中添加设计代码，如代码清单 8-2 所示。

代码清单 8-2　clk_adc.v 文件

```
module clk_adc(
    input clk,
    input rst,
    output reg div_clk
    );
always @ ( posedge clk or posedge rst)
begin
  if( rst)
       div_clk< = 1'b0;
  else
       div_clk< = ~div_clk;
end
endmodule
```

(3) 保存该设计文件。

4. 设计 XADC 控制器模块

下面将设计用于控制 xc7a75tfgg484-1 FPGA 内部 XADC 模块的控制器模块，主要步骤包括：

(1) 新建一个名字为"adc_module.v"的 Verilog HDL 源文件。

(2) 在该文件中添加设计代码，如代码清单 8-3 所示。

代码清单 8-3　adc_module.v 文件

```
module adc_module(
    input clk, //Clock input for DRP
    input rst,
    input vauxp, vauxn,                   //Auxiliary analog channel inputs
    output reg [11:0] measured_aux
    );
```

```verilog
    wire busy;
    wire drdy;
    reg [6:0] daddr;
    reg [15:0] di;
    wire [15:0] do;
    wire [15:0] vauxp_active;
    wire [15:0] vauxn_active;
    reg   den;
    reg   dwe;
    reg [1:0]   state;
    parameter init_read = 8'h00,read_ready= 8'h01,finish= 8'h02;
    assign vauxp_active = {14'h000,vauxp};
    assign vauxn_active = {14'h000,vauxn};
always @ (posedge clk or posedge rst)
    if (rst)
        begin
          state<= init_read;
          den <= 1'b0;
          dwe <= 1'b0;
          di<= 16'h0000;
          measured_aux<=12'h000;
        end
      else
        case (state)
          init_read :
                    begin
                              daddr<=7'h10;
                              den<=1'b0;
                              state <= read_ready;
                    end
          read_ready :
                    begin
                        if (drdy == 1'b1)
                            begin
                              den<=1'b0;
                              measured_aux<=do[15:4];
                              state <= finish;
                            end
                        else
                        begin
                            den<=1'b1;
                            state<=read_ready;
                        end
                    end
          finish:
                    begin
                        if(drdy== 1'b0)
```

```
                                        state<=init_read;
                        else
                                        state<=finish;
                    end
            endcase

    XADC#(//Initializing the XADC Control Registers
        . INIT_40( 16'h9810) ,//averaging of 16 selected for external channels
        . INIT_41( 16'h3ef0) ,//Continuous Seq Mode, Disable unused ALMs, Enable calibration
        . INIT_42( 16'h0400) ,//Set DCLK divides
        . INIT_48( 16'h0000) ,//CHSEL1 - disable Temp VCCINT, VCCAUX, VCCBRAM, and calibration
        . INIT_49( 16'h0001) ,//CHSEL2 - enable aux analog channels 0
        . INIT_4A( 16'h0000) ,//SEQAVG1 disabled
        . INIT_4B( 16'h0000) ,//SEQAVG2 disabled
        . INIT_4C( 16'h0000) ,//SEQINMODE0
        . INIT_4D( 16'h0000) ,//SEQINMODE1
        . INIT_4E( 16'h0000) ,//SEQACQ0
        . INIT_4F( 16'h0000) ,//SEQACQ1
        . INIT_50( 16'hb5ed) ,//Temp upper alarm trigger 85℃
        . INIT_51( 16'h5999) ,//Vccint upper alarm limit 1. 05V
        . INIT_52( 16'hA147) ,//Vccaux upper alarm limit 1. 89V
        . INIT_53( 16'hdddd) ,//OT upper alarm limit 125℃ - see Thermal Management
        . INIT_54( 16'ha93a) ,//Temp lower alarm reset 60℃
        . INIT_55( 16'h5111) ,//Vccint lower alarm limit 0. 95V
        . INIT_56( 16'h91Eb) ,//Vccaux lower alarm limit 1. 71V
        . INIT_57( 16'hae4e) ,//OT lower alarm reset 70℃ - see Thermal Management
        . INIT_58( 16'h5999) ,//VCCBRAM upper alarm limit 1. 05V
        . SIM_MONITOR_FILE( "design. txt" )//Analog Stimulusfile for simulation
    )
    XADC_INST (//Connect up instance IO. See UG480 for port descriptions
        . CONVST ( 1'b0) ,//not used
        . CONVSTCLK  ( 1'b0) , //not used
        . DADDR   ( daddr) ,
        . DCLK    ( clk) ,
        . DEN     ( den) ,
        . DI      ( di) ,
        . DWE     ( dwe) ,
        . RESET   ( rst) ,
        . VAUXN   ( vauxn_active) ,
        . VAUXP   ( vauxp_active) ,
        . ALM     ( ) ,
        . BUSY    ( busy) ,
        . CHANNEL( ) ,
        . DO      ( do) ,
        . DRDY    ( drdy) ,
        . EOC     ( ) ,
        . EOS     ( ) ,
        . JTAGBUSY   ( ) ,//not used
```

```
        . JTAGLOCKED ( ),//not used
        . JTAGMODIFIED    ( ),//not used
        . OT        ( ),
        . MUXADDR( ),//not used
        . VP        ( ),
        . VN        ( )
    );
    endmodule
```

（3）保存该设计文件。

> **注**：XADC 模块工作在单通道（使能 AD0P/AD0N）连续采样模式。

5. 设计 1602 字符 LCD 控制器模块

下面将设计用于控制 1602 字符 LCD 的控制器模块，主要步骤包括：

（1）新建一个名字为"disp_1602.v"的 Verilog HDL 源文件。

（2）在该文件中添加设计代码，如代码清单 8-4 所示。

代码清单 8-4　disp_1602.v 文件

```verilog
module disp_1602(
        input    clk,
        input    rst,
        input   [11:0] v,
        input  [7:0] data_to_fpga,
        output reg rs_1602,
        output reg rw_1602,
        output reg e_1602,
        output reg [7:0] data_to_1602,
        output reg T
    );
function [39:0] measured_value_string;
input [11:0] value;
integer i,j;
begin
   if( value = = 12'hfff)
        measured_value_string=40'h312e303030;//" 1.000"
   else
    begin
      measured_value_string[39:32]=8'h30;   //"0"
      measured_value_string[31:24]=8'h2e;   //"."
      measured_value_string[23:16]=(value*10)/12'hfff+8'h30;
      i=(value*10)%12'hfff;
      measured_value_string[15:8]=(i*10)/12'hfff+8'h30;
      j=(i*10)%12'hfff;
      measured_value_string[7:0]=(j*10)/12'hfff+8'h30;
    end
end
```

```verilog
endfunction
reg [3:0] state;
reg [2:0] sel;
parameter N1 = 8;
parameter N2 = 4;
parameter N3 = 20;
parameter N4 = 5;
integer i,j;
parameter idle = 4'b0000, busy = 4'b0001, ready = 4'b0010;
parameter cmd_dat_ini = 4'b0011, cmd_con = 4'b0100;
parameter addr_con_1 = 4'b0101, dat_con_1 = 4'b0110;
parameter addr_con_2 = 4'b0111, dat_con_2 = 4'b1000;
parameter com = 32'h380c0601;    //data is used to init 1602
parameter string_ini = "Measured Voltage is:";
reg[N1-1:0] ini_command [N2-1:0];
reg[N1-1:0] disp_string[N3-1:0];
reg[N1-1:0] disp_value[N4-1:0];
//T = 1'b0 data_to_1602 is effective;
//T = 1'b1 data_to_fpga is effective.
initial
begin
    j = 0;
    for(i = 0;i<N2;i = i+1)
        ini_command[i] = com[(31-8*i)-:8]; //4 word, a word 8 bit
    for(i = 0;i<N3;i = i+1)
        disp_string[i] = string_ini[(159-8*i)-:8]; //38 word, ,a word 8 bit
end
always @ (posedge clk or posedge rst)
begin
 if(rst)
    begin
     j<= 0;
     sel<= 3'b000;
     state<= idle;
    end
 else
        case (state)
            idle :
                begin
                    rs_1602<= 1'b0;
                    rw_1602<= 1'b1;
                    e_1602<= 1'b1;
                    T<= 1'b1;
                    state<= busy;
                end
            busy :
                begin
                    if(data_to_fpga[7] = = 1'b1)
```

```verilog
                        state<=busy;          //1602 is busy,wait
                else
                        state<=ready;
        end
ready :
        begin
            T<=1'b0;                        //ready to contrl 1602
            e_1602<=1'b1;
            state<=cmd_dat_ini;
        end
cmd_dat_ini  :
        begin
                rw_1602<=1'b0;
                e_1602<=1'b1;
                case (sel)
                    3'b000 :          //initial command
                        begin
                            rs_1602<=1'b0;          //command
                            data_to_1602<=ini_command[j];
                            state<=cmd_con;
                        end
                    3'b001 :
                        begin
                            rs_1602<=1'b0;          //first address
                            data_to_1602<=8'h80; //
                            state<=addr_con_1;
                        end
                    3'b010 :                        //first row of data
                        begin
                            rs_1602<=1'b1;          //data
                            data_to_1602<=disp_string[j];
                            state<=dat_con_1;
                        end
                    3'b011 :                        //second address
                        begin
                            rs_1602<=1'b0;
                            data_to_1602<=8'hc0; //second address
                            state<=addr_con_2;
                        end
                    3'b100 :                        //second row of data
                        begin
                            rs_1602<=1'b1;   //data
                            data_to_1602<=disp_value[j];
                            state<=dat_con_2;
                        end
                    default :    ;
                endcase
        end
```

```
        cmd_con    :
            begin
                e_1602<=1'b0;
                j=j+1;
                if(j==N2)              //N2=4
                    begin
                        sel<=3'b001;        //first row of address
                        j=0;
                    end
                    state<=idle;
            end
        addr_con_1  :
            begin
                e_1602<=1'b0;
                sel<=3'b010;
                state<=idle;
            end
        dat_con_1   :
            begin
                e_1602<=1'b0;
                j=j+1;
                if(j==N3)              //N3=20
                    begin
                        sel<=3'b011;
                        j=0;
                    end
                    state<=idle;
            end
        addr_con_2  :
            begin
                e_1602<=1'b0;
                sel<=3'b100;
{disp_value[0],disp_value[1],disp_value[2],disp_value[3],disp_value[4]}<=measured_
value_string(v);
                    state<=idle;
            end
        dat_con_2   :
            begin
                e_1602<=1'b0;
                j=j+1;
                if(j==5)
                        begin
                            sel<=3'b011;
                            j=0;
                            state<=idle;
                        end
                    state<=idle;
            end
```

```
            endcase
        end
    endmodule
```

（3）保存该设计文件。

> **注：**（1）函数 measured_value_string 用于将 XADC 得到的 12 位数字量转换为对应的字符串所表示的浮点数。例如，0x3FF 对应的 3 位小数 0.249 转换为对应的字符串"0.249"，这是因为在 1602 字符 LCD 上只能显示字符。由于输入电压在 0～1V 之间，因此浮点数的范围在 0～1 之间。将（0x3FF×10）/4095 得到对应的第一位小数，通过（0x3FF×10）%4095 得到余数，（该余数×10）/4095 得到对应的第二位小数。
>
> （2）初始化 1602 字符 LCD 需要发送 4 个命令，分别是 0x38（设置 1602 为两行模式，5×8 点阵，8 位宽度）、0x0c（打开显示，关闭光标）、0x06（文字不移动，地址自动加 1）和 0x01（清屏）。
>
> （3）当写显示数据之前，需要确定所要写数据的位置（地址）。第一行的地址为 0x00，第二行的地址为 0x40。在写地址命令时，将第一行和第二行的地址与 0x80 进行逻辑或运算。
>
> （4）在 1602 字符 LCD 的第一行显示字符串"Measured Voltage"，第二行以伏为单位显示测量得到的直流电压值。

6. 建立顶层设计模块

下面将设计顶层模块，该模块将包含前面的模块，主要步骤包括：

（1）新建一个名字为"top.v"的 Verilog HDL 源文件。

（2）在该文件中添加设计代码，如代码清单 8-5 所示。

代码清单 8-5　top.v 文件

```verilog
module top(
        input clk,
        input rst,
        input vauxp,vauxn,    //auxiliary analog channel inputs
        output rs_1602,
        output rw_1602,
        output e_1602,
        inout [7:0] db_1602
    );
    wire [11:0] measured_aux;
    wire [7:0] data_to_fpga;
    wire [7:0] data_to_1602;
    wire div_clk_1602;
    wire div_clk_adc;

    wire T;
    genvar k;
        for(k=0;k<8;k=k+1)
```

```
          begin ：  IOBUF_MAP
              IOBUF IOBUF_Inst( data_to_fpga[ k],db_1602[ k],data_to_1602[ k], T);
          end
      clk_1602 Inst_clk_1602(
              . clk( clk),
              . rst( rst),
              . div_clk( div_clk_1602)
              );
      clk_adc Inst_clk_adc(
              . clk( clk),
              . rst( rst),
              . div_clk( div_clk_adc)
                  );
      adc_module Inst_adc_module(
              . clk( div_clk_adc), //Clock input for DRP
              . rst( rst),
              . vauxp( vauxp),
              . vauxn( vauxn),
              . measured_aux( measured_aux)
              );
      disp_1602 Inst_disp_1602(
                  . clk( div_clk_1602),
                  . rst( rst),
                  . data_to_fpga( data_to_fpga),
                  . v( measured_aux),
                  . rs_1602( rs_1602),
                  . rw_1602( rw_1602),
                  . e_1602( e_1602),
                  . data_to_1602( data_to_1602),
                  . T( T)
                  );
      endmodule
```

（3）保存该设计文件。

7. 添加 XDC 文件

本节将添加 XDC 文件，主要步骤包括：

（1）新建一个名字为"top. xdc"的 XDC 文件。

（2）打开综合后的设计，在 I/O Ports 界面中添加约束条件，如图 8.11 所示。

（3）保存该约束文件。

8. 设计下载和验证

下面将设计下载到 FPGA 中，并对设计进行验证，主要步骤包括：

（1）对该设计执行综合和实现过程，并且生成该设计的比特流文件。

（2）将一个三端电位器连接到 A7-EDP-1 硬件开发平台上，如图 8.12 所示。三端电位器的两个固定端分别连接到 J1 插座的+3.3V 端和 GND 端，第三个可变电阻端连接到 J1 插座的 AD0P 端、J1 插座的 AD0N 端连接到 J1 插座的 GND 端。这样，当调整三端电位器的旋钮时，三端电位器的可变电阻端就会产生 0 ～ 1V 的可变电压，并送到 ADOP 端。

Tcl Console | Messages | Log | Reports | Design Runs | Package Pins | I/O Ports

Name	Direction	Neg Diff Pair	Package Pin	Fixed	Bank	I/O Std
All ports (15)						
db_1602 (8)	INOUT			✓	34	LVCMOS33*
db_1602[7]	INOUT		Y2	✓	34	LVCMOS33*
db_1602[6]	INOUT		W2	✓	34	LVCMOS33*
db_1602[5]	INOUT		R2	✓	34	LVCMOS33*
db_1602[4]	INOUT		R3	✓	34	LVCMOS33*
db_1602[3]	INOUT		V2	✓	34	LVCMOS33*
db_1602[2]	INOUT		U2	✓	34	LVCMOS33*
db_1602[1]	INOUT		U1	✓	34	LVCMOS33*
db_1602[0]	INOUT		T1	✓	34	LVCMOS33*
Scalar ports (7)						
clk	IN		J19	✓	15	LVCMOS33*
e_1602	OUT		V3	✓	34	LVCMOS33*
rs_1602	OUT		Y1	✓	34	LVCMOS33*
rst	IN		T5	✓	34	LVCMOS33*
rw_1602	OUT		U3	✓	34	LVCMOS33*
vauxn	IN		G13	✓	15	LVCMOS33*
vauxp	IN		H13	✓	15	LVCMOS33*

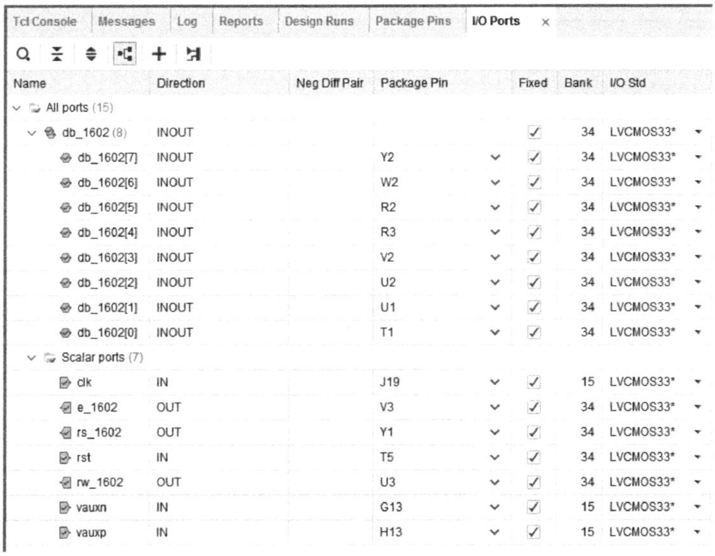

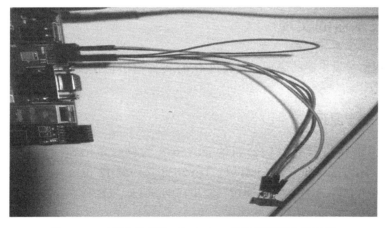

图 8.11　I/O Ports 界面

图 8.12　三端电位器和 A7-EDP-1 硬件开发平台的连接

（3）通过 USB 电缆将 A7-EDP-1 开发平台的 USB-JTAG 接口连接到 PC/笔记本电脑的 USB 接口。

（4）将标识为“SW8”的开关设置到“ON”状态，给 A7-EDP-1 开发平台上电。

（5）将生成的比特流文件下载到 A7-EDP-1 开发平台的 xc7a75tfgg484-1 FPGA 中。

（6）在 Vivado 2018.1 集成开发环境的“HARDWARE MANAGER”窗口中，找到并展开 xc7a75t_0。在展开项中，找到并选择 XADC（System Monitor），如图 8.13 所示。在下面的“System Monitor Core Properties”窗口中，可以看到在 VAUXP0_ VAUXN0 一行显示出采集的直流电压值。

（7）可以看到 1602 字符 LCD 屏上所显示出的信息，如图 8.14 所示。

思考与练习 8-1： 修改上面的设计代码，输入交流信号，测量并显示交流信号的频率。

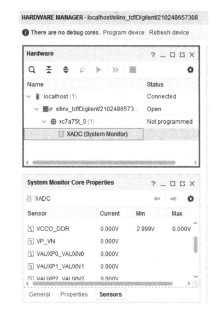

图 8.13　"HARDWARE MANAGER"窗口

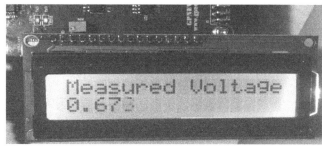

图 8.14　1602 字符 LCD 屏上所显示的信息

8.2　信号发生器的实现

本节将介绍信号发生器的原理，并通过 DAC 器件输出正弦波信号、三角波信号和方波信号。

8.2.1　DAC 工作原理

本书以美国德州仪器（TI）公司的 TLV5638 为例，介绍 DAC 的原理和使用方法。如图 8.15 所示，TLV5638 是一款 12 位双通道电压输出的 DAC 芯片，可以通过三线串口的 SCLK、CS 和 DIN 信号与数字器件的 SPI 进行无缝连接。

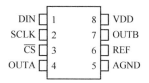

1. 接口信号

图 8.15　TLV5638

通过数字器件的 SPI 接口可以控制 TLV5638 的工作模式，其接口信号如表 8.7 所示。

表 8.7　TLV5638 芯片的接口信号

名　　字	引脚编号	方　　向	描　　述
AGND	5	—	地
$\overline{CS}$	3	输入	片选。数字输入低有效，用于使能/禁止输入
DIN	1	输入	数字串行数据输入
OUTA	4	输出	DAC A 模拟电压输出
OUTB	7	输出	DAC B 模拟电压输出
REF	6	输入/输出	模拟参考电压输入/输出
SCLK	2	输入	数字串行时钟输入
VDD	8	—	供电电压

注：(1) 在该设计中，VDD 为+3.3V 供电。

(2) 在该设计中，使用内部的 1.024V 参考电源。

2. 内部结构

TLV5638 的内部结构如图 8.16 所示。12 位的 DAC 锁存器输出电压，经过电阻后放大一倍，最后送到输出缓冲级，经过缓冲级后改善了稳定性，减少了稳定时间。通过串行接口对 DAC 内部的控制，可以在速度和功耗之间进行权衡。由于在 DAC 内部提供了片上参考电压，因此简化了外部的电路设计。OUTA 和 OUTB 引脚的输出电压由下式确定：

$$2\text{REF}\frac{\text{CODE}}{0\text{x}1000}[v]$$

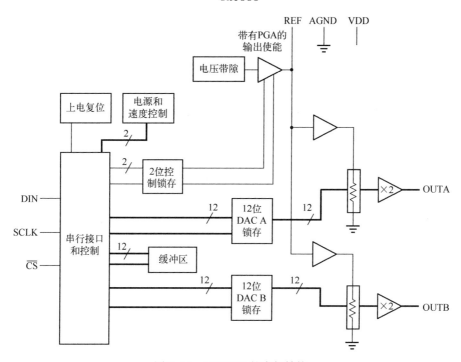

图 8.16　TLV5638 的内部结构

其中：(1) REF 为参考电压的值。

(2) CODE 为输入的数字量，范围为 0x000 ～ 0xFFF。

3. 接口时序

TLV5638 三线制数字接口遵从 SPI 接口时序，如图 8.17 所示。

4. 数据格式

用于控制 TLV5628 的控制字由 16 个比特位构成，如表 8.8 所示。

表 8.8　数据格式

D15	D14	D13	D12	D11	D10	D9	D8	D7	D6	D5	D4	D3	D2	D1	D0
R1	SP0	PWR	R0	12 个数据位											

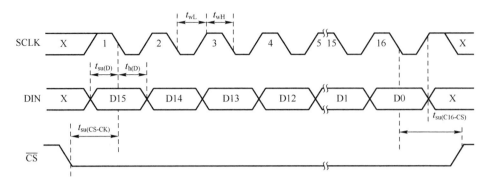

图 8.17　TLV5638 的 SPI 接口时序

其中：

（1）D15～D12 为编程位。

（2）D11～D0 为新数据。

（3）SP0 为速度控制位。当该位为 0 时，为慢速模式（3.5μs）；当该位为 1 时，为快速模式（1μs）。

（4）PWR 为电源控制位。当该位为 0 时，为正常模式；当该位为 1 时，为断电模式。

（5）R0 和 R1 的含义如表 8.9 所示。

表 8.9　R0 和 R1 的含义

R1	R0	寄　存　器
0	0	将数据写到 DAC B 和缓冲区
0	1	将数据写到缓冲区
1	0	将数据写到 DAC A，同时更新 DAC B，包含缓冲区的内容
1	1	将数据写到控制寄存器

（6）根据寄存器确定 12 位数据的含义。如果选择一个 DAC 寄存器或者缓冲区，则 12 位数据确定新的 DAC 值；如果选择控制器，则 12 位数据中的 D1 和 D0 用于选择参考源，如表 8.10 和表 8.11 所示。

表 8.10　D1 和 D0 位的含义

D15	D14	D13	D12	D11	D10	D9	D8	D7	D6	D5	D4	D3	D2	D1	D0
×	×	×	×	×	×	×	×	×	×	×	×	×	×	REF1	REF0

表 8.11　REF0 和 REF1 的含义

REF1	REF0	功　能
0	0	选择外部参考源
0	1	选择内部+1.024V 参考源
1	0	选择内部+2.048V 参考源
1	1	选择外部参考源

在该设计中，使用内部+1.024V 参考源，只使用 DAC A 的电压输出通道。

8.2.2 函数信号产生原理

本设计要求使用 TLV5638 产生 3 种波形，即正弦波、三角波和方波。下面介绍 3 种波形的产生原理：

（1）三角波产生的原理比较简单，可以采用 0～255～0 的循环/加减法计数器实现。

（2）方波产生的原理是让计数器在 0 和 255 时各保持输出半个周期。

（3）正弦波一般采用查表法来实现，正弦表可以用 MATLAB 和 C 等程序语言生成。在一个周期内取样点越多，则输出波形的失真度越小，但是取样点越多，存储正弦波表所需要的空间就越大，编写程序就越麻烦。在要求不是很严格的条件下取 64 点即可。可以编写 C 语言实现正弦表的方法。

8.2.3 设计实现

本节将给出产生正弦信号系数的 C 语言程序，以及信号发生器的 Verilog HDL 设计代码。

1. 生成正弦信号系数的 C 语言代码

生成正弦信号系数的 C 语言代码如代码清单 8-6 所示。

代码清单 8-6 sine. c 文件

```
#include <stdio. h>
#include "math. h"
main ()
{
  int i; float s ;
  for(i=0; i< 64;i++)
    {
      s =sin (atan(1) * 8 * i/64);
      printf("%d : %d;\n", i,(int)((s + 1) * 4095/2));
    }
}
```

2. 建立新的设计工程

下面将建立新的设计工程，主要步骤包括：

（1）启动 Vivado 2018.1 集成开发环境。

（2）在 Vivado 主界面主菜单下，选择 File->New Project...。

（3）出现 "New Project-Create a New Vivado Project" 对话框。

（4）单击【Next】按钮。

（5）出现 "New Project-Project Name" 对话框。在该对话框中，按如下参数设置。

① Project name：dac。

② Project location：e:/eda_verilog。

（6）单击【Next】按钮。

（7）出现 "New Project－Project Type" 对话框。在该对话框中，默认选择 "RTL

Project" 选项，并勾选 "Do not specify sources at this time" 前面的复选框。

(8) 单击【Next】按钮。

(9) 出现 "New Project-Default Part" 对话框。在该对话框中，选择 xc7a75tfgg484-1。

(10) 单击【Next】按钮。

(11) 出现 "New Project-New Project Summary" 对话框。

(12) 单击【Finish】按钮。

3. 设计用于 DAC 的分频模块

本节将设计用于 DAC 的分频模块，主要步骤包括：

(1) 新建一个名字为 "clk_dac. v" 的 Verilog HDL 源文件。

(2) 在该文件中添加设计代码，如代码清单 8-7 所示。

代码清单 8-7　clk_dac. v 文件

```verilog
module clk_dac(
    input clk,
    input rst,
    output reg div_clk
    );
reg [2:0] counter;
    always @ ( posedge clk or posedge rst)
    begin
     if( rst)
        counter<=3'b000;
    else
        if( counter = = 3'b100)
          begin
            counter<=3'b000;
            div_clk<= ~ div_clk;
          end
        else
            counter<=counter+1;
    end
endmodule
```

(3) 保存该设计文件。

> **注：** 产生的信号的时钟频率为 10MHz。

4. 设计 DAC 控制器模块

本节将设计用于控制 DAC 的控制模块，主要步骤包括：

(1) 新建一个名字为 "dac_control. v" 的 Verilog HDL 源文件。

(2) 在该文件中添加设计代码，如代码清单 8-8 所示。

代码清单 8-8　dac_control. v 文件

```verilog
module dac_control(
    input clk,
```

```verilog
        input rst,
        input [1:0] sel,
        output sclk,
        output reg cs,
        output reg din
        );
parameter N1 = 12;
parameter N2 = 64;
parameter N3 = 16;
parameter cmd = 2'b00, gen_wave = 2'b01, spi = 2'b10;
integer add;
integer i;
reg[1:0] state;
reg[5:0] count;
reg[11:0] trw;
reg dir;
( * rom_style = "block" * ) reg[0:N1-1] rom [0:N2-1];
reg[0:N3-1] cmd_dat;
initial begin
    $readmemh("sin_table.txt", rom);        //读取 sin_table.txt 文件的内容以初始化 rom
end

assign sclk = clk;
always @ (posedge clk or posedge rst)
begin
    if(rst)
        begin
            state <= cmd;
            cs <= 1'b1;
            dir <= 1'b0;
            din <= 1'b0;
            i = 0;
        end
    else
        case (state)
            cmd :
                begin
                    cs <= 1'b1;
                    cmd_dat <= 16'hd001;        //快速模式,正常工作,内部+1. 204V
                    state <= spi;
                end
            gen_wave:
                begin
                    cs <= 1'b1;
                    case (sel)
                        2'b00:
                            begin                        //产生正弦信号
                                count <= 6'b000000;
```

```
                            trw<=12'h000;
                            cmd_dat<={4'b1100,rom[add]};
                            if(add==63)
                                add<=0;
                            else
                                add<=add+1;
                            state<=spi;
                        end
                    2'b01:
                        begin
                            trw<=12'h000;
                            add<=0;
                            count<=count+1;
                            if(count<6'b100000)
                                cmd_dat<={4'b1100,12'h000};
                            else if(count<6'b111111)
                                cmd_dat<={4'b1100,12'hfff};
                            else if(count==6'b111111)
                                begin
                                    cmd_dat<={4'b1100,12'hfff};
                                    count<=0;
                                end
                            state<=spi;
                        end
                    2'b10:
                        begin
                            add<=0;
                            count<=6'b000000;
                            if(dir==1'b0)
                                begin
                                    if (trw==12'hfff)
                                      begin
                                        trw<=12'hffe;
                                        dir<=1'b1;
                                      end
                                    else
                                        trw<=trw+1;
                                end
                            else
                                begin
                                    if(trw==12'h000)
                                      begin
                                        trw<=12'h001;
                                        dir<=1'b0;
                                      end
                                    else
                                        trw<=trw-1;
                                end
```

```
                        cmd_dat<={4'b1100,trw};
                        state<=spi;
                    end
               default : cmd_dat<=16'h0000;
            endcase
        end
     spi :
        begin
            cs<=1'b0;
            din<=cmd_dat[i];
            i<=i+1;
            if(i==15)
              begin
               i<=0;
               state<=gen_wave;
              end
            else
               state<=spi;
        end
     endcase
  end
  endmodule
```

（3）保存该设计文件。

5. 建立顶层设计模块

本节将设计顶层模块，该模块将包含前面的模块，主要步骤包括：

（1）新建一个名字为"top.v"的 Verilog HDL 源文件。

（2）在该文件中添加设计代码，如代码清单 8-9 所示。

代码清单 8-9　top.v 文件

```
module top(
    input clk,
    input rst,
    input [1:0] sel,
    output sclk,
    output cs,
    output din
    );
wire div_clk;
clk_dac Inst_clk_dac(
    .clk(clk),
    .rst(rst),
    .div_clk(div_clk)
    );
dac_control Inst_dac_control(
    .clk(div_clk),
    .rst(rst),
```

```
            . sel( sel ) ,
            . sclk( sclk ) ,
            . cs( cs ) ,
            . din( din )
            ) ;
    endmodule
```

（3）保存该设计文件。

6. 添加存储器初始化文件

下面将添加存储器初始化文件，主要步骤包括：

（1）在"Sources"窗口中，右键单击 Design Sources。

（2）出现"Add Sources – Add Sources"对话框。在该对话框中，默认选中"Add or create design sources"前面的复选框。

（3）单击【Next】按钮。

（4）出现"Add Sources–Add or Create Design Sources"对话框。在该对话框中，单击【Add Files】按钮。

（5）出现"Add Source Files"对话框。在该对话框中，定位到本书提供资料的\eda_verilog\source 路径中，并将该对话框中的"Files of type"改成"All Files"。在该路径指向的目录中，找到并添加 sin_table. txt。

（6）默认，在 Design Sources 文件夹下生成了一个名字为"Text"的子文件夹，在该子文件夹下保存着新添加的 sin_table. txt 文件，如图 8.18 所示。

图 8.18   默认将该文件添加到 Text 子文件夹下

（7）如图 8.19 所示，选中 sin_table. txt 文件。在下面的"Source File Properties"窗口中，单击"Type"右侧的[...]按钮，出现"Set Type"对话框。在该对话框"File type"右侧的下拉框中选择"Memory Initialization Files"，单击【OK】按钮，完成修改 sin_table. txt 文件的属性设置，修改完属性后的"Sources"窗口如图 8.20 所示。从图中可知，将 sin_table. txt 文件放置到 Memory Initialization Files 文件夹下。

7. 添加 XDC 文件

下面将添加 XDC 文件，主要步骤包括：

（1）新建一个名字为"top. xdc"的 XDC 文件。

（2）在 I/O Ports 界面中添加约束条件，如图 8.21 所示。

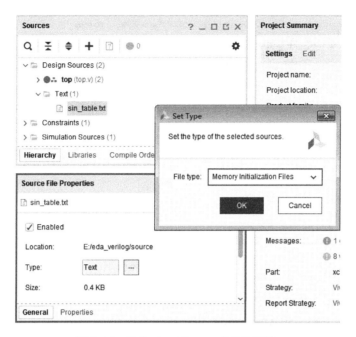

图 8.19　修改 sin_table. txt 文件的属性

图 8.20　修改完 sin_table. txt 文件属性后的"Sources"窗口

（3）保存该约束文件。

> **注**：（1）在该设计中，将配套的 GPNT-DAM-1 模块插入 A7-EDP-1 开发平台上标记为"J5"的插座上。因此，将 $\overline{\text{CS}}$、DIN 和 SCLK 的引脚约束在 J5 插座所对应的 FPGA 引脚位置上，读者可根据情况修改引脚的位置。
>
> （2）在该设计中，使用 A7-EDP-1 开发平台上的 SW0 开关作为 rst 信号的输入、SW1 开关作为 sel[0]的输入、SW2 开关作为 sel[1]的输入。

8. 设计下载和验证

将设计下载到 FPGA 中，并对设计进行验证，主要步骤包括：

（1）对设计进行综合、实现，并且生成比特流文件。

（2）将配套的 GPNT-DAM-1 模块连接到 A7-EDP-1 开发平台上标记为"J5"的插

Tcl Console | Messages | Log | Reports | Design Runs | Package Pins | I/O Ports

Name	Direction	Neg Diff Pair	Package Pin	Fixed	Bank	I/O Std
All ports (7)						
sel (2)	IN			✓	34	LVCMOS33*
sel[1]	IN		W6	✓	34	LVCMOS33*
sel[0]	IN		U5	✓	34	LVCMOS33*
Scalar ports (5)						
clk	IN		J19	✓	15	LVCMOS33*
cs	OUT		Y6	✓	34	LVCMOS33*
din	OUT		AA6	✓	34	LVCMOS33*
rst	IN		T5	✓	34	LVCMOS33*
sclk	OUT		V7	✓	34	LVCMOS33*

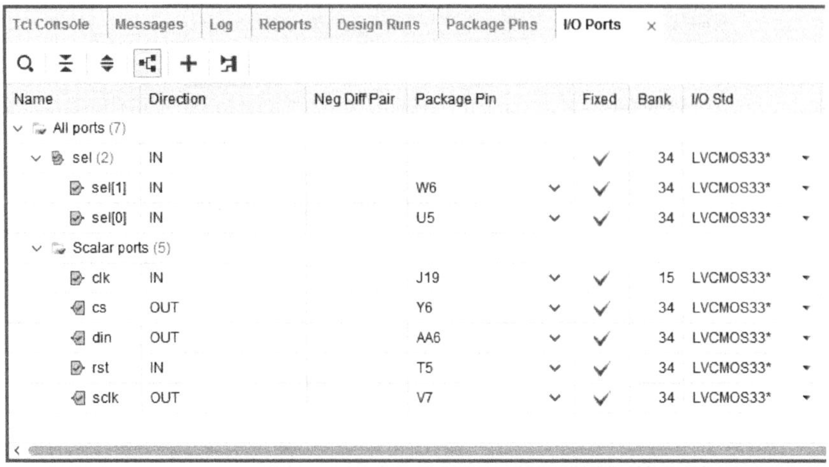

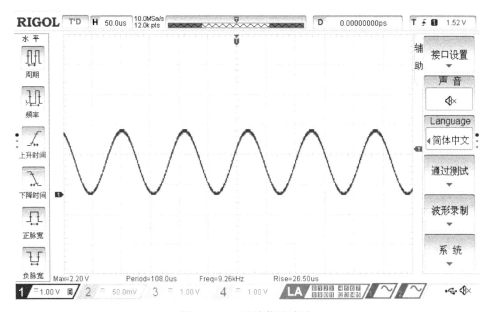

图 8.21　I/O Ports 界面

座上。

（3）通过 USB 电缆，将 A7-EDP-1 开发平台中的 USB-JTAG 接口连接到 PC/笔记本电脑的 USB 接口。

（4）将标记为“SW8”的开关设置到“ON”状态，给 A7-EDP-1 开发平台上电。

（5）将生成的比特流文件下载到 A7-EDP-1 开发平台的 xc7a75tfgg484-1 FPGA 中。

（6）用示波器测量 GPNT-DAM-1 模块通道 A 的输出波形，如图 8.22～图 8.24 所示。

图 8.22　正弦波信号波形

思考与练习 8-2： 改变开关设置，测量正弦波信号、方波信号和三角波信号的频率。

思考与练习 8-3： 修改设计，产生可变频率的正弦波信号、方波信号和三角波信号。

思考与练习 8-4： 修改设计，产生调幅 AM 信号。

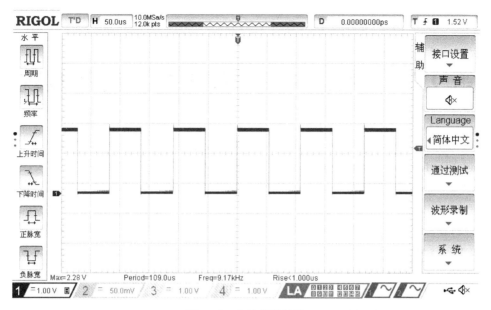

图 8.23　方波信号波形

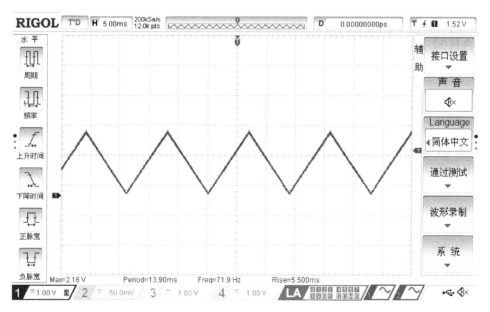

图 8.24　三角波信号波形

第9章 片上嵌入式系统的构建和实现

2018 年年底，ARM 公司为 Xilinx FPGA 专门定制了一款处理器软核 Cortex-M1。本章将通过 Vivado 集成开发环境提供的创建块设计功能在 FPGA 内构建嵌入式硬件，并使用 Keil μVision5 集成开发环境为该硬件开发软件应用，最终实现一个片上嵌入式系统应用。

本章内容主要包括 ARM AMBA 规范、Cortex-M1 内部结构和功能、Cortex-M1 系统时钟和复位、Cortex-M1 嵌入式系统硬件设计、Cortex-M1 指令系统、Cortex-M1 嵌入式系统软件设计，以及处理并验证设计。

通过构建和实现片上嵌入式系统应用，将帮助读者进一步理解和掌握 ARM Cortex-M 系列处理器的架构、指令集和开发流程，以及在嵌入式系统设计中合理划分软件和硬件边界的方法。

9.1 ARM AMBA 规范

在片上系统 (System On Chip, SOC) 设计中，高级微控制器总线结构 (Advanced Microcontroller Bus Architecture, AMBA) 用于片上总线。自从 AMBA 出现后，其应用领域早已超出了微控制器设备，现在被广泛地应用于各种范围的 ASIC 和 SOC 器件，也包含用于便携设备的应用处理器。

AMBA 规范是一个开放标准的片上互联规范 (除 AMBA 5 以外)，用于 SOC 内功能模块的连接和管理，它便于第一时间开发带有大量控制器和外设的多处理器设计。

> **注**：熟悉并掌握 ARM AMBA 规范对于更好地把握 ARM 嵌入式系统的设计细节至关重要。

1. AMBA 1

1996 年，ARM 公司推出了 AMBA 的第一个版本，包括高级系统总线 (Advanced System Bus, ASB) 和高级外设总线 (Advanced Peripheral Bus, APB)。

2. AMBA 2

在该版本中，ARM 公司增加了 AMBA 高性能总线 (AMBA High-performance Bus, AHB)，它是一个单时钟沿协议，广泛应用于 ARM 公司的 ARM7 和 ARM9 处理器。

3. AMBA 3

在 2003 年，ARM 公司推出了第三个版本 AMBA 3，增加了下面规范：

(1) 高级可扩展接口 (Advanced Extensible Interface, AXI) v1.0/AXI3，它用于实现更高性能的互联，主要用于 ARM 的 Cortex-A9、A8、R4 和 R5 的处理器。

（2）高级跟踪总线（Advanced Trace Bus，ATB）v1.0，用于 CoreSight 片上调试和跟踪解决方案。

在该版本中，还包含高级高性能总线简化（Advanced High-performance Bus Lite，AHB-Lite）v1.0 和高级外设总线（Advanced Peripheral Bus，APB）v1.0，主要用于 ARM 的 Cortex-M1、M3 和 M4。

> **注**：与 APB 和 AHB 最大的区别在于，AXI 采用的是开关结构，而不是传统的共享总线结构。

4. AMBA 4

2009 年，Xilinx 同 ARM 密切合作，共同为基于 FPGA 的高性能系统（异构架构）设计定义了 AXI4 规范，并且在其新一代可编程门阵列芯片上采用了高级可扩展接口 AXI4 协议，主要包括：

（1）AXI 一致性扩展（AXI Coherency Extensions，ACE），主要用于 ARM 的 Cortex-A7 和 A15 处理器。

（2）AXI 一致性扩展简化（AXI Coherency Extensions Lite，ACE-Lite）。

（3）高级可扩展接口 4（Advanced eXtensible Interface4，AXI4）。

（4）高级可扩展接口 4 简化（Advanced eXtensible Interface4 Lite，AXI4-Lite）。

（5）高级可扩展接口 4 流（Advanced eXtensible Interface4 Stream，AXI4-Stream）v1.0。

（6）高级跟踪总线（Advanced Trace Bus，ATB）v1.1。

（7）高级外设总线（Advanced Peripheral Bus，APB）v2.0。

5. AMBA 5

2013 年，ARM 公司推出了 AMBA 5，该规范增加了一致集线器接口（Coherent Hub Interface，CHI）规划，用于 ARM Cortex-A50 系列处理器，以高性能、一致性处理"集线器"方式协同工作，这样就能在企业级市场中实现高速可靠的数据传输。

9.2　Cortex-M1 内部结构和功能

ARM Cortex-M1（版本 r0p1）是一个定制的处理器知识产权（Intellectual Property，IP）软核。Cortex-M1 是 ARM 公司为 Xilinx FPGA 量身定制的软核处理器，其处理器的内核与 Cortex-M0 的相同。但是，与 Cortex-M0 处理器通常提供外部 AHB-Lite 接口不同的是，Cortex-M1 处理器提供外部 AXI3 接口。

Cortex-M1 处理器软核的内部将 AHB-Lite 转换为 AXI3，这是因为在 Xilinx Vivado 集成开发环境中提供的都是符合 AXI 接口规范的 IP 核。Cortex-M1 软核提供 AXI3 接口，这样就能与 Xilinx Vivado 集成开发环境中提供的各种 IP 核直接连接，并且简化了用户定制 IP 核的设计过程。

该处理器软核用于需要将处理器集成到 FPGA 内的深度嵌入式应用中，其内部架构如图 9.1 和图 9.2 所示，在该软核处理器内集成的功能单元包括：

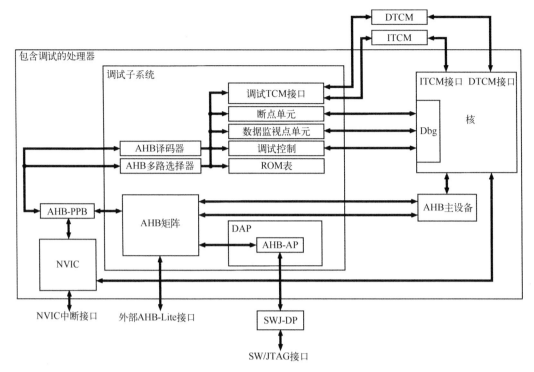

图 9.1　包含调试块的处理器结构

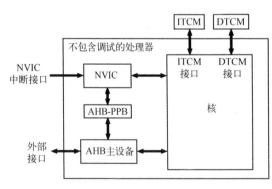

图 9.2　不包含调试块的处理器结构

（1）处理器内核。该处理器内核使用了较低数量的逻辑门资源，其特性如下所示。

① ARM 体系结构 v6-M。Thumb 指令集架构（Instruction Set Architecture，ISA），它也包括 32 位 Thumb-2 BL、MRS、MSR、ISB、DSB 和 DMB 指令。

② 操作系统（Operating System，OS）扩展选项。如果实现该选项，启用处理器内的功能，这样能够运行操作系统。它包括 SVC 指令、一个堆栈指针寄存器和集成的系统定时器。

③ 系统异常模型。

④ 句柄（Handler）模式和线程（Thread）模式。线程模式是运行在 ARMv6-M 上应用最基本的模式。当复位时，选择该模式。当使用 SVC 指令时，线程模式可以产生一个系统管理调用异常，即 SVCall。或者，如果运行在特权模式下，线程模式可以直接管理系统访问和控制。

所有异常执行在句柄模式。系统管理调用句柄代表应用管理资源，如与外设的交互、存储器的分配，以及软件栈的管理。

⑤ 堆栈指针。总是出现一个堆栈指针。如果实现 OS 扩展选项，则存在两个堆栈指针。

⑥ 只有 Thumb 状态。这是正常执行，运行 16 位和 32 位半字对齐的 Thumb 和 Thumb-2

指令。

⑦ 支持 ARM 体系结构 v6-M 类型 BE-8/LE。数据端是可配置的。指令和系统控制寄存器始终是小端模式。如果处理器核具有调试功能，则调试资源和调试器的访问是小端模式。

⑧ 硬件支持非对齐访问。

（2）嵌套向量中断控制器（Nested Vectored Interrupt Controller，NVIC）。NVIC 与处理器紧密集成，以实现低延迟中断处理。主要特性如下所示。

① 可配置的外部中断个数为 1、8、16 或 32。

② 固定的优先级位数，即 2 个比特位，可提供 4 个中断优先级。

③ 处理器状态自动保存在中断入口，并在退出中断时恢复，没有指令的开销。

（3）存储器和外部 AHB-Lite 接口。

（4）可选的完整调试或简化的调试解决方案，特性如下所示。

① 可对系统中的所有存储器和寄存器进行调试访问，包括在处理器核停止时的处理器寄存器组。

② 调试访问端口（Debug Access Port，DAP）。

③ 用于实现断点的断点单元（Break Point Unit，BPU）；

④ 用于实现监视点的数据监视点（Data Watchpoint，DW）单元。

（5）32 位的硬件乘法器。可选择标准的乘法器或小规模低性能的乘法器。

需要注意的是，在 r0p1-r1p0 版本中，进行如下改动：

（1）添加 DBGRESTART 和 DBGRESTARTED 引脚，用于通过 DBGRESTART/DBGRE-STARTED 握手机制使能从停止调试中退出。

（2）添加 ITCM 上/下别名机制和 CFGITCMEN［1：0］引脚，以及在系统控制空间（System Control Space，SCS）中将别名使能位添加到新辅助控制寄存器中。

（3）从调试处理器中去掉了 SWJ-DP，读者必须在集成阶段实现 DP。

系统级支持要求访问架构的所有特性和功能，访问级通常指使特权操作。当一个操作系统支持特权和非特权操作时，一个应用通常运行在非特权级。

一个运行在非特权级的应用程序：

（1）意味着操作系统为应用分配系统资源，即私有或共享资源。

（2）提供某种程度的保护，以防止其他进程和任务，也帮助操作系统来自故障应用程序。

一个 ARMv6-M 实现只支持特权操作，除非它包含非特权/特权扩展，在这种情况下，实现支持非特权和特权操作。

> **注：**该处理器不支持差异化的用户和特权模式，处理器总处于特权模式。

9.2.1　处理器内核及寄存器组

处理器内核包含内部寄存器、算术逻辑单元、数据通路和控制逻辑，主要特性包括：

（1）该处理器核内部用于取指、译码和执行指令的指令通道采用三级流水线结构，如图 9.3 所示。采用三级流水线结构显著提高了处理器指令通道的吞吐量和运行效率。

（2）乘法周期。对于普通的乘法器来说，需要 3 个周期；对于小规模乘法器来说，需要 33 个周期。

（3）Thumb 状态。

（4）句柄和线程模式。

（5）ISR 进入和退出。在保存和恢复处理器状态时，没有取指令的开销。中断控制器使用紧耦合接口，以高效处理迟到的中断。

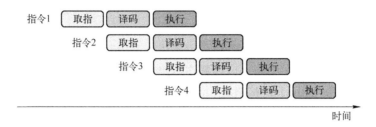

图 9.3　指令通道三级流水线结构

（6）支持 LE 和 BE-8 数据端。

如图 9.4 所示，该处理器提供的寄存器包括：

（1）13 个 32 位的通用寄存器。

（2）链接寄存器（Link Register，LR）。

（3）程序计数器（Program Counter，PC）。

（4）程序状态寄存器（x Program Status Register，xPSR）。

（5）两个分组的堆栈指针（Stack Pointer，SP）寄存器。当没有实现 OS 扩展选项时，只出现一个 SP 寄存器。

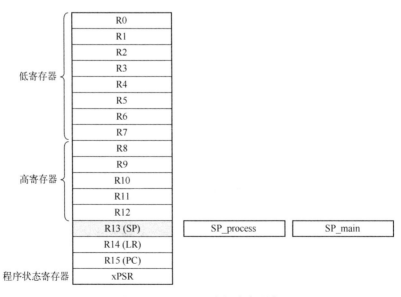

图 9.4　Cortex-M1 内的寄存器集

复位后，所有代码都使用主堆栈，如 SVC 指令，通过更改退出时使用的 EXC_RETURN 值可以将线程模式使用的堆栈从主堆栈更改为进程堆栈。所有异常继续使用主堆栈。堆栈指针 R13 是一个分组寄存器，用于切换主堆栈和进程堆栈。在任意一个时刻，只有一个堆栈，

（进程堆栈或主堆栈）通过 R13 可见。

此外，通过使用 MSR 指令写特殊目的控制寄存器，也可以在线程模式时从主堆栈切换到进程堆栈。

1. 通用寄存器

通用寄存器 R0 ～ R12 没有特殊的体系结构定义用途。其中：

（1）低寄存器。所有的指令均可访问寄存器 R0 ～ R7。

（2）高寄存器。所有的 16 位指令不能访问寄存器 R8 ～ R12。

此外，寄存器 R13、R14 和 R15 有下面的特殊功能：

（1）堆栈指针。寄存器 R13 用作堆栈指针。因为 SP 忽略写［1:0］比特位，因此它自动对齐一个字（4 字节的边界）。必须将 SP［1:0］看作 SBZP。句柄模式总是使用 SP_main，线程模式使用 SP_main 或 SP_process。

（2）链接寄存器。寄存器 R14 是子程序链接寄存器，如图 9.5 所示。当执行一个 BL 指令时，LR 接收到来自 PC 的返回地址。异常入口使用 LR 提供异常返回信息。除此以外，可以将 R14 看作通用寄存器。

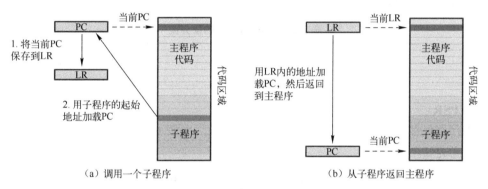

图 9.5　程序调用和返回

（3）程序计数器。寄存器 R15 是程序计数器（Program Counter，PC）。第 0 比特总是 0，这样指令总是对齐到半字边界。主要功能如下所示。

① 用于记录当前指令代码的地址。

② 除执行分支指令外，在其他情况下，对于 32 位指令代码来说，每个操作时，PC 递增 4，即

$$(PC)+4\rightarrow(PC)$$

③ 对于分支指令，如函数调用，将 PC 指向所指定地址的同时，将当前 PC 的值保存到链接寄存器（Link Register，LR）R14 中。

2. 特殊目的程序状态寄存器（xPSR）

本节从系统级上分解处理器状态寄存器，即应用 PSR（Application PSR，APSR）、中断 PSR（Interrupt PSR，IPSR）和执行 PSR（Execution PSR，EPSR）。

1）APSR

该寄存器内包含了条件码标志，如表 9.1 所示。在进入异常之前，处理器将条件码标志保存到堆栈中。通过 MSR 和 MRS 指令可以访问 APSR。

表 9.1　APSR 寄存器的位分配

31	30	29	28	27　　　　　　　　　　　　　　　　　　　　　　　　　　　　　　　　0
N	Z	C	V	保留

其中：

（1）N 为符号标志。当该位为 1 时，结果为负数；当该位为 0 时，结果为正数。

（2）Z 为零标志。当该位为 1 时，结果为零；当该位为 0 时，结果不为零。

（3）C 为进位/借位标志。当该位为 1 时，有进位/无借位；当该位为 0 时，无进位/有借位。

（4）V 为溢出标志。当该位为 1 时，结果出现溢出；当该位为 0 时，结果未出现溢出。

2）IPSR

在 Cortex-M1 中，每个异常中断都会有一个特定的中断编号，用于表示中断类型。该寄存器保存当前正在执行中断服务程序（Interrupt Service Routine，ISR）的编号，如表 9.2 所示。

调试时，它对于识别当前中断非常有用，并且在多个中断共享一个中断处理的情况下可以识别出其中一个中断。

表 9.2　IPSR 寄存器的位分配

31　　　　　　　　　　　　　　　　　　　　　　　　　　　　　　6	5　　　　　　　　0
保留	ISR 号

3）EPSR

该寄存器保存着 Thumb 状态位，如表 9.3 所示。由于 Cortex-M1 只支持 Thumb 状态，因此 T 位总是为 1。

表 9.3　EPSR 寄存器的位分配

31　　　　　　　25	24	23　　　　　　　　　　　　　　　　　　　　　　　　　　0
保留	T	保留

> 注：（1）除非处理器处于调试状态，不能直接访问 EPSR，使用 MRS 指令读出全 0，且忽略 MSR 对该寄存器的写操作。
>
> （2）当进入异常时，处理器将来自 xPSR 的组合信息保存到堆栈。

3. 特殊目的优先级屏蔽寄存器

使用特殊目的优先级屏蔽寄存器可以提升优先级，如表 9.4 所示。当 PRIMASK 位设置为 1 时，除不可屏蔽中断 NMI 和硬件故障异常外，将屏蔽掉其他所有的中断。可以通过 MSR 和 MRS 指令访问该寄存器，且可以通过 CPS 指令设置/清除 PRIMASK。

表 9.4　特殊目的优先级屏蔽寄存器的位分配

31　　　　　　　　　　　　　　　　　　　　　　　　　　　　　　1	0
保留	

PRIMASK ——

4. 特殊目的控制寄存器

特殊目的控制寄存器用于识别所使用的堆栈指针，如表 9.5 所示。当位域［1］＝0 时，当前堆栈使用 SP_main；当位域［1］＝1 时，对于线程模式，当前堆栈使用 SP_process。需要注意的是，尝试在句柄模式下设置该位将被忽略。

表 9.5　特殊目的控制寄存器的位分配

31		2	1	0
保留				

活动的堆栈指针
保留

5. 端的概念

端（Endian）是指保存在存储器中的字节顺序。根据字节在存储器中的保存顺序，将其划分为大端（Big Endian）和小端（Little Endian）。如图 9.6 所示为 Cortex-M1 小端和大端的定义。

（1）小端。对于一个 32 位字长的数据来说，最低字节保存该数据的第 0 位～第 7 位，如图 9.6（a）所示，也就是我们常说的"低址低字节，高址高字节"。

（2）大端。对于一个 32 位字长的数据来说，最低字节保存该数据的第 24 位～第 31 位，如图 9.6（b）所示，也就是我们常说的"低址高字节，高址低字节"。

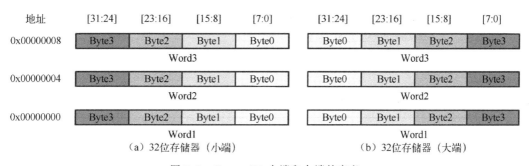

图 9.6　Cortex-M1 小端和大端的定义

对于 Cortex-M1 处理器来说，提供了对大端和小端的支持。

9.2.2　Cortex-M1 存储空间及映射

ARMv6-M 架构使用一个 2^{32} 的 8 位字节平面地址空间，覆盖了 4GB。字节地址是无符号的，范围为 $0 \sim (2^{32}-1)$。这个地址空间也可以看作由 2^{30} 个 32 位字构成，每个地址字对齐，意味着地址可被 4 整除。对于 ARMv6-M 来说，取指总是半字对齐，数据访问总是自然对齐。使用普通的整数指令计算地址，这就意味着当地址空间出现上溢或下溢时就会"回卷"。

Cortex-M1 存储空间的映射如图 9.7 所示。图中，调试控制和 NVIC 构成系统控制空间（System Control Space，SCS）。Cortex-M1 不同存储空间的功能如表 9.6 所示。

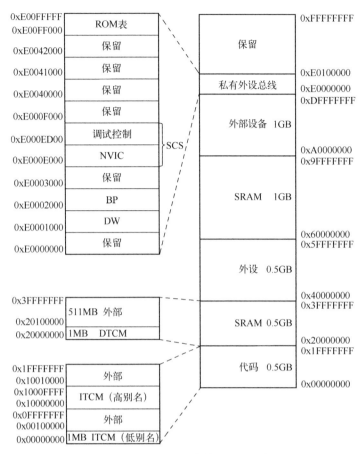

图 9.7　Cortex-M1 存储空间的映射

表 9.6　Cortex-M1 不同存储空间的功能

区　　域	名　　字	设备类型	XN	功　　能
0x00000000~ 0x000FFFFF	代码、ITCM 低别名	普通	—	如果使能 ITCM 低别名，则指令取出和数据访问是对 ITCM 执行的。数据访问包括数据文字访问。这里显示的区域用于支持最大的 ITCM。如果 ITCM 较小，这个区域以较低的地址结束，下一个区域从该地址开始
0x00100000~ 0x0FFFFFFF	代码、外部	普通	—	对外部系统总线执行取指和数据访问。数据访问包含数据文字访问
0x10000000~ 0x1000FFFF	代码、ITCM 高别名	普通	—	如果使能 ITCM 高别名，则指令取出和数据访问是对 ITCM 执行的。数据访问包括数据文字访问。这里显示的区域用于支持最大的 ITCM。如果 ITCM 较小，这个区域以较低的地址结束，下一个区域从该地址开始
0x10010000~ 0x1FFFFFFF	代码、外部	普通	—	对外部系统总线执行取指和数据访问。数据访问包含数据文字访问
0x20000000~ 0x200FFFFF	SRAM、DTCM	普通	XN	取指是错误的。对 DTCM 执行数据访问。这里显示的区域用于支持最大的 DTCM。如果 DTCM 较小，这个区域以较低的地址结束，下一个区域从该地址开始
0x20100000~ 0x3FFFFFFF	SRAM、外部	普通	—	对外部系统总线执行取指。对外部系统总线执行数据访问

区　　域	名　　字	设备类型	XN	功　　能
0x40000000~ 0x5FFFFFFF	外设	设备	XN	对外部系统总线执行数据访问。阻止对外部系统总线执行取指（错误）
0x60000000~ 0x9FFFFFFF	SRAM	设备	—	对外部系统总线执行指令和数据访问
0xA0000000~ 0xDFFFFFFF	外部设备	设备	XN	对外部系统总线执行数据访问。阻止对外部系统总线执行取指（错误）
0xE0000000~ 0xE00FFFFF	私有外设总线 PPB	SO	XN	在 PPB 执行数据访问。阻止对外部系统总线执行取指（错误）
0xE0100000~ 0xFFFFFFFF	系统		XN	系统段。阻止指令访问（错误），对于取数据，保留该区域

以下的互斥主存储器类型属性描述了存储区域，即正常（Normal）、设备（Device）和强顺序（Strong-ordered）。

（1）用于执行程序和保存数据的存储器通常符合正常存储器。正常存储器技术的例子包括预编程 Flash（更新 Flash 存储器可以施加更严格的顺序规则）、ROM、SRAM、SDRAM和 DDR 存储器。

（2）通常符合不同的访问规则的系统外设或 I/O，被定义为强顺序或者设备存储器。I/O 访问的例子包括：

① FIFO 连续访问，添加、写、移除或读取排队的数据。

② 对中断控制器寄存器的访问能够用于一个中断响应，它可以改变控制器本身的状态。

③ 存储器控制器配置寄存器用于设置正常存储器区域的时序。

④ 系统中存储器映射的外设访问存储器位置会引起负作用。

除主存储器类型属性外，可共享（Shareable）属性用于表示正常或设备存储器对一个处理器是私有的还是多个处理器可访问的，或者是其他总线主设备资源，如一个带有 DMA能力的智能外设。

> 注：标记为 XN 的区域将阻止从该区域取出指令。

9.2.3　系统控制寄存器

私有外设空间（Private Peripheral Bus，PPB）提供了一组系统控制寄存器，如表 9.7所示。

表 9.7　系统控制寄存器

名　　字	类　　型	地　　址	复　位　值
辅助控制寄存器	R/W	0xE000E008	高 27 位为 0，CF-GITCMEN[1:0] 的值，低 3 位为 0
系统滴答控制和状态寄存器	R/W	0xE000E010	0x00000004
系统滴答重加载值寄存器	R/W	0xE000E014	0x00000000

续表

名　　字	类　　型	地　　址	复　位　值
系统滴答当前值寄存器	R/W clear	0xE000E018	0x00000000
系统滴答标定值寄存器	RO	0xE000E01C	0x80000000
CPUID 基本寄存器	RO	0xE000ED00	0x411CC210
中断控制状态寄存器	_a	0xE000ED04	0x00000000
应用中断和复位控制寄存器	_a	0xE000ED0C	0xFA050000[b] 0xFA058000[c]
配置和控制寄存器	R/W	0xE000ED14	0x00000208
系统句柄优先级寄存器 2	R/W	0xE000ED1C	0x00000000
系统句柄优先级寄存器 3	R/W	0xE000ED20	0x00000000
系统句柄控制和状态寄存器	R/W	0xE000ED24	0x00000000

表中：（1）上标 a 表示访问类型取决于单个的比特位。

（2）上标 b 表示用于小端的复位值。

（3）上标 c 表示用于 BE-8 大端的复位值。

> **注**：如果没有实现 OS 扩展，则保留地址 0xE000E010、0xE000E014、0xE000E018 和 0xE000E01C。

1. 辅助控制寄存器

辅助控制寄存器（Auxiliary Control Register，ACR）用于控制使能/禁止指令 TCM 高/低别名，如表 9.8 所示。

表 9.8　ACR 的比特位分配

其中：

（1）ITCMLAEN 为指令 TCM 高别名使能位。当设置该位时，所有对区域 0x00000000 ～ 最大 ITCM 的有效指令和数据访问将映射到 ITCM 接口。当清除该位时，这些访问映射到外部的 AHB-Lite 接口。

（2）ITCMUAEN 为指令 TCM 低别名使能位。当设置该位时，所有对区域 0x10000000 ～（0x10000000+最大 ITCM）的有效指令和数据访问将映射到 ITCM 接口。当清除该位时，这些访问映射到外部的 AHB-Lite 接口。

2. 系统滴答控制和状态寄存器

系统滴答控制和状态寄存器（sysTick Control and Status Register）用于使能 sysTick 特性，如表 9.9 所示。

表 9.9　系统滴答控制和状态寄存器的比特位分配

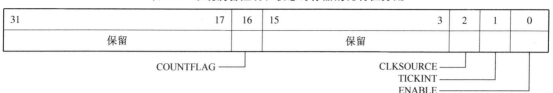

31	17	16	15	3	2	1	0
保留			保留				

COUNTFLAG —
CLKSOURCE —
TICKINT —
ENABLE —

其中：

（1）COUNTFLAG。自从上次读取后，如果定时器计数到 0，则返回 1。应用程序或调试器读取时，清除该位。

（2）CLKSOURCE，总是读取为 1，表示处理器时钟，即 SysTick 使用处理器时钟HCLK。

（3）TICKINT。当该位为 1 时，向下计数到 0 停止系统滴答句柄；当该位为 0 时，向下计数到 0 不会停止系统滴答句柄。软件可以使用 COUNTFLAG 确定是否系统滴答句柄曾经计数到 0。

（4）ENABLE。当该位为 1 时，计数器以多拍方式运行，即使用重加载值加载，然后开始计数到 0。当到达 0 时，将 COUNTFLAG 设置为 1，并根据 TICKINT 的值确定是否停止系统滴答句柄，然后再次加载重加载值并开始计数。当该位为 0 时，禁止计数器。

3. 系统滴答重加载值寄存器

当计数到 0 时，使用滴答重加载值寄存器（sysTick Reload Value Register）指定加载到系统滴答当前值寄存器的开始值，它可以是 0x00000001 ～ 0x00FFFFFF 范围内的任意数。起始值为 0 是可能的，但是没有作用，因为当计数从 1 到 0 时，系统滴答中断和COUNTFLAG 是活动的。

系统滴答重加载值寄存器的比特位分配如表 9.10 所示。

表 9.10　系统滴答重加载值寄存器的比特位分配

31	24	23	0
保留		RELOAD	

其中，RELOAD 为当计数器到达 0 时加载到系统滴答当前值寄存器的值。

可以根据它的使用来计算可重加载值。例如：

（1）一个多拍定时器有一个系统滴答中断，重加载 $N-1$，以产生一个周期为 N 个处理器时钟周期的定时器。例如，如果要求每 100 个时钟脉冲产生系统滴答中断，则将 99 写到重加载值寄存器中。

（2）一个单拍定时器有一个系统滴答中断，重加载 N，在 N 个处理器时钟周期后传递一个系统滴答中断。例如，如果要求在 400 个时钟脉冲后要求下一个系统滴答中断，则必须将 400 写到 RELOAD。

4. 系统滴答当前值寄存器

该寄存器用于找到寄存器的当前值，如表 9.11 所示。

表 9.11 系统滴答当前值寄存器的比特位分配

31	24	23	0
保留		CURRENT	

其中，CURRENT 为读取返回系统滴答计数器当前的值。这个寄存器为写-清除。用任何值写该寄存器，则将该寄存器清零。清除该寄存器也将清除系统滴答控制和状态寄存器中的 COUNTFLAG 位。

5. 系统滴答标定值寄存器

通过系统滴答标定值寄存器使用除法和乘法使能软件标定任何要求的速度，如表 9.12 所示。

表 9.12 系统滴答标定值寄存器的比特位分配

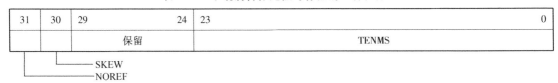

31	30	29	24	23	0
		保留		TENMS	

SKEW
NOREF

其中，

（1）NOREF，读为 1，表示没有提供独立的参考时钟。

（2）SKEW，读为 0，用于 10ms 不精确的时序标定值是未知的，因为 TENMS 是未知的。这可能会影响作为软件实时时钟的适应性。

（3）TENMS，读为 0。表示标定值是未知的。

6. CPUID 基本寄存器

读取 CPUID 基本寄存器（CPUID Base Register）用于确定下面的信息，即处理器核的 ID 号、处理器核的版本号，以及处理器核的实现细节。CPUID 基本寄存器的比特位分配如表 9.13 所示。

表 9.13 CPUID 基本寄存器的比特位分配

31	24	23	20	19	16	15	4	3	0
IMPLEMENTER		VARIANT		CONSTANT		PARTNO		REVISION	

其中：

（1）IMPLEMENTER，实现者代码。0x41 = ARM。

（2）VARIANT，由实现定义的变量值。0x0 用于 r0p0 和 r0p1；0x1 用于 r1p0。

（3）CONSTANT，读作 0xC。

（4）PARTNO，在家族中的处理器号为 0xC21。

（5）REVISION，实现定义的版本号。0x0 = r0p0，r1p0；0x1 = r0p1。

7. 中断控制状态寄存器

中断控制状态状态寄存器（Interrupt Control State Register）用于确定下面的信息，即设置一个挂起非屏蔽中断（Non-Maskable Interrupt，NMI）、设置/清除一个挂起 PendSV、设置/清除一个挂起系统滴答、检查挂起的异常、检查最高优先级挂起异常的向量号，以及检查活动异常的向量号，如表 9.14 所示。

表 9.14　中断控制状态寄存器的比特位分配

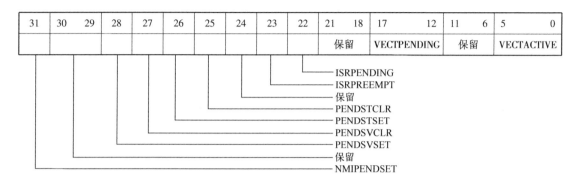

其中：

（1）NMIPENDSET（R/W）。当写该位时，1＝设置挂起 NMI；0＝没作用。该位用于挂起和激活一个 NMI。由于 NMI 是最高优先级中断，只要注册就会生效，除非处理器的优先级为 2。当读取该位时，返回 NMI 的挂起状态。

（2）PENDSVSET（R/W）。该位为 OS 扩展，否则保留。当写该位时，1＝设置挂起 PendSV；0＝没作用。当读取该位时，返回 PendSV 的挂起状态。

（3）PENDSVCLR（WO）。该位为 OS 扩展，否则保留。当写该位时，1＝清除挂起 PendSV；0＝没作用。

（4）PENDSTSET（R/W）。该位为 OS 扩展，否则保留。当写该位时，1＝设置挂起系统滴答；0＝没作用。当读取该位时，返回系统滴答的挂起状态。

（5）PENDSTCLR（WO）。该位为 OS 扩展，否则保留。当写该位时，1＝清除挂起系统滴答；0＝没作用。

（6）ISRPREEMPT（RO）。该位为调试扩展，否则保留。只在调试时使用该位。它表示一个正在挂起的中断将在下一个运行周期变成活动的。如果在调试停止控制和状态寄存器中清除 C_MASKINTS，1＝在从调试停止状态退出时服务一个挂起异常；0＝没有服务一个挂起异常。

（7）ISRPENDING（RO）。该位为调试扩展，否则保留。外部中断挂起标志。1＝中断挂起；0＝没有挂起中断。

（8）VECTPENDING（RO）。该位为 OS 扩展，否则保留。指示用于最高优先级挂起异常的异常号。0＝没有挂起异常；非零＝挂起状态，包括存储器映射使能和屏蔽寄存器的效果。它不包含 PRIMASK 特殊目的寄存器限定符。

（9）VECTACTIVE（RO）。该位与 IPSR[5:0]有相同的值，表示活动异常号。0＝线程模式；非零＝当前活动的异常号。复位时，清除 VECTACTIVE。

8. 应用中断和复位控制寄存器

该寄存器用于确定数据端、清除来自调试停止模式的所有活动状态信息，以及请求一个系统复位，如表 9.15 所示。

表 9.15　应用中断和复位控制寄存器的比特位分配

31　　　　　　　　　　　　　　　　　16	15	14　　　　　　　　　　　　3	2	1　　　0
VECTKEY		保留		保留

ENDIANNESS ———————┘　　　　　　　SYSRESETREQ ———————┘

其中：

（1）VECTKEY（WO）。注册密钥。要写该寄存器的其他部分，需要将 0x5FA 写到 VECTKEY 域。

（2）ENDIANNESS（RO）。数据端比特位。读取的值取决于端实现配置。0 = 小端；1 = BE-8 大端。

（3）SYSRESETREQ（WO）。向该位写 1，使得确认连接外部系统的 SYSRESETREQ 信号请求一个复位，目的是迫使一个大的系统复位除调试以外的所有主要元件。由于系统的复位请求，使得清除 DHCSR 内的 C_HALT 比特。调试器不会丢失与器件的联系。

一个调试器必须重新初始化堆栈。

9. 配置和控制寄存器

配置和控制寄存器（Configuration and Control Register）永远使能堆栈对齐，并且使非对齐访问引起硬件故障，如表 9.16 所示。

表 9.16　配置和控制寄存器的比特位分配

31　　　　　　　　　　　　　　10	9	8　　　　　4	3	2　　　0
保留		保留		保留

STKALIGN ———————┘
UNALIGN_TRP ———————┘

其中：

（1）STKALIGN。总是设置为 1。在异常入口，所有的异常以 8 字节堆栈对齐方式进入，并保存恢复它的上下文（现场）。SP 将在相关异常返回时恢复。

（2）UNALIGN_TRP。指示所有非对齐访问将导致一个硬件故障。用于非对齐访问的陷阱总为 1。

10. 系统句柄优先级寄存器

系统句柄是一类特殊的异常句柄，可以任意设置它们的优先级。有两个系统句柄优先级寄存器用于优先下面的系统句柄，包括 SVC、系统滴答和 PendSV。

永远使能 PendSV 和 SVC。通过写系统滴答控制和状态寄存器，使能/禁止系统滴答。系统句柄优先级寄存器 2 的比特位分配如表 9.17 所示。系统句柄优先级寄存器 3 的比特位分配如表 9.18 所示。

表 9.17　系统句柄优先级寄存器 2 的比特位分配

31　　　30	29　　　　　　　　　　　　　　　　　　　　　　　　　　　0
PRI_11	保留

其中，PRI_11 为系统句柄 11（SVC）的优先级。

表 9.18 系统句柄优先级寄存器 3 的比特位分配

31 30	29 24	23 22	21 0
PRI_15	保留	PRI_14	保留

其中，PRI_15 为系统句柄 15（系统滴答）的优先级；PRI_14 为系统句柄 14（PendSV）的优先级。

11. 系统句柄控制和状态寄存器

系统句柄控制和状态寄存器用于读取和写 SVC 的挂起状态，如表 9.19 所示。

表 9.19 系统句柄控制和状态寄存器的比特位分配

31 16	15	14 0
保留		保留

SVCALLPENDED

其中，当 SVC 挂起时，SVCALLPENDED 读取为 1。如果写 SVCALLPENDED 位，1 = 设置挂起 SVC；0 = 清除挂起 SVC。

9.2.4 内核存储器接口

通过一个专用的内核存储器接口，内核访问紧耦合存储器（Tightly-Coupled Memories，TCMs）。内核存储器接口包括：

（1）用于访问指令紧耦合存储器的指令紧耦合存储器接口（Instruction Tightly-Coupled Memory，ITCM）；

（2）用于访问数据紧耦合存储器的数据紧耦合存储器接口（Data Tightly-Coupled Memory，DTCM）。

因为读取来自 TCMS，因此不支持设备和强顺序存储器类型，如在 TCM 空间的 FIFO。因此，必须保证在所有时刻对空间内 Flash 存储器的额外访问。TCM 接口不支持等待状态。

1. ITCM 接口

ITCM 接口的完整信号如表 9.20 所示。

表 9.20 ITCM 接口的完整信号

名 字	方向	描 述
ITCMEN	输出	使能存储器，设置 ITCMRD 或 ITCMWR
ITCMRD	输出	存储器读使能信号，前提是设置 ITCMEN
ITCMWR	输出	写使能，前提是设置 ITCMEN，且 ITCMBYTEWR 不为零
ITCMBYTEWR[3:0]	输出	用于每个字节的写使能，如果设置其中的任何一个信号，则也设置 ITCMWR
ITCMADDR[19:2]	输出	向该地址写/从该地址读
ITCMWDATA[31:0]	输出	写到 ITCM 的数据。只有 ITCMBYTEWR 所设置的字节有效
ITCMRDATA[31:0]	输入	从 ITCMADDR 读取的数据。所有的数据都是 32 位

续表

名　字	方向	描　述
CFGITCMSZ[3:0]	输入	大小编码为4位，在综合时关闭，为速度优化逻辑；或在运行时连线到静态的值，以允许更多的灵活性。当其为4'h0时，TCM大小为0Kb；当其为4'h1时，TCM大小为1Kb；当其为4'h2时，TCM大小为2Kb；当其为4'h3时，TCM大小为4Kb；当其为4'h4时，TCM大小为8Kb；当其为4'h5时，TCM大小为16Kb；当其为4'h6时，TCM大小为32Kb；当其为4'h7时，TCM大小为64Kb；当其为4'h8时，TCM大小为128Kb；当其为4'h9时，TCM大小为256Kb；当其为4'hA时，TCM大小为512Kb；当其为4'hB时，TCM大小为1Mb
CFGITCMEN[1:0]	输入	使能ITCM别名。复位的时候，设置写入辅助控制寄存器高/低ITCM别名的使能位。CFGITCMEN[1]设置高别名使能位，CFGITCMEN[0]设置低别名使能位。在释放SYSRESETn之前，这个引脚上的值至少在两个周期内必须保持不变

　　ITCM接口的写信号时序如图9.8所示。在同一时刻，驱动写地址、写数据和写控制信号。写使能信号ITCMBYTEWR保证写一个字内单独的字节，而不会破坏该字内的其他字节，如表9.21所示。

表 9.21　ITCMBYTEWR 的值和写入数据宽度的对应关系

ITCMBYTEWR 值	写的宽度
4'b1111	字
4'b0011 或 4'b1100	半字
4'b0001,4'b0010,4'b0100 或 4'b1000	字节

　　ITCM接口的读信号时序如图9.9所示。

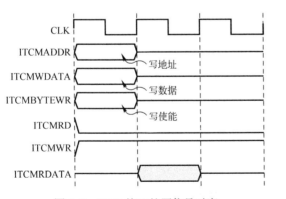 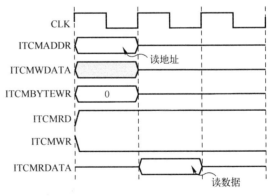

图 9.8　ITCM 接口的写信号时序　　　　图 9.9　ITCM 接口的读信号时序

2. DTCM 接口

　　DTCM接口的完整信号如表9.22所示。

表 9.22　DTCM 接口的完整信号

名　字	方　向	描　述
DTCMEN	输出	使能存储器，设置 DTCMRD 或 DTCMWR
DTCMRD	输出	存储器读使能信号，前提是设置 DTCMEN

名　字	方　向	描　述
DTCMWR	输出	写使能，前提是设置 DTCMEN，且 DTCMBYTEWR 不为零
DTCMBYTEWR[3:0]	输出	用于每个字节的写使能，如果设置其中的任何一个信号，则也设置 DTCM-WR
DTCMADDR[19:2]	输出	向该地址写/从该地址读
DTCMWDATA[31:0]	输出	写到 DTCM 的数据。只有 DTCMBYTEWR 所设置的字节有效
DTCMRDATA[31:0]	输入	从 DTCMADDR 读取的数据。所有的读都是 32 位
CFGDTCMSZ[3:0]	输入	大小编码为 4 位，在综合时关闭，为速度优化逻辑；或在运行时连线到静态的值，以允许更多的灵活性。当其为 4'h0 时，TCM 大小为 0Kb；当其为 4'h1 时，TCM 大小为 1Kb；当其为 4'h2 时，TCM 大小为 2Kb；当其为 4'h3 时，TCM 大小为 4Kb；当其为 4'h4 时，TCM 大小为 8Kb；当其为 4'h5 时，TCM 大小为 16Kb；当其为 4'h6 时，TCM 大小为 32Kb；当其为 4'h7 时，TCM 大小为 64Kb；当其为 4'h8 时，TCM 大小为 128Kb；当其为 4'h9 时，TCM 大小为 256Kb；当其为 4'hA 时，TCM 大小为 512Kb；当其为 4'hB 时，TCM 大小为 1Mb

9.2.5　嵌套向量中断控制器

嵌套向量中断控制器（NVIC）与处理器核紧密耦合，以便于低延迟异常处理。处理器状态自动保存在中断入口上并在退出中断时恢复，没有指令的开销。

1. 异常原理

异常（Exception）是事件，它将使程序流退出当前的程序线程，然后执行和该事件相关的代码片段（子程序），如图 9.10 所示。

通过软件代码，可以使能或禁止处理器核对异常事件的响应。事件可以是内部的，也可以是外部的，如果事件来自外部，则称为中断请求（Interrupt Request，IRQ）。图 9.10 中：

（1）异常句柄是指在异常模式中所执行的一段代码，也称为异常服务程序。如果异常是由 IRQ 引起的，则将其称为中断句柄（Interrupt Handler）或中断服务程序（Interrupt Service Route，ISR）。

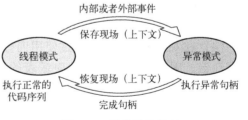

图 9.10　异常及其处理

（2）现场（上下文）切换（Context Switching），包括保存现场/上下文和恢复现场/上下文。

① 保存现场/上下文。在进入异常模式前，将当前程序的现场/上下文（如当前寄存器的值）保存到堆栈中（入栈）。

② 恢复现场/上下文。完成句柄后，将从堆栈中取出（出栈）先前保存在堆栈中的内容。

2. 异常优先级

在 Cortex-M1 中，通常将异常（中断）分为多个优先级。在 Cortex-M1 中，固定使用 2 个比特位来表示优先级，即可提供 4 个中断优先级。

当 Cortex-M1 的处理器核正在处理低优先级的异常事件时，可以触发高优先级的事件。

高优先级事件可以打断正在处理低优先级事件的能力，称为中断嵌套，如图 9.11 所示。

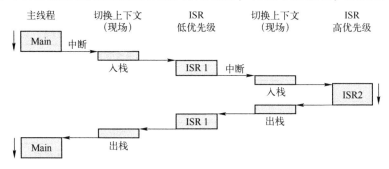

图 9.11　中断嵌套

Cortex-M1 中的 NVIC 支持最多 32 个中断请求 IRQ 和一个 NMI 的输入。

> **注**：NMI 和 IRQ 类型的主要区别是，NMI 是不能被屏蔽的，它具有最高优先级，因此它可以用于对安全性要求比较苛刻的系统，如工业控制或者汽车。

3. 异常向量表

Cortex-M1 的异常向量表如图 9.12 所示。从图中可以看出：

（1）向量表中的第一个入口处为初始的 MSP。

（2）其他入口用于异常句柄的地址。

（3）向量表最多包含 496 个外部中断，可以根据实现的要求定义它们。在 Cortex-M1 中，向量表的大小为 2048 个字节。

（4）在 Cortex-M1 中，通过使用向量表偏置寄存器，用户可以重新分配向量表的位置。但是，仍然要求在 0x0 有最小的向量表入口，它用于启动核。

（5）在 Cortex-M1 中，为每个异常分配了一个向量号，寄存器用于表示活动或者挂起的异常类型。

地址		向量号
0x40+4*N	外部中断N	16+N
…	…	…
0x40	外部中断0	16
0x3C	SysTick	15
0x38	PendSV	14
0x34	保留	13
0x30	调试监控	12
0x2C	SVC	11
0x1C~0x28	保留(x4)	7~10
0x18	使用故障	6
0x14	总线故障	5
0x10	存储器管理故障	4
0x0C	硬件故障	3
0x08	NMI	2
0x04	复位	1
0x00	初始的MSP	N/A

图 9.12　Cortex-M1 的异常向量表

> **注**：活动就是表示当前处理器核正在处理的异常事件，挂起就是等待需要处理的异常事件。

4. 异常类型

Cortex-M1 中提供了不同的异常类型，以满足不同应用的需求，包括复位、不可屏蔽中断、硬件故障、请求管理调用、可挂起的系统调用、系统滴答和外部中断。

1）复位

ARMv6-M 框架支持两级复位，包括：

（1）上电复位，用于复位处理器、SCS 和调试逻辑。

（2）本地复位，用于复位处理器和 SCS，不包括与调试相关的资源。

复位的优先级固定为 3，即最高优先级。

2）不可屏蔽中断

对于不可屏蔽中断（Non-Maskable Interrupt，NMI）来说，特点如下：

（1）其优先级仅次于复位，其优先级固定为 2，用户不可屏蔽 NMI。

（2）它用于对安全性苛刻的系统中，如工业控制或者汽车。

（3）可用于电源失败或者看门狗。

3）硬件故障

硬件故障（Hard Fault）常用于处理程序执行时产生的错误，这些错误可以是试图执行未知的操作码、总线接口或存储器系统的错误，也可以是尝试切换到 ARM 状态之类的非法操作。

4）请求管理调用（SuperVisor Call）

在执行 SVC 指令时，就会产生 SVC 异常，通常用于运行操作系统的嵌入式系统中，它为应用程序提供了访问系统服务的入口。

5）可挂起的系统调用（PendSV）

PendSV 是用于包含 OS（操作系统）应用的另一个异常，SVC 异常在 SVC 指令执行后会马上开始，PendSV 在这点上有所不同，它可以延迟执行。在 OS 上使用 PendSV 可以确保高优先级任务完成后才执行系统调度。

6）系统滴答（SysTick）

NVIC 中的 SysTick 定时器是 OS 应用可以使用的另外一个特性。几乎所有操作系统的运行都需要上下文（现场）切换，而这一过程通常需要依靠定时器来完成。Cortex-M1 内集成了一个简单的定时器，使得操作系统的移植更加容易。在实际应用中，SysTick 为选配。

7）外部中断

Cortex-M1 可配置的外部中断数量为 1、8、16 或 32。中断信号可以连接到片上外设，也可以通过 I/O 端口连接到外部中断源上。根据微控制器设计的不同，有些情况下，外部中断的数目可能与 Cortex-M1 处理器的中断个数不同。

只有用户使能外部中断后才能使用它。如果禁止了外部中断，或者处理器正在运行另一个相同或者更高优先级的异常处理，则中断请求会被保存在挂起状态寄存器中。处理完高优先级的中断或返回后才能执行挂起的中断请求。对于 NVIC 来说，可接受的中断请求信号为电平或脉冲（最少为一个时钟周期）。

5. 异常优先级

表 9.23 给出了优先级影响处理器处理异常的时间和方式，表中列出了基于优先级的异常可以采取的操作。

表 9.23　优先级影响处理器处理异常的时间和方式

脚　本	描　述
抢占 （pre-emption）	如果挂起异常的优先级高于当前执行的优先级，则挂起的异常能够打断正在执行的线程。当一个异常优于另一个异常时，异常将嵌套。 　在异常入口处，处理器自动保存处理器的状态，这些状态将入栈。取出异常对应的向量，从向量表值所指向的地址开始执行。已经保存完处理器状态后，开始执行异常的第一条指令。在 ITCM、DTCM 或 AHB-Lite 接口执行状态保存，这取决于①处理器注册异常时堆栈指针的值；②所实现 TCM 的大小（容量）。 　在外部 AHB-Lite 接口还是在 ITCM 存储器接口执行取向量操作，取决于 ITCM 的大小配置

续表

脚　　本	描　　述
返回 （return）	当执行有效的返回指令时，处理器弹出堆栈，返回到堆栈异常或线程模式。 当完成一个异常句柄时，通过出栈到异常之前的状态，处理器自动恢复处理器的状态
迟到 （late-arriving）	处理器使用一个机制用于加速抢占。如果在为前面的抢占保存状态期间，一个更高优先级的异常到达，处理器切换到处理较高优先级的异常，而不是为那个异常初始化取出向量。后来的异常不会影响状态的保存，这是因为对于所有异常状态保存是相同的，不会打断状态的保存。迟到的异常被识别直到已经初始化取出向量的点。如果太晚才识别出一个高优先级的异常，则不能将其作为迟到的异常处理，则将挂起它，然后抢占原始的异常句柄

前面提到，在处理器异常模型中，优先级决定处理器采纳异常的时间和方式，读者可以为中断分配优先级。需要注意的是，当有多个相同优先级的异常时，优先处理带有最低异常号的挂起异常。例如，IRQ[0]和IRQ[1]的优先级都是1，则先于IRQ[1]来处理IRQ[0]。

如果句柄接收到一个较高优先级的异常，则一个异常将被抢占。如果句柄接收到相同优先级的中断，异常不会被抢占，与中断号无关。

6. 堆栈

处理器支持两个独立的堆栈：

（1）处理堆栈。可以配置线程模式使用SP_process或SP_main用于它的堆栈指针。只有在实现OS扩展选项时处理堆栈才可使用。

（2）主堆栈。句柄模式使用主堆栈。SP_main是用于主堆栈的SP寄存器。复位后，线程模式使用SP_main。

在任何一个时刻，只有一个SP寄存器，即SP_process或SP_main可见，它使用R13。

当一个线程是抢占的，在确认异常处于活动时，它的上下文将自动保存到堆栈。

如果一个异常抢占线程模式，根据CONTROL[1]比特位的配置，被抢占线程的上下文将使用SP_process或SP_main入栈。

在句柄模式下，当一个异常抢占另一个异常句柄时，被抢占的上下文只能使用SP_main作为堆栈，这是因为其是在句柄模式下唯一活动的堆栈指针。

在异常返回时，值EXC_RETURN确定哪个堆栈用于上下文的出栈。在异常入口指向堆栈上下文的相同堆栈时，EXC_RETURN加载到R14。如果你的异常句柄代码移动堆栈，你必须保证正确更新用于异常返回的值EXC_RETURN。

所有的异常句柄必须使用SP_main用于它们本地的变量。

当实现OS扩展时，你可以配置线程模式以使用处理堆栈，且异常句柄总是使用SP_main。

> **注**：MSR和MRS指令具有两个堆栈指针的可见性。

7. 抢占

当处理器采纳一个异常时，它自动将下面的8个寄存器入栈，即xPSR、返回地址（）、链接寄存器（LR）、R12、R3、R2、R1 和 R0。

当完成入栈时，SP 递减 8 个字，如图 9.13 所示为一个异常抢占当前程序流后的堆栈内容。

当从异常返回时，处理器自动地从堆栈弹出 8 个寄存器，异常返回值 EXC_RETURN 自动加载到异常入口的 LR，以使能将异常句柄写作普通的 C/C++ 函数而不需要胶合代码。

表 9.24 给出了处理器在进入一个异常之前的步骤。

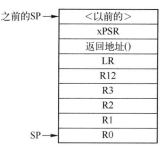

图 9.13　一个异常抢占当前
程序流后的堆栈内容

表 9.24　处理器在进入一个异常之前的步骤

行　为	描　述
8 个寄存器入栈	将 xPSR、返回地址、LR、R12、R3、R2、R1 和 R0 压入所选的堆栈
读向量表	从合适的向量表入口中读取向量：(0x0)+(异常号×4) 当所有 8 个寄存器压入堆栈后，读取向量表
从向量表中读 SP_main	仅在复位时，从向量表的第一个入口更新 SP_main。其他异常不会以这种行为修改 SP_main
更新 LR	将 LR 设置为合适的 EXC_RETURN，使能从异常正确返回。EXC_RETURN 是 ARMv6-M 架构参考手册中所定义的 16 个值中的其中一个
更新 PC	使用从中断向量表中读取的数据更新 PC。不会处理其他迟到的异常，直到开始执行异常的第一条指令
加载流水线	使用在向量地址后面的指令填充流水线

8. 异常退出

一个句柄的异常返回指令使用 EXC_RETURN 加载 PC，该值在进入一个异常句柄时出现在 LR 中，它用来告诉处理器完成异常，且处理器开始异常退出序列，如表 9.25 所示。

表 9.25　异常退出

行　为	描　述
选择 SP	基于 EXC_RETURN，设置 CONTROL[1]
8 个寄存器出栈	由 EXC_RETURN 选择的堆栈弹出 R0、R1、R2、R3、R12、LR、PC 和 xPSR。 从弹出堆栈加载的 xPSR[5:0] 的值确定了异常号，它定义了要返回线程的优先级。 EXC_RETURN 定义了要返回的模式

当从一个异常返回时，处理器或者返回到最后堆栈的异常如果没有堆栈的异常，则返回到线程模式。

当在句柄模式下执行下面一条指令，用于将 0xFXXXXXXX 加载到 PC 时，会发生异常返回：

（1）POP 包含加载 PC。

（2）带有任何寄存器的 BX。

当以这种方式使用时，写到 PC 的值被看作 EXC_RETURN。表 9.26 列出了带有一个描述异常返回行为的 EXC_RETURN[3:0]。

表 9.26 异常返回行为

EXC_RETURN[3:0]	描 述
0bXXX0	保留
0b0001	返回到句柄模式 异常返回从主堆栈得到状态 当返回后，执行使用 SP_main
0b0011	保留
0b01X1	保留
0b1001	返回到线程模式 异常返回从主堆栈得到状态 当返回后，执行使用 SP_main
0b1101	返回到线程模式 异常返回从处理堆栈得到状态 当返回后，执行使用 SP_process
0b1X11	保留

在线程模式下，如果 EXC_RETURN 值加载到 PC，或者从向量表，或者通过任何其他指令，值就被看作一个地址，而不是一个特殊的值。这个地址范围被定义为有（XN）许可，并导致一个硬件故障。

注：异常句柄必须保留 EXC_RETURN[28:4]的值，或者将它们全写作"1"。

9. 迟到

如果没有开始加载向量，且满足下面条件时，则可以在一个先前到达的异常之前处理一个迟到的异常：

（1）比之前的异常有更高的优先级。

（2）有相同的优先级，但是比之前的异常有较低的异常号。

一个迟到的异常引起向量地址加载和异常预取的改变。对于迟到的异常，不会保存状态，因为已经为开始的异常执行了状态保存，因此不会重复这件事情。在这种情况下，在迟到异常向量的位置开始执行，挂起之前的异常。

如果在开始取出最初异常的向量后才识别出高优先级的异常，则迟到的异常不能使用最初异常已经在堆栈中的上下文。在这种情况下，最初的异常句柄将被抢占，并且将它的上下文保存在堆栈中。

10. 异常控制传输

表 9.27 给出了处理器如何根据规则将控制转移到异常。

表 9.27 处理器如何根据规则将控制转移到异常

识别异常时的处理器活动	转移到异常处理
指令	完成指令。在下一条指令之前采纳异常
异常入口	这被归类为一个迟到的异常。如果新异常具有比第一个异常更高的优先级或相同的优先级和更低的异常编号，则内核可能首先服务迟到的异常。如果没有，则将迟到的异常挂起，应用正常的抢占规则

识别异常时的处理器活动	转移到异常处理
异常入口	如果迟到的异常在内核堆栈周期内足够早地到达，则将采纳迟到的异常。在这种情况下，内核加载迟到异常的向量而不加载第一个异常的向量。在迟到异常向量的位置开始执行，将第一个异常挂起。 在堆栈周期内，如果迟到的异常太晚到达，则不会处理迟到的异常。取而代之的是，取出第一个异常的向量，在一个异常向量地址的位置开始执行，挂起迟到的异常，应用普通的抢占规则
异常后同步	完成异常返回序列，在返回的目标处继续执行，然后应用普通的抢占规则

11. 活动级

当没有异常且处于活动状态时，处理器处于线程模式。当一个异常或故障句柄活动时，处理器进入句柄模式。表 9.28 给出了堆栈、相关的活动异常和活动级。

表 9.28　堆栈、相关的活动异常和活动级

活动的异常	活动级	堆栈
无	线程模式	SP_main 或 SP_process
异常活动	异步抢占级	SP_main
故障句柄活动	异步/同步抢占级	SP_main

表 9.29 给出了用于所有异常的转移规则，以及它们的访问规则和堆栈模型。

表 9.29　用于所有异常的转移规则，以及它们的访问规则和堆栈模型

活动的异常	触发事件	转移规则	堆栈
复位	复位信号	线程	主
ISR/NMI	设置-挂起软件指令或硬件信号	异步抢占	主
硬件故障	任何故障	同步/异步抢占	主
SVC	SVC 指令	同步抢占	主

表 9.30 给出了异常子类型转移。

表 9.30　异常子类型转移

预期的活动子类型	触发事件	活动	优先级效果
线程	复位信号	异步	立即的，线程是最低的
中断/NMI	硬件信号或设置-挂起	异步	根据优先级抢占
SVC	SVC 指令	同步	如果将 SVC 异常的优先级编程高于当前执行的优先级，则采纳 SVC。如果不是，则 SVC 升级到硬件故障
PendSV	软件挂起请求	异步	根据优先级抢占
系统滴答	计数器到达零或设置-挂起	异步	根据优先级抢占
硬件故障	任何故障	同步/异步	除 NMI 外，高于所有

12. 锁定

当出现不可恢复的条件时，处理器进入锁定状态。不可恢复条件的原因是异步/同步故障，包括一个升级的 SVC 指令。

在优先级-1 和-2 时，处理器能够进入锁定状态。如果在优先级-1，则可以采纳一个 NMI，使处理器脱离锁定状态，调试器也可以使处理器退出锁定状态。来自处理器的 LOCKUP 引脚用于指示处理器处于锁定状态。

13. NVIC 寄存器

NVIC 内的寄存器及地址映射如表 9.31 所示。

表 9.31 NVIC 内的寄存器及地址映射

寄存器的名字	类　　型	地　　址	复　位　值
中断设置使能寄存器	R/W	0xE000E100	0x00000000
中断清除使能寄存器	R/W	0xE000E180	0x00000000
中断设置挂起寄存器	R/W	0xE000E200	0x00000000
中断清除挂起寄存器	R/W	0xE000E280	0x00000000
优先级 0 寄存器	R/W	0xE000E400	0x00000000
优先级 1 寄存器	R/W	0xE000E404	0x00000000
优先级 2 寄存器	R/W	0xE000E408	0x00000000
优先级 3 寄存器	R/W	0xE000E40C	0x00000000
优先级 4 寄存器	R/W	0xE000E410	0x00000000
优先级 5 寄存器	R/W	0xE000E414	0x00000000
优先级 6 寄存器	R/W	0xE000E418	0x00000000
优先级 7 寄存器	R/W	0xE000E41C	0x00000000

与"读-修改-写"过程相比较，使用独立地址的优势体现在：

（1）减少了使能/禁止中断的步骤，这样就减少了代码长度和执行时间。

（2）防止竞争条件，如主线程正在使用"读-修改-写"访问一个寄存器，在读和写的操作之间，打断该过程。如果 ISR 再次修改主线程正在访问的相同寄存器，将导致发生冲突。

1）中断设置使能寄存器

中断设置使能寄存器（Interrupt Set-Enable Register）可用于使能中断，以及确定当前使能的中断。该寄存器中的每一位对应于 32 个中断中的一个。设置中断设置使能寄存器中的某一位可以使能相应的中断。当读该寄存器时，1=使能中断；0=禁止中断。

当设置一个挂起中断的使能位时，处理器根据它的优先级激活中断。当清除使能位时，会挂起中断，但无论论它的优先级如何，都不可能激活中断。因此，一个禁用的中断可作为一个锁存的通用位。你可以读取它，并在没有调用中断的情况下清除它。

在中断清除使能寄存器中给相应的位写1，将清除使能状态。这也将清除中断设置使能寄存器中对应的位。

2）中断清除使能寄存器

中断清除使能寄存器（Interrupt Clear Enable Register）用于禁止中断，以及确定当前使能的中断。该寄存器中的每一位对应于 32 个中断中的一个。设置一个中断清除使能寄存器的比特位将禁止所对应的中断。当读该寄存器时，1＝使能中断；0＝禁止中断。

注：给一个中断清除使能寄存器的比特位写 1 将不会影响当前活动的中断，它只会阻止新活动的中断。

3）中断设置挂起寄存器

中断设置挂起寄存器（Interrupt Set Pending Register）用于强制将中断进入到挂起状态，以及确定当前挂起的中断。该寄存器中的每一位对应于 32 个中断中的一个。设置一个中断设置挂起寄存器的比特位将挂起对应的中断。将 0 写到一个挂起位将不会影响所对应中断的挂起状态；通过将 1 写到中断清除挂起寄存器所对应的位将清除一个中断挂起位。

注：写中断设置挂起寄存器将不会影响已经挂起的中断。

4）中断清除挂起寄存器

中断清除挂起寄存器（Interrupt Clear Pending Register）用于清除正在挂起的中断，以及确定当前正在挂起的中断。该寄存器中的每一位对应于 32 个中断中的一个。设置中断挂起寄存器中的一位将清除对应中断的挂起状态。

注：写中断清除挂起寄存器将不会影响一个处于活动的中断，除非正在挂起该中断。

5）中断优先级寄存器

使用中断优先级寄存器将为每个可用的中断分配 0 ～ 3 之间的优先级。0 表示最高优先级，3 表示最低优先级。优先级的两位被保存在每个字节的 [7:6] 比特，如表 9.32 所示。

表 9.32　中断优先级寄存器

地　　址	31　30	29　　24	23　22	21　　16	15　14	13　　8	7　6	5　　0
E000E400	IP_3		IP_2		IP_1		IP_0	
E000E404	IP_7		IP_6		IP_5		IP_4	
E000E408	IP_11		IP_10		IP_9		IP_8	
E000E40C	IP_15	保留	IP_14	保留	IP_13	保留	IP_12	保留
E000E410	IP_19		IP_18		IP_17		IP_16	
E000E414	IP_23		IP_22		IP_21		IP_20	
E000E418	IP_27		IP_26		IP_25		IP_24	
E000E41C	IP_31		IP_30		IP_29		IP_28	

9.2.6　总线主设备

总线主设备提供多达两个接口。一个主设备接口将内部的私有外设总线（Private Peripheral Bus，PPB）连接到 AHB PPB；另一个主设备接口将外部总线信号连接到 AHB 端口。

9.2.7 AHB-PPB

AHB PPB 用于访问 NVIC 和调试元件（当出现时）。

9.2.8 调试

有两个配置用于调试，包括：

（1）完整的调试配置有 4 个断点比较器和两个监视点比较器，这是默认的配置。

（2）简化的调试配置有两个断点比较器和一个监视点比较器。

1. AHB 译码器

对 AHB 地址线进行译码，用于在调试系统内选择外设。

2. AHB 多路复用器

将用于所有调试块的调试从设备响应进行组合。

3. AHB-AP

处理器包含 AHB 访问端口（AHB-Access Port，AHB-AP）。AHB-AP 将来自一个外部 DP 元件的输出转换到 AHB-Lite 主接口。AHB-AP 主设备是 AHB 矩阵中具有最高优先级的主设备。

Cortex-M1 系统支持 3 DP 实现，包括：

（1）一个串行线 JTAG 调试接口（Serial-Wire JTAG Debug Port，SWJ-DP），用于将一个 JTAG 调试接口和一个串行线调试接口进行组合，该策略允许在 JTAG 和 SW 之间进行切换。

（2）一个串行线调试接口（Serial Wire Debug Port，SW-DP）。

（3）一个 JTAG 调试接口（JTAG Debug Port，JTAG-DP）。

4. 调试 TCM 接口

调试 TCM 接口构成一个调试接口，用于访问 ITCM 和 DTCM。在任何一个时刻，只能访问一个 TCM。如果 FPGA 支持双接口存储器，你就可以将调试存储器接口和内核存储器接口都连接到 TCM，不需要在它们之间进行切换。在这种情况下，可以同时实现对 TCM 的调试访问和内核访问。当内核和调试接口同时访问存储器相同的字时，没有相应的逻辑用于保证可预测的结果。如果使用的 FPGA 存储器不能可预测地处理这种情况，则读者必须添加自己的逻辑或者保证调试器访问和内核访问不会发生冲突。例如，当处理器停止或者系统复位信号 SYSRESETn 有效时，调试器可以安全地访问 TCM。如果 FPGA 不支持双接口存储器，则必须添加仲裁逻辑并同时连接到调试存储器接口和内核存储器接口。

5. 断点单元

在完整的调试配置中，有 4 个指令地址比较器；在简化的调试配置中，有两个指令地址比较器。

可以独立配置指令地址比较器，用于执行一个硬件断点。每个比较器可以匹配正在取指的地址。如果匹配，且如果正在执行引起匹配的指令，则 BPU 保证处理器触发一个断点

（只支持在存储器映射的代码区域断点）。

6. 数据监视点单元

在完整的调试配置中，DW 单元有两个地址比较器；在简化的调试配置中，DW 单元有一个地址比较器。

可以独立配置比较器，用于匹配一个指令地址或者一个数据地址。此外，支持用于地址匹配的屏蔽支持。

观察点是半精确的，这意味着处理器不能停止产生匹配的指令，这样允许在停止前执行下一条指令。

7. 调试控制

通过 PPB，一个调试器可以访问调试控制寄存器，以停止或单步运行处理器。当停止处理器时，调试器可以访问处理器寄存器。

8. ROM 表

ROM 表使能标准的调试工具识别出处理器，并且调试可用的外设，以及找到要求访问那些设备的地址。表 9.33 给出了在 ROM 存储器中存储器映射的寄存器，以及元件 ID 和外设 ID 寄存器的通用格式。

表 9.33　ROM 存储器中存储器映射的寄存器，以及元件 ID 和外设 IP 寄存器的通用格式

地　址	值	名　字	比特位域	描　述
0xE00FF000	0xFFF0F003	SCS	[31:0]	指向地址为 0xE000E000 的系统控制空间（System Control Space，SCS）。这包含核调试控制寄存器
0xE00FF004	0xFFF02003	DW	[31:0]	指向地址为 0xE0001000 的 DW
0xE00FF008	0xFFF03003	BPU	[31:0]	指向地址为 0xE0002000 的 BPU
0xE00FF00C	0x00000000	end	[31:0]	标记表格的结束。因为不允许添加更多的调试元件，因此这个值是固定的
0xE00FFFCC	0x00000001	MEMTYPE	[7:0]	始终可以从 DAP 访问系统存储器映射，总是设置为 0x1
0xE00FFFD0	0x00000004	Peripheral ID4	[31:8]	保留
			[7:4]	指示 ROM 表的大小，0x0＝4Kb ROM 表
			[3:0]	JEP106 延续代码：0x4
0xE00FFFD4	0x00000000	Peripheral ID5	—	保留
0xE00FFFD8	0x00000000	Peripheral ID6	—	保留
0xE00FFFDC	0x00000000	Peripheral ID7	—	保留
0xE00FFFE0	0x00000070	Peripheral ID0	[31:8]	保留
			[7:0]	包含器件号的 [7:0] 比特：0x70
0xE00FFFE4	0x000000B4	Peripheral ID1	[31:8]	保留
			[7:4]	包含 JEP106 ID 代码的 [3:0] 比特：0xB
			[3:0]	包含器件号的 [11:8] 比特：0x4

续表

地 址	值	名 字	比特位域	描 述
0xE00FFFE8	0x0000002B	Peripheral ID2	[31:8]	保留
			[7:4]	指示版本。0x0=r0p0；0x1=r0p1；0x2=r1p0
			[3]	指示 JEDEC 分配的 ID 域：0x1
			[2:0]	包含 JEP106 ID 代码的 [6:4] 比特：0x3
0xE00FFFEC	0x00000000	Peripheral ID3	[31:8]	保留
			[7:4]	指示小版本字段 RevAnd
			[3:0]	表示块未修改：0x0
0xE00FFFF0	0x0000000D	Component ID0	[31:8]	保留
			7	前导码[a]
0xE00FFFF4	0x00000010	Component ID1	[31:8]	保留
			[7:4]	指示元件类：0x1=ROM 表
			[3:0]	前导码[a]
0xE00FFFF8	0x00000005	Component ID2	[31:8]	保留
			[7:0]	前导码[a]
0xE00FFFFC	0x000000B1	Component ID3	[31:8]	保留
			[7:0]	前导码[a]

表中，上标 a 表示前导码使能一个调试器检测 ROM 表的存在。

> **注**：完整的 JEP106 连续代码为 0x4；用于 ARM 的 JEP106 ID 代码为 0x3B；Cortex-M1 处理器的器件号为 0x470。

9.3 Cortex-M1 系统时钟和复位

处理器有一个功能性时钟输入 HCLK 和一个功能性复位信号 SYSRESETn。

如果实现了调试，应该有一个 AHP-AP 时钟 DAPCLK、一个调试复位信号 DBGRESETn 和一个 AHB-AP JTAG 复位 DAPRESETn。DAPCLK 和 DAPRESETn 与 DAP 逻辑相关，GBGRESET 信号与调试逻辑相关，它由 HCLK 驱动。

取决于系统要求，DAPCLK 可以连接到 HCLK 或与 HCLK 异步。你可能想让 DAPCLK 的工作频率低于 HCLK，如你可能有其他访问接口，它们不能运行在全速 HCLK。你可以采取其他方法，使用 DAPCLK 时钟使能信号 DAPCLKEN 来降低 DAPCLK 频率。

SYSRESETn 信号复位除调试以外的整个处理器系统，必须用于复位外部的 AHB 总线。当出现 DBGRESETn 信号时，它用于复位处理器内的所有调试逻辑，如图 9.14 所示。

> **注**：(1) 不能复位 TCM（当出现时）和寄存器文件。
> (2) 在上电复位时，必须使 DBGRESETn 和 SYSRESETn 处于有效。

根据设计者的要求，可能需要复位处理器外部的系统，独立于 SYSRESETREQ 状态。如果在这种情况下，确保：

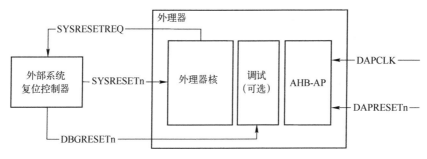

图 9.14 系统复位结构

（1）不会复位要求调试的逻辑。

（2）SYSRESETREQ 不会组合连接到 SYSRESETn。必须对 SYSRESETREQ 寄存，以保证在 FPGA 的最小复位时间内驱动 SYSRESETn。

（3）在上电复位时，驱动 DBGRESETn，而不是由 SYSRESETREQ 驱动。否则，当复位处理器时，不能维持调试器的连接。

（4）如果驱动 DBGRESETn，则也驱动 SYSRESETn。

注：如果复位系统和处理器的时间不同，则必须保证在复位时可能进行的访问不会破坏系统。

设计者必须保证 SYSRESETn 和 DBGRESETn 维持至少 3 个周期的低电平，与 HCLK 同步撤销。

设计者可以无限地停止所有处理器时钟而不会丢失状态。

注：（1）当由 SYSRESETn 使得外部 AHB 系统和处理器保持在复位时，调试器只能访问处理器的 PPB 空间和 TCM。调试器不能访问外部存储器空间。

（2）如果在 DAP 访问外部 AHB 系统或 PPB 空间期间 SYSRESETn 信号有效，除了调试寄存器，不能保证访问的结果。例如，读交易可能接收到破坏的数据，以及一个故障交易不能被 DAP 识别。

（3）必须保证 DAPRESETn 维持至少两个周期的低电平，与 DAPCLK 同步撤销。

9.4 Cortex-M1 嵌入式系统硬件设计

在该设计中使用作者自行开发的 A7-EDP-1 硬件开发平台（也称为口袋实验室），该硬件平台上搭载一颗 Xilinx 公司 Artix-7 系列中的 xc7a75tfgg484-1 FPGA 芯片。

本节将介绍在该型号 FPGA 内，利用 Cortex-M1 处理器软核和不同软核 IP 构建嵌入式系统硬件平台的方法。

9.4.1 建立新的嵌入式设计工程

建立新的嵌入式设计工程的步骤主要包括：

（1）启动 Vivado 2018.3 集成开发环境。

（2）在 Vivado 主界面的主菜单下，选择 File->New Project…。

（3）出现"New Project-Create a New Vivado Project"对话框。

（4）单击【Next】按钮。

（5）出现"New Project-Project Name"对话框。在该对话框中，按如下参数设置。

① Project name：cortex_m1_system。

② Project location：E:/eda_verilog。

（6）单击【Next】按钮。

（7）出现"New Project - Project Type"对话框。在该对话框中，默认选择"RTL Project"选项，并勾选"Do not specify sources at this time"前面的复选框。

（8）单击【Next】按钮。

（9）出现"New Project-Default Part"对话框。在该对话框中，选择 xc7a75tfgg484-1。

（10）单击【Next】按钮。

（11）出现"New Project-New Project Summary"对话框。

（12）单击【Finish】按钮。

9.4.2　定制七段数码管 IP 核

本节将介绍定制七段数码管 IP 核的过程，包括生成七段数码管 IP 核设计模板和修改 IP 核设计文件。

1. 生成七段数码管 IP 核设计模板

生成七段数码管 IP 核设计模板的主要步骤包括：

（1）在 Vivado 主界面的主菜单下，选择 Tools->Create and Package New IP。

（2）弹出"Create and Package New IP-Create and Package New IP"对话框。

（3）单击【Next】按钮。

（4）弹出"Create and Package New IP-Create Peripheral, Package IP or Package a Block Design"对话框。在该对话框的"Create AXI4 Peripheral"标题栏下，选中"Create a new AXI4 peripheral"前面的复选框，该选项表示要创建一个带有 AXI4 标准接口的 IP 核。

（5）单击【Next】按钮。

（6）弹出"Create and Package New IP-Peripheral Details"对话框，按图 9.15 设置参数。

图 9.15　"Create and Package New IP-Peripheral Details"对话框

（7）单击【Next】按钮。

（8）弹出 "Create and Package New IP-Add Interfaces" 对话框，按图 9.16 设置参数。

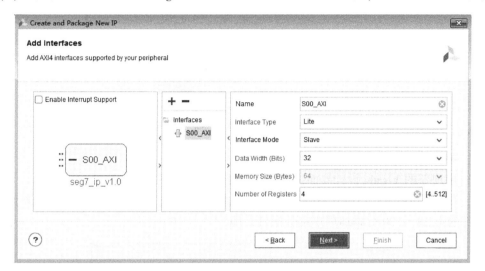

图 9.16　 "Create and Package New IP-Add Interfaces" 对话框

（9）单击【Next】按钮。

（10）弹出 "Create and Package New IP-Create Peripheral" 对话框。在该对话框中，选中 "Add IP to the repository" 前面的复选框。

（11）单击【Finish】按钮。

> **注**：在 E:\eda_verilog\cortex_m1_system\ip_repo\seg7_ip_1.0 目录下，保存该 IP 核的设计文件。

2. 修改七段数码管 IP 核设计文件

本节将修改七段数码管 IP 核设计文件，主要步骤包括：

（1）在 Vivado 左侧的 "Flow Navigator" 窗口中，找到并展开 "PROJECT MANAGER" 选项，单击 "IP Catalog" 标签。

（2）在右侧窗口中，出现 "IP Catalog" 标签页，如图 9.17 所示。在该标签页 "Search:" 右侧的文本框中输入 "seg"。在下面窗口中，列出了名字为 "seg7_ip_v1.0" 的用户定制 IP 核。

（3）选中该 IP 核，单击鼠标右键，出现浮动菜单。在浮动菜单内，选择 Edit in IP Packager。

（4）弹出 "Edit in IP Packager" 对话

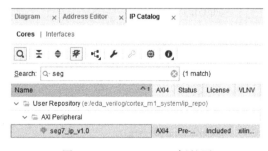

图 9.17　 "IP Catalog" 标签页

框，如图 9.18 所示。在该对话框中，给出了编辑自定义 IP 核的默认工程名和路径。在该设计中，使用默认工程名和路径。

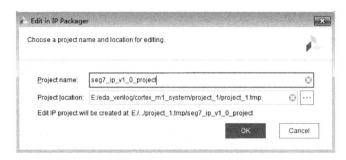

图 9.18　"Edit in IP Packager" 对话框

（5）单击【OK】按钮。

（6）出现新的 Vivado 设计界面，该界面用于修改定制的 IP 模板。

（7）如图 9.19 所示，在"Sources"窗口中找到并双击 seg7_ip_v1_0. v，打开该文件。在该文件的第 18 ～ 20 行添加用户定义端口，即

图 9.19　"Sources" 窗口

```
output wire [6:0] seg,
output wire [7:0] an,
output wire dp,
```

在第 53 ～ 55 行，添加端口映射，即

```
. seg( seg),
. an( an),
. dp( dp),
```

（8）保存该设计文件。

（9）如图 9.19 所示，在"Sources"窗口中找到并双击 seg7_ip_v1_0_S00_AXI. v，打开该文件。该文件给出了 AXI_Lite 接口的具体实现。

（10）在第 18 ～ 20 行，添加用户定义端口，即

```
outputreg [6:0] seg,
output wire [7:0] an,
output wire dp,
```

修改第 255 行的设计代码为

```
slv_reg0 <= 32'h12345678;
```

表示寄存器 slv_reg0 的初始值为 32'h12345678。

在第 403 行开始的位置，添加例化语句，即

```
seg7_drive Inst_seg7_drive(
    .S_AXI_ACLK(S_AXI_ACLK),
    .S_AXI_ARESETN(S_AXI_ARESETN),
    .seg7_data(slv_reg0),
    .an(an),
    .seg(seg),
    .dp(dp)
);
```

（11）保存该设计文件。

（12）在"Sources"窗口中，创建并添加一个名字为"seg7_drive.v"的 Verilog HDL 源文件。在该文件中，添加设计代码，如代码清单 9-1 所示。

代码清单 9-1　seg7_drive.v 文件

```
module seg7_drive(
        input S_AXI_ACLK,
        input S_AXI_ARESETN,
        input [31:0] seg7_data,
        output [7:0] an,
        output reg [6:0] seg,
        output dp
    );
reg [15:0] counter;
reg[7:0] ring = 8'b00000001;
reg scan_clk;
wire [3:0] code;

assign an = ring;
assign dp = 1'b1;

always @ (posedge S_AXI_ACLK)
begin
    if(S_AXI_ARESETN == 1'b0)
     begin
        counter<= 16'h0000;
        scan_clk<= 1'b0;
     end
    else
     begin
        if(counter == 16'h7000)
        begin
            scan_clk<= ~ scan_clk;
            counter<= 16'h0000;
        end
        else
```

```verilog
                    counter<=counter+1;
            end
        end


        //7seg select signal generate
    always @ ( posedge scan_clk)
    begin
            ring<={ring[6:0],ring[7]};
    end


    assign code=
        (ring==8'b00000001) ? seg7_data[3:0] :
        (ring==8'b00000010) ? seg7_data[7:4] :
        (ring==8'b00000100) ? seg7_data[11:8] :
        (ring==8'b00001000) ? seg7_data[15:12] :
        (ring==8'b00010000) ? seg7_data[19:16] :
        (ring==8'b00100000) ? seg7_data[23:20] :
        (ring==8'b01000000) ? seg7_data[27:24] :
        (ring==8'b10000000) ? seg7_data[31:28] :
            8'b11111110;

    always @ ( * )
        case(code)                                  //a-b-c-d-e-f-g
            4'b0000 : seg=7'b0000001;               //0
            4'b0001 : seg=7'b1001111;               //1
            4'b0010 : seg=7'b0010010;               //2
            4'b0011 : seg=7'b0000110;               //3
            4'b0100 : seg=7'b1001100;               //4
            4'b0101 : seg=7'b0100100;               //5
            4'b0110 : seg=7'b0100000;               //6
            4'b0111 : seg=7'b0001111;               //7
            4'b1000 : seg=7'b0000000;               //8;
            4'b1001 : seg=7'b0000100;               //9
            4'b1010 : seg=7'b0001000;               //A
            4'b1011 : seg=7'b1100000;               //B
            4'b1100 : seg=7'b0110001;               //C
            4'b1101 : seg=7'b1000010;               //D
            4'b1110 : seg=7'b0110000;               //E
            4'b1111 : seg=7'b0111000;               //F
            default : seg=7'b1111111;               //non-display
        endcase
    endmodule
```

（13）保存设计文件。

（14）如图 9.20 所示，单击左侧窗口中的"File Groups"选项，在右侧界面中，单击"Merge changes from file Groups Wizard"，使得对设计模板的修改起作用。

（15）单击左侧窗口中的"Customization Parameters"选项，在右侧界面中，单击

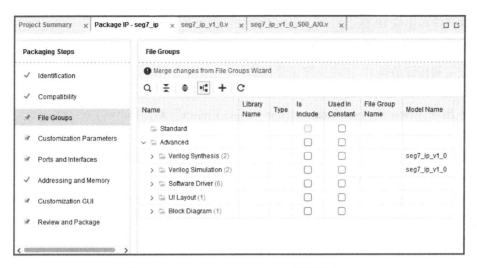

图 9.20　"Package IP-seg7_ip"标签页（1）

"Merge changes from file Groups Wizard"，使得对设计模板的修改起作用。

（16）单击左侧窗口中的"Ports and Interfaces"选项，在右侧界面中，单击"Merge changes from file Groups Wizard"，使得对设计模板的修改起作用，如图 9.21 所示，添加了用户自定义的端口。

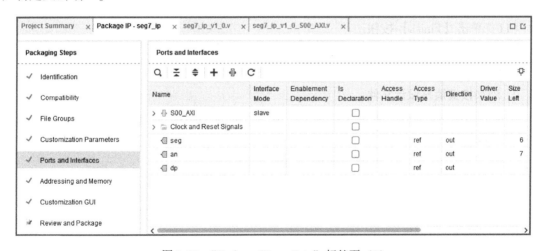

图 9.21　"Package IP-seg7_ip"标签页（2）

（17）单击左侧窗口中的"Review and Package"选项，在右侧窗口的下方找到并单击"Re-Package IP"，使得 Vivado 对该 IP 核进行重新封装。

（18）弹出"Close Project"对话框，提示是否关闭该 IP 核设计工程，单击【Yes】按钮，退出该 IP 核设计工程。

思考与练习 9-1：分析该定制 IP 核的模块结构主要包含哪两部分？

9.4.3　定制按键消抖 IP 核

本节将定制按键消抖 IP 核，内容主要包括建立定制按键消抖 IP 核设计工程、添加按键消抖设计文件和生成 IP 核。

1. 建立定制按键消抖 IP 核设计工程

建立定制按键消抖 IP 核的步骤主要包括：

（1）在 Vivado 主界面的主菜单下，选择 File->Project->New...。

（2）出现"New Project-Create a New Vivado Project"对话框。

（3）单击【Next】按钮。

（4）出现"New Project-Project Name"对话框。在该对话框中，按如下参数设置。

① Project name：project_1。

② Project location：E:/eda_verilog/cortex_m1_system/debunce_ip。

③ 选中"Create project subdirectory"前面的复选框。

（5）单击【Next】按钮。

（6）出现"New Project-Project Type"对话框。在该对话框中，按如下参数设置。

① 选中"RTL Project"前面的复选框。

② 选中"Do not specify sources at this time"前面的复选框。

（7）单击【Next】按钮。

（8）出现"New Project-Default Part"对话框。在该对话框中，选择 xc7a75tfgg484-1。

（9）单击【Next】按钮。

（10）出现"New Project-New Project Summary"对话框。

（11）单击【Finish】按钮。

（12）弹出"New Project"对话框，提示是否关闭当前的设计工程 project_1。

（13）单击【Yes】按钮。

2. 添加按键消抖设计文件

本部分将在当前设计工程中添加一个名字为"pb_debounce. v"的设计文件，如代码清单 9-2 所示。

代码清单 9-2　pb_debounce. v 文件

```verilog
module pb_debounce(
    input wire clk,
    input wire resetn,
    input wire pb_in,

    output wire pb_out,
    output reg pb_tick

    );
    localparam st_idle = 2'b00;
    localparam st_wait1 = 2'b01;
    localparam st_one = 2'b10;
    localparam st_wait0 = 2'b11;

    reg [1:0] current_state = st_idle;
```

```verilog
reg [1:0] next_state = st_idle;

reg [21:0] db_clk = {21{1'b1}};
reg [21:0] db_clk_next = {21{1'b1}};

always @ (posedge clk, negedge resetn)
begin
  if(!resetn)
      begin
        current_state <= st_idle;
        db_clk <= 0;
      end
    else
      begin
        current_state <= next_state;
        db_clk <= db_clk_next;
      end
end

always @ *
begin
  next_state = current_state;
  db_clk_next = db_clk;
  pb_tick = 0;

  case(current_state)
    st_idle: //No button push
      begin
        //pb_out = 0;
        if(pb_in)
            begin
              db_clk_next = {21{1'b1}};
              next_state = st_wait1;
            end
      end

    st_wait1: //Button pushed - wait for signal to stabalize
      begin
        //pb_out = 0;
        if(pb_in)
          begin
            db_clk_next = db_clk - 1;
            if(db_clk_next == 0)
              begin
                next_state = st_one;
                pb_tick = 1'b1;
              end
          end
```

```
            end
          st_one: //Signal stable and output
            begin
              //pb_out = 1'b1;
              if( ~pb_in)
                begin
                  next_state = st_wait0;
                  db_clk_next = {21{1'b1}};
                end
            end
          st_wait0: //Make sure button was let go then return to idle
            begin
              //pb_out = 1'b1;
              if( ~pb_in)
                begin
                  db_clk_next = db_clk - 1;
                  if(db_clk_next == 0)
                    next_state = st_idle;
                end
              else
                next_state = st_one;
            end
        endcase
      end

  assign pb_out = ( current_state == st_one || current_state == st_wait0) ? 1'b1 : 1'b0;

endmodule
```

3. 生成按键消抖 IP 核

本部分将介绍生成按键消抖 IP 核的过程，主要步骤包括：

（1）在 Vivado 主界面的主菜单下，选择 Tools->Create and Package New IP。

（2）弹出"Create and Package New IP-Create and Package New IP"对话框。

（3）单击【Next】按钮。

（4）弹出"Create and Package New IP-Create Peripheral, Package IP or Package a Block Design"对话框。在该对话框中，默认选中"Package your current project Use the project as the source for creating a new IP Definition"前面的复选框。

（5）单击【Next】按钮。

（6）弹出"Create and Package New IP-Package Your Current Project"对话框。在该对话框中，给出了 IP 核的位置和默认 IP 核封装文件。

（7）单击【Next】按钮。

（8）弹出"Create and Package New IP-New IP Creating"对话框。

（9）单击【Finish】按钮。

（10）在右侧窗口中，出现"Package IP-pb_debounce"标签页，如图 9.22 所示。在该

标签页左侧的窗口中，单击"Identification"选项，在右侧窗口中按如下参数设置。

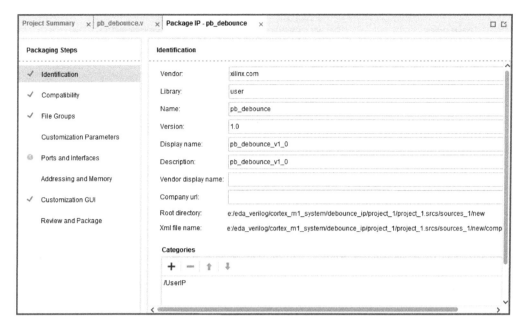

图 9.22　"Package IP-pb_debounce"标签页

① Vendor：gpnewtech.com。

② Description：This IP is used to remove skew of switch。

③ Vendor display name：gpnewtech。

④ Company url：http：//www.gpnewtech.com。

（11）在左侧窗口中，单击"Review and Package"选项。在右侧窗口中，找到并单击
【Package IP】按钮。

（12）弹出"Package IP"对话框。在该对话框中，提示完成封装 IP 核信息。

（13）单击【OK】按钮。

思考与练习 9-2：分析定制七段数码管 IP 核和定制按键消抖 IP 核使用了不同的实现方
法，请说明这两种类型 IP 核的区别。

9.4.4　设置 IP 核路径

本节将为该设计设置 IP 核路径，主要步骤包括：

（1）重新打开 9.4.1 节所建立的嵌入式设计工程。

（2）在 Vivado 左侧的"Flow Navigator"窗口中，找到并展开"PROJECT MANAGER"
选项。在展开项中，找到并单击 Settings。

（3）弹出"Settings"对话框，如图 9.23 所示。在该对话框的左侧窗口中，找到并展开
"IP"选项。在展开项中，找到并单击 Repository。在右侧窗口中，单击➕按钮，出现"IP
Repositories"对话框。在该对话框中，指向定制 IP 核的路径。需要注意的是，操作 3 次，
添加两个定制 IP 核的路径，以及 ARM 提供的 Cortex-M1 IP。

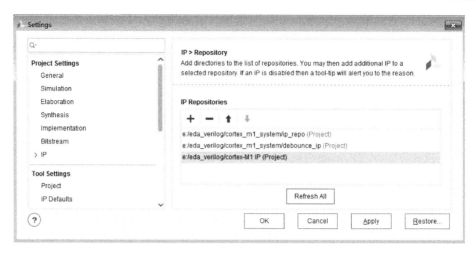

图 9.23 "Settings" 对话框（1）

添加完定制 IP 核路径后的 "Settings" 对话框如图 9.24 所示。

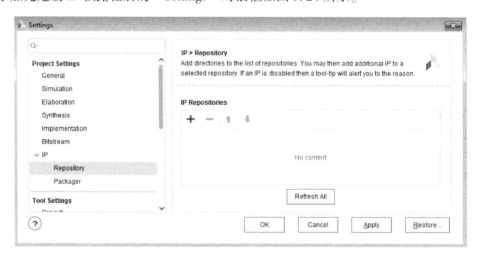

图 9.24 "Settings" 对话框（2）

（4）单击【OK】按钮。

9.4.5 连接 IP 构建嵌入式系统硬件

本节将使用 Vivado 提供的 IP 集成器功能，通过调用和连接可以实现不同功能的 IP 核，在 FPGA 内构建基于 Cortex-M1 处理器软核的嵌入式系统硬件。

1. 添加和配置处理器 IP 核

添加和配置处理器 Cortex-M1 IP 核的主要步骤包括：

（1）在 Vivado 左侧的 "Flow Navigator" 窗口中，找到并展开 "IP INTEGRATOR" 选项。在展开项中，找到并单击 Create Block Design。

（2）弹出 "Create Block Design" 对话框。在该对话框中，给出了块设计的名字和目录等信息。

（3）单击【OK】按钮。

（4）出现名字为"Diagram"的空白设计界面。在该设计界面中，单击╋按钮。

（5）出现搜索框，如图 9.25 所示。在搜索框"Search"右侧的文本框中输入"cortex-m1"。在下面窗口中，双击 Cortex-M1，将其加入空白设计界面中，如图 9.26 所示为 Cortex-M1 IP 核的符号。

图 9.25　搜索框界面

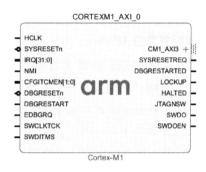

图 9.26　Cortex-M1 IP 核的符号

为了便于读者的理解，下面对该 IP 核的引脚进行简单说明，如表 9.34 所示。

表 9.34　Cortex-M1 IP 的引脚说明

名　　字	方　　向	描　　述
HCLK	输入	主处理器时钟
DAPCLK	输入	AHB-AP 时钟。可以连接到 HCLK 或在 SoC 内如果有其他 AP，它不能工作在全速 HCLK 时，与 HCLK 异步
DBGRESETn	输入	对调试逻辑复位
SYSRESETn	输入	系统复位。复位处理器和 NVIC 的非调试部分。SYSRESETn 不能复位调试元件
DAPRESETn	输入	复位 AHB-AP、DAPCLK 域
LOCKUP	输出	指示处理器处于锁定状态
HALTED	输出	指示停止调试模式。当核处于调试时，HALTED 保持有效
SYSRESETREQ	输出	请求系统复位控制器复位核。复位时，清除它。不要将该信号直接连接到复位输入，使用一个触发器将复位保持一个周期的低
EDBGRQ	输入	外部调试请求
DBGRESTART	输入	外部重新启动请求。如果没有使用该信号连接到 CTI，将该信号拉低
DBGRESTARTED	输出	为 DBGRESTART 握手。如果没有使用该信号连接到 CTI，则使该信号处于无连接

注：部分端口没有在图 9.26 中，这是由配置决定的。

（6）双击设计界面中名字为"CORTEXM1_AXI_0"的 IP 核符号。

（7）弹出"Re-customize IP"对话框。

（8）在该对话框中，单击"Debug"标签。在该标签页中，选中"Debug port select"标题下面"No debug"前面的复选框。

> **注**：当使能调试功能时，需要使用配套的 **V2-DAPLink** 调试工具。在本设计中，不使用调试功能。

（9）在"Re-Customize IP"对话框中，单击"Instruction Memory"标签。在该标签页中，按如下参数设置。

① ITCM Size：32kB。

② 选中"Initialise ITCM"前面的复选框。

③ ITCM Initialisation file：prog. hex。

（10）单击【OK】按钮，退出 IP 核配置界面。

2. 添加和配置复位 IP 核

添加和配置复位 IP 核的步骤主要包括：

（1）单击➕按钮，出现搜索框。在搜索框"Search"右侧的文本框中输入"reset"。在下面窗口中，双击 Processor System Reset，将其加入空白设计界面中。

（2）双击设计界面中名字为"proc_sys_reset_0"的 IP 核符号。

（3）弹出"Re-customize IP"对话框。在该对话框中，将"External Reset"标题下面的"Ext Reset Logic Level"通过下拉框设置为 1。

（4）单击【OK】按钮。

3. 添加和配置效用矢量逻辑 IP 核

添加和配置效用矢量逻辑 IP 核的步骤主要包括：

（1）单击➕按钮，出现搜索框。在搜索框"Search"右侧的文本框中输入"logic"。在下面窗口中，双击 Utility Vector Logic，将其加入空白设计界面中。

（2）双击设计界面中名字为"util_vector_logic_0"的 IP 核符号。

（3）弹出"Re-customize IP"对话框。在该对话框中，按如下参数设置。

① C_SIZE：1。

② C_OPERATION：not。

（4）单击【OK】按钮。

4. 添加和配置常数 IP 核

添加和配置常量 IP 核的步骤主要包括：

（1）单击➕按钮，出现搜索框。在搜索框"Search"右侧的文本框中输入"constant"。在下面窗口中，双击 Constant，将其加入空白设计界面中。

（2）双击设计界面中名字为"xlconstant_0"的 IP 核符号。

（3）弹出"Re-customize IP"对话框。在该对话框中，按如下参数设置。

① Const Width：1。

② Const Val：1。

（4）单击【OK】按钮。

> **注**：读者可以根据需要配置常数 IP 核的宽度和值。

5. 添加和配置连接 IP 核

添加和配置连接 IP 核的步骤主要包括：

（1）单击➕按钮，出现搜索框。在搜索框"Search"右侧的文本框中输入"concat"。

在下面窗口中，双击 Concat，将其加入空白设计界面中。

（2）双击设计界面中名字为"xlconcat_0"的 IP 核符号。

（3）弹出"Re-customize IP"对话框。在该对话框中，按如下参数设置。

① Number of Ports：2。

② 通过滑动条，将"AUTO"改成"MANUAL"，将"In0 Width"设置为 1，将"In1 Width"设置为 1。

（4）单击【OK】按钮。

> **注：** 在该设计中，还需要 IP 核 xlconcat_1，用于将外部中断进行组合。

6. 添加和配置时钟 IP 核

添加和配置时钟 IP 核的步骤主要包括：

（1）单击➕按钮，出现搜索框。在搜索框"Search"右侧的文本框中输入"clk"。在下面窗口中，双击 Clocking Wizard，将其加入空白设计界面中。

（2）双击设计界面中名字为"clk_wiz_0"的 IP 核符号。

（3）弹出"Re-customize IP"对话框。在该对话框中，单击"Output Clocks"标签。在该标签页中，选中"clk_out1"前面的复选框，并将"Output Freq（MHz）Requested"设置为 100.000。在"Enable Optional Inputs/Outputs for MMCM/PLL"标题下不勾选"reset"前面的复选框。

（4）单击【OK】按钮。

7. 添加定制 IP 核

添加定制 IP 核的步骤主要包括：

（1）单击➕按钮，出现搜索框。在搜索框"Search"右侧的文本框中输入"pb"。在下面窗口中，双击 pb_debounce_v1_0，将其加入空白设计界面中。

（2）单击➕按钮，出现搜索框。在搜索框"Search"右侧的文本框中输入"seg7"。在下面窗口中，双击 pb_debounce_v1_0，将其加入空白设计界面中。

8. 添加和配置 AXI GPIO IP 核

在该设计中，将 Xilinx 提供的 AXI GPIO IP 核添加到硬件设计中。添加和配置 AXI GPIO IP 核的步骤主要包括：

（1）单击➕按钮，出现搜索框。在搜索框"Search"右侧的文本框中输入"gpio"。在下面窗口中，双击 AXI GPIO，将其加入空白设计界面中。

（2）双击设计界面中名字为"axi_gpio_0"的 IP 核符号。

（3）弹出"Re-customize IP"对话框。在该对话框中，选中"GPIO"标题下"All Outputs"前面的复选框，然后在"GPIO Width"右侧的文本框中输入 8，将 GPIO 的宽度设置为 8。

（4）单击【OK】按钮。

9. 添加和配置 AXI Uartlite IP 核

在该设计中，将 Xilinx 提供的 AXI Uartlite IP 核添加到硬件设计中。添加和配置 AXI

Uartlite IP 核的步骤主要包括：

（1）单击╋按钮，出现搜索框。在搜索框"Search"右侧的文本框中输入"uart"。在下面窗口中，双击 AXI Uartlite，将其加入空白设计界面中。

（2）双击设计界面中名字为"axi_uartlite_0"的 IP 核符号。

（3）读者可根据设计需求设置 Band Rate 和 Data Bits，并选择是否需要 Parity。

（4）单击【OK】按钮。

> 注：后面需要将该 IP 核的 interrut 引脚连接到 IP 核 xlconcat_1 的 In1[0:0]引脚，通过该 IP 核，将 UART 产生的中断引入 Cortex-M1 的 IRQ[31:0]。

10. 添加和配置 BARM 系统

在该设计中，使用 FPGA 内的 BARM 作为嵌入式系统的片上 SRAM。BRAM 系统包括 BRAM 和用于控制 BRAM 的控制器。添加和配置 BRAM 系统的步骤主要包括：

（1）单击╋按钮，出现搜索框。在搜索框"Search"右侧的文本框中输入"bram"。在下面窗口中，双击 Block Memory Generator，将其加入空白设计界面中。

（2）双击设计界面中名字为"axi_bram_ctrl_0"的 IP 核符号。

（3）弹出"Re-customize IP"对话框。在该对话框中，将"BRAM Options"标题栏下面的"Number of BRAM interfaces"通过下拉框设置为 1。

（4）单击【OK】按钮。

（5）单击╋按钮，出现搜索框。在搜索框"Search"右侧的文本框中输入"block"。在下面窗口中，双击 Block Memory Generator，将其加入空白设计界面中。

（6）双击设计界面中名字为"blk_mem_gen_0"的 IP 核符号。

（7）弹出"Re-customize IP"对话框。默认，将"Basic"标签页中的"Memory Type"通过下拉框设置为"Single Port RAM"。在"Other Options"标签页中，选中"Safety logic to minimize BRAM data corruption"标题下面"Enable Safety Circuit"前面的复选框。

（8）单击【OK】按钮。

11. 连接 IP 核

下面将前面添加的 IP 核连接在一起，构建一个嵌入式系统硬件，主要步骤包括：

（1）如图 9.27 所示，在"Diagram"标签页的上方找到并单击 Run Connection Automation。

图 9.27 "Diagram"标签页

（2）弹出"Run Connection Automation"对话框，如图 9.28 所示。在该对话框中，按图 9.28 中所示选中相应的复选框，将这些 IP 核自动连接在一起。

（3）单击【OK】按钮。

（4）在设计界面中，单击鼠标右键，出现浮动菜单。在浮动菜单内，选中 Regenerate Layout，重新自动布局设计界面内的 IP 核。

（5）在这个布局和连接基础上，手工连接和调整设计布局与布线。

图 9.28　"Run Connection Automation" 对话框

（6）在该设计中，有些 IP 核的引脚需要连接到 FPGA 的 "物理" 引脚上。此时，将鼠标光标放置到相应 IP 核的引脚上，单击鼠标右键，出现浮动菜单。在浮动菜单内，选择 Make External，这样就可以通过后面的约束条件将 IP 核上的引脚连接到 FPGA 的 "物理" 引脚上。

> **注**：读者可以选择引出的引脚，然后在左侧的 "External Port Properties" 界面中通过 "Name" 右侧的文本框修改引脚的名字。

（7）完成后的嵌入式系统硬件的结构如图 9.29 所示。

9.4.6　对块设计进行预处理

对块设计进行预处理的过程包括生成块输出文件和添加约束条件。

1. 生成块输出文件

本部分将对前面的块图设计进行处理，以生成比特流文件，主要步骤包括：

（1）按【F6】键，对设计进行有效性检查。

（2）在 "Sources" 窗口中，鼠标右键单击 design_1.bd 文件，出现浮动菜单。在浮动菜单内，选择 Generate Output Products…。

（3）弹出 "Generate Output Products" 对话框。

（4）单击【Generate】按钮。

（5）出现 "Critical Messages" 对话框。

（6）单击【OK】按钮。

（7）在 "Sources" 窗口中，鼠标右键单击 design_1.bd 文件，出现浮动菜单。在浮动菜单内，选择 Create HDL Wrapper。

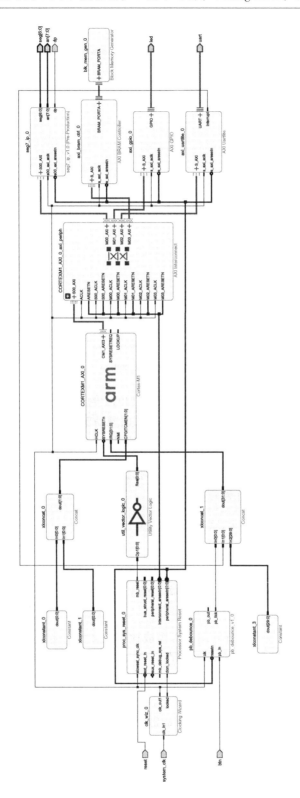

图9.29 完成后的嵌入式系统硬件的结构

（8）出现"Create HDL Wrapper"对话框。在该对话框中，选中"Let Vivado manage wrapper and auto-update"前面的复选框。

（9）单击【OK】按钮。

（10）在 Vivado 主界面的主菜单中，选择 Window->Address Editor。出现"Address Editor"标签页，如图 9.30 所示。在该标签页中，给出了所添加外设的基地址。

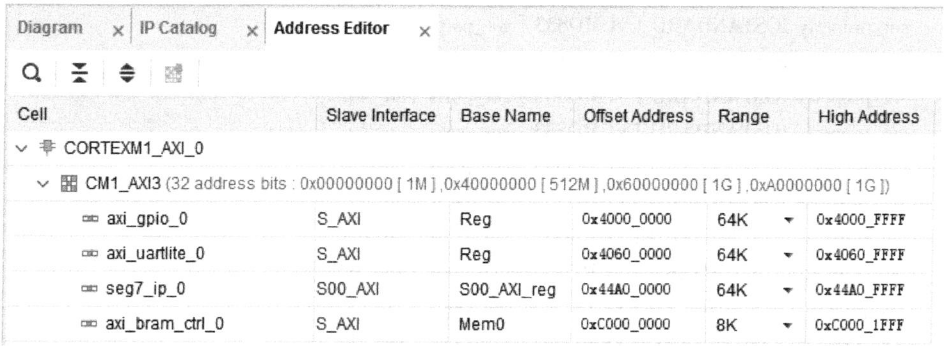

Cell	Slave Interface	Base Name	Offset Address	Range		High Address
∨ ⊞ CORTEXM1_AXI_0						
∨ ⊞ CM1_AXI3 (32 address bits : 0x00000000 [1M],0x40000000 [512M],0x60000000 [1G],0xA0000000 [1G])						
⊏⊐ axi_gpio_0	S_AXI	Reg	0x4000_0000	64K	▾	0x4000_FFFF
⊏⊐ axi_uartlite_0	S_AXI	Reg	0x4060_0000	64K	▾	0x4060_FFFF
⊏⊐ seg7_ip_0	S00_AXI	S00_AXI_reg	0x44A0_0000	64K	▾	0x44A0_FFFF
⊏⊐ axi_bram_ctrl_0	S_AXI	Mem0	0xC000_0000	8K	▾	0xC000_1FFF

图 9.30 "Address Editor"标签页

> **注**：这些基地址信息非常重要，因为设计软件应用程序时要使用它。

2. 添加约束条件

本部分将为嵌入式系统硬件添加约束条件，主要步骤包括：

（1）添加名字为"cortex_m1_system.xdc"的文件。

（2）单击 Run Synthesis，对设计执行综合的过程。综合完成后，打开综合后的设计。

（3）通过 Vivado 右上方的下拉框，选择"I/O Planning"选项，Vivado 进入 I/O 规划界面，按代码清单 9-3 输入约束条件。

代码清单 9-3　cortex_m1_system.xdc

```
set_property PACKAGE_PIN J19 [ get_ports system_clk ]
set_property IOSTANDARD LVCMOS33 [ get_ports system_clk ]
set_property IOSTANDARD LVCMOS33 [ get_ports {gpio_tri_o[7]} ]
set_property IOSTANDARD LVCMOS33 [ get_ports {gpio_tri_o[6]} ]
set_property IOSTANDARD LVCMOS33 [ get_ports {gpio_tri_o[5]} ]
set_property IOSTANDARD LVCMOS33 [ get_ports {gpio_tri_o[4]} ]
set_property IOSTANDARD LVCMOS33 [ get_ports {gpio_tri_o[3]} ]
set_property IOSTANDARD LVCMOS33 [ get_ports {gpio_tri_o[2]} ]
set_property IOSTANDARD LVCMOS33 [ get_ports {gpio_tri_o[1]} ]
set_property IOSTANDARD LVCMOS33 [ get_ports {gpio_tri_o[0]} ]

set_property IOSTANDARD LVCMOS33 [ get_ports {led_tri_o[7]} ]
set_property IOSTANDARD LVCMOS33 [ get_ports {led_tri_o[6]} ]
set_property IOSTANDARD LVCMOS33 [ get_ports {led_tri_o[5]} ]
set_property IOSTANDARD LVCMOS33 [ get_ports {led_tri_o[4]} ]
set_property IOSTANDARD LVCMOS33 [ get_ports {led_tri_o[3]} ]
set_property IOSTANDARD LVCMOS33 [ get_ports {led_tri_o[2]} ]
```

```
set_property IOSTANDARD LVCMOS33 [get_ports {led_tri_o[1]}]
set_property IOSTANDARD LVCMOS33 [get_ports {led_tri_o[0]}]
set_property IOSTANDARD LVCMOS33 [get_ports reset]
set_property IOSTANDARD LVCMOS33 [get_ports uart_rxd]
set_property IOSTANDARD LVCMOS33 [get_ports uart_txd]
set_property IOSTANDARD LVCMOS33 [get_ports {an[7]}]
set_property IOSTANDARD LVCMOS33 [get_ports {an[6]}]
set_property IOSTANDARD LVCMOS33 [get_ports {an[5]}]
set_property IOSTANDARD LVCMOS33 [get_ports {an[4]}]
set_property IOSTANDARD LVCMOS33 [get_ports {an[3]}]
set_property IOSTANDARD LVCMOS33 [get_ports {an[2]}]
set_property IOSTANDARD LVCMOS33 [get_ports {an[1]}]
set_property IOSTANDARD LVCMOS33 [get_ports {an[0]}]
set_property IOSTANDARD LVCMOS33 [get_ports {seg[6]}]
set_property IOSTANDARD LVCMOS33 [get_ports {seg[5]}]
set_property IOSTANDARD LVCMOS33 [get_ports {seg[4]}]
set_property IOSTANDARD LVCMOS33 [get_ports {seg[3]}]
set_property IOSTANDARD LVCMOS33 [get_ports {seg[2]}]
set_property IOSTANDARD LVCMOS33 [get_ports {seg[1]}]
set_property IOSTANDARD LVCMOS33 [get_ports {seg[0]}]
set_property IOSTANDARD LVCMOS33 [get_ports btn]
set_property IOSTANDARD LVCMOS33 [get_ports dp]
set_property PACKAGE_PIN Y17 [get_ports {led_tri_o[0]}]
set_property PACKAGE_PIN Y16 [get_ports {led_tri_o[1]}]
set_property PACKAGE_PIN AA16 [get_ports {led_tri_o[2]}]
set_property PACKAGE_PIN AB16 [get_ports {led_tri_o[3]}]
set_property PACKAGE_PIN AB17 [get_ports {led_tri_o[4]}]
set_property PACKAGE_PIN AA13 [get_ports {led_tri_o[5]}]
set_property PACKAGE_PIN AB13 [get_ports {led_tri_o[6]}]
set_property PACKAGE_PIN AA15 [get_ports {led_tri_o[7]}]
set_property PACKAGE_PIN T5 [get_ports reset]
set_property PACKAGE_PIN F13 [get_ports uart_txd]
set_property PACKAGE_PIN F14 [get_ports uart_rxd]
set_property PACKAGE_PIN E13 [get_ports {an[0]}]
set_property PACKAGE_PIN C15 [get_ports {an[1]}]
set_property PACKAGE_PIN E14 [get_ports {an[2]}]
set_property PACKAGE_PIN D16 [get_ports {an[3]}]
set_property PACKAGE_PIN E16 [get_ports {an[4]}]
set_property PACKAGE_PIN C14 [get_ports {an[5]}]
set_property PACKAGE_PIN E17 [get_ports {an[6]}]
set_property PACKAGE_PIN F16 [get_ports {an[7]}]
set_property PACKAGE_PIN A16 [get_ports {seg[6]}]
set_property PACKAGE_PIN A15 [get_ports {seg[5]}]
set_property PACKAGE_PIN C13 [get_ports {seg[4]}]
set_property PACKAGE_PIN B13 [get_ports {seg[3]}]
```

```
set_property PACKAGE_PIN B16 [get_ports {seg[2]}]
set_property PACKAGE_PIN D14 [get_ports {seg[1]}]
set_property PACKAGE_PIN D15 [get_ports {seg[0]}]
set_property PACKAGE_PIN B15 [get_ports dp]
set_property PACKAGE_PIN F21 [get_ports btn]
```

（4）保存约束文件。

9.5　Cortex-M1 指令系统

本节将简要介绍 Cortex-M1 指令系统，包括 Thumb 指令集和汇编语言格式。

9.5.1　Thumb 指令集

在早期的 ARM 处理器中，使用了 32 位指令集，称为 ARM 指令。这个指令集具有较高的运行性能，与 8 位和 16 位的处理器相比，有更大的程序存储空间。但是，也产生较大功耗。

1995 年，16 位的 Thumb-1 指令集首先应用于 ARM7TDMI 处理器，它是 ARM 指令集的子集。与 32 位的精简指令集计算机（Reduced Instruction Set Computer，RISC）结构相比，它提供了更好的代码密度，并将代码长度减少了约 30%，但性能也降低了 20%。如图 9.31 所示，通过多路复用器，可以同时使用 16 位的 Thumb 和 32 位的 ARM 指令。

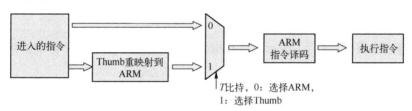

图 9.31　Thumb 指令选择

Thumb-2 指令集由 32 位的 Thumb 指令和 16 位的 Thumb 指令组成，与 32 位的 ARM 指令集相比，代码长度减少了 26%，但保持相似的运行性能。

Cortex-M1 采用了 ARMv6-M 的结构，将电路规模降低到最小，它采用了 16 位 Thumb-1 的超集，以及 32 位 Thumb-2 的最小子集。图 9.32 给出了 16 位 Thumb 指令的编码格式，图 9.33 给

15 14 13 12 11 10 9 8 7 6 5 4 3 2 1 0
opcode

图 9.32　16 位 Thumb 指令的编码格式

出了 32 位 Thumb 指令的编码格式。当 bit[15:11]的值为 0b11101、0b11110 和 0b11111 时，16 位的指令是 32 位指令的一部分。

15 14 13 12 11 10 9 8 7 6 5 4 3 2 1 0	15 14 13 12 11 10 9 8 7 6 5 4 3 2 1 0
1 1 1 op1	op

图 9.33　32 位 Thumb 指令的编码格式

表 9.35 给出了 Cortex-M1 支持的 16 位 Thumb 指令，表 9.36 给出了 Cortex-M1 支持的 32 位 Thumb 指令。

表 9.35　Cortex-M1 支持的 16 位 Thumb 指令

ADCS	ADDS	ADR	ANDS	ASRS	B	BIC	BLX	BKPT	BX
CMN	CMP	CPS	EORS	LDM	LDR	LDRH	LDRSH	LDRB	LDRSB
LSLS	LSRS	MOV	MVN	MULS	NOP	ORRS	POP	PUSH	REV
REV16	REVSH	ROR	RSB	SBCS	SEV	STM	STR	STRH	STRB
SUBS	SVC	SXTB	SXTH	TST	UXTB	UXTH	WFE	WFI	YIELD

表 9.36　Cortex-M1 支持的 32 位 Thumb 指令

BL	DSB	DMB	ISB	MRS	MSR

9.5.2　汇编语言格式

ARM 汇编语言（适用于 ARM RealView 开发组件和 Keil）使用下面的指令格式：

```
标号
助记符 操作数 1，操作数 2，…　　;注释
```

其中：

（1）标号。用作地址位置的参考，即符号地址。

（2）助记符。指令的汇编符号表示。

（3）操作数 1。目的操作数。

（4）操作数 2。源操作数。

（5）注释：在符号";"后，表示对该行指令的注解。注解的存在不影响汇编器对该行指令的理解。

> **注**：对于不同类型的指令，操作数的数量也会有所不同。有些指令不需要任何操作数，而有些指令只需要一个操作数。

对于下面的指令：

```
MOVS R3, #0x11　　;将立即数 0x11 复制到 R3 寄存器
```

> **注**：可以通过 ARM 汇编器（Armasm）或者不同厂商的汇编工具（GNU 工具链）对该代码进行汇编，将其转换成机器指令。当使用 GNU 工具链时，对标号和注释的语法会稍有不同。

对于 Cortex-M1 的一些指令来说，需要在其后面添加后缀，如表 9.37 所示。

表 9.37　后缀及含义

后　　缀	标　　志	含　　义
S	—	更新 APSR（标志）
EQ	$Z=1$	等于
NE	$Z=0$	不等于

续表

后　缀	标　志	含　义
CS/HS	$C = 1$	高或者相同，无符号
CC/LO	$C = 0$	低，无符号
MI	$N = 1$	负数
PL	$N = 0$	正数或零
VS	$V = 1$	溢出
VC	$V = 0$	无溢出
HI	$C = 1$ 和 $Z = 0$	高，无符号
LS	$C = 0$ 或 $Z = 1$	低或者相同，无符号
GE	$N = V$	大于或者等于，有符号
LT	$N != V$	小于，有符号
GT	$Z = 0$ 和 $N = V$	大于，有符号
LE	$Z = 1$ 和 $N != V$	小于等于，有符号

9.5.3　寄存器访问指令——MOVE

寄存器访问指令——MOVE 如表 9.38 所示。

表 9.38　寄存器访问指令——MOVE

语　法	功　能	例　子	例子说明
MOV <Rd>, <Rm>	将寄存器 Rm 的内容复制到寄存器 Rd 中	MOV R0, R1	将寄存器 R1 的内容复制到 R0
MOVS <Rd>, #immed8	将立即数 immed8（0～255）复制到寄存器 Rd 中	MOV R0, #0x31	将数 0x31（十六进制）复制到 R0
MOVS <Rd>, <Rm>	将寄存器 Rm 的内容复制到寄存器 Rd 中，并更新标志	MOVS R0, R1	将寄存器 R1 的内容复制到 R0，并更新标志
MOVS <Rd>, #immed8	将立即数 immed8（0～255）复制到寄存器 Rd 中，并更新标志	MOVS R0,#0x31	将数 0x31（十六进制）复制到 R0，并更新标志
MRS <Rd>, <SpecialReg>	将特殊寄存器 SpecialReg 的内容复制到寄存器 Rd 中	MRS R1, CONTROL	将 CONTROL 寄存器的内容复制到寄存器 R1
MSR <SpecialReg>, <Rd>	将寄存器 Rd 的内容复制到特殊寄存器 SpecialReg 中	MSR PRIMASK, R0	将寄存器 R0 的内容复制到 PRIMASK

9.5.4　寄存器访问指令——LOAD

寄存器访问指令——LOAD 如表 9.39 所示。

表 9.39　寄存器访问指令——LOAD

语　法	功　能	例　子	例子说明
LDR <Rt>, [<Rn>,<Rm>]	从存储器加载字 Rt = memory [<Rn>+<Rm>]	LDR R0, [R1, R2]	R0＝存储器［R1+R2］
LDRH <Rt>, [<Rn>,<Rm>]	从存储器加载半字 Rt = memory [<Rn>+<Rm>]	LDRH R0, [R1, R2]	R0＝存储器［R1+R2］
LDRB <Rt>, [<Rn>,<Rm>]	从存储器加载字节 Rt = memory [<Rn>+<Rm>]	LDRB R0, [R1, R2]	R0＝存储器［R1+R2］
LDR <Rt>, [<Rn>,#immed5]	从存储器加载字 Rt = memory [<Rn> + 零扩展 (#immed5<<2)]	LDR R0, [R1, #0x4]	R0＝存储器［R1+0x4］
LDRH <Rt>, [<Rn>,#immed5]	从存储器加载半字 Rt = memory [<Rn> +零扩展 (#immed5<<1)]	LDRH R0, [R1,#0x2]	R0＝存储器［R1+0x2］
LDRB <Rt>, [<Rn>,#immed5]	从存储器加载字节 Rt = memory [<Rn> +零扩展 (#immed5)]	LDRB R0, [R1, #0x1]	R0＝存储器［R1+0x1］
LDR <Rt>, =direct number	将一个立即数加载到寄存器 Rt 中	LDR R0, = 0x12345678	R0＝ 0x12345678
LDR < Rt >, [PC（SP）, # immed8]	从存储器加载字 Rt = memory [PC（SP）+ # immed8<<2]	LDR R0, [PC, #0x04]	R0＝存储器［PC+0x4］
LDRSH <Rt>, [<Rn>,<Rm>]	从存储器中加载有符号的 半字 Rt = 符号扩展(memory[Rn + Rm])	LDRSH R0, [R1, R2]	R0＝存储器［R1+R2］
LDRSB <Rt>, [<Rn>,<Rm>]	从存储器中加载有符号的 字节 Rt＝符号扩展(memory [Rn + Rm])	LDRSB R0, [R1, R2]	R0＝存储器［R1+R2］

9.5.5　存储器访问指令——STORE

存储器访问指令——STORE 如表 9.40 所示。

表 9.40　存储器访问指令——STORE

语　法	功　能	例　子	例子说明
STR <Rt>, [<Rn>,<Rm>]	向存储器写入一个字 memory [<Rn>+<Rm>] = Rt	STR R0, [R1,R2]	存储器［R1 + R2］ ＝R0
STRH <Rt>, [<Rn>,<Rm>]	向存储器写入半字 memory [<Rn>+<Rm>] = Rt	STRH R0, [R1,R2]	存储器［R1 + R2］ ＝R0
STRB <Rt>, [<Rn>,<Rm>]	向存储器写入一个字节 memory [<Rn>+<Rm>] = Rt	STRB R0, [R1,R2]	存储器［R1 + R2］ ＝R0
STR <Rt>, [<Rn>,#immed5]	向存储器写入一个字 memory [<Rn> +零扩展(#immed5 <<2)] = Rt	STR R0, [R1,#0x4]	存储器［R1 + 0x4］ ＝R0

续表

语　法	功　能	例　子	例子说明
STRH \<Rt>, [\<Rn>,#immed5]	向存储器写入半个字 memory [\<Rn> + 零扩展 (# immed5<<1)] = Rt	STRH R0, [R1,#0x2]	存储器 [R1 + 0x2] = R0
STRB \<Rt>, [\<Rn>,#immed5]	向存储器写入一个字节 memory [\<Rn> + 零扩展 (# immed5)] = Rt	STRB R0, [R1,#0x1]	存储器 [R1 + 0x1] = R0
STR \<Rt>, [SP, #immed8]	向存储器写入一个字 memory [SP +零扩展 (#immed5<< 2)] = Rt	STRB R0, [SP,#0x4]	存储器 [SP + 0x4] = R0

9.5.6　多个数据访问指令

多个数据访问指令如表 9.41 所示。

表 9.41　多个数据访问指令

语　法	功　能	例　子	例子说明
LDM \<Rn>, {\<Ra>, \<Rb>, …}	从存储器加载多个寄存器	LDM R0,{R1, R2-R7}	R1=存储器[R0], R2=存储器[R0+4], …
LDMIA \<Rn>!, {\<Ra>, \<Rb>, …}	从存储器加载多个寄存器,并将 Rn 递增到最后一个地址+4	LDMIA R0,{R1, R2-R7}	R1=存储器[R0], R2=存储器[R0+4], … R0=R0+4×7
STMIA \<Rn>!, {\<Ra>, \<Rb>, …}	将多个寄存器保存到存储器,并将 Rn 递增到最后一个地址+4	STMIA R0,{R1, R2-R7}	存储器[R0]=R1, 存储器[R0+4]=R2, … R0=R0+4×7

9.5.7　堆栈访问指令

堆栈访问指令如表 9.42 所示。

表 9.42　堆栈访问指令

语　法	功　能	例　子	例子说明
PUSH {\<Ra>, \<Rb>, …}	将一个或多个寄存器写到存储器中, 并更新基本寄存器	PUSH { R0, R1, R2}	memory [SP-4] = R0, memory [SP-8] = R1, memory [SP-12] =R2, SP = SP-12
POP {\<Ra>, \<Rb>, …}	从存储器中读取到一个或多个寄存器中, 并更新基本寄存器	POP { R0, R1,R2 }	R2=memory[SP], R1=memory[SP+4], R0=memory[SP+8], SP=SP+12

9.5.8　算术运算指令

算术运算指令（包括加法、减法、乘法和比较运算）如表 9.43 所示。

表 9.43　算术运算指令

语　法	功　能	例　子	例子说明
ADDS \<Rd\>, \<Rn\>, \<Rm\>	两个寄存器的内容求和，即 Rd = Rn+Rm，并更新 APSR	ADDS R0, R1, R2	R0=R1+R2，更新 APSR
ADDS \<Rd\>, \<Rn\>, #immed3	立即数和寄存器的内容求和，即 Rd = Rn + 零扩展（#immed3），更新 APSR	ADDS R0,R1, #0x01	R0=R1+0x01，更新 APSR
ADDS \<Rd\>, #immed8	立即数和寄存器的内容求和，即 Rd = Rd + 零扩展（#immed8），更新 APSR	ADDS R0,#0x01	R0=R0+0x01，更新 APSR
ADD \<Rd\>, \<Rn\>	两个寄存器的内容求和，但不更新 APSR，即 Rd=Rd+Rm	ADD R0,R1	R0=R0+R1
ADC \<Rd\>, \<Rm\>	求和时包含进位，更新 APSR，即 Rd=Rd+Rm+进位，更新 APSR	ADCS R0,R1	R0 = R0 + R1 + 进位，更新 APSR
ADD \<Rd\>, PC, #immed8	PC 和一个常数求和，但不更新 APSR，可用 ADR 代替	ADD R0, PC, #0x04	R0=PC+0x04
SUBS \<Rd\>, \<Rn\>, \<Rm\>	将两个寄存器的内容相减，即 Rd = Rn−Rm，更新 APSR	SUBS R0, R1, R2	R0=R1×R2，更新 APSR
SUBS \<Rd\>, \<Rn\>, #immed3	寄存器的内容和立即数相减，即 Rd = Rn − 零扩展（#immed3），更新 APSR	SUBS R0,R1, #0x01	R0=R1−0x01，更新 APSR
SUBS \<Rd\>, #immed8	寄存器的内容和立即数相减，即 Rd = Rd − 零扩展（#immed8），更新 APSR	SUBS R0,#0x01	R0 = R0−0x01，更新 APSR
SBCS \<Rd\>, \<Rd\>, \<Rm\>	带进位（借位）的减法，即 Rd=Rd −Rm−借位，更新 APSR	SBCS R0, R0,R1	R0 = R0 − R1 − 借位，更新 APSR
RSBS \<Rd\>, \<Rm\>, #0	反向减法（取负），即 Rd = 0−Rm，更新 APSR	RSBS R0, R0,#0	R0 = −R0
MULS \<Rd\>, \<Rm\>, \<Rd\>	两个寄存器的内容相乘 Rd = Rd×Rm，更新 APSR	MULS R0, R1, R0	R0=R0×R1
CMP \<Rn\>, \<Rm\>	比较两个寄存器的内容，即计算 Rn−Rm，更新 APSR，但不保存相减的结果	CMP R0, R1	计算 R0−R1，更新 APSR
CMP \<Rn\>, #immed8	减去一个立即数，即计算 Rd−零扩展（#immed8），更新 APSR，但不保存相减的结果	CMP R0,#0x01	计算 R0−1，更新 APSR
CMN \<Rn\>, \<Rm\>	比较取复数，计算 Rn − NEG（Rm），更新 APSR，但不保存相减的结果	CMN R0,R1	计算 R0+R1，更新 APSR

9.5.9　逻辑操作指令

逻辑操作指令如表 9.44 所示。

表 9.44 逻辑操作指令

语　　法	功　　能	例　　子	例子说明
ANDS <Rd>, <Rm>	逻辑与操作，即 Rd = Rd ∧ Rm，更新 APSR	ANDS R0,R1	R0∧R1，更新 APSR
ORRS <Rd>, <Rm>	逻辑或操作，即 Rd = Rd ∨ Rm，更新 APSR	ORRS R0, R1	R0∨R1，更新 APSR
EORS <Rd>, <Rm>	逻辑异或操作，即 Rd = Rd ∨ Rm，更新 APSR	EORS R0,R1	R0∨R1，更新 APSR
MVNS <Rd>, <Rm>	逻辑按位取反操作，即 Rd = $\overline{Rm}$，更新 APSR	MVNS R0, R1	R0=$\overline{R1}$，更新 APSR
BICS <Rd>, <Rm>	逻辑按位清除，即 Rd = Rd ∧ $\overline{Rm}$，更新 APSR	BICS R0,R1	R0∧$\overline{R1}$，更新 APSR
TST <Rd>, <Rm>	测试。按位逻辑与，即计算 Rd ∧ Rm，更新 APSR，但不保存逻辑与运算结果	TST R0,R1	计算 R0∧R1，更新 APSR

9.5.10 移位操作指令

移位操作指令如表 9.45 所示。

表 9.45 移位操作指令

语　　法	功　　能	例　　子	例子说明
ASRS <Rd>, <Rm>	算术右移，即 Rd = Rd≫Rm，将移出去的最后一位复制到 APSR.C，更新 APSR.N 和 APSR.Z	ASRS R0,R1	R0 = R0 >> R1，更新 APSR
ASRS < Rd >, < Rm >, #immed5	Rd = Rm≫immed5，将移出去的最后一位复制到 APSR.C，更新 APSR.N 和 APSR.Z	ASRS R0, R1, #0x01	R0 = R1 >> 1，更新 APSR
LSRS <Rd>, <Rm>	逻辑右移，即 Rd = Rd≫Rm，将移出去的最后一位复制到 APSR.C，更新 APSR.N 和 APSR.Z	LSRS R0,R1	R0 = R0 >> R1，更新 APSR
LSRS < Rd >, < Rm >, #immed5	逻辑左移，即 Rd = Rm≫#immed5，将移出去的最后一位复制到 APSR.C，更新 APSR.N 和 APSR.Z	LSRS R0, R1,#0x01	R0 = R1 >> 1，更新 APSR
LSLS <Rd>, <Rm>	逻辑左移，即 Rd = Rd≪Rm，将移出去的最后一位复制到 APSR.C，更新 APSR.N 和 APSR.Z	LSLS R0,R1	R0 = R0 << R1，更新 APSR
LSLS <Rd>, <Rm>, #immed5	逻辑左移，即 Rd = Rm≪#immed5，将移出去的最后一位复制到 APSR.C，更新 APSR.N 和 APSR.Z	LSLS R0, R1, #0x01	R0 = R1 << 1，更新 APSR
RORS <Rd>, <Rm>	旋转右移，即 Rd=Rd 旋转右移 Rm 指定的位数，将移出去的最后一位复制到 APSR.C，更新 APSR.N 和 APSR.Z	RORS R0,R1	R0 = R0 >> R1（旋转），更新 APSR

9.5.11 逆序操作指令

逆序操作指令如表9.46所示。

表 9.46 逆序操作指令

语　　法	功　　能	例　　子	例子说明
REV <Rd>, <Rm>	按字节反序，即 Rd={Rm[7:0]，Rm[15:8]，Rm[23:16]，Rm[31:24]}	REV R0,R1	R0={R1[7:0]，R1[15:8]，R1[23:16]，R1[31:24]}
REV16 <Rd>, <Rm>	在半字内，按字节反序，即 Rd={Rm[23:16]，Rm[31:24]，Rm[7:0]，Rm[15:8]}	REV R0,R1	R0={R1[23:16]，R1[31:24]，R1[7:0]，R1[15:8]}
REVSH <Rd>, <Rm>	低半字内，按字节反序，然后对结果符号扩展，即 Rd=符号扩展{Rm[7:0]，Rm[15:8]}	REVSH R0,R1	R0=符号扩展{R1[7:0]，R1[15:8]}

9.5.12 扩展操作指令

扩展操作指令如表9.47所示。

表 9.47 扩展操作指令

语　　法	功　　能	例　　子	例子说明
SXTB <Rd>, <Rm>	对一个字的最低字节符号扩展，即 Rd=符号扩展(Rm[7:0])	SXTB R0,R1	R0=符号扩展(R1[7:0])
SXTH <Rd>, <Rm>	对一个字的最低半字符号扩展，即 Rd=符号扩展(Rm[15:0])	SXTH R0,R1	R0=符号扩展(R1[15:0])
UXTB <Rd>, <Rm>	对一个字的最低字节无符号扩展，即 Rd=零扩展(Rm[7:0])	UXTB R0,R1	R0=零扩展(R1[7:0])
UXTH <Rd>, <Rm>	对一个字的最低半字无符号扩展，即 Rd=零扩展(Rm[15:0])	UXTH R0,R1	R0=零扩展(R1[15:0])

9.5.13 程序流控制指令

程序流控制指令如表9.48所示。

表 9.48 程序流控制指令

语　　法	功　　能	例　　子	例子说明
B <label>	到一个地址的分支（无条件），分支范围为当前 PC±2046 个字节	B loop	将 PC 内容修改为标号 loop 的地址
B <cond> <label>	有条件分支。根据 APSR，分支到一个地址	BEQ loop	如果 APSR.Z=1，则将 PC 内容修改为标号 loop 的地址
BL <label>	分支和链接，分支到一个地址，并且将返回地址保存到 LR。分支范围为当前 PC±16MB。通常用于调用子程序或函数。一旦完成函数，可以通过执行 BX LR 返回	BLfunctionA	将 PC 内容修改为标号 functionA 的地址，LR=PC+4

语　法	功　　能	例　子	例 子 说 明
BX <Rm>	分支和交换。分支到由一个寄存器指定的地址，并根据寄存器的 bit[0]（0 用于 ARM，1 用于 Thumb），改变处理器的状态	BX R0	PC = R0
BLX	分支和带有交换的链接。分支到一个由寄存器指定的地址，将返回地址保存到 LR，根据寄存器的 bit[0]，改变处理器的状态	BLXR0	PC = R0 LR = PC+4

9.5.14　存储器屏障指令

存储器屏障指令如表 9.49 所示。

表 9.49　存储器屏障指令

语　法	功　　能
DMB	数据存储器屏障，保证在提交一个新的存储器访问之前已经完成所有的存储器访问
DSB	数据同步屏障，保证在执行下一条指令之前已经完成所有的存储器访问
ISB	指令同步屏障，刷新流水线，保证在执行新指令之前已经完成前面的所有指令

9.5.15　异常相关指令

异常相关指令如表 9.50 所示。

表 9.50　异常相关指令

语　法	功　　能	例　子	例 子 说 明
SVC　<immed8>	请求管理调用，触发 SVC 异常	SVC#3	触发 SVC 异常，参数 = 3
CPS	改变处理器的状态，使能/禁止中断，但不能阻塞 NMI 和硬件故障句柄	CPSIE I CPSID I	使能中断（清除 PRIMASK） 禁止中断（设置 PRIMASK）

9.5.16　休眠相关的指令

休眠相关的指令如表 9.51 所示。

表 9.51　休眠相关的指令

语　法	功　　能
WFI	等待中断。停止执行程序，直到一个中断到达或处理器进入调试状态为止
WFE	等待事件。停止执行程序，直到一个事件到达（设置内部事件寄存器）或处理器进入调试状态
SEV	在多处理环境下，给所有的处理器发送事件（包含自己）

9.5.17　其他指令

其他指令如表 9.52 所示。

表 9.52　其他指令

语　法	功　能	例　子	例子说明
NOP	空操作，用于产生指令对齐或引入延迟	NOP	空操作
BKPT　<immed8>	断点。使处理器进入停止阶段，在此期间，用户通过调试器执行调试任务。通常，一个调试器插入 BKPT 用于取代最初的指令。可以使用一个 8 位立即数，用于调试器的一个识别符	BKPT #0	断点，带有识别符 0
YIELD	表示一个任务停止。在多线程系统中使用它，表示将当前线程延迟（例如，等待硬件），并且可被换掉。在 Cortex-M1 处理器上可作为 NOP 执行	YIELD	在 Cortex-M1 处理器中，和 NOP 一样

9.6　Cortex-M1 嵌入式系统软件设计

本设计在 Keil μVision5 集成开发环境中完成，读者需要登录下面的网址：

https://www.keil.com/download/product/

下载并正确安装 MDK-Arm（Version 5.26）。

该集成开发环境支持 ARM Cortex-M 系列处理器的软件应用开发，并提供了大量的第三方软件设计资源。

> **注**：在安装完该软件后，要安装补丁，这样才能在 MDK 集成开发环境中找到 Cortex-M1 处理器。

9.6.1　建立嵌入式软件工程

建立嵌入式软件工程的步骤主要包括：

（1）打开 Keil μVision5（以下简称为 μVision5）集成开发环境。

（2）在 Keil μVision5 集成开发环境主界面的主菜单下，选择 Project->New μVision Project...。

（3）出现 "Create New Project" 对话框。在该对话框文件名（N）右侧的文本框中输入 "top"，将其作为工程的文件名（top.uvproj）。在该设计中，将其保存在 E:\eda_verilog\cortex_m1_system\software 目录中。

（4）单击【保存】按钮。

（5）出现 "Select Device for Target 'target 1'..." 对话框。在该对话框左下方的窗口中，找到并展开 "ARM" 选项。在展开项中，找到并展开 "ARM Cortex M1" 选项。在展开项中，选中 ARMCM1。

（6）单击【OK】按钮。

（7）出现 "Manage Run-Time Environment" 对话框。在该对话框中，找到并展开 "CMSIS" 选项。在展开项中，选中 "CORE" 后面的复选框。

（8）单击【OK】按钮。

9.6.2　设置选项

在开始编写软件应用之前，需要设置选项，主要步骤包括：

（1）在 Keil μVision5 主界面左侧的"Project"窗口中，鼠标右键单击 Target 1，出现浮动菜单。在浮动菜单内，选择 Options for Target'Target 1'…。

（2）出现"Options for Target'Target 1'"对话框。

（3）单击"Target"标签。在该标签页中，按如下参数设置。

① ARM Compiler：V5.06 update 5（build 528）。

② 勾选"Use MicroLIB"前面的复选框。

③ 勾选"IROM1"前面的复选框，通过文本框，将 Start 设置为 0，Size 设置为 0x10000。

④ 勾选"IRAM1"前面的复选框，通过文本框，将 Start 设置为 0x20000000，Size 设置为 0x8000。

（4）单击"Output"标签。在该标签页中，按如下参数设置。

① 通过文本框，将"Name of Executable"设置为 code。

② 不勾选"Create HEX File"前面的复选框。

（5）单击"User"标签。在该标签页中，按如下参数设置。

① 勾选"After Build/Rebuild"标题下"Run #1"前面的复选框，并在右侧的文本框中输入"fromelf -cvf . \objects\code. axf --vhx --32x1 -o prog. hex"。

② 勾选"After Build/Rebuild"标题下"Run #2"前面的复选框，并在右侧文本框中输入"fromelf -cvf. \objects\code. axf -o disasm. txt"。

fromelf 映像转换工具允许设计者修改 ELF 映像和目标文件，并且在这些文件中显示信息。其中：

① --vhx 选项，表示生成面向字节（Verilog HDL 内存模型）的十六进制格式。此格式适合加载到硬件描述语言仿真器的内存模型中。

② --32x1 选项，表示生成的内存系统中只有 1 个存储器，该存储器的宽度为 32 位。

③ -o 选项，用于指定输出文件的名字，如 code. hex 和 disasm. txt。

④ 所使用的文件 .axf。该文件是 ARM 芯片使用的文件格式，即 ARM 可执行文件（ARM Executable File，AXF），它除了包含 bin 代码外，还包含了输出给调试器的调试信息。与 AXF 文件一起看到的还有 HEX 文件，HEX 文件包含地址信息，可以直接用于烧写或者下载 HEX 文件。

（6）单击【OK】按钮，退出选项对话框。

9.6.3　添加汇编文件

在该工程下，添加一个名字为"cm0dsasm. s"的汇编文件，主要步骤包括：

（1）在 Keil μVision5 集成开发环境左侧的"Project"窗口中，找到并用鼠标右键单击 Source Group 1，出现浮动菜单。在浮动菜单内，选择 Add New Item to Group'Source Group 1'…。

（2）弹出"Add New Item to Group'Source Group 1'"对话框。在该对话框左侧的窗口

中，选中 Asm File(. s)。在下面 "Name" 标题栏右侧的文本框中输入 "cm0dsasm"，作为汇编语言文件的名字。

（3）在 cm0dsasm. s 文件中，添加设计代码，如代码清单 9-4 所示。

代码清单 9-4　cm0dsasm. s 文件

```
Stack_Size         EQU        0x00000400                                    ; 256KB of STACK


                   AREA       STACK, NOINIT, READWRITE, ALIGN = 4
Stack_Mem          SPACE      Stack_Size
__initial_sp



Heap_Size          EQU        0x00000400                                    ; 1MB of HEAP


                   AREA       HEAP, NOINIT, READWRITE, ALIGN = 4
__heap_base
Heap_Mem           SPACE      Heap_Size
__heap_limit



; Vector Table Mapped to Address 0 at Reset


                             PRESERVE8
                   THUMB


                   AREA       RESET, DATA, READONLY
                   EXPORT     __Vectors


__Vectors          DCD        __initial_sp
                   DCD        Reset_Handler
                   DCD        0
                   DCD        0
                   DCD        0
                   DCD        0
                   DCD        0
                   DCD        0
                   DCD        0
                   DCD        0
                   DCD        0
                   DCD        0
                   DCD        0
                   DCD        0
                   DCD        0
                   DCD        0


                   ; External Interrupts
```

```
                    DCD        Btn_Handler
                    DCD        Uart_Handler
                    DCD        0
                    DCD        0
                    DCD        0
                    DCD        0
                    DCD        0
                    DCD        0
                    DCD        0
                    DCD        0
                    DCD        0
                    DCD        0
                    DCD        0
                    DCD        0
                    DCD        0
                    DCD        0

                    AREA    |.text|, CODE, READONLY
;Reset Handler
Reset_Handler    PROC
                    GLOBAL Reset_Handler
                    ENTRY
                        IMPORT  __main
                    LDR     R0, =__main
                    BX      R0                              ;Branch to __main
                    ENDP
Btn_Handler      PROC
                    EXPORT Btn_Handler
                        IMPORT Btn_ISR
                    PUSH    {R0,R1,R2,LR}
                        BL Btn_ISR
                    POP     {R0,R1,R2,PC}                   ;return
                    ENDP


Uart_Handler     PROC
                    EXPORT Uart_Handler
                        IMPORT Uart_ISR
                    PUSH    {R0,R1,R2,LR}
                        BL Uart_ISR
                    POP     {R0,R1,R2,PC}                   ;return
                    ENDP


                    ALIGN        4                  ; Align to a word boundary

; User Initial Stack & Heap
```

```
        IF       ;DEF:__MICROLIB
        EXPORT   __initial_sp
        EXPORT   __heap_base
        EXPORT   __heap_limit
        ELSE
        IMPORT   __use_two_region_memory
        EXPORT   __user_initial_stackheap
__user_initial_stackheap

        LDR      R0, =  Heap_Mem
        LDR      R1, =(Stack_Mem + Stack_Size)
        LDR      R2, = (Heap_Mem +   Heap_Size)
        LDR      R3, = Stack_Mem
        BX       LR

        ALIGN

        ENDIF

    END
```

（4）保存该设计文件。

9.6.4　添加头文件

在该工程下，添加一个名字为"system. h"的头文件，主要步骤包括：

（1）在 Keil μVision5 集成开发环境左侧的"Project"窗口中，找到并用鼠标右键单击 Source Group 1，出现浮动菜单。在浮动菜单内，选择 Add New Item to Group"Source Group 1"。

（2）弹出"Add New Item to Group 'Source Group 1'"对话框。在该对话框左侧的窗口中，选中 Header File(. h)。在下面"Name"标题栏右侧的文本框中输入"system"，作为头文件的名字。

（3）在 system. h 文件中，添加设计代码，如代码清单9-5所示。

代码清单9-5　system. h 文件

```
#ifndef system_address
#define system_address

/*
 * ================================================
 * ---------- Interrupt Number Definition ----------
 * ================================================
 */

typedef enum IRQn
{
```

```
/ ****** Cortex-M0 Processor Exceptions Numbers ***********************/

/* ToDo: use this Cortex interrupt numbers if your device is a CORTEX-M0 device */
    NonMaskableInt_IRQn         = -14,      /*! < 2 Cortex-M0 Non Maskable Interrupt */
    HardFault_IRQn              = -13,      /*! < 3 Cortex-M0 Hard Fault Interrupt */
    SVCall_IRQn                 = -5,       /*! < 11 Cortex-M0 SV Call Interrupt */
    PendSV_IRQn                 = -2,       /*! < 14 Cortex-M0 Pend SV Interrupt */
    SysTick_IRQn                = -1,       /*! < 15 Cortex-M0 System Tick Interrupt */

/ ****** CMSDKSpecificInterruptNumbers ***************************/
    Btn_IRQn                    = 0,
    UART_IRQn                   = 1,

} IRQn_Type;

/*
 * ================================================
 * ---------- Processor and Core Peripheral Section ----------------
 * ================================================
 */

/* Configuration of the Cortex-M0 Processor and Core Peripherals */
#define __CM0_REV              0x0000     /*! < Core Revision r0p0 */
#define __NVIC_PRIO_BITS       2          /*! < Number of Bits used for Priority Levels */
#define __Vendor_SysTickConfig 0          /*! < Set to 1 if different SysTick Config is used */
#define __MPU_PRESENT          0          /*! < MPU present or not */

/* *******************************************************
 ****************/

#define general_delay      20

#define NOP __asm volatile ("nop");

#define AXI_GPIO   0x40000000
#define AXI_UART   0x40600000
#define AXI_SEG7   0x44A00000

//------------------------------------------------------------
//              Peripheral type define
//------------------------------------------------------------
//GPIO define

typedef struct
{
    volatile unsigned int GPIO_DATA;
    volatile unsigned int GPIO_TRI;
    volatile unsigned int GPIO2_DATA;
```

```
    volatile unsigned int GPIO2_TRI;
} GPIO_TypeDef;

//7-segments define

typedef struct
{
    volatile   unsigned int   DIGIT;
} SEVENSEG_TypeDef;

//-----------------------------------------------------------
//              Peripheral instances define
//-----------------------------------------------------------
#define GPIO            ((GPIO_TypeDef * ) AXI_GPIO)
#define SEG7            ((SEVENSEG_TypeDef * ) AXI_SEG7)


//-----------------------------------------------------------
//Peripheral driver functions
//-----------------------------------------------------------


#endif
```

（4）保存该设计文件。

9.6.5 添加主文件

在该工程下，添加一个名字为"main. C"的主文件，主要步骤包括：

（1）在 Keil μVision5 集成开发环境左侧的"Project"窗口中，找到并用鼠标右键单击 Source Group 1，出现浮动菜单。在浮动菜单内，选择 Add New Item to Group "Source Group 1"。

（2）弹出"Add New Item to Group 'Source Group 1'"对话框。在该对话框左侧的窗口中，选中 C File (.c)。在下面"Name"标题栏右侧的文本框中输入"main"，作为主文件的名字。

（3）在 main. c 文件中，添加设计代码，如代码清单 9-6 所示。

代码清单 9-6　main. c 文件

```
#include " system. h"
#include " math. h"
#include " core_cm1. h"
unsigned char   en = 0;
void Btn_ISR( )
{
                    //when enable btn interrupt, add process code in there

}

void Uart_ISR( )
{
```

```
                            //when enable uart interrupt, add process code in there
}

//////////////////////////////////////////////////////////
//Main Function
//////////////////////////////////////////////////////////

int main( void)
{
    volatile unsigned int i=0,j=0;
    while(1)                              //unlimited loop
    {
        for(i=0;i<256;i++)                //count from 0 to 255
        {
        SEG7->DIGIT=i;                    //display on seven segment display
            GPIO->GPIO_DATA=i;            //display on eight led
          for(j=0;j<200000;j++);          //delay
        }
    }
    return 0;
}
```

（4）保存文件。

9.6.6　生成 HEX 文件

本节将生成 HEX 文件，主要步骤包括：

（1）在 Keil μVision5 集成开发环境主界面的主菜单下，选择 Project->Rebuild all target files。

（2）对该设计文件进行编译，并生成 HEX 文件，编译过程如图 9.34 所示。

```
Build Output
*** Using Compiler 'V5.06 update 5 (build 528)', folder: 'C:\Keil_v5\ARM\ARMCC\Bin'
Rebuild target 'Target 1'
assembling cm0dsasm.s...
compiling main.c...
linking...
Program Size: Code=196 RO-data=144 RW-data=4 ZI-data=1032
After Build - User command #1: fromelf -cvf .\objects\code.axf --vhx --32x1 -o prog.hex
After Build - User command #2: fromelf -cvf  .\objects\code.axf -o disasm.txt
".\Objects\code.axf" - 0 Error(s), 0 Warning(s).
Build Time Elapsed:  00:00:02
```

图 9.34　对文件编译的过程

（3）在 E:\eda_verilog\cortex_m1_system\software 目录下，生成名字为"prog. hex"的 HEX 文件。

9.7　处理并验证设计

本节将对设计进行处理，最终生成可以下载到 FPGA 的比特流文件，主要步骤包括：

（1）在 Vivado 集成开发环境的"Sources"窗口中，鼠标右键单击 Design Sources 文件夹，出现浮动菜单。在浮动菜单中，选择 Add Sources…。

（2）出现"Add Sources"对话框。在该对话框中，选中"Add or Create design sources"前面的复选框。

（3）单击【Next】按钮。

（4）出现"Add Sources-Add or Create Design Sources"对话框。在该对话框中，单击【Add Files】按钮。

（5）出现"Add Source Files"对话框。在该对话框中，将"Files of type"设置为"All Files"。然后定位到"E:\eda_verilog\cortex_m1_system\software"路径。在该路径下，找到并选择 prog. hex 文件。

（6）可以看到在 Vivado 的"Sources"窗口中新添加了一个 Unknown 文件夹。展开该文件夹，可以看到该文件夹下包含一个名字为"prog. hex"的文件。

（7）选中该文件，然后在"Sources"窗口下面的"Sources File Properties"窗口中，找到"FILE_TYPE"条项，通过该条项右侧的下拉框，选择"Memory Initialization Files"。此时，可以看到"Sources"窗口中的 Unknown 文件夹变成了 Memory Initialization Files 文件夹。

（8）在"Sources"窗口中，找到并双击 design_1. bd 文件，再次打开块图设计文件。在 Diagram 设计界面中，再次双击 CORTEXM1_AXI_0 的 IP 核符号。

（9）出现"Re-customize IP"对话框。在该对话框中，单击"Instruction Memory"标签。在该标签页中，在"ITCM Initialisation file"右侧的文本框中，给出 prog. hex 文件的正确路径，如 E:/eda_verilog/cortex_m1_system/project_1/project_1. srcs/sources_1/imports/project_1/prog. hex。

（10）重新执行 9.4.6 一节中给出的生成块输出文件的过程。

（11）在 Vivado 左侧的窗口中，通过单击 Generate Bitstream，执行生成比特流的过程，生成该设计的比特流文件。

（12）将设计下载到 FPGA 芯片中。

思考与练习 9-3：查看 A7-EDP-1 开发平台上外设的变化是否满足设计要求。

第 10 章　图像采集、处理系统的构建和实现

实时视频图像采集和处理是 FPGA 的一个重要应用。基于 Xilinx Artix-7 FPGA 器件和 OV7725 图像传感器，本章介绍了构建图像采集和处理系统的方法。通过 OV7725 图像传感器获取实时图像信息，然后馈送到 FPGA 中，在 FPGA 中通过构建 Sobel 算子实现图像边缘检测，并显示在 VGA 显示器上。

10.1　图像传感器的原理和驱动

OV7725 图像传感器是一款高性能 1/4 英寸单芯片 VGA 摄像头的图像处理器，采用小尺寸封装。OV7725 以全功能运行，在性能、质量和可靠性方面满足所有 PC 多媒体和摄像机市场的要求。低功耗 OV7725 在低光照条件下表现优异，可在 -20 ~ +70℃ 的温度范围内工作。

本节内容包括传感器结构和功能、传感器引脚功能定义、SCCB 接口驱动时序，以及 SCCB 接口驱动的实现。

10.1.1　传感器结构和功能

OV7725 图像传感器采用 640×480 图像阵列，在 VGA 模式下能够以最大每秒 60 帧的速度运行，用户可以完全控制图像质量、格式化和输出数据传输。在宽范围的格式中，OV7725 提供全帧、子采样或窗口 8 位/10 位图像，通过串行相机控制总线（Serial Camera Control Bus，SCCB）接口。

OV7725 输出支持原始 RGB、RGB（GRB 4:2:2，RGB 565/555/444）和 YCbCr（4:2:2）格式。它包含的自动图像控制功能包括自动曝光控制（Automatic Exposure Control，AEC）、自动增益控制（Automatic Gain Control，AGC）、自动白平衡（Automatic White Balance，AWB）、自动带式滤波器（Automatic Band Filter，ABF）和自动灰度校准（Automatic Black-Level Calibration，ABLC），这些功能也可以通过 SCCB 接口编程。

OV7725 图像传感器的模拟供电电压范围为 3.0~3.6V，数字内核供电电压为 1.8V、数字 I/O 供电电压为 1.7~3.3V。

OV7725 的内部结构如图 10.1 所示。其中：

1）图像传感器阵列

OV7725 图像传感器的图像阵列为 656×488 像素，总共有 320128 个像素。其中，640×480（307200）为有效像素，图像传感器的横截面如图 10.2 所示。

2）视频时序生成器

通常，视频时序发生器控制以下功能，即阵列控制和帧生成、内部时序信号的产生与分配、帧率时序、自动曝光控制和外部时序输出（VSYNC、HREF/HSYNC 和 PCLK）。

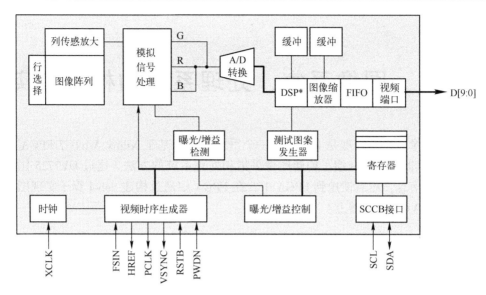

图 10.1　OV7725 图像传感器的内部结构

3）模拟处理

该块执行所有模拟图像功能，包括 AGC 和 AWB。

4）A/D 转换

在模拟处理块之后，拜尔阵列原始信号被馈送到由 G 和 BR 通道共享的 10 位 ADC。ADC 的工作速率高达 12MHz，与像素速率完全同步（实际转换率与帧速率有关）。

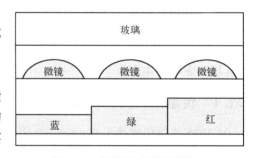

图 10.2　图像传感器的横截面

除了 A/D 转换，该块也有下面的功能，包括数字灰度电平校准（Black Level Calibration，BLC）、可选的 U/V 通道延迟、附加的 A/D 范围控制。

通常，A/D 范围乘法器和 A/D 范围控制设置 A/D 范围和最大值，以允许用户根据具体的应用调整最终图像的亮度。

5）测试图案生成器

测试图案生成器包括 8 条彩条图案，以及在输出引脚中移位 '1'。

6）数字信号处理器（Digital Signal Processor，DSP）

数字信号处理器控制从原始数据到 RGB 的插值和一些图像的质量，包括边缘增强（二维高通滤波器）、色彩空间转换器（将原始数据转换为 RGB 或 YUV/YCbCr）、RGB 矩阵消除颜色串扰、色调和饱和度控制、可编程伽玛控制，以及将 10 位数据传输到 8 位。

7）图像缩放器

图像缩放器控制在发送图像之前所有的所有输出和数据格式。该图像缩放器可以将 YUV/RGB 输出从 VGA 缩放到通用中间格式（Common Intermediate Format，CIF），并且几乎可以在 CIF 下任意大小。

8）视频端口

寄存器位 COM2[1:0]增加 I_{OL}/I_{OH} 驱动电流，并可根据用户的负载进行调整。

9）SCCB 接口

SCCB 接口控制图像传感器的操作。

10.1.2　传感器引脚功能定义

引脚功能定义如表 10.1 所示。

表 10.1　引脚功能定义

引　脚	名　字	引脚类型	功能/描述
A1	ADVDD	电源	ADC 电源供电
A2	RSTB	输入	系统复位输入，低有效
A3	VREFH	参考	参考电压-通过 0.1μF 电容连接到地
A4	FSIN	输入	帧同步输入
A5	SCL	输入	SCCB 接口时钟输入
A6	D0ᵃ	输出	数据输出第 0 位
B1	ADGND	电源	ADC 地
B2	VREFN	参考	参考电压-通过 0.1μF 电容连接到地
B3	AVDD	电源	模拟电源供电
B4	AGND	电源	模拟地
B5	SDA	I/O	SCCB 接口数据 I/O
B6	HREF	输出	HREF 输出
C1	PWON	输入（0）ᵇ	断电模式选择。0 为正常模式；1 为断电模式
C6	VSYNC	输出	垂直同步输出
D1	D5	输出	数据输出第 5 位
D6	D4	输出	数据输出第 4 位
E1	D7	输出	数据输出第 7 位
E2	D1	输出	数据输出第 1 位
E3	DVDD	电源	电源供电（+1.8V），用于数字逻辑内核
E4	PCLK	输出	像素时钟输出
E5	DOVDD	电源	数字电源供电，用于 I/O（1.7~3.3V）
E6	D6	输出	数据输出第 6 位
F1	D9ᶜ	输出	数据输出第 9 位
F2	D3	输出	数据输出第 3 位
F3	XCLK	输入	系统时钟输入
F4	DOGND	电源	数字地
F5	D2	输出	数据输出第 2 位
F6	D8	输出	数据输出第 8 位

注：（1）上标"a"表示 D[9:0]用于 10 位的原始 RGB 数据（D[9]为 MSB，D[0]为 LSB）；

（2）上标"b"表示 Input(0)为一个内部的上拉电阻；

（c）上标"c"表示 D[9:2]用于 8 位的 YUV 或 RGB565/RGB555（D[9]为 MSB，D[0]为 LSB）。

10.1.3 SCCB 接口驱动时序

通过集成电路之间（Inter-Integrated Circuit，I^2C）协议，SCCB 向 OV7725 图像传感器的控制寄存器组写入初始化字节数据，以及配置图像传感器参数，从而使该传感器输出 640×480 分辨率、30 帧/秒和 RGB444 的视频图像。

I^2C 是由 PHILIPS 公司开发的一个两线式串行总线，它采用半双工通信方式，用于连接微控制器及其外围设备，它适用于主机和从机在数据量不大且传输距离短的场合下的主从通信。I^2C 总线由数据线（SDA）和时钟线（SCL）构成通信线路，既可用于发送数据，也可接收数据。根据传输速率的不同，将 I^2C 分为 3 种模式，包括标准模式（速率为 100kbit/s）、快速模式（速率为 400kbit/s）和高速模式（速率为 3.4Mbit/s）。

1. 空闲状态

I^2C 总线的 SDA 和 SCL 两条信号线同时处于高电平时，规定为总线的空闲状态。

2. 启动信号和停止信号

I^2C 数据的传输以启动信号开始、以停止信号结束，如图 10.3 所示。其中：

1）启动信号

当 SCL 信号为高电平期间，SDA 信号由高到低的跳变看作 I^2C 传输的开始。因此，启动信号是一个下降沿跳变信号。

2）停止信号

当 SCL 信号为高电平期间，SDA 信号由低到高的跳变看作 I^2C 传输的结束。因此，停止信号是一个上升沿跳变信号。

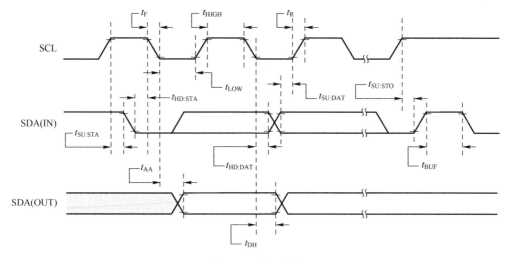

图 10.3 I^2C 时序

图 10.3 中：

（1）$t_{SU;STA}$ 为启动条件的建立时间；

（2）$t_{HD;STA}$ 为启动条件的保持时间；

（3）t_R 和 t_F 为 SCCB 的上升/下降时间；

（4）f_{SCL} 为时钟频率；

（5）t_{LOW} 为时钟低周期；

（6）t_{HIGH} 为时钟高周期；

（7）t_{AA} 为 SCL 低到数据输出有效的时间；

（8）t_{BUF} 为一个新的启动之前，总线空余时间；

（9）$t_{\text{HD;DAT}}$ 为数据保持时间；

（10）$t_{\text{SU;DAT}}$ 为数据建立时间；

（11）$t_{\text{SU;STO}}$ 为停止条件的建立时间；

（12）t_{DH} 为数据输出保持时间。

3. 数据的有效性

当 I²C 总线传输数据时，在时钟信号 SCL 的高电平期间，数据信号 SDA 上的数据必须保持稳定。只有在时钟信号 SCL 为低电平期间，才允许数据线上的电平状态变化，如图 10.4 所示。

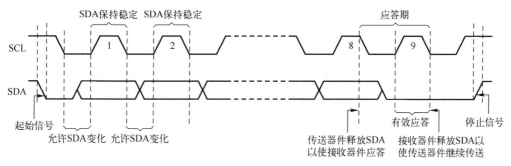

图 10.4　I²C 数据有效的时序

从图 10.4 中可知，在 SCL 的上升沿到来之前，SDA 上的数据必须有效，并且在 SCL 下降沿到来之前 SDA 上的数据必须保持稳定，即不允许 SDA 上的数据状态变化。

4. 应答信号

主设备每发送一个字节（8 位数据），就在第 9 个时钟脉冲期间释放数据线 SDA，并由从设备反馈一个应答信号。当应答信号为低电平时，规定为有效应答位 ACK，表示从设备已经成功接收了该字节；当应答信号为高电平时，规定为非应答位（NACK），表示从设备没有成功接收该字节，如图 10.5 所示。

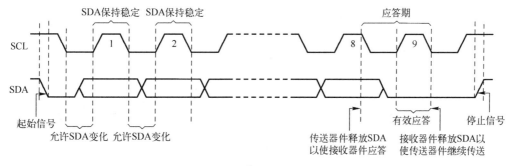

图 10.5　I²C 的应答时序

对于反馈有效应答位 ACK 的要求时，从设备在第 9 个时钟脉冲之前的低电平期间将 SDA 线拉低，并且确保在该时钟的高电平期间为稳定的低电平。如果接收器是主控设备，则在它收到最后一个字节后发送一个 NACK 信号，以通知被控发送设备结束数据发送，并释放 SDA 线，以便主控接收设备发送一个停止信号。

5. 数据传输

在 I^2C 总线上传送的每一位数据都有一个时钟脉冲相对应，即在串行时钟 SCL 的配合下，在 SDA 上逐位地串行传输每一位数据。数据位的传输是边沿触发。

6. 写操作

当主设备向从设备写入数据时，先要写发送地址信息，如图 10.6 所示。从图中可知，主设备向从设备发送的信息，包括器件地址（7 位）+写命令（一位，用逻辑"0"表示写操作）、字地址高位（第一个字节）、字地址低位（第二个字节）和 8 位数据。

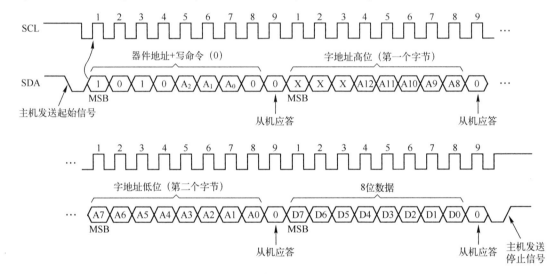

图 10.6　I^2C 的写操作时序

7. 读操作

当主设备从从设备读取数据时，也需要先向从设备发送地址信息，如图 10.7 所示。从图中可知，当主设备从从设备读取数据时，数据信息包括器件地址（3 位）+读命令（一位，用逻辑"1"表示写操作）和从设备发送的 8 位数据。

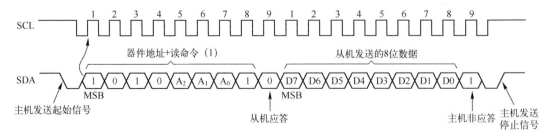

图 10.7　I^2C 的读操作时序

10.1.4　SCCB 接口驱动的实现

在该设计中，使用了本书配套的 A7-EDP-1 开发平台，该平台上搭载了 Xilinx 公司新一代的 Artix7 器件-xc7a75tfgg484-1 FPGA 芯片，由 R[3:0]、B[3:0]和 G[3:0]组成三色分量。因此，将该图像传感器配置为 RGB444 输出模式。SCCB 接口驱动的 Verilog HDL 描述，如代码清单 10-1 所示。

代码清单 10-1　SCCB 接口驱动的 Verilog HDL 描述

```
module i2c_ov7725_rgb444_cfg(
    input              clk        ,    //时钟信号
    input              rst_n      ,    //复位信号,低电平有效

    input              i2c_done ,    //I²C 寄存器配置完成信号
    output  reg        i2c_exec ,    //I²C 触发执行信号
    output  reg  [15:0] i2c_data ,    //I²C 要配置的地址与数据(高 8 位地址,低 8 位数据)
    output  reg        init_done      //初始化完成信号
    );

//parameter define
parameter  REG_NUM = 7'd70   ;        //总共需要配置的寄存器个数

//reg define
reg    [9:0]    start_init_cnt;       //等待延时计数器
reg    [6:0]    init_reg_cnt  ;       //寄存器配置个数计数器

// ***********************************************
// **                     main code
// ***********************************************

//cam_scl 配置成 250kHz,输入的 clk 为 1MHz,周期为 1μs,1023 * 1μs = 1.023ms
//寄存器延时配置
always @ (posedge clk or negedge rst_n) begin
    if( !rst_n)
        start_init_cnt <= 10'b0;
    else if((init_reg_cnt == 7'd1) && i2c_done)
        start_init_cnt <= 10'b0;
    else if(start_init_cnt < 10'd1023) begin
        start_init_cnt <= start_init_cnt + 1'b1;
    end
end

//寄存器配置个数计数
always @ (posedge clk or negedge rst_n) begin
    if( !rst_n)
        init_reg_cnt <= 7'd0;
    else if(i2c_exec)
        init_reg_cnt <= init_reg_cnt + 7'b1;
```

```
        end

//i2c 触发执行信号
always @ ( posedge clk or negedge rst_n) begin
    if(!rst_n)
        i2c_exec <= 1'b0;
    else if( start_init_cnt == 10'd1022)
        i2c_exec <= 1'b1;
    //只有刚上电和配置第一个寄存器增加延时
    else if(i2c_done && (init_reg_cnt ! = 7'd1) && (init_reg_cnt < REG_NUM))
        i2c_exec <= 1'b1;
    else
        i2c_exec <= 1'b0;
end


//初始化完成信号
always @ ( posedge clk or negedge rst_n) begin
    if(!rst_n)
        init_done <= 1'b0;
    else if(( init_reg_cnt == REG_NUM) && i2c_done)
        init_done <= 1'b1;
end


//配置寄存器地址与数据
always @ ( posedge clk or negedge rst_n) begin
    if(!rst_n)
        i2c_data <= 16'b0;
    else begin
        case( init_reg_cnt)
            //先对寄存器进行软件复位,使寄存器恢复初始值
            //寄存器软件复位后,需要延时 1ms 才能配置其他寄存器
            7'd0  : i2c_data <= {8'h12, 8'h80};  //COM7 BIT[7]:复位所有的寄存器
            7'd1  : i2c_data <= {8'h3d, 8'h03};  //COM12 模拟过程直流补偿
            7'd2  : i2c_data <= {8'h15, 8'h00};  //COM10 href/vsync/pclk/data 信号控制
            7'd3  : i2c_data <= {8'h17, 8'h26};  //HSTART 水平起始位置
            7'd4  : i2c_data <= {8'h18, 8'ha0};  //HSIZE 水平尺寸
            7'd5  : i2c_data <= {8'h19, 8'h07};  //VSTRT 垂直起始位置
            7'd6  : i2c_data <= {8'h1a, 8'hf0};  //VSIZE 垂直尺寸
            7'd7  : i2c_data <= {8'h32, 8'h00};  //HREF 图像开始和尺寸控制,控制低位
            7'd8  : i2c_data <= {8'h29, 8'ha0};  //HOutSize 水平输出尺寸
            7'd9  : i2c_data <= {8'h2a, 8'h00};  //EXHCH 虚拟像素 MSB
            7'd10 : i2c_data <= {8'h2b, 8'h00};  //EXHCL 虚拟像素 LSB
            7'd11 : i2c_data <= {8'h2c, 8'hf0};  //VOutSize 垂直输出尺寸
            7'd12 : i2c_data <= {8'h0d, 8'h41};  //COM4 PLL 倍频设置( multiplier)
                                                 //Bit[7:6]:  0:1x 1:4x 2:6x 3:8x
            7'd13 : i2c_data <= {8'h11, 8'h00};  //CLKRC 内部时钟配置
                                                 //Freq = multiplier/[( CLKRC[5:0]+1) * 2]
            7'd14 : i2c_data <= {8'h12, 8'h0E};  //COM7 输出 VGA RGB444 格式
```

```
7'd15 : i2c_data <= {8'h0c, 8'h10}; //COM3 Bit[0]: 0:图像数据 1:彩条测试
//DSP 控制
7'd16 : i2c_data <= {8'h42, 8'h7f}; //TGT_B 黑电平校准蓝色通道目标值
7'd17 : i2c_data <= {8'h4d, 8'h09}; //FixGain 模拟增益放大器
7'd18 : i2c_data <= {8'h63, 8'hf0}; //AWB_Ctrl0 自动白平衡控制字节 0
7'd19 : i2c_data <= {8'h64, 8'hff}; //DSP_Ctrl1 DSP 控制字节 1
7'd20 : i2c_data <= {8'h65, 8'h00}; //DSP_Ctrl2 DSP 控制字节 2
7'd21 : i2c_data <= {8'h66, 8'h00}; //DSP_Ctrl3 DSP 控制字节 3
7'd22 : i2c_data <= {8'h67, 8'h00}; //DSP_Ctrl4 DSP 控制字节 4
//AGC AEC AWB
//COM8 Bit[2]:自动增益使能 Bit[1]:自动白平衡使能 Bit[0]:自动曝光功能
7'd23 : i2c_data <= {8'h13, 8'hff}; //COM8
7'd24 : i2c_data <= {8'h0f, 8'hc5}; //COM6
7'd25 : i2c_data <= {8'h14, 8'h11};
7'd26 : i2c_data <= {8'h22, 8'h98};
7'd27 : i2c_data <= {8'h23, 8'h03};
7'd28 : i2c_data <= {8'h24, 8'h40};
7'd29 : i2c_data <= {8'h25, 8'h30};
7'd30 : i2c_data <= {8'h26, 8'ha1};
7'd31 : i2c_data <= {8'h6b, 8'haa};
7'd32 : i2c_data <= {8'h13, 8'hff};
//matrix sharpness brightness contrast UV
7'd33 : i2c_data <= {8'h90, 8'h0a}; //EDGE1 边缘增强控制 1
//DNSOff 降噪阈值下限,仅在自动模式下有效
7'd34 : i2c_data <= {8'h91, 8'h01}; //DNSOff
7'd35 : i2c_data <= {8'h92, 8'h01}; //EDGE2 锐度(边缘增强)强度上限
7'd36 : i2c_data <= {8'h93, 8'h01}; //EDGE3 锐度(边缘增强)强度下限
7'd37 : i2c_data <= {8'h94, 8'h5f}; //MTX1 矩阵系数 1
7'd38 : i2c_data <= {8'h95, 8'h53}; //MTX1 矩阵系数 2
7'd39 : i2c_data <= {8'h96, 8'h11}; //MTX1 矩阵系数 3
7'd40 : i2c_data <= {8'h97, 8'h1a}; //MTX1 矩阵系数 4
7'd41 : i2c_data <= {8'h98, 8'h3d}; //MTX1 矩阵系数 5
7'd42 : i2c_data <= {8'h99, 8'h5a}; //MTX1 矩阵系数 6
7'd43 : i2c_data <= {8'h9a, 8'h1e}; //MTX_Ctrl 矩阵控制
7'd44 : i2c_data <= {8'h9b, 8'h3f}; //BRIGHT 亮度
7'd45 : i2c_data <= {8'h9c, 8'h25}; //CNST 对比度
7'd46 : i2c_data <= {8'h9e, 8'h81};
7'd47 : i2c_data <= {8'ha6, 8'h06}; //SDE 特殊数字效果控制
7'd48 : i2c_data <= {8'ha7, 8'h65}; //USAT "U"饱和增益
7'd49 : i2c_data <= {8'ha8, 8'h65}; //VSAT "V"饱和增益
7'd50 : i2c_data <= {8'ha9, 8'h80}; //VSAT "V"饱和增益
7'd51 : i2c_data <= {8'haa, 8'h80}; //VSAT "V"饱和增益
//伽马控制
7'd52 : i2c_data <= {8'h7e, 8'h0c};
7'd53 : i2c_data <= {8'h7f, 8'h16};
7'd54 : i2c_data <= {8'h80, 8'h2a};
7'd55 : i2c_data <= {8'h81, 8'h4e};
7'd56 : i2c_data <= {8'h82, 8'h61};
```

```
            7'd57 : i2c_data <= {8'h83, 8'h6f} ;
            7'd58 : i2c_data <= {8'h84, 8'h7b} ;
            7'd59 : i2c_data <= {8'h85, 8'h86} ;
            7'd60 : i2c_data <= {8'h86, 8'h8e} ;
            7'd61 : i2c_data <= {8'h87, 8'h97} ;
            7'd62 : i2c_data <= {8'h88, 8'ha4} ;
            7'd63 : i2c_data <= {8'h89, 8'haf} ;
            7'd64 : i2c_data <= {8'h8a, 8'hc5} ;
            7'd65 : i2c_data <= {8'h8b, 8'hd7} ;
            7'd66 : i2c_data <= {8'h8c, 8'he8} ;
            7'd67 : i2c_data <= {8'h8d, 8'h20} ;

            7'd68 : i2c_data <= {8'h0e, 8'h65} ; //COM5
            7'd69 : i2c_data <= {8'h09, 8'h00} ; //COM2  Bit[1:0]输出电流驱动能力
            //只读存储器,防止在 case 中没有列举的情况,之前的寄存器被重复改写
            default:i2c_data <= {8'h1C, 8'h7F} ; //MIDH 制造商 ID 高 8 位
         endcase
      end
   end
   endmodule
```

> **注**：关于底层 I²C 驱动的 Verilog HDL 代码请参考本书提供资源 ov7725_sobel 目录下的 i2c_dri.v 文件。

10.2　Sobel 算子基本原理和实现方法

Sobel 算子法又称加权平均差分法，它的原理是计算 x 和 y 方向亮度信号的导数值。很明显，最大导数值和最小导数值就是亮度变化最剧烈的区域，也就是图像的边缘。利用水平和垂直方向 Soble 卷积表与图像中同样大小的区域像素的对应点像素进行乘积求和运算，得到 x 方向和 y 方向的偏导数，进而可以求出中心像素的导数。

以 A 代表原始图像，G_x 和 G_y 分别表示经横向及纵向边缘检测的图像灰度值，其公式如下：

$$G_x = \begin{bmatrix} -1 & 0 & +1 \\ -2 & 0 & +2 \\ -1 & 0 & +1 \end{bmatrix} \times A$$

$$G_y = \begin{bmatrix} +1 & +2 & +1 \\ 0 & 0 & 0 \\ -1 & -2 & -1 \end{bmatrix} \times A$$

利用图像的每一个像素的横向及纵向灰度值，通过公式：

$$M = \sqrt{|G_x|^2 + |G_y|^2}$$

来计算该点灰度的大小，然后通过与设定的阀值进行比较来判断该点是否为图像边缘。

行缓存模块的结构如图 10.8 所示。根据 Soble 算子对行缓存模块输出进行运算，得到像

素点边缘灰度值 M，然后进行阈值比较（大于阈值 RBG444）12 位全为 1；小于阈值，则全为 0。最后把 RGB444 信号存入 RAM 中，从而完成图像边缘提取，如代码清单 10-2 所示。

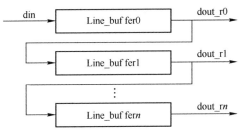

图 10.8　行缓存模块的结构

代码清单 10-2　Sobel 算子的 Verilog HDL 描述

```verilog
module sobel(
        clk,
        rst_n,
        data1,
        data2,
        data3,
        data_out
);
input clk;
input rst_n;
input [3:0] data1;
input [3:0] data2;
input [3:0] data3;
output [3:0] data_out;
parameter THRE = 15;
reg [3:0] data11;
reg [3:0] data12;
reg [3:0] data13;
reg [3:0] data21;
reg [3:0] data22;
reg [3:0] data23;
reg [3:0] data31;
reg [3:0] data32;
reg [3:0] data33;
reg [5:0] Gy_temp1;          //postive result
reg [5:0] Gy_temp2;          //negetive result
reg [5:0] Gy_data;           //Vertical grade data
reg [5:0] Gx_temp1;          //postive result
reg [5:0] Gx_temp2;
reg [5:0] Gx_data;
reg [11:0] data_temp;
reg [3:0]  data_out1;
wire [6:0] data_sqrt;
```

```verilog
//wire  [16:0] data_remainder;
assign data_out = data_out1;
always @ ( posedge clk or negedge rst_n )
begin
  if( !rst_n )
    begin
      data11 <= 4'b0;
      data12 <= 4'b0;
      data13 <= 4'b0;
      data21 <= 4'b0;
      data22 <= 4'b0;
      data23 <= 4'b0;
      data31 <= 4'b0;
      data32 <= 4'b0;
      data33 <= 4'b0;
    end
  else
    begin
      data11 <= data1;
      data12 <= data11;
      data13 <= data12;

      data21 <= data2;
      data22 <= data21;
      data23 <= data22;

      data31 <= data3;
      data32 <= data31;
      data33 <= data32;
    end
end
//------------------------------------
//Caculate vertical Grade with |abs|
always@ ( posedge clk or negedge rst_n)
begin
  if( !rst_n)
  begin
      Gy_temp1 <= 0;
      Gy_temp2 <= 0;
      Gy_data <= 0;
  end
  else
  begin
      Gy_temp1 <= data11 + ( data12 << 1) + data13;//postive result
      Gy_temp2 <= data31 + ( data32 << 1) + data33;//negetive result
      Gy_data <= ( Gy_temp1 >= Gy_temp2) ? Gy_temp1 - Gy_temp2 : Gy_temp2 - Gy_temp1;
  end
end
```

```verilog
//----------------------------------------
//Caculate h Grade with |abs|
always@ ( posedge clk or negedge rst_n)
begin
    if( !rst_n)
    begin
        Gx_temp1 <= 0;
        Gx_temp2 <= 0;
        Gx_data <= 0;
    end
    else
    begin
        Gx_temp1 <= data13 + ( data23 << 1) + data33;
        Gx_temp2 <= data11 + ( data21 << 1) + data31;
        Gx_data <= ( Gx_temp1 >= Gx_temp2 ) ? Gx_temp1 − Gx_temp2 : Gx_temp2 − Gx_temp1;
    end
end
always@ ( posedge clk or negedge rst_n)
begin
    if( !rst_n)
    begin
        data_temp <= 12'b0;
    end
    else
        begin
        data_temp <= Gx_data * Gx_data + Gy_data * Gy_data;
        end
end
always @ ( posedge clk or negedge rst_n )
begin
    if( !rst_n )
    begin
        data_out1 <= 4'b0000;
    end
    else
    begin
        if( data_temp > THRE )
        begin
            data_out1 <= 4'b0000;
        end
        else
        begin
            data_out1 <= 4'b1111;
        end
    end
end
endmodule
```

10.3 RGB444 数据捕获原理及实现

OV7725 图像传感器的数据输出端口为 8 位，为了捕获 RGB444 输出格式产生的 12 位数据，需要根据 RBG444 信号输出时序，如图 10.9 所示。在具体实现上，采集前后的 8 位数据，然后再组合成一个 RGB444 格式的 12 位数据，具体实现方法如代码清单 10-3 所示。

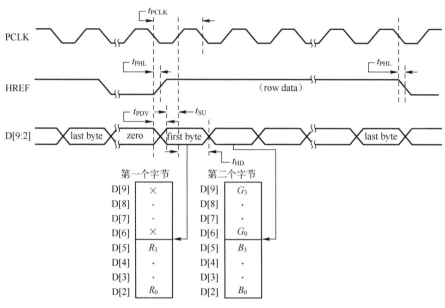

图 10.9 根据 RGB444 信号输出时序

代码清单 10-3 RGB444 数据的捕获及 12 位数据组合的 Verilog HDL 描述

```
module cmos_capture_data(
    input       rst_n,                          //复位信号
    //摄像头接口
    input       cam_pclk,                       //cmos 数据像素时钟
    input       cam_vsync,                      //cmos 场同步信号
    input       cam_href,                       //cmos 行同步信号
    input [7:0] cam_data,                       //cmos 数据
    //用户接口
    output      cmos_frame_vsync,               //帧有效信号
    output      cmos_frame_href,                //行有效信号
    output      cmos_frame_valid,               //数据有效使能信号
    output [11:0] cmos_frame_data_rgb444
    );
//寄存器全部配置完成后,先等待 10 帧数据
//待寄存器配置生效后再开始采集图像
parameter   WAIT_FRAME = 4'd10 ;                //寄存器数据稳定等待的帧个数
//reg define
reg cam_vsync_d0 ;
```

```
reg      cam_vsync_d1;
reg      cam_href_d0;
reg      cam_href_d1;
reg [3:0] cmos_ps_cnt;              //等待帧数稳定计数器
reg      frame_val_flag;           //帧有效的标志
reg [7:0] cam_data_d0;
reg [15:0] cmos_data_t;            //用于 8 位转 16 位的临时寄存器
reg byte_flag;
reg byte_flag_d0;
wire pos_vsync;
wire [15:0] cmos_frame_data;
//采集输入场同步信号的上升沿
assign pos_vsync = ( ~cam_vsync_d1) & cam_vsync_d0;
//输出帧有效信号
assign  cmos_frame_vsync = frame_val_flag  ?    cam_vsync_d1    : 1'b0;
//输出行有效信号
assign  cmos_frame_href  = frame_val_flag  ?    cam_href_d1     : 1'b0;
//输出数据使能有效信号
assign  cmos_frame_valid = frame_val_flag  ?    byte_flag_d0    : 1'b0;
//输出数据
assign  cmos_frame_data  = frame_val_flag  ?    cmos_data_t     : 1'b0;
assign cmos_frame_data_rgb444 = cmos_frame_data[11:0];
//采集输入场同步信号的上升沿
always @ ( posedge cam_pclk or negedge rst_n) begin
    if( !rst_n) begin
        cam_vsync_d0 <= 1'b0;
        cam_vsync_d1 <= 1'b0;
        cam_href_d0 <= 1'b0;
        cam_href_d1 <= 1'b0;
    end
    else begin
        cam_vsync_d0 <= cam_vsync;
        cam_vsync_d1 <= cam_vsync_d0;
        cam_href_d0 <= cam_href;
        cam_href_d1 <= cam_href_d0;
    end
end
//对帧数进行计数
always @ ( posedge cam_pclk or negedge rst_n) begin
    if( !rst_n)
        cmos_ps_cnt <= 4'd0;
    else if( pos_vsync && ( cmos_ps_cnt < WAIT_FRAME))
        cmos_ps_cnt <= cmos_ps_cnt + 4'd1;
end
//帧有效标志
always @ ( posedge cam_pclk or negedge rst_n) begin
```

```
        if(!rst_n)
            frame_val_flag <= 1'b0;
        else if((cmos_ps_cnt == WAIT_FRAME) && pos_vsync)
            frame_val_flag <= 1'b1;
end
//8 位数据转 16 位 RGB565 数据
always @ (posedge cam_pclk or negedge rst_n)
begin
   if(!rst_n)
     begin
        cmos_data_t <= 16'd0;
        cam_data_d0 <= 8'd0;
        byte_flag <= 1'b0;
     end
   else if(cam_href)
     begin
        byte_flag <= ~byte_flag;
        cam_data_d0 <= cam_data;
        if(byte_flag)
           cmos_data_t <= {cam_data_d0,cam_data};
        end
     else
        begin
           byte_flag <= 1'b0;
           cam_data_d0 <= 8'b0;
        end
     end
//产生输出数据有效信号(cmos_frame_valid)
always @ (posedge cam_pclk or negedge rst_n) begin
    if(!rst_n)
        byte_flag_d0 <= 1'b0;
    else
        byte_flag_d0 <= byte_flag;
end
endmodule
```

10.4　系统整体结构和子模块设计

　　系统顶层模块包括时钟发生器模块、摄像头初始化模块（包括 I^2C 驱动模块和 OV7725 I^2C 配置模块）、摄像头采集图像模块、图像处理算法模块、片内 RAM 模块，以及 VGA 驱动模块，如图 10.10 所示。顶层模块中的 OV7725 I^2C 模块与 OV7725 的 SCCB 接口连接，摄像头采集图像模块与 OV7725 的 RGB 输出接口连接，VGA 驱动模块与 VGA 显示器连接。

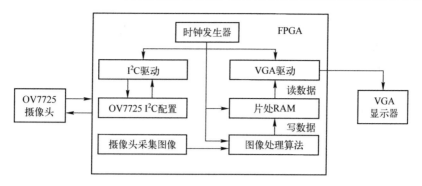

图 10.10 系统顶层模块

10.4.1 Vivado 中的系统整体结构

在 Vivado 中的模块及连接关系，如图 10.11 所示。设计中顶层所有模块连接的 Verilog HDL 描述，如代码清单 10-4 所示。

代码清单 10-4 顶层模块中所有子模块连接的 Verilog HDL 描述

```
module ov7725_rgb444_640x480_vga(
    input       sys_clk,              //系统时钟
    input       sys_rst_n,            //系统复位,低电平有效
    //摄像头接口
    input       cam_pclk,             //传感器数据像素时钟
    input       cam_vsync,            //传感器场同步信号
    input       cam_href,             //传感器行同步信号
    input [7:0] cam_data,             //传感器数据
    output      cam_rst_n,            //传感器复位信号,低电平有效
    output      cam_sgm_ctrl,         //传感器时钟选择信号,1:使用摄像头自带的晶振
    output      cam_scl,              //传感器 SCCB_SCL 线
    inout       cam_sda,              //传感器 SCCB_SDA 线
    output      vga_hs,               //行同步信号
    output      vga_vs,               //场同步信号
    output [11:0] vga_rgb             //红绿蓝三原色输出
    );
//定义参数
parameter   SLAVE_ADDR = 7'h21;      //OV7725 的器件地址为 7'h21
parameter   BIT_CTRL = 1'b0;         //OV7725 的字节地址为 8 位  0:8 位  1:16 位
parameter   CLK_FREQ = 26'd25_000_000;   //i2c_dri 模块的驱动时钟频率为 25MHz
parameter   I2C_FREQ = 18'd250_000;  //I2C 的 SCL 时钟频率,不超过 400kHz
//定义 wire
wire    clk_100m;                    //100MHz 时钟,RAM 操作时钟
wire    clk_100m_shift;
wire    clk_25m;                     //25MHz 时钟,提供给 VGA 驱动时钟
wire    locked;
wire    rst_n;
wire    i2c_exec;                    //I2C 触发执行信号
wire [15:0] i2c_data;                //I2C 要配置的地址与数据(高 8 位地址,低 8 位数据)
```

```verilog
wire      cam_init_done;              //摄像头初始化完成
wire      i2c_done;                   //I²C 寄存器配置完成信号
wire      i2c_dri_clk;                //I²C 操作时钟
wire      wr_en;                      //RAM 写使能
wire [11:0] wr_data;
wire [11:0] wr_data_0;
wire [ 3:0] wr_data_b;
wire [ 3:0] wr_data_g;
wire [ 3:0] wr_data_r;
wire [11:0] wr_data_1;               //RAM 模块写数据
wire        rd_en;                    //RAM 模块读使能
wire [11:0] rd_data;                 //RAM 模块读数据
wire        sys_init_done;           //系统初始化完成
wire [18:0] add_write;
wire [18:0] add_read;
wire [15:0] pixel_data_w;            //像素点数据
wire [ 9:0] pixel_xpos_w;            //像素点横坐标
wire [ 9:0] pixel_ypos_w;            //像素点纵坐标
wire [11:0] data_out_0;
wire [11:0] data_out_1;
wire [11:0] data_out_2;
assign  rst_n = sys_rst_n & locked;
//系统初始化完成:SDRAM 和摄像头都初始化完成
//避免了在 SDRAM 初始化过程中向里面写入数据
assign  sys_init_done = cam_init_done;
//不对摄像头硬件复位,固定高电平
assign  cam_rst_n = 1'b1;
//cmos 时钟选择信号,0:使用引脚 XCLK 提供的时钟,1:使用摄像头自带的晶振
assign  cam_sgm_ctrl = 1'b1;
clk_wiz_0 u_clk_wiz_0
(
//时钟输出端口
. c0( clk_100m),
. c1( clk_100m_shift),
. c3( clk_25m),
//状态和控制信号
. reset( ~sys_rst_n),
. locked( locked),
//时钟输入端口
. clk_in1( sys_clk)
);
//I²C 配置模块
i2c_ov7725_rgb444_cfg u_i2c_cfg(
  . clk ( i2c_dri_clk),
  . rst_n ( rst_n),
  . i2c_done( i2c_done),
  . i2c_exec( i2c_exec),
  . i2c_data( i2c_data),
  . init_done( cam_init_done)
```

```
    );
//I²C 驱动模块
i2c_dri
#(
    . SLAVE_ADDR(SLAVE_ADDR),
    . CLK_FREQ (CLK_FREQ),
    . I2C_FREQ (I2C_FREQ)
    )
u_i2c_dri(
    . clk (clk_25m),
    . rst_n (rst_n),
    . i2c_exec (i2c_exec),
    . bit_ctrl (BIT_CTRL),
    . i2c_rh_wl(1'b0),              //固定为 0,只用到了 I²C 驱动的写操作
    . i2c_addr(i2c_data[15:8]),
    . i2c_data_w(i2c_data[7:0]),
    . i2c_data_r(),
    . i2c_done(i2c_done),
    . scl (cam_scl),
    . sda (cam_sda),
    . dri_clk(i2c_dri_clk)         //I²C 操作时钟
);
//CMOS 图像数据采集模块
cmos_capture_data u_cmos_capture_data(
    . rst_n (rst_n & sys_init_done),   //系统初始化完成之后再开始采集数据
    . cam_pclk (cam_pclk),
    . cam_vsync(cam_vsync),
    . cam_href(cam_href),
    . cam_data(cam_data),

    . cmos_frame_vsync(),
    . cmos_frame_href(),
    . cmos_frame_valid(wr_en),       //数据有效使能信号
    . cmos_frame_data_rgb444(wr_data) //有效数据
    );
vga_driver u_vga_driver(
    . vga_clk(clk_25m),
    . sys_rst_n(rst_n),
    . vga_hs(vga_hs),
    . vga_vs(vga_vs),
    . vga_rgb(vga_rgb),

    . pixel_data(rd_data),
    . data_reqq(rd_en),              //请求像素点颜色数据输入
    . add_r(add_read),
    . pixel_xpos(pixel_xpos_w),
    . pixel_ypos(pixel_ypos_w)
    );
    blk_mem_gen_0 u_blk_mem_gen_0(
    . clka(clk_100m),
```

```
        .dina({wr_data_g[3:0],wr_data_g[3:0],wr_data_g[3:0]}),
        .addra(add_write),
        .wea(1'b1),
        .clkb(clk_100m),
        .doutb(rd_data),
        .addrb (add_read)
    );
    add u_add_0(
        .clk_add(wr_en),
        .rst_add(rst_n & sys_init_done),
        .data_in_b(wr_data_b),
        .data_in_g(wr_data_g),
        .data_in_r(wr_data_r),
        .data_out(),
        .add_w(add_write)
            );
    line3 u_line3_0(
        .clk(cam_pclk),
        .rst_n(rst_n & sys_init_done),
        .din(wr_data),
        .hs_vaild_in(wr_en),

        .dout_r0(data_out_0),
        .dout_r1 (data_out_1),
        .dout_r2(data_out_2)
        );
    sobel u_soble_b(
        .clk(wr_en),
        .rst_n(rst_n & sys_init_done),
        .data1(data_out_2[3:0]),
        .data2(data_out_1[3:0]),
        .data3(data_out_0[3:0]),
        .data_out(wr_data_b)
        );
        sobel u_soble_g(
        .clk(wr_en),
        .rst_n(rst_n & sys_init_done),
        .data1(data_out_2[7:4]),
        .data2(data_out_1[7:4]),
        .data3(data_out_0[7:4]),
        .data_out(wr_data_g)
            );
    sobel u_soble_r(
        .clk(wr_en),
        .rst_n(rst_n & sys_init_done),
        .data1(data_out_2[11:8]),
        .data2(data_out_1[11:8]),
        .data3(data_out_0[11:8]),
        .data_out(wr_data_r)
            );
    endmodule
```

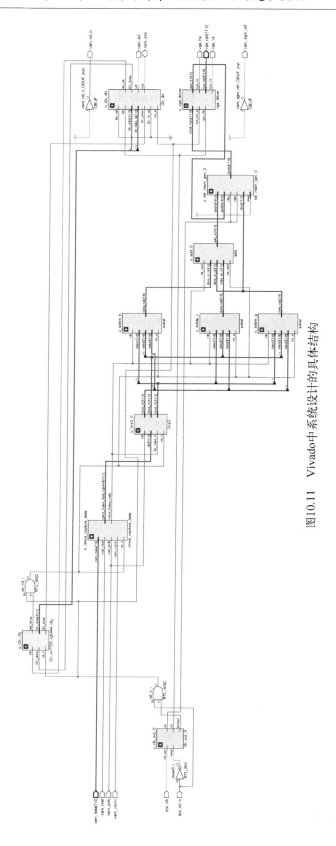

图10.11　Vivado中系统设计的具体结构

10.4.2 时钟发生器的配置

在该设计中，外部输入的系统时钟为 100MHz，驱动 VGA 模块需要 25MHz 时钟，驱动 RAM 模块则需要 100MHz 时钟。很明显，利用 Vivado 集成开发环境中提供的 IP 核实现上述功能要求。该时钟发生器在 IP Catalog 中，找到并双击 Clocking Wizard。按图 10.12 所示，配置 3 个输出时钟，以及相对应的时钟频率。

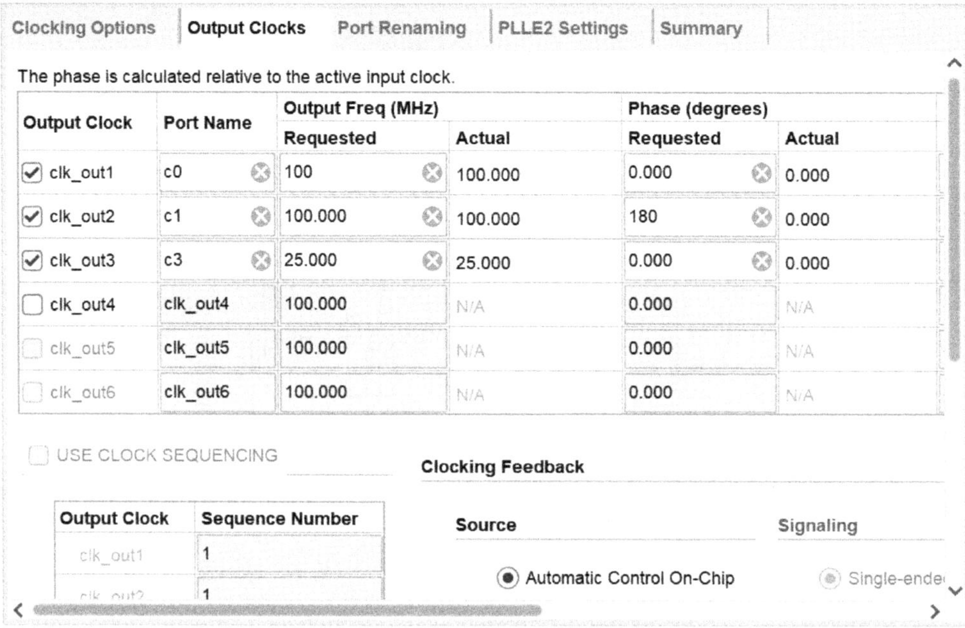

图 10.12　Clocking Wizard 的配置界面

10.4.3 片内 RAM 模块的配置

在该设计中，利用 Vivado 集成开发环境 IP Catalog 中提供的 Block Memory Generator IP 核，实现一个宽度为 12 位和深度为 640×480 的简单双端口 RAM 存储器，用于存储一帧图像数据。

在 IP Catalog 中，找到并双击 Block Memory Generator，打开其配置界面，如图 10.13 所示。

（1）单击"Basic"标签。在该标签页下，按图 10.13（a）设置参数。

① Interface Type：Native；

② Memory Type：Simple Dual Port RAM。

（2）单击"Port A Options"标签。在该标签页下，按图 10.13（b）设置参数。

① Port A Width：12；

② Port A Depth：307201；

③ 其余按默认参数设置。

（3）单击"Port B Options"标签。在该标签页下，将"Port B Width"设置为 12。

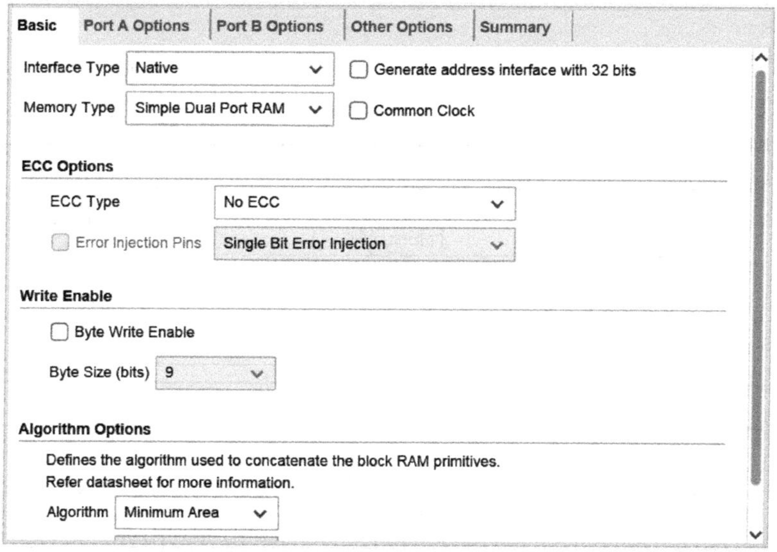

（a）　"Basic"标签页

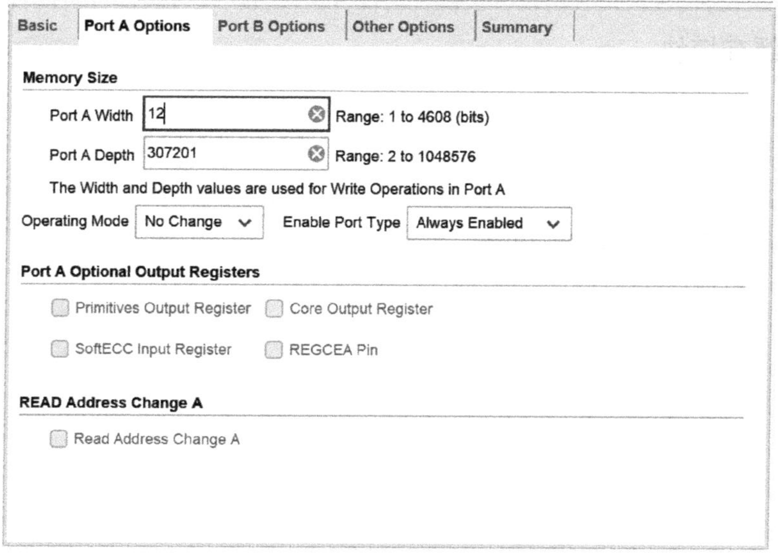

（b）　"Port A Option"标签页

图 10.13　Block Memory Generator 的配置界面

其中：A 端口为写端口，连接视频数据采集模块；B 端口为读端口，连接 VGA 驱动模块。

根据 RGB444 数据有效信号设计一个同步地址产生器，将像素点数据放在对应的存储单元中。

10.4.4　VGA 驱动模块

在该设计中，将 VGA 驱动模块的模式设置为 640×480 分辨率、帧率为 60 帧/s 的工作模式。因此，VGA 驱动模块的输入时钟频率为 25MHz，行同步时序各阶段像素数为 $a = 96, b = 48, c = 640, d = 16, e = 800$，场同步时序各阶段行数为 $o = 2, p = 33, q = 480, r = 10, s = 525$，分别对像素点、行进行计数，在有效数据段范围输出数据，以此来设计 VGA 驱动模块，如

图 10.14 所示。

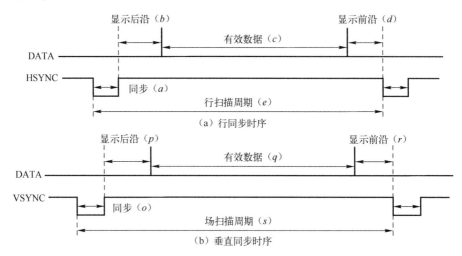

图 10.14　VGA 的行同步和垂直同步时序

10.4.5　行缓存模块

根据行缓存菊花链结构，利用 Vivado 集成开发环境中 IP Catalog 提供的 RAM-based Shift Register IP 核实现移位寄存器的功能。

在 IP Catalog 中找到并双击 RAM-based Shift Register IP 核，打开其配置界面，如图 10.15 所示。在该界面中，按如下配置参数。

图 10.15　RAM-based Shift Register IP 核的配置界面

（1）Width：12；

（2）Depth：640。

通过配置，实现了宽度为 12 位、深度为 640 的三行行缓存寄存器，然后将三行缓存寄存器首尾依次相连，构成行缓存模块，实现同列行数据的同时输出。

反侵权盗版声明

电子工业出版社依法对本作品享有专有出版权。任何未经权利人书面许可，复制、销售或通过信息网络传播本作品的行为；歪曲、篡改、剽窃本作品的行为，均违反《中华人民共和国著作权法》，其行为人应承担相应的民事责任和行政责任，构成犯罪的，将被依法追究刑事责任。

为了维护市场秩序，保护权利人的合法权益，本社将依法查处和打击侵权盗版的单位和个人。欢迎社会各界人士积极举报侵权盗版行为，本社将奖励举报有功人员，并保证举报人的信息不被泄露。

举报电话：（010）88254396；（010）88258888

传　　真：（010）88254397

E-mail：dbqq@phei.com.cn

通信地址：北京市海淀区万寿路173信箱

　　　　　电子工业出版社总编办公室

邮　　编：100036